Win-Q

가스
기능사 필기

시대에듀

편·저·자·약·력

허판효

[경력]
現 온라인 교육기관 합격시대 전임교수
　　온라인 교육기관 안전교육 전임교수
　　　에듀퓨어 전임교수
　　　영남기술직업학교 강사

도시가스, 가스공사 외부강사
소방협회 위촉강사
서울 삼성전자 기흥사업장 가스기능장 출강
천안 아산 삼성디스플레이 가스산업기사 출강

[저서]
위험물산업기사 필기
위험물산업기사 실기
위험물기능사 필기
위험물기능사 실기

끝까지 책임진다! 시대에듀!
QR코드를 통해 도서 출간 이후 발견된 오류나 개정법령, 변경된 시험 정보, 최신기출문제, 도서 업데이트 자료 등이 있는지 확인해 보세요! **시대에듀 합격 스마트 앱**을 통해서도 알려 드리고 있으니 구글 플레이나 앱 스토어에서 다운받아 사용하세요.
또한, 파본 도서인 경우에는 구입하신 곳에서 교환해 드립니다.

편집진행 윤진영·최 영　|　**표지디자인** 권은경·길전홍선　|　**본문디자인** 정경일·조준영

PREFACE

가스 분야의 전문가를 향한 첫 발걸음!

윙크(Win-Q) 가스기능사는 고압가스 제조, 저장 및 공급시설, 용기, 기구 등의 제조 및 수리시설을 시공, 조작, 검사하기 위한 기술적 사항의 관리, 생산공정에서 가스 생산기계 및 장비를 운전하고 충전하기 위해 예방조치 점검과 고압가스 충전용기의 운반, 관리 및 용기 부속품 교체 등의 업무를 수행합니다.

이 책은 최근 가스기능사에 대한 수요가 많아지고, 전망이 밝아짐에 따라 가스기능사 자격증을 준비하는 수험 생들을 위해 만들어졌으며, 수험생이 짧은 시간 안에 자격증을 취득할 수 있도록 구성하였습니다.

윙크(Win-Q) 시리즈에 맞게 PART 01은 핵심이론, PART 02, 03는 과년도 + 최근 기출복원문제로 구성하였습니 다. PART 01은 한국산업인력공단의 출제기준 및 다년간 기출문제의 keyword 분석을 통해 중요 내용으로 핵 심이론을 수록하고, 자주 출제되는 문제를 수록하여 효율적인 학습이 가능하도록 하였습니다. PART 02, 03에서 는 13년간의 기출복원문제를 수록하여 다양하고 새로운 문제에 대비할 수 있도록 하였습니다.

이 책으로 공부하시는 수험생 여러분들에게 합격의 영광이 함께하기를 기원합니다. 끝으로, 책이 발간되기까지 도와주신 분들께 감사드립니다.

편저자 씀

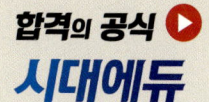 

자격증 • 공무원 • 금융/보험 • 면허증 • 언어/외국어 • 검정고시/독학사 • 기업체/취업
이 시대의 모든 합격! 시대에듀에서 합격하세요!
www.youtube.com → 시대에듀 → 구독

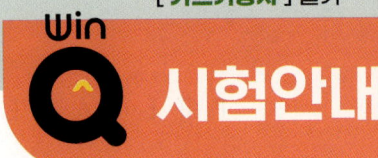

[가스기능사] 필기

시험안내

개요
경제 성장과 더불어 산업체로부터 가정에 이르기까지 수요가 증가하고 있는 가스류 제품은 인화성과 폭발성이 있는 에너지 자원이다. 이에 따라 고압가스와 관련된 생산, 공정, 시설, 기수의 안전관례에 대한 제도적 개편과 기능인력을 양성하기 위하여 자격제도를 시행하였다.

진로 및 전망
- 고압가스 제조업체·저장업체·판매업체 및 기타 도시가스 사업소, 용기제조업소, 냉동 기계제조업체 등 전국의 고압가스 관련 업체로 진출할 수 있다.
- 최근 국민 생활 수준의 향상과 산업의 발달로 연료용 및 산업용 가스의 수급 규모가 대형화되고, 가스시설이 복잡·다양화됨에 따라 가스 사고건수가 급증하고 사고 규모도 대형화되는 추세이다. 한국가스안전공사의 자료에 의하면 가스사고로 인한 인명 피해가 매년 증가하는 추세이고, 정부의 도시가스 확대방안 등 가스 사용량 증가가 예상되어 가스기능사의 인력 수요는 증가할 것이다.

시험일정

구분	필기원서접수 (인터넷)	필기시험	필기합격 (예정자)발표	실기원서접수	실기시험	최종 합격자 발표일
제1회	1월 초순	1월 하순	2월 초순	2월 초순	3월 중순	4월 중순
제2회	3월 중순	4월 초순	4월 중순	4월 하순	5월 하순	7월 초순
제3회	6월 초순	6월 하순	7월 중순	7월 하순	8월 하순	9월 하순
제4회	8월 하순	9월 중순	10월 중순	10월 중순	11월 하순	12월 하순

※ 상기 시험일정은 시행처의 사정에 따라 변경될 수 있으니, www.q-net.or.kr에서 확인하시기 바랍니다.

시험요강
❶ 시행처 : 한국산업인력공단
❷ 시험과목
 ㉠ 필기 : 가스 법령 활용, 가스사고 예방·관리, 가스시설 유지관리, 가스 특성 활용
 ㉡ 실기 : 가스 안전 실무
❸ 검정방법
 ㉠ 필기 : 전 과목 혼합, 객관식 60문항(60분)
 ㉡ 실기 : 복합형[필답형(1시간) + 작업형(1시간 정도)]
❹ 합격기준 : 100점 만점에 60점 이상 득점자

검정현황

필기시험

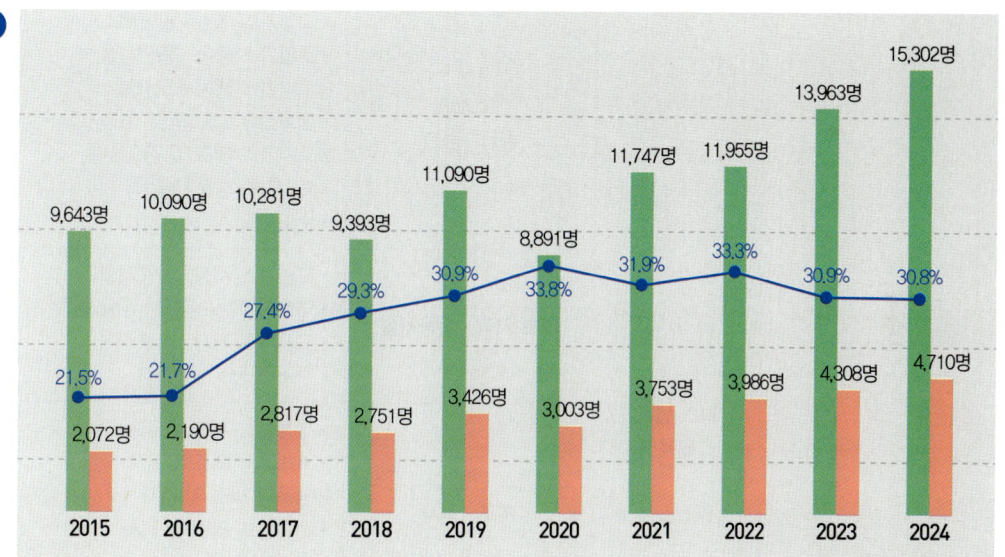

실기시험

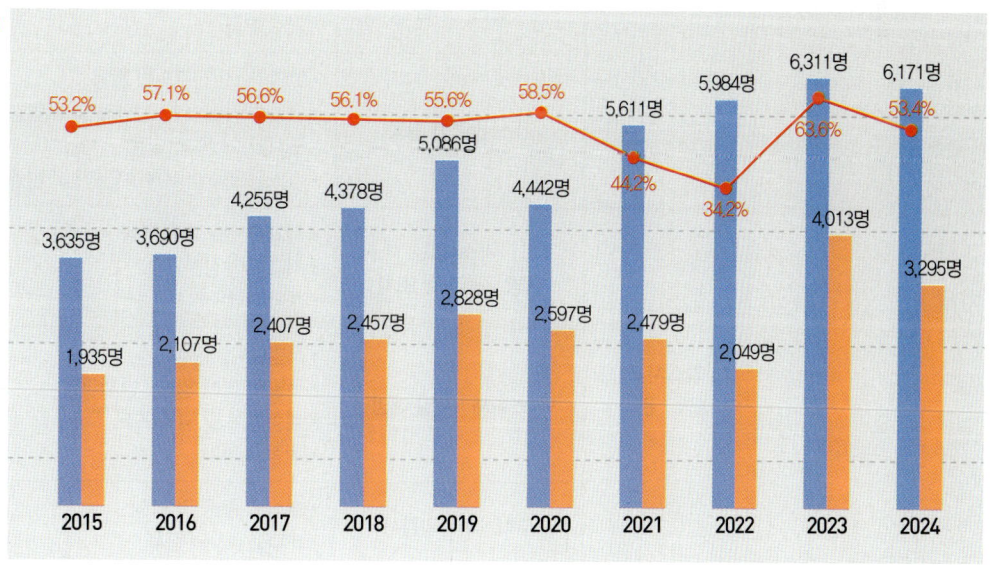

시험안내

출제기준

필기 과목명	주요항목	세부항목	세세항목
가스 법령 활용, 가스사고 예방·관리, 가스시설 유지관리, 가스 특성 활용	가스 법령 활용	가스제조 공급·충전	• 고압가스 특정·일반제조시설 • 고압가스 공급·충전시설 • 고압가스 냉동제조시설 • 액화석유가스 공급·충전시설 • 도시가스 제조 및 공급시설 • 도시가스 충전시설 • 수소 제조 및 충전시설
		가스 저장·사용시설	• 고압가스 저장·사용시설 • 액화석유가스 저장·사용시설 • 도시가스 저장·사용시설 • 수소 저장·사용시설
		고압가스 관련 설비 등의 제조·검사	• 특정설비 제조 및 검사 • 가스용품 제조 및 검사 • 냉동기 제조 및 검사 • 히트펌프 제조 및 검사 • 용기 제조 및 검사
		가스 판매, 운반·취급	• 가스 판매시설 • 가스 운반시설 • 가스 취급
		가스 관련법 활용	• 고압가스안전관리법 활용 • 액화석유가스의안전관리 및 사업법 활용 • 도시가스사업법 활용 • 수소경제육성 및 수소안전관리법률 활용
	가스사고 예방·관리	가스사고 예방·관리 및 조치	• 사고조사 보고서 작성 • 사고조사 장비관리 • 응급조치
		가스화재·폭발 예방	• 폭발범위·종류 • 폭발의 피해 영향·방지대책 • 위험장소 및 방폭구조 • 위험성 평가
		부식·비파괴검사	• 부식의 종류 및 방식 • 비파괴검사의 종류

필기 과목명	주요항목	세부항목	세세항목
가스 법령 활용, 가스사고 예방·관리, 가스시설 유지관리, 가스 특성 활용	가스시설 유지관리	가스장치	• 기화장치 및 정압기 • 가스장치 요소 및 재료 • 가스용기 및 저장탱크 • 압축기 및 펌프 • 저온장치
		가스설비	• 고압가스설비 • 액화석유가스설비 • 도시가스설비 • 수소설비
		가스계측기기	• 온도계 및 압력계측기 • 액면 및 유량계측기 • 가스분석기 • 가스누출검지기 • 제어기기
	가스 특성 활용	가스의 기초	• 압력 • 온도 • 열량 • 밀도, 비중 • 가스의 기초 이론 • 이상기체의 성질
		가스의 연소	• 연소현상 • 연소의 종류와 특성 • 가스의 종류 및 특성 • 가스의 시험 및 분석 • 연소 계산
		고압가스 특성 활용	• 고압가스 특성 및 취급 • 고압가스의 품질관리·검사기준 적용
		액화석유가스 특성 활용	• 액화석유가스 특성 및 취급 • 액화석유가스의 품질관리·검사기준 적용
		도시가스 특성 활용	• 도시가스 특성 및 취급 • 도시가스의 품질관리·검사기준 적용
		독성가스 특성 활용	• 독성가스 특성 및 취급 • 독성가스 처리

[가스기능사] 필기

CBT 응시 요령

기능사 종목 전면 CBT 시행에 따른
CBT 완전 정복!

"CBT 가상 체험 서비스 제공"
한국산업인력공단
(http://www.q-net.or.kr) 참고

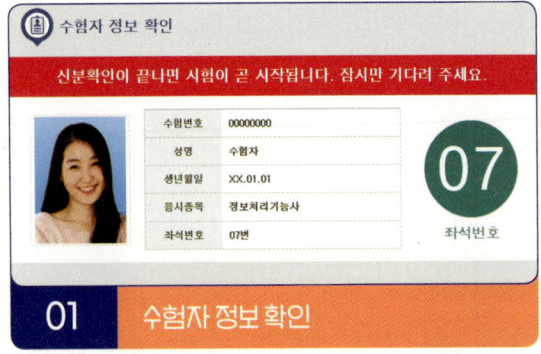

01 수험자 정보 확인

시험장 감독위원이 컴퓨터에 나온 수험자 정보와 신분증이 일치하는지를 확인하는 단계입니다. 수험번호, 성명, 생년월일, 응시종목, 좌석번호를 확인합니다.

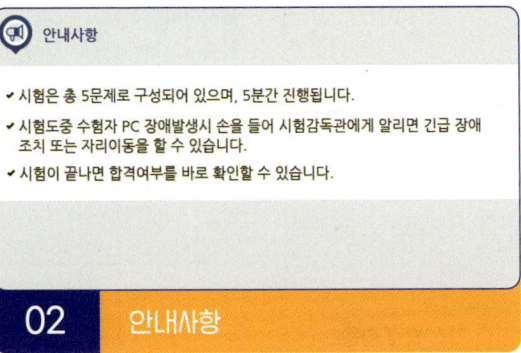

02 안내사항

시험에 관한 안내사항을 확인합니다.

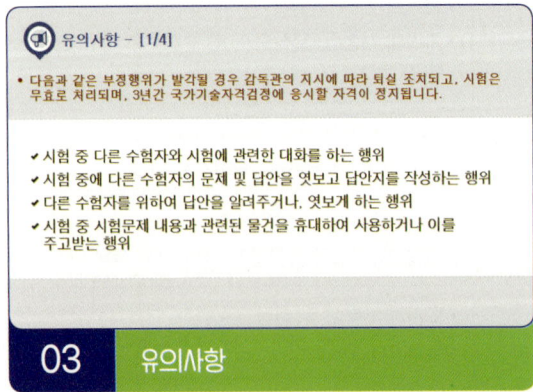

03 유의사항

부정행위에 관한 유의사항이므로 꼼꼼히 확인합니다.

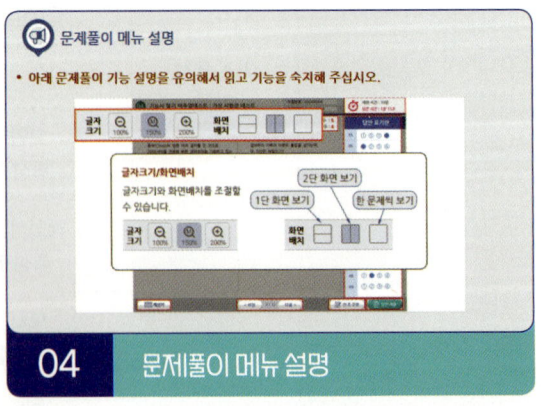

04 문제풀이 메뉴 설명

문제풀이 메뉴의 기능에 관한 설명을 유의해서 읽고 기능을 숙지해 주세요.

CBT GUIDE

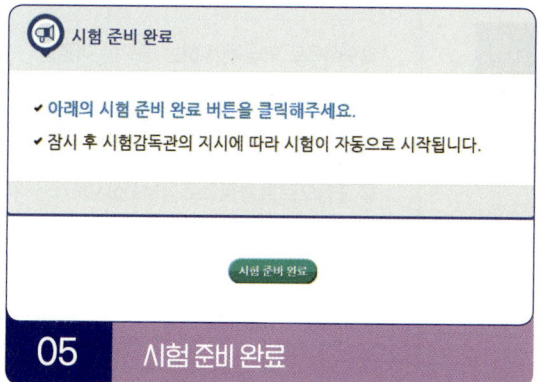

05 시험 준비 완료

시험 안내사항 및 문제풀이 연습까지 모두 마친 수험자는 시험 준비 완료 버튼을 클릭한 후 잠시 대기합니다.

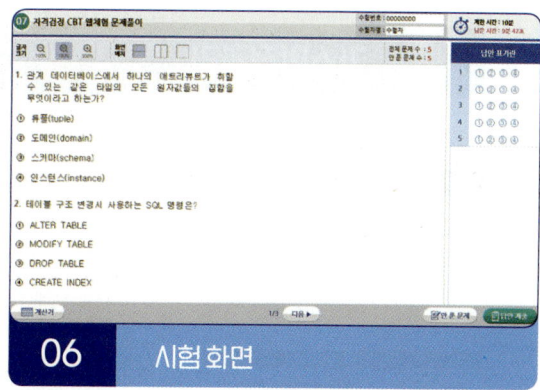

06 시험 화면

시험 화면이 뜨면 수험번호와 수험자명을 확인하고, 글자크기 및 화면배치를 조절한 후 시험을 시작합니다.

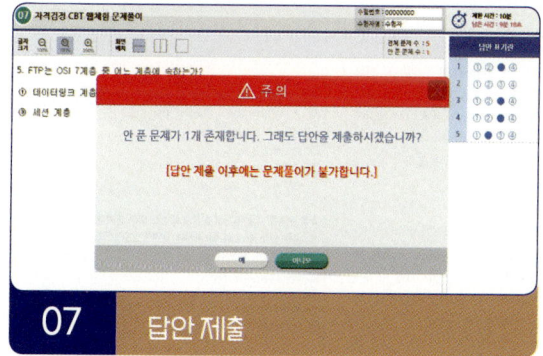

07 답안 제출

[답안 제출] 버튼을 클릭하면 답안 제출 승인 알림창이 나옵니다. 시험을 마치려면 [예] 버튼을 클릭하고 시험을 계속 진행하려면 [아니오] 버튼을 클릭하면 됩니다. 답안 제출은 실수 방지를 위해 두 번의 확인 과정을 거칩니다. [예] 버튼을 누르면 답안 제출이 완료되며 득점 및 합격여부 등을 확인할 수 있습니다.

CBT 완전 정복 Tip

내 시험에만 집중할 것
CBT 시험은 같은 고사장이라도 각기 다른 시험이 진행되고 있으니 자신의 시험에만 집중하면 됩니다.

이상이 있을 경우 조용히 손을 들 것
컴퓨터로 진행되는 시험이기 때문에 프로그램상의 문제가 있을 수 있습니다. 이때 조용히 손을 들어 감독관에게 문제점을 알리며, 큰 소리를 내는 등 다른 사람에게 피해를 주는 일이 없도록 합니다.

연습 용지를 요청할 것
응시자의 요청에 한해 연습 용지를 제공하고 있습니다. 필요시 연습 용지를 요청하며 미리 시험에 관련된 내용을 적어놓지 않도록 합니다. 연습 용지는 시험이 종료되면 회수되므로 들고 나가지 않도록 유의합니다.

답안 제출은 신중하게 할 것
답안은 제한 시간 내에 언제든 제출할 수 있지만 한 번 제출하게 되면 더 이상의 문제풀이가 불가합니다. 안 푼 문제가 있는지 또는 맞게 표기하였는지 다시 한 번 확인합니다.

[가스기능사] 필기

구성 및 특징

핵심이론

필수적으로 학습해야 하는 중요한 이론들을 각 과목별로 분류하여 수록하였습니다. 시험과 관계없는 두꺼운 기본서의 복잡한 이론은 이제 그만! 시험에 꼭 나오는 이론을 중심으로 효과적으로 공부하십시오.

10년간 자주 출제된 문제

출제기준을 중심으로 출제 빈도가 높은 기출문제와 필수적으로 풀어보아야 할 문제를 핵심이론당 1~2문제씩 선정했습니다. 각 문제마다 핵심을 찌르는 명쾌한 해설이 수록되어 있습니다.

STRUCTURES

FORMULA OF PASS · SDEDU.CO.KR

과년도 기출문제

2013년 제1회 과년도 기출문제

01 도시가스 사용시설에서 배관의 호칭지름이 25mm인 배관은 몇 m 간격으로 고정하여야 하는가?
① 1m마다 ② 2m마다
③ 3m마다 ④ 4m마다

해설
배관의 고정장치
- 관지름이 13mm 미만 : 1m마다
- 관지름이 13mm 이상 33mm 미만 : 2m마다
- 관지름이 33mm 이상 : 3m마다

02 다음은 도시가스사용시설의 월 사용예정량을 산출하는 식이다. 이 중 기호 "A"가 의미하는 것은?

$$Q = \frac{(A \times 240) + (B \times 90)}{11,000}$$

① 월 사용예정량
② 산업용으로 사용하는 연소기의 명판에 기재된 가스 소비량의 합계
③ 산업용이 아닌 연소기의 명판에 기재된 가스소비량의 합계
④ 가정용 연소기의 가스소비량의 합계

해설
도시가스사용시설의 월 사용예정량을 산출하는 식

$$Q = \frac{(A \times 240) + (B \times 90)}{11,000}$$

Q : 월 사용예정량(m³)
A : 산업용으로 사용하는 연소기의 명판에 기재된 가스소비량의 합계(kcal/h)
B : 산업용이 아닌 연소기의 명판에 기재된 가스소비량의 합계(kcal/h)

03 도시가스사용시설의 가스계량기 설치기준에 대한 설명으로 옳은 것은?
① 시설 안에서 사용하는 자체 화기를 제외한 화기와 가스계량기가 유지하여야 하는 거리는 3m 이상이어야 한다.
② 시설 안에서 사용하는 자체 화기를 제외한 화기와 입상관이 유지하여야 하는 거리는 3m 이상이어야 한다.
③ 가스계량기와 단열조치를 하지 아니한 굴뚝과의 거리는 10cm 이상 유지하여야 한다.
④ 가스계량기와 전기개폐기와의 거리는 60cm 이상 유지하여야 한다.

해설
① 시설 안에서 사용하는 자체 화기를 제외한 화기가 유지
② 시설 안에서 사용하는 자체 화기를 제외한 화기가 유지해야
③ 가스계량기와 단열조치를 하지 아니한 굴뚝과의 이상

지금까지 출제된 과년도 기출문제를 수록 하였습니다. 각 문제에는 자세한 해설이 추가되어 핵심이론만으로는 아쉬운 내용을 보충 학습하고 출제경향의 변화를 확인할 수 있습니다.

2025년 제1회 최근 기출복원문제

01 다음 중 증기운 폭발에 영향을 주는 인자가 아닌 것은?
① 혼합비
② 점화원의 위치
③ 방출된 물질의 양
④ 증발된 물질의 분율

해설
증기운 폭발에 영향을 주는 변수
- 방출된 물질의 양
- 증기운이 점화되기까지의 시간 지연
- 증발된 물질의 분율
- 폭발효율
- 증기운이 점한 확률
- 방출에 관련된 점화원의 위치
- 점화되기 전 증기운이 움직인 거리

02 탱크를 지상에 설치하고자 할 때 방류둑을 설치하지 않아도 되는 저장탱크는?
① 저장능력 1,000톤 이상의 질소탱크
② 저장능력 1,000톤 이상의 부탄탱크
③ 저장능력 1,000톤 이상의 산소탱크
④ 저장능력 5톤 이상의 염소탱크

해설
질소가스는 불연성, 비독성물질이므로 방류둑이 필요 없다.

03 액화석유가스 충전소에서 저장탱크를 지하에 설치하는 경우에는 철근 콘크리트로 저장탱크실을 만들고, 그 실내에 설치하여야 한다. 이때 저장탱크 주위의 빈 공간에 채우는 것은?
① 물 ② 마른 모래
③ 자 갈 ④ 콜타르

해설
저장탱크 주위 빈 공간에는 마른 모래를 채워 탱크의 찌그러짐을 방지한다.

04 독성가스 배관은 안전한 구조를 갖도록 하기 위해 2중관 구조로 하여야 한다. 다음 중 2중관으로 하지 않아도 되는 가스는?
① 암모니아 ② 염화메탄
③ 사이안화수소 ④ 에틸렌

해설
2중 배관으로 해야 할 독성가스 : 포스겐, 황화수소, 사이안화수소, 염소, 산화에틸렌, 염화메탄, 암모니아, 이산화황

최근 기출복원문제

최근에 출제된 기출문제를 복원하여 가장 최신의 출제경향을 파악하고 새롭게 출제된 문제의 유형을 익혀 처음 보는 문제들도 모두 맞힐 수 있도록 하였습니다.

1 ① 2 ③ 3 ② 4 ④ 정답

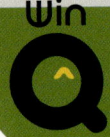

[가스기능사] 필기

최신 기출문제 출제경향

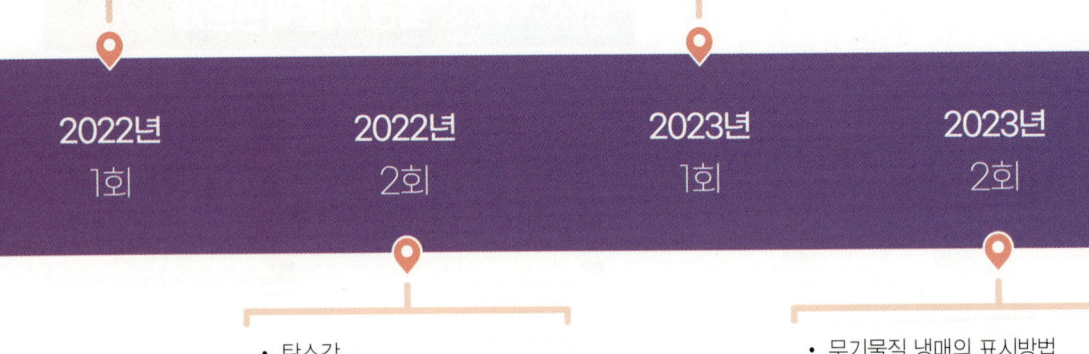

2022년 1회
- 등심연소(심지연소)
- 열응력 제거방법
- 특정고압가스
- 저압배관의 유량 계산식
- 배관장치에 설치하는 경보장치가 울려야 하는 시기
- 도시가스 도매사업의 가스공급시설 기준

2022년 2회
- 탄소강
- 플레어스택
- 방호벽 설치 장소
- 용기 및 설비에 따른 압력
- 수소염이온화식(FID) 가스검출기
- 아보가드로의 법칙

2023년 1회
- 탄화수소의 분류
- 용기 도색 및 문자 색상
- 방류둑 용량
- 도시가스 부취제
- LPG의 일반적인 연소 특성
- 압력계 및 자기압력기록계 기밀유지시간

2023년 2회
- 무기물질 냉매의 표시방법
- 공기 혼합가스 공급방식의 목적
- 퍼지(Purging)의 종류
- 연소속도에 영향을 주는 인자
- 산소압축기 내부 윤활제
- 용기 1개당 충전량(kg) 계산

TENDENCY OF QUESTIONS

2024년 1회
- 용기 및 설비에 따른 압력
- 검지관법
- 전위측정기로 관대지전위(Pipe to Soil Potential) 측정 시 측정방법
- 폭굉 방지 및 방호를 위한 방법
- 항구증가율 공식

2024년 2회
- 비열비
- 층류 연소
- 임계상태
- 환형 유리제 액면계
- 메타인산법
- 단열성능시험

2025년 1회
- 르샤트리에(Lechatelier)의 법칙(혼합가스의 폭발범위를 구하는 식)
- 인체용 에어졸 제품의 용기에 기재하여야 할 사항
- 가스를 검지하기 위하여 사용하는 시험지
- 폭발 예방 대책 수립을 위한 우선 검토사항
- 증기운 폭발의 영향 변수
- 최소점화에너지가 낮아지는 조건

2025년 2회
- 중요 가스의 윤활유
- 단열성능시험
- LP가스 저온 저장탱크에 반드시 설치하여야 되는 장치
- 전기설비 방폭 구조를 하지 않아도 되는 가스
- 방호벽 설치 장소
- 압축을 금지해야 할 경우

[가스기능사] 필기

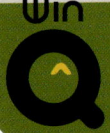

D-20 스터디 플래너

20일 완성!

D-20
시험안내 및
빨간키 훑어보기

D-19
✓ CHAPTER 01
가스안전관리
1. 가스의 성질

D-18
✓ CHAPTER 01
가스안전관리
2. 가스의 제조 공급 및 충전

D-17
✓ CHAPTER 01
가스안전관리
3. 고압가스 저장 및 사용시설

D-16
✓ CHAPTER 01
가스안전관리
4. 고압가스 특정설비, 가스용품, 냉동기, 히트펌프, 용기의 제조 및 검사

D-15
✓ CHAPTER 01
가스안전관리
5. 가스 판매, 운반, 취급~
6. 가스 관련법 활용

D-14
✓ CHAPTER 01
가스안전관리
7. 가스사고 조사보고서~
9. 부식, 비파괴검사

D-13
✓ CHAPTER 02
가스장치 및 가스설비
1. 가스장치
   핵심이론 01~
   핵심이론 06

D-12
✓ CHAPTER 02
가스장치 및 가스설비
1. 가스장치
   핵심이론 07~
   핵심이론 12

D-11
✓ CHAPTER 02
가스장치 및 가스설비
2. 저온장치~
3. 가스설비

D-10
✓ CHAPTER 02
가스장치 및 가스설비
4. 가스의 계측기기

D-9
✓ CHAPTER 03
가스일반
1. 가스의 기초

D-8
✓ CHAPTER 03
가스일반
2. 가스의 연소

D-7
✓ CHAPTER 03
가스일반
3. 가스의 성질, 제조방법 및 용도

D-6
이론 및 빨간키
복습

D-5
2013~2014년
과년도 기출문제 풀이

D-4
2015~2016년
과년도 기출문제 풀이

D-3
2017~2019년
과년도 기출복원문제 풀이

D-2
2020~2023년
과년도 기출복원문제 풀이

D-1
2024~2025년
최근 기출복원문제 풀이

합격 수기

고득점으로 합격한 21년도 2회 합격자입니다.

책과 함께 동영상 강의를 들은 것이 합격하는데 큰 힘을 실어준 것 같습니다. 책은 시대고시 출판사의 가스기능사 윙크로 준비를 했고, 동영상은 다른데서 들었습니다. 시대고시에서는 가스기능사 강의가 없는 것 같더군요. 그 점이 아쉽긴 했지만, 책과 강의하는 저자가 서로 다르면 관점도 다르기 때문에 오히려 도움이 많이 됐습니다. 주변에서는 기능사 필기시험인데 거금을 주고 영상까지 듣느냐며 한 소리 듣기도 했습니다. 하지만 저는 두 번 시험 보는 것이 싫거니와, 두 번이나 준비하면서 시간 낭비하는 것은 더더욱 싫었기 때문에 기필코 한 번에 합격하기 위해서 책으로 공부하고, 영상까지 들은 건데 지금도 잘했다는 생각이 듭니다. 가스기능사 시험 한 개만 딸 것이 아니라면 저는 이론공부는 필수라고 생각합니다. 그러나 이론 내용이 너무 많은 책은 정말 별로라고 생각합니다. 그런 책은 공부를 효율적으로 도와주는 게 아니라, 일거리를 더 만들어 주는 책이라고 생각하기 때문입니다. 그런 점에서 저는 윙크책이 정말 괜찮았습니다. 이론 내용도 적고, 기출도 최근 것들만 들어가 있어서 부담이 없었습니다. 이론이 너무 적다고 생각이 되면 기출문제의 해설을 보면 됩니다. 저는 그것만으로 충분하다고 생각합니다. 기본적인 개념에 충실하지만 심도있는 수준의 책은 아닌 것. 이런 점이 윙크 가스기능사 책이 갖는 메리트가 아닌가 싶습니다. 저는 영상까지 들었기 때문에 고득점으로 합격했지만 시험 준비하시는 분들은 책만으로도 충분히 고득점으로 합격하실 수 있을 것이라 생각합니다. 다만 기출만 달달외우진 마시고 이론도 함께 공부하심이 어떨까하는 생각이 드네요.

2021년 가스기능사 합격자

와우, 2022년 CBT 시험 보고 왔습니다.

여태 시험지로 시험만 봐봤지, 컴퓨터로 본 것은 처음이라 생소했지만 뭐.. 어려운 게 1도 없어서 괜히 긴장만 했네여ㅋㅋ 아ㅋㅋ너무 긴장해서 화장실 가고 싶어서 미치는 줄 알았음ㅋㅋ CBT 시험으로 바뀌면서 시험지가 없고, 그 자리에서 바로 합격, 불합격을 확인할 수 있는 게 컴퓨터 시험의 가장 큰 장점인 것 같아요. 그 자리에서 합격한 걸 딱! 확인하니깐 공부하면서 스트레스 받았던 게 다 풀렸습니다ㅋㅋ
아, 합격수기 쓴다고 해놓고 서론이 너무 길었네요. 윙크 책 보면 12년도부터 기출이 5년간 들어가 있고, 회차는 모두 4회분씩 누락된 회차는 없습니다. (16년차만 5회가 없는 것 빼고는..) 아! CBT시험은 시험 보는 개개인 모두 시험문제들이 다르게 분배돼서 출제된다는 건 아시죠? 그렇다 보니 출제문제의 형평성이 논란이 되고 있지만 시험도 운이잖아요? 저는 어쩔 수 없는 것 같더라고요. 그래서 사실 이제 기출만 공부하는 게 크게 의미가 있나~ 하는 생각이 들면서도 CBT 시험 또한 기존의 기출문제들 중 선별되어 다시 출제되는 문제은행 방식이기 때문에 기출은 필히 봐야합니다. 그리고 기출보면 중복되는 문제들이 있습니다. 그런 문제 위주로 공부하세요. 새로운 경향의 문제까지 맞추려고 시간 너무 쓸 필요 없습니다. 이젠 CBT로 바뀌면서 신경향 문제를 맞추는 건 어려울 것 같아요. 그건 운이니깐.. 되도록 기존의 한 두 문제라도 중복되는 기출문제에 치중하는 것이 점수를 더 득점할 수 있을 겁니다. 이론 공부는 생각보다 법 문제들이 많이 나오니 꼭 숙지하세요. 법이 또 바뀐 게 있어서 너무 기출에 있는 것만 믿지 마시고 법제처에 들어가서 확인하는 것도 잊지 마시고요. 아. 그리고 기출 열심히 보라고 말씀드렸는데, 너무 예전 기출까지는 찾아보진 마세요. 어차피 중복될 문제들은 12년도부터 16년도까지 중복되는 것 중에 하나일거에요. 앞서 말씀드렸다시피 법이 바뀌었잖아요. 근데 옛날 기출은 바꾸기 전의 법일테니깐 괜히 공부거리만 느는 것 같아서 비추해요. 그럼 다들 감기 조심하시고 공부 열심히 하세요. 아자아자!!

2022년 가스기능사 합격자

이 책의 목차

빨리보는 간단한 키워드

PART 01 | 핵심이론

CHAPTER 01	가스안전관리	002
CHAPTER 02	가스장치 및 가스설비	047
CHAPTER 03	가스일반	080

PART 02 | 과년도 + 최근 기출복원문제

2013년	과년도 기출문제	102
2014년	과년도 기출문제	154
2015년	과년도 기출문제	206
2016년	과년도 기출문제	258
2017년	과년도 기출복원문제	299
2018년	과년도 기출복원문제	325
2019년	과년도 기출복원문제	350
2020년	과년도 기출복원문제	376
2021년	과년도 기출복원문제	402
2022년	과년도 기출복원문제	428
2023년	과년도 기출복원문제	454
2024년	최근 기출복원문제	481

PART 03 | 최근 기출복원문제

2025년	최근 기출복원문제	510

빨리보는 간단한 키워드

빨간키

#합격비법 핵심 요약집 #최다 빈출키워드 #시험장 필수 아이템

■ 독성가스의 농도

- TLV-TWA(Threshold Limit Value-Time Weighted Average) 농도 : 건강한 성인이 1일 8시간, 또는 주 40시간 노출되어도 인체에 해를 끼치지 않는 농도. 허용농도 200ppm 이하를 독성가스로 분류한다. 수치가 작을수록 독성이 강하다.

  예 포스겐 0.05ppm, 플루오린 0.1ppm, 염소 1ppm, 아황산가스 : 5ppm, 황화수소 : 10ppm, 암모니아 : 25ppm, 일산화탄소 50ppm

- LC_{50}(Lethal Concentration 50/반수 치사농도) : 해당 가스를 성숙한 흰쥐 집단에게 대기 중에서 1시간 동안 계속하여 노출시킨 경우 14일 이내에 그 흰쥐의 1/2(50%) 이상이 죽게 되는 가스의 농도. 즉 50% 치사농도이다. 허용농도가 100만분의 5,000 이하(5,000ppm 이하)인 것을 말한다. LC_{50}의 수치가 작을수록 독성이 강하다.

■ 저장능력 산정기준

보일러에 집중적으로 급수할 때 동판의 부동팽창, 열응력 발생을 방지하며 안전 저수면보다 50mm 아래에 설치한다.

- 압축가스 저장탱크 및 용기인 경우 $Q = (10P+1)V_1$
- 액화가스 저장탱크인 경우 $W = 0.9dV_2$
- 액화가스 용기 및 차량에 고정된 탱크인 경우 $W = \dfrac{V_2}{C}$

  여기서, Q : 저장능력(m^3)
  P : 35℃에서 최고충전압력(MPa, 아세틸렌의 경우 15℃)
  V_1 : 내용적(m^3)
  V_2 : 내용적(L)
  d : 액화가스의 비중 $\left(\dfrac{kg}{L}\right)$
  C : 가스정수

■ 압축을 금지해야 할 경우

- 가연성가스 중에서 산소가 차지하는 용량이 전용량의 4% 이상인 경우
- 산소 중에서 가연성가스가 차지하는 용량이 전용량의 4% 이상인 경우
- 아세틸렌(C_2H_2), 에틸렌(C_2H_4), 수소(H_2) 중에서 산소가 차지하는 용량이 전용량의 2% 이상인 경우
- 산소 중에서 아세틸렌(C_2H_2), 에틸렌(C_2H_4), 수소(H_2)가 차지하는 용량의 합계가 전용량의 2% 이상인 경우

■ HCN(사이안화수소)의 충전

- 사이안화수소의 순도는 98% 이상일 것
- 사이안화수소의 안정제 : 황산, 동망, 오산화인, 염화칼슘, 인산, 아황산가스
- 용기충전 후 24시간 정치하고 그 후 1일 1회 이상 질산구리벤젠 등의 시험지로 가스의 누출을 검사하고, 충전 후 60일이 지나기 전에 다른 용기에 옮겨 충전할 것(다만, 순도가 98% 이상으로서 착색되지 아니한 것은 다른 용기에 옮겨 충전하지 않을 수 있다)

■ 아세틸렌의 충전

- 아세틸렌을 2.5MPa의 압력으로 압축할 때 첨가해야 되는 희석제 : 프로판, 메탄, 에틸렌, 질소, 수소, 일산화탄소, 이산화탄소
- 습식아세틸렌 발생기의 표면온도 : 70℃ 이하(적정온도 : 50~60℃)
- 아세틸렌 용기의 다공도 : 75% 이상 92% 미만
- 아세틸렌의 용제 : 아세톤, 다이메틸폼아마이드
- 아세틸렌을 용기에 충전하는 때의 충전 중의 압력은 2.5MPa 이하로 하고, 충전 후에는 압력이 15℃에서 1.5MPa 이하로 될 때까지 정치하여 둘 것

■ 품질검사 대상가스

구 분	순 도	시 약
산 소	99.5% 이상	동암모니아시약
수 소	98.5% 이상	파이로갈롤 또는 하이드로설파이드시약
아세틸렌	98% 이상	질산은시약, 발연황산, 브롬시약

■ 운반책임자 동승기준

다음 표에서 정한 기준 이상의 용기를 차량에 적재하여 운반하는 경우 운전자 외에 한국가스안전공사에서 실시하는 운반에 관한 소정의 교육을 이수한 자, 안전관리책임자 또는 안전관리원 자격을 가진 자(운반책임자)를 동승시켜 운반에 대한 감독 또는 지원을 하도록 할 것. 다만, 운전자가 운반책임자의 자격을 가진 경우에는 운반책임자의 자격이 없는 자를 동승시킬 수 있다.

가스의 종류			기 준
압축가스	독성가스	허용농도가 100만분의 200 초과, 100만분의 5,000 이하	100m³ 이상
		허용농도가 100만분의 200 이하	10m³ 이상
	가연성가스		300m³ 이상
	조연성가스		600m³ 이상
액화가스	독성가스	허용농도가 100만분의 200 초과, 100만분의 5,000 이하	1,000kg 이상
		허용농도가 100만분의 200 이하	100kg 이상
	가연성가스		3,000kg 이상
	조연성가스		6,000kg 이상

■ 용기의 도색

공업용	색 깔	의료용
액화암모니아	백 색	산 소
수 소	주황색	사이클로프로판
액화탄산가스	청 색	아산화질소
액화염소	갈 색	헬 륨
기 타	회 색	액화탄산가스
아세틸렌	황 색	
	흑 색	질 소
산 소	녹 색	
	자 색	에틸렌

■ 용기 종류별 부속품의 기호

용기 종류	기 호
아세틸렌가스를 충전하는 용기의 부속품	AG
압축가스를 충전하는 용기의 부속품	PG
액화석유가스를 충전하는 용기의 부속품	LPG
액화석유가스 외의 액화가스를 충전하는 용기의 부속품	LG
초저온용기 및 저온용기의 부속품	LT

■ 배관의 고정장치

- 관지름이 13mm 미만 : 1m마다
- 관지름이 13mm 이상 33mm 미만 : 2m마다
- 관지름이 33mm 이상 : 3m마다

■ 가스계량기 설치기준

- 가스계량기는 화기와 2m 이상의 우회거리를 유지하는 곳에 설치할 것
- 가스계량기는 바닥으로부터 1.6m 이상, 2m 이하의 높이에 설치할 것(다만, 보호상자 내에 설치, 기계실에 설치, 보일러실(가정에 설치된 보일러실은 제외한다)에 설치 또는 문이 달린 파이프 덕트(Pipe Shaft, Pipe Duct) 내에 설치하는 경우 바닥으로부터 2m 이내 설치한다)
- 가스계량기와 전기계량기 및 전기개폐기와의 거리는 60cm 이상
- 가스계량기와 굴뚝(단열조치를 하지 않은 경우), 전기점멸기 및 전기접속기와의 거리는 30cm 이상
- 가스계량기와 절연조치를 하지 않은 전선과의 거리는 15cm 이상

▍도시가스배관의 이음부(용접이음 제외)의 이격거리
- 전기개폐기 및 전기계량기 : 60cm
- 전기점멸기 및 전기접속기 : 15cm
- 단열조치를 하지 않은 굴뚝 및 절연조치를 하지 않은 전선 : 15cm
- 절연된 전선 : 10cm

▍정압기에 설치되는 안전밸브 분출부의 크기
- 정압기 입구측 압력이 0.5MPa 이상인 것은 50A 이상
- 정압기 입구측 압력이 0.5MPa 미만인 것은 정압기의 설계유량에 따라 다음과 같은 크기로 하여야 한다.
  - 정압기 설계유량이 $1,000 \dfrac{N \cdot m^3}{h}$ 이상인 것 : 50A 이상
  - 정압기 설계유량이 $1,000 \dfrac{N \cdot m^3}{h}$ 미만인 것 : 25A 이상

▍정압기 환기설비 기준
- 자연환기설비설치
  - 환기구의 위치는 공기보다 무거운 가스인 경우는 바닥에서 30cm 이내, 공기보다 가벼운 가스인 경우는 천장에서 30cm 이내에 설치할 것
  - 외기에 면하여 설치하는 환기구의 통풍가능 면적 합계는 바닥면적 1m²마다 300cm²의 비율로 계산한 면적 이상으로 할 것(다만, 환기구의 면적은 2,400cm² 이하로 할 것)
  - 사방이 방호벽 등으로 설치된 경우에는 환기구를 2방향 이상으로 분산하여 설치할 것
  - 흡입구 및 배기구의 관경은 100mm 이상으로 할 것
  - 배기가스 방출구는 지면에서 3m 이상의 높이에 설치할 것
- 기계환기설비설치
  - 통풍능력은 바닥면적 1m²마다 $0.5 \dfrac{m^3}{min}$ 이상으로 할 것
  - 배기구는 공기보다 무거운 가스는 바닥면, 공기보다 가벼운 가스는 천장면에 가까이 설치할 것
- 배기가스 방출구의 높이
  - 공기보다 무거운 가스 : 5m 이상
  - 공기보다 가벼운 가스 : 3m 이상
- 흡입구 및 배기구의 관경은 100mm 이상으로 할 것

▌ 웨버지수 계산 공식

$$WI = \frac{H_g}{\sqrt{d}}$$

여기서, WI : 웨버지수

H_g : 도시가스의 총발열량 $\left(\frac{\text{kcal}}{\text{m}^3}\right)$

d : 도시가스의 비중

▌ 고압가스를 운반하는 차량의 경계표지

- 위험 고압가스라고 하는 표지판의 크기
  - 가로치수 : 차체 폭의 30% 이상
  - 세로치수 : 가로치수의 20% 이상
- 차량구조상 정사각형 또는 이에 가까운 형상으로 표시할 경우의 면적 : 600cm² 이상
- 탱크로리의 주밸브 수평거리
  - 후부취출식 : 뒷범퍼와 수평거리 40cm 이상
  - 측부취출식 : 뒷범퍼와 수평거리 30cm 이상
  - 조작상자 설치 시 : 뒷범퍼와 수평거리 20cm 이상

▌ 가스설비의 점검, 수리, 청소

- 가연성가스의 설비 : 방출한 가스의 착지농도가 당해 가연성가스의 폭발하한계의 $\frac{1}{4}$ 이하가 되도록 방출관으로부터 서서히 방출시킬 것
- 독성가스의 설비 : 독성가스의 농도가 허용농도 이하로 될 때까지 치환을 계속할 것
- 산소가스의 설비 : 산소의 농도가 18~22% 이하로 될 때까지 치환을 계속할 것

■ 독성가스의 제독제

독성가스명	제독제
염소	가성소다수용액, 탄산소다수용액, 소석회
포스겐	가성소다수용액, 소석회
황화수소	가성소다수용액, 탄산소다수용액
사이안화수소	가성소다수용액
아황산가스	가성소다수용액, 탄산소다수용액, 물
암모니아, 산화에틸렌, 염화메탄	물

★ 독성가스의 제독제 암기법

  염소(Cl_2)-염가탄소, 포스겐($COCl_2$)-포가소, 황화수소(H_2S)-황가탄, 사이안화수소(HCN)-사가, 아황산가스(SO_2)-아가탄물, 암모니아(NH_3)・산화에틸렌(C_2H_4O)・염화메탄(CH_3Cl)-암산염물

■ 용기 및 설비에 따른 압력

압력의 종류	용기		설비 (저장탱크, 용기집합장치, 배관 등)
	C_2H_2	C_2H_2 이외의 용기	
TP (내압시험압력)	FP×3배	FP×$\frac{5}{3}$	• 상용압력×1.5배 (공기, 질소로 내압시험 시 상용압력×1.25배) • 냉동설비는 설계압력×1.5배 • 도시가스는 최고사용압력×1.5배
FP (최고충전압력)	15℃에서 1.55MPa	TP×$\frac{3}{5}$	
AP (기밀시험압력)	FP×1.8배	FP (단, 저온・초저온용기 = FP×1.1배)	• 상용압력 • 도시가스는 최고사용압력×1.1배
안전밸브 작동압력	TP×0.8배	TP×0.8배	TP×0.8배 (단, 액화산소탱크 = 상용압력×1.5배)

■ 도시가스 제조소의 내진설계 기준

저장탱크・가스홀더・압축기・펌프・기화기・열교환기・냉동설비의 지지구조물과 기초는 지진에 견딜 수 있도록 설계하고 지진의 영향으로부터 안전한 구조로 할 것. 다만, 다음의 어느 하나에 해당하는 시설은 내진 설계 대상에서 제외한다.
• 건축법령에 따라 내진 설계를 하여야 하는 것으로서 같은 법령이 정하는 바에 따라 내진설계를 한 시설
• 저장능력이 3톤(압축가스의 경우에는 300m³) 미만인 저장탱크 또는 가스홀더
• 지하에 설치되는 시설

▍냉동능력 산정기준
- 원심식 압축기를 사용하는 냉동설비는 그 압축기의 원동기 정격출력 1.2kW를 1일의 냉동능력 1톤으로 본다.
- 흡수식 냉동설비는 발생기를 가열하는 1시간의 입열량 6,640kcal를 1일의 냉동능력 1톤으로 본다.

▍중요가스 윤활유
- 공기 : 양질의 광유
- 아세틸렌 : 양질의 광유
- 수소 : 양질의 광유
- 산소 : 10% 이하의 묽은 글리세린수 또는 물
- 염소 : 진한 황산
- 아황산가스 : 화이트유(액상파라핀, 바셀린유)

▍다단압축의 장점
- 소요일량이 절감된다.
- 힘의 평형이 양호하다.
- 압축비가 작아지며, 효율이 증가된다.
- 중간냉각으로 토출가스의 온도상승을 피할 수 있다.

▍펌프의 상사법칙
- $\Delta Q_2 = \Delta Q_1 \times \dfrac{N_2}{N_1} \times \left(\dfrac{D_2}{D_1}\right)^3$
- $\Delta P_2 = P_1 \times \left(\dfrac{N_2}{N_1}\right)^2 \times \left(\dfrac{D_2}{D_1}\right)^2$
- $\Delta Kw_2 = \Delta Kw_1 \times \left(\dfrac{N_2}{N_1}\right)^3 \times \left(\dfrac{D_2}{D_1}\right)^5$

여기서, 1 : 변화 전, 2 : 변화 후, ΔQ : 유량, N : 회전수, D : 배관의 직경, ΔP : 양정, ΔKw : 동력

고압용기의 구분

- 용기의 구분
  - 이음매 있는 용기(계목용기 또는 용접용기)의 제조법 : 심교축용기법, 종이음형용기법
  - 이음매 없는 용기(무계목용기) : 만네스만식, 에르하르트식, 코핑식
- 용기재질의 C, P, S 비율

구 분	C	P	S
이음매 있는 용기	0.33%	0.04%	0.05%
이음매 없는 용기	0.55%	0.04%	0.05%

- 용기의 종류에 따른 부식여유치

암모니아를 충전하는 용기	부피가 1,000L 이하인 것	1mm
	부피가 1,000L를 초과한 것	2mm
염소를 충전하는 용기	부피가 1,000L 이하인 것	3mm
	부피가 1,000L를 초과한 것	5mm

용기 밸브의 충전구 나사형식

- 모든 가연성가스 : 왼나사(왼나사임을 표시하기 위해 그랜드 너트에 V자 홈을 낸다. 그리고 해당되지 않는 기체는 암모니아와 브롬화메탄이다)
- 기타 가스 : 오른나사
- 용기용 밸브는 가스충전구의 형식에 의해 A형, B형, C형으로 구분한다.
  - A형 : 수나사
  - B형 : 암나사
  - C형 : 나사 구분이 없다.

용기의 내압시험

- 영구증가율(항구증가율) = $\dfrac{항구증가량}{전증가량} \times 100$
- 판정 : 영구증가율이 10% 이하인 용기는 합격

용기보관실의 방호벽

- 방호벽의 규격

방호벽의 종류	높이	두께
철근 콘크리트제	2m	12cm
콘크리트 블록	2m	15cm
박강판	2m	3.2mm
후강판	2m	6mm

- 철근 콘크리트 방호벽 설치기준
  - 기초의 높이 : 350mm 이상
  - 되메우기 깊이 : 300mm 이상
  - 기초의 두께 : 방호벽 최하부 두께의 120% 이상
  - 보조벽을 본체와 수평으로 설치
- 방호벽 설치장소
  - 압축기와 그 충전장소 사이
  - 압축기와 그 가스충전용기 보관장소 사이
  - 충전장소와 그 가스충전용기 보관장소 사이 및 충전장소와 그 충전용 주관밸브, 조작밸브 사이

부취제

- 부취제의 정의 : 일종의 방향 화합물로 가스 등에 첨가하여 냄새로 확인이 가능하도록 하는 물질
- 부취제의 종류
  - TBM(Tertiary Butyl Mercaptan) : 가스 종류에 흔히 쓰이며, 양파 썩는 냄새가 난다.
  - THT(Tetra Hydro Thiophene) : 천연가스의 부취제로 사용되며, TBM(Tertiary Butyl Mercaptan)과 혼합하여 쓰이며, 석탄가스냄새가 난다.
  - DMS(Dimethyl Sulfide) : 마늘냄새가 난다.
- 부취제 주입방법
  - 액체주입식 부취설비 : 펌프주입방식, 적하(중력)주입방식, 미터연결바이패스방식
  - 증발식 부취설비 : 바이패스 증발식, 위크 증발식
- 부취제 농도 : 액화석유가스를 차량에 고정된 탱크 또는 용기에 충전할 경우 공기 중의 혼합비율 용량이 1,000분의 1(0.1%)인 상태에서 감지할 수 있도록 냄새가 나는 물질을 섞어 충전할 수 있는 설비[부취제(腐臭劑) 혼합설비]를 설치할 것. 다만, 공업용으로 사용하는 액화석유가스의 충전시설은 그러하지 아니하다.

▌ 공기액화분리장치의 폭발원인

- 공기 취입구에서 아세틸렌이 혼입되었을 때
- 공기 중에서 산화질소, 이산화질소 등의 질소산화물이 혼입되었을 때
- 액체공기 중에서 오존이 혼입되었을 때
- 압축기용 윤활유의 분해에 따른 탄화수소가 생성되었을 때

▌ 전기방식

- 종류 : 희생양극법, 외부전원법, 선택배류법, 강제배류법
- 전기방식의 시공
  - 희생양극법, 선택배류법, 강제배류법은 배관길이 300m 이내의 간격으로 설치한다.
  - 외부전원법은 땅 속의 애노드에 강제전압을 가하여 피방식 금속제를 캐소드로 하는 전기방식법으로 배관길이 500m 이내의 간격으로 설치한다.
  - 외부전원법의 장점은 다음과 같다.
    ⓐ 과방식의 염려가 있다.
    ⓑ 전압, 전류의 조정이 용이하다.
    ⓒ 전식에 대해서도 방식이 가능하다.
    ⓓ 전극의 소모가 적어서 관리가 용이하다.

▌ 방류둑

- 기능 : 액상의 유해가스가 누출되었을 경우 다른 곳으로 흘러나가지 못하도록 방지하는 둑
- 용 량
  - 액화산소저장탱크 : 저장능력에 상당용적 60% 이상
  - 집합방류둑 내에 설치한 경우 : 최대저장탱크의 용량 + 잔여탱크의 용량의 10% 상당의 용적 이상
  - 질소가스는 불연성, 비독성물질이므로 방류둑이 필요 없다.
- 구 조
  - 성토는 수평에 대하여 45° 이하의 기울기로 할 것
  - 성토의 정상부 폭은 30cm 이상으로 할 것
  - 액밀한 구조일 것
  - 방류둑에는 계단, 사다리 또는 토사를 높이 쌓아올림 등에 의한 출입구를 50m마다 1개 이상씩 두되, 그 둘레가 50m 미만인 경우는 2개 분산해서 설치할 것

- 방류둑 설치기준(액화가스 저장탱크 기준)
  - 가연성가스 : 500톤 이상
  - 독성가스 : 5톤 이상
  - 산소 : 1,000톤 이상
  - LPG : 1,000톤 이상

▌ 정압기

- 기능 : 1차 압력 및 부하유량 변동에 관계없이 2차 압력을 일정하게 유지시키는 기능
- 정압기의 특성
  - 정특성 : 정상상태에서 2차 압력과 유량과의 관계
  - 동특성 : 부하변동에 대한 응답의 신속성과 안전성이 요구되는 특성
  - 유량특성 : 메인밸브의 열림과 유량과의 관계
- 종 류
  - 피셔식
    ⓐ 구동압력이 증가하면 개도도 증가하는 방식
    ⓑ 정특성, 동특성이 양호하고 비교적 콤팩트한 구조의 로딩형 정압기
  - 액시얼-플로(AFV ; Axial Flow Valve) 정압기
    ⓐ 메인 다이어프램과 메인밸브를 고무슬리브(Rubber Sleeve) 1개로 해결하여 매우 간단하다.
    ⓑ 소형이며 경량인 정압기
  - 레이놀즈식(KRF식)
    ⓐ Unloading형이다.
    ⓑ 본체는 복좌밸브로 되어 있어 상부에 다이어프램을 가진다.
    ⓒ 정특성은 아주 좋으나, 안정성은 떨어진다.
    ⓓ 다른 형식에 비하여 크기가 크다.
    ⓔ 구조기능이 가장 우수하며 많이 사용하고, 항상 자동으로 작동한다.
  - 직동식
    ⓐ 구조가 간단하고, 경제적이다.
    ⓑ 유지관리가 용이하여 널리 쓰이고 있다.
    ⓒ 스프링 및 다이어프램 효과와 같은 특성 등으로 인하여 출구압을 일정하게 유지하기가 어려운 것이 단점이다.
    ⓓ 단독주택 등 소용량의 단독정압기에 주로 사용된다.

■ 각 온도계의 특징 및 성질

접촉식 온도계	열팽창을 이용한 온도계 (팽창식 온도계)	유리제 온도계 (봉입액 : 펜탄, 톨루엔)	알코올 온도계	수은온도계보다 감도가 좋고 저온용으로 적합
			수은 온도계	열전도율이 커 응답성이 빠르고 0~100℃의 온도를 측정
			베크만 온도계	유리제 온도계 중 가장 정밀하고, 실험용으로 적합
		압력식 온도계	액체팽창식	봉입액 : 알코올, 수은, 아닐린
			기체팽창식	봉입액 : 프레온, 에틸에테르, 톨루엔
			증기팽창식	봉입액 : 프레온, 에틸에테르, 톨루엔, 아닐린
		고체팽창식 온도계	바이메탈 온도계	열팽창계수가 상이한 2개의 금속판
	전기저항을 이용한 온도계 (저항온도계)	저항치가 증가하는 성질	백금 저항체	측정범위가 넓고 안정성, 재현성
			니켈 저항체	가격이 저렴하고 백금 다음으로 많이 쓰임
			동 저항체	0~100℃까지 측정, 가격이 저렴, 고온에서 산화
		저항치가 감소하는 성질	서미스터	금속의 소결시켜 만든 반도체로 온도상승에 따라 저항률이 감소하는 것을 이용하여 온도를 측정
	열기전력을 이용한 온도계 (열전대 온도계)	열전대 온도계	백금-백금로듐(P-R)	내열성이 좋고, 환원성에 약하며, 온도측정범위는 0~1,800℃의 고온측정용으로 쓰임
			크로멜-알루멜(C-A)	공업용으로 많이 쓰이며 온도측정범위는 -270~1,400℃의 저온측정용으로 쓰임
			철-콘스탄탄(I-C)	기전력이 크고, 환원분위기에 강하며, 값이 싸므로 공장에서 널리 사용하며, 온도측정범위는 -200~750℃의 온도를 계측
			동-콘스탄탄(C-C)	온도측정범위는 -200~400℃의 온도를 계측
비접촉식 온도계	색 온도계			
	방사 온도계	열전대를 직렬로 여러 개 접촉시킨 열전대를 이용하여 물체로부터 나오는 복사열을 측정하여 온도를 계측하는 온도계		
	광고 온도계			
	광전관식 온도계			

■ 유량계

- 차압식 유량계의 종류
  - 벤투리미터 : 본체는 다음 그림에 나타낸 것과 같이 가늘있다가 넓어지는 형태의 관으로, 입구 바로 앞 및 목부분(가장 좁은 부분)의 압력차를 측정하여 이것으로부터 유량을 구하는 계측장치

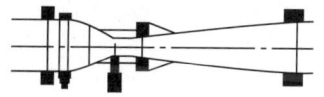

  - 오리피스유량계 : 관 도중에 조리개(교축기구)를 넣어 조리개 전후의 차압을 이용하여 유량을 측정하는 계측기기, 제작이 간단하고 교환이 쉽고, 유체의 압력손실이 크다.
  - 플로노즐 : 유체관 내에 노즐(Nozzle) 등과 같은 차압 기구를 설치하여 유속에 따라 기구 전후의 압력차가 유속에 비례하여 변하는 것을 이용해 유량을 측정하는 것이다.
- 용적식 유량계의 종류 : 오벌 유량계, 가스미터, 로터리 팬, 루트 유량계, 로터리 피스톤
- 면적식 유량계의 종류 : 플로트형, 피스톤형, 게이트형, 로터미터

■ 압력계
- 압력계의 구분
  - 1차 압력계 : 압력을 직접측정, 액주식, 자유피스톤식(분동식)
  - 2차 압력계 : 압력을 간접측정, 부르동관식, 다이어프램식, 벨로스식, 전기식, 피에조 전기압력계식
- 액주식 압력계 : 일반적으로 투명 Glass관을 이용하여 Glass관 내부에 액체를 충진시키고 미지 압력을 가할 때 관 내부액의 Level이 변화하고 이 변화된 액의 위치를 측정함으로 압력을 구하는 압력계
  - U자관식
  - 단관식
  - 경사관식
- 탄성식 압력계
  - 부르동관압력계 : 탄성식 압력계는 수압부에 탄성체를 사용해서 측정하고자 하는 압력을 가했을 때 가해진 압력에 비례하는 단위 압력당의 변형량을 아는 상태에서, 이에 대응된 변형량만을 측정함으로써 압력을 구하는 방법이다.
  - 다이어프램압력계 : 다이어프램 압력계는 고정시킨 환산형 주위단과 동일 평면을 이루고 있는 얇은 막의 형태(평판형, 파형, Capsule형)로서, 가해진 미소 압력의 변화에도 대응된 수직방향으로 팽창 수축하는 압력 소자이다. 또한 고점도 액체나 부유 현탁액의 유체 압력측정에 가장 적당한 압력계이다.
  - 벨로스압력계 : 주름관이 내압변화에 따라서 신축되는 것을 이용한 것으로 진공압 및 차압 측정에 주로 사용되는 압력계로 측정압력이 $0.01 \sim 10 kg/cm^2$ 정도이고, 오차가 $\pm 1 \sim 2\%$ 정도이며 유체 내의 먼지 등의 영향이 작으나, 압력 변동에 적응하기 어렵고 주위 온도 도차에 의한 충분한 주의를 필요로 한다.
- 침종식 압력계 : 아르키메데스의 원리를 이용한 압력계

액면 측정방법

구분	종류	측정원리	요점사항
직접식	유리관식 액면계 (직관식)	탱크의 액면과 같은 높이의 액체가 유리관에도 나타나므로 유리관 액면의 높이를 측정한다.	대개 개방된 액체용 탱크에 사용
	검척식 액면계	검척봉으로 직접 액면의 높이를 측정한다.	액면 변동이 적은 개방탱크, 저수 탱크 등에 사용
	플로트식 액면계 (부자식)	액면에 띄운 부자의 위치를 이용하여 액면을 측정한다.	• 액면 경보용, 제어용으로 사용 • 활차식, 볼 플로트, 디스프레스먼트 액면계
	편위식 액면계	부자의 길이에 대한 부력으로부터 액면을 측정한다.	• 아르키메데스의 원리를 이용한 것 • 고압 진동탱크 액면 측정
간접식	압력식 액면계, 햄프슨식 액면계 (차압식 액면계)	액면의 높이에 따른 압력을 측정하여 액의 높이를 측정	고압 밀폐탱크의 액면 측정에 사용
	퍼지식 액면계 (기포식 액면계)	탱크 속에 파이프를 삽입하고 이 파이를 통해 공기를 보내어 파이프 끝 부분의 공기압을 압력계로 측정하여 액의 높이를 구함	• 일종의 압력식 액면계 • 주로 개방탱크에 이용되며 부식성이 강하거나 점도가 높은 액체에 사용
	방사선식 액면계	방사선 세기의 변화를 측정	• 고온, 고압의 액체 측정용(용광로 내 레벨 측정) • 고점도 부식성 액체를 측정
	초음파식 액면계	탱크 밑에서 초음파를 발사하여 되돌아오는 시간을 측정하여 액면의 높이를 구함	주로 액면 제어용으로 사용
	정전용량식 액면계	정전 용량 검출 프로브(Probe)를 액 중에 넣어 측정	유전율이 온도에 따라 변화되는 곳에는 사용 불가

가스누출감지경보기

가스누출감지경보기란 가연성 또는 독성물질의 가스를 감지하여 그 농도를 지시하며, 미리 설정해 놓은 가스농도에서 자동적으로 경보가 울리도록 하는 장치를 말한다.

- 가연성 가스누출감지경보기는 담배연기 등에, 독성가스 누출감지경보기는 담배연기, 기계세척유가스, 등유의 증발가스, 배기가스, 탄화수소계 가스와 그 밖의 가스에는 경보가 울리지 않아야 한다.
- 가연성 가스누출감지경보기는 감지대상 가스의 폭발하한계 25% 이하, 독성가스 누출감지경보기는 해당 독성가스의 허용농도 이하에서 경보가 울리도록 실정하여야 한다.
- 가스누출감지경보의 정밀도는 경보설정치에 대하여 가연성 가스누출감지경보기는 ±25% 이하, 독성가스누출감지경보기는 ±30% 이하이어야 한다.
- 가스누출감지경보기의 가스 감지에서 경보발신까지 걸리는 시간은 경보농도의 1.6배인 경우 보통 30초 이내일 것. 다만, 암모니아, 일산화탄소 또는 이와 유사한 가스 등을 감지하는 가스누출감지경보기는 1분 이내로 한다.
- 경보정밀도는 전원의 전압 등의 변동률이 ±10%까지 저하되지 않아야 한다.
- 지시계 눈금의 범위는 가연성가스용은 0에서 폭발하한계값, 독성가스는 0에서 허용농도의 3배 값(암모니아를 실내에서 사용하는 경우에는 150)이어야 한다.
- 경보를 발신한 후에는 가스농도가 변화하여도 계속 경보를 울려야 하며, 그 확인 또는 대책을 조치할 때에는 경보가 정지되어야 한다.

▌고압가스의 분류

- 상태에 따른 분류
  - 압축가스 : 상온에서 압축하여도 용이하게 액화하지 않은 가스(수소, 네온, 공기, 일산화탄소, 질소 등)
    ※ 고압가스안전관리법에 따른 정의 : 상용온도 또는 35℃에서 1MPa 이상인 것
  - 액화가스 : 상온에서 비교적 낮은 압력(0.7~0.8MPa)으로 쉽게 액화할 수 있는 가스(암모니아, 이산화황, 염소, 플루오린, 포스겐, 프로판, 부탄)
    ※ 고압가스안전관리법에 따른 정의 : 상용온도 또는 35℃ 이하에서 0.2MPa 이상인 것
  - 용해가스 : 용제에 가스를 용해시켜 놓은 상태의 가스(아세틸렌)
    ※ 고압가스안전관리법에 따른 정의 : 15℃에서 0Pa 초과하는 것
- 성질에 따른 분류
  - 가연성가스 : 폭발하한이 10% 이하 또는 상한과 하한의 차이가 20% 이상인 것으로 연소가 가능한 가스
  - 조연성가스 : 다른 가연성가스의 연소를 돕는 가스(공기, 산소, 오존, 이산화질소, 할로겐족원소, 포스겐)
  - 불연성가스 : 연소하지 않는 가스(이산화탄소, 질소, 헬륨, 네온, 아르곤)
- 독성유무에 따른 분류
  - 독성 : LC_{50}값이 5,000ppm 이하인 가스
  - 비독성 : LC_{50}값이 5,000ppm을 초과하는 가스
  ※ LC_{50}(반수 치사농도) : 성숙한 흰쥐 집단에 대해 대기 중에서 1시간 동안 노출시킨 경우 14일 이내에 실험동물의 50%를 사망시킬 수 있는 가스의 농도

▌압력(Pressure)

- 표준 대기압

$$1atm = 760mmHg = 10,332mmH_2O\left(=mmAq=\frac{kg}{m^2}\right) = 1.0332\frac{kg}{cm^2} = 14.7psi\left(=\frac{lb}{inch^2}\right)$$

$$= 1,013.25mbar = 101,325Pa$$

- 절대압력 : 완전 진공의 상태를 0으로 기준하여 측정한 압력으로 단위는 $kg/cm^2 a$
  - 절대압력 = 대기압 + 게이지압
  - 절대압력 = 대기압 − 진공압

▌온도

- $K = 273 + ℃$
- $°F = \frac{9}{5}℃ + 32$
- $°R = °F + 460$

■ 연소기구를 급배기 방법에 의한 분류

- 개방식 : 흡기 및 배기장치가 별도로 부착되어 있지 않는 연소기구로 밀폐된 공간에서 장시간 연소 시 일산화탄소 중독 발생이 있는 방식으로 가스렌지, 가스팬히터, 소형순간온수기 등이 여기에 속한다.
- 반밀폐식 연소방식
  - 자연배기식(CF ; Conventional Flue) : 필요공기는 실내에서 충당하고 배기는 옥외로 배출시키는 방식으로 연도 및 연돌의 냉각 시에는 배기가스 배출이 불가능한 방식
  - 강제배기식(FE ; Forced Exhaust) : 연소 시 필요공기는 실내에서 충당하고 배기가스는 송풍기를 부착시켜 강제로 외기에 배출시키는 방식으로 연도 및 연돌의 냉각 시에도 배기가스 배출이 가능한 방식(강제배기식에서 배기가스는 팬이 강제로 외부로 불어내지만 연소에 필요한 공기는 실내에서 공급받게 되므로 FE식 보일러를 설치할 경우 전용 보일러실에 설치해야 하며 반드시 급배기구(갤러리)를 설치하여 공기가 보일러실 내로 잘 유입되도록 하여야 한다)
- 밀폐식
  - 자연 급배기식(BF ; Balanced Flue) : 흡기 및 배기를 옥외로 하는 연소방식으로 밀폐된 공간에서 장시간 연소시켜도 폐가스(CO)에 의한 사고는 발생하지 않는 것으로 온수보일러, 대형 온수기 등에 채용
  - 강제 급배기식(FF ; Forced draught balanced Flue) : 강제송풍기를 부착하여 흡기 및 배기를 옥외로 하는 연소방식으로 BF방식과 같이 폐가스로 인한 사고는 발생하지 않는다(강제 급배기방식의 연통을 사용하므로 연통을 보면 하나는 배기관으로 스테인리스로 연결되어 있고 급기관은 알루미늄 포일로 연결되어 있어서 FE와 쉽게 구별이 되며 배기가스를 외부로 강제로(배기팬에 의해) 불어내고 급기에 필요한 공기를 외부에서 흡입하는 구조로 실내공기의 오염이 전혀 없으며 실내에 설치할 수 있다)

■ 방폭구조의 종류

방폭구조	정 의	기 호
내압 방폭구조	용기 내 폭발 시 용기가 폭발압력을 견디며 접합면, 개구부를 통해 외부에 인화될 우려가 없는 구조	Ex d
압력 방폭구조	용기 내에 보호가스를 압입시켜 폭발성 가스나 증기가 용기 내부에 유입되지 않도록 된 구조	Ex p
안전증 방폭구조	정상운전 중에 점화원 발생방지를 위해 기계적, 전기적 구조상 혹은 온도상승에 대해 안전도를 증가한 구조	Ex e
유입 방폭구조	전기불꽃 아크, 고온 발생부분을 기름으로 채워 폭발성 가스 또는 증기에 인화되지 않도록 한 구조	Ex o
본질안전 방폭구조	정상 시 및 사고 시(단선, 단락, 지락)에 발생하는 폭발 점화원(전기불꽃, 아크, 고온)으로 인해 가연성 가스의 발생이 방지된 구조	Ex ia Ex ib
비점화 방폭구조	정상동작 시 주변의 폭발성 가스 또는 증기에 점화시키지 않고 점화 가능한 고장이 발생되지 않는 구조	Ex n
몰드 방폭구조	전기불꽃, 고온발생부분을 컴파운드로 밀폐한 구조	Ex m
충전 방폭구조	전기불꽃 등 발생부분을 용기 내에 고정시키고 주위를 충전물질로 충전하여 가스의 유입, 인화를 방지한 구조	Ex q
특수 방폭구조	기타의 방법으로 폭발성 가스 또는 증기에 인화를 방지시킨 구조	Ex s
특수방진 방폭구조	틈새, 접합면 등으로 분진이 용기 내부에 침입하지 않도록 한 구조	Ex SDP
보통방진 방폭구조	틈새, 접합면 등으로 분진이 용기 내부에 침입하기 어렵게 한 구조	Ex DP
방진특수 방폭구조	기타의 방법으로 방진방폭성능이 확인된 구조	Ex XDP

아세틸렌

- 성 질
  - 상온에서 무색, 무취의 기체상태로 존재하며 순수한 물질은 에테르와 비슷한 향기가 있으나 보통 공존하는 불순물 때문에 특유의 냄새가 난다.
  - 액체아세틸렌은 불안정하나 고체아세틸렌은 비교적 안정하고 15℃에서 아세톤 또는 다이메틸폼아마이드용액에 25배 녹아 들어간다.
  - 흡열화합물이므로 충격이나 압축에 의해서 분해 폭발할 우려가 있으므로 용기 충전 시 다공물질, 용제에 침윤시켜 충전한다.
  - 안전밸브는 가용전식을 쓰며 용융온도는 105±5℃이다.
  - Cu, Ag, Hg과 화합하여 폭발성의 금속아세틸라이드를 생성한다.
  - 화합폭발 반응식 : $C_2H_2 + 2Cu \rightarrow Cu_2C_2 + H_2$
  - 산화폭발 반응식 : $C_2H_2 + 2.5O_2 \rightarrow 2CO_2 + H_2O$
  - 분해폭발 반응식 : $C_2H_2 \rightarrow 2C + H_2$

- 아세틸렌 제조 공정도
  가스발생기 → 쿨러 → 가스청정기 → 저압건조기 → 압축기 → 유분리기 → 고압건조기 → 가스충전용기

- 가스발생기
  - 가스발생기에서 일어나는 반응 : $CaC_2 + 2H_2O \rightarrow Ca(OH)_2 + C_2H_2$
  - 종류 : 주수식, 투입식, 침지식
  - 습식발생기의 표면 유지온도 : 70℃ 이하(최적온도 : 50~60℃)
  - 압력에 따른 구분

    고압식 : $1.3 \frac{kg}{cm^2}$ 이상, 중압식 : $0.07 \frac{kg}{cm^2}$ 이상 $1.3 \frac{kg}{cm^2}$ 미만, 저압식 : $0.07 \frac{kg}{cm^2}$ 미만

  - 가스 발생기 구비조건
    - ⓐ 열발생률이 작을 것
    - ⓑ 가스수요에 적합할 것
    - ⓒ 역류, 역화 시 영향을 받지 않는 구조일 것
    - ⓓ 내압성이 클 것
    - ⓔ 경제적일 것

- 쿨러 : 냉각기(온도를 낮추는 장치)
- 가스청정기 : 불순물 제거장치
  - 불순물의 종류 : H_2S, CH_4, PH_3, SiH_4, NH_3
  - 청정제의 종류 : 에퓨렌, 카타리솔, 리가솔
  - 불순물을 제거하지 않을 경우 미치는 영향 : 순도 저하, 발열량 감소, 용해도 감소, 악취 발생
- (저압, 고압)건조기 : 염화칼슘($CaCl_2$)을 이용하여 수분을 제거하는 장치

- 압축기
  - 용량 : 15~60 $\frac{m^3}{h}$, 회전수는 100rpm 이하로 2~3단 왕복동식압축기
  - 윤활유 : 양질의 광유
- 유분리기 : 압축기에 사용된 오일을 제거하기 위한 장치
- 충전용기
  - 다공도 계산공식 : 다공도 = $\frac{V(\text{다공질물의 용적}) - E(\text{침윤 잔용적})}{V(\text{다공질물의 용적})} \times 100$
  - 다공질물의 다공도 : 20℃에서 75% 이상 92% 미만
  - 충전 시 온도에 관계없이 2.5MPa 이하로 할 것, 충전은 2~3회에 걸쳐 최소 8시간 정도 소요되도록 한다. 충전 후 24시간 동안 정치하며, 정치압력은 15℃에서 1.5MPa 이하로 할 것
  - 아세틸렌의 희석제 : 프로판, 메탄, 에틸렌, 질소, 수소, 일산화탄소, 이산화탄소
- 아세틸렌 정성시험에 사용되는 시약 : 질산은

이중배관(2중관)으로 해야 할 독성가스

포스겐, 황화수소, 사이안화수소, 염소, 산화에틸렌, 염화메탄, 암모니아, 이산화황

시험지 및 변색상태

가스명	시험지	변색상태
암모니아(NH_3)	적색리트머스시험지(붉은 리트머스시험지)	청 색
일산화탄소(CO)	염화팔라듐지	흑 색
포스겐($COCl_2$)	하리슨 시험지	심등색(귤색)
황화수소(H_2S)	연당지(초산납시험지)	흑 색
사이안화수소(HCN)	질산구리벤젠지	청 색
아세틸렌(C_2H_2)	염화제1동착염지	적 색
염소(Cl_2)	아이오딘화칼륨시험지(KI전분지)	청 색

★ 시험지 검사 암기법

암모니아(NH_3)-암적청, 일산화탄소(CO)-일염파흑, 포스겐($COCl_2$)-포하심, 황화수소(H_2S)-황연흑, 사이안화수소(HCN)-사질청, 아세틸렌(C_2H_2)-아염적, 염소(Cl_2)-염요청

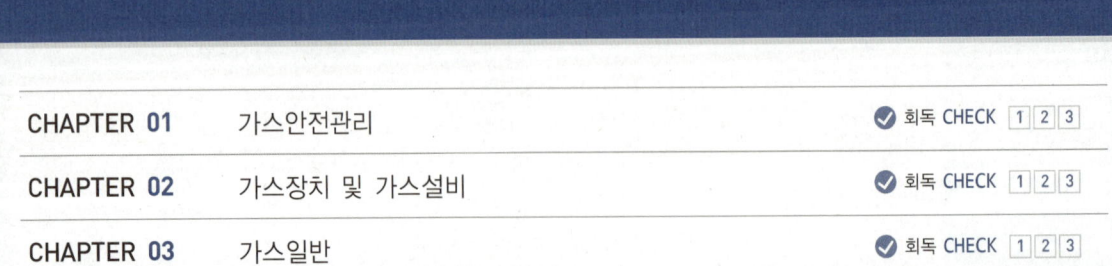

CHAPTER 01	가스안전관리
CHAPTER 02	가스장치 및 가스설비
CHAPTER 03	가스일반

PART 01

핵심이론

#출제 포인트 분석　　#자주 출제된 문제　　#합격 보장 필수이론

CHAPTER 01 가스안전관리

제1절 가스의 성질

핵심이론 01 | 가연성 가스

① 정 의
　공기 중에서 연소하는 가스로서 폭발한계의 하한이 10% 이하인 것과 폭발한계의 상한과 하한의 차가 20% 이상인 가스이다.

10년간 자주 출제된 문제

가연성가스 정의에 대한 설명으로 맞는 것은?
① 폭발한계의 하한이 10% 이하인 것과 폭발한계의 상한과 하한의 차가 20% 이상인 것을 말한다.
② 폭발한계의 하한이 20% 이하인 것과 폭발한계의 상한과 하한의 차가 10% 이상인 것을 말한다.
③ 폭발한계의 상한이 10% 이하인 것과 폭발한계의 상한과 하한의 차가 20% 이하인 것을 말한다.
④ 폭발한계의 상한이 10% 이상인 것과 폭발한계의 상한과 하한의 차가 10% 이하인 것을 말한다.

|해설|
가연성가스 : 폭발한계의 하한이 10% 이하인 것과 폭발한계의 상한과 하한의 차가 20% 이상인 것을 말한다.

정답 ①

핵심이론 02 | 기타 가스의 분류

① 조연성가스 : 산소, 염소, 플루오린, 이산화질소 등과 같이 다른 가연성가스의 연소를 도와주거나 지속시켜 주는 가스
② 불연성가스 : 질소, 아르곤, 네온, 헬륨 등과 같이 자신이 연소하지도, 다른 가스를 연소시키지도 않는 가스
③ 가스의 성질
　㉠ 수 소
　　• 수소폭명기 : $2H_2 + O_2 \rightarrow 2H_2O$
　　• 염소폭명기 : $H_2 + Cl_2 \rightarrow 2HCl$
　　• 수소는 고온・고압하에서 강재 중의 탄소와 반응하여 메탄가스를 생성하며 탈탄작용(수소취성)을 일으킨다.
　　　- $Fe_3C + 2H_2 \rightarrow 3Fe + CH_4 \uparrow$
　　　- 탈탄방지 재료 : 5~6% 크롬강, 18-8 STS강 (오스테나이트계 스테인리스강)
　　　- 탈탄방지 원소 : Ti(타이타늄), V(바나듐), W(텅스텐), Cr(크롬), Mo(몰리브덴)
　㉡ 일산화탄소
　　• 니켈-카보닐화 : $Ni + 4CO \rightarrow Ni(CO)_4$
　　• 철-카보닐화 : $Fe + 5CO \rightarrow Fe(CO)_5$
　　• 일산화탄소 전화법 :
　　　$CO + H_2O \rightarrow CO_2 + H_2$
　㉢ 염 소
　　• 상수도 시설에서 소독제로 사용하는 이유
　　　$$Cl_2 + H_2O \rightarrow HClO + HCl$$
　　　$$HClO \rightarrow HCl + [O]$$

염소와 물이 결합하여 차아염소산을 생성시켜 이 차아염소산이 다시 분해되어 염화수소와 발생기 산소를 발생시키게 된다. 이 발생기 산소가 살균작용을 하기 때문이다.
- 염소가 수분 존재하에서 부식을 일으키는 이유

$$Cl_2 + H_2O \rightarrow HClO + HCl$$

염소와 물이 결합하여 염산을 발생시켜 염산이 배관의 부식을 초래하기 때문이다.

㉣ 아세틸렌
- 성 질
  - 상온에서 무색, 무취의 기체상태로 존재하며 순수한 물질은 에테르와 비슷한 향기가 있으나 보통 공존하는 불순물 때문에 특유의 냄새가 난다.
  - 액체 아세틸렌은 불안정하나 고체 아세틸렌은 비교적 안정하고 15℃에서 아세톤 또는 다이메틸폼아마이드용액에 25배 녹아 들어간다.
  - 흡열화합물이므로 충격이나 압축에 의해서 분해 폭발할 우려가 있으므로 용기 충전 시 다공물질, 용제에 침윤시켜 충전한다.
  - 안전밸브는 가용전식을 쓰며 용융온도는 105±5℃이다.
  - Cu, Ag, Hg과 화합하여 폭발성의 금속아세틸라이드를 생성한다.
  - 화합폭발 반응식 :
    $$C_2H_2 + 2Cu \rightarrow Cu_2C_2 + H_2$$
  - 산화폭발 반응식 :
    $$C_2H_2 + 2.5O_2 \rightarrow 2CO_2 + H_2O$$
  - 분해폭발 반응식 : $C_2H_2 \rightarrow 2C + H_2$
- 아세틸렌 제조 공정도
  가스발생기 → 쿨러 → 가스청정기 → 저압건조기 → 압축기 → 유분리기 → 고압건조기 → 가스 충전용기

- 가스 발생기
  - 가스발생기에서 일어나는 반응 :
    $$CaC_2 + 2H_2O \rightarrow Ca(OH)_2 + C_2H_2$$
  - 종류 : 주수식, 투입식, 침지식
  - 습식발생기의 표면 유지온도 : 70℃ 이하(최적온도 : 50~60℃)
  - 압력에 따른 구분 :
    ⓐ 고압식 : $1.3 \frac{kg}{cm^2}$ 이상
    ⓑ 중압식 : $0.07 \frac{kg}{cm^2}$ 이상 $1.3 \frac{kg}{cm^2}$ 미만
    ⓒ 저압식 : $0.07 \frac{kg}{cm^2}$ 미만
  - 가스 발생기 구비조건
    ⓐ 열발생률이 작을 것
    ⓑ 가스수요에 적합할 것
    ⓒ 역류, 역화 시 영향을 받지 않는 구조일 것
    ⓓ 내압성이 클 것
    ⓔ 경제적일 것
- 쿨러 : 냉각기(온도를 낮추는 장치)
- 가스청정기 : 불순물 제거장치
  - 불순물의 종류 : H_2S, CH_4, PH_3, SiH_4, NH_3
  - 청정제의 종류 : 에퓨렌, 카타리솔, 리카솔
  - 불순물을 제거하지 않을 경우 미치는 영향 : 순도 저하, 발열량 감소, 용해도 감소, 악취 발생
- (저압, 고압)건조기 : 염화칼슘($CaCl_2$)을 이용하여 수분을 제거하는 장치
- 압축기
  - 용량 : $15\sim60 \frac{m^3}{h}$, 회전수는 100rpm 이하 2~3단 왕복동식압축기
  - 윤활유 : 양질의 광유
- 유분리기 : 압축기에 사용된 오일을 제거하기 위한 장치

- 충전용기
  - 다공도
    $$\frac{V(\text{다공질물의 용적}) - E(\text{침윤 잔용적})}{V(\text{다공질물의 용적})} \times 100$$
  - 다공질물의 다공도 : 20℃에서 75% 이상 92% 미만
  - 충전 시 온도에 관계없이 2.5MPa 이하로 할 것, 충전은 2~3회에 걸쳐 최소 8시간 정도 소요되도록 한다. 충전 후 24시간 동안 정치하며, 정치압력은 15℃에서 1.5MPa 이하로 할 것
  - 아세틸렌의 희석제 : 프로판, 메탄, 에틸렌, 질소, 수소, 일산화탄소, 이산화탄소
- 아세틸렌 정성시험에 사용되는 시약 : 질산은

10년간 자주 출제된 문제

2-1. 수소와 산소 또는 공기와의 혼합기체에 점화하면 급격히 화합하여 폭발하므로 위험하다. 이 혼합기체를 무엇이라고 하는가?

① 염소폭명기 ② 수소폭명기
③ 산소폭명기 ④ 공기폭명기

2-2. 다음 중 수소(H_2)의 제조법이 아닌 것은?

① 공기액화 분리법 ② 석유 분해법
③ 천연가스 분해법 ④ 일산화탄소 전화법

2-3. 수돗물의 살균과 섬유의 표백용으로 주로 사용되는 가스는?

① F_2 ② Cl_2
③ O_2 ④ CO_2

2-4. 다음 중 아세틸렌의 발생방식이 아닌 것은?

① 주수식 : 카바이드에 물을 넣는 방법
② 투입식 : 물에 카바이드를 넣는 방법
③ 접촉식 : 물과 카바이드를 소량씩 접촉시키는 방법
④ 가열식 : 카바이드를 가열하는 방법

|해설|

2-1
- 수소폭명기 : $2H_2 + O_2 \rightarrow 2H_2O$
- 염소폭명기 : $H_2 + Cl_2 \rightarrow 2HCl$

2-2
공기액화 분리법은 질소, 산소, 아르곤의 공업적 제조법이다.

2-3
염 소
- 상수도 시설에서 소독제로 사용하는 이유

$$Cl_2 + H_2O \rightarrow HClO + HCl$$
$$HClO \rightarrow HCl + [O]$$

염소와 물이 결합하여 차아염소산을 생성시켜 이 차아염소산이 다시 분해되어 염화수소와 발생기 산소를 발생시키게 된다. 이 발생기 산소가 살균작용을 하기 때문이다.

- 염소가 수분존재하에서 부식을 일으키는 이유

$$Cl_2 + H_2O \rightarrow HClO + HCl$$

염소와 물이 결합하여 염산을 발생시켜 염산이 배관의 부식을 초래하기 때문이다.

정답 2-1 ② 2-2 ① 2-3 ② 2-4 ④

제2절 가스의 제조 공급 및 충전

핵심이론 01 고압가스 일반제조시설 및 고압가스 특정제조시설

① 아세틸렌·천연메탄 또는 물의 전기분해에 의한 산소 및 수소의 제조시설 중 압축기 운전실에는 그 운전실에서 항상 그 저장탱크의 용량을 알 수 있도록 할 것

② 용기보관장소 또는 용기는 다음의 기준에 적합하게 할 것
  ㉠ 충전용기와 잔가스용기는 각각 구분하여 용기보관장소에 놓을 것
  ㉡ 가연성가스·독성가스 및 산소의 용기는 각각 구분하여 용기보관장소에 놓을 것
  ㉢ 용기보관장소에는 계량기 등 작업에 필요한 물건 외에는 두지 않을 것
  ㉣ 용기보관장소의 주위 2m 이내에는 화기 또는 인화성 물질이나 발화성 물질을 두지 않을 것
  ㉤ 충전용기는 항상 40℃ 이하의 온도를 유지하고, 직사광선을 받지 않도록 조치할 것
  ㉥ 충전용기(내용적이 5L 이하인 것은 제외한다)에는 넘어짐 등에 의한 충격 및 밸브의 손상을 방지하는 등의 조치를 하고 난폭한 취급을 하지 않을 것
  ㉦ 가연성가스 용기보관장소에는 방폭형 휴대용 손전등 외의 등화를 지니고 들어가지 않을 것

③ 밸브가 돌출한 용기(내용적이 5L 미만인 용기는 제외한다)에는 고압가스를 충전한 후 용기의 넘어짐 및 밸브의 손상을 방지하는 조치를 할 것

④ 고압가스설비 중 진동이 심한 곳에는 진동을 최소한도로 줄일 수 있는 조치를 할 것

⑤ 고압가스설비를 이음쇠로 접속할 때에는 그 이음쇠와 접속되는 부분에 잔류응력(압축·인장·굽힘·비틀림·열 등의 외력이 작용할 때, 그 크기에 대응하여 재료 내에 생기는 저항력을 말한다. 이하 같다)이 남지 않도록 조립하고 이음쇠밸브류를 나사로 조일 때에는 무리한 하중이 걸리지 않도록 하여야 하며, 상용압력이 19.6MPa 이상이 되는 곳의 나사는 나사게이지로 검사한 것일 것

⑥ 제조설비에 설치한 밸브 또는 콕(조작스위치로 그 밸브 또는 콕을 개폐하는 경우에는 그 조작스위치를 말한다. 이하 "밸브 등"이라 한다)에는 다음의 기준에 따라 종업원이 그 밸브 등을 적절히 조작할 수 있도록 조치할 것
  ㉠ 밸브 등에는 그 밸브 등의 개폐방향(조작스위치에 의하여 그 밸브 등이 설치된 제조설비에 안전상 중대한 영향을 미치는 밸브 등에는 그 밸브 등의 개폐상태를 포함한다)이 표시되도록 할 것
  ㉡ 밸브 등(조작스위치로 개폐하는 것은 제외한다)이 설치된 배관에는 그 밸브 등의 가까운 부분에 쉽게 알아볼 수 있는 방법으로 그 배관 내의 가스와 그 밖에 유체(流體)의 종류 및 방향이 표시되도록 할 것
  ㉢ 조작함으로써 그 밸브 등이 설치된 제조설비에 안전상 중대한 영향을 미치는 밸브 등 중에서 항상 사용하지 않는 것(긴급 시에 사용하는 것은 제외한다)에는 자물쇠 채움 또는 봉인 등의 조치를 해 둘 것
  ㉣ 밸브 등을 조작하는 장소에는 그 밸브 등의 기능 및 사용 빈도에 따라 그 밸브 등을 확실히 조작하는 데에 필요한 발판과 조명도를 확보할 것

⑦ 안전밸브 또는 방출밸브에 설치된 스톱밸브는 그 밸브의 수리 등을 위하여 특별히 필요한 때를 제외하고는 항상 완전히 열어 놓을 것

⑧ 화기를 취급하는 곳이나 인화성 물질 또는 발화성 물질이 있는 곳 및 그 부근에서는 가연성가스를 용기에 충전하지 않을 것

⑨ 산소 외의 고압가스 제조설비의 기밀시험이나 시운전을 할 때에는 산소 외의 고압가스를 사용하고, 공기를 사용할 때에는 미리 그 설비 안에 있는 가연성가스를 방출시킨 후에 하여야 하며, 온도는 그 설비에 사용하는 윤활유의 인화점 이하로 유지할 것

⑩ 가연성가스 또는 산소의 가스설비 부근에는 작업에 필요한 양 이상의 연소하기 쉬운 물질을 두지 않을 것

⑪ 석유류·유지류 또는 글리세린은 산소압축기의 내부윤활제로 사용하지 않고, 공기압축기의 내부윤활유는 재생유가 아닌 것으로서 사용 조건에 안전성이 있는 것일 것

⑫ 가연성가스 또는 독성가스의 저장탱크의 긴급차단장치에 딸린 밸브 외에 설치한 밸브 중 그 저장탱크의 가장 가까운 부근에 설치한 밸브는 가스를 송출(送出) 또는 이입(移入)하는 때 외에는 잠가 둘 것

⑬ 차량에 고정된 탱크(내용적이 2,000L 이상인 것만을 말한다)에 고압가스를 충전하거나 그로부터 가스를 이입 받을 때에는 차량정지목을 설치하는 등 그 차량이 고정되도록 할 것

⑭ 차량에 고정된 탱크 및 용기에는 안전밸브 등 필요한 부속품이 장치되어 있어야 하며 그 부속품은 다음 기준에 적합할 것

　㉠ 가연성가스 또는 독성가스를 충전하는 차량에 고정된 탱크 및 용기(사이안화수소의 용기 또는 24.5MPa 이상의 압력으로 한 내압시험에 합격한 소방설비 또는 항공기에 갖춰 두는 탄산가스용기는 제외한다)에는 안전밸브가 부착되어 있고 그 성능이 그 탱크 또는 용기의 내압시험압력의 $\frac{8}{10}$ 이하의 압력에서 작동할 수 있는 것일 것

　㉡ 긴급차단장치는 그 성능이 원격조작에 의하여 작동되고 차량에 고정된 탱크 또는 이에 접속하는 배관 외면의 온도가 110℃일 때에 자동적으로 작동할 수 있는 것일 것

　㉢ 차량에 고정된 탱크에 부착되는 밸브·안전밸브·부속배관 및 긴급차단장치는 그 내압성능 및 기밀성능이 그 탱크의 내압시험압력 및 기밀시험압력 이상의 압력으로 하는 내압시험 및 기밀시험에 합격될 수 있는 것일 것

⑮ **고압가스 특정제조와 일반제조의 구별**

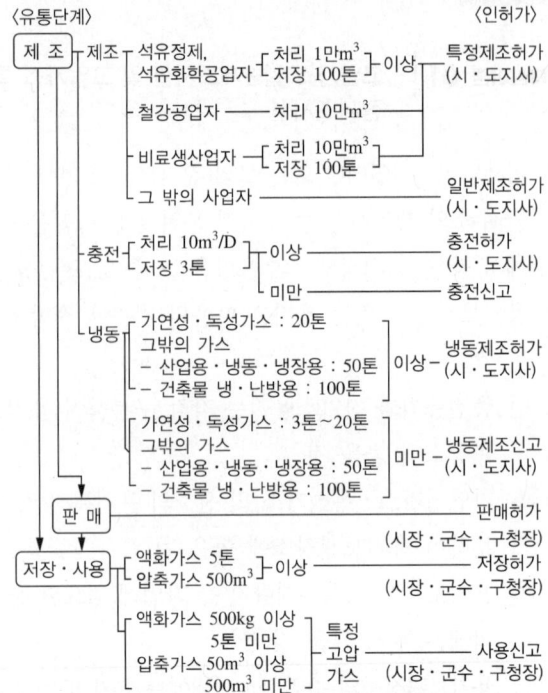

⑯ 보호시설

　㉠ 제1종 보호시설
　　• 학교·유치원·어린이집·놀이방·어린이놀이터·학원·병원(의원을 포함한다)·도서관·청소년수련시설·경로당·시장·공중목욕탕·호텔·여관·극장·교회 및 공회당(公會堂)
　　• 사람을 수용하는 건축물(가설건축물은 제외한다)로서 사실상 독립된 부분의 연면적이 1,000m² 이상인 것

- 예식장·장례식장 및 전시장, 그 밖에 이와 유사한 시설로서 300명 이상 수용할 수 있는 건축물
- 아동복지시설 또는 장애인복지시설로서 20명 이상 수용할 수 있는 건축물
- 문화재보호법에 따라 지정문화재로 지정된 건축물

ⓒ 제2종 보호시설
- 주 택
- 사람을 수용하는 건축물(가설건축물과 창고는 제외한다)로서 사실상 독립된 부분의 연면적이 $100m^2$ 이상 $1,000m^2$ 미만인 것

10년간 자주 출제된 문제

1-1. 긴급차단장치의 동력원으로 가장 부적당한 것은?
① 스프링 ② X선
③ 기 압 ④ 전 기

1-2. 특정고압가스 사용시설에서 취급하는 용기의 안전조치사항으로 틀린 것은?
① 고압가스 충전용기는 항상 40℃ 이하를 유지한다.
② 고압가스 충전용기 밸브는 서서히 개폐하고 밸브 또는 배관을 가열하는 때에는 열습포나 40℃ 이하의 더운 물을 사용한다.
③ 고압가스 충전용기를 사용한 후에는 폭발을 방지하기 위하여 밸브를 열어 둔다.
④ 용기보관실에 충전용기를 보관하는 경우에는 넘어짐 등으로 충격 및 밸브 등의 손상을 방지하는 조치를 한다.

1-3. 다음 중 제1종 보호시설이 아닌 것은?
① 가설건축물이 아닌 사람을 수용하는 건축물로서 사실상 독립된 부분의 연면적이 $1,500m^2$인 건축물
② 문화재보호법에 의하여 지정문화재로 지정된 건축물
③ 수용 능력이 100인(人) 이상인 공연장
④ 어린이집 및 어린이놀이시설

|해설|

1-1
긴급차단장치의 동력원 : 스프링, 기압, 전기

1-2
고압가스 충전용기를 사용한 후에는 폭발을 방지하기 위하여 밸브를 닫아 둔다.

1-3
보호시설
- 제1종 보호시설
  - 학교·유치원·어린이집·놀이방·어린이놀이터·학원·병원(의원을 포함한다)·도서관·청소년수련시설·경로당·시장·공중목욕탕·호텔·여관·극장·교회 및 공회당(公會堂)
  - 사람을 수용하는 건축물(가설건축물은 제외한다)로서 사실상 독립된 부분의 연면적이 $1,000m^2$ 이상인 것
  - 예식장·장례식장 및 전시장, 그 밖에 이와 유사한 시설로서 300명 이상 수용할 수 있는 건축물
  - 아동복지시설 또는 장애인복지시설로서 20명 이상 수용할 수 있는 건축물
  - 문화재보호법에 따라 지정문화재로 지정된 건축물
- 제2종 보호시설
  - 주 택
  - 사람을 수용하는 건축물(가설건축물과 창고는 제외한다)로서 사실상 독립된 부분의 연면적이 $100m^2$ 이상 $1,000m^2$ 미만인 것

정답 1-1 ② 1-2 ③ 1-3 ③

핵심이론 02 | 고압가스 충전시설

① HCN(사이안화수소)의 충전
　㉠ 사이안화수소의 순도는 98% 이상일 것
　㉡ 사이안화수소의 안정제 : 황산, 동망, 오산화인, 염화칼슘, 인산, 아황산가스
　㉢ 용기충전 후 24시간 정치하고 그 후 1일 1회 이상 질산구리벤젠 등의 시험지로 가스의 누출을 검사하고, 충전 후 60일이 지나기 전에 다른 용기에 옮겨 충전할 것(다만, 순도가 98% 이상으로서 착색되지 아니한 것은 다른 용기에 옮겨 충전하지 않을 수 있다)

② 산화에틸렌의 충전
　㉠ 산화에틸렌의 저장탱크는 그 내부에 질소가스, 탄산가스 등으로 치환하고 5℃ 이하로 유지할 것
　㉡ 산화에틸렌의 저장탱크 및 충전용기에는 45℃에서 그 내부가스의 압력이 0.4MPa 이상이 되도록 질소가스 또는 탄산가스를 충전할 것

③ 아세틸렌의 충전
　㉠ 아세틸렌을 2.5MPa의 압력으로 압축할 때 첨가해야 되는 희석제 : 프로판, 메탄, 에틸렌, 질소, 수소, 일산화탄소, 이산화탄소
　㉡ 습식아세틸렌 발생기의 표면온도 : 70℃ 이하(적정온도 : 50~60℃)
　㉢ 아세틸렌 용기의 다공도 : 75% 이상 92% 미만
　㉣ 아세틸렌의 용제 : 아세톤, 다이메틸폼아마이드
　㉤ 아세틸렌을 용기에 충전하는 때의 충전 중의 압력은 2.5MPa 이하로 하고, 충전 후에는 압력이 15℃에서 1.5MPa 이하로 될 때까지 정치하여 둘 것

10년간 자주 출제된 문제

2-1. 사이안화수소 충전 시 한 용기에서 60일을 초과할 수 있는 경우는?
① 순도가 90% 이상으로서 착색이 된 경우
② 순도가 90% 이상으로서 착색되지 아니한 경우
③ 순도가 98% 이상으로서 착색이 된 경우
④ 순도가 98% 이상으로서 착색되지 아니한 경우

2-2. 산화에틸렌 충전용기에는 질소 또는 탄산가스를 충전하는데 그 내부가스 압력의 기준으로 옳은 것은?
① 상온에서 0.2MPa 이상
② 35℃에서 0.2MPa 이상
③ 40℃에서 0.4MPa 이상
④ 45℃에서 0.4MPa 이상

2-3. 아세틸렌을 용기에 충전할 때에는 미리 용기에 다공 물질을 고루 채운 후 침윤 및 충전을 하여야 한다. 이때 다공도는 얼마로 하여야 하는가?
① 75% 이상, 92% 미만
② 70% 이상, 95% 미만
③ 62% 이상, 75% 미만
④ 92% 이상

|해설|

2-1
사이안화수소는 순도가 98% 이상이고 착색되지 아니한 경우 충전 시 한 용기에서 60일을 초과할 수 있다.

2-2
산화에틸렌 충전용기의 내부가스 압력 : 45℃에서 0.4MPa 이상

2-3
충전용기
- 다공도 계산공식 :
$$\text{다공도} = \frac{V(\text{다공질물의 용적}) - E(\text{침윤 잔용적})}{V(\text{다공질물의 용적})} \times 100$$
- 다공질물의 다공도 : 20℃에서 75% 이상 92% 미만
- 충전 시 온도에 관계없이 2.5MPa 이하로 할 것, 충전은 2~3회에 걸쳐 최소 8시간 정도 소요되도록 한다. 충전 후 24시간 동안 정치하며, 정치압력은 15℃에서 1.5MPa 이하로 할 것
- 아세틸렌의 희석제 : 프로판, 메탄, 에틸렌, 질소, 수소, 일산화탄소, 이산화탄소

정답 2-1 ④　2-2 ④　2-3 ①

| 핵심이론 03 | 고압가스 냉동제조시설

※ 고압가스안전관리법 시행규칙 별표 7
① 시설기준
  ㉠ 배치기준 : 압축기·기름분리기·응축기 및 수액기와 이들 사이의 배관은 인화성 물질 또는 발화성 물질(작업에 필요한 것은 제외한다)을 두는 곳이나 화기를 취급하는 곳과 인접하여 설치하지 않을 것
  ㉡ 가스설비기준
    ⓐ 냉매설비(제조시설 중 냉매가스가 통하는 부분)에는 진동·충격 및 부식 등으로 냉매가스가 누출되지 않도록 필요한 조치를 할 것
    ⓑ 냉매설비의 성능은 가스를 안전하게 취급할 수 있는 적절한 것일 것
    ⓒ 세로 방향으로 설치한 동체의 길이가 5m 이상인 원통형 응축기와 내용적이 5,000L 이상인 수액기에는 지진 발생 시 그 응축기 및 수액기를 보호하기 위하여 내진성능 확보를 위한 조치를 할 것
  ㉢ 사고예방설비기준
    ⓐ 냉매설비에는 그 설비 안의 압력이 상용압력을 초과하는 경우 즉시 그 압력을 상용압력 이하로 되돌릴 수 있는 안전장치를 설치하는 등 필요한 조치를 마련할 것
    ⓑ 독성가스 및 공기보다 무거운 가연성 가스를 취급하는 제조시설 및 저장설비에는 가스가 누출될 경우 이를 신속히 검지하여 효과적으로 대응할 수 있도록 하기 위하여 필요한 조치를 마련할 것
    ⓒ 가연성 가스(암모니아, 브롬화메탄 및 공기 중에서 자기발화하는 가스는 제외)의 가스설비 중 전기설비는 그 설치 장소 및 그 가스의 종류에 따라 적절한 방폭성능을 가지는 것일 것
    ⓓ 가연성 가스 또는 독성가스를 냉매로 사용하는 냉매설비의 압축기·기름분리기·응축기 및 수액기와 이들 사이의 배관을 설치한 곳에는 냉매가스가 누출될 경우 그 냉매가스가 체류하지 않도록 필요한 조치를 마련할 것
    ⓔ 냉매설비에는 긴급사태가 발생하는 것을 방지하기 위하여 자동제어장치를 설치할 것
  ㉣ 피해저감설비기준
    ⓐ 독성가스를 사용하는 내용적이 10,000L 이상인 수액기 주위에는 액상의 가스가 누출될 경우에 그 유출을 방지하기 위한 조치를 마련할 것
    ⓑ 독성가스를 제조하는 시설에는 그 시설로부터 독성가스가 누출될 경우 그 독성가스로 인한 피해를 방지하기 위하여 필요한 조치를 마련할 것
  ㉤ 부대설비기준 : 냉동제조시설에는 이상사태가 발생하는 것을 방지하고 이상사태 발생 시 그 확대를 방지하기 위하여 압력계·액면계 등 필요한 설비를 설치할 것
  ㉥ 표시기준 : 냉동제조시설의 안전을 확보하기 위하여 필요한 곳에는 고압가스를 취급하는 시설 또는 일반인의 출입을 제한하는 시설이라는 것을 명확하게 알아볼 수 있도록 경계 표지, 식별 표지 및 위험 표지 등 적절한 표지를 하고, 외부인의 출입을 통제할 수 있도록 경계책을 설치할 것
  ㉦ 그 밖의 기준 : 냉동제조시설에 설치·사용하는 제품이 법 제17조(용기 등의 검사)에 따라 검사를 받아야 하는 경우에는 그 검사에 합격한 것일 것
② 기술기준
  ㉠ 안전유지기준
    ⓐ 안전밸브 또는 방출밸브에 설치된 스톱밸브는 그 밸브의 수리 등을 위하여 특별히 필요한 때를 제외하고는 항상 완전히 열어 놓을 것

ⓑ 냉동설비의 설치 공사 또는 변경 공사가 완공되어 기밀시험이나 시운전을 할 때에는 산소 외의 가스를 사용하고, 공기를 사용하는 때에는 미리 냉매설비 중의 가연성 가스를 방출한 후에 실시해야 하며, 그 냉동설비의 상태가 정상인 것을 확인한 후에 사용할 것

ⓒ 가연성 가스의 냉동설비 부근에는 작업에 필요한 양 이상의 연소하기 쉬운 물질을 두지 않을 것

ⓒ 점검기준 : 안전장치(액체의 열팽창으로 인한 배관의 파열방지용 안전밸브는 제외) 중 압축기의 최종단에 설치한 안전장치는 1년에 1회 이상, 그 밖의 안전밸브는 2년에 1회 이상 조정을 하여 고압가스설비가 파손되지 않도록 적절한 압력 이하에서 작동이 되도록 할 것. 다만, 법 제4조(고압가스의 제조 허가 등)에 따라 고압가스특정제조 허가를 받아 설치된 안전밸브의 조정주기는 4년(압력용기에 설치된 안전밸브는 그 압력용기의 내부에 대한 재검사 주기)의 범위에서 연장할 수 있다.

ⓒ 수리·청소 및 철거기준 : 가연성 가스 또는 독성 가스의 냉매설비를 수리·청소 및 철거할 때에는 그 작업의 안전 확보를 위하여 필요한 안전수칙을 준수하고, 수리 및 청소 후에는 그 설비의 성능유지와 작동성 확인 등 안전 확보를 위하여 필요한 조치를 마련할 것

③ 검사기준

ⓒ 중간검사·완성검사·정기검사 및 수시검사의 검사항목은 시설이 적합하게 설치 또는 유지·관리되고 있는지 확인하기 위하여 다음의 검사항목으로 할 것

검사 종류	검사항목
중간검사	• 위의 ① 시설기준에 규정된 항목 중 ⓒ 가스설비기준의 ⓑ (가스설비의 설치가 끝나고 기밀 또는 내압시험을 할 수 있는 상태의 공정으로 한정함), ⓒ (내진설계 대상 설비의 기초설치 공정에 한정함)
완성검사	• 위의 ① 시설기준에 규정된 항목. 다만, 중간검사에서 확인된 검사항목은 제외할 수 있다.
정기검사	• 위의 ① 시설기준에 규정된 항목[ⓒ 가스설비기준의 ⓑ (내압시험에 한정함), ⓒ 제외] 중 해당사항 • 위의 ② 기술기준에 규정된 항목 중 ⓒ 안전유지기준의 ⓐ, ⓒ, ⓒ 점검기준
수시검사	• 각 시설별 정기검사 항목 중에서 다음에서 열거한 안전장치의 유지·관리 상태 중 필요한 사항과 법 제11조(안전관리 규정)에 따른 안전관리규정 이행 실태 - 안전밸브 - 긴급차단장치 - 독성가스제해설비 - 가스누출검지경보장치 - 물분무장치(살수장치 포함) 및 소화전 - 긴급이송설비 - 강제환기시설 - 안전제어장치 - 운영 상태 감시장치 - 안전용 접지기기, 방폭전기기기 - 그 밖에 안전관리상 필요한 사항

ⓒ 중간검사·완성검사·정기검사 및 수시검사는 시설이 검사항목에 적합한지 여부를 명확하게 판정할 수 있는 방법으로 실시할 것

④ 정밀안전검진기준

ⓒ 정밀안전검진은 제33조(정밀안전검진의 실시주기 등)에 따른 정밀안전검진 대상 시설이 적절하게 유지·관리되고 있는지 확인하기 위해 검진 분야별로 검진항목에 대해 실시할 것

검진 분야	검진항목
일반 분야	안전장치 관리 실태, 공장안전 관리 실태, 냉동기 운영 실태, 계측설비 유지·관리 실태
장치 분야	외관검사, 배관 두께 및 부식 상태, 회전기기 진동 분석, 보온·보랭 상태
전기·계장 분야	가스시설과 관련된 전기설비의 운전 중 열화상·절연저항 측정, 방폭설비 유지관리 실태, 방폭지역 구분의 적정성

ⓒ 정밀안전검진은 검진항목을 명확하게 측정할 수 있는 방법으로 할 것
ⓒ 사업자는 정밀안전검진을 실시하기 전에 그 시설의 안전 확보를 위하여 가동 중단에 따른 현장 여건 등을 고려한 위험성 검토 및 안전대책을 사전에 마련할 것

10년간 자주 출제된 문제

3-1. 가연성가스의 가스설비 중 전기설비는 그 설치 장소 및 그 가스의 종류에 따라 방폭성능을 가져야 한다. 다음 중 그 기준에 제외되는 가스는?

① 수 소
② 아세틸렌
③ 프로판
④ 액화암모니아

3-2. 압축기의 최종단에 설치한 안전장치의 점검주기는?

① 월 1회 이상
② 1년에 1회 이상
③ 2년에 1회 이상
④ 3년에 1회 이상

|해설|

3-1
액화암모니아와 브롬화메탄은 폭발하한값이 높고 폭발범위가 좁기 때문에 전기설비의 설치 장소에는 방폭성능을 갖지 않아도 된다.

3-2
안전장치 중 압축기의 최종단에 설치한 안전장치는 1년에 1회 이상, 그 밖의 안전밸브는 2년에 1회 이상 조정을 하여 고압가스설비가 파손되지 않도록 적절한 압력 이하에서 작동되도록 한다.

정답 3-1 ④ 3-2 ②

핵심이론 04 | 액화석유가스 충전시설

① 용어의 정의
   ㉠ 액화석유가스 : 프로판, 부탄을 주성분으로 한 가스를 액화시킨 가스
   ㉡ 저장탱크 : 액화석유가스를 저장하기 위하여 지상 또는 지하에 고정 설치된 탱크로서 그 저장능력이 3톤 이상인 탱크
   ㉢ 소형 저장탱크 : 액화석유가스를 저장하기 위하여 지상 또는 지하에 고정 설치된 탱크로서 그 저장능력이 3톤 미만인 탱크

② 가스계량기 설치기준
   ㉠ 가스계량기는 화기와 2m 이상의 우회거리를 유지하는 곳에 설치할 것
   ㉡ 가스계량기($30m^3/hr$ 미만인 경우만을 말한다)의 설치 높이는 바닥으로부터 1.6m 이상 2m 이내에 수직·수평으로 설치하고 밴드·보호가대 등 고정장치로 고정시킬 것. 다만, 보호상자 내에 설치, 기계실에 설치, 보일러실(가정에 설치된 보일러실 제외)에 설치 또는 문이 달린 파이프 덕트에 설치하는 경우 바닥으로부터 2m 이내에 설치한다.
   ㉢ 가스계량기와 전기계량기 및 전기개폐기와의 거리는 60cm 이상
   ㉣ 가스계량기와 굴뚝(단열조치를 하지 않은 경우), 전기점멸기 및 전기접속기와의 거리는 30cm 이상
   ㉤ 가스계량기와 절연조치를 하지 않은 전선과의 거리는 15cm 이상

10년간 자주 출제된 문제

도시가스 사용시설 중 가스계량기의 설치기준으로 틀린 것은?

① 가스계량기는 화기(자체 화기는 제외)와 2m 이상의 우회거리를 유지하여야 한다.
② 가스계량기(30m³/h 미만)의 설치 높이는 바닥으로부터 1.6m 이상, 2m 이내이어야 한다.
③ 가스계량기를 보호상자 내에 설치하는 경우에는 바닥으로부터 2m 이내에 설치한다.
④ 가스계량기는 절연조치를 하지 아니한 전선과 30cm 이상의 거리를 유지하여야 한다.

|해설|
가스계량기 설치기준
- 가스계량기는 화기와 2m 이상의 우회거리를 유지하는 곳에 설치할 것
- 가스계량기(30m³/hr 미만인 경우만을 말한다)의 설치 높이는 바닥으로부터 1.6m 이상 2m 이내에 수직·수평으로 설치하고 밴드·보호가대 등 고정장치로 고정시킬 것. 다만, 보호상자 내에 설치, 기계실에 설치, 보일러실(가정에 설치된 보일러실 제외)에 설치 또는 문이 달린 파이프 덕트에 설치하는 경우 바닥으로부터 2m 이내에 설치한다.
- 가스계량기와 전기계량기 및 전기개폐기와의 거리는 60cm 이상
- 가스계량기와 굴뚝(단열조치를 하지 않은 경우), 전기점멸기 및 전기접속기와의 거리는 30cm 이상
- 가스계량기와 절연조치를 하지 않은 전선과의 거리는 15cm 이상

정답 ④

핵심이론 05 | 도시가스 제조 및 공급시설

① 용어의 정의
  ㉠ 본관 : 도시가스제조사업소의 부지경계에서 정압기까지 이르는 배관
  ㉡ 공급관 : 정압기에서 가스소비자가 소유하고 있는 부지경계까지 이르는 배관
  ㉢ 내관 : 가스소비자가 소유하고 있는 부지경계에서 연소기까지 이르는 배관
  ㉣ 고압 : 1MPa 이상의 압력
  ㉤ 중압 : 0.1MPa 이상 1MPa 미만의 압력(액화가스가 기화되고 다른 물질과 혼합되지 아니한 경우에는 0.01MPa 이상 0.2MPa 미만)
  ㉥ 저압 : 0.1MPa 미만의 압력

② 도시가스 도매사업의 가스공급시설 기준
  ㉠ 액화천연가스의 저장설비와 처리설비는 그 외면으로부터 사업소경계까지 다음 계산식에 따라 얻은 거리 이상을 유지할 것

$$L = C \times \sqrt[3]{143,000\,W}$$

여기서, L : 유지하여야 하는 거리(m)
C : 저압지하식 저장탱크는 0.24, 그 밖의 가스저장설비와 처리설비는 0.576
W : 저장능력(ton)

  ㉡ 고압의 가스공급시설은 안전구획 안에 설치하고 그 안전구역의 면적은 20,000m² 미만일 것. 다만, 공정상 밀접한 관련을 가지는 가스공급시설로서 두 개 이상의 안전구역을 구분함에 따라 그 가스공급시설의 운영에 지장을 줄 우려가 있는 경우에는 그러하지 아니하다.
  ㉢ 안전구역 안의 고압인 가스공급시설(배관은 제외하나 고압인 가스공급시설과 같은 제조설비에 속하는 가스설비는 포함한다)은 그 외면으로부터 다른 안전구역 안에 있는 고압인 가스공급시설의 외면까지 30m 이상의 거리를 유지할 것

ⓔ 두 개 이상의 제조소가 인접하여 있는 경우의 가스 공급시설은 그 외면으로부터 다른 제조소의 경계까지 20m 이상의 거리를 유지할 것
ⓜ 액화천연가스의 저장탱크는 그 외면으로부터 처리능력이 200,000m³ 이상인 압축기까지 30m 이상의 거리를 유지할 것
ⓗ 제조소 및 공급소에는 안전조업에 필요한 공지를 확보하여야 하며, 가스공급시설은 안전조업에 지장이 없도록 배치할 것

10년간 자주 출제된 문제

5-1. 도시가스사업법령에서는 도시가스를 압력에 따라 고압, 중압 및 저압으로 구분하고 있다. 중압의 범위로 옳은 것은? (단, 액화가스가 기화되고 다른 물질과 혼합되지 않은 경우로 가정한다)

① 0.1MPa 이상, 1MPa 미만
② 0.2MPa 이상, 1MPa 미만
③ 0.1MPa 이상, 0.2MPa 미만
④ 0.01MPa 이상, 0.2MPa 미만

5-2. 도시가스도매사업자가 제조소 내에 저장능력이 20만톤인 지상식 액화천연가스 저장탱크를 설치하고자 한다. 이때 처리능력이 30만m³인 압축기와 얼마 이상의 거리를 유지하여야 하는가?

① 10m   ② 24m
③ 30m   ④ 50m

|해설|

5-1
용어의 정의
- 본관 : 도시가스제조사업소의 부지경계에서 정압기까지 이르는 배관
- 공급관 : 정압기에서 가스소비자가 소유하고 있는 부지경계까지 이르는 배관
- 내관 : 가스소비자가 소유하고 있는 부지경계에서 연소기까지 이르는 배관
- 고압 : 1MPa 이상의 압력
- 중압 : 0.1MPa 이상 1MPa 미만의 압력(액화가스가 기화되고 다른 물질과 혼합되지 아니한 경우에는 0.01MPa 이상 0.2MPa 미만)
- 저압 : 0.1MPa 미만의 압력

5-2
액화천연가스의 저장탱크는 그 외면으로부터 처리능력이 200,000m³ 이상인 압축기까지 30m 이상의 거리를 유지할 것

정답 5-1 ④ 5-2 ③

핵심이론 06 | 도시가스 충전시설

① 가스배관 표시기준
  ㉠ 배관의 외부에 사용 가스명, 최고사용압력 및 가스의 흐름방향을 표시할 것
  ㉡ 가스배관의 표면색상은 지상배관은 황색으로, 지하매설배관은 최고사용압력이 저압인 배관은 황색, 중압 이상인 배관은 적색으로 할 것

② 가스계량기와 전기설비의 유지거리
  ㉠ 전기계량기, 전기개폐기 : 60cm 이상
  ㉡ 절연조치하지 않은 전선 : 15cm 이상
  ㉢ 단열조치하지 않은 굴뚝, 전기점멸기, 전기접속기 : 30cm 이상

③ 내관의 경우 실내에 노출하여 설치하는 배관의 배관이음부(용접이음매 제외)와 이격거리
  ㉠ 전기계량기, 전기개폐기 : 60cm 이상
  ㉡ 절연전선 : 10cm 이상
  ㉢ 전기점멸기, 전기접속기, 절연조치하지 않은 전선, 단열조치하지 않은 굴뚝 : 15cm 이상

④ 제조소 및 공급소 밖의 배관의 이음매(용접이음매는 제외)와 전기설비의 이격거리
  ㉠ 전기계량기 및 전기개폐기와의 거리 : 60cm 이상
  ㉡ 전기점멸기 및 전기접속기와의 거리 : 30cm 이상
  ㉢ 절연조치를 하지 않은 전선 및 단열조치를 하지 않은 굴뚝(배기통을 포함한다)과의 거리 : 15cm 이상
  ㉣ 절연전선과의 거리 : 10cm 이상

⑤ 가스 설비기준
  ㉠ 호스의 길이는 3m 이내로 하고, 호스는 T형으로 연결하지 아니하여야 하며, 호스의 접속부분은 호스밴드 등으로 견고하게 조일 것
  ㉡ 저장능력이 250kg 이상인 경우에는 용기에서 압력조정기 입구까지의 배관에 이상압력 상승 시 압력을 방출할 수 있는 안전장치를 설치하는 등 필요한 조치를 할 것

10년간 자주 출제된 문제

도시가스 중압배관을 매몰할 경우 다음 중 적당한 색상은?
① 회색 ② 청색
③ 녹색 ④ 적색

정답 ④

| 핵심이론 07 | 수소의 제조 및 충전시설

① 제조식 수소자동차 충전(수소를 제조·압축하여 자동차에 충전)의 시설기준
  ㉠ 처리설비 및 저장설비는 그 외면으로부터 보호시설(사업소에 있는 보호시설 및 전용공업지역에 있는 보호시설은 제외한다)까지 다음 표에 따른 거리(저장설비를 지하에 설치하는 경우에는 보호시설과의 거리에 2분의 1을 곱한 거리, 시장·군수 또는 구청장이 필요하다고 인정하는 지역은 보호시설과의 거리에 일정 거리를 더한 거리) 이상을 유지할 것

처리능력 및 저장능력	제1종 보호시설	제2종 보호시설
1만 이하	17m	12m
1만 초과 2만 이하	21m	14m
2만 초과 3만 이하	24m	16m
3만 초과 4만 이하	27m	18m
4만 초과 5만 이하	30m	20m
5만 초과 99만 이하	30m(가연성 가스 저온 저장탱크는 $\frac{3}{25}\sqrt{X+10{,}000}$ m)	20m(가연성 가스 저온 저장탱크는 $\frac{2}{25}\sqrt{X+10{,}000}$ m)
99만 초과	30m(가연성 가스 저온 저장탱크는 120m)	20m(가연성 가스 저온 저장탱크는 80m)

  ㉡ 처리설비(충전설비는 제외한다) 및 압축가스설비로부터 30m 이내에 보호시설이 있는 경우에는 처리설비 및 압축가스설비의 주위에 가스폭발에 따른 충격을 견딜 수 있는 철근콘크리트제 방호벽을 설치할 것
  ㉢ 충전시설의 고압가스설비(저장탱크 및 배관은 제외한다)는 그 외면으로부터 다른 가연성 가스 제조시설의 고압가스설비와 5m 이상, 산소 제조시설의 고압가스설비와 10m 이상의 거리를 유지하는 등 하나의 고압가스설비에서 발생한 위해요소가 다른 고압가스설비로 전이되지 아니하도록 필요한 조치를 할 것
  ㉣ 저장설비·처리설비·압축가스설비 및 충전설비는 그 외면으로부터 사업소경계(버스차고지 안에 설치한 경우 차고지 경계를 사업소 경계로 보며, 사업소 경계가 바다·호수·하천 및 도로 등의 경우에는 그 반대편 끝을 경계로 본다)까지 10m 이상의 안전거리를 유지할 것. 다만, 처리설비 및 압축가스설비의 주위에 철근콘크리트제 방호벽을 설치하는 경우에는 5m 이상의 안전거리를 유지할 수 있다.
  ㉤ 충전설비는 도로법에 따른 도로경계까지 5m 이상의 거리를 유지할 것
  ㉥ 저장설비·처리설비·압축가스설비 및 충전설비는 철도까지 30m 이상의 거리를 유지할 것. 다만, 시설의 안전도에 관하여 한국가스안전공사의 평가를 받고, 그 평가결과에 맞게 시설을 보완하는 경우에는 그러하지 아니하다.

② 저장식 수소자동차 충전(배관 또는 저장설비로부터 공급받은 수소를 압축하여 자동차에 충전)의 시설기준
  ㉠ 저장설비(차량에 고정된 2개 이상을 이음매가 없이 연결한 용기를 말한다)는 그 외면으로부터 보호시설(사업소 안에 있는 보호시설 및 전용공업지역 안에 있는 보호시설은 제외한다)까지 제조식 수소자동차 충전의 시설기준 ㉠항에 따른 거리 이상을 유지할 것
  ㉡ 저장설비와 충전설비 사이에는 8m 이상의 거리를 유지할 것. 다만, 저장설비와 충전설비 사이에 방호벽을 설치한 경우에는 그러하지 아니하다.
  ㉢ 저장설비·처리설비·압축가스설비 및 충전설비는 그 외면으로부터 사업소경계(버스차고지 안에 설치한 경우 차고지 경계를 사업소 경계로 보며, 사업소 경계가 바다·호수·하천·도로 등의 경우에는 그 반대편 끝을 경계로 본다)까지 10m 이상

의 안전거리를 유지할 것. 다만, 저장설비·처리설비 및 압축가스설비의 주위에 방호벽을 설치하는 경우에는 5m 이상의 안전거리를 유지할 수 있다.
② 저장설비의 설치 대수는 3대 이하로 한다.
⑩ 압력용기(반응·분리·정제·증류 등을 위한 탑류로서 높이 5m 이상인 것만 해당한다)에는 지진 발생 시 저장탱크를 보호하기 위하여 내진성능 확보를 위한 조치 등 필요한 조치를 할 것
⑪ 처리설비와 압축가스설비 및 차량에 고정된 각각의 용기에는 그 설비 안의 압력이 상용압력을 초과하는 경우 즉시 그 압력을 상용압력 이하로 되돌릴 수 있는 안전장치를 설치하는 등 필요한 조치를 할 것
⑫ 그 밖의 저장식 수소자동차 충전의 시설기준은 고압가스자동차 충전의 시설·기술·검사 기준(3)의 가)·나)·라), 6)의 가), 7)의가)는 제외한다)의 시설기준을 따를 것

제3절 고압가스 저장 및 사용 시설

핵심이론 01 고압가스 저장설비기준

① 저장탱크(가스 홀더를 포함한다)의 구조는 그 저장탱크를 보호하고 그 저장탱크로부터의 가스누출을 방지하기 위하여 그 저장탱크에 저장하는 가스의 종류·온도·압력 및 그 저장탱크의 사용 환경에 따라 적절한 것으로 하고, 저장능력 5톤(가연성 또는 독성의 가스가 아닌 경우에는 10톤) 또는 500m^3(가연성 또는 독성의 가스가 아닌 경우에는 1,000m^3) 이상인 저장탱크 및 압력용기(반응·분리·정제·증류를 위한 탑류로서 높이 5m 이상인 것만을 말한다)에는 지진 발생 시 저장탱크를 보호하기 위하여 내진성능 확보를 위한 조치 등 필요한 조치를 마련하며, 5m^3 이상의 가스를 저장하는 것에는 가스방출장치를 설치할 것
② 가연성가스 저장탱크(저장능력이 300m^3 또는 3톤 이상인 탱크만을 말한다)와 다른 가연성가스 저장탱크 또는 산소저장탱크 사이에는 두 저장탱크 최대지름을 더한 길이의 $\frac{1}{4}$ 이상의 거리를 유지하는 등 하나의 저장탱크에서 발생한 위해요소가 다른 저장탱크로 전이되지 않도록 하고, 저장탱크를 지하 또는 실내에 설치하는 경우에는 그 저장탱크 설치실 안에서의 가스폭발을 방지하기 위하여 필요한 조치를 마련할 것
③ 저장실은 그 저장실에서 고압가스가 누출되는 경우 재해 확대를 방지할 수 있도록 설치할 것
④ 저장탱크에는 그 저장탱크를 보호하기 위하여 부압파괴방지 조치, 과충전 방지 조치 등 필요한 조치를 마련할 것

> **10년간 자주 출제된 문제**
>
> 저장능력 300m³ 이상인 2개의 가스 홀더 A, B 간에 유지해야 할 거리는?(단, A와 B의 최대지름은 각각 8m, 4m이다)
> ① 1m ② 2m
> ③ 3m ④ 4m
>
> |해설|
> 가스 홀더 A, B 간에 유지해야 할 거리 = 최대지름의 합 $\times \dfrac{1}{4}$ = 3
>
> 정답 ③

핵심이론 02 | 고압가스 안전유지기준

① 용기보관장소 또는 용기는 다음의 기준에 적합하게 할 것
  ㉠ 충전용기와 잔가스용기는 각각 구분하여 용기보관장소에 놓을 것
  ㉡ 가연성가스·독성가스 및 산소의 용기는 각각 구분하여 용기보관장소에 놓을 것
  ㉢ 용기보관장소에는 계량기 등 작업에 필요한 물건 외에는 두지 않을 것
  ㉣ 용기보관장소의 주위 2m 이내에는 화기 또는 인화성물질이나 발화성물질을 두지 않을 것
  ㉤ 충전용기는 항상 40℃ 이하의 온도를 유지하고, 직사광선을 받지 않도록 조치할 것
  ㉥ 충전용기(내용적이 5L 이하인 것은 제외한다)에는 넘어짐 등에 의한 충격 및 밸브의 손상을 방지하는 등의 조치를 하고 난폭한 취급을 하지 않을 것
  ㉦ 가연성가스 용기보관장소에는 방폭형 휴대용 손전등 외의 등화를 지니고 들어가지 않을 것

② 밸브가 돌출한 용기(내용적이 5L 미만인 용기는 제외한다)에는 용기의 넘어짐 및 밸브의 손상을 방지하는 조치를 할 것

③ 고압가스설비 중 진동이 심한 곳에는 진동을 최소한도로 줄일 수 있는 조치를 할 것

④ 고압가스설비를 이음쇠로 접속할 때에는 그 이음쇠와 접속되는 부분에 잔류응력이 남지 않도록 조립하고 이음쇠밸브류를 나사로 조일 때에는 무리한 하중이 걸리지 않도록 해야 하며, 상용압력이 19.6MPa 이상이 되는 곳의 나사는 나사게이지로 검사한 것일 것

10년간 자주 출제된 문제

고압가스 용기를 취급 또는 보관할 때의 기준으로 옳은 것은?
① 충전용기와 잔가스용기는 각각 구분하여 용기보관장소에 놓는다.
② 용기는 항상 60℃ 이하의 온도를 유지한다.
③ 충전용기는 통풍이 잘 되고 직사광선을 받을 수 있는 따뜻한 곳에 둔다.
④ 용기보관장소의 주위 5m 이내에는 화기, 인화성물질을 두지 아니한다.

|해설|
② 용기는 항상 40℃ 이하의 온도를 유지한다.
③ 충전용기는 통풍이 잘되고 직사광선을 받지 아니한 곳에 둔다.
④ 용기보관장소의 주위 2m 이내에는 화기, 인화성물질을 두지 아니한다.

정답 ①

핵심이론 03 | 액화석유가스 저장시설

① 지상에 설치하는 저장탱크(소형 저장탱크는 제외한다), 그 받침대 및 부속설비는 화재로부터 보호하기 위하여 열에 견딜 수 있는 적절한 구조로 하고, 온도 상승을 방지할 수 있는 적절한 조치를 할 것
② 저장탱크(저장능력 3톤 이상인 저장탱크를 말한다)의 지지구조물과 기초는 지진에 견딜 수 있도록 설계하고 지진의 영향으로부터 안전한 구조일 것
③ 일반집단공급시설의 저장설비는 저장탱크나 소형 저장탱크로 설치할 것
④ 저장탱크와 다른 저장탱크 사이에는 두 저장탱크의 최대지름을 더한 길이의 4분의 1 이상에 해당하는 거리를 유지하는 등 하나의 저장탱크에서 발생한 위해요소가 다른 저장탱크로 전이되지 않도록 하기 위하여 필요한 조치를 할 것

| 핵심이론 04 | 액화석유가스 사용시설 |

저장설비·감압설비·고압배관(건축물 안에 설치한 고압배관은 제외한다) 및 저압배관이음매(용접이음매와 건축물 안에 설치한 배관이음매는 제외한다)는 화기(그 설비 안의 것은 제외한다) 취급장소와 다음 표에 따른 거리(주거용 시설은 2m) 이상을 유지하거나 화기를 취급하는 장소와의 사이에 누출된 가스가 유동(流動)하는 것을 방지하기 위한 시설을 설치할 것

저장능력	화기와의 우회 거리
1톤 미만	2m
1톤 이상 3톤 미만	5m
3톤 이상	8m

※ 비고 : 2개 이상의 저장설비가 있는 경우에는 그 설비별로 각각 거리를 유지하여야 한다.

| 핵심이론 05 | 도시가스 사용시설 |

① 로케팅 와이어와 라인마크
  ㉠ 로케팅 와이어 : 비도전성 폴리에틸렌배관을 지하에 매설할 때 $6mm^2$ 이상의 피복된 동선을 폴리에틸렌배관 상단에 부착하여 같이 매설하고 매설된 배관을 지상에서 찾기 위해 설치하는 동선
  ㉡ 라인마크 : 도로법에 의한 도로 및 공동주택 등의 부지 내 도로에 도시가스 배관이 매설된 경우 확인하기 위한 마크로 배관길이 50m마다 1개 이상 설치할 것

② 표지판 설치기준
  ㉠ 표지판의 가로는 200mm, 세로는 150mm 이상의 직사각형으로 설치할 것
  ㉡ 표지판 표시의 예

  ```
  주의
  도시가스배관
  ○○ 도시가스 주식회사
  ```

  ㉢ 표지판은 배관을 따라 200m 간격으로 1개 이상으로 설치할 것

10년간 자주 출제된 문제

일반도시가스 배관을 지하에 매설하는 경우에는 표지판을 설치해야 하는데 몇 m 간격으로 1개 이상을 설치해야 하는가?

① 100m ② 200m
③ 500m ④ 1,000m

정답 ②

| 핵심이론 06 | 수소사용시설

① 충전설비는 다음의 기준에 적합하여야 한다.
  ㉠ 위치는 주유공지 또는 급유공지 외의 장소로 하되, 주유공지 또는 급유공지에서 압축수소를 충전하는 것이 불가능한 장소로 할 것
  ㉡ 충전호스는 자동차 등의 가스충전구와 정상적으로 접속하지 않는 경우에는 가스가 공급되지 않는 구조로 하고, 200kgf 이하의 하중에 의하여 파단 또는 이탈되어야 하며, 파단 또는 이탈된 부분으로부터 가스 누출을 방지할 수 있는 구조일 것
  ㉢ 자동차 등의 충돌을 방지하는 조치를 마련할 것
  ㉣ 자동차 등의 충돌을 감지하여 운전을 자동으로 정지시키는 구조일 것

② 가스배관은 다음의 기준에 적합하여야 한다.
  ㉠ 위치는 주유공지 또는 급유공지 외의 장소로 하되, 자동차 등이 충돌할 우려가 없는 장소로 하거나 자동차 등의 충돌을 방지하는 조치를 마련할 것
  ㉡ 가스배관으로부터 화재가 발생한 경우에 주유공지·급유공지 및 전용탱크·폐유탱크 등·간이탱크의 주입구로의 연소 확대를 방지하는 조치를 마련할 것
  ㉢ 누출된 가스가 체류할 우려가 있는 장소에 설치하는 경우에는 접속부를 용접할 것. 다만, 당해 접속부의 주위에 가스누출검지설비를 설치한 경우에는 그러하지 아니하다.
  ㉣ 축압기(蓄壓器)로부터 충전설비로의 가스 공급을 긴급히 정지시킬 수 있는 장치를 설치할 것. 이 경우 당해 장치의 기동장치는 화재 발생 시 신속히 조작할 수 있는 장소에 두어야 한다.

③ 압축수소의 수입설비(受入設備)는 다음의 기준에 적합하여야 한다.
  ㉠ 위치는 주유공지 또는 급유공지 외의 장소로 하되, 주유공지 또는 급유공지에서 가스를 수입하는 것이 불가능한 장소로 할 것
  ㉡ 자동차 등의 충돌을 방지하는 조치를 마련할 것

④ 압축수소충전설비 설치 주유취급소의 기타 안전조치의 기술기준은 다음과 같다.
  ㉠ 압축기, 축압기 및 개질장치가 설치된 장소와 주유공지, 급유공지 및 전용탱크·폐유탱크 등·간이탱크의 주입구가 설치된 장소 사이에는 화재가 발생한 경우에 상호 연소 확대를 방지하기 위하여 높이 1.5m 정도의 불연재료의 담을 설치할 것
  ㉡ 고정주유설비·고정급유설비 및 전용탱크·폐유탱크등·간이탱크의 주입구로부터 누출된 위험물이 충전설비·축압기·개질장치에 도달하지 않도록 깊이 30cm, 폭 10cm의 집유구조물을 설치할 것
  ㉢ 고정주유설비(현수식의 것을 제외한다)·고정급유설비(현수식의 것을 제외한다) 및 간이탱크의 주위에는 자동차 등의 충돌을 방지하는 조치를 마련할 것

제4절 고압가스 특정설비, 가스용품, 냉동기, 히트펌프, 용기의 제조 및 검사

핵심이론 01 | 에어졸 제조기준

인체용 에어졸 제품의 용기에 기재하여야 할 사항
① 불 속에 버리지 말 것
② 가능한 한 인체에서 20cm 이상 떨어져서 사용할 것
③ 온도가 40℃ 이상 되는 장소에 보관하지 말 것
④ 특정 부위에 계속하여 장시간 사용하지 말 것

10년간 자주 출제된 문제

인체용 에어졸 제품의 용기에 기재하여야 할 사항으로 틀린 것은?
① 불 속에 버리지 말 것
② 가능한 한 인체에서 10cm 이상 떨어져서 사용할 것
③ 온도가 40℃ 이상 되는 장소에 보관하지 말 것
④ 특정 부위에 계속하여 장시간 사용하지 말 것

|해설|
가능한 한 인체에서 20cm 이상 떨어져서 사용할 것

정답 ②

핵심이론 02 | 차량에 고정된 탱크의 내용적 제한

① 가연성가스 및 산소탱크의 내용적(다만, LPG는 제외) : 18,000L 이하
② 독성가스탱크의 내용적(다만, 액화암모니아는 제외) : 12,000L 이하

10년간 자주 출제된 문제

차량에 고정된 저장탱크로 염소를 운반할 때 용기의 내용적(L)은 얼마 이하가 되어야 하는가?
① 10,000
② 12,000
③ 15,000
④ 18,000

정답 ②

핵심이론 03 | 용기의 도색

① 도색 개요

공업용	색 깔	의료용
액화암모니아	백 색	산 소
수 소	주황색	사이클로프로판
액화탄산가스	청 색	아산화질소
액화염소	갈 색	헬 륨
기 타	회 색	액화탄산가스
아세틸렌	황 색	
	흑 색	질 소
산 소	녹 색	
	자 색	에틸렌

10년간 자주 출제된 문제

의료용 가스용기의 도색 구분이 틀린 것은?
① 산소 - 백색
② 액화탄산가스 - 회색
③ 질소 - 흑색
④ 에틸렌 - 갈색

정답 ④

핵심이론 04 | 용기 종류별 부속품의 기호

용기 종류	기 호
아세틸렌가스를 충전하는 용기의 부속품	AG
압축가스를 충전하는 용기의 부속품	PG
액화석유가스를 충전하는 용기의 부속품	LPG
액화석유가스 외의 액화가스를 충전하는 용기의 부속품	LG
초저온용기 및 저온용기의 부속품	LT

10년간 자주 출제된 문제

초저온용기나 저온용기의 부속품에 표시하는 기호는?
① AG
② PG
③ LG
④ LT

정답 ④

핵심이론 05 | 고압용기의 구분

① 용기의 구분
- ㉠ 이음매 있는 용기(계목용기 또는 용접용기)의 제조법
  - 심교축용기법
  - 종이음형용기법
- ㉡ 이음매 없는 용기(무계목용기)
  - 만네스만식
  - 에르하르트식
  - 코핑식

② 용기 재질의 C, P, S 비율

구 분	C	P	S
이음매 있는 용기	0.33%	0.04%	0.05%
이음매 없는 용기	0.55%	0.04%	0.05%

③ 용기의 종류에 따른 부식여유치

암모니아를 충전하는 용기	부피가 1,000L 이하인 것	1mm
	부피가 1,000L를 초과한 것	2mm
염소를 충전하는 용기	부피가 1,000L 이하인 것	3mm
	부피가 1,000L를 초과한 것	5mm

10년간 자주 출제된 문제

암모니아 충전용기로서 내용적이 1,000L 이하인 것은 부식여유치가 A이고, 염소 충전용기로서 내용적이 1,000L 초과하는 것은 부식여유치가 B이다. A와 B항의 알맞은 부식여유치는?

① A : 1mm, B : 2mm
② A : 1mm, B : 3mm
③ A : 2mm, B : 5mm
④ A : 1mm, B : 5mm

정답 ④

핵심이론 06 | 용기 밸브의 충전구 나사형식

① 모든 가연성가스 : 왼나사(왼나사임을 표시하기 위해 그랜드 너트에 V자 홈을 낸다. 그리고 해당되지 않는 기체는 암모니아와 브롬화메탄이다)
② 기타 가스 : 오른나사
③ 용기용 밸브는 가스충전구의 형식에 의해 A형, B형, C형으로 구분한다.
  - ㉠ A형 : 수나사
  - ㉡ B형 : 암나사
  - ㉢ C형 : 나사구분이 없다.

10년간 자주 출제된 문제

브롬화메탄에 대한 설명으로 틀린 것은?
① 용기가 열에 노출되면 폭발할 수 있다.
② 알루미늄은 부식하므로 알루미늄 용기에 보관할 수 없다.
③ 가연성이며 독성가스이다.
④ 용기의 충전구 나사는 왼나사이다.

|해설|

모든 가연성가스의 충전구 나사의 형식은 왼나사이다. 다만, 액화 암모니아와 브롬화메탄은 오른나사이다.

정답 ④

| 핵심이론 07 | 단열성능시험 및 내압시험

① 단열성능시험용 가스 : 액화질소, 액화산소, 액화아르곤

② 침입열량 계산공식

$$Q = \frac{W \times q}{H \times \Delta T \times V}$$

여기서, Q : 침입열량 $\left(\dfrac{\text{kcal}}{\text{h℃L}}\right)$

H : 측정시간(h)

ΔT : 온도차(℃)

V : 내용적(L)

W : 기화된 가스량(kg)

q : 시험용가스의 기화잠열 $\left(\dfrac{\text{kcal}}{\text{kg}}\right)$

③ 판정 기준

내용적	침입열량	판정
1,000L 미만	0.0005 $\dfrac{\text{kcal}}{\text{h℃L}}$ 이하	합격
1,000L 이상	0.002 $\dfrac{\text{kcal}}{\text{h℃L}}$ 이하	합격

④ 용기의 내압시험

㉠ 영구증가율(항구증가율) = $\dfrac{\text{항구증가량}}{\text{전증가량}} \times 100$

㉡ 판정 : 영구증가율이 10% 이하인 용기는 합격

10년간 자주 출제된 문제

7-1. 초저온 용기의 단열성능검사 시 측정하는 침입열량의 단위는?

① kcal/h·L·℃
② kcal/m²·h·℃
③ kcal/m·h·℃
④ kcal/m·h·bar

7-2. 고압가스용 이음매 없는 용기의 재검사 시 내압시험 합격 판정의 기준이 되는 영구증가율은?

① 0.1% 이하
② 3% 이하
③ 5% 이하
④ 10% 이하

|해설|

7-1

단열성능시험

• 단열성능시험용 가스 : 액화질소, 액화산소, 액화아르곤
• 침입열량 계산공식

$$Q = \frac{W \times q}{H \times \Delta T \times V}$$

여기서, Q : 침입열량 $\left(\dfrac{\text{kcal}}{\text{h℃L}}\right)$

H : 측정시간(h)

ΔT : 온도차(℃)

V : 내용적(L)

W : 기화된 가스량(kg)

q : 시험용가스의 기화잠열 $\left(\dfrac{\text{kcal}}{\text{kg}}\right)$

7-2

용기의 내압시험

• 영구증가율(항구증가율) = $\dfrac{\text{항구증가량}}{\text{전증가량}} \times 100$

• 판정 : 영구증가율이 10% 이하인 용기는 합격

정답 7-1 ① 7-2 ④

핵심이론 08 | 용기 및 설비에 따른 압력

압력의 종류	용기 C_2H_2	용기 C_2H_2 이외의 용기	설비 (저장탱크, 용기집합장치, 배관 등)
TP (내압시험 압력)	FP×3배	FP×$\frac{5}{3}$	• 상용압력×1.5배 (공기, 질소로 내압시험 시는 상용압력×1.25배) • 냉동설비는 설계압력×1.5배 • 도시가스는 최고사용압력×1.5배
FP (최고충전 압력)	15℃에서 1.55MPa	TP×$\frac{3}{5}$	
AP (기밀시험 압력)	FP×1.8배	FP(단, 저온, 초저온용기 = FP×1.1배)	• 상용압력 • 도시가스는 최고사용압력×1.1배
안전 밸브 작동 압력	TP×0.8배	TP×0.8배	TP×0.8배(단, 액화산소탱크 = 상용압력×1.5배)

10년간 자주 출제된 문제

산소용기의 최고충전압력이 15MPa일 때 이 용기의 내압시험 압력은 얼마인가?

① 15MPa ② 20MPa
③ 22.5MPa ④ 25MPa

| 해설 |

$$TP = FP \times \frac{5}{3}$$
$$= 15 \times \frac{5}{3}$$
$$= 25\text{MPa}$$

정답 ④

핵심이론 09 | 냉동능력 산정기준

① 원심식 압축기를 사용하는 냉동설비는 그 압축기의 원동기 정격출력 1.2kW를 1일의 냉동능력 1톤으로 본다.
② 흡수식 냉동설비는 발생기를 가열하는 1시간의 입열량 6,640kcal를 1일의 냉동능력 1톤으로 본다.

10년간 자주 출제된 문제

흡수식 냉동설비의 냉동능력 정의로 옳은 것은?

① 발생기를 가열하는 1시간의 입열량 3,320kcal를 1일의 냉동능력 1톤으로 본다.
② 발생기를 가열하는 1시간의 입열량 6,640kcal를 1일의 냉동능력 1톤으로 본다.
③ 발생기를 가열하는 24시간의 입열량 3,320kcal를 1일의 냉동능력 1톤으로 본다.
④ 발생기를 가열하는 24시간의 입열량 6,640kcal를 1일의 냉동능력 1톤으로 본다.

| 해설 |

흡수식 냉동설비의 냉동능력 정의 : 발생기를 가열하는 1시간의 입열량 6,640kcal를 1일의 냉동능력 1톤으로 본다.

정답 ②

| 핵심이론 10 | 히트펌프 제조 및 검사

① 용어의 정의
  ㉠ 냉동기란 고압가스를 사용하여 냉동하기 위한 기기로서 냉동능력 산정기준에 따라 계산된 냉동능력 3ton 이상인 것을 말한다.
  ㉡ 일체형 냉동기란 응축기유닛과 증발기유닛이 냉매배관으로 연결된 것으로 1일의 냉동능력이 20ton 미만인 공조용 패키지 에어컨 등을 말한다.
  ㉢ 압력용기란 다음 이외의 것을 말한다.
    • 안지름이 310mm 이하로서 내용적이 10L 이하인 것
    • KS D 3507(배관용 탄소강관), KS D 3562(압력배관용 탄소강관), KS D 3569(저온배관용 탄소강관), KS D 3576(배관용 스테인레스강관) 및 KS D 5301(이음매 없는 구리 및 구리합금 관) 또는 이와 동등 이상의 재료인 관을 사용하여 제조한 것으로 다음 사항에 해당하는 것
      – 동체의 안지름이 160mm 이하인 것
      – 동체의 길이가 내측 긴지름의 20배 이상인 것
  ㉣ 고압부란 압축기 또는 발생기의 작용에 따라 응축압력을 받는 부분으로서 다음 사항의 것을 제외한다.
    • 원심식압축기
    • 고압부를 내장한 밀폐형 압축기로서 저압부의 압력을 받는 부분
    • 승압기(Booster)의 토출압력을 받는 부분
    • 다원냉동장치로서 압축기 또는 발생기의 작용으로 응축압력을 받는 부분으로 응축온도가 보통의 운전 상태에서 $-15℃$ 이하의 부분
    • 자동팽창밸브[팽창밸브의 2차측에 고압부 압력이 걸리는 것(열펌프용 등)은 고압부로 한다]
  ㉤ 저압부란 고압부 이외의 부분을 말한다.
  ㉥ 상용압력이란 사용 상태 또는 정지 상태에서 해당 설비의 각부에 작용하는 최고사용압력을 말한다.

② 제조설비
  냉동기를 제조하고자 하는 자가 이 제조기준에 따라 냉동기를 제조하기 위하여 갖추어야 할 제조설비(제조하는 냉동기에 필요한 것에 한정한다)는 다음과 같다.
  ㉠ 프레스설비
  ㉡ 제관설비
  ㉢ 압력용기의 제조에 필요한 다음의 설비
    • 성형설비
    • 세척설비
    • 열처리로(노 안의 압력용기를 가열하는 각 부분의 온도차가 25K 이하가 되도록 한 구조의 것으로 한다) 및 그 노 안의 온도를 측정하여 자동으로 기록하는 장치
  ㉣ 구멍가공기・외경절삭기・내경절삭기・나사전용가공기 등 공작기계설비
  ㉤ 전처리설비 및 부식방지도장설비
  ㉥ 건조설비
  ㉦ 용접설비
  ㉧ 조립설비
  ㉨ 그 밖에 제조에 필요한 설비 및 기구

③ 냉매가스・흡수용액 및 피냉각물에 접하는 부분의 재료는 냉매가스의 종류에 따라 다음의 것을 사용하지 아니한다.
  ㉠ 암모니아에는 구리 및 구리합금. 다만, 압축기의 축수 또는 이들과 유사한 부분으로 항상 유막으로 덮여 액화 암모니아에 직접 접촉하지 아니하는 부분에는 청동류를 사용할 수 있다.
  ㉡ 염화메탄에는 알루미늄 합금
  ㉢ 프레온에는 2%를 넘는 마그네슘을 함유한 알루미늄 합금

④ 항상 물에 접촉되는 부분에는 순도가 99.7% 미만의 알루미늄을 사용하지 아니한다. 다만, 적절한 내식처리를 한 때는 그러하지 아니하다.

제5절 가스 판매, 운반, 취급

핵심이론 01 | 고압가스, 액화석유가스 판매, 운반, 취급시설

① 고압가스를 운반하는 차량의 경계표지
  ㉠ 위험 고압가스라고 하는 표지판의 크기
    - 가로치수 : 차체 폭의 30% 이상
    - 세로치수 : 가로치수의 20% 이상
  ㉡ 차량구조상 정사각형 또는 이에 가까운 형상으로 표시할 경우의 면적 : 600cm² 이상
  ㉢ 탱크로리의 주밸브 수평거리
    - 후부취출식 : 뒷범퍼와 수평거리 40cm 이상
    - 측부취출식 : 뒷범퍼와 수평거리 30cm 이상
    - 조작상자 설치 시 : 뒷범퍼와 수평거리 20cm 이상

② 고압가스 운반 시 휴대하는 소화설비
  ㉠ 소화설비

가스의 구분	소화기의 종류		비치 개수
	소화약제의 종류	소화기의 능력단위	
가연성 가스	분말소화제	BC용, B-10 이상 또는 ABC용, B-12 이상	차량 좌우에 각각 1개 이상
산소	분말소화제	BC용, B-8 이상 또는 ABC용, B-10 이상	차량 좌우에 각각 1개 이상

  ㉡ 약제

품명	액화가스질량이 1,000kg 미만인 경우	액화가스질량이 1,000kg 이상인 경우
소석회	20kg 이상	40kg 이상

10년간 자주 출제된 문제

1-1. 독성가스 용기 운반차량의 경계표지를 정사각형으로 할 경우 그 면적의 기준은?

① 500cm² 이상
② 600cm² 이상
③ 700cm² 이상
④ 800cm² 이상

1-2. 액화독성가스의 운반질량이 1,000kg 미만 이동 시 휴대해야 할 소석회는 몇 kg 이상이어야 하는가?

① 20kg
② 30kg
③ 40kg
④ 50kg

|해설|

1-1
고압가스를 운반하는 차량의 경계표지
- 위험 고압가스라고 하는 표지판의 크기
  - 가로치수 : 차체 폭의 30% 이상
  - 세로치수 : 가로치수의 20% 이상
- 차량구조상 정사각형 또는 이에 가까운 형상으로 표시할 경우의 면적 : 600cm² 이상

1-2
약제

품명	액화가스질량이 1,000kg 미만인 경우	액화가스질량이 1,000kg 이상인 경우
소석회	20kg 이상	40kg 이상

정답 1-1 ② 1-2 ①

제6절 가스 관련 법 활용

핵심이론 01 고압가스안전관리법 활용

※ 고압가스안전관리법 시행규칙 제2조

① 용어

㉠ 가연성 가스 : 아크릴로나이트릴·아크릴알데하이드·아세트알데하이드·아세틸렌·암모니아·수소·황화수소·사이안화수소·일산화탄소·이황화탄소·메탄·염화메탄·브롬화메탄·에탄·염화에탄·염화비닐·에틸렌·산화에틸렌·프로판·사이클로프로판·프로필렌·산화프로필렌·부탄·부타디엔·부틸렌·메틸에테르·모노메틸아민·다이메틸아민·트라이메틸아민·에틸아민·벤젠·에틸벤젠 및 그 밖에 공기 중에서 연소하는 가스로서 폭발한계(공기와 혼합된 경우 연소를 일으킬 수 있는 공기 중의 가스농도의 한계)의 하한이 10% 이하인 것과 폭발한계의 상한과 하한의 차가 20% 이상인 것을 말한다.

㉡ 독성가스 : 아크릴로나이트릴·아크릴알데하이드·아황산가스·암모니아·일산화탄소·이황화탄소·불소·염소·브롬화메탄·염화메탄·염화프렌·산화에틸렌·사이안화수소·황화수소·모노메틸아민·다이메틸아민·트라이메틸아민·벤젠·포스겐·아이오딘화수소·브롬화수소·염화수소·불화수소·겨자가스·알진·모노실란·다이실레인·다이보레인·셀렌화수소·포스핀·모노게르만 및 그 밖에 공기 중에 일정량 이상 존재하는 경우 인체에 유해한 독성을 가진 가스로서 허용농도(해당 가스를 성숙한 흰쥐 집단에게 대기 중에서 1시간 동안 계속하여 노출시킨 경우 14일 이내에 그 흰쥐의 2분의 1 이상이 죽게 되는 가스의 농도)가 100만분의 5,000 이하인 것을 말한다.

㉢ 액화가스 : 가압(加壓)·냉각 등의 방법에 의하여 액체 상태로 되어 있는 것으로서 대기압에서의 끓는점이 40℃ 이하 또는 상용온도 이하인 것을 말한다.

㉣ 압축가스 : 일정한 압력에 의하여 압축되어 있는 가스를 말한다.

㉤ 저장설비 : 고압가스를 충전·저장하기 위한 설비로서 저장탱크 및 충전용기 보관설비를 말한다.

㉥ 저장능력 : 저장설비에 저장할 수 있는 고압가스의 양으로서 고압가스안전관리법 시행규칙 별표 1에 따라 산정된 것을 말한다.

㉦ 저장탱크 : 고압가스를 충전·저장하기 위하여 지상 또는 지하에 고정 설치 된 탱크를 말한다.

㉧ 초저온저장탱크 : -50℃ 이하의 액화가스를 저장하기 위한 저장탱크로서 단열재를 씌우거나 냉동설비로 냉각시키는 등의 방법으로 저장탱크 내의 가스온도가 상용의 온도를 초과하지 아니하도록 한 것을 말한다.

㉨ 저온저장탱크 : 액화가스를 저장하기 위한 저장탱크로서 단열재를 씌우거나 냉동설비로 냉각시키는 등의 방법으로 저장탱크 내의 가스온도가 상용의 온도를 초과하지 아니하도록 한 것 중 초저온저장탱크와 가연성 가스 저온저장탱크를 제외한 것을 말한다.

㉩ 가연성 가스 저온저장탱크 : 대기압에서의 끓는점이 0℃ 이하인 가연성 가스를 0℃ 이하인 액체 또는 해당 가스의 기상부의 상용압력이 0.1MPa 이하인 액체 상태로 저장하기 위한 저장탱크로서 단열재를 씌우거나 냉동설비로 냉각하는 등의 방법으로 저장탱크 내의 가스온도가 상용온도를 초과하지 아니하도록 한 것을 말한다.

㉪ 차량에 고정된 탱크 : 고압가스의 수송·운반을 위하여 차량에 고정 설치된 탱크를 말한다.

⑤ 초저온용기 : -50℃ 이하의 액화가스를 충전하기 위한 용기로서 단열재를 씌우거나 냉동설비로 냉각시키는 등의 방법으로 용기 내의 가스온도가 상용온도를 초과하지 아니하도록 한 것을 말한다.

⑥ 저온용기 : 액화가스를 충전하기 위한 용기로서 단열재를 씌우거나 냉동설비로 냉각시키는 등의 방법으로 용기 내의 가스온도가 상용의 온도를 초과하지 아니하도록 한 것 중 초저온용기 외의 것을 말한다.

⑦ 충전용기 : 고압가스의 충전질량 또는 충전압력의 2분의 1 이상이 충전되어 있는 상태의 용기를 말한다.

㉮ 잔가스용기 : 고압가스의 충전질량 또는 충전압력의 2분의 1 미만이 충전되어 있는 상태의 용기를 말한다.

㉯ 가스설비 : 고압가스의 제조·저장·사용설비(제조·저장·사용설비에 부착된 배관을 포함하며, 사업소 밖에 있는 배관은 제외) 중 가스(제조·저장되거나 사용 중인 고압가스, 제조공정 중에 있는 고압가스가 아닌 상태의 가스, 해당 고압가스 제조의 원료가 되는 가스 및 고압가스가 아닌 상태의 수소)가 통하는 설비를 말한다.

㉰ 고압가스설비 : 가스설비 중 다음의 설비를 말한다.
- 고압가스가 통하는 설비
- 위에 따른 설비와 연결된 것으로서 고압가스가 아닌 상태의 수소가 통하는 설비. 다만, 수소경제 육성 및 수소 안전관리에 관한 법률 제2조 제9호에 따른 수소연료 사용시설에 설치된 설비는 제외한다.

㉱ 처리설비 : 압축·액화나 그 밖의 방법으로 가스를 처리할 수 있는 설비 중 고압가스의 제조(충전을 포함)에 필요한 설비와 저장탱크에 딸린 펌프·압축기 및 기화장치를 말한다.

㉲ 감압설비 : 고압가스의 압력을 낮추는 설비를 말한다.

㉳ 처리능력 : 처리설비 또는 감압설비에 의하여 압축·액화나 그 밖의 방법으로 1일에 처리할 수 있는 가스의 양(온도 0℃, 게이지압력 0Pa의 상태를 기준으로 한다. 이하 같다)을 말한다.

㉴ 불연재료(不燃材料) : 건축법 시행령 제2조 제10호에 따른 불연재료를 말한다.

㉵ 방호벽(防護壁) : 높이 2m 이상, 두께 12cm 이상의 철근콘크리트 또는 이와 같은 수준 이상의 강도를 가지는 구조의 벽을 말한다.

㉶ 보호시설 : 제1종 보호시설 및 제2종 보호시설로서 고압가스안전관리법 시행규칙 별표 2에서 정한 것을 말한다.

㉷ 용접용기 : 동판 및 경판(동체의 양 끝부분에 부착하는 판)을 각각 성형하고 용접하여 제조한 용기를 말한다.

㉸ 이음매 없는 용기 : 동판 및 경판을 일체(一體)로 성형하여 이음매가 없이 제조한 용기를 말한다.

㉹ 접합 또는 납붙임용기 : 동판 및 경판을 각각 성형하여 심(Seam)용접이나 그 밖의 방법으로 접합하거나 납붙임하여 만든 내용적(內容積) 1L 이하인 일회용 용기를 말한다.

㉺ 충전설비 : 용기 또는 차량에 고정된 탱크에 고압가스를 충전하기 위한 설비로서 충전기와 저장탱크에 딸린 펌프·압축기를 말한다.

㉻ 특수고압가스 : 압축모노실란·압축다이보레인·액화알진·포스핀·세렌화수소·게르만·다이실레인 및 그 밖에 반도체의 세정 등 산업통상자원부장관이 인정하는 특수한 용도에 사용되는 고압가스를 말한다.

㉠ 압축가스설비 : 고압가스자동차 충전시설에 사용되는 설비로서 처리설비로부터 압축된 가스를 저장하기 위한 압력용기를 말한다.

② 고압가스 안전관리법 제3조 제1호에서 '산업통상자원부령으로 정하는 일정량'이란 다음에 따른 저장능력을 말한다.
  ㉠ 액화가스 : 5ton. 다만, 독성가스인 액화가스의 경우에는 1ton(허용농도가 100만분의 200 이하인 독성가스인 경우에는 100kg)을 말한다.
  ㉡ 압축가스 : 500m^3. 다만, 독성가스인 압축가스의 경우에는 100m^3(허용농도가 100만분의 200 이하인 독성가스인 경우에는 10m^3)를 말한다.
③ 법 제3조 제4호에서 '산업통상자원부령으로 정하는 냉동능력'이란 고압가스안전관리법 시행규칙 별표 3에 따른 냉동능력 산정기준에 따라 계산된 냉동능력 3ton을 말한다.
④ 법 제3조 제4호의2에서 '산업통상자원부령으로 정하는 것'이란 다음의 어느 하나에 해당하는 안전설비를 말하며, 그 안전설비의 구체적인 범위는 산업통상자원부장관이 정하여 고시한다.
  ㉠ 독성가스 검지기
  ㉡ 독성가스 스크러버
  ㉢ 밸브
⑤ 법 제3조 제5호에서 '산업통상자원부령으로 정하는 고압가스 관련 설비'란 다음의 설비를 말한다.
  ㉠ 안전밸브·긴급차단장치·역화방지장치
  ㉡ 기화장치
  ㉢ 압력용기
  ㉣ 자동차용 가스 자동주입기
  ㉤ 독성가스 배관용 밸브
  ㉥ 냉동설비(고압가스안전관리법 시행규칙 별표 11 제4호 나목에서 정하는 일체형 냉동기는 제외)를 구성하는 압축기·응축기·증발기 또는 압력용기(이하 냉동용 특정설비)
  ㉦ 고압가스용 실린더 캐비닛
  ㉧ 자동차용 압축천연가스 완속충전설비(처리능력이 시간당 18.5m^3 미만인 충전설비)
  ㉨ 액화석유가스용 용기 잔류가스 회수장치
  ㉩ 차량에 고정된 탱크

10년간 자주 출제된 문제

1-1. -50℃ 이하의 액화가스를 충전하기 위한 용기로서 단열재를 씌우거나 냉동설비로 냉각시키는 등의 방법으로 용기 내의 가스온도가 상용온도를 초과하지 아니하도록 한 용기는?
① 저온용기
② 초저온용기
③ 압력용기
④ 잔가스용기

1-2. 고압가스 안전관리법의 용어의 정의에서 방호벽의 두께 기준으로 옳은 것은?
① 10cm
② 12cm
③ 16cm
④ 20cm

|해설|

1-1
① 저온용기 : 액화가스를 충전하기 위한 용기로서 단열재를 씌우거나 냉동설비로 냉각시키는 등의 방법으로 용기 내의 가스온도가 상용의 온도를 초과하지 아니하도록 한 것 중 초저온용기 외의 것을 말한다.
④ 잔가스용기 : 고압가스의 충전질량 또는 충전압력의 2분의 1 미만이 충전되어 있는 상태의 용기를 말한다.

1-2
방호벽(防護壁) : 높이 2m 이상, 두께 12cm 이상의 철근콘크리트 또는 이와 같은 수준 이상의 강도를 가지는 구조의 벽

정답 1-1 ② 1-2 ②

핵심이론 02 | 액화석유가스의 안전관리 및 사업법 활용

※ 액화석유가스의 안전관리 및 사업법 제2조

① 액화석유가스 : 프로판이나 부탄을 주성분으로 한 가스를 액화(液化)한 것[기화(氣化)된 것을 포함]을 말한다.

② 액화석유가스 수출입업 : 액화석유가스를 수출하거나 수입하는 사업을 말한다.

③ 액화석유가스 수출입업자 : 법 제17조(액화석유가스 수출입업의 등록)에 따라 등록(등록이 면제된 경우를 포함한다)을 하고 액화석유가스 수출입업을 하는 자를 말한다.

④ 액화석유가스 충전사업 : 저장시설에 저장된 액화석유가스를 용기(容器)에 충전(배관을 통하여 다른 저장탱크에 이송하는 것을 포함)하거나 자동차에 고정된 탱크에 충전하여 공급하는 사업을 말한다.

⑤ 액화석유가스 충전사업자 : 액화석유가스 충전사업의 허가를 받은 자를 말한다.

⑥ 액화석유가스 집단공급사업 : 액화석유가스를 일반의 수요에 따라 배관을 통하여 연료로 공급하는 사업을 말한다.

⑦ 액화석유가스 배관망공급사업 : 액화석유가스 집단공급사업 중 저장탱크로부터 도로 등에 지중(地中) 매설된 배관을 통하여 일반 수요자에게 액화석유가스를 공급하는 사업으로 대통령령으로 정하는 사업을 말한다.

⑧ 액화석유가스 집단공급사업자 : 액화석유가스 집단공급사업의 허가를 받은 자를 말한다.

⑨ 액화석유가스 배관망공급사업자 : 액화석유가스 집단공급사업자 중 제5조(사업의 허가 등)에 따라 액화석유가스 배관망공급사업으로 허가를 받은 자를 말한다.

⑩ 액화석유가스 판매사업 : 용기에 충전된 액화석유가스를 판매하거나 자동차에 고정된 탱크(탱크의 규모 등이 산업통상자원부령으로 정하는 기준에 맞는 것만을 말한다)에 충전된 액화석유가스를 산업통상자원부령으로 정하는 규모 이하의 저장설비에 공급하는 사업을 말한다.

⑪ 액화석유가스 판매사업자 : 액화석유가스 판매사업의 허가를 받은 자를 말한다.

⑫ 액화석유가스 위탁운송사업 : 산업통상자원부령으로 정하는 액화석유가스 충전사업자나 액화석유가스 판매사업자로부터 액화석유가스의 운송을 위탁받아 산업통상자원부령으로 정하는 자동차에 고정된 탱크를 이용하여 소형 저장탱크에 운송하여 공급하는 사업을 말한다.

⑬ 액화석유가스 위탁운송사업자 : 액화석유가스 위탁운송사업의 등록을 한 자를 말한다.

⑭ 가스용품 제조사업 : 액화석유가스 또는 도시가스사업법에 따른 연료용 가스를 사용하기 위한 기기(機器)를 제조하는 사업을 말한다.

⑮ 가스용품 제조사업자 : 가스용품 제조사업의 허가를 받은 자를 말한다.

⑯ 액화석유가스 저장소 : 산업통상자원부령으로 정하는 일정량 이상의 액화석유가스를 용기 또는 저장 탱크에 저장하는 일정한 장소를 말한다.

⑰ 액화석유가스 저장자 : 액화석유가스 저장소의 설치 허가를 받은 자를 말한다.

⑱ 액화석유가스 사업자 등 : 액화석유가스 충전사업자, 액화석유가스 집단공급사업자, 액화석유가스 판매사업자, 액화석유가스 위탁운송사업자, 가스용품 제조사업자 및 액화석유가스 저장자를 말한다.

⑲ 정밀안전진단 : 가스안전관리 전문기관이 가스사고를 방지하기 위하여 가스공급시설에 대하여 장비와 기술을 이용하여 잠재된 위험요소와 원인을 찾아내는 것을 말한다.

10년간 자주 출제된 문제

다음 중 액화석유가스의 충전사업자에 대한 설명으로 옳은 것은?

① 액화석유가스 수출입업의 등록에 따라 등록을 하고 액화석유가스 수출입업을 하는 자
② 액화석유가스 집단공급사업의 허가를 받은 자
③ 액화석유가스 충전사업의 허가를 받은 자
④ 액화석유가스 판매사업의 허가를 받은 자

|해설|

① 액화석유가스 수출입업자
② 액화석유가스 집단공급사업자
④ 액화석유가스 판매사업자

정답 ③

핵심이론 03 | 도시가스사업법 활용

※ 도시가스사업법 제2조(정의)

① 도시가스 : 천연가스(액화한 것을 포함), 배관(配管)을 통하여 공급되는 석유가스, 나프타 부생(副生)가스, 바이오가스 또는 합성천연가스로서 대통령령으로 정하는 것을 말한다.

② 도시가스사업 : 수요자에게 도시가스를 공급하거나 도시가스를 제조하는 사업(석유 및 석유대체연료 사업법에 따른 석유정제업은 제외)으로서 가스도매사업, 일반도시가스사업, 도시가스충전사업, 나프타부생가스·바이오가스제조사업 및 합성천연가스제조사업을 말한다.

③ 도시가스사업자 : 도시가스사업의 허가를 받은 가스도매사업자, 일반도시가스사업자, 도시가스충전사업자, 나프타부생가스·바이오가스제조사업자 및 합성천연가스제조사업자를 말한다.

④ 가스도매사업 : 일반도시가스사업자 및 나프타부생가스·바이오가스제조사업자 외의 자가 일반도시가스사업자, 도시가스충전사업자, 선박용 천연가스사업자 또는 산업통상자원부령으로 정하는 대량 수요자에게 도시가스를 공급하는 사업을 말한다.

⑤ 일반도시가스사업 : 가스도매사업자 등으로부터 공급받은 도시가스 또는 스스로 제조한 석유가스, 나프타부생가스, 바이오가스를 일반의 수요에 따라 배관을 통하여 수요자에게 공급하는 사업을 말한다.

10년간 자주 출제된 문제

다음 중 도시가스의 원료로서 적당하지 않은 것은?

① LPG
② Naphtha
③ Natural Gas
④ Acetylene

|해설|

도시가스 : 천연가스(액화한 것을 포함), 배관(配管)을 통하여 공급되는 석유가스, 나프타 부생(副生)가스, 바이오가스 또는 합성천연가스로서 대통령령으로 정하는 것을 말한다.

정답 ④

핵심이론 04 | 수소경제 육성 및 수소 안전관리 법률 활용

※ 수소경제 육성 및 수소 안전관리에 관한 법률 제2조

① **수소경제** : 수소의 생산 및 활용이 국가, 사회 및 국민 생활 전반에 근본적 변화를 선도하여 새로운 경제 성장을 견인하고 수소를 주요한 에너지원으로 사용하는 경제산업 구조를 말한다.

② **수소산업** : 수소의 생산ㆍ저장ㆍ운송ㆍ충전ㆍ판매 및 연료전지, 수소가스터빈 등 수소를 활용하는 장비와 이에 사용되는 제품ㆍ부품ㆍ소재 및 장비의 제조 등 수소와 관련한 산업을 말한다.

③ **수소전문기업** : 수소산업과 관련된 사업(이하 '수소사업'이라 함)을 영위하는 기업으로서 다음의 어느 하나에 해당하는 기업을 말한다.
  ㉠ 총매출액 중 수소사업과 관련된 매출액이 차지하는 비중이 대통령령으로 정하는 기준에 해당하는 기업
  ㉡ 총매출액 대비 수소사업 관련 연구 개발 등에 대한 투자 금액이 차지하는 비중이 대통령령으로 정하는 기준에 해당하는 기업

④ **수소전문투자회사** : 자산을 운용하여 그 수익을 주주에게 배분하는 것을 목적으로 설립된 회사를 말한다.

⑤ **수소특화단지** : 수소경제 이행을 촉진하기 위하여 수소특화단지의 지정 등(법 제22조)에 따라 지정된 지역을 말한다.

⑥ **연료전지** : 신에너지 및 재생에너지 개발ㆍ이용ㆍ보급 촉진법 제2조 제1호에 따른 신에너지의 하나로서 수소와 산소의 전기화학적 반응을 통하여 전기와 열을 생산하는 설비와 그 부대설비를 말한다.

⑦ **수소연료공급시설** : 수송ㆍ건물ㆍ발전 등의 용도로 사용되는 연료전지, 수소가스터빈 등 수소를 활용하는 장비에 수소를 공급하는 시설로서 산업통상자원부령으로 정하는 시설을 말한다.

⑧ 청정수소 : 청정수소의 인증 등(법 제25조의2)에 따라 인증받은 수소 또는 수소화합물로서 다음의 어느 하나에 해당하는 것을 말한다.
  ㉠ 무탄소수소 : 수소의 생산·수입 등의 과정에서 기후위기 대응을 위한 탄소중립·녹색성장기본법 제2조 제5호에 따른 온실가스(이하 '온실가스'라 함)를 배출하지 아니하는 수소
  ㉡ 저탄소수소 : 수소의 생산·수입 등의 과정에서 온실가스를 대통령령으로 정하는 기준 이하로 배출하는 수소
  ㉢ 저탄소수소화합물 : 수소의 운송 등을 위하여 생산된 수소화합물로서 생산·수입 등의 과정에서 온실가스를 대통령령으로 정하는 기준 이하로 배출하는 수소화합물
⑨ 수소발전 : 수소 또는 수소화합물을 연료로 전기 또는 전기와 열을 생산하는 것을 말한다.
⑩ 수소발전사업자 : 전기사업법 제2조 제4호에 따른 발전사업자 또는 같은 조 제19호에 따른 자가용전기설비를 설치한 자로서 수소발전을 하는 사업자를 말한다.
⑪ 수소용품 : 연료전지와 수소관련 용품으로서 산업통상자원부령으로 정하는 용품을 말한다.
⑫ 수소연료사용시설 : 연료전지, 수소가스터빈 등을 설치하여 전기 또는 열을 사용하기 위한 시설로서 산업통상자원부령으로 정하는 시설을 말한다.
⑬ 수소가스터빈 : 수소 또는 수소를 포함하는 연료를 연소하여 발생하는 열에너지를 운동에너지로 전환하는 원동기를 말한다.

10년간 자주 출제된 문제

청정수소의 종류 중 수소의 생산·수입 등의 과정에서 온실가스를 대통령령으로 정하는 기준 이하로 배출하는 수소는?

① 무탄소수소
② 저탄소수소
③ 저탄소수소화합물
④ 탄화수소화합물

|해설|

① 무탄소수소 : 수소의 생산·수입 등의 과정에서 기후위기 대응을 위한 탄소중립·녹색성장기본법에 따른 온실가스를 배출하지 아니하는 수소
③ 저탄소수소화합물 : 수소의 운송 등을 위하여 생산된 수소화합물로서 생산·수입 등의 과정에서 온실가스를 대통령령으로 정하는 기준 이하로 배출하는 수소화합물

정답 ②

제7절 가스사고조사보고서

핵심이론 01 | 가스사고조사보고서 작성

① 가스사고는 가스의 누출이나 가스 누출로 인한 폭발·화재, 가스시설 및 가스 관련 제품에서 발생한 사고이다.

② 가스사업자는 가스공급시설 및 그가 공급하는 사용시설과 관련된 사고가 발생할 경우에는 산업통상자원부령이 정하는 바에 따라 한국가스안전공사(이하 공사)에 통보하여야 하며, 공사는 사고 예방을 위해 필요시 사고의 원인 및 경위 등 사고에 대한 조사를 하여 산업통상자원부 장관 및 시·도지사에게 보고하여야 한다.

③ 사고보고서에는 보고자, 사고 일시 및 장소, 사고 내용, 시설 현황, 피해 현황 등이 기록되어 있어야 한다.

10년간 자주 출제된 문제

1-1. 가스사고조사보고서에 기록해야 할 사항이 아닌 것은?
① 보고자
② 사고 일시 및 장소
③ 사고내용
④ 사고원인

1-2. 사람이 사망하거나 부상, 중독가스 사고가 발생하였을 때 사고의 통보내용에 포함되는 사항이 아닌 것은?
① 통보자의 인적사항
② 사고 발생 일시 및 장소
③ 피해자 보상 방안
④ 사고내용 및 피해 현황

|해설|
1-1
사고보고서에는 보고자, 사고 일시 및 장소, 사고내용, 시설 현황, 피해 현황 등이 기록되어 있어야 한다.

1-2
보상 방안, 보상금액은 사람이 사망하거나 부상, 중독가스 사고가 발생하였을 때 사고의 통보내용에 포함되는 사항이 아니다.

정답 1-1 ④ 1-2 ③

핵심이론 02 | 가스사고 조사 장비관리 및 응급조치

① 가연성 가스의 누출·폭발
  ㉠ 사고 상황 : 실험 중 분석장비(GC, 가스크로마토그래피)에 연결되어 있는 가스 배관 이음부에서 가연성 가스(수소)가 누출되는 상황
  ㉡ 사고 예방·대비단계
    • 가연성 가스용기는 통풍이 잘되는 옥외 장소에 설치한다.
    • 가연성 가스 검지기를 설치 및 관리한다.
    • 가스용기 고정장치를 설치한다.
    • 상시 가스누출검사를 실시한다.
    • 주요 가스 사용 현황 및 정보를 파악한다.
    • 옥외 설치 가스배관에 대한 부식 여부 등 이상 여부를 점검한다.
    • 가스저장소 등 가스설비의 주기적 점검을 실시한다.
    • 가스누출경보장치의 주기적인 검·교정을 실시한다.
  ㉢ 사고 대응단계
    • 가스 누출 사실 전파 및 건물 내에 체류 중인 사람이 대피할 수 있도록 알린다.
    • 안전이 확보되는 범위 내에서 사고 확대 방지를 위하여 밸브 차단 및 환기 등 적절한 조치를 취한다.
    • 누출 규모가 커서 대응이 불가능할 경우 즉시 대피한다.
    • 방송을 통한 사고 전파로 신속한 대피를 유도한다.
    • 가스농도측정기를 이용해 누출 가스의 농도를 측정한다.
    • 사고현장에 접근금지테이프 등을 이용하여 통제구역을 설정한다.
    • 필요시 전기 및 가스설비 공급을 차단한다.

- 대량 누출의 경우 폭발로 이어지지 않도록 점화원을 제거한다(밸브 차단, 주변 점화원 제거, 충격 등 금지).
- 부상자 발생 시 응급조치 및 인근 병원으로 후송한다.

② 독성가스 누출
  ㉠ 사고 상황 : 독성가스 보관 실린더 캐비닛에서 독성가스(알진, 다이보레인, 세렌화수소, 포스핀 등) 누출로 경보음이 작동한다.
  ㉡ 사고 예방·대비단계
   - 독성가스용기는 옥외 저장소 또는 실린더 캐비닛 내에 설치한다.
   - 독성가스 특성을 고려한 호흡용 보호구 비치 및 사용 관리한다.
   - 상시 가스누출검사를 실시한다.
  ㉢ 사고 대응단계
   - 가스 누출 사실 전파 및 건물 내에 체류 중인 사람이 대피할 수 있도록 알린다.
   - 사고 적응성 개인보호구(방독면 등)를 신속하게 착용한다.
   - 안전이 확보되는 범위 내에서 사고 확대 방지를 위하여 밸브를 차단한다.
   - 유독 기체 흡입 부상자의 경우 통풍이 잘되는 곳으로 옮기고 안정을 취하게 한다.
   - 누출 규모가 커서 대응이 불가능할 경우 즉시 대피한다.
   - 대피 시에는 출입문 및 방화문을 닫아 피해 확산을 방지한다.

10년간 자주 출제된 문제

독성가스 사고 예방 및 대비단계가 아닌 것은?
① 독성가스용기는 옥외 저장소 또는 실린더 캐비닛 내에 설치한다.
② 독성가스 특성을 고려한 호흡용 보호구 비치 및 사용 관리한다.
③ 상시 가스누출검사를 실시한다.
④ 가스 누출 사실 전파 및 건물 내에 체류 중인 사람이 대피할 수 있도록 알린다.

|해설|
④는 독성가스 사고 대응단계 내용이다.
독성가스 사고 대응단계
① 가스 누출 사실 전파 및 건물 내에 체류 중인 사람이 대피할 수 있도록 알린다.
② 사고 적응성 개인보호구(방독면 등)를 신속하게 착용한다.
③ 안전이 확보되는 범위 내에서 사고 확대 방지를 위하여 밸브를 차단한다.
④ 유독 기체 흡입 부상자의 경우 통풍이 잘되는 곳으로 옮기고 안정을 취하게 한다.
⑤ 누출 규모가 커서 대응이 불가능할 경우 즉시 대피한다.
⑥ 대피 시에는 출입문 및 방화문을 닫아 피해 확산을 방지한다.

정답 ④

제8절 가스의 화재 및 폭발예방

핵심이론 01 주요 가스의 공기 중 폭발 한계

[주요 가스의 공기 중 폭발 한계(1atm · 상온)]

단위(%)

가 스	하한계	상한계	가 스	하한계	상한계
수 소	4.0	75.0	벤 젠	1.4	7.1
일산화탄소	12.5	74.0	톨루엔	1.4	6.7
사이안화수소	6.0	41.0	사이클로프로판	2.4	10.4
메 탄	5.0	15.0	사이클로헥산	1.3	8.0
에 탄	3.0	12.4	메틸알코올	7.3	36.0
프로판	2.1	9.5	에틸알코올	4.3	19.0
부 탄	1.8	8.4	이소프로필알코올	2.0	12.0
펜 탄	1.4	7.8	아세트알데히드	4.1	57.0
헥 산	1.2	7.4	에테르	1.9	48.0
에틸렌	2.7	36.0	아세톤	3.0	13.0
프로필렌	2.4	11.0	산화에틸렌	3.0	80.0
부텐-1	1.7	9.7	산화프로필렌	2.0	22.0
이소부틸렌	1.8	9.6	염화비닐	4.0	22.0
1,3 부타디엔	2.0	12.0	암모니아	15.0	28.0
4플루오린화 에틸렌	10.0	42.0	이황화탄소	1.2	44.0
아세틸렌	2.5	81.0	황화수소	4.3	45.0

10년간 자주 출제된 문제

공기 중에 10vol% 존재 시 폭발의 위험성이 없는 가스는?

① CH_3Br
② C_2H_6
③ C_2H_4O
④ H_2S

|해설|

CH_3Br의 폭발범위 : 13.5~14.5%

정답 ①

핵심이론 02 폭발의 종류

① 화학적 폭발 : 폭발성 혼합가스의 점화 시 일어나는 폭발(산화폭발), 화약의 폭발 등으로 화학적 화합물의 치환 또는 반응으로 인한 급격한 에너지의 방출현상에 의해 폭발하는 현상

② 압력에 의한 폭발 : 불량용기의 폭발, 고압가스 용기의 폭발, 보일러 폭발 등으로 기기적인 장치에서 압력이 상승해서 폭발하는 현상

③ 분해폭발 : 가압하에서 단일 가스의 분해 폭발(아세틸렌, 산화에틸렌, 에틸렌, 히드라진)

④ 중합폭발 : 초산비닐, 염화비닐 등의 원료인 단량체, 사이안화수소 등 중합열에 의해 폭발하는 현상

⑤ 촉매폭발 : 수소와 염소의 혼합가스에 촉매로 작용하는 직사광선, 일광 등에 의해 폭발하는 현상

10년간 자주 출제된 문제

다음 각 폭발의 종류와 그 관계로서 맞지 않은 것은?

① 화학폭발 : 화약의 폭발
② 압력폭발 : 보일러의 폭발
③ 촉매폭발 : C_2H_2의 폭발
④ 중합폭발 : HCN의 폭발

|해설|

촉매폭발 : 수소와 염소의 혼합가스에 촉매로 작용하는 직사광선, 일광 등에 의해 폭발하는 현상

정답 ③

| 핵심이론 03 | 폭발의 피해영향

① 슬롭오버(Slop Over) 현상

점성이 큰 중질유와 같은 유류에 화재가 발생하면 유류의 액표면 온도가 물의 비점 이상으로 상승하게 되는데, 이때 소화용수가 연소유의 뜨거운 액표면에 유입되면 급비등으로 부피팽창을 일으켜 탱크 외부로 유류를 분출시키는 현상을 슬롭오버 현상이라 한다.

② 비등액체팽창증기폭발(BLEVE) 현상

인화점이나 비점이 낮은 인화성액체(유류)가 가득 차있지 않는 저장탱크 주위에 화재가 발생하여 저장탱크 벽면이 장시간 화염에 노출되면 윗부분의 온도가 매우 상승하여 재질의 인장력이 저하되고, 내부의 비등현상으로 인한 압력상승으로 저장탱크 벽면이 파열되어 BLEVE(Boiling Liquid Expanding Vapor Explosion) 현상을 일으키게 된다.

③ 증기운(Vapor Cloud)

저장탱크에 화재가 발생하면 화염에 의한 복사열이 인근 저장탱크로 전달된다. 전달된 복사열로 인하여 저장액체의 온도가 증가되고 이로 인해 증기의 발생량이 많아져 다량의 증기가 탱크 외부로 누출되어 바로 확산되지 않고 구름과 같이 뭉쳐 있게 되는데 이를 증기운(Vapor Cloud)이라고 한다. 증기운이 화재탱크의 화염과 접촉하게 되면 화염은 인접탱크로 전파되어 화재가 확대되게 된다.

④ 프로스오버(Froth Over) 현상

물이 점성의 뜨거운 기름표면 아래에서 끓을 때 화재를 수반하지 않고 Over Flow되는 현상을 프로스오버(Froth Over) 현상이라 하며, 뜨거운 아스팔트를 물 중탕할 때 발생할 수 있는 현상이다.

⑤ 분진의 종류

㉠ 가연성 분진 : 공기 중 산소와 발열반응을 일으키고 폭발하는 분진

㉡ 폭연성 분진 : 공기 중 산소가 적은 분위기 또는 이산화탄소 중에서도 착화하고, 부유상태에서는 심한 폭발을 발생하는 금속분진

10년간 자주 출제된 문제

비등액체팽창증기폭발(BLEVE)이 일어날 가능성이 가장 낮은 곳은?
① LPG 저장탱크
② LNG 저장탱크
③ 액화가스 탱크로리
④ 천연가스 지구정압기

|해설|

비등액체팽창증기폭발(BLEVE)은 저장탱크에서 발생하기 쉽다.

정답 ④

핵심이론 04 | 폭발 방지대책

① 압력상승의 억제
방압시스템은 충분한 속도로 기체를 방출시킬 수 있어야 한다. 예 버스팅디스크, 폭발문, 취약벽

② 화염 및 폭굉파의 확대저지
폭굉중단형 폭굉억지기, 건식 역화방지기, 소화제 살포장치

③ 내폭벽과 안전거리
  ㉠ 폭발 발생 가능성이 있는 설비 부근에 구조물이나 사람의 배치가 필요할 때 내폭벽 설치
  ㉡ 폭발이 발생하더라도 중대피해를 입지 않는 거리가 안전거리

핵심이론 05 | 위험성 평가

① 위험성 평가기법
  ㉠ 정성적 평가기법 : 위험요인을 도출하고, 위험요인에 대한 안전대책을 확인수립
  - 체크리스트(Check List) 기법 : 공정 및 설비의 오류, 결함상태, 위험상황 등을 목록화하여 비교 분석하는 기법
  - 위험과 운전분석(HAZOP ; Hazard & Operability Studies) : 공정에 존재하는 위험요소들과 공정의 효율성을 떨어뜨릴 수 있는 운전상의 문제점을 찾아내어 그 원인을 제거하는 기법
  - 상대위험순위결정(Dow and Mond Indices) : 설비에 존재하는 위험에 대하여 상대위험순위를 지표화하여 그 피해 정도를 분석하는 기법
  - 사고예상질문분석(What-if 분석) : 공정에 잠재하고 있으면서 원하지 않은 나쁜 결과를 초래할 수 있는 사고에 대하여 예상질문을 통해 사전에 확인함으로써 위험과 결과를 줄이는 방법을 제시하는 기법
  ㉡ 정량적 평가기법 : 위험요인별로 사고로 발전할 수 있는 확률과 사고피해 크기를 숫자로 계산하여 위험도를 나타내고 허용범위를 벗어난 위험에 대하여 안전 대책을 수립시행
  - 결함수 분석(FTA ; Fault Tree Analysis) : 사고를 일으키는 장치의 이상이나 운전사 실수의 조합을 연역적으로 분석하는 기법
  - 사건수 분석(ETA ; Event Tree Analysis) : 초기사건으로 알려진 특정한 장치의 이상이나 운전자의 실수로부터 발생되는 잠재적인 사고결과를 분석하는 기법
  - 원인-결과 분석(CCA ; Cause-Consequence Analysis) : 잠재된 사고의 결과와 이러한 사고의 근본적인 원인을 찾아내고 사고 결과와 원인의 상호관계를 예측, 평가하는 기법

> **10년간 자주 출제된 문제**
>
> 다음 가스폭발의 위험성 평가기법 중 정량적 평가 방법은?
> ① HAZOP(위험성운전 분석기법)
> ② FTA(결함수 분석기법)
> ③ Check List법
> ④ What-if(사고예상질문 분석기법)
>
> |해설|
> **정량적 평가방법** : 결함수 분석법, 사건수 분석법, 원인 – 결과 분석법
>
> 정답 ②

핵심이론 06 | 방폭구조

① 방폭기기의 표기

 ㉠ IEC : Ex d IIB T4 IP44(현재 국내 및 일본, 유럽지역에서 사용)

[방폭표기의 의미]

Ex	d	II	B	T4	IP44
방폭기기	방폭구조	기기분류	가스등급	온도등급	보호등급
방폭기기	내압 방폭구조	산업용	가스등급 B	최고 표면온도 100℃ 초과 135℃ 이하	ϕ1mm의 고체와 튀기는 물에 대해 보호

② 방폭구조의 종류

방폭구조	정 의	기 호
내압 방폭구조	용기 내 폭발 시 용기가 폭발압력을 견디며, 접합면, 개구부를 통해 외부에 인화될 우려가 없는 구조	Ex d
압력 방폭구조	용기 내에 보호가스를 압입시켜 폭발성 가스나 증기가 용기 내부에 유입되지 않도록 된 구조	Ex p
안전증 방폭구조	정상운전 중에 점화원 발생방지를 위해 기계적, 전기적 구조상 혹은 온도상승에 대해 안전도를 증가한 구조	Ex e
유입 방폭구조	전기불꽃 아크, 고온 발생부분을 기름으로 채워 폭발성 가스 또는 증기에 인화되지 않도록 한 구조	Ex o
본질안전 방폭구조	정상 시 및 사고 시(단선, 단락, 지락)에 발생하는 폭발 점화원(전기불꽃, 아크, 고온)으로 인해 가변성 가스의 발생이 방지된 구조	Ex ia Ex ib
비점화 방폭구조	정상동작 시 주변의 폭발성 가스 또는 증기에 점화시키지 않고 점화가능한 고장이 발생되지 않는 구조	Ex n
몰드 방폭구조	전기불꽃, 고온발생부분을 컴파운드로 밀폐한 구조	Ex m
충전 방폭구조	전기불꽃 등 발생부분을 용기 내에 고정시키고 주위를 충전물질로 충전하여 가스의 유입, 인화를 방지한 구조	Ex q
특수 방폭구조	기타의 방법으로 폭발성 가스 또는 증기에 인화를 방지시킨 구조	Ex s
특수방진 방폭구조	틈새, 접합면 등으로 분진이 용기 내부에 침입하지 않도록 한 구조	Ex SDP
보통방진 방폭구조	틈새, 접합면 등으로 분진이 용기 내부에 침입하기 어렵게 한 구조	Ex DP
방진특수 방폭구조	기타의 방법으로 방진방폭성능이 확인된 구조	Ex XDP

③ 본질안전 방폭구조의 종류
  ㉠ ia : 임의의 2개 고장 가정 시 점화에 대한 안전율을 1.0으로 잡은 것(안전부품을 3개 사용)
  ㉡ ib : 정상상태 및 1개의 고장 가정 시에 안전율을 1.5로 잡은 것(안전부품을 2개 사용)

④ 폭발성 가스의 분류

폭발성 가스의 분류	A	B	C
최대안전틈새 범위(내압)	0.9mm 이상	0.5mm 초과 0.9mm 미만	0.5mm 이하
최소점화전류비 (본질안전)	0.8 초과	0.45 이상 0.8 이하	0.45 미만
적용기기 (내압, 본질안전, 비점화)	ⅡA	ⅡB	ⅡC
대표적 가스	암모니아, 일산화탄소, 벤젠, 아세톤, 에탄올, 메탄올, 프로판	부타디엔, 에틸렌, 다이에틸에테르, 에틸렌옥사이드, 도시가스	아세틸렌, 수소, 유화탄소

⑤ 최고표면온도와 온도등급

최고표면온도의 범위(℃)	온도등급
450 초과	T1
300 초과 450 이하	T2
200 초과 300 이하	T3
135 초과 200 이하	T4
100 초과 135 이하	T5
85 초과 100 이하	T6

⑥ 본질안전 방폭구조에서의 최소점화비

본질안전 방폭구조의 내상가스 또는 증기는 메탄가스의 최소점화전류에 의한 각각의 최소점화전류의 비율로서 다음 표와 같이 분류한 것이다.

[본질안전 방폭구조를 대상으로 하는 가스 또는 증기의 분류]

가스 또는 증기의 최소점화전류비의 범위	가스 또는 증기의 분류
0.8 초과	ⅡA
0.45 이상 0.8 이하	ⅡB
0.45 미만	ⅡC

※ 최소점화전류비는 메탄(Methane)가스의 최소점화전류를 기준으로 나타낸다.

⑦ 폭 굉
  ㉠ 정의 : 가스 중의 음속보다 화염전파속도가 더 빠른 경우로 파면선단에 충격파라고 하는 솟구치는 압력파로 인해서 격렬한 파괴작용을 일으키는 현상
  ㉡ 폭굉이 전하는 전파속도 : 1,000~3,500m/s
  ㉢ 폭굉유도거리(DID)가 짧아지는 조건
    • 정상연소 속도가 큰 혼합가스일수록
    • 관 속에 방해물이 있거나 지름이 작을수록
    • 고압일수록
    • 점화원의 에너지가 강할수록

10년간 자주 출제된 문제

6-1. 방폭전기기기의 용기 내부에서 가연성가스의 폭발이 발생할 경우 그 용기가 폭발압력에 견디고, 접합면, 개구부 등을 통해 외부의 가연성가스에 인화되지 않도록 한 방폭구조는?

① 내압(耐壓) 방폭구조
② 유입(油入) 방폭구조
③ 압력(壓力) 방폭구조
④ 본질안전 방폭구조

6-2. 가스 중 음속보다 화염전파속도가 큰 경우 충격파가 발생하는데 이때 가스의 연소속도로 옳은 것은?

① 0.3~100m/s
② 100~300m/s
③ 700~800m/s
④ 1,000~3,500m/s

|해설|

6-2
폭굉이 전하는 전파속도 : 1,000~3,500m/s

정답 6-1 ① 6-2 ④

핵심이론 07 | 위험장소

① 위험장소별 방폭구조 적용

장소	본질안전 ia		내압	압력	안전증	유입
0종 장소	○	-	-	-	-	-
1종 장소	○	○	○	○	△	○
2종 장소	○	○	○	○	○	○
폭연성분진 위험장소	특수방진구조					
가연성분진 위험장소	특수방진구조, 보통방진구조					

※ 안전증 방폭구조 : 국내에서는 2종 장소에만 적용
 (IEC에서는 1종 장소에도 적용)

② 위험장소 구분

㉠ 0종 장소 : 위험분위기가 정상상태에서 계속해서 발생하거나 발생할 우려가 있는 장소

예 인화성 액체의 저장용기 내 상부공간, 가연성 가스용기 내부, 가연성액체가 모여 있는 Pit Trench 등

㉡ 1종 장소 : 위험분위기가 정상상태에서 가연성 가스가 체류, 정비보수, 누출로 인해 발생할 우려가 있는 장소

예 0종 장소 주변, 급유구 주변, 운전상 열게 되는 연결부 주변

㉢ 2종 장소 : 위험분위기가 이상상태(통상적인 유지보수, 고장, 오동작 등)에서 단기간 존재할 수 있는 장소

예 1종 장소 주변, 설비의 연결부 주변, Pump의 Sealing 주변

③ 위험장소의 각 기준별 비교

위험분위기	정상상태에서 지속적 위험분위기	정상상태에서 일시적 위험분위기	이상상태에서 위험분위기
국내, 일본	0종 장소	1종 장소	2종 장소
IEC, 유럽	Zone 0	Zone 1	Zone 2
미 국	Division 1		Division 2

10년간 자주 출제된 문제

0종 장소에는 원칙적으로 어떤 방폭구조의 것으로 하여야 하는가?
① 내압 방폭구조
② 본질안전 방폭구조
③ 특수 방폭구조
④ 안전증 방폭구조

|해설|

0종 장소에는 원칙적으로 본질안전 방폭구조의 것으로 하여야 한다.

정답 ②

제9절 부식, 비파괴 검사

핵심이론 01 | 부식의 종류 및 방지대책

① 부식의 메커니즘
  ㉠ 철은 원자 상태에서 $2e^-$ 잃어 Fe^{2+}가 된다(모든 금속은 전자를 잃어버리려는 경향이 있다) : 산화반응
  ㉡ $2e^- + H_2O + \frac{1}{2}O_2 \rightarrow 2OH^-$
  ㉢ $Fe^{2+} + 2OH^- \rightarrow Fe(OH)_2$ (수산화제1철)
  ㉣ $Fe(OH)_2 + \frac{1}{2}H_2O + \frac{1}{4}O_2 \rightarrow Fe(OH)_3$
    (수산화제2철) : 녹 발생

② 부식의 원인
  ㉠ 열처리
  ㉡ 가공
  ㉢ 금속의 조직에서 응력받는 부위
  ㉣ 용존산소량이 많을 때
  ㉤ 용해성분이 많을 때
  ㉥ 유속이 빠를 때
  ㉦ 온도가 높을 때
  ㉧ pH가 낮을 때

③ 부식의 종류
  ㉠ 전식
  ㉡ 선택부식
  ㉢ 간극부식(틈새부식)
  ㉣ 입계부식
  ㉤ 찰과부식
  ㉥ 갈바니부식
  ㉦ 응력부식
  ㉧ 공식

④ 부식방지대책
  ㉠ 배관재 선정
  ㉡ 유속을 낮게
  ㉢ 라이닝
  ㉣ 부식억제제
  ㉤ 부식환경처리
  ㉥ 설계를 적절하게
  ㉦ 전기방식법

⑤ 전기방식법(부식을 일으키는 인자 : 물, 산소, 전해질)
  ㉠ 희생양극법 : 피방식체의 강철 파이프(자연전위 : -500 ~ -400mV)와 양극금속의 Mg막대(자연전위 : -1,600 ~ -1,500mV)를 땅속에 묻어 놓으면 양극금속인 Mg막대에서 먼저 전해질(땅속)으로 Mg^{2+}이 먼저 녹아 들어간다. Mg막대에서 발생된 전자는 도선을 타고 흘러간다. 전류는 양극에서 피방식체로 흘러 등전위를 형성하게 되어 부식이 방지되는 것이다. 즉, 양극금속인 Mg막대가 부식이 되는 것이다. Mg막대가 부식이 많이 일어나면 새것으로 다시 교환하여 철이 계속되는 부식을 방지할 수 있다.

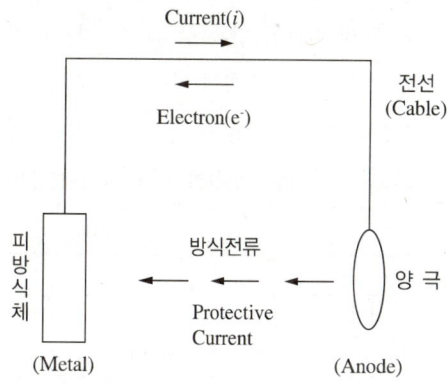

ⓒ 외부전원법 : 외부전원법은 외부에서 정류기를 통해 강제로 양극에서 피방식체로 방식전류를 흘려보내 등전위를 형성시켜 부식을 방지하는 것이다. 여기서 정류기는 교류전류를 직류전류로 변환시키는 장치를 의미한다.

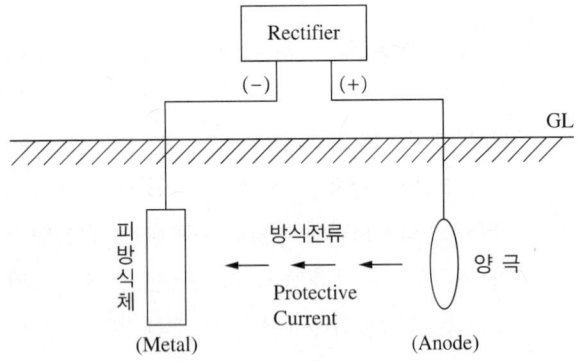

ⓒ 배류법 : 지하배관에 제2의 전류가 유입되어 관을 따라 어느 곳에서 다시 유출될 때 유입부는 보호되지만 유출부는 심한 부식이 초래된다. 이때 전류 유출부에 전기적 회로를 인위적으로 구성하여 미아가 된 전류를 되돌아가고자 하는 곳으로 안전하게 보내 주어 부식을 방지하는 방법이다.

• 선택배류법 : 레일에서 발생된 미주전류가 배관을 통해 전해질(땅속)로 빠져나감으로써 부식이 발생되는데 이 전류를 땅속으로 빠져나가지 못하도록 선택배류기를 통해 다시 레일로 되돌려 줌으로써 부식을 방지하는 형태이다.

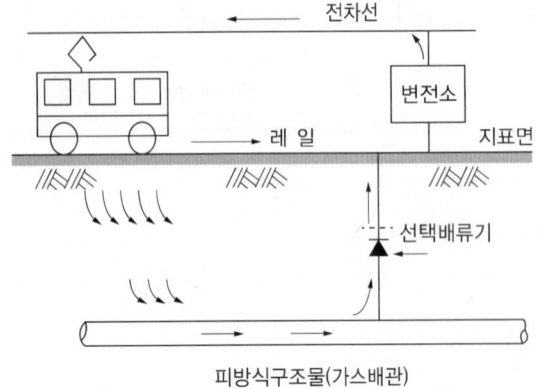

• 강제배류법 : 외부전원법과 선택배류법을 합친 형태로서 레일에서 발생된 미주전류가 배관을 통해 전해질(땅속)로 빠져나감으로써 부식이 발생되는데 이 전류를 땅속으로 빠져나가지 못하도록 강제배류기를 통해 다시 레일로 되돌려 줌으로써 부식을 방지하는 형태이다.

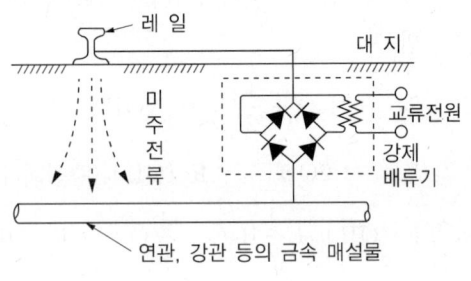

핵심이론 02 | 비파괴검사(NDT)의 종류

① 방사선투과검사(Radiographic Testing)
  ㉠ 방사선투과검사는 강이나 기타 재질에 대하여 방사선 및 필름을 이용하여 시험체의 내부에 존재하는 불연속(결함)을 검출하는 데 적용하는 비파괴검사방법 중의 하나이다.
  ㉡ 장단점 : 방사선투과검사의 장점은 거의 모든 재질을 검사할 수 있으며 검사 결과는 필름으로 영구적으로 기록을 남길 수 있다는 것이다. 그러나 검사 비용이 많이 들고 방사선 위험 때문에 안전관리의 문제가 있으며 제품의 형상이 복잡한 경우에는 검사하기 어려운 단점이 있다.

② 초음파탐상검사(Ultrasonic Testing) : 초음파탐상검사란 가청 주파수 이상의 주파수를 갖는 초음파를 이용하여 소재의 내부결함을 검출하거나 두께 측정에 이용하는 검사법이다. 탐촉자에서 발생한 초음파는 소재의 내부로 침투되어 진행하며 초음파의 경로상에 결함이 존재할 경우, 그 결함에 의해 초음파는 반사되어 되돌아오고 그 신호를 받아 초음파가 진행한 거리만큼 CRT 화면에 신호로 나타난다. CRT 화면에 나타난 신호의 위치 및 크기를 읽어 그 결함이 존재하는 깊이 및 크기를 평가한다.

③ 자분탐상검사(Magnetic Particle Testing) : 강자성체인 시험체를 자화시켰을때 시험체 조직의 변화 또는 결함 등이 존재하는 경우에는 이로 인하여 시험체에 형성된 자장의 연속성이 깨어져 이 부분에 누설자장이 형성된다. 이때 시험체의 표면에 자분을 산포하면 누설자장이 형성된 부위에 자분이 달라붙어 시험체 조직의 변화 또는 결함 등의 존재 유무, 위치, 크기, 방향 및 범위 등을 검사할 수 있다.

④ 액체침투탐상검사(Liquid Penetrant Testing) : 모세관의 원리를 이용하여 표면 미세 균열을 검출하는 검사방법으로, 시험편 표면에 침투액을 적용시켜서 균열 등의 불연속부에 침투시킨 후 과잉의 침투제를 제거하고 현상제를 적용시켜 침투된 침투액을 추출시켜 불연속부의 위치, 크기 및 지시 모양을 검사한다. 침투탐상에 적용되는 침투제는 낮은 표면장력과 높은 모세관 현상의 특성이 있어 시험체에 적용하면 표면의 불연속 등에 쉽게 침투한다. 모세관현상에 의해 침투제가 침투하고, 침투하지 못한 침투제를 제거한 후 현상제를 적용하면 불연속부에 들어있는 침투제가 현상제 위로 흡착되어 가시적으로 표면 개구부의 위치 및 크기를 알 수 있다. 또한, 검사체의 크기나 재료에 관계없이 표면에 위치한 결함을 쉽게 찾을 수 있다.

⑤ 와전류탐상검사(Eddy-current Testing) : 유도코일에 전류가 흐르면 그 전류 주위에는 자장이 형성되고 그 자장의 영향을 받아 검사재의 표면에는 자장으로부터 유도되는 와전류가 발생하게 되며 이 와전류를 2개의 감지코일로 결함의 유무 및 크기를 측정한다. 도체에 생긴 와전류의 크기 및 분포는 주파수, 도체의 전도도와 투자율, 시험체의 크기와 형상, 코일의 형상과 크기, 전류, 도체와의 거리, 균열 등의 결함에 의해 변한다. 따라서 시험체에 흐르는 와전류의 변화를 검출함으로써 시험체에 존재하는 결함의 유무, 재질 등의 시험이 가능하다.

⑥ 누설검사(Leak Testing) : 밀봉된 물질의 누설 여부를 확인하기 위하여 행하는 시험으로 기체나 액체와 같은 유체가 시험체의 내부와 외부의 압력차에 의해 시험체의 결함을 통해 유체가 흘러들어가거나 흘러나오는 성질을 이용하여 결함을 찾아내는 방법이다. 탱크나 고압용기의 용접부에 수밀, 유밀, 기밀 등을 검사하는 데 사용된다.

⑦ 음향방출검사(Acoustic Emission Testing) : 시험체에 하중을 가했을 때 처음에는 소성변형으로 진폭이 작은 연속형 음향 방출이 일어나지만 균열이 발생하기 시작하면서 진폭이 큰 음향 방출이 돌발적으로 일어나는데 이를 돌발형 음향 방출이라고 한다. 파단이 가까워지면 진폭이 큰 음향 방출이 빈번하게 일어나게 되므로 파단을 예측할 수 있다.

⑧ 열전도를 이용한 시험(TIR) : 시험체에 결함이 존재할 경우 열전도가 국부적으로 변하는 것을 눈에 보이도록 해서 시험하는 방법이다. 시험체 표면에 서리를 만들어 그것이 없어지는 모양을 보는 방법, 형광물질의 휘도가 온도에 따라 변하는 것을 이용하는 방법 또는 특수액체를 표면에 도포해 놓고 한쪽에서 가열 또는 냉각하여 온도의 기울기가 생기게 하여 이로 인해 생긴 액체의 표면장력의 차가 눈에 보이게 하는 방법 등이 있다.

10년간 자주 출제된 문제

2-1. 펄스반사법과 공진법 등으로 재료 내부의 결함을 비파괴 검사하는 방법은?
① 방사선투과검사
② 침투탐상검사
③ 자기탐상검사
④ 초음파탐상검사

2-2. 와전류탐상시험의 특징에 대한 설명으로 옳은 것은?
① 주로 표면 및 표면직하의 결함을 검출하는 시험법이다.
② 가는 선, 고온에서의 시험 등에는 부적합하다.
③ 접촉법을 이용하므로 고속 자동화된 검사가 어렵다.
④ 주로 수 Hz에서 수백 Hz의 교류를 이용하므로 잡음 인자의 영향이 작다.

2-3. 다음 중 시험체나 주변의 온도가 낮을 때 탐상시간에 가장 영향을 많이 받는 비파괴검사는?
① 방사선투과시험
② 와전류탐상시험
③ 자분탐상시험
④ 침투탐상시험

|해설|
2-1
초음파탐상검사는 재료의 표면이나 내부에 존재하는 결함을 초음파를 이용하여 검출하는 비파괴검사방법이다. 공진법, 투과법, 펄스반사법 등 세 가지 주요 방식으로 구분되며, 그중 펄스반사법이 가장 널리 사용된다.

2-2
와전류탐상시험은 전도성 시험체에 고주파 교류코일에 의한 유도 와전류 현상을 이용하여 임피던스의 변화로부터 표면 및 표면하 결함, 관통결함 및 두께 감육 등의 변화량을 정량적인 값으로 검출하는 기법이다.

2-3
침투탐상검사란 시험편 표면에 침투액을 적용시켜 균열 등의 불연속부에 침투액을 침투시킨 후 표면에 있는 과잉의 침투제를 제거하고, 현상제를 도포시켜 침투된 침투액을 추출시켜 불연속부의 위치, 크기 및 지시 모양을 검사하는 방법이다.

정답 2-1 ④ 2-2 ① 2-3 ④

CHAPTER 02 가스장치 및 가스설비

제1절 가스장치

핵심이론 01 기화장치 및 정압기

① 기화장치의 개요

기화장치는 기화기 또는 증발기(Vaporizer) 등으로 불리며, 가스 사용량이 대량으로 소비되는 경우 용기의 자연기화방식에 의한 공급량이 수요량을 충족하지 못하는 경우에 용기(사이펀 용기) 내의 액체가스를 전열, 온수 또는 증기 등으로 가열하여 증발시켜 가스화시키는 것이다. 자연기화 방식과 비교하면 기화량은 용기의 대소, 개수에 무관하므로 용기에 의한 자연기화방식보다 용기의 설치 개수가 적어지고 설치공간이 작아져서 좋으나, 기화장치의 유지관리 및 설비의 점검 보수기간에도 가스공급이 계속될 수 있도록 바이패스 라인 등의 조치를 강구하여야 한다.

② 기화기 사용 시 장점
　㉠ 한랭 시에도 충분히 기화시킬 수 있다.
　㉡ 기화량을 가감할 수 있다.
　㉢ 가스의 조성이 일정하다.
　㉣ 자연기화보다 용기수가 적어져 설치면적이 작아도 된다.

③ 정압기에 설치되는 안전밸브 분출부의 크기
　㉠ 정압기 입구측 압력이 0.5MPa 이상인 것은 50A 이상
　㉡ 정압기 입구측 압력이 0.5MPa 미만인 것은 정압기의 설계유량에 따라 다음과 같은 크기로 하여야 한다.
　　• 정압기 설계유량이 $1,000 \frac{Nm^3}{h}$ 이상인 것 : 50A 이상
　　• 정압기 설계유량이 $1,000 \frac{Nm^3}{h}$ 미만인 것 : 25A 이상

④ 정압기 환기설비 기준
　㉠ 자연환기설비설치
　　• 환기구의 위치는 공기보다 무거운 가스인 경우는 바닥에서 30cm 이내, 공기보다 가벼운 가스인 경우는 천장에서 30cm 이내에 설치할 것
　　• 외기에 면하여 설치하는 환기구의 통풍가능 면적 합계는 바닥면적 $1m^2$마다 $300cm^2$의 비율로 계산한 면적 이상으로 할 것(다만, 환기구의 면적은 $2,400cm^2$ 이하로 할 것)
　　• 사방이 방호벽 등으로 설치된 경우에는 환기구를 2방향 이상으로 분산하여 설치할 것
　　• 흡입구 및 배기구의 관경은 100mm 이상으로 할 것
　　• 배기가스 방출구는 지면에서 3m 이상의 높이에 설치할 것
　㉡ 기계환기설비설치
　　• 통풍능력은 바닥면적 $1m^2$마다 $0.5 \frac{m^3}{min}$ 이상으로 할 것
　　• 배기구는 공기보다 무거운 가스는 바닥면, 공기보다 가벼운 가스는 천장면에 가까이 설치할 것
　　• 배기가스 방출구의 높이
　　　- 공기보다 무거운 가스 : 5m 이상
　　　- 공기보다 가벼운 가스 : 3m 이상

- 흡입구 및 배기구의 관경은 100mm 이상으로 할 것
⑤ 정압기
  ㉠ 기능 : 1차 압력 및 부하유량 변동에 관계없이 2차 압력을 일정하게 유지시키는 기능
  ㉡ 정압기의 특성
    - 정특성 : 정상상태에서 2차 압력과 유량과의 관계
    - 동특성 : 부하변동에 대한 응답의 신속성과 안전성이 요구되는 특성
    - 유량특성 : 메인밸브의 열림과 유량과의 관계
  ㉢ 종 류
    - 피셔식
      - 구동압력이 증가하면 개도도 증가하는 방식
      - 정특성, 동특성이 양호하고 비교적 콤팩트한 구조의 로딩형 정압기
    - 액시얼-플로(AFV ; Axial Flow Valve) 정압기
      - 메인 다이어프램과 메인밸브를 고무슬리브(Rubber Sleeve) 1개로 해결하여 매우 간단하다.
      - 소형이며, 경량인 정압기이다.
    - 레이놀즈식(KRF식)
      - Unloading형이다.
      - 본체는 복좌밸브로 되어 있어 상부에 다이어프램을 가진다.
      - 정특성은 아주 좋으나, 안정성은 떨어진다.
      - 다른 형식에 비하여 크기가 크다.
      - 구조기능이 가장 우수하며 많이 사용하고, 항상 자동으로 작동한다.
    - 직동식
      - 구조가 간단하고, 경제적이다.
      - 유지관리가 용이하여 널리 쓰이고 있다.
      - 스프링 및 다이어프램 효과와 같은 특성 등으로 인하여 출구압을 일정하게 유지하기가 어려운 것이 단점이다.

- 단독주택 등 소용량의 단독정압기에 주로 사용된다.

10년간 자주 출제된 문제

1-1. 기화기에 대한 설명으로 틀린 것은?
① 기화기 사용 시 장점은 LP가스 종류에 관계없이 한랭 시에도 충분히 기화시킨다.
② 기화장치의 구성요소 중에는 기화부, 제어부, 조압부 등이 있다.
③ 감압가열방식은 열교환기에 의해 액상의 가스를 기화시킨 후 조정기로 감압시켜 공급하는 방식이다.
④ 기화기를 증발형식에 의해 분류하면 순간 증발식과 유입 증발식이 있다.

1-2. 공기보다 비중이 가벼운 도시가스의 공급시설로서 공급시설이 지하에 설치된 경우의 통풍구조의 기준으로 틀린 것은?
① 통풍구조는 환기구를 2방향 이상 분산하여 설치한다.
② 배기구는 천장면으로부터 30cm 이내에 설치한다.
③ 흡입구 및 배기구의 관경은 500mm 이상으로 하되, 통풍이 양호하도록 한다.
④ 배기가스 방출구는 지면에서 3m 이상의 높이에 설치하되, 화기가 없는 안전한 장소에 설치한다.

1-3. 다음 보기에서 설명하는 정압기의 종류는?

|보기|
- Unloading형이다.
- 본체는 복좌밸브로 되어 있어 상부에 다이어프램을 가진다.
- 정특성은 아주 좋으나, 안정성은 떨어진다.
- 다른 형식에 비하여 크기가 크다.

① 레이놀즈 정압기
② 엠코 정압기
③ 피셔식 정압기
④ 액시얼 플로식 정압기

| 해설 |

1-1
기화기 중 감압가열방식 : LPG 가스를 사용량에 맞게 조절하기 위해 감압을 한 후, 가열하여 기화된 LPG 가스를 공급하는 방식

1-2
흡입구 및 배기구의 관경은 100mm 이상으로 하되, 통풍이 양호하도록 한다.

1-3
레이놀즈식(KRF식)
- Unloading형이다.
- 본체는 복좌밸브로 되어 있어 상부에 다이어프램을 가진다.
- 정특성은 아주 좋으나, 안정성은 떨어진다.
- 다른 형식에 비하여 크기가 크다.
- 구조기능이 가장 우수하며 많이 사용하고, 항상 자동으로 작동한다.

정답 1-1 ③ 1-2 ③ 1-3 ①

핵심이론 02 | 기화장치의 요소 및 배관

① 기화장치의 정의

LPG 등 액체상태의 가스를 증기, 온수, 공기 등의 열매체를 이용하여 강제로 기화시켜 가스를 발생시키는 설비로 그 구성범위는 기화통 및 이에 부속된 제어부, 연결배관을 포함하는 것을 말한다. 우선 기화통의 구조에 따라 단관식, 다관식, 코일식으로 분류할 수 있으며 사용되는 열매체에 따라 전열식, 온수식, 스팀식, 공온식으로 분류되고 있다. 또한 전열식은 전열식 온수가열기구에 의한 것과 전열식 고체 전열재 가열기구에 의한 것으로 구분된다. 온수식은 기화통 내에서 온수를 만드는 것과 다른 기구로부터 만들어진 온수를 기화통 내로 공급하는 것으로 구분되며 스팀식은 스팀식 직접가열기구에 의한 것과 스팀식 간접가열기구에 의한 것으로 구분된다. 공온식은 대기온을 열원으로 이용하는 것과 노(爐) 등의 폐열을 열원으로 이용하는 것으로 구분된다.

② 배관의 매설
  ㉠ 기초재료
  - 정의 : 배관의 침하를 방지하기 위하여 배관 하부에 포설하는 재료
  - 모래는 19mm 이상의 큰 입자가 포함되지 않은 양질의 흙

  ㉡ 침상재료
  - 정의 : 배관에 작용하는 하중을 수직방향 및 횡방향에서 지지하고 하중을 기초 아래로 분산시키기 위하여 배관하단에서 배관 상단 30cm까지 포설하는 재료
  - 모래는 19mm 이상의 큰 입자가 포함되지 않은 양질의 흙

ⓒ 되메움
- 정의 : 배관에 작용하는 하중을 분산시켜 주고 도로의 침하 등을 방지하기 위하여 침상재료 상단에서 도로노면까지 포설하는 재료
- 암편이나 굵은 돌이 포함되지 않은 양질의 흙을 사용할 것

ⓔ 다짐공정 : 기초재료와 침상재료를 포설한 후 배관 상단으로부터는 30cm마다 다짐 실시

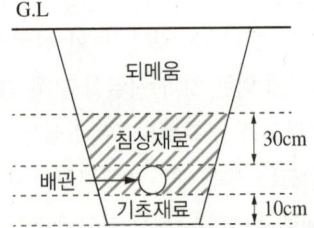

③ 가스용 폴리에틸렌관의 압력에 따른 배관의 두께

SDR = $\dfrac{D(외경)}{t(최소두께)}$	압 력
11 이하	0.4MPa 이하
17 이하	0.25MPa 이하
21 이하	0.2MPa 이하
5.0 이상	극초음속(Hypersonic)

④ 강관의 종류
ⓐ 배관용 탄소강관 : SPP 1MPa 이하의 증기, 물, 가스
ⓑ 압력 배관용 탄소강관 : SPPS, 350℃ 이하, 1~10MPa
ⓒ 고압 배관용 탄소강관 : SPPH, 350℃ 이하, 10MPa 이상
ⓓ 고온 배관용 탄소강관 : SPHT 350~450℃
ⓔ 배관용 합금강관 : SPA
ⓕ 저온 배관용 탄소강관 : SPLT(냉매배관용)
ⓖ 수도용 아연도금 강관 : SPPW
ⓗ 배관용 아크용접 탄소강 강관 : SPW
ⓘ 배관용 스테인리스강 강관 : STS X TP
ⓙ 보일러 열교환기용 탄소강 강관 : STH

⑤ 저압배관의 유량 계산식

$$Q = K\sqrt{\dfrac{D^5 H}{SL}}$$

여기서, Q : 가스의 유량$\left(\dfrac{\text{m}^3}{\text{h}}\right)$
K : 유량계수(0.707)
S : 가스의 비중
L : 배관의 길이(m)
D : 배관의 직경(cm)
H : 배관 입구와 말단 배관의 압력차(mmH$_2$O)

⑥ 스케줄 번호
ⓐ 정의 : 압력관의 두께를 표시하는 번호로서 10, 20, 30, 40, 50, 60, 70, 80, …
ⓑ 스케줄 번호 구하는 공식

$$\text{Sch No.} = \dfrac{P}{S} \times 10$$

여기서, P : 배관압력$\left(\dfrac{\text{kg}}{\text{cm}^2}\right)$
S : 재료 허용응력$\left(\dfrac{\text{kg}}{\text{mm}^2}\right)$

※ 재료의 허용응력 = 인장강도 × $\dfrac{1}{\text{안전율}}$

⑦ 이중배관(2중관)으로 해야 할 독성가스 : 포스겐, 황화수소, 사이안화수소, 염소, 산화에틸렌, 염화메탄, 암모니아, 이산화황

10년간 자주 출제된 문제

2-1. 다음 중 2중관으로 하여야 하는 가스가 아닌 것은?
① 일산화탄소　　② 암모니아
③ 염화메탄　　　④ 염 소

2-2. 도시가스 배관의 지하매설 시 사용하는 침상재료(Bedding)는 배관 하단에서 배관 상단 몇 cm까지 포설하는가?
① 10　　② 20
③ 30　　④ 40

10년간 자주 출제된 문제

2-3. 다음 중 SDR이 11일 때 압력은?
① 0.4MPa 이하
② 0.25MPa 이하
③ 0.2MPa 이하
④ 0.5MPa 이하

2-4. 다음 중 고압배관용 탄소강 강관의 KS규격 기호는?
① SPPS
② SPPH
③ STS
④ SPHT

2-5. 저압가스 수송배관의 유량공식에 대한 설명으로 틀린 것은?
① 배관길이에 반비례한다.
② 가스비중에 비례한다.
③ 허용압력손실에 비례한다.
④ 관경에 의해 결정되는 계수에 비례한다.

2-6. 사용 압력이 2MPa, 관의 인장강도가 20kg/mm²일 때의 스케줄 번호(Sch No.)는?(단, 안전율은 4로 한다)
① 10
② 20
③ 40
④ 80

|해설|

2-1
이중배관(2중관)으로 해야 할 독성가스 : 포스겐, 황화수소, 사이안화수소, 염소, 산화에틸렌, 염화메탄, 암모니아, 이산화황

2-2

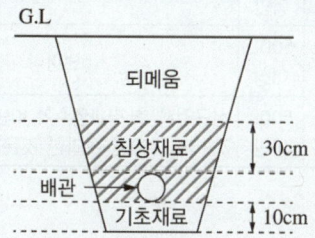

2-3
가스용 폴리에틸렌관 내압시험
• 최고사용압력 → 0.4MPa(4kg/cm²)
• SDR값

SDR	압력(MPa)	압력(kg/cm²)
11	0.4 이하	4 이하
17	0.25 이하	2.5 이하
21	0.2 이하	2 이하

2-4
강관의 종류
• 배관용 탄소강관 : SPP, 10kgf/cm² 이하의 증기, 물, 가스
• 압력 배관용 탄소강관 : SPPS, 350℃ 이하, 10~100kgf/cm²
• 고압 배관용 탄소강관 : SPPH, 350℃ 이하, 100kgf/cm² 이상
• 고온 배관용 탄소강관 : SPHT, 350~450℃
• 배관용 합금강관 : SPA
• 저온 배관용 탄소강관 : SPLT(냉매배관용)
• 수도용 아연도금 강관 : SPPW
• 배관용 아크용접 탄소강 강관 : SPW
• 배관용 스테인리스강 강관 : STS X TP
• 보일러 열교환기용 탄소강 강관 : STH

2-5
저압배관의 유량 계산식

$$Q = K\sqrt{\frac{D^5 H}{S L}}$$

여기서, Q : 가스의 유량$\left(\dfrac{\text{m}^3}{\text{h}}\right)$
K : 유량계수(0.707)
S : 가스의 비중
L : 배관의 길이(m)
D : 배관의 직경(cm)
H : 배관 입구와 말단 배관의 압력차(mmH₂O)

그러므로, 유량은 가스의 비중에 반비례한다.

2-6
스케줄 번호
• 정의 : 압력관의 두께를 표시하는 번호로서 10, 20, 30, 40, 50, 60, 70, 80, …

• 스케줄 번호 구하는 공식 : Sch No.$= \dfrac{P}{S} \times 10$

여기서, P : 배관압력$\left(\dfrac{\text{kg}}{\text{cm}^2}\right)$, S : 재료 허용응력$\left(\dfrac{\text{kg}}{\text{mm}^2}\right)$

※ 재료의 허용응력 = 인장강도 × $\dfrac{1}{\text{안전율}}$

그러므로,
$$\text{Sch No.} = \frac{20\text{kg/cm}^2}{20\text{kg/mm}^2 \times 1/4} \times 1{,}000$$

$$= \frac{20\text{kg/cm}^2 \times \text{cm}^2/100\text{mm}^2}{5\text{kg/mm}^2} \times 1{,}000$$

$$= 40 \left(\text{다만, 2MPa} = 20 \frac{\text{kg}}{\text{cm}^2}\right)$$

정답 2-1 ① 2-2 ③ 2-3 ① 2-4 ② 2-5 ② 2-6 ③

핵심이론 03 | 가스용기 및 탱크

① 용기보관실의 방호벽

㉠ 방호벽의 규격

방호벽의 종류	높이	두께
철근 콘크리트제	2m	12cm
콘크리트 블록	2m	15cm
박강판	2m	3.2mm
후강판	2m	6mm

㉡ 철근 콘크리트 방호벽 설치기준
- 기초의 높이 : 350mm 이상
- 되메우기 깊이 : 300mm 이상
- 기초의 두께 : 방호벽 최하부 두께의 120% 이상
- 보조벽을 본체와 수평으로 설치

㉢ 방호벽 설치장소
- 압축기와 그 충전장소 사이
- 압축기와 그 가스충전용기 보관 장소 사이
- 충전장소와 그 가스충전용기 보관 장소 사이 및 충전장소와 그 충전용 주관밸브, 조작밸브 사이

② 용기보관실의 자연통풍구조 및 기계환기설비의 설치기준

㉠ 자연통풍구조
- 공기보다 비중이 가벼운 가스 : 천장에서 30cm 이내
- 공기보다 비중이 무거운 가스 : 바닥에서 30cm 이내
- 환기구의 통풍가능 면적은 바닥 면적 $1m^2$마다 $300cm^2$ 이상의 비율로 계산한 면적일 것(다만, 1개 환기구면적은 $2,400cm^2$ 이하일 것)
- 사방을 방호벽으로 설치된 경우 : 환기구를 2방향 이상으로 분산하여 설치할 것

㉡ 기계환기설비
- 통풍능력은 바닥면적 $1m^2$마다 $0.5\dfrac{m^3}{min}$ 이상으로 할 것
- 배기구는 공기보다 무거운 가스는 바닥면에 가까운 곳에, 공기보다 가벼운 가스인 경우 천장면에 가까운 곳에 설치한다.
- 공기보다 무거운 가스의 배기가스 방출구 : 지면에서 5m 이상
- 공기보다 가벼운 가스의 배기가스 방출구 : 지면에서 3m 이상

③ 용기 재검사 주기

용기의 종류		신규검사 후 경과연수		
		15년 미만	15년 이상 20년 미만	20년 이상
		재검사 주기		
용접용기 (액화석유가스용 용접용기는 제외)	500L 이상	5년마다	2년마다	1년마다
	500L 미만	3년마다	2년마다	1년마다
액화석유가스용 용접용기	500L 이상	5년마다	2년마다	1년마다
	500L 미만	5년마다		2년마다
이음매 없는 용기 또는 복합재료 용기	500L 이상	5년마다		
	500L 미만	신규검사 후 경과연수가 10년 이하인 것은 5년마다, 10년 초과한 것은 3년마다		

10년간 자주 출제된 문제

3-1. 방호벽을 설치하지 않아도 되는 곳은?
① 아세틸렌가스 압축기와 충전장소 사이
② 판매소의 용기 보관실
③ 고압가스 저장설비와 사업소 안의 보호시설과의 사이
④ 아세틸렌가스 발생장치와 당해 가스충전용기 보관 장소 사이

3-2. 자연환기설비 설치 시 LP가스의 용기 보관실 바닥 면적이 3m²이라면 통풍구의 크기는 몇 cm² 이상으로 하도록 되어 있는가?(단, 철망 등이 부착되어 있지 않은 것으로 간주한다)
① 500 ② 700
③ 900 ④ 1,100

3-3. 용기의 재검사 주기에 대한 기준으로 맞는 것은?
① 압력용기는 1년마다 재검사
② 저장탱크가 없는 곳에 설치한 기화기는 2년마다 재검사
③ 500L 이상 이음매 없는 용기는 5년마다 재검사
④ 용접용기로서 신규검사 후 15년 이상 20년 미만인 용기는 3년마다 재검사

|해설|

3-1
방호벽 설치장소
- 압축기와 그 충전장소 사이
- 압축기와 그 가스충전용기 보관장소 사이
- 충전장소와 그 가스충전용기 보관장소 사이 및 충전장소와 그 충전용 주관밸브, 조작밸브 사이
- 판매소의 용기 보관실
- 고압가스 저장설비와 사업소 안의 보호시설과의 사이

3-2
환기구의 통풍가능 면적은 바닥면적 1m²마다 300cm² 이상의 비율로 계산한 면적일 것(다만, 1개 환기구 면적은 2,400cm² 이하일 것)
그러므로, 1 : 300 = 3 : x
∴ $x = 900 cm^2$

3-3
핵심이론 03 ③ 용기 재검사 주기 참고

정답 3-1 ④ 3-2 ③ 3-3 ③

핵심이론 04 | 압축기

① 중요가스 윤활유
  ㉠ 공기 : 양질의 광유
  ㉡ 아세틸렌 : 양질의 광유
  ㉢ 수소 : 양질의 광유
  ㉣ 산소 : 10% 이하의 묽은 글리세린수 또는 물
  ㉤ 염소 : 진한 황산
  ㉥ 아황산가스 : 화이트유(액상파라핀, 바셀린유)

② 압축비가 클 때 미치는 영향
  ㉠ 압축일량이 커지므로 토출가스의 온도가 상승한다.
  ㉡ 실린더의 과열로 오일이 탄화된다.
  ㉢ 압축기의 과열로 체적효율이 감소된다.
  ㉣ 체적효율의 감소로 압축기의 능력이 저하된다.

③ 다단압축의 장점
  ㉠ 소요일량이 절감된다.
  ㉡ 힘의 평형이 양호하다.
  ㉢ 압축비가 작아지며, 효율이 증가된다.
  ㉣ 중간 냉각으로 토출가스의 온도상승을 피할 수 있다.

④ 공기액화 분리장치의 왕복동식 압축기 안전밸브의 분출 유효면적

$$a = \frac{W}{230P\sqrt{\frac{M}{T}}}$$

여기서, a : 안전밸브 분출 면적(cm²)
P : 분출 직전의 압력 $\left(\frac{kg}{cm^2}\right)$
T : 분출 직전의 온도(K)
M : 분자량
W : 분출량 $\left(\frac{kg}{h}\right)$

10년간 자주 출제된 문제

4-1. 산소압축기의 내부 윤활제로 적당한 것은?

① 광 유
② 유지류
③ 물
④ 황 산

4-2. 다단 왕복동 압축기의 중간단의 토출온도가 상승하는 주된 원인이 아닌 것은?

① 압축비 감소
② 토출밸브 불량에 의한 역류
③ 흡입밸브 불량에 의한 고온가스 흡입
④ 전단쿨러 불량에 의한 고온가스의 흡입

4-3. 압축기에서 다단 압축을 하는 목적으로 틀린 것은?

① 소요 일량의 감소
② 이용 효율의 증대
③ 힘의 평형 향상
④ 토출온도 상승

4-4. 공기액화 분리장치의 왕복동식 압축기 안전밸브의 분출 유효면적을 구하는 공식이다. W는 무엇을 말하는가?

$$a = \frac{W}{230P\sqrt{\dfrac{M}{T}}}$$

① 분출직전의 압력 $\left(\dfrac{\text{kg}}{\text{cm}^2}\right)$
② 분출직전의 온도(K)
③ 분자량
④ 분출량 $\left(\dfrac{\text{kg}}{\text{h}}\right)$

|해설|

4-1

중요가스 윤활유
- 공기 : 양질의 광유
- 아세틸렌 : 양질의 광유
- 수소 : 양질의 광유
- 산소 : 10% 이하의 묽은 글리세린수 또는 물
- 염소 : 진한 황산
- 아황산가스 : 화이트유(액상파라핀, 바셀린유)

4-2

압축비가 증가하면 다단 왕복동 압축기의 중간단의 토출온도가 상승한다.

4-3

다단압축의 장점
- 소요일량이 절감된다.
- 힘의 평형이 양호하다.
- 압축비가 작아지며, 효율이 증가된다.
- 중간 냉각으로 토출가스의 온도상승을 피할 수 있다.

정답 4-1 ③　4-2 ①　4-3 ④　4-4 ④

핵심이론 05 | 펌 프

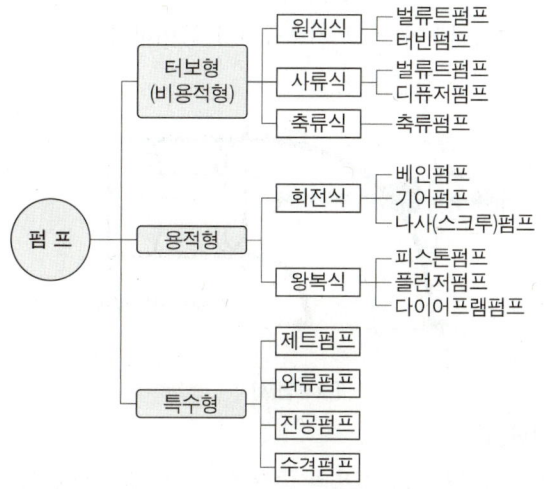

※ 디퓨저 : 유체(기체, 액체)가 가진 운동에너지를 압력에너지로 변환하기 위해 단면적을 차츰 넓게 한 유로(流路)를 말한다.

핵심이론 06 | 원심펌프(Centrifugal Pump)

날개의 회전자(Impeller)에 의한 원심력에 의하여 압력의 변화를 일으켜 유체를 수송하는 펌프

① 원심펌프

㉠ 안내깃에 의한 분류
- 벌류트펌프(Volute Pump)
  - 회전차(Impeller) 주위에 안내깃이 없고, 바깥둘레에 바로 접하여 와류실이 있는 펌프
  - 양정이 낮고 양수량이 많은 곳에 사용한다.
- 터빈펌프(Turbine Pump)
  - 회전차(Impeller)의 바깥둘레에 안내깃이 있는 펌프
  - 원심력에 의한 속도에너지를 안내날개(안내깃)에 의해 압력에너지로 바꾸어 주기 때문에 양정이 높은 곳, 즉 방출압력이 높은 곳에 적절하다.

㉡ 흡입에 의한 분류
- 단흡입펌프 : 회전차의 한쪽에서만 유체를 흡입하는 펌프
- 양흡입펌프 : 회전차의 양쪽에서 유체를 흡입하는 펌프

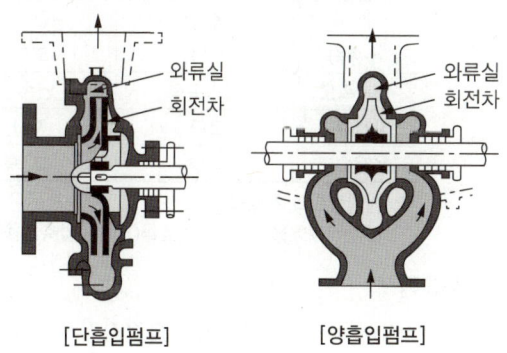

[단흡입펌프]   [양흡입펌프]

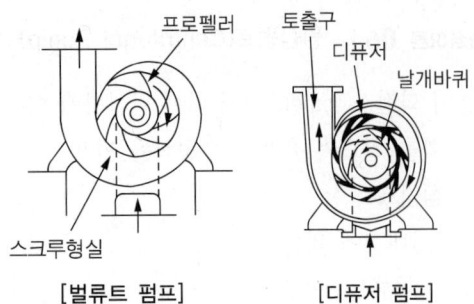

[벌류트 펌프] [디퓨저 펌프]

② 왕복펌프

실린더에는 피스톤, 플랜지 등 왕복직선운동에 의해 실린더 내를 진공으로 하여 액체를 흡입하여 소요압력을 가함으로서 액체의 정압력 에너지를 공급하여 수송하는 펌프

㉠ 피스톤의 형상에 의한 분류
- 피스톤펌프(Piston Pump) : 저압의 경우에 사용
- 플런저펌프(Plunger Pump) : 고압의 경우에 사용

㉡ 실린더 개수에 의한 분류
- 단식 펌프
- 복식 펌프

[왕복펌프와 원심펌프의 특징]

항목\종류	왕복펌프	원심펌프
구 분	피스톤펌프, 플런저펌프	벌류트펌프, 터빈펌프
구 조	복 잡	간 단
수송량	적다.	크다.
배출속도	불연속적	연속적
양정거리	크다.	작다.
운전속도	저 속	고 속

※ 원심펌프의 전효율
$\eta_t = $ 체적효율$(\eta_v) \times$ 기계효율$(\eta_m) \times$ 압축효율(η_c)

③ 축류펌프

회전차(Impeller)의 날개를 회전시킴으로써 발생하는 힘에 의하여 압력에너지를 속도에너지로 변화시켜 유체를 수송하는 펌프

㉠ 비속도가 크다.
㉡ 형태가 작기 때문에 값이 싸다.
㉢ 설치면적이 작고 기초공사가 용이하다.
㉣ 구조가 간단하다.

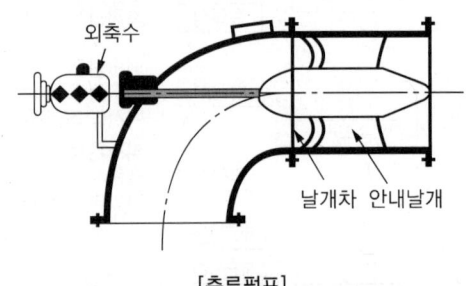

[축류펌프]

④ 사류펌프

원심펌프와 축류펌프의 중간형으로 날개바퀴에서부터 물이 바퀴축에 대하여 비스듬히 나와 있는 것이다.

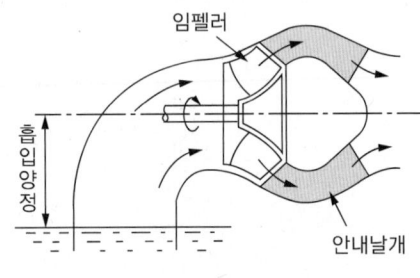

[사류펌프]

⑤ 회전펌프

회전자를 이용하여 흡입송출밸브 없이 유체를 수송하는 펌프로서 기어펌프, 베인펌프, 나사펌프, 스크루펌프가 있다.

㉠ 기어펌프(Gear Pump)
- 구조가 간단하고, 가격이 저렴하다.
- 운전보수가 용이하다.
- 왕복펌프에 비해 고속운전이 가능하다.
- 입·출구의 밸브를 설치할 필요가 없다.

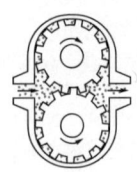

[기어펌프]

ⓛ 베인펌프 : 베인(Vane)이 원심력 또는 스프링의 장력에 의하여 벽에 밀착되면서 회전하여 유체를 수송하는 펌프로 회전속도 범위가 가장 넓고, 효율이 가장 높은 펌프이다.

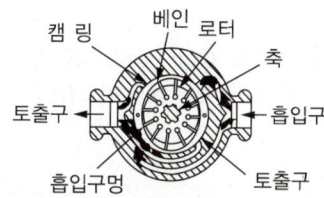

[베인펌프]

ⓒ 나사펌프(Screw Pump) : 나사봉의 회전에 의하여 유체를 수송하는 펌프이다.

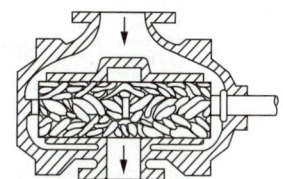

[나사펌프]

10년간 자주 출제된 문제

다음 펌프 중 시동하기 전에 프라이밍이 필요한 펌프는?
① 기어펌프　　② 원심펌프
③ 축류펌프　　④ 왕복펌프

|해설|
② 원심펌프 : 시동하기 전에 프라이밍이 필요하다.

정답 ②

핵심이론 07 | 펌프의 직·병렬연결

펌프 2대 연결방법		직렬연결	병렬연결
성 능	유량(Q)	Q	$2Q$
	양정(H)	$2H$	H

핵심이론 08 | 전동기의 용량

① 소방기계에서 사용하는 공식

$$P(\text{kW}) = \frac{\gamma \times Q \times H}{102 \times \eta} \times K$$

여기서, γ : 유체의 비중량(kg/m³)
　　　　Q : 유량(m³/min)
　　　　H : 전양정(m)
　　　　K : 전달계수(여유율)
　　　　η : 펌프효율

② 대학에서 사용하는 공식

$$P(\text{kW}) = \frac{\gamma \times Q \times H}{102 \times \eta} \times K$$

여기서, γ : 물의 비중량(1,000kg/m³)
　　　　Q : 유량(m³/s)

③ 내연기관의 용량

$$P(\text{HP}) = \frac{\gamma \times Q \times H}{76 \times \eta} \times K$$

여기서, γ : 물의 비중량(1,000kg/m³)
　　　　Q : 유량(m³/s)
　　　　η : 펌프 효율(만약 모터의 효율이 주어지면 나누어 준다)
　　　　H : 전양정

㉠ 옥내소화전 $H = h_1 + h_2 + h_3 + 17\text{m}$
㉡ 옥외소화전 $H = h_1 + h_2 + h_3 + 25\text{m}$
㉢ 스프링클러설비 $H = h_1 + h_2 + 10\text{m}$

동력의 형식	전달계수(K)의 수치
전동기	1.1
전동기 이외의 것	1.15~1.2

※ 참 고
・ 1HP = 76kg・m/s
・ 1PS = 75kg・m/s
・ 1kW = 102kg・m/s

④ 펌프의 축동력
외부에 있는 전동기로부터 펌프의 회전차를 구동하는 데 필요한 동력

$$\text{축동력 } L_s = \frac{\gamma Q H}{76 \times \eta}(\text{HP}) = \frac{\gamma Q H}{102 \times \eta}(\text{kW})$$

⑤ 펌프의 수동력

펌프 내의 Impeller의 회전차에 의해 펌프를 통과하는 유체에 주어지는 동력

축동력 $L_w = \dfrac{\gamma QH}{76}$(HP), $L_w = \dfrac{\gamma QH}{102}$(kW)

여기서, L_w : 수동력
γ : 유체의 비중량(kg/m³)

⑥ 비교회전도(Specific Speed)

$$N_s = \dfrac{N \cdot Q^{1/2}}{\left(\dfrac{H}{n}\right)^{3/4}}$$

여기서, N : 회전수(rpm)
Q : 유량(m³/min)
H : 양정(m)
n : 단수

비속도란 비교회전속도를 말한다. 우리가 흔히 말하는 펌프의 회전속도는 물리적인 속도를 말한다. 전동기가 연결되고 펌프가 회전해서 유량이 나올 때, 이때의 속도는 물리적인 속도(회전속도)이다. 그런데 비교회전속도는 물리적인 속도와 양정, 유량, 단수를 가지고 산출해 낸 추상적인 속도 개념이다. 바로 펌프의 특성을 고려한 형식을 결정할 때 사용한다. 펌프의 특성이라면 $H - Q$(유량양정)곡선에서 곡선이 가파르냐, 완만하냐, 대유량이냐, 저유량이냐 이런 것을 나타내는 것이 펌프의 특성이다.

비속도가 600 이상이면 유량양정곡선은 가파르고, 대유량, 저양정 펌프가 되고 10m 이하 수도용이나, 취수용으로 사용한다. 비속도가 600 이하, 즉 작으면 유량양정곡선은 완만하고 소유량, 고양정 특성을 갖고 높이 20m 이상에 사용한다. 즉, 소방에서는 유량곡선이 완만(유량변화에 따른 압력변화가 적은 곡선, 펌프)한 펌프를 사용해야 한다.

10년간 자주 출제된 문제

8-1. 양정 90m, 유량이 90m³/h인 송수펌프의 소요동력은 약 몇 kW인가?(단, 펌프의 효율은 60%이다)

① 30.6　　② 36.8
③ 50.2　　④ 56.8

8-2. 펌프에서 유량을 Q(m³/min), 양정을 H(m), 회전수를 N(rpm)이라 할 때 1단 펌프에서 비교회전도 η_s를 구하는 식은?

① $\eta_s = \dfrac{Q^2\sqrt{N}}{H^{3/4}}$　　② $\eta_s = \dfrac{N^2\sqrt{Q}}{H^{3/4}}$

③ $\eta_s = \dfrac{N\sqrt{Q}}{H^{3/4}}$　　④ $\eta_s = \dfrac{\sqrt{NQ}}{H^{3/4}}$

|해설|

8-1

$L_w = \dfrac{\gamma QH}{102\eta}$(kW) $= \dfrac{1{,}000\frac{\text{kg}}{\text{m}^3} \times 90\frac{\text{m}^3}{\text{h}} \times \frac{1\text{h}}{3{,}600\text{sec}} \times 90\text{m}}{102 \times 0.6}$

$= 36.76$

8-2

비속도(비교회전도)

• 정의 : 기준이 되는 펌프와 형상과 구조가 같게 만들어진 펌프가 양정 1m에서 유량이 $1\dfrac{\text{m}^3}{\text{min}}$을 양수할 때 필요한 임펠러의 분당 회전수

• 비속도

$$N_s = \dfrac{NQ^{\frac{1}{2}}}{\left(\dfrac{H}{Z}\right)^{\frac{3}{4}}}$$

여기서 N_s : 비교회전도　　N : 회전수(rpm)
Z : 단수　　Q : 유량$\left(\dfrac{\text{m}^3}{\text{min}}\right)$
H : 양정(m)

정답 8-1 ②　8-2 ③

핵심이론 09 | 펌프의 상사법칙

① 유량 : $Q_2 = Q_1 \times \dfrac{N_2}{N_1} \times \left(\dfrac{D_2}{D_1}\right)^3$

② 전양정 : $H_2 = H_1 \times \left(\dfrac{N_2}{N_1}\right)^2 \times \left(\dfrac{D_2}{D_1}\right)^2$

③ 동력 : $P_2 = P_1 \times \left(\dfrac{N_2}{N_1}\right)^3 \times \left(\dfrac{D_2}{D_1}\right)^5$

여기서, N : 회전수(rpm)
D : 내경(mm)

10년간 자주 출제된 문제

원심펌프의 양정과 회전속도의 관계는?(단, N_1 : 처음 회전수, N_2 : 변화된 회전수)

① $\dfrac{N_2}{N_1}$
② $\left(\dfrac{N_2}{N_1}\right)^2$
③ $\left(\dfrac{N_2}{N_1}\right)^3$
④ $\left(\dfrac{N_2}{N_1}\right)^5$

|해설|

핵심이론 09 참조

정답 ②

핵심이론 10 | 흡입양정(NPSH)

① 유효흡입양정(NPSH$_{av}$; Available Net Positive Suction Head)

펌프를 설치하여 사용할 때 펌프 자체와는 무관하게 흡입측 배관 또는 시스템에 의하여 결정되는 양정이다. 유효흡입양정은 펌프 흡입구 중심으로 유입되는 압력을 절대압력으로 나타낸다.

㉠ 흡입 NPSH(부압수조방식, 수면이 펌프 중심보다 낮을 경우)

유효 $NPSH = H_a - H_p - H_s - H_L$

여기서, H_a : 대기압두(m)
H_p : 포화수증기압두(m)
H_s : 흡입실양정(m)
H_L : 흡입측배관 내의 마찰손실수두(m)

㉡ 압입 NPSH(정압수조방식, 수면이 펌프 중심보다 높을 경우)

유효 $NPSH = H_a - H_p + H_s - H_L$

② 필요흡입양정(NPSH$_{re}$; Required Net Positive Suction Head)

펌프의 형식에 의하여 결정되는 양정으로 펌프를 운전할 때 공동현상을 일으키지 않고 정상운전에 필요한 흡입양정이다.

㉠ 비속도에 의한 양정

- $N_s = \dfrac{N\sqrt{Q}}{\left(\dfrac{H}{n}\right)^{3/4}}$

- H(필요흡입양정)$= \left(\dfrac{N\sqrt{Q}}{N_s}\right)^{\frac{4}{3}}$

ⓒ 배관 1m당 압력손실

Hagen-William's 방정식

$$\Delta P_m = 6.053 \times 10^4 \times \frac{Q^{1.85}}{C^{1.85} \times d^{4.87}} \times L$$

여기서, ΔP_m : 배관 1m당 압력손실(MPa · m)
  d : 관의 내경(mm)
  Q : 관의 유량(L/min)
  C : 조도(Roughness)
  L : 관 부속품 등가길이 + 배관의 길이

배관 설비	주철관	흑관	백관	동관
습식 스프링클러설비	100	120	120	150
건식 스프링클러설비	100	100	120	150
준비작동식 스프링클러설비	100	100	120	150
일제살수식 스프링클러설비	100	100	120	150

ⓒ 펌프의 압축비와 단수 계산식

$$압축비\ r = \sqrt[\varepsilon]{\frac{p_2}{p_1}}$$

여기서, ε : 단수
  p_1 : 흡입측 절대압력
  p_2 : 토출측 절대압력

10년간 자주 출제된 문제

3단 토출압력이 2MPa · g이고, 압축비가 2인 4단 공기압축기에서 1단 흡입압력은 약 몇 MPa · g인가?

① 0.16MPa · g ② 0.26MPa · g
③ 0.36MPa · g ④ 0.46MPa · g

|해설|

- 단단 압축인 경우

  압축비$(r) = \dfrac{토출측\ 절대압력}{흡입측\ 절대압력}$ 이므로 다음의 순서로 계산한다.

- 3단 흡입인 경우

  압축비$(r) = \dfrac{토출측\ 절대압력}{흡입측\ 절대압력}$

  $2 = \dfrac{대기압 + 토출측\ 게이지압}{x}$

  $2 = \dfrac{0.1 + 2}{x}$

  ∴ $x = 1.05$(3단 흡입측 절대압력 = 2단 토출측 절대압력)

- 2단 흡입인 경우

  압축비$(r) = \dfrac{토출측\ 절대압력}{흡입측\ 절대압력}$

  $2 = \dfrac{대기압 + 토출측\ 게이지압}{x}$

  $2 = \dfrac{1.05}{x}$

  ∴ $x = 0.525$(2단 흡입측 절대압력 = 1단 토출측 절대압력)

- 1단 흡입인 경우

  압축비$(r) = \dfrac{토출측\ 절대압력}{흡입측\ 절대압력}$

  $2 = \dfrac{대기압 + 토출측\ 게이지압}{x}$

  $2 = \dfrac{0.525}{x}$

  ∴ $x = 0.2625$(1단 흡입측 절대압력 = 1단 토출측 절대압력)
  그러므로, 1단 흡입압력은 0.2625 - 0.1 = 0.1625MPa · g이다.

정답 ①

핵심이론 11 | 펌프에서 발생하는 현상

① 공동현상(Cavitation)

펌프의 흡입측 배관 내에서 발생하는 것으로 배관 내의 수온 상승으로 물이 수증기로 변화하여 물이 펌프로 흡입되지 않는 현상

㉠ 공동현상의 발생원인
- 펌프의 흡입측 수두가 클 때
- 펌프의 마찰손실이 클 때
- 펌프의 임펠러 속도가 클 때
- 펌프의 흡입관경이 작을 때
- 펌프 설치위치가 수원보다 높을 때
- 관 내의 유체가 고온일 때
- 펌프의 흡입압력이 유체의 증기압보다 낮을 때

㉡ 공동현상의 발생현상
- 소음과 진동 발생
- 관정부식
- 임펠러의 손상
- 펌프의 성능 저하(토출량, 양정, 효율 감소)

㉢ 공동현상의 방지 대책
- 펌프의 흡입측 수두, 마찰손실을 적게 한다.
- 펌프 임펠러 속도를 느리게 한다.
- 펌프 흡입관경을 크게 한다.
- 펌프 설치위치를 수원보다 낮게 하여야 한다.
- 펌프 흡입압력을 유체의 증기압보다 높게 한다.
- 양흡입 펌프를 사용하여야 한다.
- 양흡입 펌프로 부족 시 펌프를 2대로 나눈다.

② 수격현상(Water Hammering)

유체가 유동하고 있을 때 정전 혹은 밸브를 차단할 경우 유체가 감속되어 운동에너지가 압력에너지로 변하여 유체 내의 고압이 발생하고 유속이 급변화하면서 압력 변화를 가져와 관로의 벽면을 타격하는 현상

㉠ 수격현상의 발생원인
- 펌프의 운전 중에 정전에 의해서
- 펌프의 정상 운전일 때의 액체의 압력변동이 생길 때

㉡ 수격현상의 방지대책
- 관로의 관경을 크게 하고 유속을 낮게 하여야 한다.
- 압력강하의 경우 Flywheel을 설치하여야 한다.
- 조압수조(Surge Tank) 또는 수격방지기 설치해야 한다.
- 펌프 송출구 가까이 송출밸브를 설치하여 압력 상승 시 압력을 제어하여야 한다.

③ 맥동현상(Surging)

펌프의 입구와 출구에 부착된 진공계와 압력계의 침이 흔들리고 동시에 토출유량이 변화를 가져오는 현상

㉠ 맥동현상의 발생원인
- 펌프의 양정곡선($Q-H$) 산(山) 모양의 곡선으로 상승부에서 운전하는 경우
- 유량조절밸브가 배관 중 수조의 위치 후방에 있을 때
- 배관 중에 수조가 있을 때
- 배관 중에 기체상태의 부분이 있을 때
- 운전 중인 펌프를 정지할 때

㉡ 맥동현상의 방지대책
- 펌프 내의 양수량을 증기히기나 임펠러의 회전수를 변화시킨다.
- 관로 내의 잔류공기 제거하고 관로의 단면적, 유속, 저항 등을 조절한다.
- RPM을 조절한다.
- 회전차나 안내날개의 영상치수를 변화시킨다.

10년간 자주 출제된 문제

11-1. 액화가스의 이송 펌프에서 발생하는 캐비테이션 현상을 방지하기 위한 대책으로서 틀린 것은?

① 흡입 배관을 크게 한다.
② 펌프의 회전수를 크게 한다.
③ 펌프의 설치위치를 낮게 한다.
④ 펌프의 흡입구 부근을 냉각한다.

11-2. 배관 속을 흐르는 액체의 속도를 급격히 변화시키면 물이 관벽을 치는 현상이 일어나는데 이런 현상을 무엇이라 하는가?

① 캐비테이션 현상
② 워터해머링 현상
③ 서징현상
④ 맥동현상

|해설|

11-1
공동현상(Cavitation)의 방지 대책
- 펌프의 흡입측 수두, 마찰손실을 적게 한다.
- 펌프 임펠러 속도를 느리게 한다.
- 펌프 흡입관경을 크게 한다.
- 펌프 설치위치를 수원보다 낮게 하여야 한다.
- 펌프 흡입압력을 유체의 증기압보다 높게 한다.
- 양흡입 펌프를 사용하여야 한다.
- 양흡입 펌프로 부족 시 펌프를 2대로 나눈다.

11-2
수격작용(Water Hammering): 관 속의 유속이 급속히 변화하면 물에 의한 압력의 변화가 생기는 현상으로 배관이 진동하거나 소음을 일으키는 현상

정답 11-1 ② 11-2 ②

핵심이론 12 | 가스장치재료

① **벤트스택과 플레어스택**
  ㉠ 벤트스택 : 화학설비 및 그 부속설비 중 안전밸브 등으로부터 방출된 기체 및 액체 물질을 그대로 대기 중으로 방출시키는 장치(착지농도는 폭발 하한계 미만)
  ㉡ 플레어스택 : 화학설비 및 그 부속설비 중 안전밸브 등으로부터 방출된 기체 및 액체 물질을 안전하게 처리하기 위하여 연소시킨 후 대기 중으로 방출시키는 장치(지표면 복사열이 $4,000 \frac{kcal}{m^2 h}$ 이하)

② **가스누출감지경보기**
가스누출감지경보기란 가연성 또는 독성물질의 가스를 감지하여 그 농도를 지시하며, 미리 설정해 놓은 가스농도에서 자동적으로 경보가 울리도록 하는 장치를 말한다.
  ㉠ 가연성 가스누출감지경보기는 담배연기 등에, 독성가스 누출감지경보기는 담배연기, 기계세척유가스, 등유의 증발가스, 배기가스, 탄화수소계 가스와 그 밖의 가스에는 경보가 울리지 않아야 한다.
  ㉡ 가연성 가스누출감지경보기는 감지대상 가스의 폭발하한계 25% 이하, 독성가스 누출감지경보기는 해당 독성가스의 허용농도 이하에서 경보가 울리도록 설정하여야 한다.
  ㉢ 가스누출감지경보의 정밀도는 경보설정치에 대하여 가연성 가스누출감지경보기는 ±25% 이하, 독성가스누출감지경보기는 ±30% 이하이어야 한다.
  ㉣ 가스누출감지경보기의 가스 감지에서 경보발신까지 걸리는 시간은 경보농도의 1.6배인 경우 보통 30초 이내일 것. 다만, 암모니아, 일산화탄소 또는 이와 유사한 가스 등을 감지하는 가스누출감지경보기는 1분 이내로 한다.
  ㉤ 경보정밀도는 전원의 전압 등의 변동률이 ±10%까지 저하되지 않아야 한다.

ⓑ 지시계 눈금의 범위는 가연성가스용은 0에서 폭발 하한계값, 독성가스는 0에서 허용농도의 3배 값 (암모니아를 실내에서 사용하는 경우에는 150)이어야 한다.

ⓢ 경보를 발신한 후에는 가스농도가 변화하여도 계속 경보를 울려야 하며, 그 확인 또는 대책을 조치할 때에는 경보가 정지되어야 한다.

③ 조정기(Regulator)

㉠ 사용 목적 : 가스의 유출 압력(공급 압력)을 조정하여 안정된 연소를 도모하기 위해서 사용하는 것으로서 용기 내의 가스 압력을 연소기에서 가스가 완전 연소되는데 필요한 최적의 압력으로 감압시키는 것이다.

㉡ 역할(役割)
- 용기로부터 나와 연소 기구에 공급되는 가스의 압력을 그 연소 기구에 적당한 압력(200~300mm 수주)까지 감압시킨다.
- 용기 내의 가스를 소비하는 양의 변화 등에 대응하여 공급 압력을 유지하고 소비가 중단되었을 때는 가스를 차단시킨다(조정기가 고장이 났을 경우는 가스의 누설이나 불완전 연소 등의 원인이 된다).

㉢ 안전장치 : 조정기 및 기구에 과도한 압력이 걸리는 것을 막기 위한 가스 방출 장치 또는 가스 유출 저지 장치, 기타 안전을 목적으로 해 놓은 장치를 말한다.
- 작동표준압력 : 7kPa
- 안전장치 작동 개시 압력(안전밸브가 열리는 압력) : 5.6~8.4kPa
- 안전장치 작동 정지압력(안전밸브가 열리면 가스가 배출되면서 압력이 낮아지므로 정지압력 범위에서 안전밸브가 닫히는 압력) : 5.04~8.4kPa
- 개시압력과 정지압력은 정해진 범위에서 작동되는 것이며 정지압력은 개시압력보다 항상 낮게 세팅하여야 한다(개시압력을 5.6kPa압력으로 세팅하고 정지압력은 8.4kPa의 압력으로 세팅하면 작동정지는 영원히 되지 않는다).

㉣ LPG 압력조정기의 종류에 따른 입구압력·조정압력

종류	입구압력(MPa)	조정압력(kPa)
1단 감압식 저압조정기	0.07~1.56	2.30~3.30
1단 감압식 준저압조정기	0.1~1.56	5.0~30.0 이내에서 제조자가 설정한 기준압력의 ±20%
2단 감압식 1차용 조정기 (용량 100kg/h 이하)	0.1~1.56	57.0~83.0
2단 감압식 1차용 조정기 (용량 100kg/h 초과)	0.3~1.56	57.0~83.0
2단 감압식 2차용 저압조정기	0.01~0.1 또는 0.025~0.1	2.30~3.30
2단 감압식 2차용 준저압조정기	조정압력 이상~0.1	5.0~30.0 이내에서 제조자가 설정한 기준압력의 ±20%
자동절체식 일체형 저압조정기	0.1~1.56	2.55~3.30
자동절체식 일체형 준저압조정기	0.1~1.56	5.0~30.0 이내에서 제조자가 설정한 기준압력의 ±20%
그 밖의 압력조정기	조정압력 이상~1.56	5kPa를 초과하는 압력범위에서 상기 압력조정기의 종류에 따른 조정압력에 해당하지 않는 것에 한하며, 제조자가 설정한 기준압력의 ±20%일 것

㉤ 공동주택 등에 압력 조정기를 설치하는 경우에는 적절한 방법으로 다음의 경우에만 설치할 것
- 공동주택 등에 공급되는 가스압력이 중압 이상으로서 전체 세대수가 150세대 미만인 경우
- 공동주택 등에 공급되는 가스압력이 저압으로서 전체 세대수가 250세대 미만인 경우

④ 역류방지 밸브 설치장소
  ㉠ 가연성가스를 압축하는 압축기와 충전용 주관 사이
  ㉡ 아세틸렌을 압축하는 압축기의 유분리기와 고압 건조기 사이
  ㉢ 암모니아 또는 메탄올의 합성탑 및 정제탑과 압축기 사이 배관

⑤ 역화방지 밸브 설치장소
  ㉠ 가연성가스를 압축하는 압축기와 오토클레이브 사이
  ㉡ 아세틸렌의 고압 건조기와 충전용 교체밸브 사이의 배관
  ㉢ 아세틸렌용 충전용 지관

10년간 자주 출제된 문제

12-1. 고압가스 특정제조시설에서 플레어스택의 설치기준으로 틀린 것은?
① 파일럿버너를 항상 점화하여 두는 등 플레어스택에 관련된 폭발을 방지하기 위한 조치가 되어 있는 것으로 한다.
② 긴급이송설비로 이송되는 가스를 대기로 방출할 수 있는 것으로 한다.
③ 플레어스택에서 발생하는 복사열이 다른 제조시설에 나쁜 영향을 미치지 아니하도록 안전한 높이 및 위치에 설치한다.
④ 플레어스택에서 발생하는 최대열량에 장시간 견딜 수 있는 재료 및 구조로 되어 있는 것으로 한다.

12-2. 가연성가스용 가스누출경보 및 자동차단장치의 경보농도설정치의 기준은?
① ±5% 이하
② ±10% 이하
③ ±15% 이하
④ ±25% 이하

12-3. LPG용 압력조정기 중 1단 감압식 저압조정기의 조정압력의 범위는?
① 2.3~3.3kPa
② 2.55~3.3kPa
③ 57~83kPa
④ 5.0~30kPa 이내에서 제조사가 설정한 기준압력의 ±20%

12-4. 다음 중 공동주택 등에 도시가스를 공급하기 위한 것으로서 압력조정기의 설치가 가능한 경우는?
① 가스압력이 중압으로서 전체 세대수가 100세대인 경우
② 가스압력이 중압으로서 전체 세대수가 150세대인 경우
③ 가스압력이 저압으로서 전체 세대수가 250세대인 경우
④ 가스압력이 저압으로서 전체 세대수가 300세대인 경우

12-5. 특정고압가스사용시설에서 독성가스 감압설비와 그 가스의 반응설비 간의 배관에 반드시 설치하여야 하는 설비는?
① 안전밸브
② 역화방지장치
③ 중화장치
④ 역류방지장치

12-6. 역화방지장치를 설치하지 않아도 되는 곳은?
① 가연성가스 압축기와 충전용 주관 사이의 배관
② 가연성가스 압축기와 오토클레이브 사이의 배관
③ 아세틸렌 충전용 지관
④ 아세틸렌 고압 건조기와 충전용 교체밸브 사이의 배관

|해설|

12-1
플레어스택의 구조는 긴급이송설비에 의하여 이송되는 가스를 연소시켜 대기로 안전하게 방출시킬 수 있도록 다음의 조치를 하여야 한다.
• 파일럿버너 또는 항상 작동할 수 있는 자동점화장치를 설치하고 파일럿버너가 꺼지지 않도록 하거나, 자동점화장치의 기능이 완전하게 유지되도록 하여야 한다.
• 역화 및 공기 등과의 혼합폭발을 방지하기 위하여 당해 제조시설의 가스의 종류 및 시설의 구조에 따라 다음 중에서 하나 또는 둘 이상을 갖추어야 한다.
  – Liquid Seal의 설치
  – Flame Arresstor의 설치
  – Vapor Seal의 설치
  – Purge Gas(N_2, Off Gas 등)의 지속적인 주입 등
  – Molecular Seal의 설치

12-2
가스누출감지경보기

가스누출감지경보기란 가연성 또는 독성물질의 가스를 감지하여 그 농도를 지시하며, 미리 설정해 놓은 가스농도에서 자동적으로 경보가 울리도록 하는 장치를 말한다.

- 가연성 가스누출감지경보기는 담배연기 등에, 독성가스 누출감지경보기는 담배연기, 기계세척유가스, 등유의 증발가스, 배기가스, 탄화수소계 가스와 그 밖의 가스에는 경보가 울리지 않아야 한다.
- 가연성 가스누출감지경보기는 감지대상 가스의 폭발하한계 25% 이하, 독성가스 누출감지경보기는 해당 독성가스의 허용농도 이하에서 경보가 울리도록 설정하여야 한다.
- 가스누출감지경보의 정밀도는 경보설정치에 대하여 가연성 가스누출감지경보기는 ±25% 이하, 독성가스누출감지경보기는 ±30% 이하이어야 한다.
- 가스누출감지경보기의 가스 감지에서 경보발신까지 걸리는 시간은 경보농도의 1.6배인 경우 보통 30초 이내일 것. 다만, 암모니아, 일산화탄소 또는 이와 유사한 가스 등을 감지하는 가스누출감지경보기는 1분 이내로 한다.
- 경보정밀도는 전원의 전압 등의 변동률이 ±10%까지 저하되지 않아야 한다.
- 지시계 눈금의 범위는 가연성가스용은 0에서 폭발하한계값, 독성가스는 0에서 허용농도의 3배 값(암모니아를 실내에서 사용하는 경우에는 150)이어야 한다.
- 경보를 발신한 후에는 가스농도가 변화하여도 계속 경보를 울려야 하며, 그 확인 또는 대책을 조치할 때에는 경보가 정지되어야 한다.

12-3
1단 감압식 저압조정기의 조정압력 : 2.3~3.3kPa

12-4
공동주택 등에 도시가스를 공급하기 위한 것으로서 압력조정기의 설치가 가능한 경우 : 가스압력이 중압으로서 전체 세대수가 150세대 미만인 경우

12-5
독성가스 감압설비와 그 가스의 반응설비 간의 배관에 반드시 설치하여야 하는 설비 : 역류방지장치

12-6
역화방지 밸브 설치장소
- 가연성가스를 압축하는 압축기와 오토클레이브 사이
- 아세틸렌의 고압 건조기와 충전용 교체밸브 사이의 배관
- 아세틸렌용 충전용 지관

정답 12-1 ② 12-2 ④ 12-3 ① 12-4 ④ 12-5 ④ 12-6 ①

제2절 저온장치

핵심이론 01 가스액화분리장치

① 가스액화분리장치의 종류
  ㉠ 한랭발생장치
  ㉡ 정류장치(흡수장치)
  ㉢ 불순물제거장치

② 공기액화분리장치의 폭발원인
  ㉠ 공기 취입구에서 아세틸렌이 혼입되었을 때
  ㉡ 공기 중에서 산화질소, 이산화질소 등의 질소산화물이 혼입되었을 때
  ㉢ 액체공기 중에서 오존이 혼입되었을 때
  ㉣ 압축기용 윤활유의 분해에 따른 탄화수소가 생성되었을 때

③ 공기액화분리기의 운전을 중지하고 액화산소를 방출해야 할 경우
  ㉠ 액화산소 5L 중 아세틸렌의 질량이 5mg이 넘을 때
  ㉡ 액화산소 5L 중 탄화수소 중에서 탄소의 질량이 500mg이 넘을 때

10년간 자주 출제된 문제

1-1. 가스액화분리장치에서 냉동사이클과 액화사이클을 응용한 장치는?
① 한랭발생장치　　　② 정유분출장치
③ 정유흡수장치　　　④ 불순물제거장치

1-2. 공기액화분리장치의 폭발원인이 아닌 것은?
① 액체공기 중의 아르곤의 혼입
② 공기취입구로부터 아세틸렌 혼입
③ 공기 중의 질소화합물(NO, NO_2)의 혼입
④ 압축기용 윤활유 분해에 따른 탄화수소 생성

|해설|
1-1
한랭발생장치 : 냉동사이클과 액화사이클을 응용한 장치
1-2
공기액화분리장치의 폭발원인
- 공기취입구에서 아세틸렌이 혼입되었을 때
- 공기 중에서 산화질소, 이산화질소 등의 질소산화물이 혼입되었을 때
- 액체공기 중에서 오존이 혼입되었을 때
- 압축기용 윤활유의 분해에 따른 탄화수소가 생성되었을 때

정답 1-1 ①　1-2 ①

핵심이론 02 | 저온장치 및 재료

① 오토클레이브
　㉠ 정의 : 액체를 가열하면 온도의 상승과 더불어 증기압이 상승하므로 액상을 유지하면서 반응시킬 경우에 사용되는 밀폐반응 가마
　㉡ 종류 : 교반형, 진탕형, 회전형, 가스교반형

10년간 자주 출제된 문제

진탕형 오토클레이브의 특징에 대한 설명으로 틀린 것은?
① 가스 누출의 가능성이 작다.
② 고압력에 사용할 수 있고 반응물의 오손이 적다.
③ 장치 전체가 진동하므로 압력계는 본체로부터 떨어져 설치한다.
④ 뚜껑판에 뚫어진 구멍에 촉매가 끼어들어 갈 염려가 없다.

|해설|
뚜껑판에 뚫어진 구멍에 촉매가 끼어들어 갈 염려가 있다.

정답 ④

제3절 가스설비

핵심이론 01 고압가스설비

① 특정고압가스 : 수소, 산소, 액화암모니아, 아세틸렌, 액화염소, 천연가스, 압축모노실란, 압축다이보레인, 액화알진, 그 밖의 대통령령으로 정하는 고압가스

② 압축을 금지해야 할 경우
  ㉠ 가연성가스 중에서 산소가 차지하는 용량이 전용량의 4% 이상인 경우(아세틸렌, 에틸렌, 수소 제외)
  ㉡ 산소 중에서 가연성가스가 차지하는 용량이 전용량의 4% 이상인 경우(아세틸렌, 에틸렌, 수소 제외)
  ㉢ 아세틸렌(C_2H_2), 에틸렌(C_2H_4), 수소(H_2) 중에서 산소가 차지하는 용량이 전용량의 2% 이상인 경우
  ㉣ 산소 중에서 아세틸렌(C_2H_2), 에틸렌(C_2H_4), 수소(H_2)가 차지하는 용량의 합계가 전용량의 2% 이상인 경우

③ Freon의 누설검사
  ㉠ 비눗물
  ㉡ 헤라이드 토치(불꽃반응)
    • 정상 : 청색
    • 소량 : 녹색
    • 다량 : 자색
    • 과량 : 꺼짐

④ 방류둑
  ㉠ 기능 : 액상의 유해가스가 누출되었을 경우 다른 곳으로 흘러나가지 못하도록 방지하는 둑
  ㉡ 용량
    • 액화산소저장탱크 : 저장능력에 상당용적 60% 이상
    • 집합방류둑 내에 설치한 경우 : 최대저장탱크의 용량 + 잔여탱크의 용량의 10% 상당용적 이상
    • 질소가스는 불연성, 비독성 물질이므로 방류둑이 필요없다.
  ㉢ 구조
    • 성토는 수평에 대하여 45° 이하의 기울기로 할 것
    • 성토의 정상부 폭은 30cm 이상으로 할 것
    • 액밀한 구조일 것
    • 방류둑에는 계단, 사다리 또는 토사를 높이 쌓아올림 등에 의한 출입구를 50m마다 1개 이상씩 두되, 그 둘레가 50m 미만인 경우는 2개 분산해서 설치할 것
  ㉣ 방류둑 설치기준(액화가스 저장탱크 기준)
    • 가연성가스 : 500톤 이상
    • 독성가스 : 5톤 이상
    • 산소 : 1,000톤 이상
    • LPG : 1,000톤 이상

10년간 자주 출제된 문제

1-1. 다음 중 특정고압가스에 해당되지 않는 것은?
① 이산화탄소 ② 수 소
③ 산 소   ④ 천연가스

1-2. 다음 고압가스 압축작업 중 작업을 즉시 중단해야 하는 경우인 것은?
① 산소 중의 아세틸렌, 에틸렌 및 수소의 용량 합계가 전체 용량의 2% 이상인 것
② 아세틸렌 중의 산소용량이 전체 용량의 1% 이하의 것
③ 산소 중의 가연성가스(아세틸렌, 에틸렌 및 수소를 제외한다)의 용량이 전체 용량의 2% 이하의 것
④ 사이안화수소 중의 산소용량이 전체 용량의 2% 이상의 것

1-3. 고압가스용기의 안전점검 기준에 해당되지 않는 것은?
① 용기의 부식, 도색 및 표시 확인
② 용기의 캡이 씌워져 있거나 프로텍터의 부착여부 확인
③ 재검사 기간의 도래 여부를 확인
④ 용기의 누출을 성냥불로 확인

1-4. 고압가스 저장시설에 설치하는 방류둑에는 계단, 사다리 또는 토사를 높이 쌓아올림 등에 의한 출입구를 둘레 몇 m마다 1개 이상을 두어야 하는가?
① 30   ② 50
③ 75   ④ 100

|해설|

1-1
특정고압가스 : 수소, 산소, 액화암모니아, 아세틸렌, 액화염소, 천연가스, 압축모노실란, 압축다이보레인, 액화알진, 그 밖의 대통령령으로 정하는 고압가스

1-2
압축을 금지해야 할 경우
- 가연성가스 중에서 산소가 차지하는 용량이 전용량의 4% 이상인 경우(아세틸렌, 에틸렌, 수소 제외)
- 산소 중에서 가연성가스가 차지하는 용량이 전용량의 4% 이상인 경우(아세틸렌, 에틸렌, 수소 제외)
- 아세틸렌(C_2H_2), 에틸렌(C_2H_4), 수소(H_2) 중에서 산소가 차지하는 용량이 전용량의 2% 이상인 경우
- 산소 중에서 아세틸렌(C_2H_2), 에틸렌(C_2H_4), 수소(H_2)가 차지하는 용량의 합계가 전용량의 2% 이상인 경우

1-3
용기의 누출을 비눗물로 확인

1-4
방류둑의 구조
- 성토는 수평에 대하여 45° 이하의 기울기로 할 것
- 성토의 정상부 폭은 30cm 이상으로 할 것
- 액밀한 구조일 것
- 방류둑에는 계단, 사다리 또는 토사를 높이 쌓아올림 등에 의한 출입구를 50m마다 1개 이상씩 두되, 그 둘레가 50m 미만인 경우는 2개 분산해서 설치할 것

정답 1-1 ① 1-2 ① 1-3 ④ 1-4 ②

핵심이론 02 | 액화석유가스설비

① 부취제
  ㉠ 부취제의 정의 : 일종의 방향 화합물로 가스 등에 첨가하여 냄새로 확인이 가능하도록 하는 물질
  ㉡ 부취제의 종류
  - TBM(Tertiary Butyl Mercaptan) : 가스 종류에 흔히 쓰이며, 양파 썩는 냄새가 난다.
  - THT(Tetra Hydro Thiophene) : 천연가스의 부취제로 사용되며, TBM(Tertiary Butyl Mercaptan)과 혼합하여 쓰이며, 석탄가스냄새가 난다.
  - DMS(Dimethyl Sulfide) : 마늘냄새가 난다.
  ㉢ 부취제 주입방법
  - 액체주입식 부취설비 : 펌프주입방식, 적하(중력)주입방식, 미터연결 바이패스방식
  - 증발식 부취설비 : 바이패스 증발식, 위크 증발식
  ㉣ 부취제 농도 : 액화석유가스를 차량에 고정된 탱크 또는 용기에 충전할 경우 공기 중의 혼합비율 용량이 $\frac{1}{1,000}$ (0.1%)인 상태에서 감지할 수 있도록 냄새가 나는 물질을 섞어 충전할 수 있는 설비[부취제(腐臭劑) 혼합설비]를 설치할 것. 다만, 공업용으로 사용하는 액화석유가스의 충전시설은 그러하지 아니하다.

10년간 자주 출제된 문제

내산화성이 우수하고 양파 썩는 냄새가 나는 부취제는?
① THT
② TBM
③ DMS
④ NAPHTHA

| 해설 |

부취제
- 부취제의 정의 : 일종의 방향 화합물로 가스 등에 첨가하여 냄새로 확인이 가능하도록 하는 물질
- 부취제의 종류
  - TBM(Tertiary Butyl Mercaptan) : 가스 종류에 흔히 쓰이며, 양파 썩는 냄새가 난다.
  - THT(Tetra Hydro Thiophene) : 천연가스의 부취제로 사용되며, TBM(Tertiary Butyl Mercaptan)과 혼합하여 쓰이며, 석탄가스냄새가 난다.
  - DMS(Dimethyl Sulfide) : 마늘냄새가 난다.

정답 ②

핵심이론 03 | 도시가스설비

① 도시가스 사용시설의 월 사용 예정량은 다음 계산식에 따라 산출할 것

$$Q = \frac{(A \times 240) + (B \times 90)}{11,000}$$

여기서, Q : 월 사용 예정량(m^3)
A : 산업용으로 사용하는 연소기의 명판에 기재된 가스 소비량의 합계$\left(\frac{kcal}{h}\right)$
B : 산업용이 아닌 연소기의 명판에 기재된 가스 소비량의 합계$\left(\frac{kcal}{h}\right)$

② 웨버지수 계산 공식

$$WI = \frac{H_g}{\sqrt{d}}$$

여기서, WI : 웨버지수
H_g : 도시가스의 총발열량$\left(\frac{kcal}{m^3}\right)$
d : 도시가스의 비중

③ 도시가스 제조소의 내진설계 기준

저장탱크·가스 홀더·압축기·펌프·기화기·열교환기·냉동설비의 지지구조물과 기초는 지진에 견딜 수 있도록 설계하고 지진의 영향으로부터 안전한 구조로 할 것. 다만, 다음의 어느 하나에 해당하는 시설은 내진 설계 대상에서 제외한다.

㉠ 건축법령에 따라 내진 설계를 하여야 하는 것으로서 같은 법령이 정하는 바에 따라 내진설계를 한 시설
㉡ 저장능력이 3톤(압축가스의 경우에는 300m^3) 미만인 저장탱크 또는 가스홀더
㉢ 지하에 설치되는 시설

10년간 자주 출제된 문제

3-1. 다음은 도시가스사용시설의 월 사용 예정량을 산출하는 식이다. 이 중 기호 "A"가 의미하는 것은?

$$Q = \frac{(A \times 240) + (B \times 90)}{11,000}$$

① 월 사용 예정량
② 산업용으로 사용하는 연소기의 명판에 기재된 가스소비량의 합계
③ 산업용이 아닌 연소기의 명판에 기재된 가스소비량의 합계
④ 가정용 연소기의 가스소비량 합계

3-2. 도시가스의 총발열량이 10,400kcal/m³, 공기에 대한 비중이 0.55일 때 웨버지수는 얼마인가?

① 11,023 ② 12,023
③ 13,023 ④ 14,023

3-3. 도시가스도매사업자가 제조소에 다음 시설을 설치하고자 한다. 다음 중 내진 설계를 하지 않아도 되는 시설은?

① 저장능력이 2톤인 지상식 액화천연가스 저장탱크의 지지구조물
② 저장능력이 300m³인 천연가스 홀더의 지지구조물
③ 처리능력이 10m³인 압축기의 지지구조물
④ 처리능력이 15m³인 펌프의 지지구조물

|해설|

3-1
도시가스사용시설의 월 사용 예정량을 산출하는 식

$$Q = \frac{(A \times 240) + (B \times 90)}{11,000}$$

- Q : 월 사용 예정량(m³)
- A : 산업용으로 사용하는 연소기의 명판에 기재된 가스소비량의 합계(kcal/h)
- B : 산업용이 아닌 연소기의 명판에 기재된 가스소비량의 합계(kcal/h)

3-2
웨버지수 계산 공식

$$WI = \frac{H_g}{\sqrt{d}}$$

여기서, WI : 웨버지수
H_g : 도시가스의 총발열량 $\left(\frac{kcal}{m^3}\right)$
d : 도시가스의 비중

$WI = \frac{10,400}{\sqrt{0.55}} = 14,023$

3-3
도시가스 제조소의 내진 설계 기준
저장탱크·가스 홀더·압축기·펌프·기화기·열교환기·냉동설비의 지지구조물과 기초는 지진에 견딜 수 있도록 설계하고 지진의 영향으로부터 안전한 구조로 할 것. 다만, 다음의 어느 하나에 해당하는 시설은 내진 설계 대상에서 제외한다.
- 건축법령에 따라 내진 설계를 하여야 하는 것으로서 같은 법령이 정하는 바에 따라 내진 설계를 한 시설
- 저장능력이 3톤(압축가스의 경우에는 300m³) 미만인 저장탱크 또는 가스 홀더
- 지하에 설치되는 시설

정답 3-1 ② 3-2 ④ 3-3 ①

핵심이론 04 | 수소 저장설비

※ 수소 저장설비의 안전에 관한 기술지침(KOSHA Guide)

① 용 어
  ㉠ 수소저장설비 : 수소를 저장하는 저장용기와 이송배관, 안전밸브 및 제어기기 등 부속설비를 포함한 일련의 설비를 말한다.
  ㉡ 저장용기 : 일정한 위치에 고정 설치된 저장탱크와 이동할 수 있는 용기를 말한다.
  ㉢ 저온의 수소 : 액체 수소에서 비등된 차가운 수소를 말한다.
  ㉣ 긴급차단밸브 : 원격 조작에 의하여 유체의 흐름을 긴급차단할 수 있는 밸브를 말한다.

② 수소저장설비의 설계·제작 및 시험
  ㉠ 수소를 취급하는 용기는 KS B 6750 압력용기 - 설계 및 제조 일반 또는 KS B ISO13985 액체 수소 - 육상 차량용 연료 저장용기 규격으로 제작되고, 관련법에 따라 정기적으로 검사를 받아야 한다.
  ㉡ 고정으로 설치하는 용기는 견고한 기초 위에 불연성 지지대로 설치하고, 폭발 위험 장소에 해당되면 내화시공을 하여야 한다.
  ㉢ 이동식 용기는 고압가스안전관리법에 적합하게 제작되고, 정기적인 검사와 안전보건표지판을 설치하여야 한다.

③ 재질 선정
  ㉠ 수소를 취급하는 저장용기 및 배관의 재질은 최소한 킬드강(Killed Carbon Steel)을 사용한다.
  ㉡ 두께 50mm를 초과하는 킬드강 또는 두께 38mm를 초과하는 저합금강을 사용하는 경우에는 모재에 대하여 초음파탐상시험(Ultrasonic Testing)을 실시하여야 한다.
  ㉢ 저장용기 및 배관의 재질로서 주철계 재료는 사용하여서는 안 된다.
  ㉣ 저온의 수소를 취급하는 경우에는 사용온도 요구조건에 따라서 필요한 경우 설계온도에서 충격시험을 만족하는 재질을 선정하여야 한다.

④ 계측기기 등
  ㉠ 저장용기에는 수소의 온도 및 압력 등의 이상상태를 알 수 있도록 계측기기를 설치한다.
  ㉡ 온도계는 온도감지기의 보호관이 있는 온도계를 설치한다.
  ㉢ 압력계 눈금판의 최대치는 설계압력의 1.5배 이상 3배 이하의 범위로 한다.
  ㉣ 해당 건축물의 상부 또는 환기구 부근에 가스누출 감지경보기를 설치하고 경보는 운전제어실 또는 근로자가 상주하는 곳에 수신되도록 한다.
  ㉤ 수소설비의 제어 및 작동장치는 캐비닛 또는 하우징에 수소 적체가 최소화되도록 환기되어야 한다.
  ㉥ 밸브, 감압기, 계측장비 등은 제조자 또는 수소 공급자가 수소용으로 권장하는 것으로 설치하여야 한다.
  ㉦ 이동식 수소운반설비는 상하차 작업을 할 때 등전위 접지를 할 수 있도록 접지설비를 설치하여야 한다.
  ㉧ 저장설비 주위에는 피뢰설비를 설치하여야 한다.

⑤ 저장탱크의 지지대 : 저장탱크는 부등침하가 일어나지 않는 고정기초 위에 불연재료의 지지대를 사용하여야 한다.

⑥ 저장용기의 표지 및 도장
  ㉠ 저장용기에는 수소 표지를 부착하고 주위 배관에도 알아보기 쉬운 곳에 '수소' 표지를 부착한다.
  ㉡ 탄소강으로 제작된 저장용기 및 부속설비는 부식방지를 위한 도장을 한다.

⑦ 배 관
  ㉠ 배관, 튜브 및 이음쇠는 사용온도 및 압력에 적합한 재질을 사용하여야 한다.

ⓛ 수소저장 및 취급설비는 접근이 용이하도록 설치하고, 물리적인 손상 및 일반인이 접근하지 않도록 보호되어야 한다.
　　ⓒ 개스킷 또는 나사산 연결구 등에 사용하는 밀봉재(Sealant)는 수소 사용조건에 적합하여야 한다.
⑧ 긴급차단밸브
　　㉠ 저장용기의 인입배관에는 체크밸브를 설치하여 저장용기로부터 수소가 역류하지 않도록 한다.
　　ⓛ 저장용기에서 수소를 연속적으로 반응공정으로 공급하는 경우에는 반응공정의 이상 시 수소를 긴급 차단할 수 있도록 긴급차단밸브를 설치하고, 원격작동스위치는 저장용기 외면으로부터 10m 이상 떨어진 위치에 설치한다.
⑨ 압축설비
　　㉠ 압축기는 토출측에 안전밸브를 설치하여야 한다. 복수 단수의 압축기는 단과 단 사이에도 안전밸브를 설치하여야 한다.
　　ⓛ 자동으로 운전하는 압축기는 흡입과 토출측에 자동정지 제어장치를 설치하여야 한다.
　　ⓒ 자동으로 정지하는 제어회로는 안전정치 후 수동으로 작동하거나, 재설정(Reset)할 때까지 정지상태를 유지하여야 한다.
　　㉣ 압축기는 유지보수를 위하여 차단밸브를 설치하고, 토출측에는 수소의 역류를 방지하기 위하여야 체크밸브를 설치하여야 한다.
　　㉤ 압축기의 기초는 관련법에 따라 설계 및 시공하여야 한다.
　　㉥ 비상정지설비가 필요한 경우, 비상정지스위치를 작동하면 모든 압축기기 정지하여야 한다.
　　㉦ 압축기의 토출압력은 지속적으로 모니터링하는 설비를 설치하여야 한다.
　　㉧ 이송배관 및 압축기는 차량 등으로부터 보호할 수 있는 방호장치를 설치하여야 한다.

> **10년간 자주 출제된 문제**
>
> 저장탱크에 부착된 배관에 유체가 흐르고 있을 때 유체의 온도 또는 주위의 온도가 비정상적으로 높아진 경우 또는 호스 커플링 등의 접속이 빠져 유체가 누출될 때 신속하게 작동하는 밸브는?
> ① 온도조절밸브　　② 긴급차단밸브
> ③ 감압밸브　　　　④ 전자밸브
>
> |해설|
> 저장용기에서 수소를 연속적으로 반응공정으로 공급하는 경우에는 반응공정의 이상 시 수소를 긴급 차단할 수 있도록 긴급차단밸브를 설치하고, 원격작동스위치는 저장용기 외면으로부터 10m 이상 떨어진 위치에 설치한다.
>
> 정답 ②

제4절 가스의 계측기기

핵심이론 01 | 온도계

① 각 온도계의 특징 및 성질

접촉식 온도계	열팽창을 이용한 온도계 (팽창식 온도계)	유리제 온도계 봉입액 : 펜탄, 톨루엔	알코올 온도계	수은온도계보다 감도가 좋고 저온용으로 적합
			수은 온도계	열전도율이 커 응답성이 빠르고 0~100℃의 온도를 측정
			베크만 온도계	유리제 온도계 중 가장 정밀하고, 실험용으로 적합
		압력식 온도계	액체 팽창식	봉입액 : 알코올, 수은, 아닐린
			기체 팽창식	봉입액 : 프레온, 에틸에테르, 톨루엔
			증기 팽창식	봉입액 : 프레온, 에틸에테르, 톨루엔, 아닐린
		고체 팽창식 온도계	바이메탈 온도계	열팽창계수가 상이한 2개의 금속판
	전기저항을 이용한 온도계 (저항 온도계)	저항치가 증가하는 성질	백금 저항체	측정범위가 넓고 안정성, 재현성
			니켈 저항체	가격이 저렴하고 백금 다음으로 많이 쓰임
			동 저항체	0~100℃까지 측정, 가격이 저렴, 고온에서 산화
		저항치가 감소하는 성질	서미스터	금속의 소결시켜 만든 반도체로 온도상승에 따라 저항률이 감소하는 것을 이용하여 온도를 측정
	열기전력을 이용한 온도계 (열전대 온도계)	열전대 온도계	백금-백금로듐 (P-R)	내열성이 좋고, 환원성에 약하며, 온도측정범위는 0~1,800℃의 고온측정용으로 쓰임
			크로멜-알루멜 (C-A)	공업용으로 많이 쓰이며 온도측정 범위는 270~1,400℃의 저온측정용으로 쓰임
			철-콘스탄탄 (I-C)	기전력이 크고, 환원분위기에 강하며, 값이 싸므로 공장에서 널리 사용하며, 온도측정범위는 200~750℃의 온도를 계측
			동-콘스탄탄 (C-C)	온도측정 범위는 200~400℃의 온도를 계측
비접촉식 온도계			색 온도계	
			방사 온도계	열전대를 직렬로 여러 개 접촉시킨 열전대를 이용하여 물체로부터 나오는 복사열을 측정하여 온도를 계측하는 온도계
			광고 온도계	
			광전관식 온도계	

② 서미스터의 특징
  ㉠ 온도계수가 크다.
  ㉡ 흡습에 의해 열화되기 쉽다.
  ㉢ 응답이 빠르고, 미소 온도차의 측정이 가능하다.
  ㉣ 동일 특성의 열소자를 얻기가 어렵다.

③ 저항온도계 저항선의 구비조건
  ㉠ 저항계수가 클 것
  ㉡ 온도변화에 따른 저항값이 규칙적일 것
  ㉢ 동일 특성을 얻기 쉬울 것
  ㉣ 화학적, 물리적으로 안정할 것

④ 접촉식 온도계와 비접촉식 온도계의 특징
  ㉠ 접촉식 온도계
    • 측정온도의 오차가 작다.
    • 측정시간이 상대적으로 많이 소요된다.
    • 온도계가 피측정물의 열적조건을 교란시킬 수 있다.
  ㉡ 비접촉식 온도계
    • 이동하는 물체의 온도 측정이 가능하다.
    • 고온(1,000℃ 이상) 측정에 유리하다.
    • 방사율에 대한 보정이 필요하다.

10년간 자주 출제된 문제

서로 다른 두 종류의 금속을 연결하여 폐회로를 만든 후, 양접점에 온도차를 두면 금속 내에 열기전력이 발생하는 원리를 이용한 온도계는?

① 광전관식 온도계 ② 바이메탈 온도계
③ 서미스터 온도계 ④ 열전대 온도계

|해설|

열기전력을 이용한 온도계(열전대 온도계)

열전대 온도계	백금-백금로듐 (P-R)	내열성이 좋고, 환원성에 약하며, 온도측정범위는 0~1,800℃의 고온측정용으로 쓰임
	크로멜-알루멜 (C-A)	공업용으로 많이 쓰이며 온도측정 범위는 270~1,400℃의 저온측정용으로 쓰임
	철-콘스탄탄 (I-C)	기전력이 크고, 환원분위기에 강하며, 값이 싸므로 공장에서 널리 사용하며, 온도측정범위는 200~750℃의 온도를 계측
	동-콘스탄탄 (C-C)	온도측정 범위는 200~400℃의 온도를 계측

|정답| ④

핵심이론 02 | 압력계

① 압력계의 구분
   ㉠ 1차 압력계 : 압력을 직접측정 - 액주식, 자유피스톤식(분동식)
   ㉡ 2차 압력계 : 압력을 간접측정 - 부르동관식, 다이어프램식, 벨로스식, 전기식, 피에조 전기압력계식

② 액주식 압력계
   일반적으로 투명 Glass관을 이용하여 Glass관 내부 액체를 충진시키고 미지 압력을 가할 때 관 내부 액의 Level이 변화하고 이 변화된 액의 위치를 측정함으로 압력을 구하는 압력계
   ㉠ U자관식
   ㉡ 단관식
   ㉢ 경사관식

③ 탄성식 압력계
   ㉠ 부르동관 압력계 : 탄성식 압력계는 수압부에 탄성체를 사용해서 측정하고자 하는 압력을 가했을 때 가해진 압력에 비례하는 단위 압력당의 변형량을 아는 상태에서, 이에 대응된 변형량만을 측정함으로써 압력을 구하는 방법이다.
   ㉡ 다이어프램 압력계 : 다이어프램 압력계는 고정시킨 환산형 주위단과 동일 평면을 이루고 있는 얇은 막의 형태(평판형, 파형, Capsule형)로서, 가해진 미소 압력의 변화에도 대응된 수직방향으로 팽창 수축하는 압력 소자이다. 또한 고점도 액체나 부유 현탁액의 유체 압력측정에 가장 적당한 압력계이다.
   ㉢ 벨로스압력계 : 주름관이 내압변화에 따라서 신축되는 것을 이용한 것으로 진공압 및 차압 측정에 주로 사용되는 압력계로 측정압력이 0.01~10kg/cm² 정도이고, 오차가 ±1~2% 정도이며 유체 내의 먼지 등의 영향이 작으나, 압력 변동에 적응하기

어렵고 주위 온도 도차에 의한 충분한 주의를 필요로 한다.

④ 침종식 압력계

아르키메데스의 원리를 이용한 압력계

10년간 자주 출제된 문제

고점도 액체나 부유 현탁액의 유체 압력측정에 가장 적당한 압력계는?

① 벨로스 ② 다이어프램
③ 부르동관 ④ 피스톤

|해설|

② 다이어프램 압력계 : 다이어프램 압력계는 고정시킨 환산형 주위단과 동일 평면을 이루고 있는 얇은 막의 형태(평판형, 파형, Capsule형)로서, 가해진 미소압력의 변화에도 대응된 수직방향으로 팽창 수축하는 압력 소자이다. 또한 고점도 액체나 부유 현탁액의 유체 압력측정에 가장 적당한 압력계

정답 ②

핵심이론 03 | 액면계

용기나 탱크 속에 들어 있는 액의 위치를 파악하기 위한 계기로서 액면의 위치를 파악하고자 하는 경우는

① 보일러 드럼 액면 위의 측정과 같은 안전을 위한 계측 및 제어

② 가스탱크, 가솔린탱크 등의 액면 위의 측정과 같은 상업적인 계측과 제어

③ 유량을 일정하게 하기 위한 헤드탱크 액면의 계측과 제어

④ 증류탑 등과 같은 재고량을 확인하기 위한 분체 레벨 계측

⑤ 액면 측정방법

구분	종류	측정원리	요점사항
직접식	유리관식 액면계 (직관식)	탱크의 액면과 같은 높이의 액체가 유리관에도 나타나므로 유리관 액면의 높이를 측정한다.	대개 개방된 액체용 탱크에 사용
	검척식 액면계	검척봉으로 직접 액면의 높이를 측정한다.	액면 변동이 적은 개방탱크, 저수탱크 등에 사용
	플로트식 액면계 (부자식)	액면에 띄운 부자의 위치를 이용하여 액면을 측정한다.	• 액면 경보용, 제어용으로 사용 • 활차식, 볼플로트, 디스프레스먼트 액면계
	편위식 액면계	부자의 길이에 대한 부력으로부터 액면을 측정한다.	• 아르키메데스의 원리를 이용한 것 • 고압 진동탱크 액면 측정
간접식	압력식 액면계, 햄프슨식 액면계 (차압식 액면계)	액면의 높이에 따른 압력을 측정하여 액의 높이를 측정	고압 밀폐탱크의 액면 측정에 사용
	퍼지식 액면계 (기포식 액면계)	탱크 속에 파이프를 삽입하고 이 파이프를 통해 공기를 보내어 파이프 끝부분의 공기압을 압력계로 측정하여 액의 높이를 구함	• 일종의 압력식 액면계 • 주로 개방탱크에 이용되며 부식성이 강하거나 점도가 높은 액체에 사용

구분	종류	측정원리	요점사항
간접식	방사선식 액면계	방사선 세기의 변화를 측정	• 고온, 고압의 액체 측정용(용광로 내 레벨 측정) • 고점도 부식성 액체를 측정
	초음파식 액면계	탱크 밑에서 초음파를 발사하여 되돌아오는 시간을 측정하여 액면의 높이를 구함	주로 액면 제어용으로 사용
	정전 용량식 액면계	정전 용량 검출 프로브(Probe)를 액 중에 넣어 측정	액면계유전율이 온도에 따라 변화되는 곳에는 사용 불가

10년간 자주 출제된 문제

대형 저장탱크 내를 가는 스테인리스관으로 상하로 움직여 관 내에서 분출하는 가스상태와 액체상태의 경계면을 찾아 액면을 측정하는 액면계로 옳은 것은?

① 슬립튜브식 액면계
② 유리관식 액면계
③ 클링커식 액면계
④ 플로트식 액면계

|해설|

① 슬립튜브식 액면계 : 대형 저장탱크 내를 가는 스테인리스관으로 상하로 움직여 관 내에서 분출하는 가스상태와 액체상태의 경계면을 찾아 액면을 측정하는 액면계

정답 ①

핵심이론 04 | 유량계

① 차압식 유량계의 종류
  ㉠ 벤투리미터 : 본체는 다음 그림에 나타낸 것과 같이 가늘었다가 넓어지는 형태의 관으로, 입구 바로 앞 및 목부분(가장 좁은 부분)의 압력차를 측정하여 이것으로부터 유량을 구하는 계측장치

  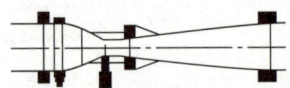

  ㉡ 오리피스유량계 : 관 도중에 조리개(교축기구)를 넣어 조리개 전후의 차압을 이용하여 유량을 측정하는 계측기기, 제작이 간단하고 교환이 쉽고, 유체의 압력손실이 크다.
  ㉢ 플로노즐 : 유체관 내에 노즐(Nozzle) 등과 같은 차압 기구를 설치하여 유속에 따라 기구 전후의 압력 차가 유속에 비례하여 변하는 것을 이용해 유량을 측정하는 것이다.
② 용적식 유량계의 종류 : 오벌 유량계, 가스미터, 로터리 팬, 루트 유량계, 로터리 피스톤
③ 면적식 유량계의 종류 : 플로트형, 피스톤형, 게이트형, 로터미터

10년간 자주 출제된 문제

관 도중에 조리개(교축기구)를 넣어 조리개 전후의 차압을 이용하여 유량을 측정하는 계측기기는?

① 오벌식 유량계
② 오리피스 유량계
③ 막식 유량계
④ 터빈 유량계

|해설|

② 오리피스 유량계 : 관 도중에 조리개(교축기구)를 넣어 조리개 전후의 차압을 이용하여 유량을 측정하는 계측기기이다. 제작이 간단하고 교환이 쉽다.

정답 ②

핵심이론 05 | 가스분석기

① 오르자트법
　㉠ 흡수시약
　　• CO_2 흡수시약 : 수산화칼륨(KOH) 30% 수용액
　　• O_2 흡수시약 : 알칼리성 파이로갈롤 용액
　　• CO 흡수시약 : 암모니아성 염화제1용액
　㉡ 흡수순서 : CO_2 → O_2 → CO → 나머지
② 화학적 가스분석계 : 자동 오르자트법
③ 물리적 가스분석계 : 밀도식, 열전도율식, 가스크로마토그래피법, 세라믹식, 도전율식, 자기식, 적외선 흡수식

10년간 자주 출제된 문제

오르자트법으로 시료가스를 분석할 때의 성분분석 순서로서 옳은 것은?

① CO_2 → O_2 → CO
② CO → CO_2 → O_2
③ O_2 → CO → CO_2
④ O_2 → CO_2 → CO

|해설|

• 흡수시약
　- CO_2 흡수시약 : 수산화칼륨(KOH) 30% 수용액
　- O_2 흡수시약 : 알칼리성 파이로갈롤 용액
　- CO 흡수시약 : 암모니아성 염화제1용액
• 흡수순서 : CO_2 → O_2 → CO → 나머지

정답 ①

핵심이론 06 | 가스누출검지기

① 가연성가스검출기의 종류
　㉠ 안전등형 : 메탄가스검출
　㉡ 간섭계형 : 가스의 굴절률차 이용 가스분석
　㉢ 열선형 : 열전도식, 연소식
　㉣ 반도체식

10년간 자주 출제된 문제

가연성가스검출기 중 탄광에서 발생하는 CH_4의 농도를 측정하는데 주로 사용되는 것은?

① 간섭계형　　② 안전등형
③ 열선형　　　④ 반도체형

|해설|

가연성가스검출기의 종류
• 안전등형(메탄가스검출)
• 간섭계형(가스의 굴절률차 이용 가스분석)
• 열선형(열전도식, 연소식)
• 반도체식

정답 ②

핵심이론 07 | 제어기기

① 제어방식
  ㉠ 시퀀스제어 : 미리 정해 놓은 동작 순서에 따라 제어를 순차적으로 진행하는 것
  ㉡ 피드백제어 : 폐회로를 형성하는 제어량의 크기와 목표치의 비교를 피드백 신호에 의해 행하는 자동제어
  ㉢ 인터로크기구 : 안전설비 중 설비가 잘못 조작되거나 정상적인 제조를 할 수 없는 경우 자동으로 원재료의 공급을 차단시키는 등 고압가스 제조설비 안의 제조를 제어하는 기능

② 자동제어의 종류
  ㉠ 목표치에 따른 분류
    • 정치제어(定置制御 ; Constant-value Control) : 목표치가 일정한 제어
    • 추치제어(追値制御) : 목표치가 변화되는 자동제어로서 목표치를 측정하면서 제어량을 목표치에 맞추는 제어방식이다.
      - 추종제어(Follow-up Control) : 목표치가 시간적(임의적)으로 변화하는 제어로서 이것을 일명 자기 조정 제어라고도 한다.
      - 비율제어(Rate Control) : 목표치가 다른 양과 일정한 비율 관계에서 변화되는 추치 제어를 말한다. (유량 비율 제어, 공기비 제어가 이에 해당된다).
      - 프로그램제어(Program Control) : 목표치가 이미 정해진 계획에 따라서 시간적으로 변화하는 제어를 말한다.
    • 캐스케이드제어(Cascade Control) : 측정 제어라고도 하며 2개의 제어계를 조합하여 제어량을 1차 조절계로 측정하고, 그 조작 출력으로 2차 조절계의 목표치를 설정한다.
  ㉡ 제어량의 종류에 따른 분류
    • 서보 기구(Servo Mechanism) : 물체의 위치, 방위, 자세 등의 기계적 변위를 제어량으로 하는 제어계로서, 목표치의 임의의 변화에 항상 추종시키는 것을 목적으로 하고 있다.
      예 아날로그 공작 기계, 미사일 유도 기구 등
    • 프로세스 제어 : 온도, 유량, 압력, 액위 등 공업 프로세스(Process)의 상태를 제어량으로 하며, 프로세스에 가해지는 외적 작용(외란)의 억제를 주목적으로 하고 있다.
      예 압력제어장치, 유량제어장치, 온도제어장치, 액위제어장치 등
    • 자동 조정 : 전압, 주파수, 전동기의 회전수, 장력 등을 제어량으로 하며, 이것을 일정하게 유지하는 것을 목적으로 하는 제어이다.
    • 다변수 제어 : 연료의 공급량, 공기의 공급량, 보일러 내의 압력, 급수량 등을 각각 자동으로 제어하면 발생 증기량을 부하 변동에 따라 일정하게 유지시켜야 한다. 그러나 각 제어량 사이에는 매우 복잡한 자동 제어를 일으키는 경우가 있는데, 이러한 제어를 다변수 제어라 한다.
  ㉢ 제어 동작에 따른 분류
    • 불연속 동작
      - 2위치 동작(ON-OFF동작) : 제어량이 설정값에 어긋나면 조작부를 전폐(全閉)하여 운전을 정지하거나 반대로 전개(全開)하여 운동을 시동하는 동작을 말한다.
      - 다위치 동작 : 제어량이 변화했을 때 제어 장치의 조작 위치가 3위치 이상이 있어 제어량 편차의 크기에 따라 그 중 하나의 위치를 택하는 것이다.
      - 불연속 속도 동작(부동 제어) : 제어량 편차의 과소에 의하여 조작단을 일정한 속도로 정작동, 역작동 방향으로 움직이게 하는 동작이다.

- 연속동작 : 비례동작(P동작), 적분동작(I동작), 미분동작(D동작), 비례적분동작(PI동작) 비례미분동작(PD동작), 비례적분미분동작(PID동작)

10년간 자주 출제된 문제

안전설비 중 설비가 잘못 조작되거나 정상적인 제조를 할 수 없는 경우 자동으로 원재료의 공급을 차단시키는 등 고압가스 제조설비 안의 제조를 제어하는 기능을 하는 것은?

① 긴급이송설비 ② 인터로크기구
③ 안전밸브   ④ 벤트스택

|해설|

② 인터로크기구 : 안전설비 중 설비가 잘못 조작되거나 정상적인 제조를 할 수 없는 경우 자동으로 원재료의 공급을 차단시키는 등 고압가스 제조설비 안의 제조를 제어하는 기능

정답 ②

CHAPTER 03 가스일반

제1절 가스의 기초

핵심이론 01 압력(Pressure)

단위 면적 1cm²에 작용하는 힘(kg 또는 lb)의 크기로 단위는 kg/cm² 또는 lb/in²(psi ; pound per square inch)

① 표준 대기압(atm)

1기압은 위도 45°의 해면에서 0℃, 760mmHg가 매 cm²에 주는 힘으로서,

$1atm = 760mmHg = 10,332mmH_2O \left(mmAq = \dfrac{kg}{m^2}\right)$

$= 1.0332 \dfrac{kg}{cm^2} = 14.7psi \left(= \dfrac{lb}{inch^2}\right)$

$= 1,013.25mbar = 101,325Pa \left(= \dfrac{N}{m^2}\right)$

② 공학기압(at)

$1kg/cm^2 = 735.6mmHg = 10mH_2O = 0.9807bar$
$= 980.7mbar = 9,807Pa = 0.9679atm$
$= 14.2lb/in^2 = 98.07kPa$

③ 게이지 압력

표준 대기압을 0으로 하여 측정한 압력, 즉 압력계가 표시하는 압력

※ 단위 : $\dfrac{kg}{cm^2}g$, $\dfrac{kg}{m^2}g$, $\dfrac{lb}{in^2}g$

④ 절대 압력

완전 진공을 0으로 하여 측정한 압력

※ 단위 : $\dfrac{kg}{cm^2}a$, $\dfrac{kg}{m^2}a$, $\dfrac{lb}{in^2}a$

㉠ 절대 압력(kg/cm^2a) = 대기압(1.033 kg/cm^2) + 게이지 압력(kg/cm^2)

㉡ 절대 압력 = 대기압 – 진공압

㉢ 게이지 압력(kg/cm^2) = 절대 압력(kg/cm^2a) – 대기압(1.033 kg/cm^2)

※ 1 kg/cm^2 = 0.1 MPa

⑤ 진공도(Vacuum)

대기압보다 낮은 압력을 진공도 또는 진공 압력이라 한다. 단위로는 cmHg(V), inHg(V)로 표시하며, 진공도를 절대 압력으로 환산하면 다음과 같다.

㉠ cmHgV 시에 kg/cm^2a로 구할 때 :

$P = 1.033 \times \left(1 - \dfrac{h}{76}\right)$

㉡ cmHgV 시에 lb/in^2a로 구할 때 :

$P = 14.7 \times \left(1 - \dfrac{h}{76}\right)$

㉢ inHgV 시에 kg/cm^2a로 구할 때 :

$P = 1.033 \times \left(1 - \dfrac{h}{30}\right)$

㉣ inHgV 시에 lb/in^2a로 구할 때 :

$P = 14.7 \times \left(1 - \dfrac{h}{30}\right)$

⑥ 압력계

㉠ 복합 압력계 : 진공과 저압을 측정할 수 있는 압력계

㉡ 고압 압력계 : 대기압 이상의 압력을 측정할 수 있는 압력계

㉢ 매니폴드 게이지 : 복합 압력계와 고압 압력계가 같이 붙어 있는 게이지

10년간 자주 출제된 문제

다음 중 가장 낮은 압력은?

① 1atm
② 1kg/cm²
③ 10.33mH₂O
④ 1MPa

|해설|

② $1\dfrac{kg}{cm^2} \times \dfrac{1atm}{1.0332\dfrac{kg}{cm^2}} = 0.97atm$

① 1atm

③ $10.33mH_2O \times \dfrac{1atm}{10.33mH_2O} = 1atm$

④ $1MPa \times \dfrac{1atm}{0.1MPa} = 10atm$

정답 ②

핵심이론 02 | 온 도

① 섭씨온도(Celsius Temperature)

섭씨온도란 표준 대기압(1atm)에서 물이 어는 온도(빙점)를 0도로 정하고, 끓는 온도(비점)를 100도로 정한 다음 그 사이를 100등분하여 한 눈금을 1℃로 규정한다.

② 화씨온도(Fahrenheit Temperature)

화씨온도란 표준 대기압(1atm)인 상태에서 물이 어는 온도(빙점)를 32도, 끓는 온도(비점)를 212도로 정한 다음 그 사이를 180등분하여 한 눈금을 1°F로 규정한다.

[온도 상호 간의 공식]

$K = 273 + ℃$, $°F = \dfrac{9}{5}℃ + 32$, $°R = °F + 460$

③ 절대온도(Absolute Temperature)

온도의 시점(始點)을 -273.16℃로 한 온도, K로 표시한다.

- 섭씨절대온도(Kelvin 온도)
  $K = 273 + ℃$ (0℃ = 273K, 0K = -273℃)
- 화씨절대온도(Rankine 온도)
  $°R = 460 + °F$, $°F = °R - 460$

④ 건구온도

온도계로 측정할 수 있는 온도

⑤ 습구온도

봉상온도계(유리온도계)의 수은 부분에 명주를 물에 적셔 수분이 대기 중에 증발될 때 측정한 온도

⑥ 노점온도

대기 중에 존재하는 포화증기가 응축하여 이슬이 맺히기 시작할 때의 온도

| 10년간 자주 출제된 문제 |

절대온도 40K를 랭킨온도로 환산하면 몇 °R인가?

① 36　　　　　　② 54
③ 72　　　　　　④ 90

|해설|
온도 상호 간의 공식
$K = 273 + ℃$, $°F = \frac{9}{5}℃ + 32$, $°R = °F + 460$

$\therefore °R = \left(\frac{9}{5} \times (40 - 273) + 32\right) + 460 = 72.6$

정답 ③

핵심이론 03 | 열 량

① 열량의 정의

　㉠ 1kcal : 물 1kg을 1℃ 올리는 데 필요한 열량(한국, 일본에서 사용되는 단위)

　㉡ 1BTU : 물 1lb를 1°F 올리는 데 필요한 열량(미국, 영국에서 사용되는 단위)

　㉢ 1CHU(PCU) : 물 1lb를 1℃ 올리는 데 필요한 열량

[열량 상호 간의 관계식]
1 kcal = 3.968BTU = 2.205CHU

② 비열(Specific Heat)

어떤 물질 1kg(1lb)을 1℃(1°F) 올리는 데 필요한 열량 :
$\frac{\text{kcal}}{\text{kg} \cdot ℃} \left(\frac{\text{BTU}}{\text{lb} \cdot °F}\right)$

　㉠ 정압비열(Constant Pressure, C_p) : 기체의 압력이 일정한 상태에서 1℃ 높이는 데 필요한 열량

　㉡ 정적비열(Constant Volume, C_v) : 기체의 체적이 일정한 상태에서 1℃ 높이는 데 필요한 열량

　㉢ 비열비(k) : 기체의 정압비열과 정적비열과의 비, 즉 $\frac{C_p}{C_v}$이므로 비열비는 항상 1보다 크다.

다시 말해서 $C_p > C_v$이므로 항상 $\frac{C_p}{C_v} > 1$이다.

- $k = \frac{C_p}{C_v} \rightarrow C_p = kC_v$, $C_v = \frac{C_p}{k}$
- $C_p - C_v = R$
- 위 식에
  - C_p 대신 kC_v를 대입하면
    $kC_v - C_v = R \rightarrow C_v(k-1) = R$
    $C_v = \frac{R}{k-1}$

- C_v 대신 $\dfrac{C_p}{k}$를 대입하면

$$C_p - \dfrac{C_p}{k} = R \rightarrow C_p\left(1 - \dfrac{1}{k}\right) = R$$

$$C_p\left(\dfrac{k-1}{k}\right) = R \rightarrow C_p = \dfrac{kR}{k-1}$$

③ 잠열(숨은열)과 감열(현열) 및 열용량
  ㉠ 잠열(숨은열) : 온도 변화 없이 상태를 변화시키는 데 필요한 열
  ㉡ 감열(현열) : 상태 변화 없이 온도를 변화시키는 데 필요한 열
  ㉢ 증발잠열(기화잠열) : 액체가 일정한 온도에서 증발할 때 필요한 열
  ㉣ 열용량(Heat Capacity) : 어떤 물질의 온도를 1℃만큼 올리는 데 필요한 열량이며 그 단위는 $\dfrac{\text{kcal}}{℃}$ 이다.

  열용량(Q) = 물질의 질량(m) × 비열(C)

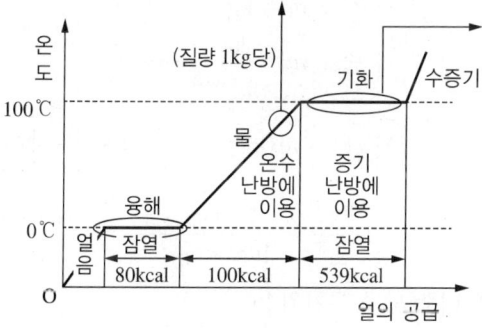

[물의 상태변화]

- 얼음의 비열 : $0.5 \dfrac{\text{kcal}}{\text{kg}\cdot℃}$
- 얼음의 융해잠열 : $79.68 \dfrac{\text{kcal}}{\text{kg}}$
- 0℃ 물의 증발잠열 : $597.79 \dfrac{\text{kcal}}{\text{kg}}$
- 물의 비열 : $1 \dfrac{\text{kcal}}{\text{kg}\cdot℃}$
- 100℃ 물의 증발잠열 : $539 \dfrac{\text{kcal}}{\text{kg}}$
- 수증기의 비열 : $0.46 \dfrac{\text{kcal}}{\text{kg}\cdot℃}$

㉤ 열량 계산 방식
  • 감열(현열)구간일 때

$$Q = GC\Delta t$$

여기서, Q : 열량(kcal)
G : 중량(kg)
C : 비열$\left(\dfrac{\text{kcal}}{\text{kg}\cdot℃}\right)$
Δt : 온도차(℃)

  • 잠열(숨은열)구간일 때

$$Q = G\gamma$$

여기서, Q : 열량(kcal)
G : 중량(kg)
γ : 잠열$\left(\dfrac{\text{kcal}}{\text{kg}}\right)$

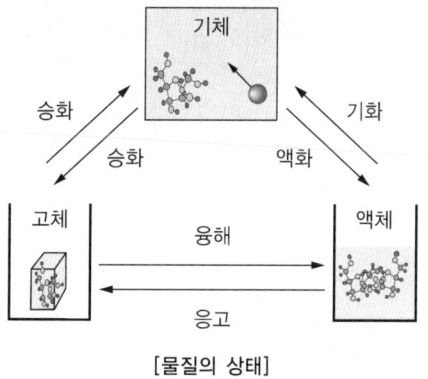

[물질의 상태]

10년간 자주 출제된 문제

3-1. 순수한 물 1g을 온도 14.5℃에서 15.5℃까지 높이는 데 필요한 열량을 의미하는 것은?

① 1cal ② 1BTU
③ 1J   ④ 1CHU

3-2. 정압비열(C_p)와 정적비열(C_v)의 관계를 나타내는 비열비(k)를 옳게 나타낸 것은?

① $k = C_p/C_v$ ② $k = C_v/C_p$
③ $k < 1$ ④ $k = C_v - C_p$

3-3. 0℃ 물 10kg을 100℃ 수증기로 만드는 데 필요한 열량은 약 몇 kcal인가?

① 5,390 ② 6,390
③ 7,390 ④ 8,390

|해설|

3-1
1kcal = 3.968BTU = 2.205CHU
- 1kcal : 물 1kg을 1℃올리는 데 필요한 열량
- 1BTU : 물 1lb를 1℉올리는 데 필요한 열량
- 1CHU : 물 1lb를 1℃올리는 데 필요한 열량

3-2
비열비(k)
기체의 정압비열과 정적비열과의 비, 즉 $\dfrac{C_p}{C_v}$이므로 비열비는 항상 1보다 크다. 다시 말해서 $C_p > C_v$이므로 항상 $\dfrac{C_p}{C_v} > 1$이다.

3-3
열 량
- 1kcal = 3.968BTU = 2.205CHU
- 감열(현열) : 상태변화는 없고, 온도변화가 있을 때 출입하는 열량$\left(\dfrac{kcal}{kg\,℃}\right)$, $Q = GC\Delta t$
- 잠열(숨은열) : 상태변화는 있고, 온도변화가 없을 때 출입하는 열량$\left(\dfrac{kcal}{kg}\right)$, $Q = G\gamma$

q_1(현열) $= GC\Delta t = 10 \times 1 \times 100 = 1,000$
q_2(잠열) $= G\gamma = 10 \times 539 = 5,390$
$Q = 1,000 + 5,390 = 6,390$kcal

정답 3-1 ① 3-2 ① 3-3 ②

핵심이론 04 | 밀도, 비중

① 밀도(비질량 : ρ) : 단위 체적당 질량

$$\rho = \frac{m}{V}\left(\frac{kg_m}{m^3}\right)$$

예 물(H_2O) : $\rho_{H_2O} = 1,000\dfrac{kg_m}{m^3} = 102\dfrac{kgf\,s^2}{m^4}$

수은(Hg) : $\rho_{Hg} = 13,600\dfrac{kg_m}{m^3}$

※ $F(kgf) = m(kg_m) \times g\left(= 9.8\dfrac{m}{sec^2}\right)$

※ 밀도(ρ)의 단위

- 절대단위 : $\rho = \dfrac{kg_m}{m^3}$

- 중력단위(공학단위) :

$$\rho = \dfrac{\dfrac{kgf \cdot s^2}{m}}{m^3} = \dfrac{kgf \cdot s^2}{m^4}$$

$m\begin{cases} 절 : m = kg \\ 중 : m = \dfrac{kgf \cdot s^2}{m} \end{cases}$

$F(kgf) = m(kg_m) \times g\left(= 9.8\dfrac{m}{sec^2}\right)$이므로

∴ $1\dfrac{kg_m}{m^3} = \dfrac{1}{9.8}\dfrac{kgf \cdot s^2}{m^4} = 1\dfrac{N \cdot s^2}{m^4}$

② 비중(S) : 무차원수

$$S = \dfrac{어떤\ 물질의\ 비중량\left(\gamma : \dfrac{kg}{m^3}\right)}{물의\ 비중량\left(\gamma_{H_2O} = 1,000\dfrac{kgf}{m^3}\right)}$$

$= \dfrac{\rho \cdot g}{\rho_{H_2O} \cdot g} = \dfrac{\rho(어떤\ 물질의\ 밀도)}{\rho_{H_2O}(물의\ 밀도)}$

※ 물 : $S=1$, 수은 : $S=13.6$

$$S = \frac{\gamma}{\gamma_{H_2O}} = \frac{\rho}{\rho_{H_2O}}$$

- $\gamma = \gamma_{H_2O}$

$$S = 1{,}000S\left(\frac{\text{kgf}}{\text{m}^3}\right) = 9{,}800S\left(\frac{\text{N}}{\text{m}^3}\right)$$

- $\rho = \rho_{H_2O}$

$$S = 1{,}000S\left(\frac{\text{kg}_m}{\text{m}^3}\right) = 102S\left(\frac{\text{kgf} \cdot \text{s}^2}{\text{m}^4}\right)$$

$$= 1{,}000S\left(\frac{\text{N} \cdot \text{s}^2}{\text{m}^4}\right)$$

[예] $S = 0.85 \to \rho = 850\frac{\text{N} \cdot \text{s}^2}{\text{m}^4} \to$

$\gamma = 9{,}800 \times 0.85\frac{\text{N}}{\text{m}^3}$

10년간 자주 출제된 문제

4-1. 표준상태에서 산소의 밀도는 몇 g/L인가?
① 1.33　　　② 1.43
③ 1.53　　　④ 1.63

4-2. 표준물질에 대한 어떤 물질의 밀도 비를 무엇이라고 하는가?
① 비중　　　② 비중량
③ 비용　　　④ 비열

|해설|
4-1
산소의 밀도(g/L) $= \frac{32g}{22.4L} = 1.43\frac{g}{L}$

4-2
비중 : 표준물질에 대한 어떤 물질의 밀도 비

정답 4-1 ②　4-2 ①

핵심이론 05 | 가스의 기초 이론

① 비체적(v)

㉠ 단위 질량당 체적 : $v = \frac{V}{m} = \frac{1}{\rho}\left(\frac{\text{m}^3}{\text{kg}}\right)$
→ 절대단위

㉡ 단위 중량당 체적 : $v = \frac{V}{\omega} = \frac{1}{\gamma}\left(\frac{\text{m}^3}{\text{kg}}\right)$
→ 중력단위

② 동력 : 단위 시간당(sec) 일의 양

- $1\text{PS} = 75\frac{\text{kg} \cdot \text{m}}{\text{sec}} = 632\frac{\text{kcal}}{\text{h}} = 0.736\text{kW}$

- $1\text{kW} = 102\frac{\text{kg} \cdot \text{m}}{\text{sec}} = 860\frac{\text{kcal}}{\text{h}} = 1.36\text{PS}$

$= 1{,}000\frac{\text{J}}{\text{sec}}$

- $1\text{HP} = 76\frac{\text{kg} \cdot \text{m}}{\text{sec}} = 641\frac{\text{kcal}}{\text{h}}$

③ 비중량(γ) : 단위 체적당 중량(무게 또는 힘)

$$\gamma = \frac{F}{V}\left(\frac{\text{kgf}}{\text{m}^3} \text{ or } \frac{\text{N}}{\text{m}^3}\right) = \frac{m \cdot g}{V} = \rho \cdot g$$

[예] 물(H_2O) : $\gamma_{H_2O} = 1{,}000\frac{\text{kgf}}{\text{m}^3} = 9{,}800\frac{\text{N}}{\text{m}^3}$

수은(Hg) : $\gamma_{Hg} = 13{,}600\frac{\text{kgf}}{\text{m}^3} = 133{,}280\frac{\text{N}}{\text{m}^3}$

④ 열역학 법칙

㉠ 열역학 제0법칙(열평형의 법칙)
- 온도계의 원리를 제공해 주는 법칙
- 일반식 : $_1Q_2 = GC\Delta t = GC(t_2 - t_1)$

㉡ 열역학 제1법칙 : 에너지 보존의 법칙을 적용하여 열량은 일량으로, 일량은 열량으로 환산 가능함을 밝힌 법칙, 즉 $Q(\text{kcal}) \leftrightarrow W(\text{kg} \cdot \text{m})$: 가역법칙
→ 열과 일에 대해 설명하는 법칙

19C 후반 ─┬─ 독일 ─┬─ Mayer(메이어)
         │   └─ Helmholtz(헬름홀츠)
         └─ 영국 ─── Joule(Joule의 실험)

$1\text{kcal} = 4,185.5\text{J} = 4,185.5\text{N}\cdot\text{m} = 4.1855\text{kJ}$
$\phantom{1\text{kcal}} = 4,185.5\text{N}\cdot\text{m} = 426.8\text{kg}\cdot\text{m}$
$\phantom{1\text{kcal}} = 427\text{kg}\cdot\text{m}$

$\dfrac{1}{427}\left(\dfrac{\text{kcal}}{\text{kg}\cdot\text{m}}\right) = A$(환산계수), 일의 열당량(즉, 일을 열로 환산)

예) $W = 8,000\text{kg}\cdot\text{m}$
→ $Q = 8,000\text{kg}\cdot\text{m} \times \dfrac{1\text{kcal}}{427\text{kg}\cdot\text{m}} = 18.74\text{kcal}$

$J = \dfrac{1}{A} = 427\left(\dfrac{\text{kg}\cdot\text{m}}{\text{kcal}}\right)$: 열의 일상당량(즉, 열을 일로 환산)

예) $Q = 80\text{kcal}$
→ $W = 80\text{kcal} \times \dfrac{427\text{kg}\cdot\text{m}}{1\text{kcal}} = 34,160\text{kg}\cdot\text{m}$

※ 참고
$Q = AW\left(A = \dfrac{1}{427}\dfrac{\text{kcal}}{\text{kg}\cdot\text{m}}\right)$
즉, $W = \dfrac{1}{A}Q \rightarrow W = JQ$

ⓒ 열역학 제2법칙 : '성능계수(ε)가 무한정한 냉동기의 제작은 불가능하다.'라고 표현되는 법칙으로 일에너지는 열에너지로 쉽게 바뀔 수 있지만 열에너지를 일에너지로 바꾸려면 열기관을 통해야 하는데 열기관을 통해도 열의 전부가 일로 바뀌지 않고 일부가 손실된다. 이렇게 일은 쉽게 열로 바뀔 수 없는 것이다. 즉, 열은 고온에서 저온으로 이동한다는 에너지 변환의 방향성을 표시하는 법칙을 말한다. 가역인지 비가역인지 구분하는 법칙(엔트로피를 설명하는 법칙)이다.
$W \rightarrow Q$: 가능함, $Q \rightarrow W$: 불가능함

※ 열역학 제2법칙의 표현
- Clausius의 표현 : 에너지의 방향성을 밝힌 표현이다. 자연계에 아무런 변화도 남기지 않고 열은 저온체에서 고온체로 이동하지 않는다. 즉, 성적계수가 무한대인 냉동기의 제작은 불가능하다.
- Kelvin과 Plank의 표현 : 어느 단일 열저장소로부터 열을 공급받아 자연계에 아무런 변화도 남기지 않고 계속적으로 열을 일로 변환시키는 열기관은 있을 수 없다. 즉, 열효율이 100%인 기관은 존재할 수 없다.
- Ostwald의 표현 : 제2종 영구기관은 존재할 수 없다.

ⓓ 열역학 제3법칙 : 어떠한 이상적인 방법으로도 어떤 계를 절대온도 0K(−273℃)에는 이르게 할 수 없다. 즉, 0K에 근접하면 엔트로피는 0에 근접한다.

⑤ 보일의 법칙(등온법칙 : $T = C$) : 기체의 온도가 일정할 때 기체의 체적은 압력에 반비례한다.
여기서, $P_1V_1 = P_2V_2$

⑥ 샤를의 법칙(정압법칙 : $P = C$) : 기체의 압력이 일정할 때 기체의 체적은 절대온도에 비례한다.
여기서, $\dfrac{V_1}{T_1} = \dfrac{V_2}{T_2}$

⑦ 보일-샤를의 법칙 : 기체의 체적은 압력에 반비례하고 절대온도에 비례한다.
여기서, $\dfrac{P_1V_1}{T_1} = \dfrac{P_2V_2}{T_2}$

⑧ 혼합(混合) 가스의 폭발 범위

르샤틀리에(Lechatelier)의 법칙(혼합 가스의 폭발 범위를 구하는 식)

$$\frac{100}{L} = \frac{V_1}{L_1} + \frac{V_2}{L_2} + \frac{V_3}{L_3} \cdots\cdots$$

L : 혼합가스의 폭발 범위값
$L_1, L_2, L_3, \cdots$: 각 성분의 단독 폭발 범위값(체적(%))
$V_1, V_2, V_3, \cdots$: 각 성분의 체적(%)

- 성질이 비슷한 가스의 혼합계(混合系)에 잘 맞는다.
- 혼합 가스 각 성분간의 반응이 일어나면 값이 틀려진다.
- CH_4와 H_2S, H_2와 H_2S 등은 실제 측정과 차이가 크므로 적용이 곤란하다.
- 냉염현상(冷炎現狀)을 수반할 때에는 적용하기 어렵다.

⑨ 가스의 분출량

$$Q = 0.009 D^2 \sqrt{\frac{P}{S}}$$

여기서, Q : 분출량 $\left(\frac{m^3}{h}\right)$
D : 지름(mm)
S : 가스의 비중
P : 분출압력(mmH_2O)

⑩ 그레이엄의 기체 확산의 법칙

$$\frac{U_1}{U_2} = \sqrt{\frac{M_2}{M_1}} = \sqrt{\frac{d_2}{d_1}} = \frac{t_2}{t_1}$$

여기서, 1 : 변화 전
2 : 변화 후
U : 확산속도
M : 분자량
d : 기체의 밀도
t : 확산소요시간

⑪ 돌턴의 부분압력의 법칙

$$P_t V_t = P_1 V_1 + P_2 V_2 + \cdots\cdots + P_n V_n$$

여기서, P_t : 전압
V_t : 전 기체의 부피
$P_1, P_2 \cdots P_n$: 각 성분기체의 분압
$V_1, V_2 \cdots V_n$: 각 성분기체의 부피

⑫ 저위발열량

$$H_l = H_h - 600(9H + W)$$

여기서, H_l : 저위발열량
H_h : 고위발열량
$9H$: 수소가 산소와 반응하여 생성되는 물
W : 연료에 함유된 수분

10년간 자주 출제된 문제

5-1. 송수량 12,000L/min, 전양정 45m인 벌류트 펌프의 회전수를 1,000rpm에서 1,100rpm으로 변화시킨 경우 펌프의 축동력은 약 몇 PS인가?(단, 펌프의 효율은 80%이다)

① 165
② 180
③ 200
④ 250

5-2. 비중병의 무게가 비었을 때는 0.2kg이고, 액체로 충만되어 있을 때에는 0.8kg이었다. 액체의 체적이 0.4L이라면 비중량(kg/m^3)은 얼마인가?

① 120
② 150
③ 1,200
④ 1,500

5-3. 다음에 설명하는 열역학 법칙은?

어떤 물체의 외부에서 일정량의 열을 가하면 물체는 이 열량의 일부분을 소비하여 외부에 대하여 일을 하고 남은 부분은 전부 내부에너지로 내부에 저장되고, 그 사이에 소비된 열은 발생되는 일과 같다.

① 열역학 제0법칙
② 열역학 제1법칙
③ 열역학 제2법칙
④ 열역학 제3법칙

10년간 자주 출제된 문제

5-4. 압력이 일정할 때 기체의 절대온도와 체적은 어떤 관계가 있는가?

① 절대온도와 체적은 비례한다.
② 절대온도와 체적은 반비례한다.
③ 절대온도는 체적의 제곱에 비례한다.
④ 절대온도는 체적의 제곱에 반비례한다.

5-5. 어떤 기구가 1atm, 30℃에서 10,000L의 헬륨으로 채워져 있다. 이 기구가 압력이 0.6atm이고 온도가 -20℃인 고도까지 올라갔을 때 부피는 약 몇 L가 되는가?

① 10,000 ② 12,000
③ 14,000 ④ 16,000

5-6. 프로판 15vol%와 부탄 85vol%로 혼합된 가스의 공기 중 폭발하한값은 약 몇 %인가?(단, 프로판의 폭발하한값은 2.1%이고, 부탄은 1.8%이다)

① 1.84 ② 1.88
③ 1.94 ④ 1.98

5-7. A의 분자량은 B의 분자량의 2배이다. A와 B의 확산 속도의 비는?

① $\sqrt{2} : 1$ ② $4 : 1$
③ $1 : 4$ ④ $1 : \sqrt{2}$

5-8. 천연가스의 발열량이 10,400kcal/Sm³이다. SI단위인 MJ/Sm³으로 나타내면?

① 2.47 ② 43.68
③ 2,476 ④ 43,680

|해설|

5-1

$$P(PS) = \frac{\gamma QH}{75\eta} PS \quad \left(\text{단, 물의 비중량은 } 1,000 \frac{kg}{m^3}\right)$$

$$= \frac{1,000\frac{kg}{m^3} \times 12,000\frac{L}{min} \times \frac{1m^3}{1,000L} \times \frac{1min}{60sec} \times 45m}{75 \times 0.8}$$

$$\left(\text{단, } 1PS = 75\frac{kg \cdot m}{sec}\right)$$

$= 150 PS$

결국 나중의 동력을 구하면

$$P_2 = P_1 \times \left(\frac{N_2}{N_1}\right)^3 = 150 \times \left(\frac{1,100}{1,000}\right)^3 = 199.65$$

5-2

$$\text{비중량} = \frac{0.8kg - 0.2kg}{0.4L \times \frac{1m^3}{1,000L}} = 1,500 kg/m^3$$

5-3

열역학 제1법칙 : 에너지보존의 법칙을 적용하여 열량은 일량으로, 일량은 열량으로 환산 가능함을 밝힌 법칙, 즉 $Q(kcal) \Leftrightarrow W(kg \cdot m)$: 가역법칙 → 열과 일에 대해 설명하는 법칙

19C 후반 ─┬─ 독일 ─┬─ Mayer(메이어)
         │   └─ Helmholtz(헬름홀츠)
         └─ 영국 ── Joule(Joule의 실험)

5-4

샤를의 법칙(정압법칙 : $P = C$) : 기체의 압력이 일정할 때 기체의 체적은 절대온도에 비례한다.

여기서, $\dfrac{V_1}{T_1} = \dfrac{V_2}{T_2}$

5-5

보일-샤를의 법칙

$$\frac{P_1 V_1}{T_1} = \frac{P_2 V_2}{T_2}$$

여기서, T : 절대온도(K), P : 절대압력, V : 부피

$$\frac{P_1 V_1}{T_1} = \frac{P_2 V_2}{T_2} \rightarrow \frac{1 \times 10,000}{273 + 30} = \frac{0.6 \times x}{273 - 20}$$

$\therefore x = 13,916.4 \fallingdotseq 14,000$

5-6

$$\frac{100}{L} = \frac{15}{2.1} + \frac{85}{1.8}$$

∴ $L = 1.84$

르샤틀리에(Lechatelier)의 법칙(혼합가스의 폭발 범위를 구하는 식)

$$\frac{100}{L} = \frac{V_1}{L_1} + \frac{V_2}{L_2} + \frac{V_3}{L_3} \cdots\cdots$$

L : 혼합가스의 폭발 범위값
$L_1, L_2, L_3, \cdots$: 각 성분의 단독 폭발 범위값(체적(%))
$V_1, V_2, V_3, \cdots$: 각 성분의 체적(%)

5-7
그레이엄의 기체 확산의 법칙

$$\frac{U_1}{U_2} = \sqrt{\frac{M_2}{M_1}} = \sqrt{\frac{d_2}{d_1}} = \frac{t_2}{t_1}$$

여기서, 1 : 변화 전 2 : 변화 후
  U : 확산속도 M : 분자량
  d : 기체의 밀도 t : 확산소요시간

따라서, $\frac{U_a}{U_b} = \sqrt{\frac{M_b}{2M_a}}$ ∴ $u_a : u_b = 1 : \sqrt{2}$

5-8

$$10,400\frac{\text{kcal}}{\text{Sm}^3} \times \frac{4.2\text{kJ}}{1\text{kcal}} \times \frac{1\text{MJ}}{1,000\text{kJ}} = 43.68\text{MJ/Sm}^3$$

정답 5-1 ③ 5-2 ④ 5-3 ② 5-4 ① 5-5 ② 5-6 ① 5-7 ④ 5-8 ②

핵심이론 06 | 이상기체의 성질

① 기체의 성질을 단순화하여 법칙을 만들기 위하여 가정한 기체를 이상기체라고 부른다. 이상기체는 인력, 반발력이 작용하지 않고, 분자가 충돌할 때 에너지가 감소하지 않으며, 절대영도(絶對零度)에서 부피가 0이 되며, 평균 분자 운동에너지가 절대온도에 비례하는 기체이다. 실제기체는 분자간의 약한 인력이 작용하며, 분자가 실제로 크기를 가지므로 절대영도에서도 부피가 0이 되지 않는다. 실체 기체는 이상기체와는 다른 행동을 하지만 기체의 압력이 작고 온도가 높으며 분자량이 작은 기체는 이상기체와 유사한 행동을 한다.

② 이상기체 상태방정식

$$PV = nRT \left(n = \frac{W}{M} \right)$$

여기서, P : 압력(atm)
  V : 부피(L)
  n : 몰수(mol)
  R : 이상기체상수$\left(0.082\frac{\text{atm} \cdot \text{L}}{\text{mol} \cdot \text{K}}\right)$
  T : 절대온도(K)
  M : 분자량$\left(\frac{\text{g}}{\text{mol}}\right)$
  W : 질량(g)

㉠ 온도 : 0℃, 압력 : 1atm(표준대기압)을 대입

$$R = \frac{PV}{nT} = \frac{1\text{atm} \times 22.4\text{L}}{1\text{mol} \times (273+0)\text{K}}$$

$$= 0.082\frac{\text{atm} \cdot \text{L}}{\text{mol} \cdot \text{K}}$$

ⓛ 온도 : 0℃, 압력 : $10,332\dfrac{kg}{m^2}$(표준대기압),

부피 : $22.4m^3$, 몰수 : 1kmol을 대입

$$R = \dfrac{PV}{nT} = \dfrac{10,332\dfrac{kg}{m^2} \times 22.4\,m^3}{1mol \times (273+0)K}$$

$$= 848\dfrac{kg \cdot m}{kmol \cdot K}$$

ⓒ $R = 848\dfrac{kg \cdot m}{kmol \cdot K} \times \dfrac{1kmol}{Mkg} = \dfrac{848}{M}\dfrac{kg \cdot m}{kg \cdot K}$

$\left(PV = GRT 에서\ R = \dfrac{848}{M}\right)$

ⓔ $R = 848\dfrac{kg \cdot m}{kmol \cdot K} \times \dfrac{1kcal}{427kg \cdot m}$

$= 1.986\dfrac{kcal}{kmol \cdot K}$

ⓜ $R = 1.986\dfrac{kcal}{kmol \cdot K} \times \dfrac{4.1863kJ}{1kcal}$

$= 8.314\dfrac{kJ}{kmol \cdot K}\left(= \dfrac{J}{mol \cdot K}\right)$

$= \dfrac{8.314}{M}\dfrac{kJ}{kg \cdot K}$

$\left(PV = GRT 에서\ R = \dfrac{8.314}{M}\right)$

③ 일반기체상수와 특정기체상수의 구별

$$PV = nRT = \dfrac{W}{M}RT \ \text{또는}\ PV = W\overline{R}T$$

여기서, R : 일반기체상수

$\overline{R}$: 특정기체상수$\left(= \dfrac{R}{M}\right)$

㉠ 일반기체상수 : 단위 몰당으로 표현

$R = 8.314\dfrac{kJ}{kmol \cdot K}$ 로서 언제나 일정(혼합물에서도 일정)

㉡ 특정기체상수 : 단위 질량당으로 표현

$\overline{R} = \dfrac{R}{M}$ (M은 해당 기체의 분자량)

$\overline{R} = \dfrac{8.314}{M}\dfrac{kJ}{kg \cdot K}$ 기체마다 값이 다르다.

10년간 자주 출제된 문제

다음 중 일반 기체상수(R)의 단위는?

① kg·m/kmol·K
② kg·m/kcal·K
③ kg·m/m³·K
④ kcal/kg·℃

|해설|

이상기체의 방정식 $PV = nRT$
여기서, P : 압력(atm, kg/m²)
V : 부피(L, m³)
n : 몰수(mol, kmol)
R : 기체상수
T : 절대온도(K)

그러므로 $R = \dfrac{PV}{nT} = \dfrac{kg/m^2 \times m^3}{kmol \times K} = \dfrac{kg \times m}{kmol \times K}$

정답 ①

제2절 가스의 연소

핵심이론 01 | 연소현상 및 연소의 특성

① 기체의 연소
  ㉠ 불꽃은 있으나 불티가 없는 연소
  ㉡ 확산연소 : 분출된 가연성기체가 공기와 섞이는 과정을 확산이라 표현하는데, 비교적 공기보다 가벼운 기체, 수소, 아세틸렌 등과 같이 가연성가스가 화염의 안정범위가 넓고, 조작이 용이한 연소형태
  ㉢ 정상연소 : 기체의 연소형태는 대부분 정상연소, 즉 가연성 기체와 산소와 혼합되어 연소하는 형태
  ㉣ 비정상연소 : 많은 양의 가연성기체와 공기의 혼합가스가 밀폐용기 중에 있을 때 점화되면 연소온도가 급격하게 증가하여 일시에 폭발적으로 연소하는 형태

② 액체의 연소
  ㉠ 액체의 연소 액체 자체가 타는 것이 아니라 발생된 증기가 연소하는 형태
  ㉡ 증발연소 : 알코올, 에테르, 석유, 아세톤, 촛불에 의한 연소 등과 같이 가연성 액체가 액면에서 증발하는 가연성 증기가 착화되어 화염을 내고 이 화염의 온도에 의해서 액 표면의 온도를 상승시켜 증발을 촉진시켜 연소하는 형태
  ㉢ 액적연소 : 보통 점도가 높은 벙커 C유에서 연소를 일으키는 형태로 가열하면 점도가 낮아져 버너 등을 사용하여 액체의 입자를 안개 모양으로 분출하며 액체의 표면적을 넓혀 연소시키는 형태

③ 고체의 연소
  ㉠ 고체에서는 여러 가지 연소형태가 복합적으로 나타난다.
  ㉡ 표면연소 : 목탄(숯), 코크스, 금속분 등이 열분해하여 고체가 표면이 고온을 유지하면서 가연성가스를 발생하지 않고 그 물질 자체가 표면이 빨갛게 변하면서 연소하는 형태
  ㉢ 분해연소 : 석탄, 종이, 목재, 플라스틱의 고체 물질과 중유와 같은 점도가 높은 액체연료에서 찾아볼 수 있는 형태로 열분해에 의해서 생성된 분해생성물과 산소와 혼합하여 연소하는 형태
  ㉣ 증발연소 : 나프탈렌, 장뇌, 유황, 왁스, 파라핀, 촛불과 같이 고체가 가열되어 가연성가스를 발생시켜 연소하는 형태
  ㉤ 자기연소 : 화약, 폭약의 원료인 제5류 위험물 나이트로글리세린, 나이트로셀룰로스, 질산에스테르류에서 볼 수 있는 연소의 형태로서 공기 중의 산소를 필요로 하지 않고 그 물질 자체에 함유되어 있는 산소로부터 내부 연소하는 형태

10년간 자주 출제된 문제

다음 중 휘발분이 없는 연료로서 표면연소를 하는 것은?
① 목탄, 코크스
② 석탄, 목재
③ 휘발유, 등유
④ 경유, 유황

정답 ①

| 핵심이론 02 | 가스의 종류 및 특성

① 상태에 따른 분류
  ㉠ 압축가스 : 상온에서 압축하여도 용이하게 액화하지 않은 가스(수소, 네온, 공기, 일산화탄소, 질소 등)
    ※ 고압가스안전관리법에 따른 정의 : 상용온도 또는 35℃에서 1MPa 이상인 것
  ㉡ 액화가스 : 상온에서 비교적 낮은 압력(0.7~0.8MPa)으로 쉽게 액화할 수 있는 가스(암모니아, 이산화황, 염소, 플루오린, 포스겐, 프로판, 부탄)
    ※ 고압가스안전관리법에 따른 정의 : 상용온도 또는 35℃ 이하에서 0.2MPa 이상인 것
  ㉢ 용해가스 : 용제에 가스를 용해시켜 놓은 상태의 가스(아세틸렌)
    ※ 고압가스안전관리법에 따른 정의 : 15℃에서 0Pa 초과하는 것

② 성질에 따른 분류
  ㉠ 가연성가스 : 폭발하한이 10% 이하 또는 상한과 하한의 차이가 20% 이상인 것으로 연소가 가능한 가스
  ㉡ 조연성가스 : 다른 가연성가스의 연소를 돕는 가스(공기, 산소, 오존, 이산화질소, 할로겐족원소, 포스겐)
  ㉢ 불연성가스 : 연소하지 않는 가스(이산화탄소, 질소, 헬륨, 네온, 아르곤)

③ 독성유무에 따른 분류
  ㉠ 독성 : LC_{50}값이 5,000ppm 이하인 가스
  ㉡ 비독성 : LC_{50}값이 5,000ppm을 초과하는 가스
    ※ LC_{50}(반수 치사농도) : 성숙한 흰쥐 집단에 대해 대기 중에서 1시간 동안 노출시킨 경우 14일 이내에 실험동물의 50%를 사망시킬 수 있는 가스의 농도

10년간 자주 출제된 문제

고압가스안전관리법의 적용을 받는 고압가스의 종류 및 범위로서 틀린 것은?
① 상용의 온도에서 압력이 1MPa 이상이 되는 압축가스
② 섭씨 35도의 온도에서 압력이 0Pa을 초과하는 아세틸렌가스
③ 상용의 온도에서 압력이 0.2MPa 이상이 되는 액화가스
④ 섭씨 35도의 온도에서 압력이 0Pa을 초과하는 액화가스 중 액화사이안화수소

|해설|

고압가스의 분류
• 압축가스 : 상온에서 압축하여도 용이하게 액화하지 않은 가스(수소, 네온, 공기, 일산화탄소, 질소 등)
  ※ 고압가스안전관리법에 따른 정의 : 상용온도 또는 35℃에서 1MPa 이상인 것
• 액화가스 : 상온에서 비교적 낮은 압력(0.7~0.8MPa)으로 쉽게 액화할 수 있는 가스(암모니아, 이산화황, 염소, 플루오린(불소), 포스겐, 프로판, 부탄)
  ※ 고압가스안전관리법에 따른 정의 : 상용온도 또는 35℃ 이하에서 0.2MPa 이상인 것
• 용해가스 : 용제에 가스를 용해시켜 놓은 상태의 가스(아세틸렌)
  ※ 고압가스안전관리법에 따른 정의 : 15℃에서 0Pa 초과하는 것

정답 ②

핵심이론 03 | 가스의 시험 및 분석

① 시험지 및 변색상태

가스명	시험지	변색상태
암모니아(NH_3)	적색리트머스시험지 (붉은 리트머스시험지)	청색
일산화탄소(CO)	염화파라듐지	흑색
포스겐($COCl_2$)	하리슨시험지	심등색(귤색)
황화수소(H_2S)	연당지(초산납시험지)	흑색
사이안화수소(HCN)	초산구리벤젠지 (질산구리벤젠지)	청색
아세틸렌(C_2H_2)	염화제1동착염지	적색
염소(Cl_2)	아이오딘화칼륨시험지 (KI전분지)	청색

10년간 자주 출제된 문제

다음 중 암모니아 가스의 검출방법이 아닌 것은?
① 네슬러시약을 넣어 본다.
② 초산연시험지를 대어본다.
③ 진한 염산에 접촉시켜 본다.
④ 붉은 리트머스지를 대어본다.

|해설|
황화수소 누설 시 초산연시험지를 대어 보면 흑색으로 변색된다.

정답 ②

핵심이론 04 | 연소 계산

① 공기비(m) 계산 공식

㉠ $m = \dfrac{A(\text{실제공기량})}{A_o(\text{이론공기량})}$

㉡ $m = \dfrac{CO_{2\max}(\%)}{CO_2(\%)}$

㉢ 완전연소인 경우 $m = \dfrac{21}{21-O_2}$

㉣ 불완전연소인 경우

$m = \dfrac{N_2}{N_2 - 3.76(O_2 - 0.5CO)}$

㉤ 공기비가 클 때 연소에 미치는 영향
- 연소실 내의 연소온도가 저하된다.
- 통풍력이 강하여 배기가스에 의한 열손실이 많아진다.
- 연소가스 중에 SO_2의 함유량이 많아져서 저온 부식이 촉진된다.
- 연소가스 중에 NO_2의 발생량이 심하여 대기오염이 유발된다.

② 연소방식

㉠ 적화식 : 연소에 필요한 공기를 전부 2차 공기로 취하며 불꽃의 길이가 길고, 온도가 가장 낮은 연소방식

㉡ 분젠식 : 혼합관 내에서 가스와 공기가 혼합되어 염공을 통하여 분출하면서 연소하는 방식(불꽃의 표준온도가 가장 높은 연소방식)

㉢ 세미분젠식 : 적화식과 분젠식의 중간으로 1차 공기율이 낮은 방식

㉣ 전1차 공기식 : 연소에 필요한 공기 전부를 1차 공기로 흡입하여 혼합관 내에서 연소시키는 방식

구 분		예혼합연소			확산연소
		전1차 공기식	분젠식	세미 분젠식	
필요 공기	1차 공기(%)	100%	40~70%	30~40%	0%
	2차 공기(%)	0%	60~30%	70~60%	100%
불꽃의 색		청록색	청록색	청 색	약간 적색
불꽃의 길이		짧다.	짧다.	약간 길다.	길다.
불꽃의 온도(℃)		950	1,300	1,000	900

③ 연소기구의 급배기 방법에 의한 분류

㉠ 개방식 : 흡기 및 배기장치가 별도로 부착되어 있지 않은 연소기구로 밀폐된 공간에서 장시간 연소 시 일산화탄소 중독발생이 있는 방식이다. 가스렌지, 가스팬히터, 소형 순간온수기 등이 여기에 속한다.

㉡ 반밀폐식 연소방식
- 자연배기식(CF ; Conventional Flue) : 필요공기는 실내에서 충당하고 배기는 옥외로 배출시키는 방식으로 연도 및 연돌의 냉각 시에는 배기가스 배출이 불가능한 방식
- 강제배기식(FE ; Forced Exhaust) : 연소 시 필요 공기는 실내에서 충당하고 배기가스는 송풍기를 부착시켜 강제로 외기에 배출시키는 방식으로 연도 및 연돌의 냉각 시에도 배기가스 배출이 가능한 방식(강제 배기식으로 배기가스는 팬으로 강제로 외부로 불어내지만 연소에 필요한 공기는 실내에서 공급받게 되므로 FE식 보일러를 설치할 경우 전용보일러실에 설치해야 하며 반드시 급배기구(갤러리)를 설치하여 공기가 보일러실 내로 잘 유입되도록 하여야 한다)

㉢ 밀폐식
- 자연 급배기식(BF ; Balanced Flue) : 흡기 및 배기를 옥외로 하는 연소방식으로 밀폐된 공간에서 장시간 연소시켜도 폐가스(CO)에 의한 사고는 발생하지 않는 것으로 온수보일러, 대형 온수기 등에 채용
- 강제 급배기식(FF ; Forced draught balanced Flue) : 강제송풍기를 부착하여 흡기 및 배기를 옥외로 하는 연소방식으로 BF방식과 같이 폐가스로 인한 사고는 발생하지 않는다(강제 급배기방식의 연통을 사용하므로 연통을 보면 하나는 배기관으로 스테인리스로 연결되어 있고 급기관은 알루미늄 포일로 연결되어 있어서 FE와 쉽게 구별이 되며 배기가스를 외부로 강제로(배기팬에 의해) 불어내고 급기에 필요한 공기를 외부에서 흡입하는 구조로 실내공기의 오염이 전혀 없으며 실내에 설치할 수 있다).

10년간 자주 출제된 문제

4-1. 표준상태의 가스 1m³를 완전 연소시키기 위하여 필요한 최소한의 공기를 이론공기량이라고 한다. 다음 중 이론공기량으로 적합한 것은?(단, 공기 중에 산소는 21% 존재한다)

① 메탄 : 9.5배   ② 메탄 : 12.5배
③ 프로판 : 15배   ④ 프로판 : 30배

4-2. 연소에 필요한 공기를 전부 2차 공기로 취하며 불꽃의 길이가 길고, 온도가 가장 낮은 연소방식은?

① 분젠식   ② 세미분젠식
③ 적화식   ④ 전1차 공기식

4-3. 반밀폐식 보일러의 급·배기설비에 대한 설명으로 틀린 것은?

① 배기통의 끝은 옥외로 뽑아낸다.
② 배기통의 굴곡수는 5개 이하로 한다.
③ 배기통의 가로 길이는 5m 이하로서 될 수 있는 한 짧게 한다.
④ 배기통의 입상높이는 원칙적으로 10m 이하로 한다.

|해설|

4-1
메탄의 완전연소반응식
$CH_4 + 2O_2 \rightarrow CO_2 + 2H_2O$
A_o(이론공기량) $= \dfrac{2}{0.21} = 9.524$

프로판의 완전연소반응식
$C_3H_8 + 5O_2 \rightarrow 3CO_2 + 4H_2O$
A_o(이론공기량) $= \dfrac{5}{0.21} = 23.8$

결국 메탄은 9.5배, 프로판은 23.8배가 된다.

4-2
적화식 : 연소에 필요한 공기를 전부 2차 공기로 취하며 불꽃의 길이가 길고, 온도가 가장 낮은 연소방식

4-3
배기통의 굴곡수는 4개 이하로 한다.

정답 4-1 ① 4-2 ③ 4-3 ②

제3절 가스의 성질, 제조방법 및 용도

핵심이론 01 고압가스

① 저장능력 산정기준

㉠ 압축가스 저장탱크 및 용기인 경우

$$Q = (10P+1)V_1$$

㉡ 액화가스 저장탱크인 경우

$$W = 0.9dV_2$$

㉢ 액화가스 용기 및 차량에 고정된 탱크인 경우

$$W = \dfrac{V_2}{C}$$

여기서, Q : 저장능력(m³)
P : 35℃에서 최고충전압력(MPa, 아세틸렌의 경우 15℃)
V_1 : 내용적(m³)
V_2 : 내용적(L)
W : 저장능력(kg)
d : 액화가스의 비중 $\left(\dfrac{kg}{L}\right)$
C : 가스정수

② 품질검사 대상가스

구 분	순 도	시 약
산 소	99.5% 이상	동암모니아시약
수 소	98.5% 이상	파이로갈롤 또는 하이드로설파이드시약
아세틸렌	98% 이상	질산은시약, 발연황산, 브롬시약

③ 운반책임자 동승기준

가스의 종류			기 준
압축 가스	독성 가스	허용농도가 100만분의 200 초과, 100만분의 5,000 이하	100m³ 이상
		허용농도가 100만분의 200 이하	10m³ 이상
	가연성가스		300m³ 이상
	조연성가스		600m³ 이상
액화 가스	독성 가스	허용농도가 100만분의 200 초과, 100만분의 5,000 이하	1,000kg 이상
		허용농도가 100만분의 200 이하	100kg 이상
	가연성가스		3,000kg 이상
	조연성가스		6,000kg 이상

④ 운반차량의 가스 운반기준
  ㉠ 염소와 아세틸렌, 암모니아 또는 수소는 동일 차량에 적재하여 운반하지 말 것
  ㉡ 가연성가스와 산소를 동일 차량에 적재하여 운반할 때에는 그 충전용기의 밸브가 서로 마주보지 않도록 적재할 것
  ㉢ 충전용기와 위험물안전관리법에서 정하는 위험물과는 동일 차량에 적재 운반하지 말 것

10년간 자주 출제된 문제

1-1. 내부용적이 25,000L인 액화산소 저장탱크의 저장능력은 얼마인가?(단, 비중은 1.14이다)
① 21,930kg   ② 24,780kg
③ 25,650kg   ④ 28,500kg

1-2. 다음 각 가스의 품질검사 합격기준으로 옳은 것은?
① 수소 : 99.0% 이상
② 산소 : 98.5% 이상
③ 아세틸렌 : 98.0% 이상
④ 모든 가스 : 99.5% 이상

1-3. 용기에 의한 고압가스 운반기준으로 틀린 것은?
① 3,000kg의 액화 조연성가스를 차량에 적재하여 운반할 때에는 운반책임자가 동승하여야 한다.
② 허용농도가 500ppm인 액화 독성가스 1,000kg을 차량에 적재하여 운반할 때에는 운반책임자가 동승하여야 한다.
③ 충전용기와 위험물안전관리법에서 정하는 위험물과는 동일 차량에 적재하여 운반할 수 없다.
④ 300m³의 압축 가연성가스를 차량에 적재하여 운반할 때에는 운전자가 운반책임자의 자격을 가진 경우에는 자격이 없는 사람을 동승시킬 수 있다.

1-4. 다음 중 동일 차량에 적재하여 운반할 수 없는 가스는?
① 산소와 질소   ② 염소와 아세틸렌
③ 질소와 탄산가스 ④ 탄산가스와 아세틸렌

1-5. 독성가스 제조시설 식별표지의 글씨 색상은?(단, 가스의 명칭은 제외한다)
① 백 색   ② 적 색
③ 황 색   ④ 흑 색

| 해설 |

1-1
액화가스 저장탱크인 경우
$W = 0.9dV_2 = 0.9 \times 1.14 \times 25,000 = 25,650\text{kg}$

1-2
품질검사 대상가스

구 분	순 도	시 약
산 소	99.5% 이상	동암모니아 시약
수 소	98.5% 이상	파이로갈롤 또는 하이드로설파이드시약
아세틸렌	98% 이상	질산은시약, 발연황산, 브롬시약

1-3
운반책임자 동승기준

가스의 종류		기 준
압축가스	가연성가스	300m³ 이상
	독성가스	100m³ 이상
	조연성가스	600m³ 이상
액화가스	가연성가스	3,000kg 이상
	독성가스	1,000kg 이상
	조연성가스	6,000kg 이상

1-4
운반차량의 가스 운반기준
- 염소와 아세틸렌, 암모니아 또는 수소는 동일차량에 적재하여 운반하지 말 것
- 가연성가스와 산소를 동일차량에 적재하여 운반할 때에는 그 충전용기의 밸브가 서로 마주보지 않도록 적재할 것
- 충전용기와 위험물안전관리법에서 정하는 위험물을 동일 차량에 적재 운반하지 말 것

1-5
식별표지의 글씨 색상은 흑색이고, 가스의 명칭은 적색으로 표시한다.

정답 1-1 ③ 1-2 ② 1-3 ① 1-4 ② 1-5 ④

핵심이론 02 | 액화석유가스

① 가스설비의 점검, 수리, 청소
  ㉠ 가연성가스의 설비 : 방출한 가스의 착지농도가 당해 가연성가스의 폭발하한계의 $\frac{1}{4}$ 이하가 되도록 방출관으로부터 서서히 방출시킬 것
  ㉡ 독성가스의 설비 : 독성가스의 농도가 허용농도 이하로 될 때까지 치환을 계속할 것
  ㉢ 산소가스의 설비 : 산소의 농도가 18~22% 이하로 될 때까지 치환을 계속할 것

10년간 자주 출제된 문제

LP 가스설비를 수리할 때 내부의 LP가스를 질소 또는 물로 치환하고, 치환에 사용된 가스나 액체를 공기로 재치환하여야 하는데, 이때 공기에 의한 재치환 결과가 산소농도 측정기로 측정하여 산소농도가 얼마의 범위 내에 있을 때까지 공기로 재치환하여야 하는가?

① 4~6% ② 7~11%
③ 12~16% ④ 18~22%

| 해설 |

산소의 재치환 농도 : 18~22%

정답 ④

핵심이론 03 | 도시가스

① 배관의 고정 조치
  ㉠ 관지름이 13mm 미만 : 1m마다
  ㉡ 관지름이 13mm 이상 33mm 미만 : 2m마다
  ㉢ 관지름이 33mm 이상 : 3m마다
② 전기방식
  ㉠ 종류 : 희생양극법, 외부전원법, 선택배류법, 강제배류법
  ㉡ 전기방식의 시공
   • 희생양극법, 선택배류법, 강제배류법은 배관길이 300m 이내의 간격으로 설치한다.
   • 외부전원법은 땅속의 애노드에 강제전압을 가하여 피방식 금속제를 캐소드로 하는 전기방식법으로 배관길이 500m 이내의 간격으로 설치한다. 외부전원법의 장점은 다음과 같다.
    – 과방식의 염려가 있다.
    – 전압, 전류의 조정이 용이하다.
    – 전식에 대해서도 방식이 가능하다.
    – 전극의 소모가 적어서 관리가 용이하다.
③ 통신설비의 구비조건

통신설비	사업소 전체	사무소 상호 간	직원 상호 간
페이징 설비	○	○	–
구내방송설비	○	○	–
구내전화	–	○	–
인터폰	–	○	–
휴대용 확성기	○	–	○
메가폰	○	–	○
사이렌	○	–	–
트랜시버	–	–	○

10년간 자주 출제된 문제

3-1. 도시가스 사용시설에서 배관의 호칭지름이 25mm인 배관은 몇 m 간격으로 고정하여야 하는가?
① 1m마다 ② 2m마다
③ 3m마다 ④ 4m마다

3-2. 도시가스배관에 설치하는 희생양극법에 의한 전위 측정용 터미널은 몇 m 이내의 간격으로 하여야 하는가?
① 200m ② 300m
③ 500m ④ 600m

3-3. 안전관리자가 상주하는 사무소와 현장사무소와의 사이 또는 현장사무소 상호 간 신속히 통보할 수 있도록 통신시설을 갖추어야 하는데 이에 해당되지 않는 것은?
① 구내방송설비 ② 메가폰
③ 인터폰 ④ 페이징설비

|해설|

3-1
배관의 고정장치
• 관지름이 13mm 미만 : 1m마다
• 관지름이 13mm 이상 33mm 미만 : 2m마다
• 관지름이 33mm 이상 : 3m마다

3-2
전기방식의 시공
• 희생양극법, 선택배류법, 강제배류법은 배관길이 300m 이내의 간격으로 설치한다.
• 외부전원법은 땅속의 애노드에 강제 전압을 가하여 피방식 금속제를 캐소드로 하는 전기방식법으로 배관길이 500m 이내의 간격으로 설치한다.

정답 3-1 ② 3-2 ② 3-3 ②

| 핵심이론 04 | 독성가스의 허용농도의 정의 |

① TLV-TWA(Threshold Limit Value-Time Weighted Average) 농도 : 건강한 성인이 1일 8시간, 또는 주 40시간 노출되어도 인체에 해를 끼치지 않는 농도. 허용농도 200ppm 이하를 독성가스로 분류한다. 수치가 작을수록 독성이 강하다.

예 포스겐 0.05ppm, 플루오린 0.1ppm, 염소 1ppm, 아황산가스 : 5ppm, 황화수소 : 10ppm, 암모니아 : 25ppm, 일산화탄소 50ppm

② LC_{50}(Lethal Concentration 50/반수 치사농도) : 해당 가스를 성숙한 흰쥐 집단에게 대기 중에서 1시간 동안 계속하여 노출시킨 경우 14일 이내에 그 흰쥐의 1/2(50%) 이상이 죽게 되는 가스의 농도. 즉 50% 치사농도이다. 허용농도가 100만 분의 5,000 이하(5,000ppm 이하)인 것을 말한다. LC_{50}의 수치가 작을수록 독성이 강하다.

③ 독성가스 허용농도(LC_{50} 기준농도)

가스명	허용농도 (ppm)	가스명	허용농도 (ppm)
염소	293	게르만	622
아황산가스	2,520	셀렌화수소	51
암모니아	7,338	실란	19,000
염화메탄	8,300	알진	20
포스겐	5	포스핀	20
산화에틸렌	2,920	사플루오린화규소	450
플루오린(불소)	185	사플루오린화유황	40
일산화탄소	3,760	삼플루오린화붕소	806
사이안화수소	140	삼플루오린화질소	6,700
염화수소	3,124	황화수소	444
아크릴로나이트릴	666	다이메틸아민	11,100
브롬화메탄	850	플루오린화수소	966
다이보레인	80		

④ 독성가스의 제독제

독성가스명	제독제
염소	가성소다수용액, 탄산소다수용액, 소석회
포스겐	가성소다수용액, 소석회
황화수소	가성소다수용액, 탄산소다수용액
사이안화수소	가성소다수용액
아황산가스	가성소다수용액, 탄산소다수용액, 물
암모니아, 산화에틸렌, 염화메탄	물

10년간 자주 출제된 문제

4-1. 다음 보기의 독성가스 중 독성(LC_{50})이 가장 강한 것과 가장 약한 것을 바르게 나열한 것은?

보기
㉠ 염화수소   ㉡ 암모니아
㉢ 황화수소   ㉣ 일산화탄소

① ㉠, ㉡
② ㉢, ㉡
③ ㉠, ㉣
④ ㉢, ㉣

4-2. 독성가스의 제독제로 물을 사용하는 가스는?
① 염소
② 포스겐
③ 황화수소
④ 산화에틸렌

4-2
독성가스의 제독제
가성소다는 수산화나트륨(NaOH), 탄산소다는 탄산나트륨(Na_2CO_3), 소석회는 수산화칼슘[$Ca(OH)_2$]이다.

독성가스명	제독제
염 소	가성소다수용액, 탄산소다수용액, 소석회
포스겐	가성소다수용액, 소석회
황화수소	가성소다수용액, 탄산소다수용액
사이안화수소	가성소다수용액
아황산가스	가성소다수용액, 탄산소다수용액, 물
암모니아, 산화에틸렌, 염화메탄	물

정답 4-1 ②   4-2 ④

|해설|

4-1
독성가스 허용농도(LC_{50} 기준농도)
LC_{50}의 수치가 작을수록 독성이 강하다.

가스명	허용농도(ppm)	가스명	허용농도(ppm)
염 소	293	게르만	622
아황산가스	2,520	셀렌화수소	51
암모니아	7,338	실 란	19,000
염화메탄	8,300	알 진	20
포스겐	5	포스핀	20
산화에틸렌	2,920	사플루오린화규소	450
플루오린(불소)	185	사플루오린화유황	40
일산화탄소	3,760	삼플루오린화붕소	806
사이안화수소	140	삼플루오린화질소	6,700
염화수소	3,124	황화수소	444
아크릴로나이트릴	666	다이메틸아민	11,100
브롬화메탄	850	플루오린화수소	966
다이보레인	80		

PART 02

과년도 + 최근 기출복원문제

#기출유형 확인　　#상세한 해설　　#최종점검 테스트

2013~2016년	과년도 기출문제	회독 CHECK 1 2 3
2017~2023년	과년도 기출복원문제	회독 CHECK 1 2 3
2024년	최근 기출복원문제	회독 CHECK 1 2 3

2013년 제1회 과년도 기출문제

01 도시가스 사용시설에서 배관의 호칭지름이 25mm 인 배관은 몇 m 간격으로 고정하여야 하는가?

① 1m마다 ② 2m마다
③ 3m마다 ④ 4m마다

해설
배관의 고정장치
• 관지름이 13mm 미만 : 1m마다
• 관지름이 13mm 이상 33mm 미만 : 2m마다
• 관지름이 33mm 이상 : 3m마다

02 다음은 도시가스사용시설의 월 사용예정량을 산출하는 식이다. 이 중 기호 "A"가 의미하는 것은?

$$Q = \frac{(A \times 240) + (B \times 90)}{11,000}$$

① 월 사용예정량
② 산업용으로 사용하는 연소기의 명판에 기재된 가스 소비량의 합계
③ 산업용이 아닌 연소기의 명판에 기재된 가스소비량의 합계
④ 가정용 연소기의 가스소비량의 합계

해설
도시가스사용시설의 월 사용예정량을 산출하는 식

$$Q = \frac{(A \times 240) + (B \times 90)}{11,000}$$

Q : 월 사용예정량(m³)
A : 산업용으로 사용하는 연소기의 명판에 기재된 가스소비량의 합계(kcal/h)
B : 산업용이 아닌 연소기의 명판에 기재된 가스소비량의 합계(kcal/h)

03 도시가스사용시설의 가스계량기 설치기준에 대한 설명으로 옳은 것은?

① 시설 안에서 사용하는 자체 화기를 제외한 화기와 가스계량기가 유지하여야 하는 거리는 3m 이상이어야 한다.
② 시설 안에서 사용하는 자체 화기를 제외한 화기와 입상관이 유지하여야 하는 거리는 3m 이상이어야 한다.
③ 가스계량기와 단열조치를 하지 아니한 굴뚝과의 거리는 10cm 이상 유지하여야 한다.
④ 가스계량기와 전기개폐기와의 거리는 60cm 이상 유지하여야 한다.

해설
① 시설 안에서 사용하는 자체 화기를 제외한 화기와 가스계량기가 유지하여야 하는 거리는 2m 이상이어야 한다.
② 시설 안에서 사용하는 자체 화기를 제외한 화기와 입상관이 유지하여야 하는 거리는 2m 이상이어야 한다.
③ 가스계량기와 단열조치를 하지 아니한 굴뚝과의 거리는 30cm 이상 유지하여야 한다.

정답 1② 2② 3④

04 도시가스도매사업자가 제조소에 다음 시설을 설치하고자 한다. 다음 중 내진 설계를 하지 않아도 되는 시설은?

① 저장능력이 2톤인 지상식 액화천연가스 저장탱크의 지지구조물
② 저장능력이 300m³인 천연가스 홀더의 지지구조물
③ 처리능력이 10m³인 압축기의 지지구조물
④ 처리능력이 15m³인 펌프의 지지구조물

해설
도시가스 제조소의 내진 설계 기준
저장탱크, 가스홀더, 압축기, 펌프, 기화기, 열교환기, 냉동설비의 지지구조물과 기초는 지진에 견딜 수 있도록 설계하고 지진의 영향으로부터 안전한 구조로 할 것. 다만, 다음의 어느 하나에 해당하는 시설은 내진 설계 대상에서 제외한다.
• 건축법령에 따라 내진 설계를 하여야 하는 것으로서 같은 법령이 정하는 바에 따라 내진설계를 한 시설
• 저장능력이 3톤(압축가스의 경우에는 300m³) 미만인 저장탱크 또는 가스 홀더
• 지하에 설치되는 시설

05 액화석유가스는 공기 중의 혼합비율의 용량이 얼마인 상태에서 감지할 수 있도록 냄새가 나는 물질을 섞어 용기에 충전하여야 하는가?

① 1/10   ② 1/100
③ 1/1,000   ④ 1/10,000

해설
부취제의 혼합비율 용량은 $\frac{1}{1,000}$(0.1%)이다.

06 산소가스 설비의 수리를 위한 저장탱크 내의 산소를 치환할 때 산소측정기 등으로 치환 결과를 수시로 측정하여 산소의 농도가 원칙적으로 몇 % 이하가 될 때까지 치환하여야 하는가?

① 18%   ② 20%
③ 22%   ④ 24%

해설
산소가스 설비의 수리 시 산소의 치환농도 : 22% 이하가 될 때까지

07 용기 밸브 그랜드너트의 6각 모서리에 V형의 홈을 낸 것은 무엇을 표시하기 위한 것인가?

① 왼나사임을 표시
② 오른나사임을 표시
③ 암나사임을 표시
④ 수나사임을 표시

해설
① 왼나사임을 표시 : 용기 밸브 그랜드너트의 6각 모서리에 V형의 홈을 낸 것

08 LP 가스의 일반적인 성질에 대한 설명 중 옳은 것은?

① 공기보다 무거워 바닥에 고인다.
② 액의 체적팽창률이 작다.
③ 증발잠열이 작다.
④ 기화 및 액화가 어렵다.

해설
LP 가스의 일반적인 성질
• 공기보다 무거워 바닥에 고인다.
• 액의 체적팽창률이 크다.
• 증발잠열이 크다.
• 기화 및 액화가 쉽다.

09 액화석유가스 또는 도시가스용으로 사용되는 가스용 염화비닐호스는 그 호스의 안전성, 편리성 및 호환성을 확보하기 위하여 안지름 치수를 규정하고 있는데 그 치수에 해당하지 않는 것은?

① 4.8mm　　② 6.3mm
③ 9.5mm　　④ 12.7mm

해설
가스용 염화비닐호스의 규격 : 6.3mm, 9.5mm, 12.7mm

10 내용적이 300L인 용기에 액화암모니아를 저장하려고 한다. 이 저장설비의 저장능력은 얼마인가? (단, 액화암모니아의 충전정수는 1.86이다)

① 161kg　　② 232kg
③ 279kg　　④ 558kg

해설
액화가스 용기 및 차량에 고정된 탱크인 경우 저장능력
$W = \dfrac{V_2}{C} = \dfrac{300}{1.86} = 161\text{kg}$

11 다음 중 마찰, 타격 등으로 격렬히 폭발하는 예민한 폭발물질과 가장 거리가 먼 것은?

① AgN_2　　② H_2S
③ Ag_2C_2　　④ N_4S_4

해설
마찰, 타격 등으로 격렬히 폭발하는 예민한 폭발물질 : 유화질소(N_4S_4), 금속 아세틸라이드(Cu_2C_2, Ag_2C_2), 염화질소(NCl_3), 질화은(AgN_2), 테트라센($C_2H_5ON_{10}$)

12 최근 시내버스 및 청소차량 연료로 사용되는 CNG 충전소 설계 시 고려하여야 할 사항으로 틀린 것은?

① 압축장치와 충전설비 사이에는 방호벽을 설치한다.
② 충전기에는 90kgf 미만의 힘에서 분리되는 긴급분리 장치를 설치한다.
③ 자동차 충전기(디스펜서)의 충전호스 길이는 8m 이하로 한다.
④ 펌프 주변에는 1개 이상 가스누출검지경보장치를 설치한다.

해설
충전기에는 100kgf 미만의 힘에서 분리되는 긴급분리 장치를 설치한다.

13 가스 중 음속보다 화염전파 속도가 큰 경우 충격파가 발생하는데 이때 가스의 연소 속도로 옳은 것은?

① 0.3~100m/s
② 100~300m/s
③ 700~800m/s
④ 1,000~3,500m/s

해설
폭굉이 전하는 전파속도 : 1,000~3,500m/s

14 고압가스용 용접용기 동판의 최대 두께와 최소 두께와의 차이는?

① 평균두께의 5% 이하
② 평균두께의 10% 이하
③ 평균두께의 20% 이하
④ 평균두께의 25% 이하

> 해설

고압가스용 용접용기 동판의 최대 두께와 최소 두께와의 차이
: 평균두께의 10% 이하

15 용기의 내용적 40L에 내압 시험 압력의 수압을 걸었더니 내용적이 40.24L로 증가하였고, 압력을 제거하여 대기압으로 하였더니 용적은 40.02L가 되었다. 이 용기의 항구 증가량과 내압시험에 대한 합격여부는?

① 1.6%, 합격
② 1.6%, 불합격
③ 8.3%, 합격
④ 8.3%, 불합격

> 해설

용기의 내압시험
• 영구증가율(항구증가율) = $\frac{항구증가량}{전증가량} \times 100$
• 판정 : 영구증가율이 10% 이하인 용기는 합격

∴ 영구증가율(항구증가율) = $\frac{40.02 - 40}{40.24 - 40} \times 100 = 8.3\%$

16 가연성고압가스제조소에서 다음 중 착화원인이 될 수 없는 것은?

① 정전기
② 베릴륨 합금제 공구에 의한 타격
③ 사용 촉매의 접촉
④ 밸브의 급격한 조작

> 해설

베릴륨 합금제 공구에 의한 타격을 가하더라도 불꽃을 일으키지 않는다.

17 부탄가스용 연소기의 명판에 기재할 사항이 아닌 것은?

① 연소기명
② 제조자의 형식 호칭
③ 연소기 재질
④ 제조(로트)번호

> 해설

부탄가스용 연소기의 명판에 기재할 사항
• 연소기명
• 제조자의 형식 호칭
• 제조(로트)번호

18 LPG용 압력조정기 중 1단 감압식 저압조정기의 조정압력의 범위는?

① 2.3~3.3kPa
② 2.55~3.3kPa
③ 57~83kPa
④ 5.0~30kPa 이내에서 제조사가 설정한 기준압력의 ±20%

> 해설

1단 감압식 저압조정기의 조정압력 : 2.3~3.3kPa

정답 14 ② 15 ③ 16 ② 17 ③ 18 ①

19 공기 중에서 폭발 범위가 가장 넓은 가스는?

① 메 탄 ② 프로판
③ 에 탄 ④ 일산화탄소

해설
④ 일산화탄소 : 12.5~74%
① 메탄 : 5~15%
② 프로판 : 2.2~9.5%
③ 에탄 : 3~12.5%

20 다음 중 방류둑을 설치하여야 하는 기준으로 옳지 않은 것은?

① 저장능력이 5톤 이상인 독성가스 저장탱크
② 저장능력이 300톤 이상인 가연성가스 저장탱크
③ 저장능력이 1,000톤 이상인 액화석유가스 저장탱크
④ 저장능력이 1,000톤 이상인 액화산소 저장탱크

해설
방류둑 설치기준(액화가스 저장탱크 기준)
• 가연성가스 : 500톤 이상
• 독성가스 : 5톤 이상
• 산소 : 1,000톤 이상
• LPG : 1,000톤 이상

21 다음 중 지연성가스에 해당되지 않는 것은?

① 염 소
② 플루오린
③ 이산화질소
④ 이황화탄소

해설
지연성가스(조연성가스) : 염소, 플루오린, 이산화질소, 오존, 산소 등

22 액화석유가스를 탱크로리로부터 이·충전할 때 정전기를 제거하는 조치로 접지하는 접지접속선의 규격은?

① $5.5mm^2$ 이상
② $6.7mm^2$ 이상
③ $9.6mm^2$ 이상
④ $10.5mm^2$ 이상

해설
액화석유가스를 탱크로리로부터 이·충전할 때 정전기를 제거하는 조치로 접지하는 접지접속선의 규격 : $5.5mm^2$ 이상

23 가연성가스, 독성가스 및 산소설비의 수리 시 설비 내의 가스 치환용으로 주로 사용되는 가스는?

① 질 소
② 수 소
③ 일산화탄소
④ 염 소

해설
설비 내의 가스 치환용으로 주로 사용되는 가스 : 질소(불연성)

24 가스누출 자동차단장치의 검지부 설치금지 장소에 해당하지 않는 것은?

① 출입구 부근 등으로서 외부의 기류가 통하는 곳
② 가스가 체류하기 좋은 곳
③ 환기구 등 공기가 들어오는 곳으로부터 1.5m 이내의 곳
④ 연소기의 폐가스에 접촉하기 쉬운 곳

해설
특정가스 제조시설에 설치한 가연성 독성가스 누출검지 경보장치의 설치위치는 가스 비중, 주위 상황, 가스설비의 높이, 가스의 종류 등 조건에 따라 결정한다.

25 도시가스계량기와 화기 사이에 유지하여야 하는 거리는?

① 2m 이상   ② 4m 이상
③ 5m 이상   ④ 8m 이상

해설
도시가스계량기와 화기 사이의 이격거리 : 2m 이상

26 건축물 안에 매설할 수 없는 도시가스 배관의 재료는?

① 스테인리스강관
② 동 관
③ 가스용 금속플렉시블호스
④ 가스용 탄소강관

해설
가스용 탄소강관은 부식성이 높기 때문에 매설할 수 없다.

27 저장탱크의 지하설치기준에 대한 설명으로 틀린 것은?

① 천장, 벽 및 바닥의 두께가 각각 30cm 이상인 방수 조치를 한 철근 콘크리트로 만든 곳에 설치한다.
② 지면으로부터 저장탱크의 정상부까지의 깊이는 1m 이상으로 한다.
③ 저장탱크에 설치한 안전밸브에는 지면에서 5m 이상의 높이에 방출구가 있는 가스방출관을 설치한다.
④ 저장탱크를 매설한 곳의 주위에는 지상에 경계표지를 설치한다.

해설
지면으로부터 저장탱크의 정상부까지의 깊이는 0.6m 이상으로 한다.

28 다음 중 천연가스(LNG)의 주성분은?

① CO   ② CH_4
③ C_2H_4 ④ C_2H_2

해설
천연가스(LNG)의 주성분 : CH_4, C_2H_6

29 독성가스 용기 운반기준에 대한 설명으로 틀린 것은?

① 차량의 최대 적재량을 초과하여 적재하지 아니한다.
② 충전용기는 자전거나 오토바이에 적재하여 운반하지 아니한다.
③ 독성가스 중 가연성가스와 조연성가스는 같은 차량의 적재함으로 운반하지 아니한다.
④ 충전용기를 차량에 적재하여 운반할 때에는 적재함에 넘어지지 않게 뉘어서 운반한다.

해설
충전용기를 차량에 적재하여 운반할 때에는 적재함에 넘어지지 않게 세워서 운반한다.

30 비등액체팽창증기폭발(BLEVE)이 일어날 가능성이 가장 낮은 곳은?

① LPG 저장탱크
② 액화가스 탱크로리
③ 천연가스 지구정압기
④ LNG 저장탱크

해설
비등액체팽창증기폭발(BLEVE)은 저장탱크에서 발생하기 쉽다.

31 주로 탄광 내에서 CH_4의 발생을 검출하는 데 사용되며 청염(푸른 불꽃)의 길이로써 그 농도를 알 수 있는 가스 검지기는?

① 안전등형   ② 간섭계형
③ 열선형   ④ 흡광광도형

해설
가연성가스 검출기의 종류
- 안전등형(메탄가스검출)
- 간섭계형(가스의 굴절률차 이용 가스분석)
- 열선형(열전도식, 연소식)
- 반도체식

32 다음 중 저온을 얻는 기본적인 원리는?

① 등압 팽창   ② 단열 팽창
③ 등온 팽창   ④ 등적 팽창

해설
저온을 얻는 기본적인 원리는 줄 – 톰슨효과로서 단열 팽창이다.

33 다음 중 용적식 유량계에 해당하는 것은?

① 오리피스 유량계
② 플로노즐 유량계
③ 벤투리관 유량계
④ 오벌 기어식 유량계

해설
유량계
- 차압식 유량계의 종류 : 벤투리, 오리피스, 플로노즐
  - 오리피스유량계 : 관 도중에 조리개(교축기구)를 넣어 조리개 전후의 차압을 이용하여 유량을 측정하는 계측기기
- 용적식 유량계의 종류 : 오벌 유량계, 가스미터, 로터리 팬, 루트 유량계, 로터리 피스톤
- 면적식 유량계의 종류 : 플로트, 피스톤형, 게이트형

34 전위측정기로 관대지전위(Pipe to Soil Potential) 측정 시 측정방법으로 적합하지 않은 것은?(단, 기준전극은 포화황산동 전극이다)

① 측정선 말단의 부식부분을 연마 후에 측정한다.
② 전위측정기의 (+)는 T/B(TEST Box), (-)는 기준전극에 연결한다.
③ 콘크리트 등으로 기준전극을 토양에 접지할 수 없을 경우에는 물에 적신 스펀지 등을 사용하여 측정한다.
④ 전위측정은 가능한 한 배관에서 먼 위치에서 측정한다.

해설

전위측정기로 관대지전위(Pipe to Soil Potential) 측정 시 측정방법
- 측정선 말단의 부식부분을 연마 후에 측정한다.
- 전위측정기의 (+)는 T/B(TEST Box), (-)는 기준전극에 연결한다.
- 콘크리트 등으로 기준전극을 토양에 접지할 수 없을 경우에는 물에 적신 스펀지 등을 사용하여 측정한다.
- 전위측정은 가능한 한 배관에서 가까운 위치에서 측정한다.

35 다이어프램식 압력계의 특징에 대한 설명 중 틀린 것은?

① 정확성이 높다.
② 반응속도가 빠르다.
③ 온도에 따른 영향이 적다.
④ 미소압력을 측정할 때 유리하다.

해설

다이어프램식 압력계의 특징
- 정확성이 높다.
- 반응속도가 빠르다.
- 온도에 따른 영향이 크다.
- 미소압력을 측정할 때 유리하다.

36 염화메탄을 사용하는 배관에 사용하지 못하는 금속은?

① 주 강
② 강
③ 동합금
④ 알루미늄 합금

해설

염화메탄이 반응을 일으키는 금속 : 마그네슘, 알루미늄, 아연

37 송수량 12,000L/min, 전양정 45m인 벌류트 펌프의 회전수를 1,000rpm에서 1,100rpm으로 변화시킨 경우 펌프의 축동력은 약 몇 PS인가?(단, 펌프의 효율은 80%이다)

① 165
② 180
③ 200
④ 250

해설

$P(PS) = \dfrac{\gamma Q H}{75\eta}$ PS(단, 물의 비중량은 1,000 $\dfrac{kg}{m^3}$)

$= \dfrac{1,000\dfrac{kg}{m^3} \times 12,000\dfrac{L}{min} \times \dfrac{1m^3}{1,000L} \times \dfrac{1min}{60sec} \times 45m}{75 \times 0.8}$

(단, 1PS = 75 $\dfrac{kg \cdot m}{sec}$)

= 150PS

그러므로 나중의 동력을 구하면,

$P_2 = P_1 \times \left(\dfrac{N_2}{N_1}\right)^3$

$= 150 \times \left(\dfrac{1,100}{1,000}\right)^3 = 199.65$

정답 34 ④ 35 ③ 36 ④ 37 ③

38 염화팔라듐지로 검지할 수 있는 가스는?

① 아세틸렌 ② 황화수소
③ 염 소 ④ 일산화탄소

해설
시험지 및 변색상태

가스명	시험지	변색상태
암모니아(NH_3)	적색리트머스시험지 (붉은리트머스시험지)	청 색
일산화탄소(CO)	염화팔라듐지	흑 색
포스겐($COCl_2$)	하리슨시험지	심등색(귤색)
황화수소(H_2S)	연당지(초산납시험지)	흑 색
사이안화수소(HCN)	초산구리벤젠지 (질산구리벤젠지)	청 색
아세틸렌(C_2H_2)	염화제1동착염지	적 색
염소(Cl_2)	아이오딘화칼륨시험지 (KI전분지)	청 색

39 압축기를 이용한 LP가스 이·충전 작업에 대한 설명으로 옳은 것은?

① 충전시간이 길다.
② 잔류가스를 회수하기 어렵다.
③ 베이퍼 로크 현상이 일어난다.
④ 드레인 현상이 일어난다.

해설
압축기를 이용한 LP가스 이·충전 작업 특징
• 충전시간이 짧다.
• 잔류가스를 회수하기 쉽다.
• 베이퍼 로크 현상이 일어나지 않는다.

40 펌프의 실제 송출유량을 Q, 펌프 내부에서의 누설유량을 ΔQ, 임펠러 속을 지나는 유량을 $Q + \Delta Q$라 할 때 펌프의 체적효율(η_v)를 구하는 식은?

① $\eta_v = \dfrac{Q}{Q + \Delta Q}$

② $\eta_v = \dfrac{Q + \Delta Q}{Q}$

③ $\eta_v = \dfrac{Q - \Delta Q}{Q + \Delta Q}$

④ $\eta_v = \dfrac{Q + \Delta Q}{Q - \Delta Q}$

해설
펌프의 체적효율(η_v) = $\dfrac{Q}{Q + \Delta Q}$

41 저온장치의 분말진공단열법에서 충진용 분말로 사용되지 않는 것은?

① 펄라이트
② 알루미늄분말
③ 글라스울
④ 규조토

해설
분말진공단열법에서 충진용 분말 : 펄라이트, 알루미늄분말, 규조토

42 어떤 도시가스의 발열량이 15,000kcal/Sm³일 때 웨버지수는 얼마인가?(단, 가스의 비중은 0.5로 한다)

① 12,121
② 20,000
③ 21,213
④ 30,000

해설
웨버지수 계산공식
$$WI = \frac{H_g}{\sqrt{d}}$$
여기서, WI : 웨버지수
H_g : 도시가스의 총발열량 $\left(\frac{kcal}{m^3}\right)$
d : 도시가스의 비중
$$WI = \frac{H_g}{\sqrt{d}} = \frac{15,000}{\sqrt{0.5}} = 21,213$$

43 진탕형 오토클레이브의 특징에 대한 설명으로 틀린 것은?

① 가스 누출의 가능성이 작다.
② 고압력에 사용할 수 있고 반응물의 오손이 적다.
③ 장치 전체가 진동하므로 압력계는 본체로부터 떨어져 설치한다.
④ 뚜껑판에 뚫어진 구멍에 촉매가 끼어들어갈 염려가 없다.

해설
뚜껑판에 뚫어진 구멍에 촉매가 끼어들어갈 염려가 있다.

44 고압가스용기의 관리에 대한 설명으로 틀린 것은?

① 충전 용기는 항상 40℃ 이하를 유지하도록 한다.
② 충전 용기는 넘어짐 등으로 인한 충격을 방지하는 조치를 하여야 하며 사용한 후에는 밸브를 열어둔다.
③ 충전용기 밸브는 서서히 개폐한다.
④ 충전 용기 밸브 또는 배관을 가열하는 때에는 열습포나 40℃ 이하의 더운물을 사용한다.

해설
충전 용기는 넘어짐 등으로 인한 충격을 방지하는 조치를 하여야 하며 사용한 후에는 밸브를 닫아둔다.

45 가스난방기의 명판에 기재하지 않아도 되는 것은?

① 제조자의 형식 호칭(모델번호)
② 제조자명이나 그 약호
③ 품질보증기간과 용도
④ 열효율

해설
가스난방기의 명판에 기재하여야 할 사항
• 제조자의 형식 호칭(모델번호)
• 제조자명이나 그 약호
• 품질보증기간과 용도

46 LNG의 특징에 대한 설명 중 틀린 것은?

① 냉열을 이용할 수 있다.
② 천연에서 산출한 천연가스를 약 -162℃까지 냉각하여 액화시킨 것이다.
③ LNG는 도시가스, 발전용 이외에 일반 공업용으로도 사용된다.
④ LNG로부터 기화한 가스는 부탄이 주성분이다.

해설
LNG로부터 기화한 가스는 메탄이 주성분이다.

정답 42 ③ 43 ④ 44 ② 45 ④ 46 ④

47 완전연소 시 공기량을 가장 많이 필요로 하는 가스는?

① 아세틸렌　② 메 탄
③ 프로판　　④ 부 탄

해설
탄소수가 많을수록 공기량을 많이 필요로 한다.

48 가정용 가스보일러에서 발생하는 가스중독사고 원인으로 배기가스의 어떤 성분에 의하여 주로 발생하는가?

① CH_4　② CO_2
③ CO　　④ C_3H_8

해설
가스보일러에서 불완전 연소 시 가장 많이 발생하는 가스는 일산화탄소이다.

49 다음 중 LP가스의 일반적인 연소특성이 아닌 것은?

① 연소 시 다량의 공기가 필요하다.
② 발열량이 크다.
③ 연소속도가 늦다.
④ 착화온도가 낮다.

해설
LP가스의 일반적인 연소특성
- 연소 시 다량의 공기가 필요하다.
- 발열량이 크다.
- 연소속도가 늦다.
- 착화온도가 높다.

50 다음 중 가장 높은 압력은?

① 1atm　　　② 100kPa
③ 10mH$_2$O　④ 0.2MPa

해설
① 1atm
② $100\text{kPa} \times \dfrac{1\text{atm}}{101.325\text{kPa}} = 0.987\text{atm}$
③ $10\text{mH}_2\text{O} \times \dfrac{1\text{atm}}{10.332\text{mH}_2\text{O}} = 0.968\text{atm}$
④ $0.2\text{MPa} \times \dfrac{1\text{atm}}{0.1\text{MPa}} = 2\text{atm}$

51 100°F를 섭씨온도로 환산하면 약 몇 ℃인가?

① 20.8　② 27.8
③ 37.8　④ 50.8

해설
$°F = \dfrac{9}{5}°C + 32$
$100 = \dfrac{9}{5} \times x°C + 32$
$\therefore x°C = 37.8$

정답　47 ④　48 ③　49 ④　50 ④　51 ③

52 에틸렌(C_2H_4)의 용도가 아닌 것은?

① 폴리에틸렌의 제조
② 산화에틸렌의 원료
③ 초산비닐의 제조
④ 메탄올 합성의 원료

해설
메탄올 합성의 원료는 일산화탄소와 수소이다.
$CO + 2H_2 \rightarrow CH_3OH$

53 공기 중에 10vol% 존재 시 폭발의 위험성이 없는 가스는?

① CH_3Br
② C_2H_6
③ C_2H_4O
④ H_2S

해설
CH_3Br의 폭발범위 : 13.5~14.5%

54 산소의 물리적 성질에 대한 설명 중 틀린 것은?

① 물에 녹지 않으며 액화산소는 담녹색이다.
② 기체, 액체, 고체 모두 자성이 있다.
③ 무색, 무취, 무미의 기체이다.
④ 강력한 조연성가스로서 자신은 연소하지 않는다.

해설
물에 녹으며 액화산소는 담청색이다.

55 공기 100kg 중에는 산소가 약 몇 kg 포함되어 있는가?

① 12.3kg
② 23.2kg
③ 31.5kg
④ 43.7kg

해설
• 공기 중 산소의 부피% : 21%
• 공기 중 산소의 중량% : 23.2%
그러므로 100kg × 0.232 = 23.2kg

56 다음 중 상온에서 비교적 낮은 압력으로 가장 쉽게 액화되는 가스는?

① CH_4
② C_3H_8
③ O_2
④ H_2

해설
C_3H_8은 0.7MPa의 압력을 가하면 쉽게 액화하는 가스이다.

정답 52 ④ 53 ① 54 ① 55 ② 56 ②

57 다음 중 비점이 가장 낮은 것은?

① 수소
② 헬륨
③ 산소
④ 네온

해설
② 헬륨 : -272℃
① 수소 : -252℃
③ 산소 : -183℃
④ 네온 : -248.67℃

58 물질이 융해, 응고, 증발, 응축 등과 같은 상의 변화를 일으킬 때 발생 또는 흡수하는 열을 무엇이라 하는가?

① 비열
② 현열
③ 잠열
④ 반응열

해설
③ 잠열 : 물질이 융해, 응고, 증발, 응축 등과 같은 상의 변화를 일으킬 때 발생 또는 흡수하는 열

59 0℃, 2기압하에서 1L의 산소와 0℃, 3기압 2L의 질소를 혼합하여 2L로 하면 압력은 몇 기압이 되는가?

① 2기압
② 4기압
③ 6기압
④ 8기압

해설
$P_1 V_1 = P_2 V_2$
$(2 \times 1) + (3 \times 2) = x \times 2$
$x = 4$

60 순수한 물 1g을 온도 14.5℃에서 15.5℃까지 높이는데 필요한 열량을 의미하는 것은?

① 1cal
② 1BTU
③ 1J
④ 1CHU

해설
1kcal = 3.968BTU = 2.205CHU
• 1kcal : 물 1kg을 1℃ 올리는데 필요한 열량
• 1BTU : 물 1lb을 1℉ 올리는데 필요한 열량
• 1CHU : 물 1lb을 1℃ 올리는데 필요한 열량

57 ② 58 ③ 59 ② 60 ①

2013년 제2회 과년도 기출문제

01 LPG 충전시설의 충전소에 "화기엄금"이라고 표시한 게시판의 색깔로 옳은 것은?

① 황색바탕에 흑색글씨
② 황색바탕에 적색글씨
③ 흰색바탕에 흑색글씨
④ 흰색바탕에 적색글씨

[해설]
LPG 충전시설의 충전소에 "화기엄금"이라고 표시한 게시판의 색깔 : 흰색바탕에 적색글씨

02 특정고압가스사용시설 중 고압가스 저장량이 몇 kg 이상인 용기보관실에 있는 벽을 방호벽으로 설치하여야 하는가?

① 100
② 200
③ 300
④ 500

[해설]
특정고압가스사용시설 중 고압가스 저장량이 300kg 이상인 용기보관실에 있는 벽을 방호벽으로 설치하여야 한다.

03 도시가스 중 음식물쓰레기, 가축 분뇨, 하수슬러지 등 유기성폐기물로부터 생성된 기체를 정제한 가스로서 메탄이 주성분인 가스를 무엇이라 하는가?

① 천연가스
② 나프타부생가스
③ 석유가스
④ 바이오가스

[해설]
④ 바이오가스 : 도시가스 중 음식물쓰레기, 가축 분뇨, 하수슬러지 등 유기성폐기물로부터 생성된 기체를 정제한 가스로서 메탄이 주성분인 가스

04 방폭전기기기의 용기 내부에서 가연성가스의 폭발이 발생할 경우 그 용기가 폭발압력을 견디고 접합면, 개구부 등을 통해 외부의 가연성가스에 인화되지 않도록 한 방폭구조는?

① 내압(耐壓) 방폭구조
② 유입(油入) 방폭구조
③ 압력(壓力) 방폭구조
④ 본질안전 방폭구조

[해설]

방폭구조	정의	기호
내압 방폭구조	용기 내 폭발 시 용기가 폭발압력을 견디며 접합면, 개구부를 통해 외부에 인화될 우려가 없는 구조	Ex d
압력 방폭구조	용기 내에 보호가스를 압입시켜 폭발성 가스나 증기가 용기 내부에 유입되지 않도록 된 구조	Ex p
안전증 방폭구조	정상운전 중에 점화원 발생 방지를 위해 기계적, 전기적 구조상 혹은 온도 상승에 대해 안전도를 증가한 구조	Ex e
유입 방폭구조	전기불꽃, 아크, 고온 발생 부분을 기름으로 채워 폭발성 가스 또는 증기에 인화되지 않도록 한 구조	Ex o
본질안전 방폭구조	정상 시 및 사고 시(단선, 단락, 지락)에 발생하는 폭발 점화원(전기불꽃, 아크, 고온)으로 인해 가연성 가스의 발생이 방지된 구조	Ex ia Ex ib

정답 1 ④ 2 ③ 3 ④ 4 ①

05 독성가스 여부를 판정할 때 기준이 되는 "허용농도"를 바르게 설명한 것은?

① 해당 가스를 성숙한 흰쥐 집단에게 대기 중에서 1시간 동안 계속하여 노출시킨 경우 7일 이내에 그 흰쥐의 1/2 이상이 죽게 되는 가스의 농도를 말한다.
② 해당 가스를 성숙한 흰쥐 집단에게 대기 중에서 24시간 동안 계속하여 노출시킨 경우 7일 이내에 그 흰쥐의 1/2 이상이 죽게 되는 가스의 농도를 말한다.
③ 해당 가스를 성숙한 흰쥐 집단에게 대기 중에서 1시간 동안 계속하여 노출시킨 경우 14일 이내에 그 흰쥐의 1/2 이상이 죽게 되는 가스의 농도를 말한다.
④ 해당 가스를 성숙한 흰쥐 집단에게 대기 중에서 24시간 동안 계속하여 노출시킨 경우 14일 이내에 그 흰쥐의 1/2 이상이 죽게 되는 가스의 농도를 말한다.

> **해설**
> 독성가스 허용농도의 정의 : 해당 가스를 성숙한 흰쥐 집단에게 대기 중에서 1시간동안 계속하여 노출시킨 경우 14일 이내에 그 흰쥐의 1/2 이상이 죽게 되는 가스의 농도를 말한다.

06 다음 보기의 독성가스 중 독성(LC_{50})이 가장 강한 것과 가장 약한 것을 순서대로 나열한 것은?

> **보기**
> ㉠ 염화수소   ㉡ 암모니아
> ㉢ 황화수소   ㉣ 일산화탄소

① ㉠, ㉡ ② ㉠, ㉣
③ ㉢, ㉡ ④ ㉢, ㉣

> **해설**
> 독성가스 허용농도(LC_{50} 기준농도)
>
> | 가스명 | 허용농도 (ppm) | 가스명 | 허용농도 (ppm) |
> |---|---|---|---|
> | 염 소 | 293 | 게르만 | 622 |
> | 아황산가스 | 2,520 | 셀렌화수소 | 51 |
> | 암모니아 | 7,338 | 실 란 | 19,000 |
> | 염화메탄 | 8,300 | 알 진 | 20 |
> | 포스겐 | 5 | 포스핀 | 20 |
> | 산화에틸렌 | 2,920 | 사플루오린화규소 | 450 |
> | 플루오린 | 185 | 사플루오린화유황 | 40 |
> | 일산화탄소 | 3,760 | 삼플루오린화붕소 | 806 |
> | 사이안화수소 | 140 | 삼플루오린화질소 | 6,700 |
> | 염화수소 | 3,124 | 황화수소 | 444 |
> | 다이보레인 | 80 | | |
>
> ※ 값이 작을수록 독성이 강하다.

07 다음 가연성가스 중 공기 중에서의 폭발범위가 가장 좁은 것은?

① 아세틸렌 ② 프로판
③ 수 소   ④ 일산화탄소

> **해설**
> 가연성가스의 폭발범위
> • 아세틸렌 : 2.5~81%
> • 프로판 : 2.2~9.5%
> • 수소 : 4~75%
> • 일산화탄소 : 12.5~74%

08 산소 가스설비의 수리 및 청소를 위한 저장탱크 내의 산소를 치환할 때 산소측정기 등으로 치환결과를 측정하여 산소의 농도가 최대 몇 % 이하가 될 때까지 계속하여 치환작업을 하여야 하는가?

① 18%   ② 20%
③ 22%   ④ 24%

해설
산소가스 설비의 수리 시 산소의 치환농도 : 최대 22% 이하가 될 때까지

09 원심식 압축기를 사용하는 냉동설비는 그 압축기의 원동기 정격출력 몇 kW를 1일의 냉동능력 1톤으로 산정하는가?

① 1.0   ② 1.2
③ 1.5   ④ 2.0

해설
원심식 압축기를 사용하는 냉동설비는 그 압축기의 원동기 정격출력 1.2kW를 1일의 냉동능력 1톤으로 산정한다.

10 다음의 고압가스의 용량을 차량에 적재하여 운반할 때 운반책임자를 동승시키지 않아도 되는 것은?

① 아세틸렌 : 400m^3
② 일산화탄소 : 700m^3
③ 액화염소 : 6,500kg
④ 액화석유가스 : 2,000kg

해설
고압가스 안전관리법 시행규칙 별표 30(고압가스 운반 등의 기준)
가연성 압축가스 300m^3 이상, 조연성 압축가스 600m^3 이상, 가연성 액화가스 3,000kg 이상, 조연성 액화가스 6,000kg 이상을 차량에 적재하여 운반할 경우, 운반책임자가 동승하여야 한다. 다만 운전자가 운반책임자의 자격을 가진 경우에는 운반책임자의 자격이 없는 사람을 동승시킬 수 있다.

11 고압가스 제조시설에 설치되는 피해저감설비로 방호벽을 설치해야 하는 경우가 아닌 것은?

① 압축기와 충전장소 사이
② 압축기와 가스충전용기 보관장소 사이
③ 충전장소와 충전용 주관밸브, 조작밸브 사이
④ 압축기와 저장탱크 사이

해설
방호벽 설치장소
- 압축기와 그 충전장소 사이
- 압축기와 그 가스충전용기 보관장소 사이
- 충전장소와 그 가스충전용기 보관장소 사이 및 충전장소와 그 충전용 주관밸브, 조작밸브 사이

12 고압가스의 제조시설에서 실시하는 가스설비의 점검 중 사용개시 전에 점검할 사항이 아닌 것은?

① 기초의 경사 및 침하
② 인터로크, 자동제어장치의 기능
③ 가스설비의 전반적인 누출 유무
④ 배관 계통의 밸브 개폐 상황

해설
상시점검 : 기초의 경사 및 침하

정답 8 ③ 9 ② 10 ④ 11 ④ 12 ①

13 액화가스를 운반하는 탱크로리(차량에 고정된 탱크)의 내부에 설치하는 것으로서 탱크 내 액화가스 액면요동을 방지하기 위해 설치하는 것은?

① 폭발방지장치
② 방파판
③ 압력방출장치
④ 다공성 충진제

해설
② 방파판 : 액화가스 액면요동을 방지하기 위해 설치하는 것

14 가스공급 배관 용접 후 검사하는 비파괴 검사방법이 아닌 것은?

① 방사선투과검사
② 초음파탐상검사
③ 자분탐상검사
④ 주사전자현미경검사

해설
가스공급 배관 용접 후 검사하는 비파괴 검사방법
- 방사선투과검사
- 초음파탐상검사
- 자분탐상검사

15 산소 저장설비에서 저장능력이 9,000m³일 경우 제1종 보호시설 및 제2종 보호시설과의 안전거리는?

① 8m, 5m
② 10m, 7m
③ 12m, 8m
④ 14m, 9m

해설
제1종 보호시설 및 제2종 보호시설과의 안전거리

구 분	저장능력	제1종 보호시설	제2종 보호시설
산소의 저장설비	1만 이하	12	8
	1만 초과 2만 이하	14	9
	2만 초과 3만 이하	16	11
	3만 초과 4만 이하	18	13
	4만 초과	20	14
독성가스 또는 가연성 가스 저장설비	1만 이하	17	12
	1만 초과 2만 이하	21	14
	2만 초과 3만 이하	24	16
	3만 초과 4만 이하	27	18
	4만 초과 5만 이하	30	20
그 밖의 가스의 저장설비	1만 이하	8	5
	1만 초과 2만 이하	9	7
	2만 초과 3만 이하	11	8
	3만 초과 4만 이하	13	9
	4만 초과	14	10

※ 위 표 중 각 저장능력 단위는 압축가스 m³, 액화가스는 kg으로 한다.

16 액화석유가스의 시설기준 중 저장탱크의 설치 방법으로 틀린 것은?

① 천장, 벽 및 바닥의 두께가 각각 30cm 이상으로, 방수조치를 한 철근 콘크리트구조로 한다.
② 저장탱크실 상부 윗면으로부터 저장탱크 상부까지의 깊이는 60cm 이상으로 한다.
③ 저장탱크에 설치한 안전밸브에는 지면으로부터 5m 이상의 방출관을 설치한다.
④ 저장탱크 주위 빈 공간에는 세립분을 25% 이상 함유한 마른 모래를 채운다.

해설
저장탱크 주위 빈 공간에는 세립분이 없도록 마른 모래를 채운다.

정답 13 ② 14 ④ 15 ③ 16 ④

17 다음 중 고압가스의 성질에 따른 분류에 속하지 않는 것은?

① 가연성가스
② 액화가스
③ 조연성가스
④ 불연성가스

해설
- 고압가스의 성질에 따른 분류 : 가연성, 조연성, 불연성
- 고압가스의 상태에 따른 분류 : 압축가스, 액화가스, 용해가스

18 다음 중 화학적 폭발로 볼 수 없는 것은?

① 증기폭발
② 중합폭발
③ 분해폭발
④ 산화폭발

해설
증기폭발은 물리적 폭발이다.

19 가연성가스의 위험성에 대한 설명으로 틀린 것은?

① 누출 시 산소결핍에 의한 질식의 위험성이 있다.
② 가스의 온도 및 압력이 높을수록 위험성이 커진다.
③ 폭발한계가 넓을수록 위험하다.
④ 폭발하한이 높을수록 위험하다.

해설
폭발하한이 낮을수록 위험하다.

20 사이안화수소의 중합폭발을 방지할 수 있는 안정제로 옳은 것은?

① 수증기, 질소
② 수증기, 탄산가스
③ 질소, 탄산가스
④ 아황산가스, 황산

해설
사이안화수소 중합방지제 : 황산, 동망, 오산화인, 염화메탄, 인산, 아황산가스

21 LPG를 수송할 때의 주의사항으로 틀린 것은?

① 운전 중이나 정차 중에도 허가된 장소를 제외하고는 담배를 피워서는 안 된다.
② 운전자는 운전기술 외에 LPG의 취급 및 소화기 사용 등에 관한 지식을 가져야 한다.
③ 주차할 때는 안전한 장소에 주차하며, 운반책임자와 운전자는 동시에 차량에서 이탈하지 않는다.
④ 누출됨을 알았을 때는 가까운 경찰서, 소방서까지 직접 운행하여 알린다.

해설
누출됨을 알았을 때는 운행을 즉시 중단하고 가까운 경찰서, 소방서에 알린다.

정답 17 ② 18 ① 19 ④ 20 ④ 21 ④

22 염소의 성질에 대한 설명으로 틀린 것은?

① 상온, 상압에서 황록색의 기체이다.
② 수분 존재 시 철을 부식시킨다.
③ 피부에 닿으면 손상의 위험이 있다.
④ 암모니아와 반응하여 푸른 연기를 생성한다.

해설
염소는 암모니아와 반응하여 염화암모늄(흰 연기)을 생성한다.

23 수소에 대한 설명 중 틀린 것은?

① 수소용기의 안전밸브는 가용전식과 파열판식을 병용한다.
② 용기밸브는 오른나사이다.
③ 수소 가스는 파이로갈롤 시약을 사용한 오르자트법에 의한 시험법에서 순도가 98.5% 이상이어야 한다.
④ 공업용 용기의 도색을 주황색으로 하고 문자의 표시는 백색으로 한다.

해설
가연성가스의 용기밸브는 왼나사를 사용한다.

24 다음 중 폭발성이 예민하므로 마찰 및 타격으로 격렬히 폭발하는 물질에 해당되지 않는 것은?

① 황화질소   ② 메틸아민
③ 염화질소   ④ 아세틸라이드

해설
마찰, 타격 등으로 격렬히 폭발하는 예민한 폭발물질 : 유화질소(N_4S_4), 금속 아세틸라이드(Cu_2C_2, Ag_2C_2), 염화질소(NCl_3), 질화은(AgN_2), 테트라센($C_2H_5ON_{10}$)

25 고압가스 특정제조시설 중 철도부지 밑에 매설하는 배관에 대한 설명으로 틀린 것은?

① 배관의 외면으로부터 그 철도부지의 경계까지는 1m 이상의 거리를 유지한다.
② 지표면으로부터 배관의 외면까지의 깊이를 60cm 이상 유지한다.
③ 배관은 그 외면으로부터 궤도 중심과 4m 이상의 거리를 유지한다.
④ 지하철도 등을 횡단하여 매설하는 배관에는 전기 방식조치를 강구한다.

해설
지표면으로부터 배관의 외면까지의 깊이를 1.2m 이상 유지한다.

26 다음 중 같은 저장실에 혼합 저장이 가능한 것은?

① 수소와 염소가스
② 수소와 산소
③ 아세틸렌가스와 산소
④ 수소와 질소

해설
질소는 불연성가스이므로 위험성이 없다.

27 용기 부속품에 각인하는 문자 중 질량을 나타내는 것은?

① TP ② W
③ AG ④ V

해설
용기 종류별 부속품의 기호
- TP : 내압시험압력
- W : 용기의 질량
- AG : 아세틸렌가스를 충전하는 용기의 부속품
- V : 용기의 내용적

28 고압가스 특정제조시설에서 지하매설 배관은 그 외면으로부터 지하의 다른 시설물과 몇 m 이상 거리를 유지하여야 하는가?

① 0.1 ② 0.2
③ 0.3 ④ 0.5

해설
고압가스 특정제조시설에서 지하매설 배관은 그 외면으로부터 지하의 다른 시설물과 0.3m 이상 거리를 유지하여야 한다.

29 도시가스 사용시설 중 가스계량기와 다음 설비와의 안전거리 기준으로 옳은 것은?

① 전기계량기와는 60cm 이상
② 전기접속기와는 60cm 이상
③ 전기점멸기와는 60cm 이상
④ 절연조치를 하지 않는 전선과는 30cm 이상

해설
가스계량기 설치기준
- 가스계량기는 화기와 2m 이상의 우회거리를 유지하는 곳에 설치할 것
- 가스계량기(30m³/hr 미만인 경우만을 말한다)의 설치 높이는 바닥으로부터 1.6m 이상 2m 이내에 수직·수평으로 설치하고 밴드·보호가대 등 고정장치로 고정시킬 것. 다만, 보호상자 내에 설치, 기계실에 설치, 보일러실(가정에 설치된 보일러실 제외)에 설치 또는 문이 달린 파이프 덕트에 설치하는 경우 바닥으로부터 2m 이내에 설치한다.
- 가스계량기와 전기계량기 및 전기개폐기의 거리는 60cm 이상
- 가스계량기와 굴뚝(단열조치하지 않은 경우), 전기점멸기 및 전기접속기와의 거리는 30cm 이상
- 가스계량기와 절연조치하지 않은 전선과의 거리는 15cm 이상

30 고압가스 제조설비에서 누출된 가스의 확산을 방지할 수 있는 제해조치를 하여야 하는 가스가 아닌 것은?

① 이산화탄소 ② 암모니아
③ 염 소 ④ 염화메틸

해설
독성가스의 제독제

독성가스명	제독제
염 소	가성소다수용액, 탄산소다수용액, 소석회
포스겐	가성소다수용액, 소석회
황화수소	가성소다수용액, 탄산소다수용액
사이안화수소	가성소다수용액
아황산가스	가성소다수용액, 탄산소다수용액, 물
암모니아, 산화에틸렌, 염화메탄	물

31 흡수식냉동기에서 냉매로 물을 사용할 경우 흡수제로 사용하는 것은?

① 암모니아 ② 사염화에탄
③ 리튬브로마이드 ④ 파라핀유

해설
리튬브로마이드는 물을 잘 흡수하는 물질이다.

32 다음 중 이음매 없는 용기의 특징이 아닌 것은?

① 독성가스를 충전하는 데 사용한다.
② 내압에 대한 응력 분포가 균일하다.
③ 고압에 견디기 어려운 구조이다.
④ 용접용기에 비해 값이 비싸다.

해설
이음매 없는 용기의 특징
• 독성가스를 충전하는 데 사용한다.
• 내압에 대한 응력 분포가 균일하다.
• 고압에 견디기 쉬운 구조이다.
• 용접용기에 비해 값이 비싸다.

33 부유 피스톤형 압력계에서 실린더 지름 5cm, 추와 피스톤의 무게가 130kg일 때, 이 압력계에 접속된 부르동관의 압력계 눈금이 7kg/cm²를 나타내었다. 그 부르동관 압력계의 오차는 약 몇 %인가?

① 5.7 ② 6.6
③ 9.7 ④ 10.5

해설
오차율(%) = $\frac{오차}{참값} \times 100 = \frac{측정값 - 참값}{참값} \times 100$에서

• 참값 = $\frac{130 kg}{1/4 \times 3.14 \times (5cm)^2} = 6.62 \frac{kg}{cm^2}$

• 오차율(%) = $\frac{7 - 6.62}{6.62} \times 100 = 5.74 ≒ 5.7\%$

34 다음 고압가스 설비 중 축열식 반응기를 사용하여 제조하는 것은?

① 아크릴로라이드
② 염화비닐
③ 아세틸렌
④ 에틸벤젠

해설
아세틸렌은 분해 폭발의 위험성이 있어 축열식 반응기를 사용한다.

35 열기전력을 이용한 온도계가 아닌 것은?

① 백금 – 백금·로듐 온도계
② 동 – 콘스탄탄 온도계
③ 철 – 콘스탄탄 온도계
④ 백금 – 콘스탄탄 온도계

해설
열기전력을 이용한 온도계(열전대 온도계)

백금-백금로듐 (P-R)	내열성이 좋고, 환원성에 약하며, 온도측정범위는 0~1,800℃의 고온측정용으로 쓰임
크로멜-알루멜 (C-A)	공업용으로 많이 쓰이며 온도측정범위는 -270~1,400℃의 저온측정용으로 쓰임
철-콘스탄탄 (I-C)	기전력이 크고, 환원분위기에 강하며, 값이 싸므로 공장에서 널리 사용하며, 온도측정범위는 -200~750℃의 온도를 계측
동-콘스탄탄 (C-C)	온도측정범위는 -200~400℃의 온도를 계측

정답 31 ③ 32 ③ 33 ① 34 ③ 35 ④

36 다음 중 유체의 흐름방향을 한 방향으로만 흐르게 하는 밸브는?

① 글로브밸브
② 체크밸브
③ 앵글밸브
④ 게이트밸브

> **해설**
> ② 체크밸브 : 역류방지밸브

37 다음 가스 분석 중 화학분석법에 속하지 않는 방법은?

① 가스크로마토그래피법
② 중량법
③ 분광광도법
④ 아이오딘적정법

> **해설**
> ① 가스크로마토그래피법 : 기기 분석법

38 다음 고압장치의 금속재료 사용에 대한 설명으로 옳은 것은?

① LNG 저장탱크 - 고장력강
② 아세틸렌 압축기 실린더 - 주철
③ 암모니아 압력계 도관 - 동
④ 액화산소 저장탱크 - 탄소강

> **해설**
> 아세틸렌 압축기 실린더는 주철을 사용하고 동 및 동합금강은 사용 불가

39 고압가스 설비의 안전장치에 관한 설명 중 옳지 않는 것은?

① 고압가스 용기에 사용되는 가용전은 열을 받으면 가용합금이 용해되어 내부의 가스를 방출한다.
② 액화가스용 안전밸브의 토출량은 저장탱크 등의 내부의 액화가스가 가열될 때의 증발량 이상이 필요하다.
③ 급격한 압력 상승이 있는 경우에는 파열판은 부적당하다.
④ 펌프 및 배관에는 압력 상승 방지를 위해 릴리프 밸브가 사용된다.

> **해설**
> 급격한 압력 상승이 있는 경우에는 파열판을 사용한다.

40 다음 중 압력계 사용 시 주의사항으로 틀린 것은?

① 정기적으로 점검한다.
② 압력계의 눈금판은 조작자가 보기 쉽도록 안면을 향하게 한다.
③ 가스의 종류에 적합한 압력계를 선정한다.
④ 압력의 도입이나 배출은 서서히 행한다.

> **해설**
> **압력계 사용 시 주의사항**
> • 정기적으로 점검한다.
> • 진동이 없고 보기 쉬운 곳에 설치한다.
> • 가스의 종류에 적합한 압력계를 선정한다.
> • 압력의 도입이나 배출은 서서히 행한다.

41 LPG(C_4H_{10}) 공급방식에서 공기를 3배 희석했다면 발열량은 약 몇 kcal/Sm^3이 되는가?(단, C_4H_{10}의 발열량은 30,000kcal/Sm^3으로 가정한다)

① 5,000
② 7,500
③ 10,000
④ 11,000

해설

희석발열량 = $\dfrac{표준발열량}{1+희석배수}$

$x = \dfrac{30,000}{1+3} = 7,500 \dfrac{\text{kcal}}{\text{Sm}^3}$

42 고압가스제조소의 작업원은 얼마의 기간 이내에 1회 이상 보호구의 사용훈련을 받아 사용방법을 숙지하여야 하는가?

① 1개월
② 3개월
③ 6개월
④ 12개월

해설
고압가스제조소의 작업원은 3개월에 1회 이상 보호구의 사용훈련을 받아야 한다.

43 고점도 액체나 부유 현탁액의 유체 압력측정에 가장 적당한 압력계는?

① 벨로스
② 다이어프램
③ 부르동관
④ 피스톤

해설
② 다이어프램압력계 : 다이어프램 압력계는 고정시킨 환산형 주위단과 동일 평면을 이루고 있는 얇은 막의 형태(평판형, 파형, Capsule형)로서 가해진 미소 압력의 변화에도 대응되는 수직방향으로 팽창 수축하는 압력 소자이다. 또한, 고점도 액체나 부유 현탁액의 유체 압력측정에 가장 적당한 압력계이다.

44 내산화성이 우수하고 양파 썩는 냄새가 나는 부취제는?

① THT
② TBM
③ DMS
④ NAPHTHA

해설
부취제
일종의 방향 화합물로 가스 등에 첨가하여 냄새로 확인이 가능하도록 하는 물질
• 부취제의 종류
 - TBM(Tertiary Butyl Mercaptan) : 가스 종류에 흔히 쓰이며, 양파 썩는 냄새가 난다.
 - THT(Tetra Hydro Thiophene) : 천연가스의 부취제로 사용되며, TBM(Tertiary Butyl Mercaptan)과 혼합하여 쓰이며, 석탄가스 냄새가 난다.
 - DMS(Dimethyl Sulfide) : 마늘 냄새가 난다.

45 계측기기의 구비조건으로 틀린 것은?

① 설치장소 및 주위조건에 대한 내구성이 클 것
② 설비비 및 유지비가 적게 들 것
③ 구조가 간단하고 정도(精度)가 낮을 것
④ 원거리 지시 및 기록이 가능할 것

해설
계측기기의 구비조건
• 설치장소 및 주위조건에 대한 내구성이 클 것
• 설비비 및 유지비가 적게 들 것
• 구조가 간단하고 정도(精度)가 높을 것
• 원거리 지시 및 기록이 가능할 것

46 다음 중 화씨온도와 가장 관계가 깊은 것은?

① 표준대기압에서 물의 어는점을 0으로 한다.
② 표준대기압에서 물의 어는점을 12로 한다.
③ 표준대기압에서 물의 끓는점을 100으로 한다.
④ 표준대기압에서 물의 끓는점을 212로 한다.

해설
화씨온도(Fahrenheit Temperature)
화씨온도란 표준 대기압(1atm)인 상태에서 물이 어는 온도(빙점)를 32°F, 끓는 온도(비점)를 212°F로 정한 다음 그 사이를 180등분 하여 한 눈금을 1°F로 규정한다.

47 다음 중 부탄가스의 완전연소 반응식은?

① $C_3H_8 + 4O_2 \rightarrow 3CO_2 + 5H_2O$
② $C_3H_8 + 5O_2 \rightarrow 3CO_2 + 4H_2O$
③ $C_4H_{10} + 6O_2 \rightarrow 4CO_2 + 5H_2O$
④ $2C_4H_{10} + 13O_2 \rightarrow 8CO_2 + 10H_2O$

해설
부탄가스의 완전연소 반응식 : $2C_4H_{10} + 13O_2 \rightarrow 8CO_2 + 10H_2O$

48 LP 가스의 성질에 대한 설명으로 틀린 것은?

① 온도변화에 따른 액 팽창률이 크다.
② 석유류 또는 동·식물유나 천연고무를 잘 용해시킨다.
③ 물에 잘 녹으며 알코올과 에테르에 용해된다.
④ 액체는 물보다 가볍고, 기체는 공기보다 무겁다.

해설
LP 가스의 성질
• 온도변화에 따른 액 팽창률이 크다.
• 석유류 또는 동·식물유나 천연고무를 잘 용해시킨다.
• 물에 녹지 않으며, 알코올과 에테르에 용해된다.
• 액체는 물보다 가볍고, 기체는 공기보다 무겁다.

49 가스배관 내 잔류물질을 제거할 때 사용하는 것이 아닌 것은?

① 피 그   ② 거버너
③ 압력계   ④ 컴프레서

해설
② 거버너 : 가스의 공급 압력을 일정압으로 제어 유지하는 감압 밸브의 일종

50 염소에 대한 설명 중 틀린 것은?

① 황록색을 띠며 독성이 강하다.
② 표백작용이 있다.
③ 액상은 물보다 무겁고 기상은 공기보다 가볍다.
④ 비교적 쉽게 액화된다.

해설
원소주기율표 상에서 3주기 17족에 속하는 할로겐족 원소로 원소기호는 Cl, 녹는점은 -101.5℃, 끓는점은 -34.04℃, 밀도는 3.2g/L이다. 전기음성도가 플루오린, 산소 다음으로 크고 자극적인 냄새가 나는 녹황색 기체이다. 기상은 공기보다 무겁다.

정답 46 ④ 47 ④ 48 ③ 49 ② 50 ③

51 도시가스 제조공정 중 접촉분해공정에 해당하는 것은?

① 저온수증기 개질법
② 열분해 공정
③ 부분연소 공정
④ 수소화분해 공정

해설
① 저온수증기 개질법 : 도시가스 제조공정 중 접촉분해공정에 해당

52 −10℃인 얼음 10kg을 1기압에서 증기로 변화시킬 때 필요한 열량은 약 몇 kcal인가?(단, 얼음의 비열은 0.5kcal/kg·℃, 얼음의 용해열은 80kcal/kg, 물의 기화열은 539kcal/kg이다)

① 5,400
② 6,000
③ 6,240
④ 7,240

해설
$Q = q_1 + q_2 + q_3 + q_4$
$q_1 = GC\Delta t = 10 \times 0.5 \times 10 = 50 \text{kcal}$
$q_2 = G\gamma = 10 \times 80 = 800 \text{kcal}$
$q_3 = GC\Delta t = 10 \times 1 \times 100 = 1,000 \text{kcal}$
$q_4 = G\gamma = 10 \times 539 = 5,390 \text{kcal}$
$Q = 50 + 800 + 1,000 + 5,390 = 7,240 \text{kcal}$

53 다음 중 1atm과 다른 것은?

① 9.8N/m^2
② $101,325 \text{Pa}$
③ 14.7lb/in^2
④ $10.332 \text{mH}_2\text{O}$

해설
$1 \text{atm} = 760 \text{mmHg} = 10,332 \text{mmH}_2\text{O} \left(\text{mmAq} = \frac{\text{kg}}{\text{m}^2} \right)$
$= 1.0332 \frac{\text{kg}}{\text{cm}^2} = 14.7 \text{psi} \left(= \frac{\text{lb}}{\text{inch}^2} \right) = 1013.25 \text{mbar}$
$= 101,325 \text{Pa} \left(= \frac{\text{N}}{\text{m}^2} \right)$

54 산소 가스의 품질검사에 사용되는 시약은?

① 동암모니아 시약
② 파이로갈롤 시약
③ 브롬 시약
④ 하이드로설파이드 시약

해설
품질검사 대상가스

구 분	순 도	시 약
산 소	99.5% 이상	동암모니아 시약
수 소	98.5% 이상	파이로갈롤 또는 하이드로설파이드시약
아세틸렌	98% 이상	질산은시약, 발연황산, 브롬시약

55 표준상태에서 산소의 밀도는 몇 g/L인가?

① 1.33
② 1.43
③ 1.53
④ 1.63

해설
산소의 밀도(g/L) $= \frac{32\text{g}}{22.4\text{L}} = 1.43 \frac{\text{g}}{\text{L}}$

정답 51 ① 52 ④ 53 ① 54 ① 55 ②

56 공기 중에 누출 시 폭발 위험이 가장 큰 가스는?

① C_3H_8 ② C_4H_{10}
③ CH_4 ④ C_2H_2

해설
가스의 폭발 위험성은 위험도로 알 수 있다. 위험도의 수치가 클수록 폭발 위험성이 크다.

$H(위험도) = \dfrac{U-L}{L}$

① C_3H_8(프로판) : $H = \dfrac{U-L}{L} = \dfrac{9.5-2.1}{2.1} = 3.5$
② C_4H_{10}(부탄) : $H = \dfrac{U-L}{L} = \dfrac{8.4-1.8}{1.8} = 3.7$
③ CH_4(메탄) : $H = \dfrac{U-L}{L} = \dfrac{15.0-5.0}{5.0} = 2$
④ C_2H_2(아세틸렌) : $H = \dfrac{U-L}{L} = \dfrac{81-2.5}{2.5} = 31.4$

57 표준물질에 대한 어떤 물질의 밀도의 비를 무엇이라고 하는가?

① 비 중   ② 비중량
③ 비 용   ④ 비 열

해설
① 비중 : 표준물질에 대한 어떤 물질의 밀도의 비

58 LP가스가 증발할 때 흡수하는 열을 무엇이라 하는가?

① 현 열   ② 비 열
③ 잠 열   ④ 융해열

해설
③ 잠열(숨은열) : 상태변화는 있고 온도변화가 없을 때 출입하는 열량

59 LP가스를 자동차연료로 사용할 때의 장점이 아닌 것은?

① 배기가스의 독성이 가솔린보다 적다.
② 완전연소로 발열량이 높고 청결하다.
③ 옥탄가가 높아서 노킹현상이 없다.
④ 균일하게 연소되므로 엔진수명이 연장된다.

해설
LP가스를 자동차연료로 사용할 때의 특징
• 배기가스의 독성이 가솔린보다 적다.
• 완전연소로 발열량이 높고 청결하다.
• 옥탄가가 높아서 노킹현상이 있다.
• 균일하게 연소되므로 엔진수명이 연장된다.

60 다음 중 염소의 주된 용도가 아닌 것은?

① 표 백
② 살 균
③ 염화비닐 합성
④ 강재의 녹 제거용

해설
• 염소의 용도 : 살균, 표백, 염화비닐 합성
• 염산의 용도 : 강재의 녹 제거용

2013년 제4회 과년도 기출문제

01 신규검사에 합격된 용기의 각인사항과 그 기호의 연결이 틀린 것은?

① 내용적 : V
② 최고충전압력 : FP
③ 내압시험압력 : TP
④ 용기의 질량 : M

해설
④ 용기의 질량 : W

02 역화방지장치를 설치하지 않아도 되는 곳은?

① 가연성가스 압축기와 충전용 주관 사이의 배관
② 가연성가스 압축기와 오토클레이브 사이의 배관
③ 아세틸렌 충전용 지관
④ 아세틸렌 고압건조기와 충전용 교체밸브 사이의 배관

해설
역화방지 밸브 설치장소
• 가연성가스를 압축하는 압축기와 오토클레이브 사이의 배관
• 아세틸렌의 고압 건조기와 충전용 교체밸브 사이의 배관
• 아세틸렌용 충전용 지관

03 아세틸렌 용접용기의 내압시험 압력으로 옳은 것은?

① 최고 충전압력의 1.5배
② 최고 충전압력의 1.8배
③ 최고 충전압력의 5/3배
④ 최고 충전압력의 3배

해설
용기 및 설비에 따른 압력

압력의 종류	용기 C_2H_2	용기 C_2H_2 이외의 용기	설비 (저장탱크, 용기집합장치, 배관 등)
TP (내압시험압력)	FP × 3배	FP × $\frac{5}{3}$	• 상용압력 × 1.5배(공기, 질소로 내압시험 시 상용압력 × 1.25배) • 냉동설비는 설계압력 × 1.5배 • 도시가스는 최고사용압력 × 1.5배
FP (최고충전압력)	15℃에서 1.55MPa	TP × $\frac{3}{5}$	—
AP (기밀시험압력)	FP × 1.8배	FP(단, 저온, 초저온용기 = FP × 1.1배)	• 상용압력 • 도시가스는 최고사용압력 × 1.1배
안전밸브 작동압력	TP × 0.8배	TP × 0.8배	TP × 0.8배(단, 액화산소탱크 = 상용압력 × 1.5배)

04 가연성가스의 제조설비 또는 저장설비 중 전기설비 방폭 구조를 하지 않아도 되는 가스는?

① 암모니아, 사이안화수소
② 암모니아, 염화메탄
③ 브롬화메탄, 일산화탄소
④ 암모니아, 브롬화메탄

해설
전기설비 방폭 구조를 하지 않아도 되는 가스 : 암모니아, 브롬화메탄(이유는 폭발하한값이 높기 때문이다)

05 고압가스 특정제조시설에서 안전구역 설정 시 사용하는 안전구역 안의 고압가스설비 연소열량수치(Q)의 값은 얼마 이하로 정해져 있는가?

① 6×10^8
② 6×10^9
③ 7×10^8
④ 7×10^9

해설
고압가스 특정제조시설에서 안전구역 설정 시 사용하는 안전구역 안의 고압가스설비 연소열량수치(Q)의 값 : 6×10^8

06 LP가스사용시설에서 호스의 길이는 연소기까지 몇 m 이내로 하여야 하는가?

① 3m
② 5m
③ 7m
④ 9m

해설
LP가스사용시설에서 호스의 길이는 연소기까지 3m 이내로 하여야 한다.

07 액상의 염소가 피부에 닿았을 경우의 조치로써 가장 적절한 것은?

① 암모니아로 씻어낸다.
② 이산화탄소로 씻어낸다.
③ 소금물로 씻어낸다.
④ 맑은 물로 씻어낸다.

해설
액상의 염소가 피부에 닿았을 경우의 조치 : 맑은 물로 씻어낸다.

08 용기에 의한 고압가스 판매시설 저장실 설치기준으로 틀린 것은?

① 고압가스의 용적이 $300m^3$을 넘는 저장설비는 보호시설과 안전거리를 유지하여야 한다.
② 용기보관실 및 사무실은 동일 부지 내에 구분하여 설치한다.
③ 사업소의 부지는 한 면이 폭 5m 이상인 도로에 접하여야 한다.
④ 가연성가스 및 독성가스를 보관하는 용기보관실의 면적은 각 고압가스별로 $10m^2$ 이상으로 한다.

해설
사업소의 부지는 한 면이 폭 4m 이상의 도로에 접하여야 한다.

09 아세틸렌 용기에 다공질 물질을 고루 채운 후 아세틸렌을 충전하기 전에 침윤시키는 물질은?

① 알코올
② 아세톤
③ 규조토
④ 탄산마그네슘

해설
아세틸렌 용기에 다공질 물질을 고루 채운 후 아세틸렌을 충전하기 전에 침윤시키는 물질 : 아세톤, 다이메틸폼아마이드

정답 5 ① 6 ① 7 ④ 8 ③ 9 ②

10 운전 중인 액화석유가스 충전설비의 작동상황에 대하여 주기적으로 점검하여야 한다. 점검 주기로 옳은 것은?

① 1일에 1회 이상
② 1주일에 1회 이상
③ 3월에 1회 이상
④ 6월에 1회 이상

> **해설**
> 운전 중인 액화석유가스 충전설비의 작동상황에 대한 점검주기 : 1일에 1회 이상

11 수소와 다음 중 어떤 가스를 동일 차량에 적재하여 운반하는 때에 그 충전용기와 밸브가 서로 마주보지 않도록 적재하여야 하는가?

① 산 소
② 아세틸렌
③ 브롬화메탄
④ 염 소

> **해설**
> 수소와 산소를 동일차량에 적재하여 운반하는 때에 그 충전용기와 밸브가 서로 마주보지 않도록 적재하여야 한다.

12 LP가스가 누출될 때 감지할 수 있도록 첨가하는 냄새가 나는 물질의 측정방법이 아닌 것은?

① 유취실법
② 주사기법
③ 냄새주머니법
④ 오더(Odor)미터법

> **해설**
> 액화석유가스 냄새측정 방법
> • 주사기법
> • 냄새주머니법
> • 오더(Odor)미터법

13 독성가스 허용농도의 종류가 아닌 것은?

① 시간가중 평균농도(TLV-TWA)
② 단시간 노출허용농도(TLV-STEL)
③ 최고허용농도(TLV-C)
④ 순간 사망허용농도(TLV-D)

> **해설**
> 독성가스 허용농도의 종류
> • 시간가중 평균농도(TLV-TWA)
> • 단시간 노출허용농도(TLV-STEL)
> • 최고허용농도(TLV-C)

14 내용적 94L인 액화프로판 용기의 저장능력은 몇 kg인가?(단, 충전상수 C는 2.35이다)

① 20
② 40
③ 60
④ 80

> **해설**
> 액화가스 용기 및 차량에 고정된 탱크인 경우
> $W = \dfrac{V_2}{C}$
>
> $x = \dfrac{94}{2.35} = 40\text{kg}$

15 가연성가스의 제조설비 중 제1종 장소에서의 변압기의 방폭구조는?

① 내압방폭구조
② 안전증방폭구조
③ 유입방폭구조
④ 압력방폭구조

해설
제1종 장소에서의 변압기의 방폭구조 : 내압방폭구조

16 액화석유가스 용기를 실외 저장소에 보관하는 기준으로 틀린 것은?

① 용기보관장소의 경계 안에서 용기를 보관할 것
② 용기는 눕혀서 보관할 것
③ 충전용기는 항상 40℃ 이하를 유지할 것
④ 충전용기는 눈비를 피할 수 있도록 할 것

해설
용기는 세워서 보관한다.

17 가스계량기와 전기계량기와는 최소 몇 cm 이상의 거리를 유지하여야 하는가?

① 15cm
② 30cm
③ 60cm
④ 80cm

해설
가스계량기 설치기준
- 가스계량기는 화기와 2m 이상의 우회거리를 유지하는 곳에 설치할 것
- 가스계량기(30m³/hr 미만인 경우만을 말한다)의 설치 높이는 바닥으로부터 1.6m 이상 2m 이내에 수직·수평으로 설치하고 밴드·보호가대 등 고정장치로 고정시킬 것. 다만, 보호상자 내에 설치, 기계실에 설치, 보일러실(가정에 설치된 보일러실 제외)에 설치 또는 문이 달린 파이프 덕트에 설치하는 경우 바닥으로부터 2m 이내에 설치한다.
- 가스계량기와 전기계량기 및 전기개폐기의 거리는 60cm 이상
- 가스계량기와 굴뚝(단열조치하지 않은 경우), 전기점멸기 및 전기접속기와의 거리는 30cm 이상
- 가스계량기와 절연조치하지 않은 전선과의 거리는 15cm 이상

18 산소에 대한 설명 중 옳지 않은 것은?

① 고압의 산소와 유지류의 접촉은 위험하다.
② 과잉의 산소는 인체에 유해하다.
③ 내산화성 재료로서는 주로 납(Pb)이 사용된다.
④ 산소의 화학반응에서 과산화물은 위험성이 있다.

해설
내산화성 재료 : 크롬(Cr), 규소(Si), 알루미늄(Al)합금

19 재검사 용기에 대한 파기방법의 기준으로 틀린 것은?

① 절단 등의 방법으로 파기하여 원형으로 가공할 수 없도록 할 것
② 허가관청에 파기의 사유·일시·장소 및 인수시한 등에 대한 신고를 하고 파기할 것
③ 잔가스를 전부 제거한 후 절단할 것
④ 파기하는 때에는 검사원이 검사 장소에서 직접 실시할 것

해설
허가관청에 파기의 사유·일시·장소 및 인수시한 등에 대한 신고 절차는 필요 없다.

20 시내버스의 연료로 사용되고 있는 CNG의 주요 성분은?

① 메탄(CH_4)
② 프로판(C_3H_8)
③ 부탄(C_4H_{10})
④ 수소(H_2)

해설
CNG의 주요 성분 : 메탄(CH_4)

21 액화석유가스의 냄새측정 기준에서 사용하는 용어에 대한 설명으로 옳지 않은 것은?

① 시험가스란 냄새를 측정할 수 있도록 액화석유가스를 기화시킨 가스를 말한다.
② 시험자란 미리 선정한 정상적인 후각을 가진 사람으로서 냄새를 판정하는 자를 말한다.
③ 시료기체란 시험가스를 청정한 공기로 희석한 판정용 기체를 말한다.
④ 희석배수란 시료기체의 양을 시험가스의 양으로 나눈 값을 말한다.

해설
패널(Panel)이란 미리 선정한 정상적인 후각을 가진 사람으로서 냄새를 판정하는 자를 말한다.

22 가스의 폭발에 대한 설명 중 틀린 것은?

① 폭발범위가 넓은 것은 위험하다.
② 폭굉은 화염전파속도가 음속보다 크다.
③ 안전간격이 큰 것일수록 위험하다.
④ 가스의 비중이 큰 것은 낮은 곳에 체류할 위험이 있다.

해설
안전간격이 좁을수록 위험하다.

23 독성가스의 저장탱크에는 그 가스의 용량을 탱크 내용적의 몇 %까지 채워야 하는가?

① 80% ② 85%
③ 90% ④ 95%

해설
독성가스의 저장탱크 안전공간 : 10%

24 고압가스 특정제조시설에서 상용압력 0.2MPa 미만의 가연성가스 배관을 지상에 노출하여 설치 시 유지하여야 할 공지의 폭 기준은?

① 2m 이상
② 5m 이상
③ 9m 이상
④ 15m 이상

해설
공지의 폭

상용압력(MPa)	공지의 폭(m)
0.2 미만	5
0.2 이상 1 미만	9
1 이상	15

25 고압가스 공급자 안전 점검 시 가스누출검지기를 갖추어야 할 대상은?

① 산 소
② 가연성 가스
③ 불연성 가스
④ 독성 가스

해설
가연성가스는 가스누출검지기를 갖추어야 한다.

26 고압가스 설비에 설치하는 압력계의 최고눈금 범위는?

① 상용압력의 1배 이상, 1.5배 이하
② 상용압력의 1.5배 이상, 2배 이하
③ 상용압력의 2배 이상, 3배 이하
④ 상용압력의 3배 이상, 5배 이하

해설
압력계의 최고눈금의 범위 : 상용압력의 1.5배 이상, 2배 이하

27 고압가스 특정제조시설에서 고압가스설비의 설치기준에 대한 설명으로 틀린 것은?

① 아세틸렌의 충전용 교체밸브는 충전하는 장소에 직접 설치한다.
② 에어졸제조시설에는 정량을 충전할 수 있는 자동 충전기를 설치한다.
③ 공기액화분리기로 처리하는 원료공기의 흡입구는 공기가 맑은 곳에 설치한다.
④ 공기액화분리기에 설치하는 피트는 양호한 환기 구조로 한다.

해설
아세틸렌의 충전용 교체밸브는 충전하는 장소가 아니라 충전기에 설치해야 한다.

정답 24 ② 25 ② 26 ② 27 ①

28 도시가스사용시설에 정압기를 2013년에 설치하였다. 다음 중 이 정압기의 분해점검 만료시기로 옳은 것은?

① 2015년　　② 2016년
③ 2017년　　④ 2018년

해설
이 문제에서는 가스사용시설을 적용한다.
- 가스사용시설의 정압기와 필터는 설치 후 3년까지는 분해점검 1회 이상, 그 이후에는 4년에 1회 이상 분해 점검을 실시한다.
- 가스공급시설의 정압기는 설치 후 2년에 1회 이상 분해점검을 실시한다. 다만, 예비 용도로만 사용되는 정압기로서 월 1회 작동 점검을 실시하는 정압기는 설치 후 3년에 1회 이상 실시한다.

29 액화석유가스 충전사업장에서 가스충전준비 및 충전작업에 대한 설명으로 틀린 것은?

① 자동차에 고정된 탱크는 저장탱크의 외면으로부터 3m 이상 떨어져 정지한다.
② 안전밸브에 설치된 스톱밸브는 항상 열어둔다.
③ 자동차에 고정된 탱크(내용적이 1만L 이상의 것에 한한다)로부터 가스를 이입받을 때에는 자동차가 고정되도록 자동차정지목 등을 설치한다.
④ 자동차에 고정된 탱크로부터 저장탱크에 액화석유가스를 이입받을 때에는 5시간 이상 연속하여 자동차에 고정된 탱크를 저장탱크에 접속하지 아니한다.

해설
자동차에 고정된 탱크(내용적이 5,000L 이상의 것에 한한다)로부터 가스를 이입받을 때에는 자동차가 고정되도록 자동차정지목 등을 설치한다.

30 저장량이 10,000kg인 산소저장설비는 제1종 보호시설과의 거리가 얼마 이상이면 방호벽을 설치하지 아니할 수 있는가?

① 9m　　② 10m
③ 11m　　④ 12m

해설
제1종 보호시설 및 제2종 보호시설과의 안전거리

구 분	저장능력	제1종 보호시설	제2종 보호시설
산소의 저장설비	1만 이하	12	8
	1만 초과 2만 이하	14	9
	2만 초과 3만 이하	16	11
	3만 초과 4만 이하	18	13
	4만 초과	20	14
독성가스 또는 가연성 가스 저장설비	1만 이하	17	12
	1만 초과 2만 이하	21	14
	2만 초과 3만 이하	24	16
	3만 초과 4만 이하	27	18
	4만 초과 5만 이하	30	20
그 밖의 가스의 저장설비	1만 이하	8	5
	1만 초과 2만 이하	9	7
	2만 초과 3만 이하	11	8
	3만 초과 4만 이하	13	9
	4만 초과	14	10

※ 위 표 중 각 저장능력 단위는 압축가스 m³, 액화가스는 kg으로 한다.

31 압력계의 측정 방법에는 탄성을 이용하는 것과 전기적 변화를 이용하는 방법 등이 있다. 다음 중 전기적 변화를 이용하는 압력계는?

① 부르동관 압력계
② 벨로스 압력계
③ 스트레인게이지
④ 다이어프램 압력계

해설
③ 스트레인게이지 : 전기적 변화를 이용하는 압력계

32 금속 재료에서 고온일 때 가스에 의한 부식으로 틀린 것은?

① 산소 및 탄산가스에 의한 산화
② 암모니아에 의한 강의 질화
③ 수소가스에 의한 탈탄작용
④ 아세틸렌에 의한 황화

해설
Cu, Ag, Hg과 화합하여 폭발성의 금속아세틸라이드를 생성한다.
$C_2H_2 + 2Cu \rightarrow Cu_2C_2 + H_2$(화합폭발)

33 오리피스미터로 유량을 측정할 때 갖추지 않아도 되는 조건은?

① 관로가 수평일 것
② 정상류 흐름일 것
③ 관 속에 유체가 충만되어 있을 것
④ 유체의 전도 및 압축의 영향이 클 것

해설
오리피스미터로 유량을 측정할 때 갖추어야 할 조건
- 관로가 수평일 것
- 정상류 흐름일 것
- 관속에 유체가 충만되어 있을 것
- 유체의 전도 및 압축의 영향이 적을 것

34 액화석유가스용 강제용기란 액화석유가스를 충전하기 위한 내용적이 얼마 미만인 용기를 말하는가?

① 30L
② 50L
③ 100L
④ 125L

해설
액화석유가스용 강제용기 : 내용적이 125L 미만인 용기

35 나사압축기에서 숫로터의 직경 150mm, 로터 길이 100mm, 회전수가 350rpm이라고 할 때 이론적 토출량은 약 몇 m^3/min인가?(단, 로터 형상에 의한 계수(C_v)는 0.476이다)

① 0.11
② 0.21
③ 0.37
④ 0.47

해설
나사압축기의 토출량 계산
$$Q\left(\frac{m^3}{min}\right) = C_V \times D^3 \times \frac{L}{D} \times R (단, R은 RPM : 분당 회전수)$$
$$= 0.476 \times (0.15m)^3 \times \frac{0.1m}{0.15m} \times \frac{350}{min}$$
$$= 0.37485 \frac{m^3}{min}$$
$$\fallingdotseq 0.37 \frac{m^3}{min}$$

36 고압가스설비는 그 고압가스의 취급에 적합한 기계적 성질을 가져야 한다. 충전용 지관에는 탄소 함유량이 얼마 이하인 강을 사용하여야 하는가?

① 0.1%
② 0.33%
③ 0.5%
④ 1%

해설
충전용 지관에는 탄소 함유량 : 0.1% 이하의 강

37 고압식 액화산소분리 장치의 원료공기에 대한 설명 중 틀린 것은?

① 탄산가스가 제거된 후 압축기에서 압축된다.
② 압축된 원료공기는 예랭기에서 열교환하여 냉각된다.
③ 건조기에서 수분이 제거된 후에는 팽창기와 정류탑의 하부로 열교환하며 들어간다.
④ 압축기로 압축한 후 물로 냉각한 다음 축랭기에 보내진다.

해설
압축기로 압축한 후 CO_2 흡수탑으로 보내져 CO_2를 가성소다용액으로 제거한다.

38 LP가스 수송관의 이음부분에 사용할 수 있는 패킹재료로 적합한 것은?

① 종이
② 천연 고무
③ 구리
④ 실리콘 고무

해설
LP가스 수송관의 이음부분에 사용할 수 있는 패킹재료 : LP가스는 천연고무를 용해시키므로 실리콘 고무를 사용한다.

39 회전 펌프의 특징에 대한 설명으로 틀린 것은?

① 고압에 적당하다.
② 점성이 있는 액체에 성능이 좋다.
③ 송출량의 맥동이 거의 없다.
④ 왕복펌프와 같은 흡입·토출 밸브가 있다.

해설
왕복펌프는 회전식 펌프가 아니라 왕복동식 펌프에 해당된다.

40 공기액화분리기에서 이산화탄소 7.2kg을 제거하기 위해 필요한 건조제(NaOH)의 양은 약 몇 kg인가?

① 6
② 9
③ 13
④ 15

해설
$2NaOH + CO_2 \rightarrow Na_2CO_3 + H_2O$
2×40 : 44
x : 7.2
∴ $x = 13$

41 염화메탄을 사용하는 배관에 사용해서는 안 되는 금속은?

① 철
② 강
③ 동합금
④ 알루미늄

해설
염화메탄이 반응을 일으키는 금속 : 마그네슘, 알루미늄, 아연

42 저온장치에 사용하는 금속재료로 적합하지 않은 것은?

① 탄소강
② 18-8 스테인리스강
③ 알루미늄
④ 크롬-망간강

해설
저온장치에 사용하는 금속재료
- 18-8 스테인리스강
- 알루미늄
- 크롬-망간강

43 관 내를 흐르는 유체의 압력 강하에 대한 설명으로 틀린 것은?

① 가스비중에 비례한다.
② 관 내경의 5승에 반비례한다.
③ 관 길이에 비례한다.
④ 압력에 비례한다.

해설
관 내를 흐르는 유체의 압력 강하는 압력과 관계가 없다.
$Q = K \times \sqrt{\dfrac{D^5 h}{SL}}$

44 액화천연가스(LNG) 저장탱크의 지붕 시공 시 지붕에 대한 좌굴강도(Buckling Strength)를 검토하는 경우 반드시 고려하여야 할 사항이 아닌 것은?

① 가스압력
② 탱크의 지붕판 및 지붕 뼈대의 중량
③ 지붕 부위 단열재의 중량
④ 내부탱크 재료 및 중량

해설
좌굴강도(Buckling Strength)를 검토하는 경우 고려해야 할 사항
- 가스압력
- 탱크의 지붕판 및 지붕 뼈대의 중량
- 지붕 부위 단열재의 중량

45 연소기의 설치방법에 대한 설명으로 틀린 것은?

① 가스온수기나 가스보일러는 목욕탕에 설치할 수 있다.
② 배기통이 가연성 물질로 된 벽 또는 천장 등을 통과하는 때에는 금속 외의 불연성 재료로 단열 조치를 한다.
③ 배기팬이 있는 밀폐형 또는 반밀폐형의 연소기를 설치한 경우 그 배기팬의 배기가스와 접촉하는 부분은 불연성재료로 한다.
④ 개방형 연소기를 설치한 실내에는 환풍기 또는 환기구를 설치한다.

해설
목욕탕에는 습기가 많기 때문에 가스온수기나 가스보일러를 설치할 수 없다.

46 '자연계에 아무런 변화도 남기지 않고 어느 열원의 열을 계속해서 일로 바꿀 수 없다. 즉, 고온물체의 열을 계속해서 일로 바꾸려면 저온물체로 열을 버려야만 한다.'라고 표현되는 법칙은?

① 열역학 제0법칙
② 열역학 제1법칙
③ 열역학 제2법칙
④ 열역학 제3법칙

해설
③ 열역학 제2법칙 : "성능계수(ε)가 무한정한 냉동기의 제작은 불가능하다"라고 표현되는 법칙으로 일에너지는 열에너지로 쉽게 바뀔 수 있지만 열에너지를 일에너지로 바꾸려면 열기관을 통해야 하는데 열기관을 통해도 열의 전부가 일로 바뀌지 않고 일부가 손실된다. 이렇게 일은 쉽게 열로 바꿀 수 없는 것이다. 즉, 열은 고온에서 저온으로 이동한다는 에너지 변환의 방향성을 표시하는 법칙을 말한다. 가역인지 비가역인지 구분하는 법칙(엔트로피를 설명하는 법칙)

47 공기 중에서의 프로판의 폭발범위(하한과 상한)를 바르게 나타낸 것은?

① 1.8~8.4%
② 2.2~9.5%
③ 2.1~8.4%
④ 1.8~9.5%

해설
프로판의 폭발범위(하한과 상한) : 2.2~9.5%

48 다음 중 액화석유가스의 주성분이 아닌 것은?

① 부 탄
② 헵 탄
③ 프로판
④ 프로필렌

해설
액화석유가스의 주성분 : 프로판, 부탄, 프로필렌, 부틸렌

49 고압가스안전관리법령에 따라 "상용의 온도에서 압력이 1MPa 이상이 되는 압축가스로서 실제로 그 압력이 1MPa 이상이 되는 경우에는 고압가스에 해당한다"라는 내용에서 압력은 어떠한 압력을 말하는가?

① 대기압
② 게이지압력
③ 절대압력
④ 진공압력

해설
고압가스안전관리법령에 따라 "상용의 온도에서 압력이 1MPa 이상이 되는 압축가스로서 실제로 그 압력이 1MPa 이상이 되는 경우에는 고압가스에 해당한다"라고 할 때 이 압력은 게이지압력을 의미한다.

50 비중병의 무게가 비었을 때는 0.2kg, 액체로 충만되어 있을 때에는 0.8kg이었다. 액체의 체적이 0.4L라면 비중량(kg/m³)은 얼마인가?

① 120
② 150
③ 1,200
④ 1,500

해설
비중량은 단위 체적마다 차지하고 있는 무게이다.

비중량 = $\dfrac{0.8\text{kg} - 0.2\text{kg}}{0.4\text{L} \times 1\text{m}^3/1{,}000\text{L}}$ = 1,500kg/m³

51 가스를 그대로 대기 중에 분출시켜 연소에 필요한 공기를 전부 불꽃의 주변에서 취하는 연소방식은?

① 적화식
② 분젠식
③ 세미분젠식
④ 전1차 공기식

해설

구 분		예혼합연소			확산연소
		전1차 공기식	분젠식	세미 분젠식	적화식
필요 공기	1차 공기(%)	100%	40~70%	30~40%	0%
	2차 공기(%)	0%	60~30%	70~60%	100%
불꽃의 색		청록색	청록색	청 색	약간 적색
불꽃의 길이		짧다.	짧다.	약간 길다.	길다.
불꽃의 온도(℃)		950	1,300	1,000	900

52 천연가스(NG)를 공급하는 도시가스의 주요 특성이 아닌 것은?

① 공기보다 가볍다.
② 메탄이 주성분이다.
③ 발전용, 일반공업용 연료로도 널리 사용한다.
④ LPG보다 발열량이 높아 최근 사용량이 급격히 많아졌다.

해설
천연가스는 LPG보다 발열량이 낮다.

53 다음 중 엔트로피의 단위는?

① kcal/h
② kcal/kg
③ kcal/kg·m
④ kcal/kg·K

해설
엔트로피의 단위 : kcal/kg·K

54 압력에 대한 설명으로 옳은 것은?

① 절대압력 = 게이지압력 + 대기압이다.
② 절대압력 = 대기압 + 진공압이다.
③ 대기압은 진공압보다 낮다.
④ 1atm은 1,033.2kg/m²이다.

해설
압력(Pressure)
• 표준 대기압

$$1atm = 760mmHg = 10,332mmH_2O \left(= mmAq = \frac{kg}{m^2}\right)$$

$$= 1.0332\frac{kg}{cm^2} = 14.7psi\left(=\frac{lb}{inch^2}\right)$$

$$= 1,013.25mbar = 101,325Pa$$

• 절대압력 = 대기압 + 게이지압
• 절대압력 = 대기압 − 진공압

55 수분이 존재할 때 일반 강재를 부식시키는 가스는?

① 황화수소
② 수 소
③ 일산화탄소
④ 질 소

해설
습기를 함유한 공기 중에서 황화수소는 금, 백금 이외의 거의 모든 금속과 반응하여 황화물을 만들고 부식시킨다.

정답 51 ① 52 ④ 53 ④ 54 ① 55 ①

56 브롬화수소의 성질에 대한 설명으로 틀린 것은?

① 독성가스이다.
② 기체는 공기보다 가볍다.
③ 유기물 등과 격렬하게 반응한다.
④ 가열 시 폭발 위험성이 있다.

해설
표준상태에서 브롬화수소(HBr) 1몰의 분자량은 약 81g으로 공기 1몰의 분자량 29g보다 무겁다.

57 증기압이 낮고 비점이 높은 가스는 기화가 쉽게 되지 않는다. 다음 가스 중 기화가 가장 안 되는 가스는?

① CH_4　　　　② C_2H_4
③ C_3H_8　　　④ C_4H_{10}

해설
부탄의 비점이 −0.5℃, 즉 비점이 가장 낮기 때문에 기화가 잘 되지 않는다.

58 절대온도 40K를 랭킨온도로 환산하면 몇 °R인가?

① 36　　　　② 54
③ 72　　　　④ 90

해설
온도
- $K = 273 + ℃$
- $°F = \frac{9}{5}℃ + 32$
- $°R = °F + 460$

그러므로, $°R = \left[\frac{9}{5} \times (40-273) + 32\right] + 460 = 72.6$

59 도시가스에 사용되는 부취제 중 DMS의 냄새는?

① 석탄가스 냄새
② 마늘 냄새
③ 양파 썩는 냄새
④ 암모니아 냄새

해설
부취제의 종류
- TBM(Tertiary Butyl Mercaptan) : 가스 종류에 흔히 쓰이며, 양파 썩는 냄새가 난다.
- THT(Tetra Hydro Thiophene) : 천연가스의 부취제로 사용되며, TBM(Tertiary Butyl Mercaptan)과 혼합하여 쓰이며, 석탄가스 냄새가 난다.
- DMS(Dimethyl Sulfide) : 마늘 냄새가 난다.

60 0℃, 1atm인 표준상태에서 공기와 같은 부피에 대한 무게비를 무엇이라고 하는가?

① 비 중　　　② 비체적
③ 밀 도　　　④ 비 열

해설
① 비중 : 0℃, 1atm인 표준상태에서 공기와 같은 부피에 대한 무게비

2013년 제5회 과년도 기출문제

01 가스가 누출되었을 때 조치로 가장 적당한 것은?

① 용기 밸브가 열려서 누출 시 부근 화기를 멀리하고, 즉시 밸브를 잠근다.
② 용기 밸브 파손으로 누출 시 전부 대피한다.
③ 용기 안전밸브 누출 시 그 부위를 열습포로 감싸준다.
④ 가스 누출로 실내에 가스 체류 시 그냥 놔두고 밖으로 피신한다.

[해설]
가스가 누출되면 즉시 밸브를 잠근다.

02 무색, 무미, 무취의 폭발범위가 넓은 가연성가스로서 할로겐원소와 격렬하게 반응하여 폭발반응을 일으키는 가스는?

① H_2
② Cl_2
③ HCl
④ C_6H_6

[해설]
수소는 1족 원소에 해당되며, 1족과 7족 원소인 할로겐원소와 팔우설을 만족시키기 위해 격렬하게 반응을 일으킨다.

03 가스사용시설의 연소기 각각에 대하여 퓨즈콕을 설치하여야 하나, 연소기 용량이 몇 kcal/h를 초과할 때 배관용 밸브로 대용할 수 있는가?

① 12,500
② 15,500
③ 19,400
④ 25,500

[해설]
연소기 용량이 19,400kcal/h를 초과할 때 배관용 밸브로 대용할 수 있다.

04 C_2H_2설비에서 제조된 C_2H_2를 충전용기에 충전 시 위험한 경우는?

① 아세틸렌이 접촉되는 설비 부분에 동함량 72%의 동합금을 사용하였다.
② 충전 중의 압력을 2.5MPa 이하로 하였다.
③ 충전 후에 압력이 15℃에서 1.5MPa 이하로 될 때까지 정치하였다.
④ 충전용 지관은 탄소함유량 0.1% 이하의 강을 사용하였다.

[해설]
아세틸렌이 접촉되는 설비 부분에 동함량 62% 이하의 동합금을 사용하여야 한다.

05 LP가스 저장탱크를 수리할 때 작업원이 저장탱크 속으로 들어가서는 안 되는 탱크 내의 산소농도는?

① 16%
② 19%
③ 20%
④ 21%

[해설]
가스설비 수리 시 산소가스의 허용농도는 18~22% 미만이다. 탱크 내의 산소농도가 16% 이하이면 질식할 수 있다.

정답 1 ① 2 ① 3 ③ 4 ① 5 ①

06 고압가스용기 등에서 실시하는 재검사 대상이 아닌 것은?

① 충전할 고압가스 종류가 변경된 경우
② 합격표시가 훼손된 경우
③ 용기밸브를 교체한 경우
④ 손상이 발생된 경우

> **해설**
> 용기밸브를 교체한 경우는 일반적인 수리범위에 해당되면 재검사 대상이 아니다.

07 다음 중 제독제로서 다량의 물을 사용하는 가스는?

① 일산화탄소
② 이황화탄소
③ 황화수소
④ 암모니아

> **해설**
> **독성가스의 제독제**
>
> | 독성가스명 | 제독제 |
> |---|---|
> | 염소 | 가성소다수용액, 탄산소다수용액, 소석회 |
> | 포스겐 | 가성소다수용액, 소석회 |
> | 황화수소 | 가성소다수용액, 탄산소다수용액 |
> | 사이안화수소 | 가성소다수용액 |
> | 아황산가스 | 가성소다수용액, 탄산소다수용액, 물 |
> | 암모니아, 산화에틸렌, 염화메탄 | 물 |

08 고압가스 냉매설비의 기밀시험 시 압축공기를 공급할 때 공기의 온도는 몇 ℃ 이하로 할 수 있는가?

① 40℃ 이하
② 70℃ 이하
③ 100℃ 이하
④ 140℃ 이하

09 LP가스 저온 저장탱크에 반드시 설치하지 않아도 되는 장치는?

① 압력계
② 진공안전밸브
③ 감압밸브
④ 압력경보설비

> **해설**
> **LP가스 저온 저장탱크에 반드시 설치하여야 되는 장치**
> • 압력계
> • 진공안전밸브
> • 압력경보설비

10 가연성가스 제조설비 중 전기설비는 방폭성능을 가지는 구조이어야 한다. 다음 중 반드시 방폭성능을 가지는 구조로 하지 않아도 되는 가연성가스는?

① 수소
② 프로판
③ 아세틸렌
④ 암모니아

> **해설**
> 암모니아와 브롬화메탄은 폭발하한값이 높기 때문에 방폭성능을 가지는 구조로 하지 않아도 된다.

11 도시가스 품질검사 시 허용기준으로 틀린 것은?

① 전유황 : 30mg/m³ 이하
② 암모니아 : 10mg/m³ 이하
③ 할로겐 총량 : 10mg/m³ 이하
④ 실록산 : 10mg/m³ 이하

해설
암모니아는 도시가스 1m³당 0.2g(200mg) 초과하지 못하게 하여야 한다.

12 포스겐의 취급 방법에 대한 설명 중 틀린 것은?

① 환기시설을 갖추어 작업한다.
② 취급 시에는 반드시 방독마스크를 착용한다.
③ 누출 시 용기가 부식되는 원인이 되므로 약간의 누출에도 주의한다.
④ 포스겐을 함유한 폐기액은 염화수소로 충분히 처리한 후 처분한다.

해설
7번 문제 해설 참고

13 가스보일러의 공통 설치기준에 대한 설명으로 틀린 것은?

① 가스보일러는 전용보일러실에 설치한다.
② 가스보일러는 지하실 또는 반지하실에 설치하지 아니한다.
③ 전용보일러실에는 반드시 환기팬을 설치한다.
④ 전용보일러실에는 사람이 거주하는 곳과 통기될 수 있는 가스레인지 배기덕트를 설치하지 아니한다.

해설
전용보일러실에 가스보일러를 설치할 경우 환기팬은 반드시 설치할 필요가 없다.

14 수소 가스의 위험도(H)는 약 얼마인가?

① 13.5   ② 17.8
③ 19.5   ④ 21.3

해설
수소의 위험도(H) = $\dfrac{U-L}{L}$ = $\dfrac{75-4}{4}$ = 17.75

15 액화석유가스 용기충전시설의 저장탱크에 폭발방지장치를 의무적으로 설치하여야 하는 경우는?

① 상업지역에 저장능력 15톤 저장탱크를 지상에 설치하는 경우
② 녹지지역에 저장능력 20톤 저장탱크를 지상에 설치하는 경우
③ 주거지역에 저장능력 5톤 저장탱크를 지상에 설치하는 경우
④ 녹지지역에 저장능력 30톤 저장탱크를 지상에 설치하는 경우

해설
액화석유가스 용기충전시설의 저장탱크에 폭발방지장치를 의무적으로 설치하여야 하는 경우 : 주거지역 또는 상업지역에 설치하는 10톤 이상의 저장탱크

16 다음 가스 저장시설 중 환기구를 갖추는 등의 조치를 반드시 하여야 하는 곳은?

① 산소 저장소
② 질소 저장소
③ 헬륨 저장소
④ 부탄 저장소

해설
환기구를 갖추는 등의 조치를 반드시 하여야 하는 곳 : 가연성 가스일 경우

17 고압가스 용기를 내압 시험한 결과 전증가량은 400mL, 영구증가량이 20mL이었다. 영구증가율은 얼마인가?

① 0.2%   ② 0.5%
③ 5%   ④ 20%

해설
$$항구증가율(\%) = \frac{항구증가량}{전증가량} \times 100$$
$$= \frac{20}{400} \times 100 = 5\%$$

18 염소의 일반적인 성질에 대한 설명으로 틀린 것은?

① 암모니아와 반응하여 염화암모늄을 생성한다.
② 무색의 자극적인 냄새를 가진 독성, 가연성 가스이다.
③ 수분과 작용하면 염산을 생성하여 철강을 심하게 부식시킨다.
④ 수돗물의 살균 소독제, 표백분 제조에 이용된다.

해설
자극적인 냄새를 가진 독성, 조연성 가스이다(액체염소는 담황색, 기체염소는 황록색을 띤다).

19 독성가스 용기 운반차량의 경계표지를 정사각형으로 할 경우 그 면적의 기준은?

① 500cm² 이상
② 600cm² 이상
③ 700cm² 이상
④ 800cm² 이상

해설
고압가스를 운반하는 차량의 경계표지
• 위험 고압가스라고 하는 표지판의 크기
 - 가로치수 : 차체 폭의 30% 이상
 - 세로치수 : 가로치수의 20% 이상
• 차량구조상 정사각형 또는 이에 가까운 형상으로 표시할 경우의 면적 : 600cm² 이상

16 ④ 17 ③ 18 ② 19 ②

20 독성가스인 염소를 운반하는 차량에 반드시 갖추어야 할 용구나 물품에 해당되지 않는 것은?

① 소화장비
② 제독제
③ 내산장갑
④ 누출검지기

> **해설**
> 독성가스가 아니라 가연성가스일 경우 소화장비가 필요하다.

21 다음 중 연소기구에서 발생할 수 있는 역화(Back-fire)의 원인이 아닌 것은?

① 염공이 적게 되었을 때
② 가스의 압력이 너무 낮을 때
③ 콕이 충분히 열리지 않았을 때
④ 버너 위에 큰 용기를 올려서 장시간 사용할 경우

> **해설**
> 염공이 적게 되었을 때는 역화가 아니라 선화가 일어난다.

22 다음 중 특정고압가스에 해당되지 않는 것은?

① 이산화탄소
② 수 소
③ 산 소
④ 천연가스

> **해설**
> **특정고압가스** : 수소, 산소, 액화암모니아, 아세틸렌, 액화염소, 천연가스, 압축모노실란, 압축다이보레인, 액화알진, 그 밖의 대통령령으로 정하는 고압가스

23 일반도시가스 배관의 설치기준 중 하천 등을 횡단하여 매설하는 경우로서 적합하지 않은 것은?

① 하천을 횡단하여 배관을 설치하는 경우에는 배관의 외면과 계획하상(河床, 하천의 바닥) 높이와의 거리는 원칙적으로 4.0m 이상으로 한다.
② 소하천, 수로를 횡단하여 배관을 매설하는 경우 배관의 외면과 계획하상(河床, 하천의 바닥) 높이와의 거리는 원칙적으로 2.5m 이상으로 한다.
③ 그 밖의 좁은 수로를 횡단하여 배관을 매설하는 경우 배관의 외면과 계획하상(河床, 하천의 바닥) 높이와의 거리는 원칙적으로 1.5m 이상으로 한다.
④ 하상변동, 패임, 닻내림 등의 영향을 받지 아니하는 깊이에 매설한다.

> **해설**
> 그 밖의 좁은 수로를 횡단하여 배관을 매설하는 경우 배관의 외면과 계획하상(河床, 하천의 바닥) 높이와의 거리는 원칙적으로 1.2m 이상으로 한다.

정답 20 ① 21 ① 22 ① 23 ③

24 일반 공업지역의 암모니아를 사용하는 A공장에서 저장능력 25톤의 저장탱크를 지상에 설치하고자 한다. 저장설비 외면으로부터 사업소 외의 주택까지 몇 m 이상의 안전거리를 유지하여야 하는가?

① 12m   ② 14m
③ 16m   ④ 18m

해설
독성가스 2만 초과 3만 이하인 경우 제2종 보호시설은 16m 안전거리를 두어야 한다.

제1종 보호시설 및 제2종 보호시설과의 안전거리

구 분	저장능력	제1종 보호시설	제2종 보호시설
산소의 저장설비	1만 이하	12	8
	1만 초과 2만 이하	14	9
	2만 초과 3만 이하	16	11
	3만 초과 4만 이하	18	13
	4만 초과	20	14
독성가스 또는 가연성 가스 저장설비	1만 이하	17	12
	1만 초과 2만 이하	21	14
	2만 초과 3만 이하	24	16
	3만 초과 4만 이하	27	18
	4만 초과 5만 이하	30	20
그 밖의 가스의 저장설비	1만 이하	8	5
	1만 초과 2만 이하	9	7
	2만 초과 3만 이하	11	8
	3만 초과 4만 이하	13	9
	4만 초과	14	10

※ 위 표 중 각 저장능력 단위는 압축가스 m^3, 액화가스는 kg으로 한다.

25 다음 중 폭발범위의 상한값이 가장 낮은 가스는?

① 암모니아   ② 프로판
③ 메 탄   ④ 일산화탄소

해설
② 프로판 : 2.2~9.5%
① 암모니아 : 15~28%
③ 메탄 : 5~15%
④ 일산화탄소 : 12.5~74%

26 고압가스 설비의 내압 및 기밀시험에 대한 설명으로 옳은 것은?

① 내압시험은 상용압력의 1.1배 이상의 압력으로 실시한다.
② 기체로 내압시험을 하는 것은 위험하므로 어떠한 경우라도 금지된다.
③ 내압시험을 할 경우에는 기밀시험을 생략할 수 있다.
④ 기밀시험은 상용압력 이상으로 하되, 0.7MPa을 초과하는 경우 0.7MPa 이상으로 한다.

해설
용기 및 설비에 따른 압력

압력의 종류	용기		설비 (저장탱크, 용기집합장치, 배관 등)
	C_2H_2	C_2H_2 이외의 용기	
TP (내압 시험압력)	FP×3배	FP×$\frac{5}{3}$	• 상용압력×1.5배(공기, 질소로 내압시험 시 상용압력×1.25배) • 냉동설비는 설계압력×1.5배 • 도시가스는 최고사용압력×1.5배
FP (최고 충전압력)	15℃에서 1.55MPa	TP×$\frac{3}{5}$	—
AP (기밀 시험압력)	FP×1.8배	FP(단, 저온, 초저온용기 =FP×1.1배)	• 상용압력 • 도시가스는 최고사용압력×1.1배
안전밸브 작동압력	TP×0.8배	TP×0.8배	TP×0.8배(단, 액화산소탱크=상용압력×1.5배)

24 ③ 25 ② 26 ④

27 저장탱크에 의한 LPG 사용시설에서 가스계량기의 설치기준에 대한 설명으로 틀린 것은?

① 가스계량기와 화기와의 우회거리 확인은 계량기의 외면과 화기를 취급하는 설비의 외면을 실측하여 확인한다.
② 가스계량기는 화기와 3m 이상의 우회거리를 유지하는 곳에 설치한다.
③ 가스계량기의 설치높이는 1.6m 이상, 2m 이내에 설치하여 고정한다.
④ 가스계량기와 굴뚝 및 전기점멸기와의 거리는 30cm 이상의 거리를 유지한다.

[해설]
가스계량기 설치기준
- 가스계량기는 화기와 2m 이상의 우회거리를 유지하는 곳에 설치할 것
- 가스계량기($30m^3/hr$ 미만인 경우만을 말한다)의 설치 높이는 바닥으로부터 1.6m 이상 2m 이내에 수직·수평으로 설치하고 밴드·보호가대 등 고정장치로 고정시킬 것. 다만, 보호상자 내에 설치, 기계실에 설치, 보일러실(가정에 설치된 보일러실 제외)에 설치 또는 문이 달린 파이프 덕트에 설치하는 경우 바닥으로부터 2m 이내에 설치한다.
- 가스계량기와 전기계량기 및 전기개폐기의 거리는 60cm 이상
- 가스계량기와 굴뚝(단열조치하지 않은 경우), 전기점멸기 및 전기접속기와의 거리는 30cm 이상
- 가스계량기와 절연조치하지 않은 전선과의 거리는 15cm 이상

28 차량에 고정된 탱크로서 고압가스를 운반할 때 그 내용적의 기준으로 틀린 것은?

① 수소 : 18,000L
② 액화 암모니아 : 12,000L
③ 산소 : 18,000L
④ 액화 염소 : 12,000L

[해설]
차량에 고정된 탱크의 내용적 제한
- 가연성가스 및 산소탱크의 내용적(다만, LPG는 제외) : 18,000L 이하
- 독성가스탱크의 내용적(단, 액화암모니아는 제외) : 12,000L 이하

29 고압가스 특정제조시설에서 안전구역 안의 고압가스설비는 그 외면으로부터 다른 안전구역 안에 있는 고압가스설비의 외면까지 몇 m 이상의 거리를 유지하여야 하는가?

① 5m ② 10m
③ 20m ④ 30m

[해설]
고압가스 특정제조시설에서 안전구역 안의 고압가스설비는 그 외면으로부터 다른 안전구역 안에 있는 고압가스설비의 외면까지 30m 이상의 거리를 유지하여야 한다.

30 다음 중 독성가스에 해당하지 않는 것은?

① 아황산가스
② 암모니아
③ 일산화탄소
④ 이산화탄소

[해설]
④ 이산화탄소 : 허용농도가 5,000ppm으로 비독성

31 고압식 공기액화 분리장치의 복식정류탑 하부에서 분리되어 액체산소 저장탱크에 저장되는 액체 산소의 순도는 약 얼마인가?

① 99.6~99.8%
② 96~98%
③ 90~92%
④ 88~90%

[해설]
고압식 공기액화 분리장치의 복식정류탑 하부에서 분리되어 액체산소 저장탱크에 저장되는 액체 산소의 순도 : 99.6~99.8%

정답 27 ② 28 ② 29 ④ 30 ④ 31 ①

32 초저온 용기의 단열성능 검사 시 측정하는 침입열량의 단위는?

① kcal/h·L·℃
② kcal/m²·h·℃
③ kcal/m·h·℃
④ kcal/m·h·bar

해설
단열성능 시험
• 단열성능 시험용 가스 : 액화질소, 액화산소, 액화아르곤
• 침입열량계산공식 : $Q = \dfrac{W \times q}{H \times \Delta T \times V}$

여기서, Q : 침입열량 $\left(\dfrac{kcal}{h \cdot ℃ \cdot L}\right)$
H : 측정시간(h)
ΔT : 온도차(℃)
V : 내용적(L)
W : 기화된 가스량(kg)
q : 시험용가스의 기화잠열 $\left(\dfrac{kcal}{kg}\right)$

33 저장능력 10톤 이상의 저장탱크에는 폭발방지장치를 설치한다. 이때 사용되는 폭발방지제의 재질로 가장 적당한 것은?

① 탄소강   ② 구 리
③ 스테인리스   ④ 알루미늄

해설
저장능력 10톤 이상인 저장탱크의 폭발방지장치 재질 : 알루미늄

34 긴급차단장치의 동력원으로 가장 부적당한 것은?

① 스프링   ② X선
③ 기 압   ④ 전 기

해설
긴급차단장치의 동력원 : 스프링, 기압, 전기

35 다음 중 1차 압력계는?

① 부르동관 압력계
② 전기 저항식 압력계
③ U자관형 마노미터
④ 벨로스 압력계

해설
압력계의 구분
• 1차 압력계 : 압력을 직접측정 – 액주식, 자유피스톤식(분동식)
• 2차 압력계 : 압력을 간접측정 – 부르동관식, 다이어프램식, 벨로스식, 전기식, 피에조 전기압력계식

36 압축기의 윤활에 대한 설명으로 옳은 것은?

① 산소압축기의 윤활유로는 물을 사용한다.
② 염소압축기의 윤활유로는 양질의 광유가 사용된다.
③ 수소압축기의 윤활유로는 식물성유가 사용된다.
④ 공기압축기의 윤활유로는 식물성유가 사용된다.

해설
중요가스 윤활유
• 공기 : 양질의 광유
• 아세틸렌 : 양질의 광유
• 수소 : 양질의 광유
• 산소 : 10% 이하의 묽은 글리세린수 또는 물
• 염소 : 진한 황산
• 아황산가스 : 화이트유(액상파라핀, 바셀린유)

37 다음 금속재료 중 저온재료로 가장 부적당한 것은?

① 탄소강   ② 니켈강
③ 스테인리스강   ④ 황 동

해설
금속재료 중 저온재료
- 니켈강
- 스테인리스강
- 황 동

40 다음 중 정압기의 부속설비가 아닌 것은?

① 불순물 제거장치
② 이상압력상승 방지장치
③ 검사용 맨홀
④ 압력기록장치

해설
정압기의 부속설비
- 불순물 제거장치
- 이상압력상승 방지장치
- 압력기록장치

38 다음 유량 측정방법 중 직접법은?

① 습식가스미터
② 벤투리미터
③ 오리피스미터
④ 피토튜브

해설
① 습식가스미터 : 직접유량계

39 내용적 47L인 LP가스 용기의 최대 충전량은 몇 kg인가?(단, LP가스 정수는 2.35이다)

① 20   ② 42
③ 50   ④ 110

해설
액화가스 용기 및 차량에 고정된 탱크인 경우
$$W = \frac{V_2}{C} = \frac{47}{2.35} = 20$$

41 다음 보기의 특징을 가지는 펌프는?

- 고압, 소유량에 적당하다.
- 토출량이 일정하다.
- 송수량의 가감이 가능하다.
- 맥동이 일어나기 쉽다.

① 원심 펌프
② 왕복 펌프
③ 축류 펌프
④ 사류 펌프

해설
② 왕복 펌프 : 단속적이므로 맥동이 일어나기 쉽다.

정답 37 ① 38 ① 39 ① 40 ③ 41 ②

42 터보식 펌프로서 비교적 저양정에 적합하며, 효율변화가 비교적 급한 펌프는?

① 원심 펌프
② 축류 펌프
③ 왕복 펌프
④ 베인 펌프

해설
터보식 펌프 : 축류펌프, 사류펌프

43 산소용기의 최고 충전압력이 15MPa일 때 이 용기의 내압 시험압력은 얼마인가?

① 15MPa ② 20MPa
③ 22.5MPa ④ 25MPa

해설
용기 및 설비에 따른 압력

압력의 종류	용기		설비 (저장탱크, 용기집합장치, 배관 등)
	C_2H_2	C_2H_2 이외의 용기	
TP (내압시험압력)	FP×3배	FP×$\frac{5}{3}$	• 상용압력×1.5배(공기, 질소로 내압시험 시 상용압력×1.25배) • 냉동설비는 설계압력×1.5배 • 도시가스는 최고사용압력×1.5배
FP (최고충전압력)	15℃에서 1.55MPa	TP×$\frac{3}{5}$	—
AP (기밀시험압력)	FP×1.8배	FP(단, 저온, 초저온용기 =FP×1.1배)	• 상용압력 • 도시가스는 최고사용압력×1.1배
안전밸브 작동압력	TP×0.8배	TP×0.8배	TP×0.8배(단, 액화산소탱크=상용압력×1.5배)

그러므로 TP = FP×$\frac{5}{3}$ = 15×$\frac{5}{3}$ = 25MPa

44 기화기에 대한 설명으로 틀린 것은?

① 기화기 사용 시 장점은 LP가스 종류에 관계없이 한랭 시에도 충분히 기화시킨다.
② 기화장치의 구성요소 중에는 기화부, 제어부, 조압부 등이 있다.
③ 감압가열 방식은 열교환기에 의해 액상의 가스를 기화시킨 후 조정기로 감압시켜 공급하는 방식이다.
④ 기화기를 증발형식에 의해 분류하면 순간 증발식과 유입 증발식이 있다.

해설
기화기중 감압가열 방식 : LPG가스를 사용량에 맞게 조절하기 위해 감압을 한 후, 가열하여 기화된 LPG가스를 공급하는 방식

45 펌프에서 유량을 $Q(m^3/min)$, 양정을 $H(m)$, 회전수 $N(rpm)$이라 할 때 1단 펌프에서 비교 회전도 η_s를 구하는 식은?

① $\eta_s = \dfrac{Q^2\sqrt{N}}{H^{3/4}}$ ② $\eta_s = \dfrac{N^2\sqrt{Q}}{H^{3/4}}$

③ $\eta_s = \dfrac{N\sqrt{Q}}{H^{3/4}}$ ④ $\eta_s = \dfrac{\sqrt{NQ}}{H^{3/4}}$

해설
비속도(비교회전도)
기준이 되는 펌프와 형상과 구조가 같게 만들어진 펌프가 양정 1m에서 유량이 1 $\dfrac{m^3}{min}$ 을 양수할 때 필요한 임펠러의 분당 회전수

• 비속도(η_s) = $\dfrac{NQ^{\frac{1}{2}}}{\left(\dfrac{H}{Z}\right)^{\frac{3}{4}}}$

여기서, N_s : 비교회전도 N : 회전수(rpm)
Z : 단수 Q : 유량$\left(\dfrac{m^3}{min}\right)$
H : 양정(m)

정답 42 ② 43 ④ 44 ③ 45 ③

46 액체 산소의 색깔은?

① 담황색 ② 담적색
③ 회백색 ④ 담청색

> **해설**
> 액체 산소의 색깔 : 담청색

47 LPG에 대한 설명 중 틀린 것은?

① 액체상태는 물(비중 1)보다 가볍다.
② 기화열이 커서 액체가 피부에 닿으면 동상의 우려가 있다.
③ 공기와 혼합시켜 도시가스 원료로도 사용된다.
④ 가정에서 연료용으로 사용하는 LPG는 올레핀계 탄화수소이다.

> **해설**
> 가정에서 연료용으로 사용하는 LPG는 파라핀계 탄화수소이다.

48 "기체의 온도를 일정하게 유지할 때 기체가 차지하는 부피는 절대 압력에 반비례한다."라는 법칙은?

① 보일의 법칙
② 샤를의 법칙
③ 헨리의 법칙
④ 아보가드로의 법칙

> **해설**
> 보일의 법칙(등온법칙 : T = C) : 기체의 온도가 일정할 때 기체의 체적은 압력에 반비례한다.
> 여기서, $P_1 V_1 = P_2 V_2$

49 압력 환산 값을 서로 가장 바르게 나타낸 것은?

① $1\text{lb/ft}^2 ≒ 0.142\text{kg/cm}^2$
② $1\text{kg/cm}^2 ≒ 13.7\text{lb/in}^2$
③ $1\text{atm} ≒ 1,033\text{g/cm}^2$
④ $76\text{cmHg} ≒ 1,013\text{dyne/cm}^2$

> **해설**
> ① $1\dfrac{\text{lb}}{\text{ft}^2} \times \dfrac{0.4536\text{kg}}{1\text{lb}} \times \dfrac{1\text{ft}^2}{0.092903\text{m}^2} \times \dfrac{1\text{m}^2}{10^4\text{cm}^2}$
> $= 4.89 \times 10^{-4} \text{kg/cm}^2$
> ② $1\dfrac{\text{kg}}{\text{cm}^2} \times \dfrac{1\text{lb}}{0.4536\text{kg}} \times \dfrac{6.4516\text{cm}^2}{1\text{inch}^2} = 14.22\text{lb/in}^2$
> ④ $76\text{cmHg} \times \dfrac{1.0332\dfrac{\text{kg}}{\text{cm}^2}}{76\text{cmHg}} \times \dfrac{1\text{dyne}}{10^{-5}\text{N}} \times \dfrac{9.8\text{N}}{1\text{kg}}$
> $= 1,012,536 \text{dyne/cm}^2$

50 절대온도 0K는 섭씨온도 약 몇 ℃인가?

① −273 ② 0
③ 32   ④ 273

> **해설**
> K = 273 + ℃
> 0 = 273 + ℃
> ℃ = −273

정답 46 ④ 47 ④ 48 ① 49 ③ 50 ①

51 수소와 산소 또는 공기와의 혼합기체에 점화하면 급격히 화합하여 폭발하므로 위험하다. 이 혼합기체를 무엇이라고 하는가?

① 염소폭명기
② 수소폭명기
③ 산소폭명기
④ 공기폭명기

해설
수 소
- 수소폭명기 : $2H_2 + O_2 \rightarrow 2H_2O$
- 염소폭명기 : $H_2 + Cl_2 \rightarrow 2HCl$

52 기체연료의 일반적인 특징에 대한 설명으로 틀린 것은?

① 완전연소가 가능하다.
② 고온을 얻을 수 있다.
③ 화재 및 폭발의 위험성이 적다.
④ 연소조절 및 점화, 소화가 용이하다.

해설
기체연료의 일반적인 특징
- 완전연소가 가능하다.
- 고온을 얻을 수 있다.
- 화재 및 폭발의 위험성이 크다.
- 연소조절 및 점화, 소화가 용이하다.

53 다음 중 압력단위가 아닌 것은?

① Pa
② atm
③ bar
④ N

해설
④ N : 힘의 단위

54 공기비가 클 경우 나타나는 현상이 아닌 것은?

① 통풍력이 강하여 배기가스에 의한 열손실 증대
② 불완전연소에 의한 매연발생이 심함
③ 연소가스 중 SO_3의 양이 증대되어 저온 부식 촉진
④ 연소가스 중 NO_2의 발생이 심하여 대기오염 유발

해설
공기가 충분하기 때문에 완전연소에 의한 매연발생이 적다.

55 표준상태에서 1몰의 아세틸렌이 완전연소될 때 필요한 산소의 몰 수는?

① 1몰
② 1.5몰
③ 2몰
④ 2.5몰

해설
아세틸렌의 완전연소 반응식 : $C_2H_2 + 2.5O_2 \rightarrow 2CO_2 + H_2O$

56 다음 보기에서 설명하는 가스는?

|보기|
- 독성이 강하다.
- 연소시키면 잘 탄다.
- 각종 금속에 작용한다.
- 가압·냉각에 의해 액화가 쉽다.

① HCl ② NH_3
③ CO ④ C_2H_2

해설
암모니아(NH_3)
- 독성이 강하다.
- 연소시키면 잘 탄다.
- 물에 매우 잘 녹는다.
- 각종 금속에 작용한다.
- 가압·냉각에 의해 액화가 쉽다.

57 질소의 용도가 아닌 것은?

① 비료에 이용
② 질산 제조에 이용
③ 연료용에 이용
④ 냉매로 이용

해설
질소는 불연성가스이므로 연료용으로 사용할 수 없다.

58 27℃, 1기압하에서 메탄가스 80g이 차지하는 부피는 약 몇 L인가?

① 112 ② 123
③ 224 ④ 246

해설
$PV = nRT$
$PV = \dfrac{W}{M}RT$

여기서, P : 압력(atm)
V : 부피(L)
n : 몰수(mol)
M : 분자량$\left(\dfrac{g}{mol}\right)$
W : 질량(g)
R : 이상기체상수$\left(=0.082\dfrac{atm \cdot L}{mol \cdot K}\right)$
T : 절대온도(K)

그러므로, $PV = nRT$
$V = \dfrac{W}{PM}RT = \dfrac{80 \times 0.082 \times (273+27)}{1 \times 16} = 123L$

59 산소 농도의 증가에 대한 설명으로 틀린 것은?

① 연소속도가 빨라진다.
② 발화온도가 올라간다.
③ 화염온도가 올라간다.
④ 폭발력이 세진다.

해설
산소 농도가 증가하면 발화온도가 낮아진다.

60 다음 중 보관 시 유리를 사용할 수 없는 것은?

① HF ② C_6H_6
③ $NaHCO_3$ ④ KBr

해설
HF는 유리를 녹이는 성질이 있다.

정답 56 ② 57 ③ 58 ② 59 ② 60 ①

2014년 제1회 과년도 기출문제

01 액화석유가스 사용시설에서 LPG용기 집합설비의 저장능력이 얼마 이하일 때 용기, 용기밸브, 압력조정기가 직사광선, 눈 또는 빗물에 노출되지 않도록 해야 하는가?

① 50kg 이하
② 100kg 이하
③ 300kg 이하
④ 500kg 이하

해설
액화석유가스 사용시설에서 LPG용기 집합설비의 저장능력이 100kg 이하일 때 용기, 용기밸브, 압력조정기가 직사광선, 눈 또는 빗물에 노출되지 않도록 해야 한다.

02 아세틸렌 용기를 제조하고자 하는 자가 갖추어야 하는 설비가 아닌 것은?

① 원료혼합기
② 건조로
③ 원료충전기
④ 소결로

해설
④ 소결로 : 고체간의 순 고체상 혹은 일부 액체상을 섞은 결합반응을 하는 로

03 가스의 연소한계에 대하여 가장 바르게 나타낸 것은?

① 착화온도의 상한과 하한
② 물질이 탈 수 있는 최저온도
③ 완전연소가 될 때의 산소공급 한계
④ 연소가 가능한 가스의 공기와의 혼합비율의 상한과 하한

해설
연소가 가능한 가스의 공기와의 혼합비율의 상한과 하한 즉 폭발범위, 폭발한계, 연소범위, 연소한계, 가연범위, 가연한계라고도 한다.

04 도로굴착공사에 의한 도시가스배관 손상 방지기준으로 틀린 것은?

① 착공 전 도면에 표시된 가스배관과 기타 지장물 매설 유무를 조사하여야 한다.
② 도로굴착자의 굴착공사로 인하여 노출된 배관 길이가 10m 이상인 경우에는 점검통로 및 조명시설을 하여야 한다.
③ 가스배관이 있을 것으로 예상되는 지점으로부터 2m 이내에서 줄파기를 할 때에는 안전관리전담자의 입회하에 시행하여야 한다.
④ 가스배관의 주위를 굴착하고자 할 때에는 가스배관의 좌우 1m 이내의 부분은 인력으로 굴착한다.

해설
도로굴착자의 굴착공사로 인하여 노출된 배관 길이가 15m 이상인 경우에는 점검통로 및 조명시설을 하여야 한다.

05 도시가스 배관이 하천을 횡단하는 배관 주위의 흙이 사질토의 경우 방호구조물의 비중은?

① 배관 내 유체 비중 이상의 값
② 물의 비중 이상의 값
③ 토양의 비중 이상의 값
④ 공기의 비중 이상의 값

해설
배관 주위의 흙이 사질토의 경우 방호구조물의 비중 : 물의 비중 이상의 값

정답 1② 2④ 3④ 4② 5②

06 도시가스사업자는 가스공급시설을 효율적으로 관리하기 위하여 배관·정압기에 대하여 도시가스 배관망을 전산화하여야 한다. 이때 전산관리 대상이 아닌 것은?

① 설치도면 ② 시방서
③ 시공자 ④ 배관제조자

[해설]
배관·정압기에 대하여 도시가스배관망을 전산화할 때 전산관리 대상
- 설치도면
- 시방서
- 시공자

07 겨울철 LP 가스용기 표면에 성에가 생겨 가스가 잘 나오지 않을 경우 가스를 사용하기 위한 가장 적절한 조치는?

① 연탄불로 쪼인다.
② 용기를 힘차게 흔든다.
③ 열 습포를 사용한다.
④ 90℃ 정도의 물을 용기에 붓는다.

[해설]
겨울철 LP가스용기 표면에 성에가 생겨 가스가 잘 나오지 않을 경우 열 습포를 사용한다.

08 LPG 사용시설에서 가스누출경보장치 검지부 설치 높이의 기준으로 옳은 것은?

① 지면에서 30cm 이내
② 지면에서 60cm 이내
③ 천장에서 30cm 이내
④ 천장에서 60cm 이내

[해설]
LPG는 공기보다 무겁기 때문에 가스누출경보장치 검지부는 지면에서 30cm 이내에 설치한다.

09 액화석유가스를 저장하기 위하여 지상 또는 지하에 고정 설치된 탱크로서 액화석유가스의 안전관리 및 사업법에서 정한 "소형저장탱크"는 그 저장능력이 얼마인 것을 말하는가?

① 1톤 미만 ② 3톤 미만
③ 5톤 미만 ④ 10톤 미만

[해설]
소형저장탱크의 저장능력 : 3톤 미만

10 차량에 고정된 탱크로 염소를 운반할 때 탱크의 최대 내용적은?

① 12,000L ② 18,000L
③ 20,000L ④ 38,000L

[해설]
차량에 고정된 탱크의 내용적 제한
- 가연성가스 및 산소탱크의 내용적(단, LPG는 제외) : 18,000L 이하
- 독성가스탱크의 내용적(단, 액화암모니아는 제외) : 12,000L 이하

정답 6 ④ 7 ③ 8 ① 9 ② 10 ①

11 에어졸 제조설비와 인화성 물질과의 최소 우회거리는?

① 3m 이상   ② 5m 이상
③ 8m 이상   ④ 10m 이상

> **해설**
> 에어졸 제조설비와 인화성 물질과의 최소 우회거리 : 8m 이상

12 지상 배관은 안전을 확보하기 위해 그 배관의 외부에 다음의 항목들을 표기하여야 한다. 해당하지 않는 것은?

① 사용가스명
② 최고사용압력
③ 가스의 흐름 방향
④ 공급 회사명

> **해설**
> 지상 배관의 안전을 확보하기 위한 배관의 외부 표기사항
> • 사용가스명
> • 최고사용압력
> • 가스의 흐름 방향

13 굴착으로 인하여 도시가스배관이 65m가 노출되었을 경우 가스누출경보기의 설치 개수로 알맞은 것은?

① 1개   ② 2개
③ 3개   ④ 4개

> **해설**
> 노출배관인 경우 가스배관 길이가 20m마다 가스누출경보기를 설치해야 한다.

14 도시가스 제조소 저장탱크의 방류둑에 대한 설명으로 틀린 것은?

① 지하에 묻은 저장탱크 내의 액화가스가 전부 유출된 경우에 그 액면이 지면보다 낮도록 된 구조는 방류둑을 설치한 것으로 본다.
② 방류둑의 용량은 저장탱크 저장능력의 90%에 상당하는 용적 이상이어야 한다.
③ 방류둑의 재료는 철근 콘크리트, 금속, 흙, 철골·철근 콘크리트 또는 이들을 혼합하여야 한다.
④ 방류둑은 액밀한 것이어야 한다.

> **해설**
> **방류둑의 용량**
> • 액화산소저장탱크 : 저장능력에 상당용적 60% 이상
> • 집합방류둑 내에 설치한 경우 : 최대저장탱크의 용량 + 잔여탱크의 용량의 10% 상당용적 이상
> • 질소가스는 불연성, 비독성물질이므로 방류둑이 필요 없다.

15 냉동기란 고압가스를 사용하여 냉동하기 위한 기기로서 냉동능력 산정기준에 따라 계산된 냉동능력이 몇 톤 이상인 것을 말하는가?

① 1   ② 1.2
③ 2   ④ 3

> **해설**
> 냉동기란 고압가스를 사용하여 냉동하기 위한 기기로서 냉동능력 산정기준에 따라 계산된 냉동능력 3톤 이상인 것을 말한다.

정답 11 ③ 12 ④ 13 ④ 14 ② 15 ④

16 고압가스제조시설에서 가연성가스 가스설비 중 전기설비를 방폭구조로 하여야 하는 가스는?

① 암모니아
② 브롬화메탄
③ 수 소
④ 공기 중에서 자기 발화하는 가스

해설
전기설비를 방폭구조로 할 필요가 없는 가스
• 암모니아
• 브롬화메탄
• 공기 중에서 자기 발화하는 가스

17 용기 종류별 부속품의 기호 중 아세틸렌을 충전하는 용기의 부속품 기호는?

① AT
② AG
③ AA
④ AB

해설
용기 종류별 부속품의 기호

용기 종류	기 호
아세틸렌가스를 충전하는 용기의 부속품	AG
압축가스를 충전하는 용기의 부속품	PG
액화석유가스를 충전하는 용기의 부속품	LPG
액화석유가스 외의 액화가스를 충전하는 용기의 부속품	LG
초저온용기 및 저온용기의 부속품	LT

18 도시가스 배관을 노출하여 설치하고자 할 때 배관 손상방지를 위한 방호조치 기준으로 옳은 것은?

① 방호철판 두께는 최소 10mm 이상으로 한다.
② 방호철판의 크기는 1m 이상으로 한다.
③ 철근 콘크리트재 방호 구조물은 두께가 15cm 이상이어야 한다.
④ 철근 콘크리트재 방호 구조물은 높이가 1.5m 이상이어야 한다.

해설
도시가스 배관을 노출하여 설치하고자 할 때 배관 손상방지를 위한 방호조치 기준
• 방호철판 두께는 최소 4mm 이상으로 한다.
• 방호철판의 크기는 1m 이상으로 한다.
• 철근 콘크리트재 방호 구조물은 두께가 10cm 이상이어야 한다.
• 철근 콘크리트재 방호 구조물은 높이가 1m 이상이어야 한다.

19 다음 중 누출 시 다량의 물로 제독할 수 있는 가스는?

① 산화에틸렌
② 염 소
③ 일산화탄소
④ 황화수소

해설
독성가스의 제독제

독성가스명	제독제
염 소	가성소다수용액, 탄산소다수용액, 소석회
포스겐	가성소다수용액, 소석회
황화수소	가성소다수용액, 탄산소다수용액
사이안화수소	가성소다수용액
아황산가스	가성소다수용액, 탄산소다수용액, 물
암모니아, 산화에틸렌, 염화메탄	물

정답 16 ③ 17 ② 18 ② 19 ①

20 사이안화수소의 충전 시 사용되는 안정제가 아닌 것은?

① 암모니아　　② 황 산
③ 염화칼슘　　④ 인 산

> **해설**
> 사이안화수소의 안정제 : 황산, 동망, 오산화인, 염화칼슘, 인산, 아황산가스

21 가스계량기와 전기개폐기와의 최소 안전거리는?

① 15cm　　② 30cm
③ 60cm　　④ 80cm

> **해설**
> **가스계량기 설치기준**
> - 가스계량기는 화기와 2m 이상의 우회거리를 유지하는 곳에 설치할 것
> - 가스계량기($30m^3/hr$ 미만인 경우만을 말한다)의 설치 높이는 바닥으로부터 1.6m 이상 2m 이내에 수직·수평으로 설치하고 밴드·보호가대 등 고정장치로 고정시킬 것. 다만, 보호상자 내에 설치, 기계실에 설치, 보일러실(가정에 설치된 보일러실 제외)에 설치 또는 문이 달린 파이프 덕트에 설치하는 경우 바닥으로부터 2m 이내에 설치한다.
> - 가스계량기와 전기계량기 및 전기개폐기의 거리는 60cm 이상
> - 가스계량기와 굴뚝(단열조치하지 않은 경우), 전기점멸기 및 전기접속기와의 거리는 30cm 이상
> - 가스계량기와 절연조치하지 않은 전선과의 거리는 15cm 이상

22 다음 중 공동주택 등에 도시가스를 공급하기 위한 것으로서 압력조정기의 설치가 가능한 경우는?

① 가스압력이 중압으로서 전체세대수가 100세대인 경우
② 가스압력이 중압으로서 전체세대수가 150세대인 경우
③ 가스압력이 저압으로서 전체세대수가 250세대인 경우
④ 가스압력이 저압으로서 전체세대수가 300세대인 경우

> **해설**
> 공동주택 등 도시가스를 공급하기 위한 것으로 압력조정기의 설치가 가능한 경우 : 가스압력이 중압으로서 전체세대수가 150세대 미만인 경우

23 다음 중 동일 차량에 적재하여 운반할 수 없는 가스는?

① 산소와 질소
② 염소와 아세틸렌
③ 질소와 탄산가스
④ 탄산가스와 아세틸렌

> **해설**
> **운반차량의 가스 운반기준**
> - 염소와 아세틸렌, 암모니아 또는 수소는 동일 차량에 적재하여 운반하지 말 것
> - 가연성가스와 산소를 동일차량에 적재하여 운반할 때에는 그 충전용기의 밸브가 서로 마주보지 않도록 적재할 것
> - 충전용기와 위험물안전관리법에서 정하는 위험물과는 동일 차량에 적재하여 운반하지 말 것

24 고압가스 배관의 설치기준 중 하천과 병행하여 매설하는 경우에 대한 설명으로 틀린 것은?

① 배관은 견고하고 내구력을 갖는 방호구조물 안에 설치한다.
② 배관의 외면으로부터 2.5m 이상의 매설심도를 유지한다.
③ 하상(河床, 하천의 바닥)을 포함한 하천구역에 하전과 병행하여 설치한다.
④ 배관 손상으로 인한 가스 누출 등 위급한 상황이 발생한 때에 그 배관에 유입되는 가스를 신속히 차단할 수 있는 장치를 설치한다.

해설
고압가스 배관의 설치기준 중 하천과 병행하여 매설하는 경우
• 배관은 견고하고 내구력을 갖는 방호구조물 안에 설치한다.
• 배관의 외면으로부터 2.5m 이상의 매설심도를 유지한다.
• 배관 손상으로 인한 가스 누출 등 위급한 상황이 발생한 때에 그 배관에 유입되는 가스를 신속히 차단할 수 있는 장치를 설치한다.

25 가스사용시설에서 원칙적으로 PE배관을 노출배관으로 사용할 수 있는 경우는?

① 지상배관과 연결하기 위하여 금속관을 사용하여 보호조치를 한 경우로서 지면에서 20cm 이하로 노출하여 시공하는 경우
② 지상배관과 연결하기 위하여 금속관을 사용하여 보호조치를 한 경우로서 지면에서 30cm 이하로 노출하여 시공하는 경우
③ 지상배관과 연결하기 위하여 금속관을 사용하여 보호조치를 한 경우로서 지면에서 50cm 이하로 노출하여 시공하는 경우
④ 지상배관과 연결하기 위하여 금속관을 사용하여 보호조치를 한 경우로서 지면에서 1m 이하로 노출하여 시공하는 경우

해설
PE배관을 노출배관으로 사용할 수 있는 경우 : 지상배관과 연결하기 위하여 금속관을 사용하여 보호조치를 한 경우로서 지면에서 30cm 이하로 노출하여 시공하는 경우

26 가연물의 종류에 따른 화재의 구분이 잘못된 것은?

① A급 : 일반화재
② B급 : 유류화재
③ C급 : 전기화재
④ D급 : 식용유 화재

해설
④ D급 : 금속분 화재

27 정전기에 대한 설명 중 틀린 것은?

① 습도가 낮을수록 정전기를 축적하기 쉽다.
② 화학섬유로 된 의류는 흡수성이 높으므로 정전기가 대전하기 쉽다.
③ 액상의 LP가스는 전기 절연성이 높으므로 유동 시에는 대전하기 쉽다.
④ 재료 선택 시 접촉 전위차를 적게 하여 정전기 발생을 줄인다.

해설
화학섬유로 된 의류는 흡수성이 낮으므로 정전기가 대전하기 쉽다.

정답 24 ③ 25 ② 26 ④ 27 ②

28 비중이 공기보다 커서 바닥에 체류하는 가스로만 나열된 것은?

① 프로판, 염소, 포스겐
② 프로판, 수소, 아세틸렌
③ 염소, 암모니아, 아세틸렌
④ 염소, 포스겐, 암모니아

해설
- 공기의 분자량 : 29g
- 프로판(C_3H_8)의 분자량 : 44g
- 염소(Cl_2)의 분자량 : 71g
- 포스겐($COCl_2$)의 분자량 : 99g

29 아세틸렌을 용기에 충전 시 미리 용기에 다공물질을 채우는데 이때 다공도의 기준은?

① 75% 이상, 92% 미만
② 80% 이상, 95% 미만
③ 95% 이상
④ 98% 이상

해설
다공물질을 채울 때의 다공도 기준 : 75% 이상 92% 미만

30 다음 중 폭발방지대책으로서 가장 거리가 먼 것은?

① 압력계 설치
② 정전기 제거를 위한 접지
③ 방폭성능 전기설비 설치
④ 폭발하한 이내로 불활성가스에 의한 희석

해설
폭발방지대책
- 방폭성능 전기설비 설치
- 정전기 제거를 위한 접지
- 폭발하한 이내로 불활성가스에 의한 희석

31 재료에 인장과 압축하중을 오랜 시간 반복적으로 작용시키면 그 응력이 인장강도보다 작은 경우에도 파괴되는 현상은?

① 인성파괴
② 피로파괴
③ 취성파괴
④ 크리프파괴

해설
② 피로파괴 : 재료에 인장과 압축하중을 오랜 시간 반복적으로 작용시키면 그 응력이 인장강도보다 작은 경우에도 파괴되는 현상

32 아세틸렌 용기에 주로 사용되는 안전밸브의 종류는?

① 스프링식
② 가용전식
③ 파열판식
④ 압전식

해설
아세틸렌용기에 주로 사용되는 안전밸브 : 가용전식

33 다량의 메탄을 액화시키려면 어떤 액화사이클을 사용해야 하는가?

① 캐스케이드 사이클
② 필립스 사이클
③ 캐피자 사이클
④ 클라우드 사이클

해설
캐스케이드 사이클
- 비점이 낮은 냉매를 사용하여 저비점의 기체를 액화시킨다(초저온을 얻기 위해 2개의 냉동기를 운영).
- 메탄가스를 다량으로 액화시킬 때 사용

34 저온 액체 저장설비에서 열의 침입요인으로 가장 거리가 먼 것은?

① 단열재를 직접 통한 열대류
② 외면으로부터의 열복사
③ 연결 파이프를 통한 열전도
④ 밸브 등에 의한 열전도

해설
저온 액체 저장설비에서 열의 침입요인
- 외면으로부터의 열복사
- 밸브 등에 의한 열전도
- 연결 파이프를 통한 열전도

35 LP가스 이송설비 중 압축기의 부속장치로서 토출측과 흡입측을 전환시키며, 액송과 가스회수를 한 동작으로 할 수 있는 것은?

① 액트랩   ② 액가스분리기
③ 전자밸브   ④ 사방밸브

해설
④ 사방밸브 : 압축기의 부속장치로서 토출측과 흡입측을 전환시키는 밸브

36 다음 중 고압배관용 탄소강 강관의 KS규격 기호는?

① SPPS   ② SPHT
③ STS   ④ SPPH

해설
강관의 종류
- 배관용 탄소강관 : SPP, 10kgf/cm² 이하의 증기, 물, 가스
- 압력 배관용 탄소강관 : SPPS, 350℃ 이하, 10~100kgf/cm²
- 고압 배관용 탄소강관 : SPPH, 350℃ 이하, 100kgf/cm² 이상
- 고온 배관용 탄소강관 : SPHT, 350~450℃
- 배관용 합금강관 : SPA
- 저온 배관용 탄소강관 : SPLT(냉매배관용)
- 수도용 아연도금 강관 : SPPW
- 배관용 아크용접 탄소강 강관 : SPW
- 배관용 스테인리스강 강관 : STS X TP
- 보일러 열교환기용 탄소강 강관 : STH

37 저온장치용 재료 선정에 있어서 가장 중요하게 고려해야 하는 사항은?

① 고온 취성에 의한 충격치의 증가
② 저온 취성에 의한 충격치의 감소
③ 고온 취성에 의한 충격치의 감소
④ 저온 취성에 의한 충격치의 증가

해설
저온장치용 재료 선정에 있어서 가장 중요하게 고려해야 하는 사항 : 저온 취성에 의한 충격치의 감소

38 다음 가연성 가스검출기 중 가연성가스의 굴절률 차이를 이용하여 농도를 측정하는 것은?

① 열선형
② 안전등형
③ 검지관형
④ 간섭계형

해설
가연성가스 검출기의 종류
• 안전등형 : 메탄가스검출
• 간섭계형 : 가스의 굴절률차 이용 가스분석
• 열선형 : 열전도식, 연소식
• 반도체식

39 다음 곡률 반지름(r)이 50mm일 때 90° 구부림 곡선 길이는 얼마인가?

① 48.75mm
② 58.75mm
③ 68.75mm
④ 78.75mm

해설
곡률 반경(L) = $2\pi R \times \dfrac{\theta}{360} = 2 \times 3.14 \times 50 \times \dfrac{90}{360} = 78.5$

40 다음 펌프 중 시동하기 전에 프라이밍이 필요한 펌프는?

① 기어펌프
② 원심펌프
③ 축류펌프
④ 왕복펌프

해설
② 원심펌프 : 시동하기 전에 프라이밍이 필요하다.

41 강관의 녹을 방지하기 위해 페인트를 칠하기 전에 먼저 사용되는 도료는?

① 알루미늄 도료
② 산화철 도료
③ 합성수지 도료
④ 광명단 도료

해설
④ 광명단 도료 : 강관의 녹을 방지하기 위해 페인트를 칠하기 전에 먼저 사용되는 도료

42 "압축된 가스를 단열 팽창시키면 온도가 강하한다"는 것을 무슨 효과라고 하는가?

① 단열효과 ② 줄-톰슨효과
③ 정류효과 ④ 팽윤효과

해설
② 줄-톰슨효과 : "압축된 가스를 단열 팽창시키면 온도가 강하한다"는 원리

43 다음 중 저온 장치 재료로서 가장 우수한 것은?

① 13% 크롬강 ② 9% 니켈강
③ 탄소강 ④ 주 철

해설
② 9% 니켈강 : 저온 장치 재료로서 가장 우수하다.

44 펌프의 회전수를 1,000rpm에서 1,200rpm으로 변화시키면 동력은 약 몇 배가 되는가?

① 1.3 ② 1.5
③ 1.7 ④ 2.0

해설
동력 : $P_2 = P_1 \times \left(\dfrac{N_2}{N_1}\right)^3$

$= P_1 \times \left(\dfrac{1,200}{1,000}\right)^3$

$\therefore \dfrac{P_2}{P_1} = 1.728$

45 다음 중 왕복동 압축기의 특징이 아닌 것은?

① 압축하면 맥동이 생기기 쉽다.
② 기체의 비중에 관계없이 고압이 얻어진다.
③ 용량 조절의 폭이 넓다.
④ 비용적식 압축기이다.

해설
왕복동 압축기의 특징
• 압축하면 맥동이 생기기 쉽다.
• 기체의 비중에 관계없이 고압이 얻어진다.
• 용량 조절의 폭이 넓다.
• 용적식 압축기이다.

46 다음 각 가스의 성질에 대한 설명으로 옳은 것은?

① 질소는 안정한 가스로서 불활성가스라고도 하고, 고온에서도 금속과 화합하지 않는다.
② 염소는 반응성이 강한 가스로 강재에 대하여 상온에서도 무수(無水) 상태로 현저한 부식성을 갖는다.
③ 암모니아는 동을 부식하고 고온고압에서는 강재를 침식한다.
④ 산소는 액체 공기를 분류하여 제조하는 반응성이 강한 가스로 그 자신이 잘 연소한다.

해설
① 질소는 안정한 가스로서 불활성가스라고도 하고, 고온에서는 산소와 화합한다.
② 염소는 반응성이 강한 가스로 강재에 대하여 상온에서도 무수(無水) 상태에서는 부식성이 없다.
④ 산소는 액체 공기를 분류하여 제조하는 반응성이 강한 가스로 그 자신이 연소하지 않는 조연성기체이다.

47 어떤 액의 비중을 측정하였더니 2.5이었다. 이 액의 액주 6m의 압력은 몇 kg/cm²인가?

① 15kg/cm²
② 1.5kg/cm²
③ 0.15kg/cm²
④ 0.015kg/cm²

해설

$$P = 2.5 \frac{kg}{L} \times \frac{1,000L}{1m^3} \times 6m = 15,000 \frac{kg}{m^2} \times \frac{1m^2}{10^4 cm^2} = 1.5 \frac{kg}{cm^2}$$

48 100℃를 화씨온도로 단위 환산하면 몇 °F인가?

① 212　　② 234
③ 248　　④ 273

해설

$$°F = \frac{9}{5}℃ + 32 = \frac{9}{5} \times 100 + 32 = 212$$

49 밀도의 단위로 옳은 것은?

① g/s²　　② L/g
③ g/cm³　　④ lb/in²

해설

밀도의 단위 : g/cm³

50 수돗물의 살균과 섬유의 표백용으로 주로 사용되는 가스는?

① F_2
② Cl_2
③ O_2
④ CO_2

해설
염소
- 상수도 시설에서 소독제로 사용하는 이유
  $Cl_2 + H_2O \rightarrow HClO + HCl$
  $HClO \rightarrow HCl + [O]$
  – 염소와 물이 결합하여 차아염소산을 생성시켜 이 차아염소산이 다시 분해되어 염화수소와 발생기 산소를 발생시키게 된다. 이 발생기 산소가 살균작용이 있기 때문이다.
- 염소가 수분존재하에서 부식을 일으키는 이유
  $Cl_2 + H_2O \rightarrow HClO + HCl$
  – 염소와 물이 결합하여 염산을 발생시켜 염산이 배관의 부식을 초래하기 때문이다.

51 다음 중 1atm에 해당하지 않는 것은?

① 760mmHg
② 14.7psi
③ 29.92inHg
④ 1,013kg/m²

해설

$$1atm = 760mmHg = 10,332mmH_2O \left(mmAq = \frac{kg}{m^2} \right)$$
$$= 1.0332 \frac{kg}{cm^2} = 14.7psi \left(= \frac{lb}{inch^2} \right) = 1,013.25mbar$$
$$= 101,325Pa \left(= \frac{N}{m^2} \right)$$

52 다음 중 액화석유가스의 일반적인 특성이 아닌 것은?

① 기화 및 액화가 용이하다.
② 공기보다 무겁다.
③ 액상의 액화석유가스는 물보다 무겁다.
④ 증발잠열이 크다.

해설
액화석유가스의 일반적인 특성
• 기화 및 액화가 용이하다.
• 공기보다 무겁다.
• 액상의 액화석유가스는 물보다 가볍다.
• 증발잠열이 크다.

53 다음 가스 1몰을 완전연소시키고자 할 때 공기가 가장 적게 필요한 것은?

① 수 소
② 메 탄
③ 아세틸렌
④ 에 탄

해설
① $H_2 + \frac{1}{2}O_2 \rightarrow H_2O$
② $CH_4 + 2O_2 \rightarrow CO_2 + 2H_2O$
③ $C_2H_2 + 2.5O_2 \rightarrow 2CO_2 + H_2O$
④ $C_2H_6 + 3.5O_2 \rightarrow 2CO_2 + 3H_2O$

54 다음 중 열(熱)에 대한 설명이 틀린 것은?

① 비열이 큰 물질은 열용량이 크다.
② 1cal는 약 4.2J이다.
③ 열은 고온에서 저온으로 흐른다.
④ 비열은 물보다 공기가 크다.

해설
• 물의 비열 : $1\dfrac{kcal}{kg\cdot℃}$
• 공기의 비열 : $0.24\dfrac{kcal}{kg\cdot℃}$

55 다음 중 무색, 무취의 가스가 아닌 것은?

① O_2
② N_2
③ CO_2
④ O_3

해설
오존은 약간의 푸른색을 띄고, 특유의 냄새를 지닌 기체이다.

56 수소의 성질에 대한 설명 중 틀린 것은?

① 무색, 무미, 무취의 가연성 기체이다.
② 밀도가 아주 작아 확산속도가 빠르다.
③ 열전도율이 작다.
④ 높은 온도일 때에는 강재, 기타 금속재료라도 쉽게 투과한다.

해설
수소는 최소의 분자량을 갖고 있으며 열전도율이 크다.

정답 52 ③ 53 ① 54 ④ 55 ④ 56 ③

57 액화천연가스(LNG)의 폭발성 및 인화성에 대한 설명으로 틀린 것은?

① 다른 지방족 탄화수소에 비해 연소속도가 느리다.
② 다른 지방족 탄화수소에 비해 최소발화에너지가 낮다.
③ 다른 지방족 탄화수소에 비해 폭발하한 농도가 높다.
④ 전기저항이 작으며 유동 등에 의한 정전기 발생은 다른 가연성 탄화수소류보다 크다.

해설
최소발화에너지는 가연성가스 및 공기와의 혼합가스에 착화원으로 점화 시에 발화하기 위하여 필요한 최저에너지를 말하고, 다른 지방족 탄화수소에 비해 액화천연가스는 최소발화에너지가 다소 높다.

58 불완전연소 현상의 원인으로 옳지 않은 것은?

① 가스압력에 비하여 공급 공기량이 부족할 때
② 환기가 불충분한 공간에 연소기가 설치되었을 때
③ 공기와의 접촉혼합이 불충분할 때
④ 불꽃의 온도가 증대되었을 때

해설
불꽃의 온도가 낮아졌을 때 불완전연소를 일으킨다.

59 다음 중 무색의 복숭아 냄새가 나는 독성가스는?

① Cl_2
② HCN
③ NH_3
④ PH_3

해설
② HCN : 무색의 복숭아 냄새가 나는 독성가스

60 다음 가스 중 기체밀도가 가장 작은 것은?

① 프로판
② 메 탄
③ 부 탄
④ 아세틸렌

해설
기체의 부피는 22.4L로 일정하므로 분자량이 작을수록 밀도는 작다.

57 ② 58 ④ 59 ② 60 ②

2014년 제2회 과년도 기출문제

01 고압가스 특정제조 시설에서 긴급이송설비에 의하여 이송되는 가스를 안전하게 연소시킬 수 있는 장치는?

① 플레어스택
② 벤트스택
③ 인터로크기구
④ 긴급차단장치

해설
① 플레어스택 : 연소 후 발생하는 폐가스를 완전연소시킨 후 대기 중으로 보내는 장치

02 어떤 도시가스의 웨버지수를 측정하였더니 36.52 MJ/m³이었다. 품질검사기준에 의한 합격 여부는?

① 웨버지수 허용기준보다 높으므로 합격이다.
② 웨버지수 허용기준보다 낮으므로 합격이다.
③ 웨버지수 허용기준보다 높으므로 불합격이다.
④ 웨버지수 허용기준보다 낮으므로 불합격이다.

해설
도시가스의 웨버지수 허용기준 : 12,300~13,500kcal/m³
측정한 웨버지수 : $36.52 \dfrac{\text{MJ}}{\text{m}^3} \times \dfrac{1\text{kcal}}{4.2\text{kJ}} \times \dfrac{1,000\text{kJ}}{1\text{MJ}} = 8,695 \dfrac{\text{kcal}}{\text{m}^3}$
그러므로 웨버지수 허용기준보다 낮으므로 불합격이다.

03 다음 중 아세틸렌의 성질에 대한 설명으로 틀린 것은?

① 색이 없고 불순물이 있을 경우 악취가 난다.
② 융점과 비점이 비슷하여 고체 아세틸렌은 융해하지 않고 승화한다.
③ 발열화합물이므로 대기에 개방하면 분해 폭발할 우려가 있다.
④ 액체 아세틸렌보다 고체 아세틸렌이 안정하다.

해설
흡열화합물이므로 대기에 개방하면 분해 폭발할 우려가 있다.

정답 1 ① 2 ④ 3 ③

04 교량에 도시가스 배관을 설치하는 경우 보호조치 등 설계·시공에 대한 설명으로 옳은 것은?

① 교량첨가 배관은 강관을 사용하며 기계적 접합을 원칙으로 한다.
② 제3자의 출입이 용이한 교량설치 배관의 경우 보행방지철조망 또는 방호철조망을 설치한다.
③ 지진 발생 시 등 비상시 긴급차단을 목적으로 첨가 배관의 길이가 200m 이상인 경우 교량 양단의 가까운 곳에 밸브를 설치하도록 한다.
④ 교량첨가 배관에 가해지는 여러 하중에 대한 합성응력이 배관의 허용응력을 초과하도록 설계한다.

해설
교량 등에 설치하는 배관의 설치·고정 및 지지방법
- 배관은 온도변화에 의한 열응력과 수직 및 수평 하중을 동시에 고려하여 설계·설치할 것
- 배관의 재료는 강재를 사용하고 접합은 용접으로 할 것
- 배관 지지대는 배관 하중 및 축방향의 하중에 충분히 견디는 강도를 갖는 구조로 설치하고, 지지대의 부식 등을 감안하여 가능한 한 여유 있게 설치할 것
- 지지대, U볼트 등의 고정장치와 배관 사이에는 고무판, 플라스틱 등 절연물질을 삽입할 것
- 교량첨가 배관에 가해지는 여러 하중에 대한 합성응력이 배관의 허용응력을 초과하지 않도록 설계할 것

05 가스 폭발을 일으키는 영향 요소로 가장 거리가 먼 것은?

① 온 도 ② 매개체
③ 조 성 ④ 압 력

해설
가스 폭발을 일으키는 영향 요소 : 온도, 압력, 조성

06 프로판을 사용하고 있던 버너에 부탄을 사용하려고 한다. 프로판의 경우보다 약 몇 배의 공기가 필요한가?

① 1.2배 ② 1.3배
③ 1.5배 ④ 2.0배

해설
$C_3H_8 + 5O_2 \rightarrow 3CO_2 + 4H_2O$
$C_4H_{10} + 6.5O_2 \rightarrow 4CO_2 + 5H_2O$
그러므로 $\frac{6.5}{5} = 1.3$배

07 차량에 고정된 충전탱크는 그 온도를 항상 몇 ℃ 이하로 유지하여야 하는가?

① 20 ② 30
③ 40 ④ 50

해설
차량에 고정된 충전탱크는 그 온도를 항상 40℃ 이하로 유지하여야 한다.

08 아세틸렌의 취급방법에 대한 설명으로 가장 부적절한 것은?

① 저장소는 화기엄금을 명기한다.
② 가스 출구 동결 시 60℃ 이하의 온수로 녹인다.
③ 산소용기와 같이 저장하지 않는다.
④ 저장소는 통풍이 양호한 구조이어야 한다.

해설
가스 출구 동결 시 40℃ 이하의 온수로 녹인다.

09 용기의 안전점검 기준에 대한 설명으로 틀린 것은?

① 용기의 도색 및 표시 여부 확인
② 용기의 내·외면을 점검
③ 재검사 기간의 도래 여부 확인
④ 열 영향을 받은 용기는 재검사와 상관없이 새 용기로 교환

해설
열 영향을 받은 용기는 재검사 시 불합격 판정을 받으면 새 용기로 교환한다.

10 독성가스 사용시설에서 처리설비의 저장능력이 45,000kg인 경우 제2종 보호시설까지 안전거리는 얼마 이상 유지하여야 하는가?

① 14m
② 16m
③ 18m
④ 20m

해설
제1종 보호시설 및 제2종 보호시설과의 안전거리

구 분	저장능력	제1종 보호시설	제2종 보호시설
산소의 저장설비	1만 이하	12	8
	1만 초과 2만 이하	14	9
	2만 초과 3만 이하	16	11
	3만 초과 4만 이하	18	13
	4만 초과	20	14
독성가스 또는 가연성 가스 저장설비	1만 이하	17	12
	1만 초과 2만 이하	21	14
	2만 초과 3만 이하	24	16
	3만 초과 4만 이하	27	18
	4만 초과 5만 이하	30	20
그 밖의 가스의 저장설비	1만 이하	8	5
	1만 초과 2만 이하	9	7
	2만 초과 3만 이하	11	8
	3만 초과 4만 이하	13	9
	4만 초과	14	10

※ 위 표 중 각 저장능력 단위는 압축가스 m^3, 액화가스는 kg으로 한다.

11 300kg의 액화프레온12(R-12) 가스를 내용적 50L 용기에 충전할 때 필요한 용기의 개수는?(단, 가스 정수 C는 0.86이다)

① 5개
② 6개
③ 7개
④ 8개

해설
액화가스 용기 및 차량에 고정된 탱크인 경우

$$W = \frac{V_2}{C} = \frac{50}{0.86} = 58.14 \text{kg}$$

즉, 1개 용기 속에 최대한 58.14kg을 담을 수 있다.
그러므로 $\frac{300}{58.14} = 5.16$, 즉 용기의 개수는 6개이다.

12 상용의 온도에서 사용압력이 1.2MPa인 고압가스 설비에 사용되는 배관의 재료로서 부적합한 것은?

① KS D 3562(압력 배관용 탄소강관)
② KS D 3570(고온 배관용 탄소강관)
③ KS D 3507(배관용 탄소강관)
④ KS D 3576(배관용 스테인리스 강관)

해설
강관의 종류
• 배관용 탄소강관 : SPP, 10kgf/cm² 이하의 증기, 물, 가스
• 압력 배관용 탄소강관 : SPPS, 350℃ 이하, 10~100kgf/cm²
• 고압 배관용 탄소강관 : SPPH, 350℃ 이하, 100kgf/cm² 이상
• 고온 배관용 탄소강관 : SPHT, 350~450℃
• 배관용 합금강관 : SPA
• 저온 배관용 탄소강관 : SPLT(냉매배관용)
• 수도용 아연도금 강관 : SPPW
• 배관용 아크용접 탄소강 강관 : SPW
• 배관용 스테인리스강 강관 : STS X TP
• 보일러 열교환기용 탄소강 강관 : STH

정답 9 ④ 10 ④ 11 ② 12 ③

13 도시가스 사용시설의 지상배관은 표면 색상을 무슨 색으로 도색하여야 하는가?

① 황 색 ② 적 색
③ 회 색 ④ 백 색

해설
도시가스 사용시설의 지상배관 표면 색상 : 황색

14 LPG 저장탱크 지하 설치 시 저장탱크실 상부 윗면으로부터 저장탱크 상부까지의 깊이는 얼마 이상으로 하여야 하는가?

① 0.6m ② 0.8m
③ 1m   ④ 1.2m

해설
LPG 저장탱크 지하 설치 시 저장탱크 실 상부 윗면으로부터 저장탱크 상부까지의 깊이 : 0.6m 이상

15 고압가스용 이음매 없는 용기의 재검사 시 내압시험 합격 판정의 기준이 되는 영구증가율은?

① 0.1% 이하 ② 3% 이하
③ 5% 이하   ④ 10% 이하

해설
용기의 내압시험
- 영구증가율(항구증가율) = $\dfrac{\text{항구증가량}}{\text{전증가량}} \times 100$
- 판정 : 영구증가율이 10% 이하인 용기는 합격

16 초저온용기나 저온용기의 부속품에 표시하는 기호는?

① AG ② PG
③ LG ④ LT

해설
용기 종류별 부속품의 기호

용기 종류	기 호
아세틸렌가스를 충전하는 용기의 부속품	AG
압축가스를 충전하는 용기의 부속품	PG
액화석유가스를 충전하는 용기의 부속품	LPG
액화석유가스 외의 액화가스를 충전하는 용기의 부속품	LG
초저온용기 및 저온용기의 부속품	LT

17 액화석유가스 충전시설 중 충전설비는 그 외면으로부터 사업소 경계까지 몇 m 이상의 거리를 유지하여야 하는가?

① 5   ② 10
③ 15 ④ 24

해설
액화석유가스 충전시설 중 충전설비는 그 외면으로부터 사업소 경계까지 24m 이상의 거리를 유지하여야 한다.

정답 13 ① 14 ① 15 ④ 16 ④ 17 ④

18 다음 중 가연성이면서 독성가스인 것은?

① NH₃ ② H₂
③ CH₄ ④ N₂

해설
② H₂ : 가연성, 비독성
③ CH₄ : 가연성, 비독성
④ N₂ : 불연성, 비독성

19 가스의 연소에 대한 설명으로 틀린 것은?

① 인화점은 낮을수록 위험하다.
② 발화점은 낮을수록 위험하다.
③ 탄화수소에서 착화점은 탄소수가 많은 분자일수록 낮아진다.
④ 최소점화에너지는 가스의 표면장력에 의해 주로 결정된다.

해설
최소점화에너지는 가스의 종류, 혼합가스, 조성, 온도, 압력 등에 의해 주로 결정된다.

20 에어졸 시험방법에서 불꽃길이 시험을 위해 채취한 시료의 온도 조건은?

① 24℃ 이상, 26℃ 이하
② 26℃ 이상, 30℃ 미만
③ 46℃ 이상, 50℃ 미만
④ 60℃ 이상, 66℃ 미만

해설
에어졸 시험방법에서 불꽃길이 시험을 위해 채취한 시료의 온도 : 24℃ 이상, 26℃ 이하

21 도시가스로 천연가스를 사용하는 경우 가스누출경보기의 검지부 설치위치로 가장 적합한 것은?

① 바닥에서 15cm 이내
② 바닥에서 30cm 이내
③ 천장에서 15cm 이내
④ 천장에서 30cm 이내

해설
가스누출경보기의 검지부 설치위치
• 공기보다 무거운 가스 : 바닥에서 30cm 이내
• 공기보다 가벼운 가스 : 천장에서 30cm 이내

22 다음 각 독성가스 누출 시 사용하는 제독제로서 적합하지 않은 것은?

① 염소 : 탄산소다수용액
② 포스겐 : 소석회
③ 산화에틸렌 : 소석회
④ 황화수소 : 가성소다수용액

해설
독성가스의 제독제

독성가스명	제독제
염소	가성소다수용액, 탄산소다수용액, 소석회
포스겐	가성소다수용액, 소석회
황화수소	가성소다수용액, 탄산소다수용액
사이안화수소	가성소다수용액
아황산가스	가성소다수용액, 탄산소다수용액, 물
암모니아, 산화에틸렌, 염화메탄	물

정답 18 ① 19 ④ 20 ① 21 ④ 22 ③

23 저장탱크에 의한 액화석유가스 사용시설에서 가스계량기는 화기와 몇 m 이상의 우회거리를 유지해야 하는가?

① 2m
② 3m
③ 5m
④ 8m

해설
가스계량기 설치기준
- 가스계량기는 화기와 2m 이상의 우회거리를 유지하는 곳에 설치할 것
- 가스계량기(30m³/hr 미만인 경우만을 말한다)의 설치 높이는 바닥으로부터 1.6m 이상 2m 이내에 수직·수평으로 설치하고 밴드·보호가대 등 고정장치로 고정시킬 것. 다만, 보호상자 내에 설치, 기계실에 설치, 보일러실(가정에 설치된 보일러실 제외)에 설치 또는 문이 달린 파이프 덕트에 설치하는 경우 바닥으로부터 2m 이내에 설치한다.
- 가스계량기와 전기계량기 및 전기개폐기의 거리는 60cm 이상
- 가스계량기와 굴뚝(단열조치하지 않은 경우), 전기점멸기 및 전기접속기와의 거리는 30cm 이상
- 가스계량기와 절연조치하지 않은 전선과의 거리는 15cm 이상

24 가연성 물질을 공기로 연소시키는 경우 공기 중의 산소농도를 높게 하면 연소속도와 발화온도는 어떻게 변하는가?

① 연소속도는 빠르게 되고, 발화온도는 높아진다.
② 연소속도는 빠르게 되고, 발화온도는 낮아진다.
③ 연소속도는 느리게 되고, 발화온도는 높아진다.
④ 연소속도는 느리게 되고, 발화온도는 낮아진다.

해설
공기 중의 산소농도를 높게 하면 위험성이 증대된다. 즉, 위험성이 증대되는 조건은 연소속도가 빠르고, 발화온도는 낮아질 때이다.

25 다음 중 독성(LC_{50})이 가장 강한 가스는?

① 염 소
② 사이안화수소
③ 산화에틸렌
④ 플루오린

해설
독성가스 허용농도(LC_{50} 기준농도)

가스명	허용농도 (ppm)	가스명	허용농도 (ppm)
염 소	293	게르만	622
아황산가스	2,520	셀렌화수소	51
암모니아	7,338	실 란	19,000
염화메탄	8,300	알 진	20
포스겐	5	포스핀	20
산화에틸렌	2,920	사플루오린화규소	450
플루오린	185	사플루오린화유황	40
일산화탄소	3,760	삼플루오린화붕소	806
사이안화수소	140	삼플루오린화질소	6,700
염화수소	3,124	황화수소	444
다이보레인	80		

※ LC_{50}의 수치가 작을수록 독성이 강하다.

26 가스사고가 발생하면 산업통상자원부령에서 정하는 바에 따라 관계기관에 가스사고를 통보해야 한다. 다음 중 사고 통보내용이 아닌 것은?

① 통보자의 소속, 직위, 성명 및 연락처
② 사고 원인자 인적사항
③ 사고 발생 일시 및 장소
④ 시설현황 및 피해현황(인명 및 재산)

해설
가스사고 통보내용
- 통보자의 소속, 직위, 성명 및 연락처
- 시설현황 및 피해현황(인명 및 재산)
- 사고 발생 일시 및 장소

23 ① 24 ② 25 ② 26 ②

27 가스의 경우 폭굉(Detonation)의 연소속도는 약 몇 m/s 정도인가?

① 0.03~10
② 10~50
③ 100~600
④ 1,000~3,000

해설
폭굉(Detonation)의 연소속도 : 1,000~3,000m/s

28 다음 가스 중 위험도(H)가 가장 큰 것은?

① 프로판　　② 일산화탄소
③ 아세틸렌　④ 암모니아

해설
③ 아세틸렌 : $H = \dfrac{U-L}{L} = \dfrac{81-2.5}{2.5} = 31.4$

① 프로판 : $H = \dfrac{U-L}{L} = \dfrac{9.5-2.1}{2.1} = 3.5$

② 일산화탄소 : $H = \dfrac{U-L}{L} = \dfrac{74-12.5}{12.5} = 4.92$

④ 암모니아 : $H = \dfrac{U-L}{L} = \dfrac{28-15}{15} = 0.867$

29 의료용 가스용기의 도색구분이 틀린 것은?

① 산소 - 백색
② 액화탄산가스 - 회색
③ 질소 - 흑색
④ 에틸렌 - 갈색

해설
용기의 도색

공업용	색 깔	의료용
액화암모니아	백 색	산 소
수 소	주황색	사이클로프로판
액화탄산가스	청 색	아산화질소
액화염소	갈 색	헬 륨
기 타	회 색	액화탄산가스
아세틸렌	황 색	
	흑 색	질 소
산 소	녹 색	
	자 색	에틸렌

30 고압가스 저장실 등에 설치하는 경계책과 관련된 기준으로 틀린 것은?

① 저장설비, 처리설비 등을 설치한 장소의 주위에는 높이 1.5m 이상의 철책 또는 철망 등의 경계표지를 설치하여야 한다.
② 건축물 내에 설치하였거나, 차량의 통행 등 조업시행이 현저히 곤란하여 위해요인이 가중될 우려가 있는 경우에는 경계책 설치를 생략할 수 있다.
③ 경계책 주위에는 외부사람이 무단출입을 금하는 내용의 경계표지를 보기 쉬운 장소에 부착하여야 한다.
④ 경계책 안에는 불가피한 사유발생 등 어떠한 경우라도 화기, 발화 또는 인화하기 쉬운 물질을 휴대하고 들어가서는 아니 된다.

해설
경계책 안에는 불가피한 사유발생 등이 있을 경우 화기, 발화 또는 인화하기 쉬운 물질을 휴대하고 들어갈 수 있다.

정답 27 ④ 28 ③ 29 ④ 30 ④

31 가스 액화 분리장치에서 냉동사이클과 액화사이클을 응용한 장치는?

① 한랭발생장치
② 정유분출장치
③ 정유흡수장치
④ 불순물제거장치

해설
① 한랭발생장치 : 냉동사이클과 액화사이클을 응용한 장치

32 양정 90m, 유량이 90m³/h인 송수 펌프의 소요동력은 약 몇 kW인가?(단, 펌프의 효율은 60%이다)

① 30.6
② 36.8
③ 50.2
④ 56.8

해설
Lw = $\dfrac{\gamma QH}{102\eta}$ kW (단, 물의 비중량은 1,000 $\dfrac{kg}{m^3}$)

= $\dfrac{1,000\dfrac{kg}{m^3} \times 90\dfrac{m^3}{h} \times \dfrac{1h}{3,600sec} \times 90m}{102 \times 0.6}$

(단, 1kW = 102 $\dfrac{kg \cdot m}{sec}$)

= 36.76kW

33 도시가스공급시설에서 사용되는 안전제어장치와 관계가 없는 것은?

① 중화장치
② 압력안전장치
③ 가스누출검지경보장치
④ 긴급차단장치

해설
① 중화장치 : 분해 시 발생하는 유해가스를 원심력에 의해 포집하는 장치

34 재료가 일정 온도 이상에서 응력이 작용할 때 시간이 경과함에 따라 변형이 증대되고 때로는 파괴되는 현상을 무엇이라 하는가?

① 피 로
② 크리프
③ 에로션
④ 탈 탄

해설
② 크리프 : 응력이 작용할 때 시간이 경과함에 따라 변형이 증대되고 때로는 파괴되는 현상

35 저압가스 수송배관의 유량공식에 대한 설명으로 틀린 것은?

① 배관길이에 반비례한다.
② 가스비중에 비례한다.
③ 허용압력손실에 비례한다.
④ 관경에 의해 결정되는 계수에 비례한다.

해설
저압배관의 유량 계산식

$$Q = K\sqrt{\dfrac{D^5 H}{S L}}$$

여기서, Q : 가스의 유량 $\left(\dfrac{m^3}{h}\right)$
K : 유량계수(0.707)
S : 가스의 비중
L : 배관의 길이(m)
D : 배관의 직경(cm)
H : 배관 입구와 말단배관의 압력차(mmH₂O)

그러므로 유량은 가스의 비중에 반비례한다.

36 구조에 따라 외치식, 내치식, 편심로터리식 등이 있으며 베이퍼 로크 현상이 일어나기 쉬운 펌프는?

① 제트펌프 ② 기포펌프
③ 왕복펌프 ④ 기어펌프

해설
④ 기어펌프 : 구조에 따라 외치식, 내치식, 편심로터리식 등이 있으며 베이퍼 로크 현상이 일어나기 쉬운 펌프

37 탄소강 중에서 저온취성을 일으키는 원소로 옳은 것은?

① P ② S
③ Mo ④ Cu

해설
① P : 저온취성
② S : 적열취성
③ Mo : 고온에서 인장강도, 경도 증가
④ Cu : 대기 중 내산화성 증가

38 유량을 측정하는 데 사용하는 계측기기가 아닌 것은?

① 피토관 ② 오리피스
③ 벨로스 ④ 벤투리

해설
유량계
- 차압식 유량계의 종류 : 벤투리, 오리피스, 플로노즐
  - 오리피스유량계 : 관 도중에 조리개(교축기구)를 넣어 조리개 전후의 차압을 이용하여 유량을 측정하는 계측기기
- 용적식 유량계의 종류 : 오벌 유량계, 가스미터, 로터리 팬, 루트 유량계, 로터리 피스톤
- 면적식 유량계의 종류 : 플로트, 피스톤형, 게이트형

39 가스의 연소방식이 아닌 것은?

① 적화식 ② 세미분젠식
③ 분젠식 ④ 원지식

해설
연소방식
- 적화식 : 연소에 필요한 공기 전부를 불꽃 주변에서 취하는 방식
- 분젠식 : 혼합관 내에서 가스와 공기가 혼합되어 염공을 통하여 분출하면서 연소하는 방식(불꽃의 표준온도가 가장 높은 연소방식)
- 세미분젠식 : 적화식과 분젠식의 중간으로 1차 공기율이 낮은 방식
- 전차 공기식 : 연소에 필요한 공기 전부를 1차 공기로 흡입하여 혼합관 내에서 연소시키는 방식

40 다음 중 터보(Turbo)형 펌프가 아닌 것은?

① 원심 펌프
② 사류 펌프
③ 축류 펌프
④ 플런저 펌프

해설
펌프의 분류

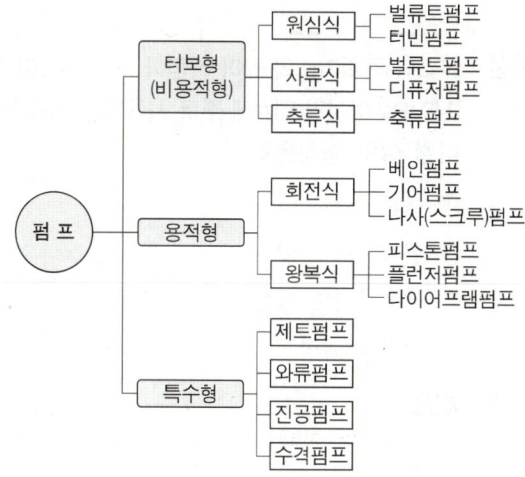

41 LP가스 공급 방식 중 강제기화방식의 특징에 대한 설명으로 틀린 것은?

① 기화량 가감이 용이하다.
② 공급가스의 조성이 일정하다.
③ 계량기를 설치하지 않아도 된다.
④ 한랭 시에도 충분히 기화시킬 수 있다.

해설
LP가스 공급 방식 중 강제기화방식의 특징
• 기화량 가감이 용이하다.
• 공급가스의 조성이 일정하다.
• 계량기를 설치하여야 한다.
• 한랭 시에도 충분히 기화시킬 수 있다.

42 LPG나 액화가스와 같이 비점이 낮고 내압이 0.4~0.5MPa 이상인 액체에 주로 사용되는 펌프의 메커니컬 실의 형식은?

① 더블 실형
② 인사이드 실형
③ 아웃사이드 실형
④ 밸런스 실형

해설
④ 밸런스 실형 : 비점이 낮고 내압이 0.4~0.5MPa 이상인 액체에 주로 사용되는 펌프의 메커니컬 실의 형식

43 기화기의 성능에 대한 설명으로 틀린 것은?

① 온수가열방식은 그 온수의 온도가 90℃ 이하일 것
② 증기가열방식은 그 증기의 온도가 120℃ 이하일 것
③ 압력계는 그 최고눈금이 상용압력의 1.5~2배일 것
④ 기화통 안의 가스액이 토출배관으로 흐르지 않도록 적합한 자동제어장치를 설치할 것

해설
온수가열방식은 그 온수의 온도가 80℃ 이하일 것

44 가스크로마토그래피의 구성 요소가 아닌 것은?

① 광 원
② 칼 럼
③ 검출기
④ 기록계

해설
가스크로마토그래피의 구성 요소 : 칼럼, 검출기, 기록계

45 고압장치의 재료로서 가장 적합하게 연결된 것은?

① 액화염소용기 – 화이트메탈
② 압축기의 베어링 – 13% 크롬강
③ LNG 탱크 – 9% 니켈강
④ 고온·고압의 수소반응탑 – 탄소강

해설
① 액화염소용기 – 탄소강
② 압축기의 베어링 – 주철 또는 단조강
③ LNG 탱크 – 9% 니켈강
④ 고온·고압의 수소반응탑 – 특수강

46 섭씨온도(℃)의 눈금과 일치하는 화씨온도(°F)는?

① 0 ② −10
③ −30 ④ −40

해설
$°F = \frac{9}{5}℃ + 32$
$x = \frac{9}{5}x + 32$
$x = -40$

47 연소기 연소상태 시험에 사용되는 도시가스 중 역화하기 쉬운 가스는?

① 13A−1 ② 13A−2
③ 13A−3 ④ 13A−R

해설
역화하기 쉬운 도시가스 : 13A−2가스

48 가스분석 시 이산화탄소의 흡수제로 사용되는 것은?

① KOH ② H_2SO_4
③ NH_4Cl ④ $CaCl_2$

해설
이산화탄소의 흡수제 : 33% KOH용액

49 기체의 성질을 나타내는 보일의 법칙(Boyle's Law)에서 일정한 값으로 가정한 인자는?

① 압력 ② 온도
③ 부피 ④ 비중

해설
보일의 법칙(등온법칙 : $T = C$) : 기체의 온도가 일정할 때 기체의 체적은 압력에 반비례한다.
여기서, $P_1V_1 = P_2V_2$

50 산소(O_2)에 대한 설명 중 틀린 것은?

① 무색, 무취의 기체이며 물에는 약간 녹는다.
② 가연성가스이나 그 자신은 연소하지 않는다.
③ 용기의 도색은 일반 공업용이 녹색, 의료용이 백색이다.
④ 저장용기는 무계목 용기를 사용한다.

해설
산소(O_2)는 자신은 연소하지 않는 조연성가스이다.

정답 46 ④ 47 ② 48 ① 49 ② 50 ②

51 다음 중 폭발범위가 가장 넓은 가스는?

① 암모니아
② 메 탄
③ 황화수소
④ 일산화탄소

해설
가연성가스의 폭발범위
• 암모니아 : 15~28%
• 메탄 : 5~15%
• 황화수소 : 4.3~45%
• 일산화탄소 : 12.5~74%

52 다음 중 암모니아 건조제로 사용되는 것은?

① 진한 황산
② 할로겐화합물
③ 소다석회
④ 황산동수용액

해설
암모니아 건조제 : NaOH, CaO, KOH

53 다음 보기와 같은 성질을 갖는 것은?

| 보기 |
| • 공기보다 무거워서 누출 시 낮은 곳에 체류한다.
• 기화 및 액화가 용이하고 발열량이 크다.
• 증발잠열이 크기 때문에 냉매로도 이용된다. |

① O_2
② CO
③ LPG
④ C_2H_4

54 다음 설명과 관계있는 법칙은?

| 열은 스스로 저온의 물체에서 고온의 물체로 이동하는 것은 불가능하다. |

① 에너지 보존의 법칙
② 열역학 제2법칙
③ 평형 이동의 법칙
④ 보일-샤를의 법칙

해설
② 열역학 제2법칙 : "성능계수(ε)가 무한정한 냉동기의 제작은 불가능하다." 라고 표현되는 법칙으로 일에너지는 열에너지로 쉽게 바뀔 수 있지만 열에너지를 일에너지로 바꾸려면 열기관을 통해야 하는데 열기관을 통해도 열의 전부가 일로 바뀌지 않고 일부가 손실된다. 이렇게 일은 쉽게 열로 바뀔 수 없는 것이다. 즉, 열은 고온에서 저온으로 이동한다는 에너지 변환의 방향성을 표시하는 법칙을 말한다. 가역인지 비가역인지 구분하는 법칙(엔트로피를 설명하는 법칙)

55 다음 압력 중 가장 높은 압력은?

① 1.5kg/cm^2
② $10 \text{mH}_2\text{O}$
③ 745mmHg
④ 0.6atm

해설
① $1.5 \dfrac{\text{kg}}{\text{cm}^2} \times \dfrac{1\text{atm}}{1.0332 \dfrac{\text{kg}}{\text{cm}^2}} = 1.45\text{atm}$

② $10\text{mH}_2\text{O} \times \dfrac{1\text{atm}}{10.332\text{mH}_2\text{O}} = 0.98\text{atm}$

③ $745\text{mmHg} \times \dfrac{1\text{atm}}{760\text{mmHg}} = 0.98\text{atm}$

④ 0.6atm

정답 51 ④ 52 ③ 53 ③ 54 ② 55 ①

56 다음 중 게이지압력을 옳게 표시한 것은?

① 게이지압력 = 절대압력 − 대기압
② 게이지압력 = 대기압 − 절대압력
③ 게이지압력 = 대기압 + 절대압력
④ 게이지압력 = 절대압력 + 진공압력

해설
압력(Pressure)
• 표준 대기압

$$1\text{atm} = 760\text{mmHg} = 10,332\text{mmH}_2\text{O}\left(=\text{mmAq}=\frac{\text{kg}}{\text{m}^2}\right)$$
$$= 1.0332\frac{\text{kg}}{\text{cm}^2} = 14.7\text{psi}\left(=\frac{\text{lb}}{\text{inch}^2}\right)$$
$$= 1,013.25\text{mbar} = 101,325\text{Pa}$$

• 절대압력 = 대기압 + 게이지압
• 절대압력 = 대기압 − 진공압

57 나프타(Naphtha)의 가스화 효율이 좋으려면?

① 올레핀계 탄화수소 함량이 많을수록 좋다.
② 파라핀계 탄화수소 함량이 많을수록 좋다.
③ 나프텐계 탄화수소 함량이 많을수록 좋다.
④ 방향족계 탄화수소 함량이 많을수록 좋다.

해설
나프타의 가스화 효율은 파라핀계 탄화수소 함량이 많을수록 좋다.

58 10L 용기에 들어 있는 산소의 압력이 10MPa이었다. 이 기체를 20L 용기에 옮겨 놓으면 압력은 몇 MPa로 변하는가?

① 2 ② 5
③ 10 ④ 20

해설
$P_1 V_1 = P_2 V_2$
$10 \times 10 = x \times 20$
$x = 5$

59 순수한 물 1kg을 1℃ 높이는 데 필요한 열량을 무엇이라 하는가?

① 1kcal ② 1BTU
③ 1CHU ④ 1kJ

해설
1kcal = 3.968BTU = 2.205CHU
• 1kcal : 물 1kg을 1℃ 올리는 데 필요한 열량
• 1BTU : 물 1lb을 1°F 올리는 데 필요한 열량
• 1CHU : 물 1lb을 1℃ 올리는 데 필요한 열량

60 같은 조건일 때 액화하기 가장 쉬운 가스는?

① 수 소
② 암모니아
③ 아세틸렌
④ 네 온

해설
비점이 높으면 액화하기 용이하다.
가스의 비점
• 수소 : −252℃
• 암모니아 : −33℃
• 아세틸렌 : −84℃
• 네온 : −249.9℃

2014년 제4회 과년도 기출문제

01 건축물 내 도시가스 매설배관으로 부적합한 것은?

① 동 관
② 강 관
③ 스테인리스강
④ 가스용 금속플렉시블호스

해설
가스용 탄소강관은 부식성이 높기 때문에 매설할 수 없다.

02 사이안화수소를 충전한 용기는 충전 후 몇 시간 정치한 뒤 가스의 누출검사를 해야 하는가?

① 6
② 12
③ 18
④ 24

해설
중합폭발을 방지하기 위해 사이안화수소를 충전한 용기는 충전 후 24시간 정치한 뒤 가스의 누출검사를 해야 한다.

03 도시가스공급시설의 공사계획 승인 및 신고대상에 대한 설명으로 틀린 것은?

① 제조소 안에서 저장탱크의 위치변경 공사는 공사계획 신고대상이다.
② 밸브기지의 위치변경 공사는 공사계획 신고대상이다.
③ 호칭지름이 50mm 이하인 저압의 공급관을 설치하는 공사는 공사계획 신고대상에서 제외한다.
④ 저압인 사용자공급관 50m를 변경하는 공사는 공사계획 신고대상이다.

해설
밸브기지의 위치변경 공사는 공사계획 신고대상이 아니다.

04 고압가스용 냉동기에 설치하는 안전장치의 구조에 대한 설명으로 틀린 것은?

① 고압차단장치는 그 설정압력을 눈으로 판별할 수 있는 것으로 한다.
② 고압차단장치는 원칙적으로 자동복귀방식으로 한다.
③ 안전밸브는 작동압력을 설정한 후 봉인될 수 있는 구조로 한다.
④ 안전밸브 각부의 가스통과 면적은 안전밸브의 구경면적 이상으로 한다.

해설
고압차단장치는 원칙적으로 수동복귀방식으로 한다.

05 염소(Cl_2)의 재해 방지용으로서 흡수제 및 제해제가 아닌 것은?

① 가성소다 수용액
② 소석회
③ 탄산소다 수용액
④ 물

해설
독성가스의 제독제

독성가스명	제독제
염 소	가성소다수용액, 탄산소다수용액, 소석회
포스겐	가성소다수용액, 소석회
황화수소	가성소다수용액, 탄산소다수용액
사이안화수소	가성소다수용액
아황산가스	가성소다수용액, 탄산소다수용액, 물
암모니아, 산화에틸렌, 염화메탄	물

정답 1② 2④ 3② 4② 5④

06 일반도시가스사업 가스공급시설의 입상관 밸브는 분리가 가능한 것으로서 바닥으로부터 몇 m 범위에 설치하여야 하는가?

① 0.5~1.0m
② 1.2~1.5m
③ 1.6~2.0m
④ 2.5~3.0m

해설
일반도시가스사업 가스공급시설의 입상관 밸브는 분리가 가능한 것으로서 바닥으로부터 1.6~2.0m 범위에 설치하여야 한다.

07 연소에 대한 일반적인 설명 중 옳지 않은 것은?

① 인화점이 낮을수록 위험성이 크다.
② 인화점보다 착화점의 온도가 낮다.
③ 발열량이 높을수록 착화온도는 낮아진다.
④ 가스의 온도가 높아지면 연소범위는 넓어진다.

해설
인화점과 착화점과는 서로 관계가 없다.

08 독성가스 저장시설의 제독 조치로써 옳지 않은 것은?

① 흡수, 중화조치
② 흡착 제거조치
③ 이송설비로 대기 중에 배출
④ 연소조치

해설
독성가스 저장시설의 제독 조치
• 흡수, 중화조치
• 흡착 제거조치
• 연소조치

09 다음 굴착공사 중 굴착공사를 하기 전에 도시가스사업자와 협의를 하여야 하는 것은?

① 굴착공사 예정지역 범위에 묻혀 있는 도시가스배관의 길이가 110m인 굴착공사
② 굴착공사 예정지역 범위에 묻혀 있는 송유관의 길이가 200m인 굴착공사
③ 해당 굴착공사로 인하여 압력이 3.2kPa인 도시가스배관의 길이가 30m 노출될 것으로 예상되는 굴착공사
④ 해당 굴착공사로 인하여 압력이 0.8MPa인 도시가스배관의 길이가 8m 노출될 것으로 예상되는 굴착공사

해설
굴착공사를 하기 전에 도시가스사업자와 협의하여야 할 경우
굴착공사 예정지역 범위에 묻혀 있는 도시가스배관의 길이가 100m 이상인 굴착공사

10 고압가스 제조설비에 설치하는 가스누출경보 및 자동차단장치에 대한 설명으로 틀린 것은?

① 계기실 내부에도 1개 이상 설치한다.
② 잡가스에는 경보하지 아니하는 것으로 한다.
③ 누출을 검지하여 그 농도를 지시함과 동시에 경보를 울리는 방식으로 한다.
④ 가연성 가스의 제조설비에 격막 갈바니 전지방식의 것을 설치한다.

해설
격막 갈바니 전지방식은 가스누출 검지 경보장치이다.

정답 6 ③ 7 ② 8 ③ 9 ① 10 ④

11 다음은 어떤 안전설비에 대한 설명인가?

> 설비가 잘못 조작되거나 정상적인 제조를 할 수 없는 경우 자동으로 원재료의 공급을 차단시키는 등 고압가스 제조설비 안의 제조를 제어하는 기능을 한다.

① 긴급이송설비
② 인터로크기구
③ 안전밸브
④ 벤트스택

해설
② 인터로크기구 : 안전설비 중 설비가 잘못 조작되거나 정상적인 제조를 할 수 없는 경우 자동으로 원재료의 공급을 차단시키는 등 고압가스 제조설비 안의 제조를 제어하는 기능

12 일반도시가스사업자의 가스공급시설 중 정압기의 분해 점검 주기의 기준은?

① 1년에 1회 이상
② 2년에 1회 이상
③ 3년에 1회 이상
④ 5년에 1회 이상

해설
가스공급시설 중 정압기의 분해 점검 주기 : 2년에 1회 이상

13 공기 중 폭발범위에 따른 위험도가 가장 큰 가스는?

① 암모니아
② 황화수소
③ 석탄가스
④ 이황화탄소

해설
① 암모니아 : $H = \dfrac{U-L}{L} = \dfrac{28-15}{15} = 0.87$

② 황화수소 : $H = \dfrac{U-L}{L} = \dfrac{45-4.3}{4.3} = 9.46$

③ 석탄가스 : $H = \dfrac{U-L}{L} = \dfrac{74-12.5}{12.5} = 4.92$

④ 이황화탄소 : $H = \dfrac{U-L}{L} = \dfrac{44-1.25}{1.25} = 34.2$

14 공기 중에서 폭발하한치가 가장 낮은 것은?

① 사이안화수소
② 암모니아
③ 에틸렌
④ 부 탄

해설
④ 부탄 : 1.8~8.4%
① 사이안화수소 : 6~41%
② 암모니아 : 15~28%
③ 에틸렌 : 2.7~36%

15 폭발등급은 안전간격에 따라 구분한다. 폭발등급 1급이 아닌 것은?

① 일산화탄소
② 메 탄
③ 암모니아
④ 수 소

해설
• 폭발 2등급 : 에틸렌, 석탄가스
• 폭발 3등급 : 수소, 아세틸렌, 수성가스, 이황화탄소

정답 11 ② 12 ② 13 ④ 14 ④ 15 ④

16 아세틸렌은 폭발 형태에 따라 크게 3가지로 분류된다. 이에 해당되지 않는 폭발은?

① 화합폭발　② 중합폭발
③ 산화폭발　④ 분해폭발

해설
아세틸렌 폭발 형태
- 화합폭발 반응식 : $C_2H_2 + 2Cu \rightarrow Cu_2C_2 + H_2$
- 산화폭발 반응식 : $C_2H_2 + 2.5O_2 \rightarrow 2CO_2 + H_2O$
- 분해폭발 반응식 : $C_2H_2 \rightarrow 2C + H_2$

17 고압가스안전관리법의 적용을 받는 가스는?

① 철도차량의 에어컨디셔너 안의 고압가스
② 냉동능력 3톤 미만인 냉동설비 안의 고압가스
③ 용접용 아세틸렌가스
④ 액화브롬화메탄 제조설비 외에 있는 액화브롬화메탄

해설
용접용 아세틸렌가스는 고압가스안전관리법에 적용을 받는다.

18 액화석유가스 사용시설을 변경하여 도시가스를 사용하기 위해서 실시하여야 하는 안전조치 중 잘못 설명한 것은?

① 일반도시가스사업자는 도시가스를 공급한 이후에 연소기 열량의 변경 사실을 확인하여야 한다.
② 액화석유가스의 배관 양단에 막음조치를 하고 호스는 철거하여 설치하려는 도시가스 배관과 구분되도록 한다.
③ 용기 및 부대설비가 액화석유가스 공급자의 소유인 경우에는 도시가스공급 예정일까지 용기 등을 철거해 줄 것을 공급자에게 요청해야 한다.
④ 도시가스로 연료를 전환하기 전에 액화석유가스 안전공급계약을 해지하고 용기 등의 철거와 안전조치를 확인하여야 한다.

해설
일반도시가스사업자는 도시가스를 공급하기 전에 연소기 열량의 변경 사실을 확인하여야 한다.

19 고압가스설비에 장치하는 압력계의 눈금은?

① 상용압력의 2.5배 이상, 3배 이하
② 상용압력의 2배 이상, 2.5배 이하
③ 상용압력의 1.5배 이상, 2배 이하
④ 상용압력의 1배 이상, 1.5배 이하

해설
고압가스설비에 장치하는 압력계의 눈금 : 상용압력의 1.5배 이상 2배 이하

20 LP가스 충전설비의 작동 상황 점검주기로 옳은 것은?

① 1일 1회 이상
② 1주일 1회 이상
③ 1월 1회 이상
④ 1년 1회 이상

해설
LP가스 충전설비의 작동 상황 점검주기 : 1일 1회 이상

21 다음 중 가연성이면서 유독한 가스는?

① NH_3
② H_2
③ CH_4
④ N_2

해설
① NH_3 : 가연성, 독성
② H_2 : 가연성, 비독성
③ CH_4 : 가연성, 비독성
④ N_2 : 불연성, 비독성

22 사이안화수소(HCN)의 위험성에 대한 설명으로 틀린 것은?

① 인화온도가 아주 낮다.
② 오래된 사이안화수소는 자체 폭발할 수 있다.
③ 용기에 충전한 후 60일을 초과하지 않아야 한다.
④ 호흡 시 흡입하면 위험하나 피부에 묻으면 아무 이상이 없다.

해설
호흡 시 흡입하면 위험하고, 피부에 묻으면 해가 있다.

23 도시가스 배관의 지하매설 시 사용하는 침상재료(Bedding)는 배관 하단에서 배관 상단 몇 cm까지 포설하는가?

① 10
② 20
③ 30
④ 50

해설
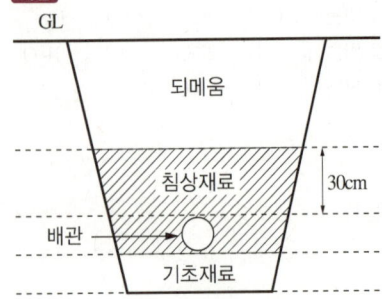

24 다음은 이동식 압축도시가스 자동차충전시설을 점검한 내용이다. 이 중 기준에 부적합한 경우는?

① 이동충전차량과 가스배관구를 연결하는 호스의 길이가 6m이었다.
② 가스배관구 주위에는 가스배관구를 보호하기 위하여 높이 40cm, 두께 13cm인 철근 콘크리트 구조물이 설치되어 있었다.
③ 이동충전차량과 충전설비 사이 거리는 8m이었고, 이동충전차량과 충전설비 사이에 강판제 방호벽이 설치되어 있었다.
④ 충전설비 근처 및 충전설비에서 6m 떨어진 장소에 수동 긴급차단장치가 각각 설치되어 있었으며 눈에 잘 띄었다.

해설
이동충전차량과 가스배관구를 연결하는 호스의 길이가 3m 이내이어야 한다.

25 고정식 압축도시가스자동차 충전의 저장설비, 처리설비, 압축가스설비, 외부에 설치하는 경계책의 설치기준으로 틀린 것은?

① 긴급차단장치를 설치할 경우는 설치하지 아니할 수 있다.
② 방호벽(철근 콘크리트로 만든 것)을 설치할 경우는 설치하지 아니할 수 있다.
③ 처리설비 및 압축가스설비가 밀폐형 구조물 안에 설치된 경우는 설치하지 아니할 수 있다.
④ 저장설비 및 처리설비가 액확산방지시설 내에 설치된 경우는 설치하지 아니할 수 있다.

해설
긴급차단장치가 설치된 경우에도 경계책을 설치해야 한다.

26 다음 ( ) 안에 Ⓐ와 Ⓑ에 들어갈 명칭은?

> 아세틸렌을 용기에 충전하는 때에는 미리 용기에 다공물질을 고루 채워 다공도가 75% 이상, 92% 미만이 되도록 한 후 (Ⓐ) 또는 (Ⓑ)를(을) 고루 침윤시키고 충전하여야 한다.

① Ⓐ 아세톤   Ⓑ 알코올
② Ⓐ 아세톤   Ⓑ 물(H_2O)
③ Ⓐ 아세톤   Ⓑ 다이메틸폼아마이드
④ Ⓐ 알코올   Ⓑ 물(H_2O)

해설
아세틸렌을 용기에 충전하는 때에는 미리 용기에 다공물질을 고루 채워 다공도가 75% 이상, 92% 미만이 되도록 한 후 아세톤 또는 다이메틸폼아마이드를 고루 침윤시키고 충전하여야 한다.

27 고압가스 용기의 파열사고 원인으로서 가장 거리가 먼 것은?

① 압축산소를 충전한 용기를 차량에 눕혀서 운반하였을 때
② 용기의 내압이 이상 상승하였을 때
③ 용기 재질의 불량으로 인하여 인장강도가 떨어질 때
④ 균열되었을 때

해설
부득이한 경우 압축가스의 용기를 차량에 눕혀서 운반할 수 있다.

28 도시가스사용시설 중 자연배기식 반밀폐식 보일러에서 배기톱의 옥상돌출부는 지붕면으로부터 수직거리로 몇 cm 이상으로 하여야 하는가?

① 30   ② 50
③ 90   ④ 100

해설
자연배기식 반밀폐식 보일러에서 배기톱의 옥상돌출부는 지붕면으로부터 수직거리로 90cm 이상으로 하여야 한다.

29 자동차용 압축천연가스 완속충전설비에서 실린더 내경이 100mm, 실린더의 행정이 200mm, 회전수가 100rpm일 때 처리능력(m³/h)은 얼마인가?

① 9.42   ② 8.21
③ 7.05   ④ 6.15

해설
$$처리능력 = \frac{1}{4}\pi D^2 \times L \times n \times R$$
$$= \frac{1}{4} \times 3.14 \times (0.1m)^2 \times 0.2m \times \frac{100}{1min} \times \frac{60min}{1h}$$
$$= 9.42 m^3/h$$

정답 25 ① 26 ③ 27 ① 28 ③ 29 ①

30 공정과 설비의 고장형태 및 영향, 고장형태별 위험도 순위 등을 결정하는 안전성평가기법은?

① 예비위험분석(PHA)
② 위험과 운전분석(HAZOP)
③ 결함수분석(FTA)
④ 이상 위험도 분석(FMECA)

해설
④ 이상 위험도 분석(FMECA) : 공정과 설비의 고장형태 및 영향, 고장형태별 위험도 순위 등을 결정하는 안전성평가기법

31 다음 중 왕복식 펌프에 해당하는 것은?

① 기어펌프
② 베인펌프
③ 터빈펌프
④ 플런저펌프

해설
펌프의 분류

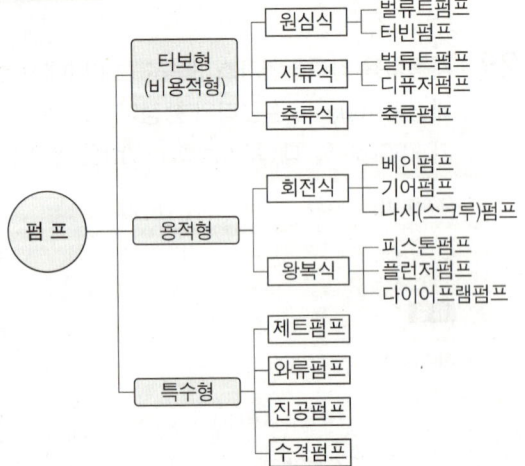

32 LP가스 공급방식 중 자연기화 방식의 특징에 대한 설명으로 틀린 것은?

① 기화능력이 좋아 대량 소비 시에 적당하다.
② 가스 조성의 변화량이 크다.
③ 설비장소가 크게 된다.
④ 발열량의 변화량이 크다.

해설
기화능력이 좋아 대량 소비 시에 적당한 것은 강제기화 방식의 특징이다.

33 LPG를 탱크로리에서 저장탱크로 이송 시 작업을 중단해야 되는 경우가 아닌 것은?

① 과충전이 된 경우
② 충전기에서 자동차에 충전하고 있을 때
③ 작업 중 주위에 화재 발생 시
④ 누출이 생길 경우

해설
LPG를 탱크로리에서 저장탱크로 이송 시 작업을 중단해야 되는 경우
• 과충전이 된 경우
• 누출이 생길 경우
• 작업 중 주위에 화재 발생 시

34 저온액화가스 탱크에서 발생할 수 있는 열의 침입현상으로 가장 거리가 먼 것은?

① 연결된 배관을 통한 열전도
② 단열재를 충전한 공간에 남은 가스분자의 열전도
③ 내면으로부터의 열전도
④ 외면의 열복사

> **해설**
> 저온액화가스 탱크에서 발생할 수 있는 열의 침입현상
> • 연결된 배관을 통한 열전도
> • 단열재를 충전한 공간에 남은 가스분자의 열전도
> • 외면의 열복사

35 내압이 0.4~0.5MPa 이상이고, LPG나 액화가스와 같이 낮은 비점의 액체일 때 사용되는 터보식 펌프의 메커니컬 실 형식은?

① 더블 실
② 아웃사이드 실
③ 밸런스 실
④ 언밸런스 실

> **해설**
> ③ 밸런스 실 : 내압이 0.4~0.5MPa 이상이고, LPG나 액화가스와 같이 낮은 비점의 액체일 때 사용되는 터보식 펌프의 메커니컬 실 형식

36 3단 토출압력이 2MPa·g이고, 압축비가 2인 4단공기압축기에서 1단 흡입 압력은 약 몇 MPa·g인가?

① 0.16MPa·g
② 0.26MPa·g
③ 0.36MPa·g
④ 0.46MPa·g

> **해설**
> 압축인 경우 압축비$(r) = \dfrac{\text{토출측 절대압력}}{\text{흡입측 절대압력}}$
>
> • 3단 흡입인 경우 : 압축비$(r) = \dfrac{\text{토출측 절대압력}}{\text{흡입측 절대압력}}$
>
> $2 = \dfrac{\text{대기압} + \text{토출측 게이지압}}{x}$
>
> $2 = \dfrac{0.1 + 2}{x}$
>
> $x = 1.05$ (3단 흡입측 절대압력 = 2단 토출측 절대압력)
>
> • 2단 흡입인 경우 : 압축비$(r) = \dfrac{\text{토출측 절대압력}}{\text{흡입측 절대압력}}$
>
> $2 = \dfrac{\text{대기압} + \text{토출측 게이지압}}{x}$
>
> $2 = \dfrac{1.05}{x}$
>
> $x = 0.525$ (2단 흡입측 절대압력 = 1단 토출측 절대압력)
>
> • 1단 흡입인 경우 : 압축비$(r) = \dfrac{\text{토출측 절대압력}}{\text{흡입측 절대압력}}$
>
> $2 = \dfrac{\text{대기압} + \text{토출측 게이지압}}{x}$
>
> $2 = \dfrac{0.525}{x}$
>
> $x = 0.2625$ (1단 흡입측 절대압력 = 1단 토출측 절대압력)
> 그러므로 $0.2625 - 0.1 = 0.1625$MPa·g

37 다음 보기에서 설명하는 정압기의 종류는?

> 보기
> - Unloading형이다.
> - 본체는 복좌밸브로 되어 있어 상부에 다이어프램을 가진다.
> - 정특성은 아주 좋으나, 안정성은 떨어진다.
> - 다른 형식에 비하여 크기가 크다.

① 레이놀드 정압기
② 엠코 정압기
③ 피셔식 정압기
④ 엑셀 플로식 정압기

해설
레이놀드식(KRF식)
- Unloading형이다.
- 본체는 복좌밸브로 되어 있어 상부에 다이어프램을 가진다.
- 정특성은 아주 좋으나, 안정성은 떨어진다.
- 다른 형식에 비하여 크기가 크다.
- 구조기능이 가장 우수하며 많이 사용하고, 항상 자동으로 작동한다.

38 대형 저장탱크 내를 가는 스테인리스관이 상하로 움직여 관 내에서 분출하는 가스상태와 액체상태의 경계면을 찾아 액면을 측정하는 액면계로 옳은 것은?

① 슬립튜브식 액면계
② 유리관식 액면계
③ 클링커식 액면계
④ 플로트식 액면계

해설
① 슬립튜브식 액면계 : 대형 저장탱크 내를 가는 스테인리스관이 상하로 움직여 관내에서 분출하는 가스상태와 액체상태의 경계면을 찾아 액면을 측정하는 액면계

39 다음 배관재료 중 사용온도 350℃ 이하, 압력이 10MPa 이상의 고압관에 사용되는 것은?

① SPP
② SPPH
③ SPPW
④ SPPG

해설
강관의 종류
- 배관용 탄소강관 : SPP, 10kgf/cm² 이하의 증기, 물, 가스
- 압력 배관용 탄소강관 : SPPS, 350℃ 이하, 10~100kgf/cm²
- 고압 배관용 탄소강관 : SPPH, 350℃ 이하, 100kgf/cm² 이상
- 고온 배관용 탄소강관 : SPHT, 350~450℃
- 배관용 합금강관 : SPA
- 저온 배관용 탄소강관 : SPLT(냉매배관용)
- 수도용 아연도금 강관 : SPPW
- 배관용 아크용접 탄소강 강관 : SPW
- 배관용 스테인리스강 강관 : STS X TP
- 보일러 열교환기용 탄소강 강관 : STH

40 반복하중에 의해 재료의 저항력이 저하하는 현상을 무엇이라고 하는가?

① 교 축
② 크리프
③ 피 로
④ 응 력

해설
③ 피로 : 반복하중에 의해 재료의 저항력이 저하하는 현상

41 펌프의 실제 송출유량을 Q, 펌프 내부에서의 누설 유량을 $0.6Q$, 임펠러 속을 지나는 유량을 $1.6Q$라 할 때 펌프의 체적효율(η_v)은?

① 37.5%
② 40%
③ 60%
④ 62.5%

해설
펌프의 체적효율 $= \left(1 - \dfrac{0.6Q}{1.6Q}\right) \times 100 = 62.5\%$

42 도시가스의 측정 사항에 있어서 반드시 측정하지 않아도 되는 것은?

① 농도 측정
② 연소성 측정
③ 압력 측정
④ 열량 측정

해설
① 농도 측정 : 독성가스인 경우 해당된다.

43 가연성가스를 냉매로 사용하는 냉동제조시설의 수액기에는 액면계를 설치한다. 다음 중 수액기의 액면계로 사용할 수 없는 것은?

① 환형유리관 액면계
② 차압식 액면계
③ 초음파식 액면계
④ 방사선식 액면계

해설
환형유리관 액면계는 유리원통관으로 이루어져 있기 때문에 냉매액을 저장하는 수액기의 액면계로 사용할 수 없다.

44 가연성가스 검출기 중 탄광에서 발생하는 CH_4의 농도를 측정하는 데 주로 사용되는 것은?

① 간섭계형
② 안전등형
③ 열선형
④ 반도체형

해설
가연성가스 검출기의 종류
• 안전등형 : 메탄가스검출
• 간섭계형 : 가스의 굴절률차 이용 가스분석
• 열선형 : 열전도식, 연소식
• 반도체식

45 LP가스 자동차충전소에서 사용하는 디스펜서(Dispenser)에 대하여 옳게 설명한 것은?

① LP가스 충전소에서 용기에 일정량의 LP가스를 충전하는 충전기기이다.
② LP가스 충전소에서 용기에 충전하는 가스용적을 계량하는 기기이다.
③ 압축기를 이용하여 탱크로리에서 저장탱크로 LP가스를 이송하는 장치이다.
④ 펌프를 이용하여 LP가스를 저장탱크로 이송할 때 사용하는 안전장치이다.

해설
디스펜서(Dispenser) : LP가스 충전소에서 용기에 일정량의 LP가스를 충전하는 충전기기

46 일산화탄소의 성질에 대한 설명 중 틀린 것은?

① 산화성이 강한 가스이다.
② 공기보다 약간 가벼우므로 수상치환으로 포집한다.
③ 개미산에 진한 황산을 작용시켜 만든다.
④ 혈액 속의 헤모글로빈과 반응하여 산소의 운반력을 저하시킨다.

해설
일산화탄소는 환원성이 강한 가스이다.

47 수은주 760mmHg 압력은 수주로 얼마가 되는가?

① 9.33mH₂O
② 10.33mH₂O
③ 11.33mH₂O
④ 12.33mH₂O

해설

$1atm = 760mmHg = 10,332mmH_2O \left(= mmAq = \dfrac{kg}{m^2}\right)$

$= 1.0332 \dfrac{kg}{cm^2} = 14.7psi \left(= \dfrac{lb}{inch^2}\right) = 1,013.25mbar$

$= 101,325Pa$

48 고압가스 종류별 발생 현상 또는 작용으로 틀린 것은?

① 수소 – 탈탄작용
② 아세틸렌 – 아세틸라이드 생성
③ 염소 – 부식
④ 암모니아 – 카르보닐 생성

해설

일산화탄소-카르보닐 생성
- 니켈 카보닐화 : $Ni + 4CO \rightarrow Ni(CO)_4$
- 철 카보닐화 : $Fe + 5CO \rightarrow Fe(CO)_5$

49 100J 일의 양을 cal 단위로 나타내면 약 얼마인가?

① 24
② 40
③ 240
④ 400

해설

1cal = 4.2J

$\dfrac{1cal \times 100J}{4.2J} ≒ 23.8 = 24cal$

50 정압비열(C_p)와 정적비열(C_v)의 관계를 나타내는 비열비(k)를 옳게 나타낸 것은?

① $k = C_p / C_v$
② $k = C_v / C_p$
③ $k < 1$
④ $k = C_v - C_p$

해설

비열비(k) : 기체의 정압비열과 정적비열과의 비, 즉 $\dfrac{C_p}{C_v}$ 이므로 비열비는 항상 1보다 크다. 다시 말해서 $C_p > C_v$ 이므로 항상 $\dfrac{C_p}{C_v} > 1$ 이다.

51 고압가스의 성질에 따른 분류가 아닌 것은?

① 가연성가스
② 액화가스
③ 조연성가스
④ 불연성가스

해설

- 고압가스의 성질에 따른 분류 : 가연성, 조연성, 불연성
- 고압가스의 상태에 따른 분류 : 압축가스, 액화가스, 용해가스

정답 47 ② 48 ④ 49 ① 50 ① 51 ②

52 다음 중 확산 속도가 가장 빠른 것은?

① O_2
② N_2
③ CH_4
④ CO_2

해설
확산 속도는 분자량이 작을수록 빠르다.

53 다음 각 온도의 단위환산 관계로서 틀린 것은?

① $0℃ = 273K$
② $32°F = 492°R$
③ $0K = -273℃$
④ $0K = 460°R$

해설
④ $0K = 273 + ℃ \rightarrow ℃ = -273$

그러므로 $°R = \left[\dfrac{9}{5} \times (-273) + 32\right] + 460 = 0.6$

0K는 0.6°R이 된다.

온 도
• $K = 273 + ℃$
• $°F = \dfrac{9}{5}℃ + 32$
• $°R = °F + 460$

$°R = \left[\left(\dfrac{9}{5} \times ℃\right) + 32\right] + 460$

54 수소의 공업적 용도가 아닌 것은?

① 수증기의 합성
② 경화유의 제조
③ 메탄올의 합성
④ 암모니아 합성

해설
수소의 공업적 용도
• 경화유의 제조
• 메탄올의 합성
• 암모니아 합성

55 압력이 일정할 때 기체의 절대온도와 체적은 어떤 관계가 있는가?

① 절대온도와 체적은 비례한다.
② 절대온도와 체적은 반비례한다.
③ 절대온도는 체적의 제곱에 비례한다.
④ 절대온도는 체적의 제곱에 반비례한다.

해설
샤를의 법칙(정압법칙 : $P = C$) : 기체의 압력이 일정할 때 기체의 체적은 절대온도에 비례한다.

여기서, $\dfrac{V_1}{T_1} = \dfrac{V_2}{T_2}$

56 다음 중 수소(H_2)의 제조법이 아닌 것은?

① 공기액화 분리법
② 석유 분해법
③ 천연가스 분해법
④ 일산화탄소 전화법

해설
공기액화 분리법은 질소, 산소, 아르곤의 공업적 제조법이다.

57 프로판의 완전연소 반응식으로 옳은 것은?

① $C_3H_8 + 4O_2 \rightarrow 3CO_2 + 2H_2O$
② $C_3H_8 + 5O_2 \rightarrow 3CO_2 + 4H_2O$
③ $C_3H_8 + 2O_2 \rightarrow 3CO_2 + H_2O$
④ $C_3H_8 + O_2 \rightarrow CO_2 + H_2O$

해설
프로판의 완전연소반응식
$C_3H_8 + 5O_2 \rightarrow 3CO_2 + 4H_2O$

58 도시가스 제조방식 중 촉매를 사용하여 사용온도 400~800℃에서 탄화수소와 수증기를 반응시켜 수소, 메탄, 일산화탄소, 탄산가스 등의 저급 탄화수소로 변환시키는 프로세스는?

① 열분해 프로세스
② 접촉분해 프로세스
③ 부분연소 프로세스
④ 수소화분해 프로세스

해설
② 접촉분해 프로세스 : 400~800℃에서 탄화수소와 수증기를 반응시켜 수소, 메탄, 일산화탄소, 탄산가스 등의 저급 탄화수소로 변환시키는 프로세스

59 다음 중 표준상태에서 분자량이 44인 기체의 밀도는?

① 1.96g/L
② 1.96kg/L
③ 1.55g/L
④ 1.55kg/L

해설
기체의 밀도$\left(\dfrac{g}{L}\right) = \dfrac{44g}{22.4L} = 1.96g/L$

60 다음 중 저장소의 바닥부 환기에 가장 중점을 두어야 하는 가스는?

① 메 탄
② 에틸렌
③ 아세틸렌
④ 부 탄

해설
바닥부 환기에 가장 중점을 두어야 하는 가스는 공기보다 무거운 가스이다. 표준상태(0℃, 1기압)에서 공기의 무게는 29g이다.
• 메탄(CH_4) : 16g
• 에틸렌(C_2H_4) : 28g
• 아세틸렌(C_2H_2) : 26g
• 부탄(C_4H_{10}) : 58g
보기에서 공기보다 무거운 것은 부탄이다.

2014년 제5회 과년도 기출문제

01 일반도시가스사업 정압기실에 설치되는 기계환기설비 중 배기구의 관경은 얼마 이상으로 하여야 하는가?

① 10cm ② 20cm
③ 30cm ④ 50cm

해설
정압기실에 설치되는 기계환기설비 중 배기구의 관경 : 100mm 이상

02 액화염소가스 1,375kg을 용량 50L인 용기에 충전하려면 몇 개의 용기가 필요한가?(단, 액화염소가스의 정수 C는 0.8이다)

① 20 ② 22
③ 35 ④ 37

해설
액화가스 용기 및 차량에 고정된 탱크인 경우
$W = \dfrac{V_2}{C} = \dfrac{50}{0.8} = 62.5\text{kg}$, 즉 1개 용기 속에 최대한 62.5kg을 담을 수 있다.
그러므로 $\dfrac{1,350}{62.5} = 21.6$, 즉 용기의 개수 22개이다.

03 차량에 고정된 산소용기 운반 차량에는 일반인이 쉽게 식별할 수 있도록 표시하여야 한다. 운반차량에 표시하여야 하는 것은?

① 위험고압가스, 회사명
② 위험고압가스, 전화번호
③ 화기엄금, 회사명
④ 화기엄금, 전화번호

04 고압가스 품질검사에 대한 설명으로 틀린 것은?

① 품질검사 대상 가스는 산소, 아세틸렌, 수소이다.
② 품질검사는 안전관리책임자가 실시한다.
③ 산소는 동암모니아 시약을 사용한 오르자트법에 의한 시험결과 순도가 99.5% 이상이어야 한다.
④ 수소는 하이드로설파이드 시약을 사용한 오르자트법에 의한 시험결과 순도가 99.0% 이상이어야 한다.

해설
품질검사 대상가스

구 분	순 도	시 약
산 소	99.5% 이상	동암모니아 시약
수 소	98.5% 이상	파이로갈롤 또는 하이드로설파이드시약
아세틸렌	98% 이상	질산은시약, 발연황산, 브롬시약

05 압력조정기 출구에서 연소기 입구까지 호스는 얼마 이상의 압력으로 기밀시험을 실시하는가?

① 2.3kPa
② 3.3kPa
③ 5.63kPa
④ 8.4kPa

해설
압력조정기 출구에서 연소기 입구까지 호스의 기밀시험 압력 : 8.4kPa 이상

정답 1 ① 2 ② 3 ② 4 ④ 5 ④

06 도시가스 중압 배관을 매몰할 경우 다음 중 적당한 색상은?

① 회 색　　　　② 청 색
③ 녹 색　　　　④ 적 색

해설
도시가스 중압 배관을 매몰할 경우 적당한 색상은 적색으로, 지상 배관은 황색으로 한다.

07 도시가스 공급시설을 제어하기 위한 기기를 설치한 계기실의 구조에 대한 설명으로 틀린 것은?

① 계기실의 구조는 내화구조로 한다.
② 내장재는 불연성 재료로 한다.
③ 창문은 망입(網入)유리 및 안전유리 등으로 한다.
④ 출입구는 1곳 이상에 설치하고 출입문은 방폭문으로 한다.

해설
출입구는 2곳 이상에 설치하고, 출입문은 방폭문으로 한다.

08 LPG 저장탱크에 설치하는 압력계는 상용압력 몇 배 범위의 최고눈금이 있는 것을 사용하여야 하는가?

① 1~1.5배　　　　② 1.5~2배
③ 2~2.5배　　　　④ 2.5~3배

해설
압력계의 최고 눈금범위 : 상용압력의 1.5~2배

09 고압가스 저장능력 산정기준에서 액화가스의 저장탱크 저장능력을 구하는 식은?(단, Q, W는 저장능력, P는 최고충전압력, V는 내용적, C는 가스 종류에 따른 정수, d는 가스의 비중이다)

① $W = 0.9dV$
② $Q = 10PV$
③ $W = V/C$
④ $Q = (10P+1)V$

해설
저장능력 산정기준
- 압축가스 저장탱크 및 용기인 경우 $Q = (10P+1)V_1$
- 액화가스 저장탱크인 경우 $W = 0.9dV_2$
- 액화가스 용기 및 차량에 고정된 탱크인 경우 $W = \dfrac{V_2}{C}$

위의 식에서
Q : 저장능력(m³)
P : 35℃에서 최고충전압력(MPa, 아세틸렌의 경우 15℃)
V_1 : 내용적(m³)
V_2 : 내용적(L)
W : 저장능력(kg)
d : 액화가스의 비중$\left(\dfrac{\text{kg}}{\text{L}}\right)$
C : 가스정수

10 가연성가스를 취급하는 장소에서 공구의 재질로 사용하였을 경우 불꽃이 발생할 가능성이 가장 큰 것은?

① 고 무
② 가 죽
③ 알루미늄합금
④ 나 무

해설
알루미늄합금을 공구의 재질로 사용하는 경우 불꽃이 발생할 가능성이 크다.

11 액화가스를 충전하는 탱크는 그 내부에 액면요동을 방지하기 위하여 무엇을 설치하여야 하는가?

① 방파판
② 안전밸브
③ 액면계
④ 긴급차단장치

해설
① 방파판 : 액면요동을 방지

12 고압가스 충전용 밸브를 가열할 때의 방법으로 가장 적당한 것은?

① 60℃ 이상의 더운물을 사용한다.
② 열습포를 사용한다.
③ 가스버너를 사용한다.
④ 복사열을 사용한다.

해설
고압가스 충전용 밸브를 가열할 때의 방법 : 40℃ 이하의 더운물이나 열습포를 사용한다.

13 과압안전장치 형식에서 용전의 용융온도로서 옳은 것은?(단, 저압부에 사용하는 것은 제외한다)

① 40℃ 이하
② 60℃ 이하
③ 75℃ 이하
④ 105℃ 이하

해설
과압안전장치 형식에서 용전의 용융온도 : 75℃ 이하

14 특정고압가스사용시설에서 독성가스 감압설비와 그 가스의 반응설비 간의 배관에 반드시 설치하여야 하는 설비는?

① 안전밸브
② 역화방지장치
③ 중화장치
④ 역류방지장치

해설
독성가스 감압설비와 그 가스의 반응설비 간의 배관에 반드시 설치하여야 하는 설비 : 역류방지장치

15 도시가스도매사업자가 제조소 내에 저장능력이 20만 톤인 지상식 액화천연가스 저장탱크를 설치하고자 한다. 이때 처리능력이 30만m³인 압축기와 얼마 이상의 거리를 유지하여야 하는가?

① 10m   ② 24m
③ 30m   ④ 50m

해설
액화천연가스의 저장탱크는 그 외면으로부터 처리능력이 200,000 m³ 이상인 압축기까지 30m 이상의 거리를 유지할 것

정답 11 ① 12 ② 13 ③ 14 ④ 15 ③

16 가스사용시설인 가스보일러의 급·배기방식에 따른 구분으로 틀린 것은?

① 반밀폐형 자연배기식(CF)
② 반밀폐형 강제배기식(FE)
③ 밀폐형 자연배기식(RF)
④ 밀폐형 강제급·배기식(FF)

해설
연소기구의 급배기 방법에 의한 분류
• 반밀폐형 자연배기식(CF)
• 반밀폐형 강제배기식(FE)
• 밀폐형 자연급배기식(BF)
• 밀폐형 강제급·배기식(FF)

17 다음 중 2중관으로 하여야 하는 가스가 아닌 것은?

① 일산화탄소
② 암모니아
③ 염화메탄
④ 염소

해설
이중배관(2중관)으로 해야 할 독성가스 : 포스겐, 황화수소, 사이안화수소, 염소, 산화에틸렌, 염화메탄, 암모니아, 이산화황

18 용기의 재검사 주기에 대한 기준으로 맞는 것은?

① 압력용기는 1년마다 재검사
② 저장탱크가 없는 곳에 설치한 기화기는 2년마다 재검사
③ 500L 이상 이음매 없는 용기는 5년마다 재검사
④ 용접용기로서 신규검사 후 15년 이상 20년 미만인 용기는 3년마다 재검사

해설
용기 재검사 주기

용기의 종류		신규검사 후 경과연수		
		15년 미만	15년 이상 20년 미만	20년 이상
		재검사 주기		
용접용기 (액화석유가스용 용접용기는 제외)	500L 이상	5년마다	2년마다	1년마다
	500L 미만	3년마다	2년마다	1년마다
액화석유가스용 용접용기	500L 이상	5년마다	2년마다	1년마다
	500L 미만	5년마다		2년마다
이음매 없는 용기 또는 복합재료 용기	500L 이상	5년마다		
	500L 미만	신규검사 후 경과연수가 10년 이하인 것은 5년마다, 10년 초과한 것은 3년마다		

19 도시가스 공급시설의 안전조작에 필요한 조명등의 조도는 몇 룩스 이상이어야 하는가?

① 100
② 150
③ 200
④ 300

해설
도시가스 공급시설의 안전조작에 필요한 조명등의 조도 : 150룩스 이상

정답 16 ③ 17 ① 18 ③ 19 ②

20 암모니아 취급 시 피부에 닿았을 때 조치사항으로 가장 적당한 것은?

① 열습포로 감싸준다.
② 아연화 연고를 바른다.
③ 산으로 중화시키고 붕대로 감는다.
④ 다량의 물로 세척 후 붕산수를 바른다.

해설
암모니아는 물에 잘 녹기 때문에 다량의 물로 세척한다.

21 차량에 고정된 탱크 중 독성가스는 내용적을 얼마 이하로 하여야 하는가?

① 12,000L
② 15,000L
③ 16,000L
④ 18,000L

해설
차량에 고정된 탱크의 내용적 제한
- 가연성가스 및 산소탱크의 내용적(단, LPG는 제외) : 18,000L 이하
- 독성가스탱크의 내용적(단, 액화암모니아는 제외) : 12,000L 이하

22 가연성가스용 가스누출경보 및 자동차단장치의 경보농도설정치의 기준은?

① ±5% 이하
② ±10% 이하
③ ±15% 이하
④ ±25% 이하

해설
가스누출감지경보기
가스누출감지경보기란 가연성 또는 독성물질의 가스를 감지하여 그 농도를 지시하며, 미리 설정해 놓은 가스농도에서 자동적으로 경보가 울리도록 하는 장치를 말한다.
- 가연성 가스누출감지경보기는 담배연기 등에, 독성가스 누출감지경보기는 담배연기, 기계세척유가스, 등유의 증발가스, 배기가스, 탄화수소계 가스와 그 밖의 가스에는 경보가 울리지 않아야 한다.
- 가연성 가스누출감지경보기는 감지대상 가스의 폭발하한계 25% 이하, 독성가스 누출감지경보기는 해당 독성가스의 허용농도 이하에서 경보가 울리도록 설정하여야 한다.
- 가스누출감지경보의 정밀도는 경보설정치에 대하여 가연성 가스누출감지경보기는 ±25% 이하, 독성가스누출감지경보기는 ±30% 이하이어야 한다.
- 가스누출감지경보기의 가스 감지에서 경보발신까지 걸리는 시간은 경보농도의 1.6배인 경우 보통 30초 이내일 것. 다만, 암모니아, 일산화탄소 또는 이와 유사한 가스 등을 감지하는 가스누출감지경보기는 1분 이내로 한다.
- 경보정밀도는 전원의 전압 등의 변동률이 ±10%까지 저하되지 않아야 한다.
- 지시계 눈금의 범위는 가연성가스용은 0에서 폭발하한계값, 독성가스는 0에서 허용농도의 3배 값(암모니아를 실내에서 사용하는 경우에는 150)이어야 한다.
- 경보를 발신한 후에는 가스농도가 변화하여도 계속 경보를 울려야 하며, 그 확인 또는 대책을 조치할 때에는 경보가 정지되어야 한다.

23 저장탱크 방류둑 용량은 저장능력에 상당하는 용적 이상의 용적이어야 한다. 다만, 액화산소 저장탱크의 경우에는 저장능력 상당용적의 몇 % 이상으로 할 수 있는가?

① 40
② 60
③ 80
④ 90

해설
방류둑
- 기능 : 액상의 유해가스가 누출되었을 경우 다른 곳으로 흘러나가지 못하도록 방지하는 둑
- 용 량
  - 액화산소저장탱크 : 저장능력에 상당용적 60% 이상
  - 집합 방류둑 내에 설치한 경우 : 최대저장탱크의 용량+잔여 탱크의 용량의 10% 상당용적 이상
  - 질소가스는 불연성, 비독성물질이므로 방류둑이 필요 없다.

24 도시가스사업법에서 정한 특정가스사용시설에 해당하지 않는 것은?

① 제1종 보호시설 내 월 사용예정량 1,000m³ 이상인 가스사용시설
② 제2종 보호시설 내 월 사용예정량 2,000m³ 이상인 가스사용시설
③ 월 사용예정량 2,000m³ 이하인 가스사용시설 중 많은 사람이 이용하는 시설로 시·도지사가 지정하는 시설
④ 전기사업법, 에너지이용합리화법에 의한 가스사용 시설

해설
도시가스사업법에서 정한 특정가스사용시설은 전기사업법, 에너지이용합리화법에 의한 가스사용 시설은 제외한다.

25 LPG 충전·집단공급 저장시설의 공기에 의한 내압시험 시 상용압력의 일정 압력 이상으로 승압한 후 단계적으로 승압시킬 때, 상용압력의 몇 %씩 증가시켜 내압시험 압력에 달하였을 때 이상이 없어야 하는가?

① 5%
② 10%
③ 15%
④ 20%

해설
저장시설 내압시험 압력 단계승압기준 : 10%씩 증가시켜 단계별로 내압시험을 한다.

26 도시가스 배관을 지상에 설치 시 검사 및 보수를 위하여 지면으로부터 몇 cm 이상의 거리를 유지하여야 하는가?

① 10cm
② 15cm
③ 20cm
④ 30cm

해설
지상배관의 방호조치 : 배관을 지상에 설치하는 경우에는 배관의 부식방지와 검사 및 보수를 위하여 지면으로부터 30cm 이상의 거리를 유지

정답 23 ② 24 ④ 25 ② 26 ④

27 다음 각 가스의 정의에 대한 설명으로 틀린 것은?

① 압축가스란 일정한 압력에 의하여 압축되어 있는 가스를 말한다.
② 액화가스란 가압·냉각 등의 방법에 의하여 액체 상태로 되어 있는 것으로서 대기압에서의 끓는점이 40℃ 이하 또는 상용온도 이하인 것을 말한다.
③ 독성가스란 인체에 유해한 독성을 가진 가스로서 허용농도가 100만분의 3,000 이하인 것을 말한다.
④ 가연성가스란 공기 중에서 연소하는 가스로서 폭발한계의 하한이 10% 이하인 것과 폭발한계의 상한과 하한의 차가 20% 이상인 것을 말한다.

해설
독성가스란 공기 중에 일정량이 존재하는 경우 인체에 유해한 독성을 가진 가스로서 허용농도가 100만분의 5,000 이하인 것을 말한다.

28 용기 신규검사에 합격된 용기 부속품 각인에서 초저온 용기나 저온용기의 부속품에 해당하는 기호는?

① LT   ② PT
③ MT   ④ UT

해설
용기 종류별 부속품의 기호

용기 종류	기 호
아세틸렌가스를 충전하는 용기의 부속품	AG
압축가스를 충전하는 용기의 부속품	PG
액화석유가스를 충전하는 용기의 부속품	LPG
액화석유가스 외의 액화가스를 충전하는 용기의 부속품	LG
초저온용기 및 저온용기의 부속품	LT

29 압축, 액화 등의 방법으로 처리할 수 있는 가스의 용적이 1일 100m³ 이상인 사업소에는 표준이 되는 압력계를 몇 개 이상 비치하여야 하는가?

① 1개   ② 2개
③ 3개   ④ 4개

해설
가스의 용적이 1일 100m³ 이상인 사업소의 표준이 되는 압력계: 2개 이상 비치

30 가연성가스 및 독성가스의 충전용기보관실에 대한 안전거리 규정으로 옳은 것은?

① 충전용기 보관실 1m 이내에 발화성물질을 두지 말 것
② 충전용기 보관실 2m 이내에 인화성물질을 두지 말 것
③ 충전용기 보관실 5m 이내에 발화성물질을 두지 말 것
④ 충전용기 보관실 8m 이내에 인화성물질을 두지 말 것

해설
가연성가스 및 독성가스는 충전용기 보관실 2m 이내에 인화성물질을 두지 않는다.

정답 27 ③ 28 ① 29 ② 30 ②

31 배관 속을 흐르는 액체의 속도를 급격히 변화시키면 물이 관벽을 치는 현상이 일어나는데 이런 현상을 무엇이라 하는가?

① 캐비테이션 현상
② 워터해머링 현상
③ 서징현상
④ 맥동현상

해설
② 수격작용(Water Hammering) : 관속의 유속이 급격히 변화하면 물에 의한 압력의 변화가 생기는 현상으로 배관이 진동하거나 소음을 일으키는 현상

32 증기 압축식 냉동기에서 냉매가 순환되는 경로로 옳은 것은?

① 압축기 → 증발기 → 응축기 → 팽창밸브
② 증발기 → 응축기 → 압축기 → 팽창밸브
③ 증발기 → 팽창밸브 → 응축기 → 압축기
④ 압축기 → 응축기 → 팽창밸브 → 증발기

해설
증기 압축식 냉동기에서 냉매가 순환되는 경로 : 압축기 → 응축기 → 팽창밸브 → 증발기

33 오리피스미터의 특징에 대한 설명으로 옳은 것은?

① 압력손실이 매우 작다.
② 침전물이 관벽에 부착되지 않는다.
③ 내구성이 좋다.
④ 제작이 간단하고 교환이 쉽다.

해설
오리피스유량계 : 관 도중에 조리개(교축기구)를 넣어 조리개 전후의 차압을 이용하여 유량을 측정하는 계측기기로, 제작이 간단하고 교환이 쉽다.

34 도시가스의 품질검사 시 가장 많이 사용되는 검사방법은?

① 원자흡광광도법
② 가스크로마토그래피법
③ 자외선, 적외선 흡수분광법
④ ICP법

해설
② 가스크로마토그래피법 : 봄베에서 캐리어 가스(헬륨, 수소, 질소 등)를 일정한 유속으로 칼럼 및 그 전후의 열전도도 셀(전부 표준 쪽·후부 검출 쪽)로 흘러들게 하고 시료 주입구에서 소량의 가스 또는 액체 시료를 주사기 등으로 주입하면 시료의 각 성분은 충전제와의 친화력(흡착제에 의한 흡착성 또는 고정상 액체에 의한 흡수성)의 차에 의해 칼럼 안의 이동 속도에 차이가 생기고 친화력이 작은 성분에서부터 차례로 분리하여 열전도도 셀은 2개의 저항으로서 평형한 휘트스톤 브리지의 일부를 구성한다. 이 분리 성분은 캐리어 가스와의 열전도율 차이에 의해 그 농도에 비례해서 브리지에 불평형 전위차가 생기고, 이것이 평형 기록계로 그려진다. 이때 얻어지는 도형으로 가스를 분석하는 방법

35 고압가스안전관리법령에 따라 고압가스 판매시설에서 갖추어야 할 계측설비가 바르게 짝지어진 것은?

① 압력계, 계량기
② 온도계, 계량기
③ 압력계, 온도계
④ 온도계, 가스분석계

해설
고압가스 판매시설에서 갖추어야 할 계측설비 : 가스 압력계, 가스 계량기(가스미터기)

36 연소기의 설치방법으로 틀린 것은?

① 환기가 잘되지 않은 곳에는 가스온수기를 설치하지 아니한다.
② 밀폐형 연소기는 급기구 및 배기통을 설치하여야 한다.
③ 배기통의 재료는 불연성 재료로 한다.
④ 개방형 연소기가 설치된 실내에는 환풍기를 설치한다.

해설
밀폐형 연소기는 급기구 및 배기통을 설치하지 않아도 된다.

37 도시가스 정압기에 사용되는 정압기용 필터의 제조기술 기준으로 옳은 것은?

① 내가스 성능시험의 질량변화율은 5~8%이다.
② 입·출구 연결부는 플랜지식으로 한다.
③ 기밀시험은 최고사용압력 1.25배 이상의 수압으로 실시한다.
④ 내압시험은 최고사용압력 2배의 공기압으로 실시한다.

해설
정압기용 필터의 제조기술 기준
• 내가스 성능시험 고무 및 합성수지 부품은 이소옥탄에 넣어 40~45℃로 70시간 유지하였을 때 연화, 팽창 등 이상이 없고 질량 변화율이 -8~5% 이내일 것
• 기밀시험 최고사용압력의 1.1배 이상의 공기압을 가한 후 1분간 유지하였을 때 누출이 없을 것
• 내압시험 최고사용압력의 1.5배의 수압을 가하여 1분간 유지하였을 때 이상이 없을 것. 다만, 수압이 곤란할 경우에는 질소 등 불활성가스로 할 수 있다.

38 압력조정기의 종류에 따른 조정압력이 틀린 것은?

① 1단 감압식 저압조정기 : 2.3~3.3kPa
② 1단 감압식 준저압조정기 : 5~30kPa 이내에서 제조자가 설정한 기준압력의 ±20%
③ 2단 감압식 2차용 저압조정기 : 2.3~3.3kPa
④ 자동절체식 일체형 저압조정기 : 2.3~3.3kPa

해설
자동절체식 일체형 저압조정기의 조정압력 : 2.55~3.3kPa

39 용기의 내용적이 105L인 액화암모니아 용기에 충전할 수 있는 가스의 충전량은 약 몇 kg인가?(단, 액화암모니아의 가스정수 C값은 1.86이다)

① 20.5　　② 45.5
③ 56.5　　④ 117.5

해설
액화가스 용기 및 차량에 고정된 탱크인 경우

$$W = \frac{V_2}{C} = \frac{105}{1.86} = 56.5$$

40 가스미터의 설치장소로서 가장 부적당한 곳은?

① 통풍이 양호한 곳
② 전기공작물 주변의 직사광선이 비치는 곳
③ 가능한 한 배관의 길이가 짧고 꺾이지 않는 곳
④ 화기와 습기에서 멀리 떨어져 있고 청결하며 진동이 없는 곳

해설
가스미터의 설치장소
• 통풍이 양호한 곳
• 검침, 수리 등 작업이 용이한 곳
• 가능한 한 배관의 길이가 짧고 꺾이지 않는 곳
• 화기와 습기에서 멀리 떨어져 있고 청결하며 진동이 없는 곳
• 부식성가스가 존재하지 않는 곳
• 복사열이 받지 않는 곳

41 구조가 간단하고 고압, 고온 밀폐탱크의 압력까지 측정이 가능하여 가장 널리 사용되는 액면계는?

① 클링커식 액면계
② 벨로스식 액면계
③ 차압식 액면계
④ 부자식 액면계

해설
④ 부자식 액면계 : 구조가 간단하고 고압, 고온 밀폐탱크의 압력까지 측정이 가능하여 가장 널리 사용

42 도시가스시설 중 입상관에 대한 설명으로 틀린 것은?

① 입상관이 화기가 있을 가능성이 있는 주위를 통과하여 불연 재료로 차단조치를 하였다.
② 입상관의 밸브는 분리 가능한 것으로서 바닥으로부터 1.7m의 높이에 설치하였다.
③ 입상관의 밸브를 어린 아이들이 장난을 하지 못하도록 3m의 높이에 설치하였다.
④ 입상관의 밸브 높이가 1m이어서 보호상자 안에 설치하였다.

해설
입상관의 밸브를 어린 아이들이 장난을 하지 못하도록 1.6m 이상 2m 이내의 높이에 설치한다.

43 사용 압력이 2MPa, 관의 인장강도가 20kg/mm² 일 때의 스케줄 번호(Sch No.)는?(단, 안전율은 4로 한다)

① 10
② 20
③ 40
④ 80

해설
스케줄 번호
압력관의 두께를 표시하는 번호로서 10, 20, 30, 40, 50, 60, 70, 80……

- 스케줄 번호 구하는 공식 : $Sch\ No. = \dfrac{P}{S} \times 1,000$

여기서, P : 배관압력 $\left(\dfrac{kg}{cm^2}\right)$, S : 재료 허용응력 $\left(\dfrac{kg}{mm^2}\right)$

※ 재료의 허용응력 = 인장강도 × $\dfrac{1}{\text{안전율}}$

그러므로,

$Sch\ No. = \dfrac{20kg/cm^2}{20kg/mm^2 \times 1/4} \times 1,000$

$= \dfrac{20kg/cm^2 \times cm^2/100mm^2}{5kg/mm^2} \times 1,000$

$= 40$ (다만, $2MPa = 20\dfrac{kg}{cm^2}$)

44 액주식 압력계에 사용되는 액체의 구비조건으로 틀린 것은?

① 화학적으로 안정되어야 한다.
② 모세관 현상이 없어야 한다.
③ 점도와 팽창계수가 작아야 한다.
④ 온도변화에 의한 밀도변화가 커야 한다.

해설
온도변화에 의한 밀도변화가 작아야 한다.

45 부취제 주입용기를 가스압으로 밸런스 시켜 중력에 의해서 부취제를 가스 흐름 중에 주입하는 방식은?

① 적하 주입방식
② 펌프 주입방식
③ 위크증발식 주입방식
④ 미터연결 바이패스 주입방식

46 절대영도로 표시한 것 중 가장 거리가 먼 것은?

① $-273.15℃$
② $0K$
③ $0°R$
④ $0°F$

해설
온도 상호 간의 공식
- $K = 273 + ℃$
- $°F = \frac{9}{5}℃ + 32$
- $°R = °F + 460$

그러므로, 절대온도 0K를 다르게 표현하면
① $K = 273 + ℃ \rightarrow ℃ = -273$
② $0K$
③ $°R = -459.4 + 460 = 0.6$
④ $°F = \frac{9}{5}℃ + 32 = \frac{9}{5} \times (-273) + 32 = -459.4$

47 압력단위를 나타낸 것은?

① kg/cm^2
② kL/m^2
③ $kcal/mm^2$
④ kV/km^2

해설
$1atm = 760mmHg = 10,332mmH_2O \left(= mmAq = \frac{kg}{m^2}\right)$
$= 1.0332 \frac{kg}{cm^2} = 14.7 psi \left(= \frac{lb}{inch^2}\right)$
$= 1,013.25 mbar = 101,325 Pa$

48 '효율이 100%인 열기관은 제작이 불가능하다.'라고 표현되는 법칙은?

① 열역학 제0법칙
② 열역학 제1법칙
③ 열역학 제2법칙
④ 열역학 제3법칙

해설
③ 열역학 제2법칙 : "성능계수(ε)가 무한정한 냉동기의 제작은 불가능하다." 라고 표현되는 법칙으로 일에너지는 열에너지로 쉽게 바뀔 수 있지만 열에너지를 일에너지로 바꾸려면 열기관을 통해야 하는데 열기관을 통해도 열의 전부가 일로 바뀌지 않고 일부가 손실된다. 이렇게 일은 쉽게 열로 바뀔 수 없는 것이다. 즉 열은 고온에서 저온으로 이동한다는 에너지 변환의 방향성을 표시하는 법칙을 말한다. 가역인지 비가역인지 구분하는 법칙(엔트로피를 설명하는 법칙)

49 일산화탄소 전화법에 의해 얻고자 하는 가스는?

① 암모니아
② 일산화탄소
③ 수 소
④ 수성가스

해설
일산화탄소 전화법은 불완전 연소된 일산화탄소를 수증기와 반응시켜 수소를 얻고자 하는 방법이다.
$CO + H_2O \rightarrow CO_2 + H_2$
(일산화탄소) + (수증기) → (이산화탄소) + (수소)

정답 45 ① 46 ④ 47 ① 48 ③ 49 ③

50 공급가스인 천연가스 비중이 0.6이라 할 때 45m 높이의 아파트 옥상까지 압력손실은 약 몇 mmH₂O 인가?

① 18.0　　② 23.3
③ 34.9　　④ 27.0

해설
$\Delta P = 1.293(S-1)h = 1.293 \times (1-0.6) \times 45$
$= 23.27 \text{mmH}_2\text{O}$

51 염소(Cl₂)에 대한 설명으로 틀린 것은?

① 황록색의 기체로 조연성이 있다.
② 강한 자극성의 취기가 있는 독성기체이다.
③ 수소와 염소의 등량 혼합기체를 염소폭명기라 한다.
④ 건조 상태의 상온에서 강재에 대하여 부식성을 갖는다.

해설
수분이 존재할 때 강재에 대하여 부식성을 갖는다.

52 A의 분자량은 B의 분자량의 2배이다. A와 B의 확산 속도의 비는?

① $\sqrt{2}:1$　　② $4:1$
③ $1:4$　　④ $1:\sqrt{2}$

해설
그레이엄의 기체 확산의 법칙
$$\frac{U_1}{U_2} = \sqrt{\frac{M_2}{M_1}} = \sqrt{\frac{d_2}{d_1}} = \frac{t_2}{t_1}$$
여기서, 1 : 변화 전　　2 : 변화 후
　　　　U : 확산속도　M : 분자량
　　　　d : 기체의 밀도　t : 확산소요시간

그러므로, $\frac{U_a}{U_b} = \sqrt{\frac{M_b}{2M_a}} = \sqrt{\frac{1}{2}}$

∴ $u_a : u_b = 1 : \sqrt{2}$

53 순수한 물의 증발 잠열은?

① 539kcal/kg
② 79.68kcal/kg
③ 539cal/kg
④ 79.68cal/kg

해설
순수한 물의 증발 잠열 : 539kcal/kg

54 주기율표의 0족에 속하는 불활성 가스의 성질이 아닌 것은?

① 상온에서 기체이며, 단원자 분자이다.
② 다른 원소와 잘 화합한다.
③ 상온에서 무색, 무미, 무취의 기체이다.
④ 방전관에 넣어 방전시키면 특유의 색을 낸다.

해설
다른 원소와 잘 화합하지 않는 불활성 원소이다.

55 게이지압력 1,520mmHg는 절대압력으로 몇 기압 인가?

① 0.33atm　　② 3atm
③ 30atm　　④ 33atm

해설
절대압력 = 대기압 + 게이지압
절대압력 = 760mmHg + 1,520mmHg
$= 2{,}280 \text{mmHg} \times \frac{1\text{atm}}{760\text{mmHg}} = 3\text{atm}$

56 부탄(C_4H_{10}) 가스의 비중은?

① 0.55　　② 0.9
③ 1.5　　④ 2

> **해설**
> 부탄의 비중 = $\dfrac{\text{부탄의 무게}}{\text{공기의 무게}} = \dfrac{58g}{29g} = 2g$

57 도시가스는 무색, 무취이기 때문에 누출 시 중독 및 사고를 미연에 방지하기 위하여 부취제를 첨가하는데 그 첨가비율의 용량이 얼마의 상태에서 냄새를 감지할 수 있어야 하는가?

① 0.1%　　② 0.01%
③ 0.2%　　④ 0.02%

> **해설**
> 부취제의 혼합비율 용량은 $\dfrac{1}{1,000}$(0.1%)이다.

58 LPG 1L가 기화해서 약 250L의 가스가 된다면 10kg의 액화 LPG가 기화하면 가스 체적은 얼마나 되는가?(단, 액화 LPG의 비중은 0.5이다)

① 1.25m³　　② 5.0m³
③ 10.0m³　　④ 25m³

> **해설**
> $\begin{array}{ll} 1L & : 250L \\ 10kg \times \dfrac{1}{0.5\frac{kg}{L}} & : x \end{array}$
> $x = 5,000L = 5m^3$

59 사이안화수소 충전에 대한 설명 중 틀린 것은?

① 용기에 충전하는 사이안화수소는 순도가 98% 이상 이어야 한다.
② 사이안화수소를 충전한 용기는 충전 후 24시간 이상 정치한다.
③ 사이안화수소는 충전 후 30일이 경과되기 전에 다른 용기에 옮겨 충전하여야 한다.
④ 사이안화수소 충전용기는 1일 1회 이상 질산구리, 벤젠 등의 시험지로 가스누출 검사를 한다.

> **해설**
> 사이안화수소는 충전 후 60일이 경과되기 전에 다른 용기에 옮겨 충전하여야 한다.

60 다음 중 절대압력을 정하는 데 기준이 되는 것은?

① 게이지압력
② 국소 대기압
③ 완전진공
④ 표준 대기압

> **해설**
> **절대압력** : 완전진공의 상태를 0으로 기준하여 측정한 압력으로 단위는 kg/cm²a이다.
> • 절대압력 = 대기압 + 게이지압
> • 절대압력 = 대기압 − 진공압

정답 56 ④　57 ①　58 ②　59 ③　60 ③

2015년 제1회 과년도 기출문제

01 도시가스의 매설 배관에 설치하는 보호판은 누출가스가 지면으로 확산되도록 구멍을 뚫는데 그 간격의 기준으로 옳은 것은?

① 1m 이하 간격 ② 2m 이하 간격
③ 3m 이하 간격 ④ 5m 이하 간격

해설
보호판은 3m 간격으로 구멍을 뚫어 누출가스가 확산되도록 한다.

02 처리능력이 1일 35,000m³인 산소 처리설비로 전용공업지역이 아닌 지역일 경우 처리설비 외면과 사업소 밖에 있는 병원과는 몇 m 이상 안전거리를 유지하여야 하는가?

① 16m ② 17m
③ 18m ④ 20m

해설
제1종 보호시설 및 제2종 보호시설과의 안전거리

구 분	저장능력	제1종 보호시설	제2종 보호시설
산소의 저장설비	1만 이하	12	8
	1만 초과 2만 이하	14	9
	2만 초과 3만 이하	16	11
	3만 초과 4만 이하	18	13
	4만 초과	20	14
독성가스 또는 가연성가스 저장설비	1만 이하	17	12
	1만 초과 2만 이하	21	14
	2만 초과 3만 이하	24	16
	3만 초과 4만 이하	27	18
	4만 초과 5만 이하	30	20
그 밖의 가스의 저장설비	1만 이하	8	5
	1만 초과 2만 이하	9	7
	2만 초과 3만 이하	11	8
	3만 초과 4만 이하	13	9
	4만 초과	14	10

※ 위 표 중 각 저장능력 단위는 압축가스 m³, 액화가스는 kg으로 한다.

03 도시가스사업자는 굴착공사정보지원센터로부터 굴착계획의 통보내용을 통지받은 때에는 얼마 이내에 매설된 배관이 있는지를 확인하고 그 결과를 굴착공사정보지원센터에 통지하여야 하는가?

① 24시간 ② 36시간
③ 48시간 ④ 60시간

해설
굴착공사정보지원센터로부터 굴착계획통보시간 : 24시간 이내

04 공기 중에서 폭발범위가 가장 좁은 것은?

① 메 탄 ② 프로판
③ 수 소 ④ 아세틸렌

해설
가연성가스의 폭발범위
① 메탄 : 5~15%
② 프로판 : 2.2~9.5%
③ 수소 : 4~75%
④ 아세틸렌 : 2.5~81%

05 용기에 의한 액화석유가스 저장소에서 실외저장소 주위의 경계 울타리와 용기보관장소 사이에는 얼마 이상의 거리를 유지하여야 하는가?

① 2m　　② 8m
③ 15m　　④ 20m

해설
울타리와 용기보관장소 사이의 이격거리(액화석유가스 저장소) : 20m 이상

06 다음 중 고압가스 특정제조 허가의 대상이 아닌 것은?

① 석유정제시설에서 고압가스를 제조하는 것으로서 그 저장능력이 100톤 이상인 것
② 석유화학공업시설에서 고압가스를 제조하는 것으로서 그 처리능력이 10,000m^3 이상인 것
③ 철강공업시설에서 고압가스를 제조하는 것으로서 그 처리능력이 10,000m^3 이상인 것
④ 비료제조시설에서 고압가스를 제조하는 것으로서 그 저장능력이 100톤 이상인 것

해설
철강공업자의 철강공업시설 또는 그 부대시설에서 고압가스를 제조하는 것으로서 그 처리능력이 100,000m^3 이상인 것

07 가연성가스의 제조설비 중 전기설비를 방폭성능을 가지는 구조로 갖추지 아니하여도 되는 가스는?

① 암모니아　　② 염화메탄
③ 아크릴알데히드　　④ 산화에틸렌

해설
암모니아와 브롬화메탄은 폭발하한값이 높기 때문에 방폭성능을 가지는 구조로 하지 않아도 된다.

08 가스도매사업 제조소의 배관장치에 설치하는 경보장치가 울려야 하는 시기의 기준으로 잘못된 것은?

① 배관 안의 압력이 상용압력의 1.05배를 초과한 때
② 배관 안의 압력이 정상운전 때의 압력보다 15% 이상 강하한 경우 이를 검지한 때
③ 긴급차단밸브의 조작회로가 고장난 때 또는 긴급차단밸브가 폐쇄된 때
④ 상용압력이 5MPa 이상인 경우에는 상용압력에 0.5MPa를 더한 압력을 초과한 때

해설
배관장치에 설치하는 경보장치가 울려야 하는 시기
• 배관 안의 압력이 상용압력의 1.05배를 초과한 때
• 4MPa 이상인 경우 상용압력 0.2MPa를 더한 압력
• 배관 안의 압력이 정상운전 때의 압력보다 15% 이상 강하한 경우 이를 검지한 때
• 긴급차단밸브의 조작회로가 고장난 때 또는 긴급차단밸브가 폐쇄된 때
• 배관 내의 유량이 정상운전 시의 유량보다 7% 이상 변동한 때

09 다음 중 상온에서 가스를 압축, 액화상태로 용기에 충전시키기가 가장 어려운 가스는?

① C_3H_8　　② CH_4
③ Cl_2　　④ CO_2

해설
메탄은 비점이 −162℃로 매우 낮기 때문에 상온에서 가스를 압축, 액화상태로 용기에 충전시키기 어렵다.

정답 5 ④　6 ③　7 ①　8 ④　9 ②

10 일반도시가스사업의 가스공급시설기준에서 배관을 지상에 설치할 경우 가스 배관의 표면 색상은?

① 흑색
② 청색
③ 적색
④ 황색

해설
가스공급시설기준에서 배관을 지상설치 시 황색, 지하 매몰 시 적색으로 표시한다.

11 가스도매사업의 가스공급시설 중 배관을 지하에 매설할 때의 기준으로 틀린 것은?

① 배관은 그 외면으로부터 수평거리로 건축물까지 1.0m 이상을 유지한다.
② 배관은 그 외면으로부터 지하의 다른 시설물과 0.3m 이상의 거리를 유지한다.
③ 배관을 산과 들에 매설할 때는 지표면으로부터 배관의 외면까지의 매설깊이를 1m 이상으로 한다.
④ 배관은 지반 동결로 손상을 받지 아니하는 깊이로 매설한다.

해설
배관은 산·들에는 1.0m 이상 그밖의 그 외면으로부터 수평거리로 건축물까지 1.2m 이상을 유지한다.

12 운반 책임자를 동승시키지 않고 운반하는 액화석유가스용 차량에서 고정된 탱크에 설치하여야 하는 장치는?

① 살수장치
② 누설방지장치
③ 폭발방지장치
④ 누설경보장치

해설
운반 책임자를 동승시키지 않고 운반하는 액화석유가스용 차량에서 고정된 탱크에 설치하여야 하는 장치 : 폭발방지장치

13 수소의 특징에 대한 설명으로 옳은 것은?

① 조연성기체이다.
② 폭발범위가 넓다.
③ 가스의 비중이 커서 확산이 느리다.
④ 저온에서 탄소와 수소취성을 일으킨다.

해설
수소의 특징
• 가연성기체이다.
• 폭발범위가 넓다.
• 가스의 비중이 작아 확산속도가 빠르다.
• 고온에서 탄소와 수소취성을 일으킨다.

정답 10 ④ 11 ① 12 ③ 13 ②

14 다음 중 제1종 보호시설이 아닌 것은?

① 가설건축물이 아닌 사람을 수용하는 건축물로서 사실상 독립된 부분의 연면적이 1,500m²인 건축물
② 문화재보호법에 의하여 지정문화재로 지정된 건축물
③ 수용 능력이 100인(人) 이상인 공연장
④ 어린이집 및 어린이놀이시설

해설
보호시설
• 제1종 보호시설
  - 학교·유치원·어린이집·놀이방·어린이놀이터·학원·병원(의원을 포함한다)·도서관·청소년수련시설·경로당·시장·공중목욕탕·호텔·여관·극장·교회 및 공회당(公會堂)
  - 사람을 수용하는 건축물(가설건축물은 제외한다)로서 사실상 독립된 부분의 연면적이 1,000m² 이상인 것
  - 예식장·장례식장 및 전시장, 그 밖에 이와 유사한 시설로서 300명 이상 수용할 수 있는 건축물
  - 아동복지시설 또는 장애인복지시설로서 20명 이상 수용할 수 있는 건축물
  - 문화재보호법에 따라 지정문화재로 지정된 건축물
• 제2종 보호시설
  - 주 택
  - 사람을 수용하는 건축물(가설건축물과 창고는 제외한다)로서 사실상 독립된 부분의 연면적이 100m² 이상 1,000m² 미만인 것

15 가연성가스와 동일차량에 적재하여 운반할 경우 충전용기의 밸브가 서로 마주보지 않도록 적재해야 할 가스는?

① 수 소   ② 산 소
③ 질 소   ④ 아르곤

해설
운반차량의 가스 운반기준
• 염소와 아세틸렌, 암모니아 또는 수소는 동일차량에 적재하여 운반하지 말 것
• 가연성가스와 산소를 동일차량에 적재하여 운반할 때에는 그 충전용기의 밸브가 서로 마주보지 않도록 적재할 것
• 충전용기와 위험물안전관리법에서 정하는 위험물과는 동일 차량에 적재 하여 운반하지 말 것

16 천연가스의 발열량이 10,400kcal/Sm³이다. SI 단위인 MJ/Sm³으로 나타내면?

① 2.47
② 43.68
③ 2,476
④ 43,680

해설
$$10,400 \frac{\text{kcal}}{\text{Sm}^3} \times \frac{4.2\text{kJ}}{1\text{kcal}} \times \frac{1\text{MJ}}{1,000\text{kJ}} = 43.68 \text{MJ/Sm}^3$$

17 다음 중 연소의 3요소가 아닌 것은?

① 가연물
② 산소공급원
③ 점화원
④ 인화점

해설
연소의 3요소
• 가연물
• 산소공급원
• 점화원

18 다음 중 허가대상 가스용품이 아닌 것은?

① 용접절단기용으로 사용되는 LPG 압력조정기
② 가스용 폴리에틸렌 플러그형 밸브
③ 가스소비량이 132.6kW인 연료전지
④ 도시가스 정압기에 내장된 필터

해설
도시가스 정압기는 허가대상품목이지만 도시가스 정압기에 내장된 필터는 허가대상품목이 아니다.

19 가연성가스 충전용기 보관실의 벽 재료의 기준은?

① 불연재료
② 난연재료
③ 가벼운 재료
④ 불연 또는 난연재료

해설
충전용기 보관실의 벽 재료 : 불연재료

20 고압가스안전관리법상 독성가스는 공기 중에 일정량 이상 존재하는 경우 인체에 유해한 독성을 가진 가스로서 허용농도(해당 가스를 성숙한 흰쥐 집단에게 대기 중에서 1시간 동안 계속하여 노출시킨 경우 14일 이내에 그 흰쥐의 2분의 1 이상이 죽게 되는 가스의 농도를 말한다)가 얼마인 것을 말하는가?

① 100만분의 2,000 이하
② 100만분의 3,000 이하
③ 100만분의 4,000 이하
④ 100만분의 5,000 이하

21 고압가스 저장시설에서 가연성가스 시설에 설치하는 유동방지 시설의 기준은?

① 높이 2m 이상의 내화성 벽으로 한다.
② 높이 1.5m 이상의 내화성 벽으로 한다.
③ 높이 2m 이상의 불연성 벽으로 한다.
④ 높이 1.5m 이상의 불연성 벽으로 한다.

해설
유동방지 시설의 기준은 높이 2m 이상의 내화성 벽으로 한다.

22 고압가스 용기 재료의 구비조건이 아닌 것은?

① 내식성, 내마모성을 가질 것
② 무겁고 충분한 강도를 가질 것
③ 용접성이 좋고 가공 중 결함이 생기지 않을 것
④ 저온 및 사용온도에 견디는 연성과 점성강도를 가질 것

해설
고압가스 용기 재료는 가볍고 충분한 강도를 가져야 한다.

23 LPG충전소에는 시설의 안전 확보상 "충전 중 엔진 정지"를 주위의 보기 쉬운 곳에 설치해야 한다. 이 표지판의 바탕색과 문자색은?

① 흑색바탕에 백색글씨
② 흑색바탕에 황색글씨
③ 백색바탕에 흑색글씨
④ 황색바탕에 흑색글씨

해설
충전 중 엔진 정지 : 황색바탕에 흑색글씨

24 도시가스 배관의 지름이 15mm인 배관에 대한 고정장치의 설치간격은 몇 m 이내마다 설치하여야 하는가?

① 1 ② 2
③ 3 ④ 4

해설
배관의 고정장치
- 관지름이 13mm 미만 : 1m마다
- 관지름이 13mm 이상 33mm 미만 : 2m마다
- 관지름이 33mm 이상 : 3m마다

25 가스 운반 시 차량 비치 항목이 아닌 것은?

① 가스 표시 색상
② 가스 특성(온도와 압력과의 관계, 비중, 색깔, 냄새)
③ 인체에 대한 독성 유무
④ 화재, 폭발의 위험성 유무

해설
가스 표시 색상은 이미 용기에 표시되어 있다.

26 고압가스판매자가 실시하는 용기의 안전점검 및 유지관리의 기준으로 틀린 것은?

① 용기 아랫부분의 부식상태를 확인할 것
② 완성검사 도래 여부를 확인할 것
③ 밸브의 그랜드너트가 고정핀으로 이탈방지를 위한 조치가 되어 있는지의 여부를 확인할 것
④ 용기캡이 씌워져 있거나 프로텍터가 부착되어 있는지의 여부를 확인할 것

해설
완성검사 도래 여부가 아니라 재검사기간 도래 여부를 확인해야 한다.

27 독성가스인 암모니아의 저장탱크에는 그 가스의 용량이 그 저장탱크 내용적의 몇 %를 초과하지 않아야 하는가?

① 80% ② 85%
③ 90% ④ 95%

해설
저장탱크 내용적 : 안전공간 10%를 뺀 용적

정답 23 ④ 24 ② 25 ① 26 ② 27 ③

28 액화 암모니아 10kg을 기화시키면 표준상태에서 약 몇 m³의 기체로 되는가?

① 4　　② 5
③ 13　　④ 26

해설
NH₃ 기화 시 체적 = $10kg \times \dfrac{22.4m^3}{17kg} = 13m^3$

29 용기에 의한 고압가스 판매시설의 충전용기보관실 기준으로 옳지 않은 것은?

① 가연성가스 충전용기 보관실은 불연성 재료나 난연성의 재료를 사용한 가벼운 지붕을 설치한다.
② 공기보다 무거운 가연성가스의 용기보관실에는 가스누출검지경보장치를 설치한다.
③ 충전용기 보관실은 가연성가스가 새어나오지 못하도록 밀폐구조로 한다.
④ 용기보관실의 주변에는 화기 또는 인화성 물질이나 발화성물질을 두지 않는다.

해설
충전용기 보관실은 가연성가스가 새어나오면 밖으로 잘 빠져 나갈 수 있도록 통풍이 양호하도록 한다.

30 도시가스배관의 용어에 대한 설명으로 틀린 것은?

① 배관이란 본관, 공급관, 내관 또는 그 밖의 관을 말한다.
② 본관이란 도시가스제조사업소의 부지경계에서 정압기까지 이르는 배관을 말한다.
③ 사용자 공급관이란 공급관 중 정압기에서 가스사용자가 구분하여 소유하는 건축물의 외벽에 설치된 계량기까지 이르는 배관을 말한다.
④ 내관이란 가스사용자가 소유하거나 점유하고 있는 토지의 경계에서 연소기까지 이르는 배관을 말한다.

해설
용어의 정의
• 본관 : 도시가스제조사업소의 부지경계에서 정압기까지 이르는 배관
• 공급관 : 정압기에서 가스소비자가 소유하고 있는 부지경계까지 이르는 배관
• 내관 : 가스소비자가 소유하고 있는 부지경계에서 연소기까지 이르는 배관

31 측정압력이 0.01~10kg/cm² 정도이고, 오차가 ±1~2% 정도이며 유체 내의 먼지 등의 영향이 적으나, 압력 변동에 적응하기 어렵고 주위 온도 오차에 의한 충분한 주의를 요하는 압력계는?

① 전기저항 압력계
② 벨로스(Bellows) 압력계
③ 부르동(Bourdon)관 압력계
④ 피스톤 압력계

해설
② 벨로스압력계 : 주름관이 내압변화에 따라서 신축되는 것을 이용한 것으로 진공압 및 차압 측정에 주로 사용되는 압력계로 측정압력이 0.01~10kg/cm² 정도이고, 오차가 ±1~2% 정도이며 유체 내의 먼지 등의 영향이 적으나, 압력 변동에 적응하기 어렵고 주위 온도 오차에 의한 충분한 주의를 필요로 한다.

32. 1단 감압식 저압조정기의 조정압력(출구압력)은?

① 2.3~3.3kPa
② 5~30kPa
③ 32~83kPa
④ 57~83kPa

해설

LPG압력조정기의 종류에 따른 입구압력·조정압력

종 류	입구압력(MPa)	조정압력(kPa)
1단감압식 저압조정기	0.07~1.56	2.30~3.30
1단감압식 준저압조정기	0.1~1.56	5.0~30.0 이내에서 제조자가 설정한 기준압력의 ±20%
2단감압식 1차용조정기 (용량 100kg/h 이하)	0.1~1.56	57.0~83.0
2단감압식 1차용조정기 (용량 100kg/h 초과)	0.3~1.56	57.0~83.0
2단감압식 2차용 저압조정기	0.01~0.1 또는 0.025~0.1	2.30~3.30
2단감압식 2차용 준저압조정기	조정압력 이상~0.1	5.0~30.0 내에서 제조자가 설정한 기준압력의 ±20%
자동절체식 일체형 저압조정기	0.1~1.56	2.55~3.30
자동절체식 일체형 준저압조정기	0.1~1.56	5.0~30.0 내에서 제조자가 설정한 기준압력의 ±20%
그 밖의 압력조정기	조정압력 이상~1.56	5kPa를 초과하는 압력범위에서 상기 압력조정기의 종류에 따른 조정압력에 해당하지 않는 것에 한하며, 제조자가 설정한 기준압력의 ±20%일 것

33. 초저온 저장탱크에 주로 사용되며, 차압에 의하여 측정하는 액면계는?

① 시창식
② 햄프슨식
③ 부자식
④ 회전 튜브식

해설

압력식 액면계, 햄프슨식 액면계 (차압식 액면계)	액면의 높이에 따른 압력을 측정하여 액의 높이를 측정	고압 밀폐탱크의 액면 측정에 사용

34. 분말진공단열법에서 충진용 분말로 사용되지 않는 것은?

① 탄화규소
② 펄라이트
③ 규조토
④ 알루미늄 분말

해설

분말진공단열법에서 충진용 분말 : 펄라이트, 알루미늄분말, 규조토

35. 압축기에서 다단 압축을 하는 목적으로 틀린 것은?

① 소요 일량의 감소
② 이용 효율의 증대
③ 힘의 평형 향상
④ 토출온도 상승

해설

다단 압축의 장점
• 소요 일량이 절감된다.
• 힘의 평형이 양호하다.
• 압축비가 작아지며, 효율이 증가된다.
• 중간냉각으로 토출가스의 온도상승을 피할 수 있다.

정답 32 ① 33 ② 34 ① 35 ④

36 1,000L의 액산 탱크에 액산을 넣어 방출밸브를 개방하여 12시간 방치하였더니 탱크 내의 액산이 4.8kg 방출되었다면, 1시간당 탱크에 침입하는 열량은 약 몇 kcal인가?(단, 액산의 증발잠열은 60 kcal/kg이다)

① 12
② 24
③ 70
④ 150

해설

액산의 총증발열 $= 60\dfrac{kcal}{kg} \times 4.8kg = 288kcal$

그러므로, 1시간당 탱크에 침입하는 열량 $= \dfrac{288kcal}{12h} = 24\dfrac{kcal}{h}$

37 도시가스용 압력조정기에 대한 설명으로 옳은 것은?

① 유량성능은 제조자가 제시한 설정압력의 ±10% 이내로 한다.
② 합격표시는 바깥지름이 5mm의 "k"자 각인을 한다.
③ 입구 측 연결배관 관경은 50A 이상의 배관에 연결되어 사용되는 조정기이다.
④ 최대 표시유량 300Nm³/h 이상인 사용처에 사용되는 조정기이다.

해설

도시가스용 압력조정기
• 최대 표시유량 300Nm³/h 이하인 사용처에 사용되는 조정기이다.
• 합격표시는 바깥지름이 5mm의 "k"자 각인을 한다.
• 입구 측 연결배관 관경은 50A 이하의 배관에 연결되어 사용되는 조정기이다.

38 오리피스 유량계는 어떤 형식의 유량계인가?

① 차압식
② 면적식
③ 용적식
④ 터빈식

해설

차압식 유량계의 종류 : 벤투리, 오리피스, 플로노즐

39 질소를 취급하는 금속재료에서 내질화성을 증대시키는 원소는?

① Ni
② Al
③ Cr
④ Ti

해설

고온 상태에서 질소 친화력이 큰 Cr, Al, Mo, Ti 등과 반응하여 질화성이 커져 부식이 일어난다.

40 다음 각 가스에 의한 부식현상 중 틀린 것은?

① 암모니아에 의한 강의 질화
② 황화수소에 의한 철의 부식
③ 일산화탄소에 의한 금속의 카르보닐화
④ 수소원자에 의한 강의 탈수소화

해설

수소는 고온·고압하에서 강재 중의 탄소와 반응하여 메탄가스를 생성하며 탈탄작용(수소취성)을 일으킨다.
$Fe_3C + 2H_2 \rightarrow 3Fe + CH_4 \uparrow$

41 다음 중 아세틸렌과 치환반응을 하지 않는 것은?

① Cu
② Ag
③ Hg
④ Ar

해설
아르곤(Ar)은 반응을 일으키지 않는 불활성원소이다.

42 비점이 점차 낮은 냉매를 사용하여 저비점의 기체를 액화하는 사이클은?

① 클라우드 액화사이클
② 필립스 액화사이클
③ 캐스케이드 액화사이클
④ 캐피자 액화사이클

해설
캐스케이드 액화사이클
- 비점이 낮은 냉매를 사용하여 저비점의 기체를 액화시킨다(초저온을 얻기 위해 2개의 냉동기를 운영).
- 메탄가스를 다량으로 액화시킬 때 사용한다.

43 유체가 5m/s의 속도로 흐를 때 이 유체의 속도수두는 약 몇 m인가?(단, 중력가속도는 9.8m/s²이다)

① 0.98
② 1.28
③ 12.2
④ 14.1

해설
$V = \sqrt{2gh}$

$5\dfrac{\text{m}}{\text{sec}} = \sqrt{2 \times 9.8 \times h}$

$h = 1.28\text{m}$

44 빙점 이하의 낮은 온도에서 사용되며 LPG탱크, 저온에도 인성이 감소되지 않는 화학공업 배관 등에 주로 사용되는 관의 종류는?

① SPLT
② SPHT
③ SPPH
④ SPPS

해설
강관의 종류
- 배관용 탄소강관 : SPP, 10kgf/cm² 이하의 증기, 물, 가스
- 압력 배관용 탄소강관 : SPPS, 350℃ 이하, 10~100kgf/cm²
- 고압 배관용 탄소강관 : SPPH, 350℃ 이하, 100kgf/cm² 이상
- 고온 배관용 탄소강관 : SPHT, 350~450℃
- 배관용 합금강관 : SPA
- 저온 배관용 탄소강관 : SPLT(냉매배관용)
- 수도용 아연도금 강관 : SPPW
- 배관용 아크용접 탄소강 강관 : SPW
- 배관용 스테인리스강 강관 : STS X TP
- 보일러 열교환기용 탄소강 강관 : STH

45 고압가스용 이음매 없는 용기에서 내력비란?

① 내력과 압궤강도의 비를 말한다.
② 내력과 파열강도의 비를 말한다.
③ 내력과 압축강도의 비를 말한다.
④ 내력과 인장강도의 비를 말한다.

해설
내력비 : 내력과 인장강도의 비

46 섭씨온도로 측정할 때 상승된 온도가 5℃이었다. 이때 화씨온도로 측정하면 상승온도는 몇 °인가?

① 7.5
② 8.3
③ 9.0
④ 41

해설
- 섭씨온도(Centigrade) : 섭씨 온도란 표준 대기압(1atm)하에서 물이 어는 온도(빙점)을 0℃로 정하고, 끓는 온도(비점)를 100℃로 정한 다음 그 사이를 100등분하여 한 눈금을 1℃로 규정한다.
- 화씨온도(Fahrenheit Temperature) : 화씨 온도란 표준 대기압(1atm)인 상태에서 물이 어는 온도(빙점)를 32°F, 끓는 온도(비점)를 212°F로 정한 다음 그 사이를 180등분하여 한 눈금을 1°F로 규정한다.

그러므로 $100 : 180 = 5 : x$
$x = 9$

47 어떤 물질의 고유의 양으로 측정하는 장소에 따라 변함이 없는 물리량은?

① 질 량
② 중 량
③ 부 피
④ 밀 도

해설
① 질량 : 측정하는 장소에 따라 변함이 없는 물리량

48 하버-보시법으로 암모니아 44g을 제조하려면 표준상태에서 수소는 약 몇 L가 필요한가?

① 22
② 44
③ 87
④ 100

해설
N_2 + $3H_2$ → $2NH_3$
x : 44g
$3 \times 22.4L : 2 \times 17g$
$x = 87$

49 다음 중 기체연료의 연소 특성으로 틀린 것은?

① 소형의 버너도 매연이 적고, 완전연소가 가능하다.
② 하나의 연료 공급원으로부터 다수의 연소로와 버너에 쉽게 공급된다.
③ 미세한 연소 조정이 어렵다.
④ 연소율의 가변범위가 넓다.

해설
기체연료의 연소 특성
- 소형의 버너도 매연이 적고, 완전연소가 가능하다.
- 하나의 연료 공급원으로부터 다수의 연소로와 버너에 쉽게 공급된다.
- 미세한 연소 조정이 쉽다.
- 연소율의 가변범위가 넓다.

50 비중이 13.6인 수은은 76cm의 높이를 갖는다. 비중이 0.5인 알코올로 환산하면 그 수주는 몇 m인가?

① 20.67
② 15.2
③ 13.6
④ 5

해설
$P = \gamma H$
$13.6 \times 0.76 = 0.5 \times x$
$x = 20.67$

51 다음 중 SNG에 대한 설명으로 가장 적당한 것은?

① 액화석유가스
② 액화천연가스
③ 정유가스
④ 대체천연가스

해설
SNG(Substituted Natural Gas)의 S는 Synthetic(합성) 또는 Substitute(대체)의 뜻으로 대체천연가스 또는 합성천연가스라고 한다. LNG와 같이 공업용 및 도시가스용으로 사용되고 있다.

52 액체는 무색투명하고, 특유의 복숭아 향을 가진 맹독성 가스는?

① 일산화탄소
② 포스겐
③ 사이안화수소
④ 메탄

해설
특유의 복숭아 향을 가진 맹독성 가스 : 사이안화수소

53 단위 체적당 물체의 질량은 무엇을 나타내는 것인가?

① 중량 ② 비열
③ 비체적 ④ 밀도

해설
밀도(비질량 : ρ) : 단위 체적당 질량

$$\rho = \frac{m}{V} \left(\frac{kg_m}{m^3} \right)$$

예) 물(H_2O) : $\rho_{H_2O} = 1,000 \frac{kg_m}{m^3} = 102 \frac{kgf \cdot s^2}{m^4}$

수은(Hg) : $\rho_{Hg} = 13,600 \frac{kg_m}{m^3}$

54 다음 중 지연성 가스로만 구성되어 있는 것은?

① 일산화탄소, 수소
② 질소, 아르곤
③ 산소, 이산화질소
④ 석탄가스, 수성가스

해설
지연성가스(조연성가스) : 불연성가스와 똑같이 연소하거나 폭발되지 않지만 연소를 지지하는 가스이다. 산소, 이산화질소 등이 있다.

55 메탄가스의 특성에 대한 설명으로 틀린 것은?

① 메탄은 프로판에 비해 연소에 필요한 산소량이 많다.
② 폭발하한농도가 프로판보다 높다.
③ 무색, 무취이다.
④ 폭발상한농도가 부탄보다 높다.

해설
메탄과 프로판의 완전연소반응식
• $CH_4 + 2O_2 \rightarrow CO_2 + 2H_2O$(메탄)
• $C_3H_8 + 5O_2 \rightarrow 3CO_2 + 4H_2O$(프로판)

정답 51 ④ 52 ③ 53 ④ 54 ③ 55 ①

56 암모니아의 성질에 대한 설명으로 옳지 않은 것은?

① 가스일 때 공기보다 무겁다.
② 물에 잘 녹는다.
③ 구리에 대하여 부식성이 강하다.
④ 자극성 냄새가 있다.

해설
암모니아의 분자량은 17g, 공기의 평균분자량은 29g이다.

57 수소에 대한 설명으로 틀린 것은?

① 상온에서 자극성을 가지는 가연성 기체이다.
② 폭발범위는 공기 중에서 약 4~75%이다.
③ 염소와 반응하여 폭명기를 형성한다.
④ 고온·고압에서 강재 중 탄소와 반응하여 수소취성을 일으킨다.

해설
상온에서 무색, 무미, 무취의 가연성 기체이다.

58 다음 중 표준상태에서 가스상 탄화수소의 점도가 가장 높은 가스는?

① 에 탄
② 메 탄
③ 부 탄
④ 프로판

해설
분자량이 적을수록 점도가 높다.
② 메탄(CH_4) : 16g
① 에탄(C_2H_6) : 30g
③ 부탄(C_4H_{10}) : 58g
④ 프로판(C_3H_8) : 44g

59 도시가스의 원료인 메탄가스를 완전 연소시켰다. 이때 어떤 가스가 주로 발생되는가?

① 부 탄
② 암모니아
③ 콜타르
④ 이산화탄소

해설
도시가스의 원료는 메탄이다.
$CH_4 + 2O_2 \rightarrow CO_2 + 2H_2O$

60 표준 대기압하에서 물 1kg의 온도를 1℃ 올리는 데 필요한 열량은 얼마인가?

① 0kcal
② 1kcal
③ 80kcal
④ 539kcal/kg·℃

해설
1kcal = 3.968BTU = 2.205CHU
• 1kcal : 물 1kg을 1℃ 올리는 데 필요한 열량
• 1BTU : 물 1lb을 1°F 올리는 데 필요한 열량
• 1CHU : 물 1lb을 1℃ 올리는 데 필요한 열량

2015년 제2회 과년도 기출문제

01 액화석유가스의 안전관리 및 사업법에서 정한 용어에 대한 설명으로 틀린 것은?

① 저장설비란 액화석유가스를 저장하기 위한 설비로서 각종 저장탱크 및 용기를 말한다.
② 저장탱크란 액화석유가스를 저장하기 위하여 지상 또는 지하에 고정 설치된 탱크로서 그 저장능력이 3톤 이상인 탱크를 말한다.
③ 용기집합설비란 2개 이상의 용기를 집합하여 액화석유가스를 저장하기 위한 설비를 말한다.
④ 충전용기란 액화석유가스 충전 질량의 90% 이상이 충전되어 있는 상태의 용기를 말한다.

해설
- 충전용기란 액화석유가스 충전질량의 2분의 1 이상이 충전되어 있는 상태의 용기
- 잔가스용기란 액화석유가스 충전질량의 2분의 1 미만이 충전되어 있는 상태의 용기

02 방호벽을 설치하지 않아도 되는 곳은?

① 아세틸렌가스 압축기와 충전장소 사이
② 판매소의 용기 보관실
③ 고압가스 저장설비와 사업소 안의 보호시설과의 사이
④ 아세틸렌가스 발생장치와 해당 가스충전용기 보관장소 사이

해설
방호벽 설치장소
- 압축기와 그 충전장소 사이
- 압축기와 그 가스충전용기 보관장소 사이
- 충전장소와 그 가스충전용기 보관장소 사이 및 충전장소와 그 충전용 주관밸브, 조작밸브 사이
- 판매소의 용기 보관실
- 고압가스 저장설비와 사업소 안의 보호시설과의 사이

03 공기와 혼합된 가스가 압력이 높아지면 폭발범위가 좁아지는 가스는?

① 메 탄   ② 프로판
③ 일산화탄소   ④ 아세틸렌

해설
③ 일산화탄소 : 압력이 높아지면 오히려 폭발범위가 좁아진다.

04 천연가스 지하 매설 배관의 퍼지용으로 주로 사용되는 가스는?

① N_2 ② Cl_2
③ H_2 ④ O_2

해설
퍼지용으로 주로 사용되는 가스 : N_2

05 산소압축기의 내부 윤활유제로 주로 사용되는 것은?

① 석 유   ② 물
③ 유 지   ④ 황 산

해설
중요가스 윤활유
- 공기 : 양질의 광유
- 아세틸렌 : 양질의 광유
- 수소 : 양질의 광유
- 산소 : 10% 이하의 묽은 글리세린수 또는 물
- 염소 : 진한 황산
- 아황산가스 : 화이트유(액상파라핀, 바셀린유)

정답 1 ④ 2 ④ 3 ③ 4 ① 5 ②

06 지하에 매설된 도시가스 배관의 전기방식 기준으로 틀린 것은?

① 전기방식전류가 흐르는 상태에서 토양 중에 있는 배관 등의 방식전위 상한값은 포화황산동 기준전극으로 −0.85V 이하일 것
② 전기방식전류가 흐르는 상태에서 자연전위와의 전위변화가 최소한 −300mV 이하일 것
③ 배관에 대한 전위측정은 가능한 배관 가까운 위치에서 실시할 것
④ 전기방식시설의 관대지전위 등을 2년에 1회 이상 점검할 것

해설
전기방식시설의 관대지전위 등을 1년에 1회 이상 점검할 것

07 충전용기 등을 적재한 차량의 운반 개시 전용기 적재상태의 점검내용이 아닌 것은?

① 차량의 적재중량 확인
② 용기 고정상태 확인
③ 용기 보호캡의 부착 유무 확인
④ 운반계획서 확인

해설
차량의 운반 개시 전용기 적재상태의 점검내용
• 차량의 적재중량 확인
• 용기 고정상태 확인
• 용기 보호캡의 부착 유무 확인

08 도시가스 사용시설에서 안전을 확보하기 위하여 최고사용 압력의 1.1배 또는 얼마의 압력 중 높은 압력으로 실시하는 기밀시험에 이상이 없어야 하는가?

① 5.4kPa
② 6.4kPa
③ 7.4kPa
④ 8.4kPa

해설
기밀시험 : 최고사용 압력의 1.1배 또는 8.4kPa 압력 중 높은 압력

09 다음 각 폭발의 종류와 그 관계로서 맞지 않은 것은?

① 화학 폭발 : 화약의 폭발
② 압력 폭발 : 보일러의 폭발
③ 촉매 폭발 : C_2H_2의 폭발
④ 중합 폭발 : HCN의 폭발

해설
아세틸렌의 폭발 형태
• 화학폭발 반응식 : $C_2H_2 + 2Cu \rightarrow Cu_2C_2 + H_2$
• 산화폭발 반응식 : $C_2H_2 + 2.5O_2 \rightarrow 2CO_2 + H_2O$
• 분해폭발 반응식 : $C_2H_2 \rightarrow 2C + H_2$

10 일반도시가스사업자가 설치하는 가스공급시설 중 정압기의 설치에 대한 설명으로 틀린 것은?

① 건축물 내부에 설치된 도시가스사업자의 정압기로서 가스누출경보기와 연동하여 작동하는 기계환기설비를 설치하고 1일 1회 이상 안전점검을 실시하는 경우에는 건축물의 내부에 설치할 수 있다.
② 정압기에 설치되는 가스방출관의 방출구는 주위에 불 등이 없는 안전한 위치로서 지면으로부터 3m 이상의 높이에 설치하여야 하며, 전기시설물과의 접촉 등으로 사고의 우려가 있는 장소에서는 5m 이상의 높이로 설치한다.
③ 정압기에 설치하는 가스차단장치는 정압기의 입구 및 출구에 설치한다.
④ 정압기는 2년에 1회 이상 분해점검을 실시하고 필터는 가스공급 개시 후 1월 이내 및 가스공급 개시 후 매년 1회 이상 분해점검을 실시한다.

해설
정압기에 설치되는 가스방출관의 방출구는 주위에 불 등이 없는 안전한 위치로서 지면으로부터 5m 이상의 높이에 설치하여야 하며, 전기시설물과의 접촉 등으로 사고의 우려가 있는 장소에서는 3m 이상의 높이로 설치한다.

11 아세틸렌(C_2H_2)에 대한 설명으로 틀린 것은?

① 폭발범위는 수소보다 넓다.
② 공기보다 무겁고 황색의 가스이다.
③ 공기와 혼합되지 않아도 폭발할 수 있다.
④ 구리, 은, 수은 및 그 합금과 폭발성 화합물을 만든다.

> **해설**
> 아세틸렌은 공기보다 가볍고 상온에서 무색, 무취의 기체상태로 존재하며 순수한 물질은 에테르와 비슷한 향기가 있으나 보통 공존하는 불순물 때문에 특유의 냄새가 난다.

12 고압가스 충전용기는 항상 몇 ℃ 이하의 온도를 유지하여야 하는가?

① 10℃ ② 30℃
③ 40℃ ④ 50℃

> **해설**
> 고압가스 충전용기는 항상 40℃ 이하의 온도를 유지하여야 한다.

13 용기에 의한 고압가스 운반기준으로 틀린 것은?

① 3,000kg의 액화 조연성가스를 차량에 적재하여 운반할 때에는 운반책임자가 동승하여야 한다.
② 허용농도가 500ppm인 액화 독성가스 1,000kg을 차량에 적재하여 운반할 때에는 운반책임자가 동승하여야 한다.
③ 충전용기와 위험물 안전관리법에서 정하는 위험물과는 동일 차량에 적재하여 운반할 수 없다.
④ 300m³의 압축 가연성가스를 차량에 적재하여 운반할 때에는 운전자가 운반책임자의 자격을 가진 경우에는 자격이 없는 사람을 동승시킬 수 있다.

> **해설**
> 가연성 액화가스의 경우 3,000kg 이상, 조연성 액화가스의 경우 6,000kg 이상을 차량에 적재하여 운반할 경우, 운반책임자가 동승하여야 한다. 다만 운전자가 운반책임자의 자격을 가진 경우에는 운반책임자의 자격이 없는 사람을 동승시킬 수 있다.

14 공기 중으로 누출 시 냄새로 쉽게 알 수 있는 가스로만 나열된 것은?

① Cl_2, NH_3
② CO, Ar
③ C_2H_2, CO
④ O_2, Cl_2

> **해설**
> 염소와 암모니아는 자극성 냄새가 나는 기체이다.

15 신규검사 후 20년이 경과한 용접용기(액화석유가스용 용기는 제외한다)의 재검사 주기는?

① 3년마다 ② 2년마다
③ 1년마다 ④ 6개월마다

> **해설**
> 용기 재검사 주기

용기의 종류		신규검사 후 경과연수		
		15년 미만	15년 이상 20년 미만	20년 이상
		재검사 주기		
용접용기 (액화석유가스용 용접용기는 제외)	500L 이상	5년마다	2년마다	1년마다
	500L 미만	3년마다	2년마다	1년마다
액화석유가스용 용접용기	500L 이상	5년마다	2년마다	1년마다
	500L 미만	5년마다		2년마다
이음매 없는 용기 또는 복합재료 용기	500L 이상	5년마다		
	500L 미만	신규검사 후 경과연수가 10년 이하인 것은 5년마다, 10년 초과한 것은 3년마다		

16 액화석유가스 저장탱크 벽면의 국부적인 온도상승에 따른 저장탱크의 파열을 방지하기 위하여 저장탱크 내벽에 설치하는 폭발방지장치의 재료로 맞는 것은?

① 다공성 철판
② 다공성 알루미늄판
③ 다공성 아연판
④ 오스테나이트계 스테인리스판

해설
저장탱크 내벽에 설치하는 폭발방지장치의 재료 : 다공성 알루미늄판

17 최대지름이 6m인 가연성가스 저장탱크 2개가 서로 유지하여야 할 최소 거리는?

① 0.6m ② 1m
③ 2m   ④ 3m

해설
가연성가스 저장탱크 2개가 서로 유지하여야 할 최소 거리
$$\frac{D_1 + D_2}{4} = \frac{6+6}{4} = 3m$$

18 다음 중 연소의 형태가 아닌 것은?

① 분해연소 ② 확산연소
③ 증발연소 ④ 물리연소

해설
연소의 형태
- 분해연소
- 확산연소
- 증발연소
- 자기연소

19 고압가스 일반제조시설 중 에어졸의 제조기준에 대한 설명으로 틀린 것은?

① 에어졸의 분사제는 독성가스를 사용하지 아니한다.
② 35℃에서 그 용기의 내압은 0.8MPa 이하로 한다.
③ 에어졸 제조설비는 화기 또는 인화성 물질과 5m 이상의 우회거리를 유지한다.
④ 내용적이 $30m^3$ 이상인 용기는 에어졸의 제조에 재사용하지 아니한다.

해설
에어졸 제조설비는 화기 또는 인화성 물질과 8m 이상의 우회거리를 유지한다.

20 가스누출검지경보장치의 설치에 대한 설명으로 틀린 것은?

① 통풍이 잘되는 곳에 설치한다.
② 가스의 누출을 신속하게 검지하고 경보하기에 충분한 개수 이상 설치한다.
③ 장치의 기능은 가스의 종류에 적절한 것으로 한다.
④ 가스가 체류할 우려가 있는 장소에 적절하게 설치한다.

해설
가스누출검지경보장치는 통풍이 잘되지 않는 곳에 설치한다.

정답 16 ② 17 ④ 18 ④ 19 ③ 20 ①

21 가스용기의 취급 및 주의사항에 대한 설명으로 틀린 것은?

① 충전 시 용기는 용기 재검사 기간이 지나지 않았는지 확인한다.
② LPG용기나 밸브를 가열할 때는 뜨거운 물(40℃ 이상)을 사용한다.
③ 충전한 후에는 용기밸브의 누출 여부를 확인한다.
④ 용기 내에 잔류물이 있을 때에는 잔류물을 제거하고 충전한다.

해설
LPG용기나 밸브를 가열할 때는 열습포(40℃ 이하)를 사용한다.

22 용기 신규검사에 합격된 용기 부속품기호 중 압축가스를 충전하는 용기 부속품의 기호는?

① AG   ② PG
③ LG   ④ LT

해설
용기종류별 부속품의 기호

용기 종류	기 호
아세틸렌가스를 충전하는 용기의 부속품	AG
압축가스를 충전하는 용기의 부속품	PG
액화석유가스를 충전하는 용기의 부속품	LPG
액화석유가스 외의 액화가스를 충전하는 용기의 부속품	LG
초저온용기 및 저온용기의 부속품	LT

23 일반 액화석유가스 압력조정기에 표시하는 사항이 아닌 것은?

① 제조자명이나 그 약호
② 제조번호나 로트번호
③ 입구압력(기호 : P, 단위 : MPa)
④ 검사 연월일

해설
액화석유가스 압력조정기에 표시하는 사항
- 부속품제조업자의 명칭 또는 부속품의 약호
- 제조 부속품의 번호와 기호
- 내압시험압력(기호 : TP, 단위 : MPa)
- 질량(기호 : W, 단위 : kg)
- 부속품검사에 합격한 연월일

24 산화에틸렌 취급 시 주로 사용되는 제독제는?

① 가성소다 수용액
② 탄산소다 수용액
③ 소석회 수용액
④ 물

해설
독성가스의 제독제

독성가스명	제독제
염 소	가성소다수용액, 탄산소다수용액, 소석회
포스겐	가성소다수용액, 소석회
황화수소	가성소다수용액, 탄산소다수용액
사이안화수소	가성소다수용액
아황산가스	가성소다수용액, 탄산소다수용액, 물
암모니아, 산화에틸렌, 염화메탄	물

정답 21 ② 22 ② 23 ④ 24 ④

25 고압가스 설비에 설치하는 압력계의 최고눈금에 대한 측정범위의 기준으로 옳은 것은?

① 상용압력의 1.0배 이상, 1.2배 이하
② 상용압력의 1.2배 이상, 1.5배 이하
③ 상용압력의 1.5배 이상, 2.0배 이하
④ 상용압력의 2.0배 이상, 3.0배 이하

해설
압력계의 최고눈금 : 상용압력의 1.5배 이상, 2.0배 이하

26 0종 장소에는 원칙적으로 어떤 방폭구조의 것으로 하여야 하는가?

① 내압방폭구조
② 본질안전방폭구조
③ 특수방폭구조
④ 안전증방폭구조

해설
0종 장소에는 원칙적으로 본질안전방폭구조의 것으로 하여야 한다.

27 도시가스 사용시설에서 PE배관은 온도가 몇 ℃ 이상이 되는 장소에 설치하지 아니하는가?

① 25℃   ② 30℃
③ 40℃   ④ 60℃

해설
도시가스 사용시설에서 PE배관은 온도가 40℃ 이상이 되는 장소에 설치하지 않는다.

28 충전용 주관의 압력계는 정기적으로 표준 압력계로 그 기능을 검사하여야 한다. 다음 중 검사의 기준으로 옳은 것은?

① 매월 1회 이상
② 3개월에 1회 이상
③ 6개월에 1회 이상
④ 1년에 1회 이상

해설
충전용 주관의 압력계는 정기적으로 매월 1회 이상 표준 압력계로 그 기능을 검사해야 한다.

29 방류둑의 내측 및 그 외면으로부터 몇 m 이내에 그 저장 탱크의 부속설비 외의 것을 설치하지 못하도록 되어 있는가?

① 3m   ② 5m
③ 8m   ④ 10m

해설
방류둑의 내측 및 그 외면으로부터 10m 이내에 그 저장 탱크의 부속설비 외의 것을 설치하지 못하도록 되어 있다.

30 가스의 성질에 대하여 옳은 것으로만 나열된 것은?

> ㉮ 일산화탄소는 가연성이다.
> ㉯ 산소는 조연성이다.
> ㉰ 질소는 가연성도 조연성도 아니다.
> ㉱ 아르곤은 공기 중에 함유되어 있는 가스로서 가연성이다.

① ㉮, ㉯, ㉱
② ㉮, ㉯, ㉰
③ ㉯, ㉰, ㉱
④ ㉮, ㉰, ㉱

해설
아르곤은 공기 중에 함유되어 있는 가스로서 불연성가스이다.

31 부취제를 외기로 분출하거나 부취설비로부터 부취제가 흘러나오는 경우 냄새를 감소시키는 방법으로 가장 거리가 먼 것은?

① 연소법
② 수동조절
③ 화학적 산화처리
④ 활성탄에 의한 흡착

32 고압가스 매설배관에 실시하는 전기방식 중 외부전원법의 장점이 아닌 것은?

① 과방식의 염려가 없다.
② 전압, 전류의 조정이 용이하다.
③ 전식에 대해서도 방식이 가능하다.
④ 전극의 소모가 적어서 관리가 용이하다.

해설
외부전원법은 땅 속의 애노드에 강제 전압을 가하여 피방식 금속제를 캐소드로 하는 전기방식법으로 배관길이 500m 이내의 간격으로 설치하고 외부전원법의 장점은 다음과 같다.
• 과방식의 염려가 있다.
• 전압, 전류의 조정이 용이하다.
• 전식에 대해서도 방식이 가능하다.
• 전극의 소모가 적어서 관리가 용이하다.

33 압력배관용 탄소강관의 사용압력 범위로 가장 적당한 것은?

① 1~2MPa
② 1~10MPa
③ 10~20MPa
④ 10~50MPa

해설
강관의 종류
• 배관용 탄소강관 : SPP, 1MPa 이하의 증기, 물, 가스
• 압력 배관용 탄소강관 : SPPS, 350℃ 이하, 1~10MPa
• 고압 배관용 탄소강관 : SPPH, 350℃ 이하, 10MPa 이상
• 고온 배관용 탄소강관 : SPHT, 350~450℃

34 정압기(Governor)의 기능을 모두 옳게 나열한 것은?

① 감압기능
② 정압기능
③ 감압기능, 정압기능
④ 감압기능, 정압기능, 폐쇄기능

해설
정압기의 기능 : 감압기능, 정압기능, 폐쇄기능

35 고압식 액화분리 장치의 작동 개요에 대한 설명이 아닌 것은?

① 원료 공기는 여과기를 통하여 압축기로 흡입하여 약 150~200kg/cm² 으로 압축시킨다.
② 압축기를 빠져나온 원료 공기는 열교환기에서 약간 냉각되고 건조기에서 수분이 제거된다.
③ 압축 공기는 수세정탑을 거쳐 축랭기로 송입되어 원료공기와 불순 질소류가 서로 교환된다.
④ 액체 공기는 상부 정류탑에서 약 0.5atm 정도의 압력으로 정류된다.

> [해설]
> 축랭기에서는 수분과 CO_2가 분리된다.

36 정압기의 분해점검 및 고장에 대비하여 예비정압기를 설치하여야 한다. 다음 중 예비정압기를 설치하지 않아도 되는 경우는?

① 캐비닛형 구조의 정압기실에 설치된 경우
② 바이패스관이 설치되어 있는 경우
③ 단독사용자에게 가스를 공급하는 경우
④ 공동사용자에게 가스를 공급하는 경우

> [해설]
> 단독사용자에게는 예비정압기가 필요 없다.

37 부유 피스톤형 압력계에서 실린더 지름 0.02m, 추와 피스톤의 무게가 20,000g일 때 이 압력계에 접속된 부르동관의 압력계 눈금이 7kg/cm²를 나타내었다. 이 부르동관 압력계의 오차는 약 몇 %인가?

① 5 ② 10
③ 15 ④ 20

> [해설]
> 부유 피스톤형 압력계에서 압력 $= \dfrac{20kg}{\dfrac{1}{4} \times 3.14 \times (2cm)^2}$
> $= 6.37 \dfrac{kg}{cm^2}$
> 그러므로, 오차(%) $= \dfrac{표준압력 - 계기압력}{표준압력} \times 100$
> $= \dfrac{7-6.37}{6.37} \times 100 ≒ 9.89\% ≒ 10\%$

38 저비점(低沸點) 액체용 펌프 사용상의 주의사항으로 틀린 것은?

① 밸브와 펌프 사이에 기화가스를 방출할 수 있는 안전밸브를 설치한다.
② 펌프의 흡입·토출관에는 신축 조인트를 장치한다.
③ 펌프는 가급적 저장용기로부터 멀리 설치한다.
④ 운전개시 전에는 펌프를 청정하여 건조한 다음 펌프를 충분히 예랭한다.

> [해설]
> 펌프는 가급적 저장용기로부터 가까이 설치한다.

39 금속재료의 저온에서의 성질에 대한 설명으로 가장 거리가 먼 것은?

① 강은 암모니아 냉동기용 재료로서 적당하다.
② 탄소강은 저온도가 될수록 인장강도가 감소한다.
③ 구리는 액화분리장치용 금속재료로서 적당하다.
④ 18-8 스테인리스강은 우수한 저온장치용 재료이다.

해설
탄소강은 저온도가 될수록 인장강도가 증가한다.

40 상용압력 15MPa, 배관내경 15mm, 재료의 인장강도 480N/mm², 관내면 부식여유 1mm, 안전율 4, 외경과 내경의 비가 1.2 미만인 경우 배관의 두께는?

① 2mm ② 3mm
③ 4mm ④ 5mm

해설
용접용기 동판의 두께 구하는 공식
$$t = \frac{PD}{2S\eta - 1.2P} + C$$
여기서, t : 두께(mm)
P : 아세틸렌가스용기는 최고충전압력(MPa)의 1.62배의 압력(그 밖의 용기는 최고충전압력(MPa))
D : 용접용기 동판의 내경(mm)
S : 재료의 허용응력 $\left(\dfrac{N}{mm^2}\right)$
η : 효율
C : 부식여유치의 두께(mm)

그러므로,
$$t = \frac{PD}{2S\eta - 1.2P} + C = \frac{15 \times 15}{\left(2 \times 480 \times \frac{1}{4} \times 1\right) - (1.2 \times 15)} + 1 = 2$$

41 수소불꽃을 이용하여 탄화수소의 누출을 검지할 수 있는 가스누출검출기는?

① FID   ② OMD
③ 접촉연소식 ④ 반도체식

해설
① FID : 수소이온화검출기

42 압축기에 사용하는 윤활유 선택 시 주의사항으로 틀린 것은?

① 인화점이 높을 것
② 잔류탄소의 양이 적을 것
③ 점도가 적당하고 항유화성이 적을 것
④ 사용가스와 화학반응을 일으키지 않을 것

해설
압축기에서 사용하는 윤활유 선택 시 점도가 적당하고 항유화성이 커야 한다.

43 공기에 의한 전열이 어느 압력까지 내려가면 급히 압력에 비례하여 적어지는 성질을 이용하는 저온장치에 사용되는 진공단열법은?

① 고진공 단열법
② 분말진공 단열법
③ 다층진공 단열법
④ 자연진공 단열법

해설
전열이 어느 압력까지 내려가면 급히 압력에 비례하여 적어지는 성질을 이용하는 저온장치에 사용되는 진공단열법 : 고진공 단열법

44 1단 감압식 저압조정기의 성능에서 조정기 최대 폐쇄압력은?

① 2.5kPa 이하
② 3.5kPa 이하
③ 4.5kPa 이하
④ 5.5kPa 이하

해설
조정기 최대 폐쇄압력
- 1단감압식 저압조정기, 2단감압식 2차용조정기, 자동절체식 일체형조정기 : 3.5kPa 이하
- 2단감압식 1차용조정기, 자동절체식 분리형조정기 : 0.95 $\frac{kg}{cm^2}$ 이하
- 1단감압식 준저압조정기 : 조정압력의 1.25배 이하

45 백금-백금로듐 열전대 온도계의 온도 측정 범위로 옳은 것은?

① −180~350℃
② −20~800℃
③ 0~1,700℃
④ 300~2,000℃

해설
열기전력을 이용한 온도계(열전대 온도계)

백금-백금로듐 (P-R)	내열성이 좋고, 환원성에 약하며, 온도측정범위는 0~1,800℃의 고온측정용으로 쓰임
크로멜-알루멜 (C-A)	공업용으로 많이 쓰이며 온도측정범위는 −270~1,400℃의 저온측정용으로 쓰임
철-콘스탄탄 (I-C)	기전력이 크고, 환원분위기에 강하며, 값이 싸므로 공장에서 널리 사용하며, 온도측정범위는 −200~750℃의 온도를 계측
동-콘스탄탄 (C-C)	온도측정범위는 −200~400℃의 온도를 계측

46 비열에 대한 설명 중 틀린 것은?

① 단위는 kcal/kg·℃이다.
② 비열비는 항상 1보다 크다.
③ 정적비열은 정압비열보다 크다.
④ 물의 비열은 얼음의 비열보다 크다.

해설
비열비(k)
기체의 정압비열과 정적비열과의 비, 즉 $\frac{C_p}{C_v}$ 이므로 비열비는 항상 1보다 크다. 다시 말해서 $C_p > C_v$ 이므로 항상 $\frac{C_p}{C_v} > 1$ 이다.

47 다음 화합물 중 탄소의 함유율이 가장 많은 것은?

① CO_2
② CH_4
③ C_2H_4
④ CO

해설
탄소의 함유율 = $\frac{탄소의 분자량}{탄소 함유 기체의 분자량} \times 100$

③ C_2H_4 중의 탄소의 함유율 = $\frac{24}{28} \times 100 = 85.71\%$
① CO_2 중의 탄소의 함유율 = $\frac{12}{44} \times 100 = 27.27\%$
② CH_4 중의 탄소의 함유율 = $\frac{12}{16} \times 100 = 75\%$
④ CO 중의 탄소의 함유율 = $\frac{12}{28} \times 100 = 42.86\%$

48 수소(H₂)에 대한 설명으로 옳은 것은?

① 3중 수소는 방사능을 갖는다.
② 밀도가 크다.
③ 금속재료를 취화시키지 않는다.
④ 열전달율이 아주 작다.

해설
수소(H₂)는 최소의 밀도를 갖고, 열전달율이 아주 크고, 금속재료를 취화시킨다.

49 샤를의 법칙에서 기체의 압력이 일정할 때 모든 기체의 부피는 온도가 1℃ 상승함에 따라 0℃ 때의 부피보다 어떻게 되는가?

① 22.4배씩 증가한다.
② 22.4배씩 감소한다.
③ 1/273씩 증가한다.
④ 1/273씩 감소한다.

해설
샤를의 법칙(정압법칙 : $P = C$) : 기체의 압력이 일정할 때 기체의 체적은 절대온도에 비례한다.
여기서, $\dfrac{V_1}{T_1} = \dfrac{V_2}{T_2}$

50 다음 중 가장 높은 온도는?

① $-35℃$ ② $-45℉$
③ $213K$ ④ $450°R$

해설
온도환산공식
- $K = 273 + ℃$
- $℉ = \dfrac{9}{5}℃ + 32$
- $°R = ℉ + 460$

그러므로,
① $-35℃$
② $℉ = \dfrac{9}{5}℃ + 32 \rightarrow ℃ = (-45-32) \times \dfrac{5}{9} ≒ -42.8 ≒ -43℃$
③ $K = 273 + ℃ \rightarrow ℃ = 213 - 273 = -60$
④ $°R = ℉ + 460 \rightarrow ℉ = 450 - 460 = -10$
℉를 ℃로 환산하면
$℉ = \dfrac{9}{5}℃ + 32$
$\rightarrow ℃ = (-10-32) \times \dfrac{5}{9} ≒ -23.3 ≒ -23℃$

51 현열에 대한 가장 적절한 설명은?

① 물질이 상태변화 없이 온도가 변할 때 필요한 열이다.
② 물질이 온도변화 없이 상태가 변할 때 필요한 열이다.
③ 물질이 상태, 온도 모두 변할 때 필요한 열이다.
④ 물질이 온도변화 없이 압력이 변할 때 필요한 열이다.

해설
현열(감열) : 상태변화는 없고 온도변화가 있을 때 출입하는 열량 $\left(\dfrac{\text{kcal}}{\text{kg }℃}\right)$, $Q = GC\Delta t$

정답 48 ① 49 ③ 50 ④ 51 ①

52 일산화탄소와 염소가 반응하였을 때 주로 생성되는 것은?

① 포스겐　　② 카르보닐
③ 포스핀　　④ 사염화탄소

> **해설**
> $CO + Cl_2 \rightarrow COCl_2$

53 다음 보기에서 압력이 높은 순서대로 나열된 것은?

> 보기
> ㉠ 100atm
> ㉡ 2kg/mm²
> ㉢ 15m 수은주

① ㉠ > ㉡ > ㉢
② ㉡ > ㉢ > ㉠
③ ㉢ > ㉡ > ㉠
④ ㉡ > ㉠ > ㉢

> **해설**
> ㉠ 100atm
> ㉡ $2\dfrac{kg}{mm^2} \times \dfrac{100mm^2}{1cm^2} \times \dfrac{1atm}{1.0332\dfrac{kg}{cm^2}} = 193.57atm$
> ㉢ $15mHg \times \dfrac{1,000mm}{1m} \times \dfrac{1atm}{760mmHg} = 19.74atm$

54 산소에 대한 설명으로 옳은 것은?

① 안전밸브는 파열판식을 주로 사용한다.
② 용기는 탄소강으로 된 용접용기이다.
③ 의료용 용기는 녹색으로 도색한다.
④ 압축기 내부 윤활유는 양질의 광유를 사용한다.

> **해설**
> **산소에 대한 설명**
> • 안전밸브는 파열판식을 주로 사용한다.
> • 용기는 탄소강으로 된 무계목용기이다.
> • 의료용 용기는 백색으로 도색한다.
> • 압축기 내부 윤활유는 물 또는 10% 이하의 글리세린수를 사용한다.

55 다음 가스 중 가장 무거운 것은?

① 메 탄　　② 프로판
③ 암모니아　　④ 헬 륨

> **해설**
> ② 프로판(C_3H_8) : 44g
> ① 메탄(CH_4) : 16g
> ③ 암모니아(NH_3) : 17g
> ④ 헬륨(He) : 4g

56 대기압하에서 0℃ 기체의 부피가 500mL이었다. 이 기체의 부피가 2배로 될 때의 온도는 몇 ℃인가?(단, 압력은 일정하다)

① −100　　② 32
③ 273　　④ 500

> **해설**
> **샤를의 법칙(정압법칙 : $P=C$)** : 기체의 압력이 일정할 때 기체의 체적은 절대온도에 비례한다.
> 여기서, $\dfrac{V_1}{T_1} = \dfrac{V_2}{T_2}$
> 그러므로, $\dfrac{V_1}{T_1} = \dfrac{V_2}{T_2} \rightarrow \dfrac{500}{273+0} = \dfrac{2 \times 500}{273+x}$
> $x = 273℃$

57 다음 설명하는 열역학 법칙은?

> 어떤 물체의 외부에서 일정량의 열을 가하면 물체는 이 열량의 일부분을 소비하여 외부에 대하여 일을 하고 남은 부분은 전부 내부에너지로 내부에 저장되고, 그 사이에 소비된 열은 발생되는 일과 같다.

① 열역학 제0법칙
② 열역학 제1법칙
③ 열역학 제2법칙
④ 열역학 제3법칙

해설
② 열역학 제1법칙 : 에너지 보존의 법칙을 적용, 열량은 일량으로, 일량은 열량으로 환산 가능함을 밝힌 법칙
 Q(kcal) ⇔ W(kgm) : 가역법칙
 → 열과 일에 대해 설명하는 법칙

19C 후반 ─┬─ 독일 ─┬─ Mayer(메이어)
          │   └─ Helmholtz(헬름홀츠)
          └─ 영국 ── Joule(Joule의 실험)

58 다음 중 불연성 가스는?

① CO_2
② C_3H_6
③ C_2H_2
④ C_2H_4

해설
불연성가스 : 연소하지 않는 가스(이산화탄소, 질소, 헬륨, 네온, 아르곤)

59 에틸렌(C_2H_4)이 수소와 반응할 때 일으키는 반응은?

① 환원반응
② 분해반응
③ 제거반응
④ 첨가반응

해설
에틸렌(C_2H_4)이 수소와 반응할 때 일으키는 반응은 부가반응 또는 첨가반응이라고 한다.

60 황화수소의 주된 용도는?

① 도료
② 냉매
③ 형광 물질 원료
④ 합성고무

해설
황화수소의 용도 : 형광 물질 원료, 금속의 정련, 공업약품 및 의약품제조

정답 57 ② 58 ① 59 ④ 60 ③

2015년 제4회 과년도 기출문제

01 압축 또는 액화 그 밖의 방법으로 처리할 수 있는 가스의 용적이 1일 100m³ 이상인 사업소는 압력계를 몇 개 이상 비치하도록 되어 있는가?

① 1 ② 2
③ 3 ④ 4

해설
가스의 용적이 1일 100m³ 이상인 사업소의 표준이 되는 압력계 : 2개 이상 비치

02 고압가스의 충전용기는 항상 몇 ℃ 이하의 온도를 유지하여야 하는가?

① 15 ② 20
③ 30 ④ 40

해설
고압가스의 충전용기는 항상 40℃ 이하의 온도를 유지하여야 한다.

03 암모니아 200kg을 내용적 50L 용기에 충전할 경우 필요한 용기의 개수는?(단, 충전 정수를 1.86으로 한다)

① 4개 ② 6개
③ 8개 ④ 12개

해설
액화가스 용기 및 차량에 고정된 탱크인 경우
$W = \dfrac{V_2}{C} = \dfrac{50}{1.86} = 26.88$kg, 즉 1개 용기 속에 최대한 26.88kg을 담을 수 있다.
그러므로, $\dfrac{200}{26.88} = 7.44$, 즉 용기의 개수는 8개이다.

04 가스도매사업자 가스공급시설의 시설기준 및 기술기준에 의한 배관의 해저 설치의 기준에 대한 설명으로 틀린 것은?

① 배관은 원칙적으로 다른 배관과 교차하지 아니한다.
② 두 개 이상의 배관을 동시에 설치하는 경우에는 배관이 서로 접촉하지 아니하도록 필요한 조치를 한다.
③ 배관이 부양하거나 이동할 우려가 있는 경우에는 이를 방지하기 위한 조치를 한다.
④ 배관은 원칙적으로 다른 배관과 20m 이상의 수평거리를 유지한다.

해설
배관은 원칙적으로 다른 배관과 30m 이상의 수평거리를 유지한다.

05 도시가스 제조시설의 플레어스택 기준에 적합하지 않은 것은?

① 스택에서 방출된 가스가 지상에서 폭발한계에 도달하지 아니하도록 할 것
② 연소능력은 긴급이송설비로 이송되는 가스를 안전하게 연소시킬 수 있을 것
③ 스택에서 발생하는 최대열량에 장시간 견딜 수 있는 재료 및 구조로 되어 있을 것
④ 폭발을 방지하기 위한 조치가 되어 있을 것

해설
벤트스택은 방출된 가스가 지상에서 폭발한계에 도달하지 아니하도록 하고, 플레어스택은 해당 사항이 아니다.

정답 1 ② 2 ④ 3 ③ 4 ④ 5 ①

06 초저온 용기에 대한 정의로 옳은 것은?

① 임계온도가 50℃ 이하인 액화가스를 충전하기 위한 용기
② 강판과 동판으로 제조된 용기
③ −50℃ 이하인 액화가스를 충전하기 위한 용기로서 용기 내의 가스온도가 상용의 온도를 초과하지 않도록 한 용기
④ 단열재로 피복하여 용기 내의 가스온도가 상용의 온도를 초과하도록 조치된 용기

해설
초저온 용기 : −50℃ 이하인 액화가스를 충전하기 위한 용기로서 용기 내의 가스온도가 상용의 온도를 초과하지 않도록 한 용기

07 독성가스의 제독제로 물을 사용하는 가스는?

① 염소
② 포스겐
③ 황화수소
④ 산화에틸렌

해설
독성가스의 제독제

독성가스명	제독제
염소	가성소다수용액, 탄산소다수용액, 소석회
포스겐	가성소다수용액, 소석회
황화수소	가성소다수용액, 탄산소다수용액
사이안화수소	가성소다수용액
아황산가스	가성소다수용액, 탄산소다수용액, 물
암모니아, 산화에틸렌, 염화메탄	물

08 특정설비 중 압력용기의 재검사 주기는?

① 3년마다
② 4년마다
③ 5년마다
④ 10년마다

해설
압력용기의 재검사 주기 : 4년마다

09 아세틸렌 제조설비의 방호벽 설치기준으로 틀린 것은?

① 압축기와 충전용주관밸브 조작밸브 사이
② 압축기와 가스충전용기 보관장소 사이
③ 충전장소와 가스충전용기 보관장소 사이
④ 충전장소와 충전용주관밸브 조작밸브 사이

해설
방호벽 설치장소
• 압축기와 그 충전장소 사이
• 압축기와 그 가스충전용기 보관장소 사이
• 충전장소와 그 가스충전용기 보관장소 사이 및 충전장소와 그 충전용 주관밸브, 조작밸브 사이

10 용기 파열사고의 원인으로 가장 거리가 먼 것은?

① 용기의 내압력 부족
② 용기 내 규정압력의 초과
③ 용기 내에서 폭발성 혼합가스에 의한 발화
④ 안전밸브의 작동

해설
안전밸브의 작동으로 용기를 보호해 준다.

정답 6 ③ 7 ④ 8 ② 9 ① 10 ④

11 액화산소 저장탱크 저장능력이 1,000m³일 때 방류둑의 용량은 얼마 이상으로 설치하여야 하는가?

① 400m³ ② 500m³
③ 600m³ ④ 1,000m³

해설
액화산소저장탱크 : 저장능력에 상당용적 60% 이상

12 당해 설비 내의 압력이 상용압력을 초과할 경우 즉시 상용압력 이하로 되돌릴 수 있는 안전장치의 종류에 해당하지 않는 것은?

① 안전밸브 ② 감압밸브
③ 바이패스밸브 ④ 파열판

해설
안전장치의 종류
- 안전밸브
- 바이패스밸브
- 가용전
- 파열판

13 일반도시가스 배관을 지하에 매설하는 경우에는 표지판을 설치해야 하는데 몇 m 간격으로 1개 이상을 설치해야 하는가?

① 100m ② 200m
③ 500m ④ 1,000m

해설
배관을 지하에 매설하는 경우 표지판의 거리 : 200m

14 도시가스 보일러 중 전용 보일러실에 반드시 설치하여야 하는 것은?

① 밀폐식 보일러
② 옥외에 설치하는 가스보일러
③ 반밀폐형 자연 배기식 보일러
④ 전용급기통을 부착시키는 구조로 검사에 합격한 강제배기식 보일러

해설
도시가스 보일러 중 전용 보일러실에 반드시 설치하여야 하는 것 : 반밀폐형 자연 배기식 보일러

15 다음 중 산소압축기의 내부 윤활제로 적당한 것은?

① 광 유 ② 유지류
③ 물 ④ 황 산

해설
중요가스 윤활유
- 공기 : 양질의 광유
- 아세틸렌 : 양질의 광유
- 수소 : 양질의 광유
- 산소 : 10% 이하의 묽은 글리세린수 또는 물
- 염소 : 진한 황산
- 아황산가스 : 화이트유(액상파라핀, 바셀린유)

정답 11 ③ 12 ② 13 ② 14 ③ 15 ③

16 고압가스 용기 제조의 시설기준에 대한 설명으로 옳은 것은?

① 용접용기 동판의 최대두께와 최소두께와의 차이는 평균 두께의 5% 이하로 한다.
② 초저온 용기는 고압배관용 탄소강관으로 제조한다.
③ 아세틸렌용기에 충전하는 다공질물은 다공도가 72% 이상 95% 미만으로 한다.
④ 용접용기에는 그 용기의 부속품을 보호하기 위하여 프로텍터 또는 캡을 고정식 또는 체인식으로 부착한다.

해설
① 용접용기 동판의 최대두께와 최소두께와의 차이는 평균 두께의 10% 이하로 한다.
② 초저온 용기는 9%니켈강 등으로 제조한다.
③ 아세틸렌용기에 충전하는 다공질물은 다공도가 75% 이상 92% 미만으로 한다.

18 용기 종류별 부속품의 기호 표시로서 틀린 것은?

① AG : 아세틸렌가스를 충전하는 용기의 부속품
② PG : 압축가스를 충전하는 용기의 부속품
③ LG : 액화석유가스를 충전하는 용기의 부속품
④ LT : 초저온 용기 및 저온 용기의 부속품

해설
용기 종류별 부속품의 기호

용기 종류	기호
아세틸렌가스를 충전하는 용기의 부속품	AG
압축가스를 충전하는 용기의 부속품	PG
액화석유가스를 충전하는 용기의 부속품	LPG
액화석유가스 외의 액화가스를 충전하는 용기의 부속품	LG
초저온용기 및 저온용기의 부속품	LT

17 도시가스 배관 이음부와 전기점멸기, 전기접속기와는 몇 cm 이상의 거리를 유지해야 하는가?

① 10cm
② 15cm
③ 30cm
④ 40cm

해설
도시가스 배관의 이음부(용접이음 제외)의 이격거리
• 전기개폐기, 전기계량기 60cm
• 전기접속기, 전기점멸기 30cm
• 단열되지 않은 굴뚝, 절연되지 않은 전선 15cm
• 절연된 전선 10cm
※ 저자의견 ③
확정답안은 ②로 발표되었으나 도시가스사업법 시행규칙에 따르면 전기점멸기 및 전기접속기와의 거리는 30cm라고 명시되어 있다.

19 독성가스 제독작업에 필요한 보호구의 보관에 대한 설명으로 틀린 것은?

① 독성가스가 누출할 우려가 있는 장소에 가까우면서 관리하기 쉬운 장소에 보관한다.
② 긴급 시 독성가스에 접하고 반출할 수 있는 장소에 보관한다.
③ 정화통 등의 소모품은 정기적 또는 사용 후에 점검하여 교환 및 보충한다.
④ 항상 청결하고 그 기능이 양호한 장소에 보관한다.

해설
보호구는 독성가스에 접하지 않고 반출할 수 있는 장소에 보관한다.

20 일반 공업용 용기의 도색의 기준으로 틀린 것은?

① 액화염소 – 갈색
② 액화암모니아 – 백색
③ 아세틸렌 – 황색
④ 수소 – 회색

해설
용기의 도색

공업용	색 깔	의료용
액화암모니아	백 색	산 소
수 소	주황색	사이클로프로판
액화탄산가스	청 색	아산화질소
액화염소	갈 색	헬 륨
기 타	회 색	액화탄산가스
아세틸렌	황 색	
	흑 색	질 소
산 소	녹 색	
	자 색	에틸렌

21 액화석유가스의 안전관리 및 사업법에 규정된 용어의 정의에 대한 설명으로 틀린 것은?

① 저장설비라 함은 액화석유가스를 저장하기 위한 설비로서 저장탱크, 마운드형 저장탱크, 소형 저장탱크 및 용기를 말한다.
② 자동차에 고정된 탱크라 함은 액화석유가스의 수송, 운반을 위하여 자동차에 고정 설치된 탱크를 말한다.
③ 소형저장탱크라 함은 액화석유가스를 저장하기 위하여 지상 또는 지하에 고정 설치된 탱크로서 그 저장능력이 3톤 미만인 탱크를 말한다.
④ 가스설비라 함은 저장설비 외의 설비로서 액화석유가스가 통하는 설비(배관을 포함한다)와 그 부속설비를 말한다.

해설
가스설비라 함은 저장설비 외의 설비로서 액화석유가스가 통하는 설비(배관은 제외한다)와 그 부속설비를 말한다.

22 1%에 해당하는 ppm의 값은?

① 10^2 ppm   ② 10^3 ppm
③ 10^4 ppm   ④ 10^5 ppm

해설
$1ppm \rightarrow \dfrac{1}{1,000,000}$, $1\% \rightarrow \dfrac{1}{100}$
$1\% = 10,000ppm$

23 가스배관의 시공 신뢰성을 높이는 일환으로 실시하는 비파괴검사 방법 중 내부선원법, 이중벽 이중상법 등을 이용하는 방법은?

① 초음파탐상시험
② 자분탐상시험
③ 방사선투과시험
④ 침투탐상방법

해설
비파괴검사 방법 중 내부선원법, 이중벽 이중상법 등을 이용하는 방법 : 방사선투과시험

24 차량에 고정된 저장탱크로 염소를 운반할 때 용기의 내용적(L)은 얼마 이하가 되어야 하는가?

① 10,000
② 12,000
③ 15,000
④ 18,000

해설
차량에 고정된 탱크의 내용적 제한
- 가연성가스 및 산소탱크의 내용적(다만, LPG는 제외) : 18,000L 이하
- 독성가스탱크의 내용적(다만, 액화암모니아는 제외) : 12,000L 이하

25 일산화탄소와 공기의 혼합가스는 압력이 높아지면 폭발범위는 어떻게 되는가?

① 변함없다.
② 좁아진다.
③ 넓어진다.
④ 일정치 않다.

해설
일산화탄소와 공기의 혼합가스는 압력이 높아지면 폭발범위는 오히려 좁아진다.

26 도시가스 배관을 폭 8m 이상의 도로에서 지하에 매설 시 지표면으로부터 배관의 외면까지의 매설깊이의 기준은?

① 0.6m 이상
② 1.0m 이상
③ 1.2m 이상
④ 1.5m 이상

해설
도시가스 배관을 폭 8m 이상의 도로에서 지하에 매설 시 지표면으로부터 배관의 외면까지의 매설깊이 : 1.2m 이상

27 도시가스시설의 설치공사 또는 변경공사를 하는 때에 이루어지는 주요공정 시공감리 대상은?

① 도시가스사업자 외의 가스공급시설 설치자의 배관 설치공사
② 가스도매사업자의 가스공급시설 설치공사
③ 일반도시가스사업자의 정압기 설치공사
④ 일반도시가스사업자의 제조소 설치공사

해설
도시가스시설 주요공정 시공감리 대상 : 도시가스사업자 외의 가스공급시설 설치자의 배관 설치공사

28 고압가스 공급자의 안전점검 항목이 아닌 것은?

① 충전용기의 설치위치
② 충전용기의 운반방법 및 상태
③ 충전용기와 화기와의 거리
④ 독성가스의 경우 흡수장치, 제해장치 및 보호구 등에 대한 적합 여부

해설
공급자의 안전점검 항목
- 충전용기의 설치위치
- 독성가스의 경우 흡수장치, 제해장치 및 보호구 등에 대한 적합 여부
- 충전용기와 화기와의 거리

정답 24 ② 25 ② 26 ③ 27 ① 28 ②

29 액화석유가스 판매업소의 충전 용기 보관실에 강제통풍장치 설치 시 통풍능력의 기준은?

① 바닥면적 $1m^2$당 $0.5m^3$/분 이상
② 바닥면적 $1m^2$당 $1.0m^3$/분 이상
③ 바닥면적 $1m^2$당 $1.5m^3$/분 이상
④ 바닥면적 $1m^2$당 $2.0m^3$/분 이상

해설
용기 보관실에 강제통풍장치 설치 시 통풍능력 : 바닥면적 $1m^2$당 $0.5m^3$/분 이상

30 다음 중 동일 차량에 적재하여 운반할 수 없는 경우는?

① 산소와 질소
② 질소와 탄산가스
③ 탄산가스와 아세틸렌
④ 염소와 아세틸렌

해설
운반차량의 가스 운반기준
• 염소와 아세틸렌, 암모니아 또는 수소는 동일 차량에 적재하여 운반하지 말 것
• 가연성가스와 산소를 동일 차량에 적재하여 운반할 때에는 그 충전용기의 밸브가 서로 마주보지 않도록 적재할 것
• 충전용기와 위험물안전관리법에서 정하는 위험물과는 동일 차량에 적재하여 운반하지 말 것

31 액화가스의 이송 펌프에서 발생하는 캐비테이션현상을 방지하기 위한 대책으로서 틀린 것은?

① 흡입 배관을 크게 한다.
② 펌프의 회전수를 크게 한다.
③ 펌프의 설치위치를 낮게 한다.
④ 펌프의 흡입구 부근을 냉각한다.

해설
공동현상의 방지 대책
• 펌프의 흡입측 수두, 마찰손실을 작게 한다.
• 펌프 임펠러 속도를 작게 한다.
• 펌프 흡입관경을 크게 한다.
• 펌프 설치위치를 수원보다 낮게 하여야 한다.
• 펌프 흡입압력을 유체의 증기압보다 높게 한다.
• 양흡입 펌프를 사용하여야 한다.
• 양흡입 펌프로 부족 시 펌프를 2대로 나눈다.

32 다음 중 대표적인 차압식 유량계는?

① 오리피스미터
② 로터미터
③ 마노미터
④ 습식가스미터

해설
차압식 유량계의 종류 : 벤투리미터, 오리피스미터, 플로노즐

33 공기액화분리기 내의 CO_2를 제거하기 위해 NaOH 수용액을 사용한다. 1.0kg의 CO_2를 제거하기 위해서는 약 몇 kg의 NaOH를 가해야 하는가?

① 0.9
② 1.8
③ 3.0
④ 3.8

해설
$2NaOH + CO_2 \rightarrow Na_2CO_3 + H_2O$
$\quad x \quad : \quad 1$
$2 \times 40 : 44$
$x = 1.8kg$

정답 29 ① 30 ④ 31 ② 32 ① 33 ②

34 왕복동 압축기 용량 조정 방법 중 단계적으로 조절하는 방법에 해당되는 것은?

① 회전수를 변경하는 방법
② 흡입 주밸브를 폐쇄하는 방법
③ 타임드 밸브 제어에 의한 방법
④ 클리어런스 밸브에 의해 용적 효율을 낮추는 방법

해설
왕복동 압축기 용량 조정 방법 중 단계적으로 조절하는 방법 : 클리어런스 밸브에 의해 용적 효율을 낮추는 방법

35 LP가스에 공기를 희석시키는 목적이 아닌 것은?

① 발열량 조절
② 연소효율 증대
③ 누설 시 손실 감소
④ 재액화 촉진

해설
LP가스에 공기를 희석시키는 목적
• 발열량 조절
• 연소효율 증대
• 누설 시 손실 감소
• 재액화 방지

36 다음 중 정압기의 부속설비가 아닌 것은?

① 불순물 제거장치
② 이상압력상승 방지장치
③ 검사용 맨홀
④ 압력기록장치

해설
정압기의 부속설비
• 불순물 제거장치
• 이상압력상승 방지장치
• 압력기록장치

37 금속재료 중 저온재료로 적당하지 않은 것은?

① 탄소강
② 황 동
③ 9% 니켈강
④ 18-8 스테인리스강

해설
금속재료 중 저온재료
• 니켈강
• 스테인리스강
• 황 동

38 다음 중 터보압축기에서 주로 발생할 수 있는 현상은?

① 수격작용(Water Hammer)
② 베이퍼 로크(Vapor Lock)
③ 서징(Surging)
④ 캐비테이션(Cavitation)

해설
터보압축기에서 주로 발생할 수 있는 현상 : 서징

정답 34 ④ 35 ④ 36 ③ 37 ① 38 ③

39 파이프 커터로 강관을 절단하면 거스러미(Burr)가 생긴다. 이것을 제거하는 공구는?

① 파이프 벤더
② 파이프 렌치
③ 파이프바이스
④ 파이프리머

해설
④ 파이프리머 : 거스러미(Burr)제거 공구

40 고속회전하는 임펠러의 원심력에 의해 속도에너지를 압력에너지로 바꾸어 압축하는 형식으로서 유량이 크고 설치면적이 적게 차지하는 압축기의 종류는?

① 왕복식   ② 터보식
③ 회전식   ④ 흡수식

해설
고속회전하는 임펠러의 원심력에 의해 속도에너지를 압력에너지로 바꾸어 압축하는 형식 : 터보식

41 가스 홀더의 압력을 이용하여 가스를 공급하며 가스제조공장과 공급지역이 가깝거나 공급면적이 좁을 때 적당한 가스공급 방법은?

① 저압공급방식
② 중앙공급방식
③ 고압공급방식
④ 초고압공급방식

해설
① 저압공급방식 : 가스 홀더의 압력을 이용하여 가스를 공급하는 방식

42 가스종류에 따른 용기의 재질로서 부적합한 것은?

① LPG : 탄소강
② 암모니아 : 동
③ 수소 : 크롬강
④ 염소 : 탄소강

해설
암모니아는 동을 부식시킨다.

43 오르자트법으로 시료가스를 분석할 때의 성분분석 순서로서 옳은 것은?

① $CO_2 \rightarrow O_2 \rightarrow CO$
② $CO \rightarrow CO_2 \rightarrow O_2$
③ $O_2 \rightarrow CO \rightarrow CO_2$
④ $O_2 \rightarrow CO_2 \rightarrow CO$

해설
오르자트법
- 흡수시약
  - CO_2 흡수시약 : 수산화칼륨(KOH) 30% 수용액
  - O_2 흡수시약 : 알칼리성파이로갈롤용액
  - CO 흡수시약 : 암모니아성염화제1용액
- 흡수순서 : $CO_2 \rightarrow O_2 \rightarrow CO \rightarrow$ 나머지

44 수소염 이온화식(FID) 가스 검출기에 대한 설명으로 틀린 것은?

① 감도가 우수하다.
② CO_2와 NO_2는 검출할 수 없다.
③ 연소하는 동안 시료가 파괴된다.
④ 무기화합물의 가스검지에 적합하다.

해설
수소염 이온화식(FID) 가스 검출기
- 감도가 우수하다.
- CO_2와 NO_2는 검출할 수 없다.
- 연소하는 동안 시료가 파괴된다.
- 유기화합물의 가스검지에 적합하다.

45 다음 보기와 관련 있는 분석방법은?

┌ 보기 ┐
- 쌍극자모멘트의 알짜변화
- 진동 짝지움
- Nernst 백열등
- Fourier 변환분광계

① 질량분석법
② 흡광광도법
③ 적외선 분광분석법
④ 킬레이트 적정법

해설
적외선 분광분석법의 특징
- 쌍극자모멘트의 알짜변화
- 진동 짝지움
- Nernst 백열등
- Fourier 변환분광계

46 표준상태에서 1,000L의 체적을 갖는 가스 상태의 부탄은 약 몇 kg인가?

① 2.6
② 3.1
③ 5.0
④ 6.1

해설
부탄의 분자식은 C_4H_{10}(58g)이다.
58kg : 22.4m³
x : 1m³
∴ $x = 2.6$ kg

47 다음 중 일반 기체상수(R)의 단위는?

① kg·m/kmol·K
② kg·m/kcal·K
③ kg·m/m³·K
④ kcal/kg·℃

해설
이상기체의 방정식
$PV = nRT$
여기서, P : 압력(atm, kg/m²)
　　　　V : 부피(L, m³)
　　　　n : 몰수(mol, kmol)
　　　　R : 기체상수
　　　　T : 절대온도(K)
∴ $R = \dfrac{PV}{nT} = \dfrac{\text{kg/m}^2 \times \text{m}^3}{\text{kmol} \times \text{K}} = $ kg·m/kmol·K

48 열역학 제1법칙에 대한 설명이 아닌 것은?

① 에너지 보존의 법칙이라고 한다.
② 열은 항상 고온에서 저온으로 흐른다.
③ 열과 일은 일정한 관계로 상호 교환된다.
④ 제1종 영구기관이 영구적으로 일하는 것은 불가능하다는 것을 알려준다.

해설
열역학 제1법칙 : 에너지 보존의 법칙을 적용, 열량은 일량으로, 일량은 열량으로 환산 가능함을 밝힌 법칙
즉, $Q(kcal) \Leftrightarrow W(kgm)$: 가역법칙
→ 열과 일에 대해 설명하는 법칙

49 표준상태의 가스 $1m^3$를 완전 연소시키기 위하여 필요한 최소한의 공기를 이론공기량이라고 한다. 다음 중 이론공기량으로 적합한 것은?(단, 공기 중에 산소는 21% 존재한다)

① 메탄 : 9.5배
② 메탄 : 12.5배
③ 프로판 : 15배
④ 프로판 : 30배

해설
메탄의 완전연소반응식
$CH_4 + 2O_2 \rightarrow CO_2 + 2H_2O$
A_o(이론공기량) $= \dfrac{2}{0.21} = 9.524$

프로판의 완전연소반응식
$C_3H_8 + 5O_2 \rightarrow 3CO_2 + 4H_2O$
A_o(이론공기량) $= \dfrac{5}{0.21} = 23.8$

그러므로, 메탄은 9.5배, 프로판은 23.8배가 된다.

50 다음 중 액화가 가장 어려운 가스는?

① H_2
② He
③ N_2
④ CH_4

해설
비점이 낮으면 액화하기 어렵다.
가스의 비점
- H_2 : $-252℃$
- He : $-272℃$
- N_2 : $-196℃$
- CH_4 : $-162℃$

51 다음 중 아세틸렌의 발생방식이 아닌 것은?

① 주수식 : 카바이드에 물을 넣는 방법
② 투입식 : 물에 카바이드를 넣는 방법
③ 접촉식 : 물과 카바이드를 소량씩 접촉시키는 방법
④ 가열식 : 카바이드를 가열하는 방법

해설
아세틸렌의 발생방식
- 주수식 : 카바이드에 물을 넣는 방법
- 투입식 : 물에 카바이드를 넣는 방법
- 접촉식 : 물과 카바이드를 소량씩 접촉시키는 방법

52 이상기체의 등온과정에서 압력이 증가하면 엔탈피(H)는?

① 증가한다.
② 감소한다.
③ 일정하다.
④ 증가하다가 감소한다.

> **해설**
> 냉동사이클(역카르노사이클) : 카르노사이클이 역으로 순환하는 사이클을 역카르노사이클이라 하며 이상적인 냉동사이클로서 단열과정 2개와 등온과정 2개로 구성되어 있다.

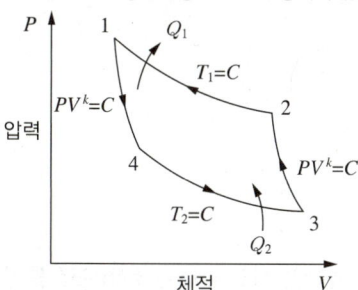

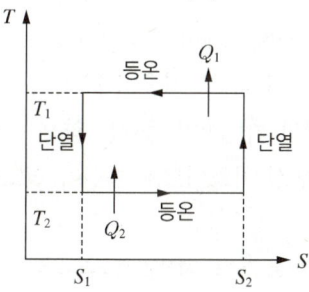

> 냉동작용을 위해 냉매의 상태 변화를 유발하는 사이클이다. 예를 들면 압축 변화된 냉매가 스로틀 작용의 영향으로 팽창하면 냉매의 압력이 강해져 증발하면서 주위에 있는 열을 흡수하게 된다. 이러한 냉동원리를 순환시키기 위하여 압축 냉동기의 1회 사이클은 냉매가 압축기, 응축기, 팽창밸브, 증발기의 4가지 장치를 거치는 일련 과정으로 하여 형성되는 사이클이다.

53 1kW의 열량을 환산한 것으로 옳은 것은?

① 536kcal/h   ② 632kcal/h
③ 720kcal/h   ④ 860kcal/h

> **해설**
> 1kW의 열량을 환산한 것 : 860kcal/h

54 섭씨온도와 화씨온도가 같은 경우는?

① $-40℃$
② $32℉$
③ $273℃$
④ $45℉$

> **해설**
> $℉ = \dfrac{9}{5}℃ + 32$
> $x = \dfrac{9}{5}x + 32$
> $x = -40$

55 다음 중 1기압(1atm)과 같지 않은 것은?

① 760mmHg
② 0.9807bar
③ 10.332mH₂O
④ 101.3kPa

> **해설**
> $1\text{atm} = 760\text{mmHg} = 10.332\text{mmH}_2\text{O}\left(= \text{mmAq} = \dfrac{\text{kg}}{\text{m}^2}\right)$
> $= 1.0332\dfrac{\text{kg}}{\text{cm}^2} = 14.7\text{psi}\left(= \dfrac{\text{lb}}{\text{inch}^2}\right)$
> $= 1,013.25\text{mbar} = 101,325\text{Pa}$

56 어떤 기구가 1atm, 30℃에서 10,000L의 헬륨으로 채워져 있다. 이 기구가 압력이 0.6atm이고 온도가 −20℃인 고도까지 올라갔을 때 부피는 약 몇 L가 되는가?

① 10,000 ② 12,000
③ 14,000 ④ 16,000

해설
보일-샤를의 법칙
$$\frac{P_1 V_1}{T_1} = \frac{P_2 V_2}{T_2}$$
여기서, T : 절대온도(K), P : 절대압력, V : 부피
그러므로, $\frac{P_1 V_1}{T_1} = \frac{P_2 V_2}{T_2} \rightarrow \frac{1 \times 10,000}{273 + 30} = \frac{0.6 \times x}{273 - 20}$
$x = 13,916.4$

57 다음 중 절대온도 단위는?

① K ② °R
③ °F ④ ℃

해설
절대온도 단위 : K

58 이상 기체를 정적하에서 가열하면 압력과 온도의 변화는?

① 압력증가, 온도일정
② 압력일정, 온도일정
③ 압력증가, 온도상승
④ 압력일정, 온도상승

해설
이상기체를 정적하에서 가열하면 압력증가, 온도상승한다.

59 산소의 물리적인 성질에 대한 설명으로 틀린 것은?

① 산소는 약 −183℃에서 액화한다.
② 액체산소는 청색으로 비중이 약 1.13이다.
③ 무색, 무취의 기체이며 물에는 약간 녹는다.
④ 강력한 조연성 가스이므로 자신이 연소한다.

해설
산소는 강력한 조연성 가스로 자신은 연소하지 않는다.

60 도시가스의 주원료인 메탄(CH_4)의 비점은 약 얼마인가?

① −50℃ ② −82℃
③ −120℃ ④ −162℃

해설
메탄(CH_4)의 비점 : −162℃

2015년 제5회 과년도 기출문제

01 다음 중 사용신고를 하여야 하는 특정고압가스에 해당하지 않는 것은?

① 게르만
② 삼플루오린화질소
③ 사플루오린화규소
④ 오플루오린화붕소

해설
특정고압가스 : 수소, 산소, 액화암모니아, 아세틸렌, 액화염소, 천연가스, 압축모노실란, 압축다이보레인, 액화알진, 그 밖의 대통령령으로 정하는 고압가스
※ 대통령령으로 정하는 특정고압가스 : 포스핀, 셀렌화수소, 게르만, 다이실란, 오플루오린화비소, 오플루오린화인, 삼플루오린화인, 삼플루오린화질소, 삼플루오린화붕소, 사플루오린화유황, 사플루오린화규소

02 LP가스 저장탱크 지하에 설치하는 기준에 대한 설명으로 틀린 것은?

① 저장탱크실 상부 윗면으로부터 저장탱크 상부까지의 깊이는 1m 이상으로 한다.
② 저장탱크 주위 빈 공간에는 세립분을 함유하지 않은 것으로서 손으로 만졌을 때 물이 손에서 흘러내리지 않는 상태의 모래를 채운다.
③ 저장탱크를 2개 이상 인접하여 설치하는 경우에는 상호 간에 1m 이상의 거리를 유지한다.
④ 저장탱크실은 천장, 벽 및 바닥의 두께가 각각 30cm 이상의 방수조치를 한 철근 콘크리트구조로 한다.

해설
저장탱크실 상부 윗면으로부터 저장탱크 상부까지의 깊이는 0.6m 이상으로 한다.

03 다음 중 용기의 설계단계 검사 항목이 아닌 것은?

① 단열성능
② 내압성능
③ 작동성능
④ 용접부의 기계적 성능

해설
용기의 설계단계 검사 항목
• 단열성능
• 내압성능
• 용접부의 기계적 성능

04 고압가스용 저장탱크 및 압력용기 제조시설에 대하여 실시하는 내압검사에서 압력용기 등의 재질이 주철인 경우 내압시험압력의 기준은?

① 설계압력의 1.2배의 압력
② 설계압력의 1.5배의 압력
③ 설계압력의 2배의 압력
④ 설계압력의 3배의 압력

해설
압력용기 등의 재질이 주철인 경우 내압시험압력의 기준 : 설계압력의 2배의 압력

정답 1 ④ 2 ① 3 ③ 4 ③

05 초저온 용기의 단열성능 시험에 있어 침입열량 산식은 다음과 같이 구한다. 여기서 "q"가 의미하는 것은?

$$Q = \frac{W \cdot q}{H \cdot \Delta t \cdot V}$$

① 침입열량
② 측정시간
③ 기화된 가스량
④ 시험용 가스의 기화잠열

해설
단열성능 시험
• 단열성능 시험용 가스 : 액화질소, 액화산소, 액화아르곤
• 침입열량계산공식 : $Q = \dfrac{W \times q}{H \times \Delta T \times V}$

여기서, Q : 침입열량 $\left(\dfrac{\text{kcal}}{\text{h}\,\text{℃}\,\text{L}}\right)$
　　　　H : 측정시간(h)
　　　　ΔT : 온도차(℃)
　　　　V : 내용적(L)
　　　　W : 기화된 가스량(kg)
　　　　q : 시험용가스의 기화잠열 $\left(\dfrac{\text{kcal}}{\text{kg}}\right)$

06 인체용 에어졸 제품의 용기에 기재하여야 할 사항으로 틀린 것은?

① 불 속에 버리지 말 것
② 가능한 한 인체에서 10cm 이상 떨어져서 사용할 것
③ 온도가 40℃ 이상 되는 장소에 보관하지 말 것
④ 특정부위에 계속하여 장시간 사용하지 말 것

해설
가능한 한 인체에서 20cm 이상 떨어져서 사용할 것

07 비등액체팽창증기폭발(BLEVE)이 일어날 가능성이 가장 낮은 곳은?

① LPG 저장탱크
② LNG 저장탱크
③ 액화가스 탱크로리
④ 천연가스 지구정압기

해설
비등액체팽창증기폭발(BLEVE)은 저장탱크에서 발생하기 쉽다.

08 자연발화의 열의 발생 속도에 대한 설명으로 틀린 것은?

① 발열량이 큰 쪽이 일어나기 쉽다.
② 표면적이 작을수록 일어나기 쉽다.
③ 초기 온도가 높은 쪽이 일어나기 쉽다.
④ 촉매 물질이 존재하면 반응 속도가 빨라진다.

해설
표면적이 클수록 일어나기 쉽다.

09 다음 가스의 용기보관실 중 그 가스가 누출된 때에 체류하지 않도록 통풍구를 갖추고, 통풍이 잘되지 않는 곳에는 강제환기시설을 설치하여야 하는 곳은?

① 질소 저장소
② 탄산가스 저장소
③ 헬륨 저장소
④ 부탄 저장소

해설
가연성가스인 경우 강제환기시설을 설치하여야 한다.

정답 5 ④ 6 ② 7 ④ 8 ② 9 ④

10 발열량이 9,500kcal/m³이고, 가스비중이 0.65인 (공기 1) 가스의 웨버지수는 약 얼마인가?

① 6,175 ② 9,500
③ 11,780 ④ 14,615

> **해설**
> 웨버지수 계산 공식
>
> $$WI = \frac{H_g}{\sqrt{d}}$$
>
> 여기서, WI : 웨버지수
> H_g : 도시가스의 총발열량 $\left(\dfrac{kcal}{m^3}\right)$
> d : 도시가스의 비중
>
> $WI = \dfrac{H_g}{\sqrt{d}} = \dfrac{9,500}{\sqrt{0.65}} = 11,783$

11 도시가스 배관의 매설심도를 확보할 수 없거나 타 시설물과 이격거리를 유지하지 못하는 경우 등에는 보호판을 설치한다. 압력이 중압 배관일 경우 보호판의 두께 기준은?

① 3mm ② 4mm
③ 5mm ④ 6mm

> **해설**
> 압력이 중압 배관일 경우 보호판의 두께 : 4mm 이상

12 고압가스안전관리법의 적용을 받는 고압가스의 종류 및 범위로서 틀린 것은?

① 상용의 온도에서 압력이 1MPa 이상이 되는 압축가스
② 섭씨 35도의 온도에서 압력이 0Pa을 초과하는 아세틸렌가스
③ 상용의 온도에서 압력이 0.2MPa 이상이 되는 액화가스
④ 섭씨 35도의 온도에서 압력이 0Pa을 초과하는 액화가스 중 액화사이안화수소

> **해설**
> **고압가스의 분류**
> - 압축가스 : 상온에서 압축하여도 용이하게 액화하지 않은 가스 (수소, 네온, 공기, 일산화탄소, 질소 등)
>   - 고압가스안전관리법에 따른 정의 : 상용온도 또는 35℃에서 1MPa 이상인 것
> - 액화가스 : 상온에서 비교적 낮은 압력(0.7~0.8MPa)으로 쉽게 액화할 수 있는 가스(암모니아, 이산화황, 염소, 플루오린, 포스겐, 프로판, 부탄)
>   - 고압가스안전관리법에 따른 정의 : 상용온도 또는 35℃ 이하에서 0.2MPa 이상인 것
> - 용해가스 : 용제에 가스를 용해시켜 놓은 상태의 가스(아세틸렌)
>   - 고압가스안전관리법에 따른 정의 : 15℃에서 0Pa 초과하는 것

13 다음 중 고압가스 제조허가의 종류가 아닌 것은?

① 고압가스 특수제조
② 고압가스 일반제조
③ 고압가스 충전
④ 냉동제조

> **해설**
> **고압가스 제조허가의 종류**
> - 고압가스 특정제조
> - 고압가스 일반제조
> - 고압가스 충전
> - 냉동제조

14 암모니아 충전용기로서 내용적이 1,000L 이하인 것은 부식여유 두께의 수치가 (A)mm이고, 염소 충전용기로서 내용적이 1,000L 초과하는 것은 부식여유 두께의 수치가 (B)mm이다. A와 B에 알맞은 부식여유치는?

① A : 1, B : 3
② A : 2, B : 3
③ A : 1, B : 5
④ A : 2, B : 5

해설
용기의 종류에 따른 부식여유치

용기 종류		부식 여유치
암모니아를 충전하는 용기	부피가 1,000L 이하인 것	1mm
	부피가 1,000L를 초과한 것	2mm
염소를 충전하는 용기	부피가 1,000L 이하인 것	3mm
	부피가 1,000L를 초과한 것	5mm

15 LPG 자동차에 고정된 용기충전시설에서 저장탱크의 물분무장치는 최대수량을 몇 분 이상 연속해서 방사할 수 있는 수원에 접속되어 있도록 하여야 하는가?

① 20분
② 30분
③ 40분
④ 60분

해설
저장탱크의 물분무장치는 최대수량을 30분 이상 연속해서 방사할 수 있는 수원에 접속되어 있도록 하여야 한다.

16 산화에틸렌 충전용기에는 질소 또는 탄산가스를 충전하는데 그 내부가스 압력의 기준으로 옳은 것은?

① 상온에서 0.2MPa 이상
② 35℃에서 0.2MPa 이상
③ 40℃에서 0.4MPa 이상
④ 45℃에서 0.4MPa 이상

해설
산화에틸렌 충전용기의 내부가스 압력 : 45℃에서 0.4MPa 이상

17 다음 중 보일러 중독사고의 주원인이 되는 가스는?

① 이산화탄소
② 일산화탄소
③ 질 소
④ 염 소

해설
보일러 중독사고의 주원인이 되는 가스 : 일산화탄소

18 플레어스택에 대한 설명으로 틀린 것은?

① 플레어스택에서 발생하는 복사열이 다른 제조시설에 나쁜 영향을 미치지 아니하도록 안전한 높이 및 위치에 설치한다.
② 플레어스택에서 발생하는 최대열량에 장시간 견딜 수 있는 재료 및 구조로 되어 있는 것으로 한다.
③ 파일럿버너를 항상 점화하여 두는 등 플레어스택에 관련된 폭발을 방지하기 위한 조치가 되어 있는 것으로 한다.
④ 특수반응설비 또는 이와 유사한 고압가스설비에는 그 특수반응설비 또는 고압가스설비마다 설치한다.

해설
릴리프 시스템에서 방출되는 폐가스로 인한 폭발, 복사열, 독성가스 확산을 막기 위하여 플레어스택을 설치한다.

19 도시가스사용시설에서 도시가스 배관의 표시 등에 대한 기준으로 틀린 것은?

① 지하에 매설하는 배관은 그 외부에 사용가스명, 최고사용압력, 가스의 흐름방향을 표시한다.
② 지상배관은 부식방지 도장 후 황색으로 도색한다.
③ 지하매설배관은 최고사용압력이 저압인 배관은 황색으로 한다.
④ 지하매설배관은 최고사용압력이 중압 이상인 배관은 적색으로 한다.

해설
지하에 매설하는 배관은 그 외부에 사용가스명, 최고사용압력을 표시한다(흐름방향 표시는 생략할 수 있다).

20 특정고압가스 사용시설에서 용기의 안전조치 방법으로 틀린 것은?

① 고압가스의 충전용기는 항상 40℃ 이하를 유지하도록 한다.
② 고압가스의 충전용기 밸브는 서서히 개폐한다.
③ 고압가스의 충전용기 밸브 또는 배관을 가열할 때에는 열습포나 40℃ 이하의 더운 물을 사용한다.
④ 고압가스의 충전용기를 사용한 후에는 밸브를 열어 둔다.

해설
고압가스의 충전용기를 사용한 후에는 밸브를 닫아 둔다.

21 일반도시가스의 배관을 철도부지 밑에 매설할 경우 배관의 외면과 지표면과의 거리는 몇 m 이상으로 하여야 하는가?

① 1.0m ② 1.2m
③ 1.3m ④ 1.5m

해설
배관을 철도부지 밑에 매설할 경우 배관의 외면과 지표면과의 거리는 1.2m 이상 이격할 것

22 가스도매사업시설에서 배관 지하매설의 설치기준으로 옳은 것은?

① 산과 들 이외의 지역에서 배관의 매설 깊이는 1.5m 이상
② 산과 들에서의 배관의 매설깊이는 1m 이상
③ 배관은 그 외면으로부터 수평거리로 건축물까지 1.2m 이상 거리 유지
④ 배관은 그 외면으로부터 지하의 다른 시설물과 1.2m 이상 거리 유지

해설
배관 지하매설의 설치기준
• 산과 들 이외의 지역에서 배관의 매설 깊이는 1.2m 이상
• 산과 들에서의 배관의 매설깊이는 1m 이상
• 배관은 그 외면으로부터 수평거리로 건축물까지 1.5m 이상 거리 유지
• 배관은 그 외면으로부터 지하의 다른 시설물과 0.3m 이상 거리 유지

23 인화온도가 약 -30℃이고, 발화온도가 매우 낮아 전구표면이나 증기파이프 등의 열에 의해 발화할 수 있는 가스는?

① CS_2 ② C_2H_2
③ C_2H_4 ④ C_3H_8

해설
① CS_2 : 인화온도가 약 -30℃

정답 19 ① 20 ④ 21 ② 22 ② 23 ①

24 액화가스를 충전하는 차량에 고정된 탱크는 그 내부에 액면요동을 방지하기 위하여 액면요동방지조치를 하여야 한다. 다음 중 액면요동방지조치로 올바른 것은?

① 방파판　　② 액면계
③ 온도계　　④ 스톱밸브

해설
① 방파판 : 액면요동을 방지

25 가연성가스의 지상저장 탱크의 경우 외부에 바르는 도료의 색깔은 무엇인가?

① 청 색　　② 녹 색
③ 은백색　　④ 검정색

해설
가연성가스의 저장탱크의 외부에는 은백색 도료를 바르고 주위에서 보기 쉽도록 가스 명칭을 적색으로 표시한다.

26 아르곤(Ar)가스 충전용기의 도색은 어떤 색상으로 하여야 하는가?

① 백 색　　② 녹 색
③ 갈 색　　④ 회 색

해설
용기의 도색

공업용	색 깔	의료용
액화암모니아	백 색	산 소
수 소	주황색	사이클로프로판
액화탄산가스	청 색	아산화질소
액화염소	갈 색	헬 륨
기 타	회 색	액화탄산가스
아세틸렌	황 색	
	흑 색	질 소
산 소	녹 색	
	자 색	에틸렌

27 지하에 매몰하는 도시가스 배관의 재료로 사용할 수 없는 것은?

① 가스용 폴리에틸렌관
② 압력 배관용 탄소강관
③ 압출식 폴리에틸렌 피복강관
④ 분말융착식 폴리에틸렌 피복강관

해설
압력 배관용 탄소강관은 매몰할 경우 부식되기 때문에 사용하지 않는다.

28 아세틸렌 용기에 대한 다공물질 충전검사 적합판정기준은?

① 다공물질은 용기 벽을 따라서 용기 안지름의 1/200 또는 1mm를 초과하는 틈이 없는 것으로 한다.
② 다공물질은 용기 벽을 따라서 용기 안지름의 1/200 또는 3mm를 초과하는 틈이 없는 것으로 한다.
③ 다공물질은 용기 벽을 따라서 용기 안지름의 1/100 또는 5mm를 초과하는 틈이 없는 것으로 한다.
④ 다공물질은 용기 벽을 따라서 용기 안지름의 1/100 또는 10mm를 초과하는 틈이 없는 것으로 한다.

해설
다공물질 충전검사 적합판정기준 : 다공물질은 용기 벽을 따라서 용기 안지름의 1/200 또는 3mm를 초과하는 틈이 없는 것으로 한다.

29 액화석유가스가 공기 중에 얼마의 비율로 혼합되었을 때 그 사실을 알 수 있도록 냄새가 나는 물질을 섞어 용기에 충전하여야 하는가?

① 1/1,000
② 1/10,000
③ 1/100,000
④ 1/1,000,000

해설
부취농도 : 액화석유가스를 차량에 고정된 탱크 또는 용기에 충전할 경우 공기 중의 혼합비율 용량이 1,000분의 1인 상태에서 감지할 수 있도록 냄새가 나는 물질을 섞어 충전할 수 있는 설비("부취제(腐臭劑) 혼합설비"라 한다)를 설치할 것. 다만, 공업용으로 사용하는 액화석유가스의 충전시설은 그러하지 아니하다.

30 가스누출자동차단장치의 구성요소에 해당하지 않는 것은?

① 지시부　② 검지부
③ 차단부　④ 제어부

해설
가스누출자동차단장치의 구성요소
• 제어부
• 검지부
• 차단부

31 도시가스사용시설의 정압기실에 설치된 가스누출경보기의 점검주기는?

① 1일 1회 이상
② 1주일 1회 이상
③ 2주일 1회 이상
④ 1개월 1회 이상

해설
정압기실에 설치된 가스누출경보기의 점검주기 : 1주일 1회 이상

32 고압가스 제조설비에서 정전기의 발생 또는 대전 방지에 대한 설명으로 옳은 것은?

① 가연성가스 제조설비의 탑류, 벤트스택 등은 단독으로 접지한다.
② 제조장치 등에 본딩용 접속선은 단면적이 5.5 mm² 미만의 단선을 사용한다.
③ 대전 방지를 위하여 기계 및 장치에 절연 재료를 사용한다.
④ 접지 저항치 총합이 100Ω 이하의 경우에는 정전기 제거 조치가 필요하다.

해설
정전기의 발생 또는 대전 방지에 대한 설명
• 가연성가스 제조설비의 탑류, 벤트스택 등은 단독으로 접지한다.
• 제조장치 등에 본딩용 접속선은 단면적이 5.5mm² 이상의 단선을 사용한다.
• 대전 방지를 위하여 기계 및 장치에 본딩용 접속선을 사용한다.
• 접지 저항치 총합이 100Ω 이하의 경우에는 정전기 제거 조치를 하면 안 된다.

33 이동식부탄연소기의 용기 연결방법에 따른 분류가 아닌 것은?

① 용기이탈식
② 분리식
③ 카세트식
④ 직결식

해설
이동식부탄연소기의 용기 연결방법
• 직결식
• 분리식
• 카세트식

34 액화산소, LNG 등에 일반적으로 사용될 수 있는 재질이 아닌 것은?

① Al 및 Al합금
② Cu 및 Cu합금
③ 고장력 주철강
④ 18-8 스테인리스강

해설
고장력 주철강은 저온에서 취화하는 성질이 있다.

35 저압식(Linde-Frankl식) 공기액화 분리장치의 정류탑 하부의 압력은 어느 정도인가?

① 1기압   ② 5기압
③ 10기압 ④ 20기압

해설
저압식 공기액화 분리장치의 정류탑 하부의 압력 : 5기압

36 LP가스 저압배관 공사를 완료하여 기밀시험을 하기 위해 공기압을 1,000mmH₂O로 하였다. 이때 관 지름 25mm, 길이 30m로 할 경우 배관의 전체 부피는 약 몇 L인가?

① 5.7L   ② 12.7L
③ 14.7L ④ 23.7L

해설
배관전체의 부피(V) = $\frac{1}{4}\pi D^2 \times L$
= $\frac{1}{4} \times 3.14 \times (0.025m)^2 \times 30m \times 1,000L/1m^3$
≒ 14.7L

37 저온, 고압의 액화석유가스 저장 탱크가 있다. 이 탱크를 퍼지하여 수리 점검 작업할 때에 대한 설명으로 옳지 않은 것은?

① 공기로 재치환하여 산소 농도가 최소 18%인지 확인한다.
② 질소가스로 충분히 퍼지하여 가연성가스의 농도가 폭발하한계의 1/4 이하가 될 때까지 치환을 계속한다.
③ 단시간에 고온으로 가열하면 탱크가 손상될 우려가 있으므로 국부가열이 되지 않게 한다.
④ 가스는 공기보다 가벼우므로 상부 맨홀을 열어 자연적으로 퍼지가 되도록 한다.

해설
액화석유가스는 공기보다 무겁다.

38 연소에 필요한 공기를 전부 2차 공기로 취하며 불꽃의 길이가 길고, 온도가 가장 낮은 연소방식은?

① 분젠식
② 세미분젠식
③ 적화식
④ 전1차 공기식

해설
③ 적화식 : 연소에 필요한 공기를 전부 2차 공기로 취하며 불꽃의 길이가 길고, 온도가 가장 낮은 연소방식

정답 34 ③ 35 ② 36 ③ 37 ④ 38 ③

39 액주식 압력계에 대한 설명으로 틀린 것은?

① 경사관식은 정도가 좋다.
② 단관식은 차압계로도 사용된다.
③ 링 밸런스식은 저압가스의 압력측정에 적당하다.
④ U자관은 메니스커스의 영향을 받지 않는다.

> 해설
> 메니스커스 : 모세관 속의 액체 표면이 만드는 곡선
> ※ U자관은 메니스커스의 영향을 받는다.

40 압축천연가스자동차 충전소에 설치하는 압축가스설비의 설계압력이 25MPa인 경우 이 설비에 설치하는 압력계의 지시눈금은?

① 최소 25.0MPa까지 지시할 수 있는 것
② 최소 27.5MPa까지 지시할 수 있는 것
③ 최소 37.5MPa까지 지시할 수 있는 것
④ 최소 50.0MPa까지 지시할 수 있는 것

> 해설
> 압력계의 지시눈금 : 설계압력의 1.5배 이상 2배 이하
> 그러므로, 최소압력 = 25MPa × 1.5 = 37.5MPa
> 최대압력 = 25MPa × 2 = 50MPa

41 저온장치에서 열의 침입 원인으로 가장 거리가 먼 것은?

① 내면으로부터의 열전도
② 연결 배관 등에 의한 열전도
③ 지지 요크 등에 의한 열전도
④ 단열재를 넣은 공간에 남은 가스의 분자 열전도

> 해설
> 저온 액체 저장설비에서 열의 침입요인
> • 외면으로부터의 열복사
> • 밸브 등에 의한 열전도
> • 연결 파이프를 통한 열전도

42 저장탱크 내부의 압력이 외부의 압력보다 낮아져 그 탱크가 파괴되는 것을 방지하기 위한 설비와 관계없는 것은?

① 압력계
② 진공안전밸브
③ 압력경보설비
④ 벤트스택

> 해설
> ④ 벤트스택 : 화학설비 및 그 부속설비 중 안전밸브 등으로부터 방출된 기체 및 액체 물질을 그대로 대기 중으로 방출시키는 장치(착지농도는 폭발 하한계 미만)

43 공기액화 분리장치에는 다음 중 어떤 가스 때문에 가연성 물질을 단열재로 사용할 수 없는가?

① 질 소　　② 수 소
③ 산 소　　④ 아르곤

> **해설**
> 공기액화 분리장치에는 산소가스 때문에 가연성 물질을 단열재로 사용할 수 없다.

44 도시가스 공급 시설이 아닌 것은?

① 압축기　　② 홀 더
③ 정압기　　④ 용 기

> **해설**
> 도시가스 공급 시설
> • 압축기
> • 홀 더
> • 정압기

45 암모니아 용기의 재료로 주로 사용되는 것은?

① 동　　　　② 알루미늄합금
③ 동합금　　④ 탄소강

> **해설**
> 암모니아 용기의 재료 : 탄소강

46 표준상태에서 부탄가스의 비중은 약 얼마인가? (단, 부탄의 분자량은 58이다)

① 1.6　　② 1.8
③ 2.0　　④ 2.2

> **해설**
> 부탄(C_4H_{10})가스의 비중 = $\dfrac{\text{부탄의 분자량}}{\text{공기의 분자량}} = \dfrac{58g}{29g} = 2$

47 메탄(CH_4)의 공기 중 폭발범위 값에 가장 가까운 것은?

① 5~15.4%
② 3.2~12.5%
③ 2.4~9.5%
④ 1.9~8.4%

> **해설**
> 메탄(CH_4)의 공기 중 폭발범위 : 5~15.4%

정답 43 ③ 44 ④ 45 ④ 46 ③ 47 ①

48 다음 중 가장 낮은 압력은?

① 1atm
② 1kg/cm²
③ 10.33mH₂O
④ 1MPa

해설

② $1\frac{kg}{cm^2} \times \frac{1atm}{1.0332\frac{kg}{cm^2}} \fallingdotseq 0.97atm$

① 1atm

③ $10.33mH_2O \times \frac{1atm}{10.33mH_2O} = 1atm$

④ $1MPa \times \frac{1atm}{0.1MPa} = 10atm$

49 부탄가스의 주된 용도가 아닌 것은?

① 산화에틸렌 제조
② 자동차 연료
③ 라이터 연료
④ 에어졸 제조

해설

부탄가스의 용도
- 에어졸 제조
- 자동차 연료
- 라이터 연료

50 포스겐의 화학식은?

① COCl₂
② COCl₃
③ PH₂
④ PH₃

해설

포스겐의 화학식 : COCl₂

51 다음 중 헨리의 법칙에 잘 적용되지 않는 가스는?

① 암모니아
② 수 소
③ 산 소
④ 이산화탄소

해설

헨리의 법칙에 잘 적용되지 않는 것은 물에 잘 녹는 가스이다.

52 착화원이 있을 때 가연성액체나 고체의 표면에 연소하한계 농도의 가연성 혼합기가 형성되는 최저 온도는?

① 인화온도
② 임계온도
③ 발화온도
④ 포화온도

해설

① 인화온도 : 가연성물질에 점화원을 접촉시켰을 때 불이 붙는 최저온도

정답 48 ② 49 ① 50 ① 51 ① 52 ①

53 부양기구의 수소 대체용으로 사용되는 가스는?

① 아르곤
② 헬륨
③ 질소
④ 공기

해설
부양기구의 수소 대체용으로 사용되는 가스 : 헬륨(공기보다 매우 가볍고, 불연성인 물질이기 때문에)

54 사이안화수소를 충전한 용기는 충전 후 얼마를 정치해야 하는가?

① 4시간
② 8시간
③ 16시간
④ 24시간

해설
사이안화수소 충전 후 정치시간 : 24시간

55 아세틸렌(C_2H_2)에 대한 설명 중 틀린 것은?

① 공기보다 무거워 낮은 곳에 체류한다.
② 카바이드(CaC_2)에 물을 넣어 제조한다.
③ 공기 중 폭발범위는 약 2.5~81%이다.
④ 흡열화합물이므로 압축하면 폭발을 일으킬 수 있다.

해설
아세틸렌은 분자량이 26g으로 공기보다 가볍다.

56 다음 중 황화수소에 대한 설명으로 틀린 것은?

① 무색이다.
② 유독하다.
③ 냄새가 없다.
④ 인화성이 아주 강하다.

해설
황화수소는 계란 썩는 냄새가 난다.

57 표준상태에서 산소의 밀도(g/L)는?

① 0.7
② 1.43
③ 2.72
④ 2.88

해설
산소의 밀도(g/L) = $\dfrac{32g}{22.4L}$ = 1.43$\dfrac{g}{L}$

정답 53 ② 54 ④ 55 ① 56 ③ 57 ②

58 다음 가스 중 비중이 가장 적은 것은?

① CO
② C$_3$H$_8$
③ Cl$_2$
④ NH$_3$

해설
비중은 분자량이 작을수록 적다.

59 이상기체의 정압비열(C_p)과 정적비열(C_v)에 대한 설명 중 틀린 것은?(단, k는 비열비이고, R은 이상기체 상수이다)

① 정적비열과 R의 합은 정압비열이다.
② 비열비(k)는 $\dfrac{C_p}{C_v}$로 표현된다.
③ 정적비열은 $\dfrac{R}{k-1}$로 표현된다.
④ 정압비열은 $\dfrac{k-1}{k}$로 표현된다.

해설
① $k = \dfrac{C_p}{C_v} \to C_p = kC_v,\ C_v = \dfrac{C_p}{k}$
② $C_p - C_v = R$
③ ②식에 C_p 대신 kC_v를 대입하면
$kC_v - C_v = R \to C_v(k-1) = R$
$C_v = \dfrac{R}{k-1}$
④ ②식에 C_v 대신 $\dfrac{C_p}{k}$를 대입하면
$C_p - \dfrac{C_p}{k} = R \to C_p\left(1 - \dfrac{1}{k}\right) = R$
$C_p\left(\dfrac{k-1}{k}\right) = R \to C_p = \dfrac{kR}{k-1}$

그러므로, 정압비열은 $C_p = \dfrac{kR}{k-1}$로 나타낼 수 있다.

60 LNG의 주성분은?

① 메 탄
② 에 탄
③ 프로판
④ 부 탄

해설
LNG의 주성분 : 메탄

2016년 제1회 과년도 기출문제

01 도시가스배관에 설치하는 희생양극법에 의한 전위측정용 터미널은 몇 m 이내의 간격으로 하여야 하는가?

① 200m
② 300m
③ 500m
④ 600m

해설
전기방식의 시공
- 희생양극법, 선택배류법, 강제배류법은 배관길이 300m 이내의 간격으로 설치한다.
- 외부전원법은 땅 속의 애노드에 강제 전압을 가하여 피방식 금속제를 캐소드로 하는 전기방식법으로 배관길이 500m 이내의 간격으로 설치한다.

02 저장탱크에 의한 액화석유가스 저장소에서 지상에 노출된 배관을 차량 등으로부터 보호하기 위하여 설치하는 방호철판의 두께는 얼마 이상으로 하여야 하는가?

① 2mm
② 3mm
③ 4mm
④ 5mm

해설
도시가스 배관을 노출하여 설치하고자 할 때 배관 손상방지를 위한 방호조치 기준
- 방호철판 두께는 최소 4mm 이상으로 한다.
- 방호철판의 크기는 1m 이상으로 한다.
- 철근 콘크리트재 방호 구조물은 두께가 10cm 이상이어야 한다.
- 철근 콘크리트재 방호 구조물은 높이가 1m 이상이어야 한다.

03 특정고압가스 사용시설에서 취급하는 용기의 안전조치사항으로 틀린 것은?

① 고압가스 충전용기는 항상 40℃ 이하를 유지한다.
② 고압가스 충전용기 밸브는 서서히 개폐하고 밸브 또는 배관을 가열하는 때에는 열습포나 40℃ 이하의 더운 물을 사용한다.
③ 고압가스 충전용기를 사용한 후에는 폭발을 방지하기 위하여 밸브를 열어 둔다.
④ 용기보관실에 충전용기를 보관하는 경우에는 넘어짐 등으로 충격 및 밸브 등의 손상을 방지하는 조치를 한다.

해설
고압가스 충전용기를 사용한 후에는 폭발을 방지하기 위하여 밸브를 닫아 둔다.

04 액화석유가스 자동차에 고정된 용기충전시설에 설치하는 긴급차단장치에 접속하는 배관에 대하여 어떠한 조치를 하도록 되어 있는가?

① 워터해머가 발생하지 않도록 조치
② 긴급차단에 따른 정전기 등이 발생하지 않도록 하는 조치
③ 체크 밸브를 설치하여 과량 공급이 되지 않도록 조치
④ 바이패스 배관을 설치하여 차단성능을 향상시키는 조치

해설
긴급차단장치에 접속하는 배관에 대하여 워터해머가 발생하지 않도록 조치한다.

정답 1 ② 2 ③ 3 ③ 4 ①

05 도시가스배관 굴착작업 시 배관의 보호를 위하여 배관 주위 얼마 이내에는 인력으로 굴착하여야 하는가?

① 0.3m ② 0.6m
③ 1m   ④ 1.5m

해설
도시가스 배관 굴착작업 시 인력으로 굴착해야 할 경우 : 배관 주위 1m 이상

06 자연환기설비 설치 시 LP가스의 용기 보관실 바닥 면적이 3m²이라면 통풍구의 크기는 몇 cm² 이상으로 하도록 되어 있는가?(단, 철망 등이 부착되어 있지 않은 것으로 간주한다)

① 500   ② 700
③ 900   ④ 1,100

해설
환기구의 통풍가능 면적은 바닥면적 1m²마다 300cm² 이상의 비율로 계산한 면적일 것(다만, 1개 환기구면적은 2,400cm² 이하일 것)
그러므로
$1 : 300 = 3 : x$
$x = 900 cm^2$

07 고속도로 휴게소에서 액화석유가스 저장능력이 얼마를 초과하는 경우에 소형저장탱크를 설치하여야 하는가?

① 300kg   ② 500kg
③ 1,000kg ④ 3,000kg

해설
고속도로 휴게소에서 액화석유가스 저장능력이 500kg을 초과하는 경우에 소형저장탱크를 설치하여야 한다.

08 특정고압가스 사용시설의 시설기준 및 기술기준으로 틀린 것은?

① 가연성가스의 사용설비에는 정전기제거설비를 설치한다.
② 지하에 매설하는 배관에는 전기부식 방지조치를 한다.
③ 독성가스의 저장설비에는 가스가 누출될 때 이를 흡수 또는 중화할 수 있는 장치를 설치한다.
④ 산소를 사용하는 밸브에는 밸브가 잘 동작할 수 있도록 석유류 및 유지류를 주유하여 사용한다.

해설
산소를 사용하는 밸브에는 금유라고 써진 산소전용의 것을 사용한다.

09 고압가스 용기를 취급 또는 보관할 때의 기준으로 옳은 것은?

① 충전용기와 잔가스용기는 각각 구분하여 용기보관장소에 놓는다.
② 용기는 항상 60℃ 이하의 온도를 유지한다.
③ 충전용기는 통풍이 잘되고 직사광선을 받을 수 있는 따스한 곳에 둔다.
④ 용기 보관장소의 주위 5m 이내에는 화기, 인화성 물질을 두지 아니한다.

해설
② 용기는 항상 40℃ 이하의 온도를 유지한다.
③ 충전용기는 통풍이 잘되고 직사광선을 받지 아니한 곳에 둔다.
④ 용기 보관장소의 주위 8m 이내에는 화기, 인화성물질을 두지 아니한다.

정답 5 ③ 6 ③ 7 ② 8 ④ 9 ①

10 허용농도가 100만분의 200 이하인 독성가스 용기 중 내용적이 얼마 미만인 충전용기를 운반하는 차량의 적재함에 대하여 밀폐된 구조로 하여야 하는가?

① 500L
② 1,000L
③ 2,000L
④ 3,000L

해설

허용농도가 100만분의 200 이하인 독성가스 용기 중 내용적이 1,000L 미만인 충전용기를 운반하는 차량의 적재함에 대하여 밀폐된 구조로 하여야 한다.

11 상용압력이 10MPa인 고압설비의 안전밸브 작동압력은 얼마인가?

① 10MPa
② 12MPa
③ 15MPa
④ 20MPa

해설

용기 및 설비에 따른 압력

압력의 종류	용기		설비 (저장탱크, 용기집합장치, 배관 등)
	C_2H_2	C_2H_2 이외의 용기	
TP (내압시험압력)	FP×3배	FP×$\frac{5}{3}$	• 상용압력×1.5배(공기, 질소로 내압시험 시 상용압력×1.25배) • 냉동설비는 설계압력×1.5배 • 도시가스는 최고사용압력×1.5배
FP (최고충전압력)	15℃에서 1.55MPa	TP×$\frac{3}{5}$	–
AP (기밀시험압력)	FP×1.8배	FP(단, 저온, 초저온용기 =FP×1.1배)	• 상용압력 • 도시가스는 최고사용압력×1.1배
안전밸브 작동압력	TP×0.8배	TP×0.8배	TP×0.8배(단, 액화산소 탱크=상용압력×1.5배)

그러므로, 고압설비의 안전밸브 작동압력 $= 10 \times 1.5 \times \frac{8}{10}$
$= 12\text{MPa}$

12 방폭전기 기기구조별 표시방법 중 "e"의 표시는?

① 안전증방폭구조
② 내압방폭구조
③ 유입방폭구조
④ 압력방폭구조

해설

방폭구조의 종류

방폭구조	정의	기호
내압 방폭구조	용기 내 폭발 시 용기가 폭발압력을 견디며 접합면, 개구부를 통해 외부에 인화될 우려가 없는 구조	Ex d
압력 방폭구조	용기 내에 보호가스를 압입시켜 폭발성 가스나 증기가 용기 내부에 유입되지 않도록 된 구조	Ex p
안전증 방폭구조	정상운전 중에 점화원 발생 방지를 위해 기계적, 전기적 구조상 혹은 온도 상승에 대해 안전도를 증가한 구조	Ex e
유입 방폭구조	전기불꽃, 아크, 고온 발생 부분을 기름으로 채워 폭발성 가스 또는 증기에 인화되지 않도록 한 구조	Ex o
본질안전 방폭구조	정상 시 및 사고 시(단선, 단락, 지락)에 발생하는 폭발 점화원(전기불꽃, 아크, 고온)으로 인해 가연성 가스의 발생이 방지된 구조	Ex ia Ex ib

13 다음 중 가연성이면서 독성가스는?

① $CHClF_2$
② HCl
③ C_2H_2
④ HCN

해설

HCN는 가연성이면서 독성가스이다.

14 고압가스안전관리법의 적용범위에서 제외되는 고압가스가 아닌 것은?

① 섭씨 35℃의 온도에서 게이지압력이 4.9MPa 이하인 유닛형 공기압축장치 안의 압축공기
② 섭씨 15℃의 온도에서 압력이 0Pa을 초과하는 아세틸렌가스
③ 내연기관의 시동, 타이어의 공기 충전, 리베팅, 착암 또는 토목공사에 사용되는 압축장치 안의 고압가스
④ 냉동능력이 3톤 미만인 냉동설비 안의 고압가스

해설
고압가스의 상태에 따른 분류
- 압축가스 : 상온에서 압축하여도 용이하게 액화하지 않는 가스 (수소, 네온, 공기, 일산화탄소, 질소 등)
  ※ 고압가스안전관리법에 따른 정의 : 상용온도 또는 35℃에서 1MPa 이상인 것
- 액화가스 : 상온에서 비교적 낮은 압력(0.7~0.8MPa)으로 쉽게 액화할 수 있는 가스(암모니아, 이산화황, 염소, 플루오린, 포스겐, 프로판, 부탄)
  ※ 고압가스안전관리법에 따른 정의 : 상용온도 또는 35℃ 이하에서 0.2MPa 이상인 것
- 용해가스 : 용제에 가스를 용해시켜 놓은 상태의 가스(아세틸렌)
  ※ 고압가스안전관리법에 따른 정의 : 15℃에서 0Pa 초과하는 것

15 액화석유가스 집단공급 시설에서 가스설비의 상용 압력이 1MPa일 때 이 설비의 내압시험 압력은 몇 MPa으로 하는가?

① 1 ② 1.25
③ 1.5 ④ 2.0

해설
TP = 상용압력 × 1.5 = 1 × 1.5 = 1.5MPa
※ 11번 해설 표 참조

16 독성가스 충전용기를 차량에 적재할 때의 기준에 대한 설명으로 틀린 것은?

① 운반차량에 세워서 운반한다.
② 차량의 적재함을 초과하여 적재하지 아니한다.
③ 차량의 최대적재량을 초과하여 적재하지 아니한다.
④ 충전용기는 2단 이상으로 겹쳐 쌓아 용기가 서로 이격되지 않도록 한다.

해설
충전용기는 2단 이상으로 겹쳐 쌓지 말아야 한다.

17 액화석유가스 사용시설의 연소기 설치방법으로 옳지 않은 것은?

① 밀폐형 연소기는 급기구, 배기통과 벽과의 사이에 배기가스가 실내로 들어올 수 없게 한다.
② 반밀폐형 연소기는 급기구와 배기통을 설치한다.
③ 개방형 연소기를 설치한 실에는 환풍기 또는 환기구를 설치한다.
④ 배기통이 가연성 물질로 된 벽을 통과 시에는 금속 등 불연성 재료로 단열조치를 한다.

해설
연소기의 설치방법
- 가스온수기나 가스보일러는 목욕탕 또는 환기가 잘되지 않는 곳에 설치하지 말 것
- 개방형 연소기를 설치한 실에는 환풍기나 환기구를 설치할 것
- 반밀폐형 연소기는 급기구와 배기통을 설치할 것
- 배기통의 재료는 금속·석면 그 밖의 불연성재료일 것
- 배기통이 가연성 물질로 된 벽 또는 천장 등을 통과하는 때는 금속 외의 불연성 재료로 단열조치할 것
- 자연배기식 반밀폐형 및 밀폐형 연소기의 배기통 끝은 배기가 방해되지 않는 구조이고, 장애물 또는 외기의 흐름에 따라 배기가 방해받지 않는 위치에 설치할 것
- 밀폐형 연소기는 급기구·배기통과 벽과의 사이에 배기가스가 실내로 들어올 수 없도록 밀폐할 것
- 배기팬이 있는 밀폐형 또는 반밀폐형의 연소기를 설치한 경우 그 배기팬의 배기가스와 접촉하는 부분의 재료를 불연성재료로 설치할 것

정답 14 ② 15 ③ 16 ④ 17 ④

18 고압가스 특정제조시설에서 선임하여야 하는 안전관리원의 선임인원 기준은?

① 1명 이상 ② 2명 이상
③ 3명 이상 ④ 5명 이상

> **해설**
> 고압가스 특정제조시설에서 선임하여야 하는 안전관리원의 선임인원 : 2명 이상

19 LPG충전자가 실시하는 용기의 안전점검기준에서 내용적 얼마 이하의 용기에 대하여 "실내보관 금지" 표시 여부를 확인하여야 하는가?

① 15L ② 20L
③ 30L ④ 50L

> **해설**
> 내용적 15L 이하의 용기에 대하여 "실내보관 금지" 표시여부를 확인하여야 한다.

20 아세틸렌가스 또는 압력이 9.8MPa 이상인 압축가스를 용기에 충전하는 경우 방호벽을 설치하지 않아도 되는 곳은?

① 압축기와 충전장소 사이
② 압축가스 충전장소와 그 가스충전용기 보관장소 사이
③ 압축기와 그 가스충전용기 보관장소 사이
④ 압축가스를 운반하는 차량과 충전용기 사이

> **해설**
> **방호벽 설치장소**
> • 압축기와 그 충전장소 사이
> • 압축기와 그 가스충전용기 보관장소 사이
> • 충전장소와 그 가스충전용기 보관장소 사이 및 충전장소와 그 충전용 주관밸브, 조작밸브 사이
> • 판매소의 용기 보관실
> • 고압가스 저장설비와 사업소 안의 보호시설과의 사이

21 차량에 고정된 고압가스 탱크를 운행할 경우에 휴대하여야 할 서류가 아닌 것은?

① 차량등록증
② 탱크 테이블(용량 환산표)
③ 고압가스 이동계획서
④ 탱크 제조시방서

> **해설**
> 차량에 고정된 고압가스 탱크를 운행할 경우에 휴대하여야 할 서류
> • 차량등록증
> • 탱크 테이블(용량 환산표)
> • 고압가스 이동계획서

22 고압가스 제조설비에서 기밀시험용으로 사용할 수 없는 것은?

① 산 소 ② 질 소
③ 공 기 ④ 탄산가스

> **해설**
> 산소는 연소를 잘 할 수 있도록 도와주는 조연성 기체이므로 사용할 수 없다.

23 고압가스의 용어에 대한 설명으로 틀린 것은?

① 액화가스란 가압, 냉각 등의 방법에 의하여 액체 상태로 되어 있는 것으로서 대기압에서의 끓는점이 섭씨 40도 이하 또는 상용의 온도 이하인 것을 말한다.
② 독성가스란 공기 중에 일정량이 존재하는 경우 인체에 유해한 독성을 가진 가스로서 허용농도가 100만분의 2,000 이하인 가스를 말한다.
③ 초저온저장탱크라 함은 섭씨 영하 50도 이하의 액화가스를 저장하기 위한 저장탱크로서 단열재로 씌우거나 냉동설비로 냉각하는 등의 방법으로 저장탱크 내의 가스 온도가 상용의 온도를 초과하지 아니하도록 한 것을 말한다.
④ 가연성가스라 함은 공기 중에서 연소하는 가스로서 폭발한계의 하한이 10% 이하인 것과 폭발한계의 상한과 하한의 차가 20% 이상인 것을 말한다.

해설
독성가스란 공기 중에 일정량이 존재하는 경우 인체에 유해한 독성을 가진 가스로서 허용농도가 100만분의 5,000 이하인 가스를 말한다.

24 도시가스에 대한 설명 중 틀린 것은?

① 국내에서 공급하는 대부분의 도시가스는 메탄을 주성분으로 하는 천연가스이다.
② 도시가스는 주로 배관을 통하여 수요가에게 공급된다.
③ 도시가스의 원료로 LPG를 사용할 수 있다.
④ 도시가스는 공기와 혼합만 되면 폭발한다.

해설
도시가스는 공기와 혼합해 폭발범위 내에서만 폭발한다.

25 액화석유가스의 용기보관소 시설기준으로 틀린 것은?

① 용기보관실은 사무실과 구분하여 동일 부지에 설치한다.
② 저장 설비는 용기 집합식으로 한다.
③ 용기보관실은 불연재료를 사용한다.
④ 용기보관실 창의 유리는 망입유리 또는 안전유리로 한다.

해설
저장 설비는 용기 집합식으로 하지 않는다.

26 일반 도시가스 공급시설에 설치하는 정압기의 분해점검 주기는?

① 1년에 1회 이상
② 2년에 1회 이상
③ 3년에 1회 이상
④ 1주일에 1회 이상

해설
정압기의 분해점검 주기 : 2년에 1회 이상

27 액화석유가스 자동차에 고정된 용기충전시설에 게시한 "화기엄금"이라 표시한 게시판의 색상은?

① 황색바탕에 흑색글씨
② 흑색바탕에 황색글씨
③ 백색바탕에 적색글씨
④ 적색바탕에 백색글씨

해설
"화기엄금"이라 표시한 게시판의 색상 : 백색바탕에 적색글씨

28 가스제조시설에 설치하는 방호벽의 규격으로 옳은 것은?

① 박강판 벽으로 두께 3.2cm 이상, 높이 3m 이상
② 후강판 벽으로 두께 10mm 이상, 높이 3m 이상
③ 철근 콘크리트 벽으로 두께 12cm 이상, 높이 2m 이상
④ 철근 콘크리트 블록 벽으로 두께 20cm 이상, 높이 2m 이상

해설
방호벽의 규격

방호벽의 종류	높이	두께
철근 콘크리트제	2m	12cm
콘크리트 블록	2m	15cm
박강판	2m	3.2mm
후강판	2m	6mm

29 도시가스배관에는 도시가스를 사용하는 배관임을 명확하게 식별할 수 있도록 표시를 한다. 다음 중 그 표시방법에 대한 설명으로 옳은 것은?

① 지상에 설치하는 배관 외부에는 사용가스명, 최고사용 압력 및 가스의 흐름방향을 표시한다.
② 매설배관의 표면색상은 최고사용압력이 저압인 경우에는 녹색으로 도색한다.
③ 매설배관의 표면색상은 최고사용압력이 중압인 경우에는 황색으로 도색한다.
④ 지상배관의 표면색상은 백색으로 도색한다. 다만, 흑색으로 2중 띠를 표시한 경우 백색으로 하지 않아도 된다.

해설
도시가스배관의 표면색상은 지상배관은 황색으로, 지하매설배관은 최고사용압력이 저압인 배관은 황색, 중압인 배관은 적색으로 한다. 다만, 지상배관 중 건축물의 내·외벽에 노출된 것으로서 바닥(2층 이상 건물의 경우에는 각 층의 바닥을 말한다)으로부터 1m의 높이에 폭 3cm의 황색띠를 2중으로 표시한 경우에는 표면색상을 황색으로 하지 아니할 수 있다.

30 다음 가스 중 독성(LC_{50})이 가장 강한 것은?

① 암모니아
② 다이메틸아민
③ 브롬화메탄
④ 아크릴로나이트릴

해설
독성가스 허용농도(LC_{50} 기준농도)

가스명	허용농도 (ppm)	가스명	허용농도 (ppm)
염소	293	게르만	622
아황산가스	2,520	셀렌화수소	51
암모니아	7,338	실란	19,000
염화메탄	8,300	알진	20
포스겐	5	포스핀	20
산화에틸렌	2,920	사플루오린화규소	450
플루오린	185	사플루오린화유황	40
일산화탄소	3,760	삼플루오린화붕소	806
사이안화수소	140	삼플루오린화질소	6,700
염화수소	3,124	황화수소	444
다이보레인	80		

※ 값이 작을수록 독성이 강하다.

31 암모니아를 사용하는 고온, 고압가스 장치의 재료로 가장 적당한 것은?

① 동
② PVC 코팅강
③ 알루미늄 합금
④ 18-8 스테인리스강

해설
암모니아를 사용하는 고온, 고압가스 장치의 재료 : 18-8 스테인리스강

32 다단 왕복동 압축기의 중간단의 토출온도가 상승하는 주된 원인이 아닌 것은?

① 압축비 감소
② 토출밸브 불량에 의한 역류
③ 흡입밸브 불량에 의한 고온가스 흡입
④ 전단쿨러 불량에 의한 고온가스의 흡입

해설
압축비가 증가하면 다단 왕복동 압축기의 중간단의 토출온도가 상승한다.

33 오스테나이트계 스테인리스강에 대한 설명으로 틀린 것은?

① Fe-Cr-Ni 합금이다.
② 내식성이 우수하다.
③ 강한 자성을 갖는다.
④ 18-8 스테인리스강이 대표적이다.

해설
오스테나이트계 스테인리스강은 비자성체이다.

34 LP가스 사용 시의 주의사항으로 틀린 것은?

① 용기밸브, 콕 등은 신속하게 열 것
② 연소기구 주위에 가연물을 두지 말 것
③ 가스 누출 유무를 냄새 등으로 확인할 것
④ 고무호스의 노화, 갈라짐 등은 항상 점검할 것

해설
용기밸브, 콕 등은 서서히 열어야 한다.

35 오리피스 유량계의 특징에 대한 설명으로 옳은 것은?

① 내구성이 좋다.
② 저압, 저유량에 적당하다.
③ 유체의 압력손실이 크다.
④ 협소한 장소에는 설치가 어렵다.

해설
오리피스 유량계 : 관 도중에 조리개(교축기구)를 넣어 조리개 전후의 차압을 이용하여 유량을 측정하는 계측기기, 제작이 간단하고 교환이 쉽고, 유체의 압력손실이 크다.

36 원심펌프의 양정과 회전속도의 관계는?(단, N_1 : 처음 회전수, N_2 : 변화된 회전수)

① $\dfrac{N_2}{N_1}$ ② $\left(\dfrac{N_2}{N_1}\right)^2$

③ $\left(\dfrac{N_2}{N_1}\right)^3$ ④ $\left(\dfrac{N_2}{N_1}\right)^5$

해설
펌프의 상사법칙

• 유량 : $Q_2 = Q_1 \times \dfrac{N_2}{N_1} \times \left(\dfrac{D_2}{D_1}\right)^3$

• 전양정 : $H_2 = H_1 \times \left(\dfrac{N_2}{N_1}\right)^2 \times \left(\dfrac{D_2}{D_1}\right)^2$

• 동력 : $P_2 = P_1 \times \left(\dfrac{N_2}{N_1}\right)^3 \times \left(\dfrac{D_2}{D_1}\right)^5$

여기서, N : 회전수(rpm), D : 내경(mm)

정답 32 ① 33 ③ 34 ① 35 ③ 36 ②

37 가스보일러의 본체에 표시된 가스소비량이 100,000 kcal/h이고, 버너에 표시된 가스소비량이 120,000 kcal/h일 때 도시가스 소비량 산정은 얼마를 기준으로 하는가?

① 100,000kcal/h
② 105,000kcal/h
③ 110,000kcal/h
④ 120,000kcal/h

해설
도시가스 소비량 산정은 본체에 표시된 가스소비량으로 한다.

38 다음 중 다공도를 측정할 때 사용되는 식은?(단, V : 다공물질의 용적, E : 아세톤 침윤잔용적이다)

① 다공도 = $V/(V-E)$
② 다공도 = $(V-E) \times 100/V$
③ 다공도 = $(V+E) \times V$
④ 다공도 = $(V+E) \times V/100$

해설
다공도 = $(V-E) \times 100/V$

39 공기액화 분리장치의 부산물로 얻어지는 아르곤가스는 불활성가스이다. 아르곤가스의 원자가는?

① 0   ② 1
③ 3   ④ 8

해설
아르곤가스는 0족 원소에 해당되는 가스로서 원자가는 0이다.

40 공기액화 분리장치의 내부를 세척하고자 할 때 세정액으로 가장 적당한 것은?

① 염산(HCl)
② 가성소다(NaOH)
③ 사염화탄소(CCl_4)
④ 탄산나트륨(Na_2CO_3)

해설
공기액화 분리장치의 내부를 세척하고자 할 때 세정액 : 사염화탄소(CCl_4)

41 조정압력이 2.8kPa인 액화석유가스 압력조정기의 안전장치 작동표준압력은?

① 5.0kPa   ② 6.0kPa
③ 7.0kPa   ④ 8.0kPa

해설
안전 장치 : 조정기 및 기구에 과도한 압력이 걸리는 것을 막기 위한 가스 방출 장치 또는 가스 유출 저지 장치, 기타 안전을 목적으로 해놓은 장치를 말한다.
• 작동표준압력 : 7kPa
• 안전 장치 작동 개시 압력(안전밸브가 열리는 압력) : 5.6~8.4 kPa
• 안전장치 작동 정지압력(안전밸브가 열리면 가스가 배출되면서 압력이 낮아지므로 정지압력 범위에서 안전밸브가 닫히는 압력) : 5.04~8.4kPa

42 수은을 이용한 U자관 압력계에서 액주높이(h) 600mm, 대기압(P_1)은 1kg/cm²일 때 P_2는 약 몇 kg/cm²인가?

① 0.22　　② 0.92
③ 1.82　　④ 9.16

해설

$$P_2 = 1\frac{\text{kg}}{\text{cm}^2} + \left(600\text{mmHg} \times \frac{1.0332\frac{\text{kg}}{\text{cm}^2}}{760\text{mmHg}}\right) = 1.82\frac{\text{kg}}{\text{cm}^2}$$

43 로터미터는 어떤 형식의 유량계인가?

① 차압식　　② 터빈식
③ 회전식　　④ 면적식

해설

면적식 유량계의 종류 : 플로트형, 피스톤형, 게이트형, 로터미터

44 가스 유량 2.03kg/h, 관의 내경 1.61cm, 길이 20m의 직관에서의 압력손실은 약 몇 mm 수주인가? (단, 온도 15℃에서 비중 1.58, 밀도 2.04kg/m³, 유량계수 0.436이다)

① 11.4　　② 14.0
③ 15.2　　④ 17.5

해설

저압배관의 유량 계산식 $Q = K\sqrt{\dfrac{D^5 H}{S L}}$

여기서, Q : 가스의 유량 $\left(\dfrac{\text{m}^3}{\text{h}}\right)$　　K : 유량계수(0.436)
　　　　S : 가스의 비중　　L : 배관의 길이(m)
　　　　D : 배관의 직경(cm)
　　　　H : 배관 입구와 말단배관의 압력차(mmH₂O)

그러므로, $Q = K\sqrt{\dfrac{D^5 H}{S L}}$

2.03kg/h × $\dfrac{1}{2.04}$ m³/kg ≒ 1m³/h(유량)

$$= 0.436 \times \sqrt{\dfrac{1.61^5 \times x}{1.58 \times 20}}$$

$x = 15.2\text{mmH}_2\text{O}$

45 LP가스의 자동 교체식 조정기 설치 시의 장점에 대한 설명 중 틀린 것은?

① 도관의 압력손실을 적게 해야 한다.
② 용기 숫자가 수동식보다 작아도 된다.
③ 용기 교환 주기의 폭을 넓힐 수 있다.
④ 잔액이 거의 없어질 때까지 소비가 가능하다.

해설

자동 교체식 조정기 설치 시의 장점
• 잔액이 거의 없어질 때까지 소비가 가능하다.
• 용기 숫자가 수동식보다 작아도 된다.
• 용기 교환 주기의 폭을 넓힐 수 있다.

46 다음 중 1MPa과 같은 것은?

① 10N/cm²
② 100N/cm²
③ 1,000N/cm²
④ 10,000N/cm²

해설

$1\text{atm} = 760\text{mmHg} = 10.332\text{mmH}_2\text{O}\left(= \text{mmAq} = \dfrac{\text{kg}}{\text{m}^2}\right)$

$= 1.0332\dfrac{\text{kg}}{\text{cm}^2} = 14.7\text{psi}\left(= \dfrac{\text{lb}}{\text{inch}^2}\right)$

$= 1,013.25\text{mbar} = 101,325\text{Pa}$

그러므로,

$100\dfrac{\text{N}}{\text{cm}^2} \times \dfrac{10^4 \text{cm}^2}{1\text{m}^2} \times \dfrac{0.1\text{MPa}}{101,325\text{Pa}} = 0.98\text{MPa}$

정답 42 ③　43 ④　44 ③　45 ①　46 ②

47 대기압하에서 다음 각 물질별 온도를 바르게 나타낸 것은?

① 물의 동결점 : -273K
② 질소 비등점 : -183℃
③ 물의 동결점 : 32°F
④ 산소 비등점 : -196℃

해설
온 도

- $K = 273 + ℃$ ・ $°F = \frac{9}{5}℃ + 32$ ・ $°R = °F + 460$

① 물의 동결점 : 273K
② 질소 비등점 : -196℃
④ 산소 비등점 : -183℃

48 진공도 200mmHg는 절대압력으로 약 몇 kg/cm²・abs인가?

① 0.76   ② 0.80
③ 0.94   ④ 1.03

해설
절대압력 = 대기압 - 진공압
= 760mmHg - 200mmHg
= 560mmHg × $\frac{1.0332 \frac{kg}{cm^2}}{760mmHg}$
= 0.76 $\frac{kg}{cm^2}$ ・ abs

49 랭킨온도가 420°R일 경우 섭씨온도로 환산한 값으로 옳은 것은?

① -30℃   ② -40℃
③ -50℃   ④ -60℃

해설
온 도

・ $K = 273 + ℃$ ・ $°F = \frac{9}{5}℃ + 32$ ・ $°R = °F + 460$

그러므로 $420 = \left[\left(\frac{9}{5} \times x\right) + 32\right] + 460$
$x = -40$

50 임계온도에 대한 설명으로 옳은 것은?

① 기체를 액화할 수 있는 절대온도
② 기체를 액화할 수 있는 평균온도
③ 기체를 액화할 수 있는 최저의 온도
④ 기체를 액화할 수 있는 최고의 온도

해설
・임계온도 : 기체를 액화할 수 있는 최고의 온도
・임계압력 : 기체가 액화할 수 있는 최저의 압력

51 LNG의 특징에 대한 설명 중 틀린 것은?

① 냉열을 이용할 수 있다.
② 천연에서 산출한 천연가스를 약 -162℃까지 냉각하여 액화시킨 것이다.
③ LNG는 도시가스, 발전용 이외에 일반 공업용으로도 사용된다.
④ LNG로부터 기화한 가스는 부탄이 주성분이다.

해설
LNG로부터 기화한 가스는 메탄이 주성분이다.

52 포화온도에 대하여 가장 잘 나타낸 것은?

① 액체가 증발하기 시작할 때의 온도
② 액체가 증발현상 없이 기체로 변하기 시작할 때의 온도
③ 액체가 증발하여 어떤 용기 안이 증기로 꽉 차 있을 때의 온도
④ 액체와 증기가 공존할 때 그 압력에 상당한 일정한 값의 온도

해설
밀폐된 용기에 액체를 넣으면 액체의 일부는 증발하여 기체가 된다. 이때 어느 한도에 다다르면 더 이상은 증발하지 않는 상태를 포화상태라 하고, 그때 액체의 온도가 포화 온도이다.

53 도시가스의 제조공정이 아닌 것은?

① 열분해 공정
② 접촉분해 공정
③ 수소화분해 공정
④ 상압증류 공정

해설
도시가스의 제조공정
• 열분해 프로세스
• 접촉첨가분해 프로세스
• 수증기개질 프로세스
• 부분연소 프로세스
• 수소화분해 프로세스

54 다음 각 가스의 특성에 대한 설명으로 틀린 것은?

① 수소는 고온, 고압에서 탄소강과 반응하여 수소취성을 일으킨다.
② 산소는 공기액화 분리장치를 통해 제조하며, 질소와 분리 시 비등점 차이를 이용한다.
③ 일산화탄소는 담황색의 무취기체로 허용농도는 TLV-TWA 기준으로 50ppm이다.
④ 암모니아는 붉은 리트머스를 푸르게 변화시키는 성질을 이용하여 검출할 수 있다.

해설
일산화탄소는 무색, 무취기체로 허용농도는 TLV-TWA 기준으로 50ppm이다.

55 다음 중 압력단위로 사용하지 않는 것은?

① kg/cm^2
② Pa
③ mmH_2O
④ kg/m^3

해설
$$1atm = 760mmHg = 10,332mmH_2O\left(= mmAq = \frac{kg}{m^2}\right)$$
$$= 1.0332\frac{kg}{cm^2} = 14.7psi\left(=\frac{lb}{inch^2}\right) = 1,013.25mbar$$
$$= 101,325Pa$$

56 다음 중 엔트로피의 단위는?

① kcal/h
② kcal/kg
③ kcal/kg·m
④ kcal/kg·K

해설
엔트로피의 단위 : kcal/kg·K

정답 52 ④ 53 ④ 54 ③ 55 ④ 56 ④

57 다음 중 압축가스에 속하는 것은?

① 산 소 ② 염 소
③ 탄산가스 ④ 암모니아

해설
상태에 따른 분류
- 압축가스 : 상온에서 압축하여도 용이하게 액화하지 않는 가스 (수소, 네온, 공기, 일산화탄소, 질소 등)
  ※ 고압가스안전관리법에 따른 정의 : 상용온도 또는 35℃에서 1MPa 이상인 것
- 액화가스 : 상온에서 비교적 낮은 압력(0.7~0.8MPa)으로 쉽게 액화할 수 있는 가스(암모니아, 이산화황, 염소, 플루오린, 포스겐, 프로판, 부탄)
  ※ 고압가스안전관리법에 따른 정의 : 상용온도 또는 35℃ 이하에서 0.2MPa 이상인 것
- 용해가스 : 용제에 가스를 용해시켜 놓은 상태의 가스(아세틸렌)
  ※ 고압가스안전관리법에 따른 정의 : 15℃에서 0Pa 초과하는 것

58 불꽃의 끝이 적황색으로 연소하는 현상을 의미하는 것은?

① 리프트
② 옐로 팁
③ 캐비테이션
④ 워터해머

해설
② 옐로 팁 : 불꽃의 끝이 적황색으로 연소하는 현상

59 20℃의 물 50kg을 90℃로 올리기 위해 LPG를 사용하였다면, 이때 필요한 LPG의 양은 몇 kg인가? (단, LPG발열량은 10,000kcal/kg이고, 열효율은 50%이다)

① 0.5 ② 0.6
③ 0.7 ④ 0.8

해설
$$\eta = \frac{GC\Delta t}{G_f \times H_l} \times 100$$

$$0.5 = \frac{50\text{kg} \times 1\frac{\text{kcal}}{\text{kg}℃} \times (90-20)℃}{G_f \times 10,000\frac{\text{kcal}}{\text{kg}}}$$

$G_f = 0.7\text{kg}$

60 암모니아에 대한 설명 중 틀린 것은?

① 물에 잘 용해된다.
② 무색, 무취의 가스이다.
③ 비료의 제조에 이용된다.
④ 암모니아가 분해하면 질소와 수소가 된다.

해설
암모니아기체는 무색, 자극성기체이다.

2016년 제2회 과년도 기출문제

01 다음 중 전기설비 방폭구조의 종류가 아닌 것은?

① 접지 방폭구조
② 유입 방폭구조
③ 압력 방폭구조
④ 안전증 방폭구조

해설
방폭구조의 종류

방폭구조	정 의
내압 방폭구조	용기 내 폭발 시 용기가 폭발압력을 견디며 접합면, 개구부를 통해 외부에 인화될 우려가 없는 구조
압력 방폭구조	용기 내에 보호가스를 압입시켜 폭발성 가스나 증기가 용기 내부에 유입되지 않도록 된 구조
안전증 방폭구조	정상운전 중에 점화원 발생 방지를 위해 기계적, 전기적 구조상 혹은 온도 상승에 대해 안전도를 증가한 구조
유입 방폭구조	전기불꽃, 아크, 고온 발생 부분을 기름으로 채워 폭발성 가스 또는 증기에 인화되지 않도록 한 구조
본질안전 방폭구조	정상 시 및 사고 시(단선, 단락, 지락)에 발생하는 폭발 점화원(전기불꽃, 아크, 고온)으로 인해 가연성 가스의 발생이 방지된 구조

02 다음 중 특정고압가스에 해당되지 않는 것은?

① 이산화탄소   ② 수 소
③ 산 소   ④ 천연가스

해설
특정고압가스 : 수소, 산소, 액화암모니아, 아세틸렌, 액화염소, 천연가스, 압축모노실란, 압축다이보레인, 액화알진, 그 밖의 대통령령으로 정하는 고압가스

03 내부용적이 25,000L인 액화산소 저장탱크의 저장능력은 얼마인가?(단, 비중은 1.14이다)

① 21,930kg   ② 24,780kg
③ 25,650kg   ④ 28,500kg

해설
액화가스 저장탱크인 경우
$W = 0.9 d V_2 = 0.9 \times 1.14 \times 25,000 = 25,650 kg$

04 배관의 설치방법으로 산소 또는 천연메탄을 수송하기 위한 배관과 이에 접속하는 압축기와의 사이에 반드시 설치하여야 하는 것은?

① 방파판   ② 솔레노이드
③ 수취기   ④ 안전밸브

해설
산소 또는 천연메탄을 수송하기 위한 배관과 이에 접속하는 압축기와의 사이에 반드시 설치하여야 하는 것 : 수취기

05 공정에 존재하는 위험요소와 비록 위험하지는 않더라도 공정의 효율을 떨어뜨릴 수 있는 운전상의 문제를 파악하기 위한 안전성 평가기법은?

① 안전성 검토(Safety Review)기법
② 예비위험성 평가(Preliminary Hazard Analysis)기법
③ 사고예상 질문(What-If Analysis)기법
④ 위험과 운전분석(HAZOP)기법

해설
위험과 운전분석(HAZOP ; Hazard & Operability studies) : 공정에 존재하는 위험요소들과 공정의 효율성을 떨어뜨릴 수 있는 운전상의 문제점을 찾아내어 그 원인을 제거하는 기법

정답 1 ① 2 ① 3 ③ 4 ③ 5 ④

06 다음 특정설비 중 재검사 대상인 것은?

① 역화방지장치
② 차량에 고정된 탱크
③ 독성가스 배관용 밸브
④ 자동차용가스 자동주입기

해설
특정설비 재검사 대상
- 저장탱크(초저온 탱크 제외)
- 차량에 고정된 탱크(저온, 초저온 탱크 포함)
- 기화기(저장탱크와 연결된 기화기로 대기식 및 자체 승압용은 제외)
- 저장탱크 부속 설비(안전밸브, 긴급차단장치 등)

07 독성가스 외의 고압가스 충전 용기를 차량에 적재하여 운반할 때 부착하는 경계표지에 대한 내용으로 옳은 것은?

① 적색글씨로 "위험 고압가스"라고 표시
② 황색글씨로 "위험 고압가스"라고 표시
③ 적색글씨로 "주의 고압가스"라고 표시
④ 황색글씨로 "주의 고압가스"라고 표시

해설
독성가스 외의 고압가스 충전 용기를 차량에 적재하여 운반할 때는 적색글씨로 "위험 고압가스"라고 표시

08 LP 가스설비를 수리할 때 내부의 LP가스를 질소 또는 물로 치환하고, 치환에 사용된 가스나 액체를 공기로 재치환하여야 하는데, 이때 공기에 의한 재치환 결과가 산소농도 측정기로 측정하여 산소농도가 얼마의 범위 내에 있을 때까지 공기로 재치환하여야 하는가?

① 4~6%
② 7~11%
③ 12~16%
④ 18~22%

해설
산소의 재치환 농도 : 18~22%

09 고압가스 특정제조시설 중 도로 밑에 매설하는 배관의 기준에 대한 설명으로 틀린 것은?

① 시가지의 도로 밑에 배관을 설치하는 경우에는 보호판을 배관의 정상부로부터 30cm 이상 떨어진 그 배관의 직상부에 설치한다.
② 배관은 그 외면으로부터 도로의 경계와 수평거리로 1m 이상을 유지한다.
③ 배관은 원칙적으로 자동차 등의 하중의 영향이 적은 곳에 매설한다.
④ 배관은 그 외면으로부터 도로 밑의 다른 시설물과 60cm 이상의 거리를 유지한다.

해설
도시가스 배관을 지하에 설치 시공 시 다른 배관이나 타 시설물과의 이격거리 기준 : 30cm 이상

10 공기보다 비중이 가벼운 도시가스의 공급시설로서 공급시설이 지하에 설치된 경우의 통풍구조의 기준으로 틀린 것은?

① 통풍구조는 환기구를 2방향 이상 분산하여 설치한다.
② 배기구는 천장면으로부터 30cm 이내에 설치한다.
③ 흡입구 및 배기구의 관경은 500mm 이상으로 하되, 통풍이 양호하도록 한다.
④ 배기가스 방출구는 지면에서 3m 이상의 높이에 설치하되, 화기가 없는 안전한 장소에 설치한다.

해설
흡입구 및 배기구의 관경은 100mm 이상으로 하되, 통풍이 양호하도록 한다.

정답 6 ② 7 ① 8 ④ 9 ④ 10 ③

11 다음 중 폭발한계의 범위가 가장 좁은 것은?

① 프로판 ② 암모니아
③ 수소 ④ 아세틸렌

해설
가연성가스의 폭발범위
- 프로판 : 2.2~9.5%
- 암모니아 : 15~28%
- 수소 : 4~75%
- 아세틸렌 : 2.5~81%

12 도시가스 사용시설에서 정한 액화가스란 상용의 온도 또는 섭씨 35℃의 온도에서 압력이 얼마 이상이 되는 것을 말하는가?

① 0.1MPa ② 0.2MPa
③ 0.5MPa ④ 1MPa

해설
액화가스
상용의 온도 또는 섭씨 35℃의 온도에서 압력이 0.2MPa 이상이 되는 것

13 염소가스 저장탱크의 과충전 방지장치는 가스 충전량이 저장탱크 내용적의 몇 %를 초과할 때 가스 충전이 되지 않도록 동작하는가?

① 60% ② 80%
③ 90% ④ 95%

해설
저장탱크는 10% 이상의 안전공간을 둔다.

14 도시가스사고의 사고 유형이 아닌 것은?

① 시설 부식
② 시설 부적합
③ 보호포 설치
④ 연결부 이완

해설
보호포를 설치하여 사고를 예방한다.

15 가연성가스 저온저장탱크 내부의 압력이 외부의 압력보다 낮아져 저장탱크가 파괴되는 것을 방지하기 위한 조치로서 갖추어야 할 설비가 아닌 것은?

① 압력계
② 압력 경보설비
③ 정전기 제거설비
④ 진공 안전밸브

해설
내부의 압력이 외부의 압력보다 낮아져 저장탱크가 파괴되는 것을 방지하기 위한 설비
- 압력계
- 압력 경보설비
- 진공 안전밸브

정답 11 ① 12 ② 13 ③ 14 ③ 15 ③

16 일반 도시가스 배관 중 중압 이하의 배관과 고압배관을 매설하는 경우 서로 간의 거리를 몇 m 이상을 유지하여야 하는가?

① 1
② 2
③ 3
④ 5

해설
일반 도시가스 배관 중 중압 이하의 배관과 고압배관을 매설하는 경우 서로 간의 거리 : 2m 이상

17 초저온 용기의 단열 성능시험용 저온액화가스가 아닌 것은?

① 액화아르곤
② 액화산소
③ 액화공기
④ 액화질소

해설
단열 성능시험
- 단열 성능시험용 가스 : 액화질소, 액화산소, 액화아르곤
- 침입열량계산공식 : $Q = \dfrac{W \times q}{H \times \Delta T \times V}$

여기서, Q : 침입열량 $\left(\dfrac{kcal}{h\,℃\,L}\right)$
H : 측정시간(h)
ΔT : 온도차(℃)
V : 내용적(L)
W : 기화된 가스량(kg)
q : 시험용가스의 기화잠열 $\left(\dfrac{kcal}{kg}\right)$

18 고압가스 판매소의 시설기준에 대한 설명으로 틀린 것은?

① 충전용기의 보관실은 불연재료를 사용한다.
② 가연성가스·산소 및 독성가스의 저장실은 각각 구분하여 설치한다.
③ 용기보관실 및 사무실은 부지를 구분하여 설치한다.
④ 산소, 독성가스 또는 가연성가스를 보관하는 용기보관실의 면적은 각 고압가스별로 10m² 이상으로 한다.

해설
용기보관실 및 사무실은 한 부지 안에 구분하여 설치한다.

19 운전 중인 액화석유가스 충전설비의 작동상황에 대하여 주기적으로 점검하여야 한다. 점검주기는?

① 1일에 1회 이상
② 1주일에 1회 이상
③ 3월에 1회 이상
④ 6월에 1회 이상

해설
액화석유가스 충전설비의 작동상황 점검주기 : 1일에 1회 이상

20 재검사 용기 및 특정설비의 파기방법으로 틀린 것은?

① 잔가스를 전부 제거한 후 절단한다.
② 절단 등의 방법으로 파기하여 원형으로 가공할 수 없도록 한다.
③ 파기 시에는 검사장소에서 검사원 입회하에 사용자가 실시할 수 있다.
④ 파기 물품은 검사 신청인이 인수시한 내에 인수하지 아니한 때도 검사인이 임의로 매각처분하면 안 된다.

해설
재검사 용기 및 특정설비 파기방법
- 절단 등의 방법으로 파기하여 원형으로 가공할 수 없도록 할 것
- 잔가스를 전부 제거한 후 절단할 것
- 검사신청인에게 파기의 사유·일시·장소 및 인수시한 등을 통지하고 파기할 것
- 파기하는 때에는 검사장소에서 검사원으로 하여금 직접 실시하게 하거나 검사원 입회하에 용기 및 특정설비의 사용자로 하여금 실시하게 할 것
- 파기한 물품은 검사신청인이 인수시한(통지한 날부터 1개월 이내) 내에 인수하지 아니하는 때에는 검사기관으로 하여금 임의로 매각 처분하게 할 것

21 도시가스배관이 굴착으로 20m 이상이 노출되어 누출가스가 체류하기 쉬운 장소일 때 가스누출경보기는 몇 m마다 설치해야 하는가?

① 5 ② 10
③ 20 ④ 30

해설
도시가스배관이 굴착으로 20m 이상 노출되어 누출가스가 체류하기 쉬운 장소일 때 가스누출경보기는 20m마다 설치해야 한다.

22 사이안화수소의 중합폭발을 방지하기 위하여 주로 사용할 수 있는 안정제는?

① 탄산가스   ② 황 산
③ 질 소   ④ 일산화탄소

해설
사이안화수소의 안정제: 황산, 동망, 오산화인, 염화칼슘, 인산, 아황산가스

23 고압가스 용접용기 동체의 내경은 약 몇 mm인가?

- 동체두께 : 2mm
- 최고충전압력 : 2.5MPa
- 인장강도 : 480N/mm²
- 부식여유 : 0
- 용접효율 : 1

① 190mm   ② 290mm
③ 660mm   ④ 760mm

해설
용접용기 동판의 두께 구하는 공식 $t = \dfrac{PD}{2S\eta - 1.2P} + C$

여기서, t : 두께(mm)
P : 아세틸렌가스용기는 최고충전압력(MPa)의 1.62배의 압력(그 밖의 용기는 최고충전압력(MPa))
D : 용접용기 동판의 내경(mm)
S : 재료의 허용응력 $\left(\dfrac{N}{mm^2}\right)$
η : 효율
C : 부식여유치의 두께(mm)

그러므로, $t = \dfrac{PD}{2S\eta - 1.2P} + C$

$2 = \dfrac{2.5 \times x}{2 \times 480 \times \frac{1}{4} \times 1 - 1.2 \times 2.5} + 0$

$x ≒ 189.6 ≒ 190mm$

정답 20 ④ 21 ③ 22 ② 23 ①

24 고압가스관련법에서 사용되는 용어의 정의에 대한 설명 중 틀린 것은?

① 가연성가스라 함은 공기 중에서 연소하는 가스로서 폭발한계의 하한이 10% 이하인 것과 폭발한계의 상한과 하한의 차가 20% 이상인 것을 말한다.
② 독성가스라 함은 인체에 유해한 독성을 가진 가스로서 허용농도가 100만분의 100 이하인 것을 말한다.
③ 액화가스라 함은 가압·냉각 등의 방법에 의하여 액체 상태로 되어 있는 것으로서 대기압에서의 비점이 섭씨 40도 이하 또는 상용의 온도 이하인 것을 말한다.
④ 초저온저장탱크라 함은 섭씨 영하 50도 이하의 저장탱크로서 단열재로 피복하거나 냉동설비로 냉각하는 등의 방법으로 저장탱크 내의 가스온도가 상용의 온도를 초과하지 아니하도록 한 것을 말한다.

해설
독성가스라 함은 공기 중에 일정량이 존재하는 경우 인체에 유해한 독성을 가진·가스로서 허용농도가 100만분의 5,000 이하인 것을 말한다.

25 다음 고압가스 압축작업 중 작업을 즉시 중단해야 하는 경우인 것은?

① 산소 중의 아세틸렌, 에틸렌 및 수소의 용량 합계가 전체 용량의 2% 이상인 것
② 아세틸렌 중의 산소용량이 전체 용량의 1% 이하의 것
③ 산소 중의 가연성가스(아세틸렌, 에틸렌 및 수소를 제외한다)의 용량이 전체 용량의 2% 이하의 것
④ 사이안화수소 중의 산소용량이 전체 용량의 2% 이상의 것

해설
압축을 금지해야 할 경우
- 가연성가스 중에서 산소가 차지하는 용량이 전용량의 4% 이상인 경우(아세틸렌, 에틸렌, 수소 제외)
- 산소 중에서 가연성가스가 차지하는 용량이 전용량의 4% 이상인 경우(아세틸렌, 에틸렌, 수소 제외)
- 아세틸렌(C_2H_2), 에틸렌(C_2H_4), 수소(H_2) 중에서 산소가 차지하는 용량이 전용량의 2% 이상인 경우
- 산소 중에서 아세틸렌(C_2H_2), 에틸렌(C_2H_4), 수소(H_2)가 차지하는 용량의 합계가 전용량의 2% 이상인 경우

26 다음 중 가스 사고를 분류하는 일반적인 방법이 아닌 것은?

① 원인에 따른 분류
② 사용처에 따른 분류
③ 사고형태에 따른 분류
④ 사용자의 연령에 따른 분류

해설
가스 사고를 분류하는 일반적인 방법
- 원인에 따른 분류
- 사용처에 따른 분류
- 사고형태에 따른 분류

27 고압가스 저장시설에 설치하는 방류둑에는 계단, 사다리 또는 토사를 높이 쌓아올림 등에 의한 출입구를 둘레 몇 m마다 1개 이상을 두어야 하는가?

① 30
② 50
③ 75
④ 100

해설
방류둑의 구조
• 성토는 수평에 대하여 45° 이하의 기울기로 할 것
• 성토의 정상부 폭은 30cm 이상으로 할 것
• 액밀한 구조일 것
• 방류둑에는 계단, 사다리 또는 토사를 높이 쌓아올림 등에 의한 출입구를 50m마다 1개 이상씩 두되, 그 둘레가 50m 미만인 경우는 2개 분산해서 설치할 것

28 LPG용기 및 저장탱크에 주로 사용되는 안전밸브의 형식은?

① 가용전식
② 파열판식
③ 중추식
④ 스프링식

해설
LPG용기 및 저장탱크에 주로 사용되는 안전밸브 : 스프링식

29 가스 충전용기 운반 시 동일 차량에 적재할 수 없는 것은?

① 염소와 아세틸렌
② 질소와 아세틸렌
③ 프로판과 아세틸렌
④ 염소와 산소

해설
운반차량의 가스 운반기준
• 염소와 아세틸렌, 암모니아 또는 수소는 동일 차량에 적재하여 운반하지 말 것
• 가연성가스와 산소를 동일 차량에 적재하여 운반할 때에는 그 충전용기의 밸브가 서로 마주보지 않도록 적재할 것
• 충전용기와 위험물안전관리법에서 정하는 위험물과는 동일 차량에 적재 운반하지 말 것

30 다음 (   ) 안에 들어갈 수 있는 경우로 옳지 않은 것은?

> 액화천연가스의 저장설비와 처리설비는 그 외면으로부터 사업소 경계까지 일정규모 이상의 안전거리를 유지하여야 한다. 이때 사업소 경계가 (   )의 경우에는 이들의 반대편 끝을 경계로 보고 있다.

① 산
② 호 수
③ 하 천
④ 바 다

해설
액화천연가스의 저장설비와 처리설비는 그 외면으로부터 사업소 경계까지 일정규모 이상의 안전거리를 유지하여야 한다. 이때 사업소 경계가 바다, 호수, 하천의 경우에는 이들의 반대편 끝을 경계로 보고 있다.

정답 27 ② 28 ④ 29 ① 30 ①

31 비중이 0.5인 LPG를 제조하는 공장에서 1일 10만 L를 생산하여 24시간 정치 후 모두 산업현장으로 보낸다. 이 회사에서 생산하는 LPG를 저장하려면 저장용량이 5톤인 저장탱크 몇 개를 설치해야 하는가?

① 2
② 5
③ 7
④ 10

해설
1일 생산 가능한 LPG의 무게 = 비중 × 부피에서,
$0.5 \frac{kg}{L} \times 100,000L = 50,000kg$
저장탱크 1개의 저장용량은 5톤(5,000kg)이므로 저장탱크는 10개 필요하다.

32 고압용기나 탱크 및 라인(Line) 등의 퍼지(Purge)용으로 주로 쓰이는 기체는?

① 산 소
② 수 소
③ 산화질소
④ 질 소

해설
탱크 및 라인 등의 퍼지용으로 주로 쓰이는 기체 : 질소

33 고압가스제조소의 작업원은 얼마의 기간 이내에 1회 이상 보호구의 사용훈련을 받아 사용방법을 숙지하여야 하는가?

① 1개월
② 3개월
③ 6개월
④ 12개월

해설
보호구의 사용훈련 : 3개월에 1회 이상

34 LPG기화장치의 작동원리에 따른 구분으로 저온의 액화가스를 조정기를 통하여 감압한 후 열교환기에 공급해 강제 기화시켜 공급하는 방식은?

① 해수가열 방식
② 가온감압 방식
③ 감압가열 방식
④ 중간 매체 방식

해설
③ 감압가열 방식 : 저온의 액화가스를 조정기를 통하여 감압한 후 열교환기에 공급해 강제 기화시켜 공급하는 방식

35 도시가스사업법령에서는 도시가스를 압력에 따라 고압, 중압 및 저압으로 구분하고 있다. 중압의 범위로 옳은 것은?(단, 액화가스가 기화되고 다른 물질과 혼합되지 않은 경우로 가정한다)

① 0.1MPa 이상, 1MPa 미만
② 0.2MPa 이상, 1MPa 미만
③ 0.1MPa 이상, 0.2MPa 미만
④ 0.01MPa 이상, 0.2MPa 미만

해설
용어의 정의
- 고압 : 1MPa 이상의 압력
- 중압 : 0.1MPa 이상 1MPa 미만의 압력(액화가스가 기화되고 다른 물질과 혼합되지 아니한 경우에는 0.01MPa 이상 0.2MPa 미만)
- 저압 : 0.1MPa 미만의 압력

36 가연성가스 누출검지경보장치의 경보농도는 얼마인가?

① 폭발 하한계 이하
② LC₅₀ 기준농도 이하
③ 폭발 하한계 1/4 이하
④ TLV-TWA 기준농도 이하

해설
가연성가스 누출감지경보기는 감지대상 가스의 폭발 하한계 25% 이하, 독성가스 누출감지경보기는 해당 독성가스의 허용농도 이하에서 경보가 울리도록 설정하여야 한다.

37 내용적 47L인 LP가스 용기의 최대 충전량은 몇 kg인가?(단, LP가스 정수는 2.35이다)

① 20
② 42
③ 50
④ 110

해설
액화가스 저장탱크인 경우
액화가스 용기 및 차량에 고정된 탱크인 경우
$W = \dfrac{V_2}{C} = \dfrac{47}{2.35} = 20$

38 부식성 유체나 고점도의 유체 및 소량의 유체 측정에 가장 적합한 유량계는?

① 차압식 유량계
② 면적식 유량계
③ 용적식 유량계
④ 유속식 유량계

해설
② 면적식 유량계 : 부식성 유체나 고점도의 유체 및 소량의 유체 측정에 가장 적합한 유량계

39 LP가스 이송설비 중 압축기에 의한 이송방식에 대한 설명으로 틀린 것은?

① 베이퍼 로크 현상이 없다.
② 잔가스 회수가 용이하다.
③ 펌프에 비해 이송시간이 짧다.
④ 저온에서 부탄가스가 재액화되지 않는다.

해설
저온에서 부탄가스가 재액화된다.

40 공기, 질소, 산소 및 헬륨 등과 같이 임계온도가 낮은 기체를 액화하는 액화사이클의 종류가 아닌 것은?

① 구데 공기액화사이클
② 린데 공기액화사이클
③ 필립스 공기액화사이클
④ 캐스케이드 공기액화사이클

해설
액화사이클의 종류
• 캐스케이드 공기액화사이클
• 린데 공기액화사이클
• 필립스 공기액화사이클

정답 36 ③ 37 ① 38 ② 39 ④ 40 ①

41 다기능 가스안전계량기에 대한 설명으로 틀린 것은?

① 사용자가 쉽게 조작할 수 있는 테스트 차단기능이 있는 것으로 한다.
② 통상의 사용 상태에서 빗물, 먼지 등이 침입할 수 없는 구조로 한다.
③ 차단밸브가 작동한 후에는 복원조작을 하지 않는 한 열리지 않는 구조로 한다.
④ 복원을 위한 버튼이나 레버 등은 조작을 쉽게 실시 할 수 있는 위치에 있는 것으로 한다.

해설
사용자가 쉽게 조작할 수 없도록 한다.

42 계측기기의 구비조건으로 틀린 것은?

① 설비비 및 유지비가 적게 들 것
② 원거리 지시 및 기록이 가능할 것
③ 구조가 간단하고 정도(精度)가 낮을 것
④ 설치장소 및 주위조건에 대한 내구성이 클 것

해설
계측기기 구비조건으로 구조가 간단하고 정도가 높아야 한다.

43 압축기에서 두압이란?

① 흡입 압력이다.
② 증발기 내의 압력이다.
③ 피스톤 상부의 압력이다.
④ 크랭크 케이스 내의 압력이다.

해설
압축기에서 두압이란 피스톤 상부의 압력이다.

44 반밀폐식 보일러의 급·배기설비에 대한 설명으로 틀린 것은?

① 배기통의 끝은 옥외로 뽑아낸다.
② 배기통의 굴곡수는 5개 이하로 한다.
③ 배기통의 가로 길이는 5m 이하로서 될 수 있는 한 짧게 한다.
④ 배기통의 입상높이는 원칙적으로 10m 이하로 한다.

해설
배기통의 굴곡수는 4개 이하로 한다.

45 흡입압력이 대기압과 같으며 최종압력이 15kgf/cm²·g인 4단 공기압축기의 압축비는 약 얼마인가?(단, 대기압은 1kgf/cm²로 한다)

① 2 ② 4
③ 8 ④ 16

해설
펌프의 압축비와 단수 계산식
압축비 $r = \sqrt[\varepsilon]{\dfrac{p_2}{p_1}}$

여기서, ε : 단수
p_1 : 흡입측 절대압력
p_2 : 토출측 절대압력

그러므로, 압축비 $r = \sqrt[\varepsilon]{\dfrac{p_2}{p_1}} = \sqrt[4]{\dfrac{15+1.0332}{1}} = 2$

46 순수한 것은 안정하나 소량의 수분이나 알칼리성 물질을 함유하면 중합이 촉진되고 독성이 매우 강한 가스는?

① 염 소　　② 포스겐
③ 황화수소　④ 사이안화수소

해설
사이안화수소는 중합반응을 한다.

47 다음 중 비점이 가장 높은 가스는?

① 수 소　　② 산 소
③ 아세틸렌　④ 프로판

해설
④ 프로판 : $-42℃$
① 수소 : $-252℃$
② 산소 : $-183℃$
③ 아세틸렌 : $-84℃$

48 단위질량인 물질의 온도를 단위온도차 만큼 올리는데 필요한 열량을 무엇이라고 하는가?

① 일 률　　② 비 열
③ 비 중　　④ 엔트로피

해설
비열(Specific Heat)
어떤 물질 1kg(1lb)을 1℃(1°F) 올리는 데 필요한 열량 $\left(\dfrac{kcal}{kg\,℃}\right)$, $\left(\dfrac{BTU}{lb\,°F}\right)$

49 LNG의 성질에 대한 설명 중 틀린 것은?

① LNG가 액화되면 체적이 약 1/600로 줄어든다.
② 무독, 무공해의 청정가스로 발열량이 약 9,500 $kcal/m^3$ 정도이다.
③ 메탄을 주성분으로 하며 에탄, 프로판 등이 포함되어 있다.
④ LNG는 기체 상태에서는 공기보다 가벼우나 액체 상태에서는 물보다 무겁다.

해설
LNG는 기체 상태에서는 공기보다 가벼우나 액체 상태에서는 물보다 가볍다.

50 압력에 대한 설명 중 틀린 것은?

① 게이지압력은 절대압력에 대기압을 더한 압력이다.
② 압력이란 단위 면적당 작용하는 힘의 세기를 말한다.
③ $1.0332 kg/cm^2$의 대기압을 표준대기압이라고 한다.
④ 대기압은 수은주를 76cm만큼의 높이로 밀어올릴 수 있는 힘이다.

해설
절대압력 : 완전 진공의 상태를 0으로 기준하여 측정한 압력으로 단위는 kg/cm^2이다.
• 절대압력 = 대기압 + 게이지압
• 절대압력 = 대기압 - 진공압

정답　46 ④　47 ④　48 ②　49 ④　50 ①

51 프로판을 완전연소시켰을 때 주로 생성되는 물질은?

① CO_2, H_2
② CO_2, H_2O
③ C_2H_4, H_2O
④ C_4H_{10}, CO

해설
프로판 완전연소
$C_3H_8 + 5O_2 \rightarrow 3CO_2 + 4H_2O$

52 요소비료 제조 시 주로 사용되는 가스는?

① 염화수소　　② 질 소
③ 일산화탄소　④ 암모니아

해설
요소비료의 원료 : 암모니아, 이산화탄소

53 수분이 존재할 때 일반 강재를 부식시키는 가스는?

① 황화수소　　② 수 소
③ 일산화탄소　④ 질 소

해설
황화수소(H_2S, Hydrogen Sulfide)
• 화학식 : H_2S
• 분자량 : 34.08
• 썩은 계란 냄새가 나는 무색의 대표적인 악취물질
• 수분이 존재할 때 일반 강재를 부식

54 폭발위험에 대한 설명 중 틀린 것은?

① 폭발범위의 하한값이 낮을수록 폭발위험은 커진다.
② 폭발범위의 상한값과 하한값의 차가 작을수록 폭발위험은 커진다.
③ 프로판보다 부탄의 폭발범위 하한값이 낮다.
④ 프로판보다 부탄의 폭발범위 상한값이 낮다.

해설
폭발범위의 상한값과 하한값의 차가 클수록 폭발위험은 커진다.

55 액체가 기체로 변하기 위해 필요한 열은?

① 융해열　　② 응축열
③ 승화열　　④ 기화열

해설
④ 기화열 : 액체가 기체로 변하기 위해 필요한 열

56 부탄 1Nm³을 완전연소시키는 데 필요한 이론 공기량은 약 몇 Nm³인가?(단, 공기 중의 산소농도는 21v%이다)

① 5　　　② 6.5
③ 23.8　　④ 31

해설

$C_4H_{10} + 6.5O_2 \rightarrow 4CO_2 + 5H_2O$
$\quad 1 \quad : \quad x$
$22.4 : 6.5 \times 22.4$
$x = 6.5 \text{Nm}^3$

그러므로, 이론공기량$(A_o) = \dfrac{6.5}{0.21} = 31 \text{Nm}^3$

57 온도 410°F을 절대온도로 나타내면?

① 273K　　② 483K
③ 512K　　④ 612K

해설

온 도

• $K = 273 + ℃$　• $°F = \dfrac{9}{5}℃ + 32$　• $°R = °F + 460$

그러므로, $410 = \dfrac{9}{5}℃ + 32 \rightarrow ℃ = 210$

$K = 273 + ℃ = 273 + 210 = 483$

58 도시가스에 사용되는 부취제 중 DMS의 냄새는?

① 석탄가스 냄새
② 마늘 냄새
③ 양파 썩는 냄새
④ 암모니아 냄새

해설

부취제의 종류
• TBM(Tertiary Butyl Mercaptan) : 가스 종류에 흔히 쓰이며, 양파 썩는 냄새가 난다.
• THT(Tetra Hydro Thiophene) : 천연가스의 부취제로 사용되며, TBM(Tertiary Butyl Mercaptan)과 혼합하여 쓰이며, 석탄가스 냄새가 난다.
• DMS(Dimethyl Sulfide) : 마늘 냄새가 난다.

59 다음에서 설명하는 기체와 관련된 법칙은?

> 기체의 종류에 관계없이 모든 기체 1몰은 표준상태(0℃, 1기압)에서 22.4L의 부피를 차지한다.

① 보일의 법칙
② 헨리의 법칙
③ 아보가드로의 법칙
④ 아르키메데스의 법칙

해설

③ 아보가드로의 법칙 : 기체의 종류에 관계없이 모든 기체 1몰은 표준상태(0℃, 1기압)에서 22.4L의 부피를 차지한다.

60 내용적 47L인 용기에 C₃H₈ 15kg이 충전되어 있을 때 용기 내 안전공간은 약 몇 %인가?(단, C₃H₈의 액 밀도는 0.5kg/L이다)

① 20　　　② 25.2
③ 36.1　　④ 40.1

해설

C₃H₈ 15kg을 부피로 나타내면

부피 $= \dfrac{\text{질량}}{\text{밀도}}$ 에서 $\dfrac{15 \text{kg}}{0.5 \text{kg/L}} = 30\text{L}$

그러므로, 안전공간(%) $= \dfrac{47-30}{47} \times 100 = 36.1(\%)$

정답 56 ④　57 ②　58 ②　59 ③　60 ③

2016년 제4회 과년도 기출문제

01 가스 공급시설의 임시사용 기준 항목이 아닌 것은?
① 공급의 이익 여부
② 도시가스의 공급이 가능한지의 여부
③ 가스공급시설을 사용할 때 안전을 해칠 우려가 있는지 여부
④ 도시가스의 수급상태를 고려할 때 해당지역에 도시가스의 공급이 필요한지의 여부

02 다음 보기의 독성가스 중 독성(LC_{50})이 가장 강한 것과 가장 약한 것을 바르게 나열한 것은?

보기
㉠ 염화수소 ㉡ 암모니아
㉢ 황화수소 ㉣ 일산화탄소

① ㉠, ㉡
② ㉢, ㉡
③ ㉠, ㉣
④ ㉢, ㉣

해설
독성가스 허용농도(LC_{50} 기준농도)

가스명	허용농도(ppm)	가스명	허용농도(ppm)
염소	293	게르만	622
아황산가스	2,520	셀렌화수소	51
암모니아	7,338	실란	19,000
염화메탄	8,300	알진	20
포스겐	5	포스핀	20
산화에틸렌	2,920	사플루오린화규소	450
플루오린	185	사플루오린화유황	40
일산화탄소	3,760	삼플루오린화붕소	806
사이안화수소	140	삼플루오린화질소	6,700
염화수소	3,124	황화수소	444
다이보레인	80		

※ LC_{50}의 값이 작을수록 독성이 강하다.

03 가연성 가스의 발화점이 낮아지는 경우가 아닌 것은?
① 압력이 높을수록
② 산소 농도가 높을수록
③ 탄화수소의 탄소수가 많을수록
④ 화학적으로 발열량이 낮을수록

해설
가연성 가스의 발화점이 낮아지는 경우
• 압력이 높을수록
• 산소 농도가 높을수록
• 탄화수소의 탄소수가 많을수록
• 화학적으로 발열량이 높을수록
• 분자구조가 복잡할수록

04 다음 각 가스의 품질검사 합격기준으로 옳은 것은?
① 수소 : 99.0% 이상
② 산소 : 98.5% 이상
③ 아세틸렌 : 98.0% 이상
④ 모든 가스 : 99.5% 이상

해설
품질검사 대상가스

구분	순도	시약
산소	99.5% 이상	동암모니아 시약
수소	98.5% 이상	파이로갈롤 또는 하이드로설파이드시약
아세틸렌	98% 이상	질산은시약, 발연황산, 브롬시약

05 0℃에서 10L의 밀폐된 용기 속에 32g의 산소가 들어 있다. 온도를 150℃로 가열하면 압력은 약 얼마가 되는가?

① 0.11atm ② 3.47atm
③ 34.7atm ④ 111atm

해설
보일-샤를의 법칙
일정량의 기체의 부피는 압력에 반비례하고, 절대온도에 비례한다.
$\dfrac{PV}{T} = \dfrac{P'V'}{T'}$ (T는 절대온도, $T(K) = ℃ + 273$)
0℃, 1기압(atm)에서 O_2(32g) 1분자의 부피는 22.4L이다.
$\dfrac{1 \times 22.4}{273+0} = \dfrac{x \times 10}{273+150}$, $2,730x = 9,475$, $x ≒ 3.47(atm)$

06 염소에 다음 가스를 혼합하였을 때 가장 위험할 수 있는 가스는?

① 일산화탄소 ② 수 소
③ 이산화탄소 ④ 산 소

해설
염소폭명기
$Cl_2 + H_2 → 2HCl$에서, 염소는 수소와 같은 부피로 혼합하면 그대로는 반응하지 않지만, 빛, 열, 전기불꽃 등으로 유도되면 폭발적으로 반응이 진행되어 위험하므로 염소와 수소의 혼합기체를 염소폭명기라고 한다.

07 고압가스 특정제조시설에서 배관을 해저에 설치하는 경우의 기준으로 틀린 것은?

① 배관은 해저면 밑에 매설한다.
② 배관은 원칙적으로 다른 배관과 교차하지 아니하여야 한다.
③ 배관은 원칙적으로 다른 배관과 수평거리로 30m 이상을 유지하여야 한다.
④ 배관의 입상부에는 방호시설물을 설치하지 아니한다.

해설
배관의 입상부에는 방호시설물을 설치해야 한다.

08 고압가스 특정제조시설 중 비가연성 가스의 저장탱크는 몇 m³ 이상일 경우에 지진영향에 대한 안전한 구조로 설계하여야 하는가?

① 300 ② 500
③ 1,000 ④ 2,000

해설
고압가스 특정제조시설 중 비가연성 가스의 저장탱크는 1,000m³ 이상일 경우에 지진영향에 대한 안전한 구조로 설계하여야 한다.

정답 5 ② 6 ② 7 ④ 8 ③

09 압축도시가스 이동식 충전차량 충전시설에서 가스누출 검지경보장치의 설치위치가 아닌 것은?

① 펌프 주변
② 압축설비 주변
③ 압축가스설비 주변
④ 개별 충전설비 본체 외부

해설
압축도시가스 이동식 충전차량 충전시설에서 가스누출 검지경보장치의 설치위치
- 펌프 주변
- 압축설비 주변
- 압축가스설비 주변

10 흡수식 냉동설비의 냉동능력 정의로 옳은 것은?

① 발생기를 가열하는 1시간의 입열량 3,320kcal를 1일의 냉동능력 1톤으로 본다.
② 발생기를 가열하는 1시간의 입열량 6,640kcal를 1일의 냉동능력 1톤으로 본다.
③ 발생기를 가열하는 24시간의 입열량 3,320kcal를 1일의 냉동능력 1톤으로 본다.
④ 발생기를 가열하는 24시간의 입열량 6,640kcal를 1일의 냉동능력 1톤으로 본다.

해설
흡수식 냉동설비의 냉동능력 정의 : 발생기를 가열하는 1시간의 입열량 6,640kcal를 1일의 냉동능력 1톤으로 본다.

11 폭발범위에 대한 설명으로 옳은 것은?

① 공기 중의 폭발범위는 산소 중의 폭발범위보다 넓다.
② 공기 중의 아세틸렌가스의 폭발범위는 약 4~71%이다.
③ 한계산소 농도치 이하에서는 폭발성 혼합가스가 생성된다.
④ 고온·고압일 때 폭발범위는 대부분 넓어진다.

해설
① 공기 중의 폭발범위는 산소 중의 폭발범위보다 좁다.
② 공기 중의 아세틸렌가스의 폭발범위는 약 2.5~81%이다.
③ 한계산소 농도치 이하에서는 폭발성 혼합가스가 생성되지 않는다.
④ 고온·고압일 때 폭발범위는 대부분 넓어진다.

12 도시가스사용시설에서 배관의 이음부와 절연전선과의 이격거리는 몇 cm 이상으로 하여야 하는가?

① 10   ② 15
③ 30   ④ 60

해설
도시가스배관의 이음부(용접이음 제외)의 이격거리
- 전기개폐기 전기계량기 : 60cm 이상
- 단열되지 않은 굴뚝, 절연되지 않은 전선, 전기접속기, 전기점멸기 : 15cm 이상
- 절연된 전선 : 10cm 이상

정답 9 ④ 10 ② 11 ④ 12 ①

13 압축기 최종단에 설치된 고압가스 냉동제조시설의 안전밸브는 얼마마다 작동 압력을 조정하여야 하는가?

① 3개월에 1회 이상 ② 6개월에 1회 이상
③ 1년에 1회 이상 ④ 2년에 1회 이상

> **해설**
> 압축기 최종단에 설치된 고압가스 냉동제조시설의 안전밸브는 1년에 1회 이상 작동압력을 조정하여야 한다.

14 고압가스 특정제조시설에서 플레어스택의 설치기준으로 틀린 것은?

① 파일럿버너를 항상 점화하여 두는 등 플레어스택에 관련된 폭발을 방지하기 위한 조치가 되어 있는 것으로 한다.
② 긴급이송설비로 이송되는 가스를 대기로 방출할 수 있는 것으로 한다.
③ 플레어스택에서 발생하는 복사열이 다른 제조시설에 나쁜 영향을 미치지 아니하도록 안전한 높이 및 위치에 설치한다.
④ 플레어스택에서 발생하는 최대열량에 장시간 견딜 수 있는 재료 및 구조로 되어 있는 것으로 한다.

> **해설**
> 플레어스택의 구조는 긴급이송설비에 의하여 이송되는 가스를 연소시켜 대기로 안전하게 방출시킬 수 있도록 다음의 조치를 하여야 한다.
> • 파일럿버너 또는 항상 작동할 수 있는 자동점화장치를 설치하고 파일럿버너가 꺼지지 않도록 하거나, 자동점화장치의 기능이 완전하게 유지되도록 하여야 한다.
> • 역화 및 공기 등과의 혼합폭발을 방지하기 위하여 당해 제조시설의 가스의 종류 및 시설의 구조에 따라 다음 중에서 하나 또는 둘 이상을 갖추어야 한다.
>   - Liquid Seal의 설치
>   - Flame Arresstor의 설치
>   - Vapor Seal의 설치
>   - Purge Gas(N_2, Off Gas 등)의 지속적인 주입 등
>   - Molecular Seal의 설치

15 액화석유가스판매시설에 설치되는 용기보관실에 대한 설치기준으로 틀린 것은?

① 용기보관실에는 가스가 누출될 경우 이를 신속히 검지하여 효과적으로 대응할 수 있도록 하기 위하여 반드시 일체형 가스누출경보기를 설치한다.
② 용기보관실에 설치되는 전기설비는 누출된 가스의 점화원이 되는 것을 방지하기 위하여 반드시 방폭구조로 한다.
③ 용기보관실에는 누출된 가스가 머물지 않도록 하기 위하여 그 용기보관실의 구조에 따라 환기구를 갖추고 환기가 잘되지 아니하는 곳에는 강제통풍시설을 설치한다.
④ 용기보관실에는 용기가 넘어지는 것을 방지하기 위하여 적절한 조치를 마련한다.

> **해설**
> **사고예방설비기준(액화석유가스의 안전관리 및 사업법 시행규칙 별표 6)**
> • 용기보관실에는 가스가 누출될 경우 이를 신속히 검지하여 효과적으로 대응할 수 있도록 하기 위하여 분리형 가스누출경보기를 설치할 것
> • 용기보관실에 설치된 전기설비가 누출된 가스의 점화원이 되는 것을 방지하기 위하여 그 용기보관실에 설치된 전기설비는 방폭구조로 된 것이어야 하고, 그 용기보관실 안에 전기스위치를 설치하지 않는 등의 적절한 조치를 할 것
> • 용기보관실에는 누출된 가스가 머물지 않도록 하기 위하여 그 구조에 따라 환기구를 갖추고 환기가 잘되지 않는 곳에는 강제통풍시설을 설치할 것
> • 용기보관실에는 용기가 넘어지는 것을 방지하기 위한 적절한 조치를 할 것

정답 13 ③ 14 ② 15 ①

16 20kg LPG 용기의 내용적은 몇 L인가?(단, 충전상수 C 는 2.35이다)

① 8.51　　② 20
③ 42.3　　④ 47

해설
액화가스 용기 및 차량에 고정된 탱크인 경우
$W = \dfrac{V_2}{C} \rightarrow V_2 = W \times C = 20\text{kg} \times 2.35 = 47\text{L}$

17 독성가스 용기를 운반할 때에는 보호구를 갖추어야 한다. 비치하여야 하는 기준은?

① 종류별로 1개 이상
② 종류별로 2개 이상
③ 종류별로 3개 이상
④ 그 차량의 승무원수에 상당한 수량

해설
독성가스 용기를 운반할 때 보호구를 비치하여야 하는 기준 : 그 차량의 승무원수에 상당한 수량

18 가스보일러의 안전사항에 대한 설명으로 틀린 것은?

① 가동 중 연소상태, 화염 유무를 수시로 확인한다.
② 가동 중지 후 노 내 잔류가스를 충분히 배출한다.
③ 수면계의 수위는 적정한가 자주 확인한다.
④ 점화 전 연료가스를 노 내에 충분히 공급하여 착화를 원활하게 한다.

해설
점화 전 연료가스를 노 내에 공급하면 폭발할 수 있다.

19 고압가스배관의 설치기준 중 하천과 병행하여 매설하는 경우로서 적합하지 않은 것은?

① 배관은 견고하고 내구력을 갖는 방호구조물 안에 설치한다.
② 매설심도는 배관의 외면으로부터 1.5m 이상 유지한다.
③ 설치지역은 하상(河床, 하천의 바닥)이 아닌 곳으로 한다.
④ 배관손상으로 인한 가스누출 등 위급한 상황이 발생한 때에 그 배관에 유입되는 가스를 신속히 차단할 수 있는 장치를 설치한다.

해설
배관의 외면으로부터 2.5m 이상의 매설심도를 유지한다.

20 LP 가스 사용 시 주의사항에 대한 설명으로 틀린 것은?

① 중간 밸브 개폐는 서서히 한다.
② 사용 시 조정기 압력은 적당히 조절한다.
③ 완전 연소되도록 공기 조절기를 조절한다.
④ 연소기는 급배기가 충분히 행해지는 장소에 설치하여 사용하도록 한다.

해설
용기밸브 및 조정기는 함부로 만지거나 분해하지 말아야 한다.

21 도시가스 매설배관의 주위에 파일박기 작업 시 손상방지를 위하여 유지하여야 할 최소거리는?

① 30cm ② 50cm
③ 1m   ④ 2m

> **해설**
> 도시가스 매설배관의 주위에 파일박기 작업 시 손상방지를 위하여 유지하여야 할 최소거리 : 30cm

22 액화독성가스의 운반질량이 1,000kg 미만 이동 시 휴대해야 할 소석회는 몇 kg 이상이어야 하는가?

① 20kg ② 30kg
③ 40kg ④ 50kg

> **해설**
> 약제
>
> | 품명 | 액화가스질량이
1,000kg 미만인 경우 | 액화가스질량이
1,000kg 이상인 경우 |
> |---|---|---|
> | 소석회 | 20kg 이상 | 40kg 이상 |

23 고압가스를 취급하는 자가 용기 안전점검 시 하지 않아도 되는 것은?

① 도색 표시 확인
② 재검사 기간 확인
③ 프로텍터의 변형 여부 확인
④ 밸브의 개폐조작이 쉬운 핸들 부착 여부 확인

> **해설**
> 고압가스를 취급하는 자가 용기 안전점검 시 점검할 사항
> • 도색 표시 확인
> • 재검사 기간 확인
> • 밸브의 개폐조작이 쉬운 핸들 부착 여부 확인

24 도시가스 도매사업의 가스공급시설 기준에 대한 설명으로 옳은 것은?

① 고압의 가스공급시설은 안전구획 안에 설치하고 그 안전구역의 면적은 10,000m² 미만으로 한다.
② 안전구역 안의 고압인 가스공급시설은 그 외면으로부터 다른 안전구역 안에 있는 고압인 가스공급시설의 외면까지 20m 이상의 거리를 유지한다.
③ 액화천연가스의 저장탱크는 그 외면으로부터 처리능력이 200,000m³ 이상인 압축기까지 30m 이상의 거리를 유지한다.
④ 두 개 이상의 제조소가 인접하여 있는 경우의 가스공급시설은 그 외면으로부터 그 제조소와 다른 제조소의 경계까지 10m 이상의 거리를 유지한다.

> **해설**
> **도시가스 도매사업의 가스공급시설 기준**
> • 액화천연가스의 저장설비와 처리설비는 그 외면으로부터 사업소경계까지 다음 계산식에 따라 얻은 거리 이상을 유지할 것
> $L = C \times \sqrt[3]{143,000W}$
> 여기서, L : 유지하여야 하는 거리(m)
> C : 저압지하식 저장탱크는 0.24
> 그 밖의 가스저장설비와 처리설비는 0.576
> W : 저장능력(ton)
> • 고압의 가스공급시설은 안전구획 안에 설치하고 그 안전구역의 면적은 2만m² 미만일 것. 다만, 공정상 밀접한 관련을 가지는 가스공급시설로서 두 개 이상의 안전구역을 구분함에 따라 그 가스공급시설의 운영에 지장을 줄 우려가 있는 경우에는 그러하지 아니하다.
> • 안전구역 안의 고압인 가스공급시설(배관은 제외하나 고압인 가스공급시설과 같은 제조설비에 속하는 가스설비는 포함한다)은 그 외면으로부터 다른 안전구역 안에 있는 고압인 가스공급시설의 외면까지 30m 이상의 거리를 유지할 것
> • 두 개 이상의 제조소가 인접하여 있는 경우의 가스공급시설은 그 외면으로부터 다른 제조소의 경계까지 20m 이상의 거리를 유지할 것
> • 액화천연가스의 저장탱크는 그 외면으로부터 처리능력이 20만m³ 이상인 압축기까지 30m 이상의 거리를 유지할 것
> • 제조소 및 공급소에는 안전조업에 필요한 공지를 확보하여야 하며, 가스공급시설은 안전조업에 지장이 없도록 배치할 것

정답 21 ① 22 ① 23 ③ 24 ③

25 가연성가스의 폭발등급 및 이에 대응하는 본질안전방폭구조의 폭발등급 분류 시 사용하는 최소점화전류비는 어느 가스의 최소점화전류를 기준으로 하는가?

① 메 탄 ② 프로판
③ 수 소 ④ 아세틸렌

해설
본질안전방폭구조를 대상으로 하는 가스 또는 증기의 분류

가스 또는 증기의 최소점화전류비의 범위	가스 또는 증기의 분류
0.8 초과	ⅡA
0.45 이상 0.8 이하	ⅡB
0.45 미만	ⅡC

※ 최소 점화전류비는 메탄(Methane)가스의 최소점화전류를 기준으로 나타낸다.

26 수소의 성질에 대한 설명 중 옳지 않은 것은?

① 열전도도가 작다.
② 열에 대하여 안정하다.
③ 고온에서 철과 반응한다.
④ 확산속도가 빠른 무취의 기체이다.

해설
수소의 성질
- 열전도도가 크다.
- 열에 대하여 안정하다.
- 고온에서 철과 반응한다.
- 확산속도가 빠른 무취의 기체이다.

27 용기종류별 부속품 기호로 틀린 것은?

① AG : 아세틸렌가스를 충전하는 용기의 부속품
② LPG : 액화석유가스를 충전하는 용기의 부속품
③ TL : 초저온용기 및 저온용기의 부속품
④ PG : 압축가스를 충전하는 용기의 부속품

해설
용기종류별 부속품의 기호

용기 종류	기 호
아세틸렌가스를 충전하는 용기의 부속품	AG
압축가스를 충전하는 용기의 부속품	PG
액화석유가스를 충전하는 용기의 부속품	LPG
액화석유가스 외의 액화가스를 충전하는 용기의 부속품	LG
초저온용기 및 저온용기의 부속품	LT

28 공기액화 분리장치의 폭발원인이 아닌 것은?

① 액체공기 중의 아르곤의 혼입
② 공기취입구로부터 아세틸렌 혼입
③ 공기 중의 질소화합물(NO, NO$_2$)의 혼입
④ 압축기용 윤활유 분해에 따른 탄화수소 생성

해설
공기액화 분리장치의 폭발원인
- 공기 취입구에서 아세틸렌이 혼입되었을 때
- 공기 중에서 산화질소, 이산화질소 등의 질소산화물이 혼입되었을 때
- 액체공기 중에서 오존이 혼입되었을 때
- 압축기용 윤활유의 분해에 따른 탄화수소가 생성되었을 때

29 고압가스 충전용기를 운반할 때 운반책임자를 동승시키지 않아도 되는 경우는?

① 가연성 압축가스 - 300m³
② 조연성 액화가스 - 5,000kg
③ 독성 압축가스(허용농도가 100만분의 200 초과, 100만분의 5,000 이하) - 100m³
④ 독성 액화가스(허용농도가 100만분의 200 초과, 100만분의 5,000 이하) - 1,000kg

해설
조연성 액화가스의 경우 6,000kg 이상을 차량에 적재하여 운반할 경우, 운반책임자를 동승시켜 운반에 대한 감독 또는 지원을 하도록 한다. 다만 운전자가 운반책임자의 자격을 가진 경우에는 운반책임자의 자격이 없는 사람을 동승시킬 수 있다.

30 다음 중 폭발범위의 상한값이 가장 낮은 가스는?

① 암모니아   ② 프로판
③ 메 탄   ④ 일산화탄소

해설
가연성가스의 폭발범위
• 암모니아 : 15~28%
• 프로판 : 2.2~9.5%
• 메탄 : 5~15%
• 일산화탄소 : 12.5~74%

31 고압가스 배관재료로 사용되는 동관의 특징에 대한 설명으로 틀린 것은?

① 가공성이 좋다.
② 열전도율이 작다.
③ 시공이 용이하다.
④ 내식성이 크다.

해설
동관의 특징
• 가공성이 좋다.
• 열전도율이 크다.
• 시공이 용이하다.
• 내식성이 크다.

32 자동절체식 일체형 저압조정기의 조정압력은?

① 2.30~3.30kPa
② 2.55~3.30kPa
③ 57~83kPa
④ 5.0~30kPa 이내에서 제조자가 설정한 기준압력의 ±20%

해설
LPG압력조정기의 종류에 따른 입구압력·조정압력

종 류	입구압력(MPa)	조정압력(kPa)
1단감압식 저압조정기	0.07~1.56	2.30~3.30
1단감압식 준저압조정기	0.1~1.56	5.0~30.0 내에서 제조자가 설정한 기준압력의 ±20%
2단감압식 1차용조정기 (용량 100kg/h 이하)	0.1~1.56	57.0~83.0
2단감압식 1차용조정기 (용량 100kg/h 초과)	0.3~1.56	57.0~83.0
2단감압식 2차용 저압조정기	0.01~0.1 또는 0.025~0.1	2.30~3.30
2단감압식 2차용 준저압조정기	조정압력 이상~0.1	5.0~30.0 내에서 제조자가 설정한 기준압력의 ±20%
자동절체식 일체형 저압조정기	0.1~1.56	2.55~3.30
자동절체식 일체형 준저압조정기	0.1~1.56	5.0~30.0 내에서 제조자가 설정한 기준압력의 ±20%
그 밖의 압력조정기	조정압력 이상~1.56	5kPa를 초과하는 압력범위에서 상기 압력조정기의 종류에 따른 조정압력에 해당하지 않는 것에 한하며, 제조자가 설정한 기준압력의 ±20%일 것

정답 29 ② 30 ② 31 ② 32 ②

33 다음 중 수소(H_2)가스 분석방법으로 가장 적당한 것은?

① 팔라듐관 연소법
② 헴펠법
③ 황산바륨 침전법
④ 흡광광도법

해설
수소(H_2)가스 분석방법 : 팔라듐관 연소법

34 터보압축기의 구성이 아닌 것은?

① 임펠러
② 피스톤
③ 디퓨저
④ 증속기어장치

해설
② 피스톤 : 왕복동압축기의 구성장치

35 피토관을 사용하기에 적당한 유속은?

① 0.001m/s 이상
② 0.1m/s 이상
③ 1m/s 이상
④ 5m/s 이상

해설
피토관을 사용하기에 적당한 유속 : 5m/s 이상

36 수소를 취급하는 고온, 고압 장치용 재료로서 사용할 수 있는 것은?

① 탄소강, 니켈강
② 탄소강, 망간강
③ 탄소강, 18-8 스테인리스강
④ 18-8 스테인리스강, 크롬-바나듐강

해설
수소를 취급하는 고온, 고압 장치용 재료 : 18-8 스테인리스강, 크롬-바나듐강

37 원심식 압축기 중 터보형의 날개출구각도에 해당하는 것은?

① 90°보다 작다.
② 90°이다.
③ 90°보다 크다.
④ 평행이다.

해설
원심식 압축기 중 터보형의 날개출구각도는 90°보다 작다.

38 압력변화에 의한 탄성변위를 이용한 탄성압력계에 해당되지 않는 것은?

① 플로트식 압력계
② 부르동관식 압력계
③ 벨로스식 압력계
④ 다이어프램식 압력계

해설
탄성압력계
• 다이어프램식 압력계
• 부르동관식 압력계
• 벨로스식 압력계

39 액면측정 장치가 아닌 것은?

① 임펠러식 액면계
② 유리관식 액면계
③ 부자식 액면계
④ 퍼지식 액면계

해설
액면 측정방법

직접식	유리관식 액면계 (직관식)	• 측정원리 : 탱크의 액면과 같은 높이의 액체가 유리관에도 나타나므로 유리관 액면의 높이를 측정 • 요점사항 : 대개 개방된 액체용 탱크에 사용
	검척식 액면계	• 측정원리 : 검척봉으로 직접 액면의 높이를 측정 • 요점사항 : 액면 변동이 적은 개방탱크, 저수탱크 등에 사용
	플로트식 액면계 (부자식)	• 측정원리 : 액면에 띄운 부자의 위치를 이용하여 액면을 측정 • 요점사항 – 액면 경보용, 제어용으로 사용 – 활차식, 볼 플로트, 디스프레스먼트 액면계
	편위식 액면계	• 측정원리 : 부자의 길이에 대한 부력으로부터 액면을 측정 • 요점사항 – 아르키메데스의 원리를 이용한 것 – 고압 진동탱크 액면 측정
간접식	압력식 액면계, 햄프슨식액면계 (차압식 액면계)	• 측정원리 : 액면의 높이에 따른 압력을 측정하여 액의 높이를 측정 • 요점사항 : 고압 밀폐탱크의 액면 측정에 사용
	퍼지식 액면계 (기포식 액면계)	• 측정원리 : 탱크 속에 파이프를 삽입하고 이 파이프를 통해 공기를 보내어 파이프 끝 부분의 공기압을 압력계로 측정하여 액의 높이를 구함 • 요점사항 – 일종의 압력식 액면계 – 주로 개방탱크에 이용되며 부식성이 강하거나 점도가 높은 액체에 사용
	방사선식 액면계	• 측정원리 : 방사선 세기의 변화를 측정 • 요점사항 – 고온, 고압의 액체 측정용(용광로 내 레벨 측정) – 고점도 부식성 액체를 측정
	초음파식 액면계	• 측정원리 : 탱크 밑에서 초음파를 발사하여 되돌아오는 시간을 측정하여 액면의 높이를 구함 • 요점사항 : 주로 액면 제어용으로 사용
	정전용량식 액면계	• 측정원리 : 정전 용량 검출 플로브(Probe)를 액 중에 넣어 측정 • 요점사항 : 유전율이 온도에 따라 변화되는 곳에는 사용 불가

40 나사압축기에서 숫로터의 직경 150mm, 로터길이 100mm, 회전수가 350rpm이라고 할 때 이론적 토출량은 약 몇 m³/min인가?(단, 로터 형상에 의한 계수(C_v)는 0.476이다)

① 0.11 ② 0.21
③ 0.37 ④ 0.47

해설
나사압축기의 토출량 계산

$$Q(\text{m}^3/\text{min}) = C_v \times D^3 \times \frac{L}{D} \times R$$

(단, rpm의 단위는 분당 회전수임)

$$= 0.476 \times (0.15\text{m})^3 \times \frac{0.1\text{m}}{0.15\text{m}} \times 350/\text{min}$$

$$= 0.37 \text{m}^3/\text{min}$$

41 아세틸렌의 정성시험에 사용되는 시약은?

① 질산은   ② 구리암모니아
③ 염 산   ④ 파이로갈롤

해설
아세틸렌 정성시험에 사용되는 시약 : 질산은

42 정압기를 평가·선정할 경우 고려해야 할 특성이 아닌 것은?

① 정특성 ② 동특성
③ 유량특성 ④ 압력특성

해설
정압기의 특성
- 정특성 : 정상상태에서 2차압력과 유량과의 관계
- 동특성 : 부하변동에 대한 응답의 신속성과 안전성이 요구되는 특성
- 유량특성 : 메인밸브의 열림과 유량과의 관계

43 액화석유가스 소형 저장탱크가 외경 1,000mm, 길이 2,000mm, 충전상수 0.03125, 온도보정계수 2.15일 때의 자연기화능력(kg/h)은 얼마인가?

① 11.2 ② 13.2
③ 15.2 ④ 17.2

해설
$$PVC = \frac{DLKT(\text{kcal/h})}{12,000(\text{kcal/kg})} = \frac{1,000 \times 2,000 \times 0.03125 \times 2.15}{12,000}$$
$$\fallingdotseq 11.2 \text{ kg/h}$$

여기서, PVC : 저장탱크의 프로판 자연기화량(kg/h)
  D : 외경(mm)
  L : 길이(mm)
  K : 충전량에 대한 상수
  T : 외부 온도에 대한 보정계수

- 소형 저장탱크 잔액량 30%, 충전 시 조성(프로판) 95%–자연기화량

탱크용량		0.5톤		1.0톤		2.0톤		2.9톤	
충전시 조성 (C₃H₈)	연속사용시간 (h)	발생능력 (kg/h)		발생능력 (kg/h)		발생능력 (kg/h)		발생능력 (kg/h)	
		0℃	-5℃	0℃	-5℃	0℃	-5℃	0℃	-5℃
95%	1	29.4	23.7	58.3	47.2	113.6	92.1	158.6	128.7
	2	15.8	12.7	30.8	24.9	59.4	48.0	82.2	66.6
	3	11.3	9.1	21.6	17.4	41.4	33.4	56.7	45.9
	4	9.1	7.3	17.1	13.7	32.4	26.1	44.1	35.5
	5	7.8	6.2	14.4	11.5	27.1	21.8	36.5	29.4
	6	7.0	5.5	12.6	10.1	23.5	18.9	31.4	25.3
	7	6.4	5.0	11.3	9.0	21.0	16.8	27.9	22.4
	8	5.9	4.7	10.4	8.3	19.2	15.3	25.2	20.2

※ 자연기화능력 계산 시 충전량에 대한 상수 [K]는 0.03125(가스잔량 40% 기준)를 적용할 것

- 소형 저장탱크 잔액량 40%, 충전 시 조성(프로판) 95%–자연기화량

탱크용량		0.5톤		1.0톤		2.0톤		2.9톤	
충전시 조성 (C₃H₈)	연속사용시간 (h)	발생능력 (kg/h)		발생능력 (kg/h)		발생능력 (kg/h)		발생능력 (kg/h)	
		0℃	-5℃	0℃	-5℃	0℃	-5℃	0℃	-5℃
95%	1	37.0	31.0	74.3	60.4	144.1	117.4	201.8	167.6
	2	19.9	16.7	39.2	31.8	75.2	61.2	104.6	86.7
	3	14.3	11.9	27.6	22.3	52.3	42.5	72.3	59.8
	4	11.5	9.6	21.6	17.6	40.9	33.1	56.2	46.4
	5	9.9	8.2	18.4	14.8	34.1	27.6	46.5	38.4
	6	8.8	7.3	16.1	13.0	29.6	23.0	40.1	33.1
	7	8.1	6.7	14.5	11.7	26.4	21.3	35.6	29.3
	8	7.5	6.2	13.4	10.7	24.0	19.3	32.2	26.5

- 충전량에 대한 상수[K]

용기에 남아 있는 액화가스의 양(%)	상수[K]
60	0.03906
50	0.03515
40	0.03125
30	0.02734
20	0.02344
10	0.01758

- 외부온도에 대한 보정계수

외부온도(℃)	보정계수(T)	외부온도(℃)	보정계수(T)
-25	0.35	0	2.60
-20	0.80	5	3.05
-15	1.25	10	3.50
-10	1.70	15	3.95
-5	2.15	20	4.40

※ 외부온도는 지상탱크인 경우에는 지역별로 다음 표를 따르도록 하고 지하 저장탱크인 경우에는 지역에 관계없이 일률적으로 5℃를 적용할 것

44 가스 누출을 감지하고 차단하는 가스 누출 자동차단기의 구성요소가 아닌 것은?

① 제어부 ② 중앙통제부
③ 검지부 ④ 차단부

해설
가스 누출 자동차단기의 구성요소
- 제어부
- 차단부
- 검지부

45 다음 중 단별 최대압축비를 가질 수 있는 압축기는?

① 원심식 ② 왕복식
③ 축류식 ④ 회전식

해설
단별 최대압축비를 가질 수 있는 압축기 : 왕복식

46 C_3H_8 비중이 1.5라고 할 때 20m 높이 옥상까지의 압력손실은 약 몇 mmH_2O인가?

① 12.9 ② 16.9
③ 19.4 ④ 21.4

해설
$\Delta P = 1.293(S-1)h$
$= 1.293 \times (1.5-1) \times 20$
$= 12.9 mmH_2O$

47 실제기체가 이상기체의 상태식을 만족시키는 경우는?

① 압력과 온도가 높을 때
② 압력과 온도가 낮을 때
③ 압력이 높고 온도가 낮을 때
④ 압력이 낮고 온도가 높을 때

해설
실제기체가 이상기체의 상태식을 만족시키는 경우 : 압력이 낮고 온도가 높을 때

48 다음 중 유리병에 보관해서는 안 되는 가스는?

① O_2 ② Cl_2
③ HF   ④ Xe

해설
플루오린화수소는 유리병을 녹이는 성질이 있다.

49 황화수소에 대한 설명으로 틀린 것은?

① 무색의 기체로서 유독하다.
② 공기 중에서 연소가 잘 된다.
③ 산화하면 주로 황산이 생성된다.
④ 형광물질 원료의 제조 시 사용된다.

해설
산화하면 주로 이산화황이 생성된다.

50 다음 중 가연성 가스가 아닌 것은?

① 일산화탄소 ② 질 소
③ 에 탄 ④ 에틸렌

해설
질소는 불연성가스이다.

51 나프타의 성상과 가스화에 미치는 영향 중 PONA 값의 각 의미에 대하여 잘못 나타낸 것은?

① P : 파라핀계 탄화수소
② O : 올레핀계 탄화수소
③ N : 나프텐계 탄화수소
④ A : 지방족 탄화수소

해설
④ A : 방향족 탄화수소

52 25℃의 물 10kg을 대기압하에서 비등시켜 모두 기화시키는데 약 몇 kcal의 열이 필요한가?(단, 물의 증발잠열은 540kcal/kg이다)

① 750 ② 5,400
③ 6,150 ④ 7,100

해설
$Q = GC\Delta t + G\gamma$
$= (10 \times 1 \times 75) + (10 \times 540) = 6,150 \text{kcal}$

53 다음에서 설명하는 법칙은?

> 같은 온도(T)와 압력(P)에서 같은 부피(V)의 기체는 같은 분자수를 가진다.

① Dalton의 법칙
② Henry의 법칙
③ Avogadro의 법칙
④ Hess의 법칙

해설
③ Avogadro의 법칙 : 표준상태(0℃, 1기압)에서 모든 기체는 그 기체의 종류와 상관 없이 기체 1몰(mol)이 차지하는 부피는 22.4L로 동일하다. 또한 22.4L 속의 기체의 분자 수는 6.02×10^{23}개로 동일한데, 이를 아보가드로의 수라고 한다.

54 LP가스의 제법으로 가장 거리가 먼 것은?

① 원유를 정제하여 부산물로 생산
② 석유정제공정에서 부산물로 생산
③ 석탄을 건류하여 부산물로 생산
④ 나프타 분해공정에서 부산물로 생산

해설
LP가스의 제법
• 원유를 정제하여 부산물로 생산
• 석유정제공정에서 부산물로 생산
• 제유소 가스분리로 생산
• 나프타 분해공정에서 부산물로 생산
• 나프타의 수소화 분해 생성물로부터 생산

정답 50 ② 51 ④ 52 ③ 53 ③ 54 ③

55 가스의 연소와 관련하여 공기 중에서 점화원 없이 연소하기 시작하는 최저온도를 무엇이라 하는가?

① 인화점
② 발화점
③ 끓는점
④ 융해점

56 아세틸렌가스 폭발의 종류로서 가장 거리가 먼 것은?

① 중합폭발
② 산화폭발
③ 분해폭발
④ 화합폭발

해설
아세틸렌의 폭발 형태
- 화합폭발 반응식 : $C_2H_2 + 2Cu \rightarrow Cu_2C_2 + H_2$
- 산화폭발 반응식 : $C_2H_2 + 2.5O_2 \rightarrow 2CO_2 + H_2O$
- 분해폭발 반응식 : $C_2H_2 \rightarrow 2C + H_2$

57 도시가스 제조 시 사용되는 부취제 중 THT의 냄새는?

① 마늘 냄새
② 양파 썩는 냄새
③ 석탄가스 냄새
④ 암모니아 냄새

해설
부취제의 종류
- TBM(Tertiary Butyl Mercaptan) : 가스 종류에 흔히 쓰이며, 양파 썩는 냄새가 난다.
- THT(Tetra Hydro Thiophene) : 천연가스의 부취제로 사용되며, TBM(Tertiary Butyl Mercaptan)과 혼합하여 쓰이며, 석탄가스 냄새가 난다.
- DMS(Dimethyl Sulfide) : 마늘 냄새가 난다.

58 압력에 대한 설명으로 틀린 것은?

① 수주 280cm는 $0.28kg/cm^2$와 같다.
② $1kg/cm^2$은 수은주 760mm와 같다.
③ $160kg/mm^2$은 $16,000kg/cm^2$에 해당한다.
④ 1atm이란 $1cm^2$당 1.033kg의 무게와 같다.

해설
$$1atm = 760mmHg = 10,332mmH_2O \left(= mmAq = \frac{kg}{m^2}\right)$$
$$= 1.0332 \frac{kg}{cm^2} = 14.7psi \left(= \frac{lb}{inch^2}\right) = 1,013.25mbar$$
$$= 101,325Pa$$

59 프레온(Freon)의 성질에 대한 설명으로 틀린 것은?

① 불연성이다.
② 무색, 무취이다.
③ 증발잠열이 작다.
④ 가압에 의해 액화되기 쉽다.

해설
프레온의 성질
• 불연성이다.
• 무색, 무취이다.
• 증발잠열이 크다.
• 가압에 의해 액화되기 쉽다.

60 다음 중 가장 낮은 온도는?

① $-40°F$ ② $430°R$
③ $-50°C$ ④ $240K$

해설
온도 상호 간의 공식
• $K = 273 + °C$
• $°F = \dfrac{9}{5}°C + 32$
• $°R = °F + 460$

그러므로,
① $-40°F$
② $430 = °F + 460 \rightarrow °F = -30$
③ $°F = \dfrac{9}{5}°C + 32 \rightarrow °F = \dfrac{9}{5} \times (-50) + 32 = -58$
④ $K = 273 + °C \rightarrow 240 = 273 + °C \rightarrow °C = -33$
 $°F = \dfrac{9}{5} \times (-33) + 32 = -27.4$

59 ③ 60 ③

2017년 제1회 과년도 기출복원문제

※ 2017년부터는 CBT(컴퓨터 기반 시험)로 진행되어 수험자의 기억에 의해 문제를 복원하였습니다. 실제 시행문제와 일부 상이할 수 있음을 알려드립니다.

01 도시가스시설의 설치공사 또는 변경공사를 하는 때에 이루어지는 주요공정 시공감리 대상은?

① 도시가스사업자 외의 가스공급시설 설치자의 배관 설치공사
② 가스도매사업자의 가스공급시설 설치공사
③ 일반도시가스사업자의 정압기 설치공사
④ 일반도시가스사업자의 제조소 설치공사

해설
도시가스시설 주요공정 시공감리 대상 : 도시가스사업자 외의 가스공급시설 설치자의 배관 설치공사

02 조정압력이 3.3kPa 이하인 LP 가스용 조정기 안전장치의 작동 정지압력은?

① 5.04~7.0kPa
② 5.60~7.0kPa
③ 5.04~8.4kPa
④ 5.60~8.4kPa

해설
LP 가스용 조정기의 안전장치의 작동압력
• 작동 표준압력 : 7kPa
• 작동 개시압력 : 5.6~8.4kPa
• 작동 정지압력 : 5.04~8.4kPa

03 독성가스를 사용하는 내용적이 몇 L 이상일 때 수액기 주위의 액상의 가스가 누출될 경우에 대비하여 유출방지 조치를 마련해야 하는가?

① 1,000
② 2,000
③ 5,000
④ 10,000

해설
독성가스를 사용하는 내용적이 10,000L 이상인 수액기 주위에는 액상의 가스가 누출될 경우에 그 유출을 방지하기 위한 조치를 마련할 것

04 고압가스 특정제조시설에서 배관을 해저에 설치하는 경우의 기준으로 틀린 것은?

① 배관은 해저면 밑에 매설한다.
② 배관은 원칙적으로 다른 배관과 교차하지 아니하여야 한다.
③ 배관은 원칙적으로 다른 배관과 수평거리로 30m 이상을 유지하여야 한다.
④ 배관의 입상부에는 방호시설물을 설치하지 아니한다.

해설
배관의 입상부에는 방호시설물을 설치해야 한다.

05 산소 제조 시 가스 분석 주기는?

① 1일 1회 이상
② 주 1회 이상
③ 3일 1회 이상
④ 주 3회 이상

해설
가연성가스, 산소 제조 시에는 1일 1회 이상 가스 분석을 한다.

정답 1① 2③ 3④ 4④ 5①

06 가연성가스 제조공장에서 착화의 원인으로 가장 거리가 먼 것은?

① 정전기
② 베릴륨 합금제 공구에 의한 충격
③ 사용 촉매의 접촉 작용
④ 밸브의 급격한 조작

해설
베릴륨 합금제 공구에 의한 타격을 가하더라도 불꽃을 일으키지 않는다.

07 100A용 가스누출경보차단장치의 가스 감지에서 경보발신까지의 차단시간은 얼마 이내이어야 하는가?

① 20초   ② 30초
③ 1분   ④ 3분

해설
가스누출감지경보기의 가스 감지에서 경보발신까지 걸리는 시간은 경보농도의 1.6배인 경우 보통 30초 이내로 한다. 다만, 암모니아, 일산화탄소 또는 이와 유사한 가스 등을 감지하는 가스누출감지경보기는 1분 이내로 한다(가스누출감지경보기설치에 관한 기술상의 지침).

08 일반 도시가스사업자의 가스공급시설 중 정압기의 분해 점검 주기의 기준은?

① 1년에 1회 이상
② 2년에 1회 이상
③ 3년에 1회 이상
④ 5년에 1회 이상

해설
가스공급시설 중 정압기의 분해 점검 주기 : 2년에 1회 이상

09 수은주 760mmHg 압력은 수주로 얼마가 되는가?

① 9.33mH$_2$O
② 10.33mH$_2$O
③ 11.33mH$_2$O
④ 12.33mH$_2$O

해설
$$1\text{atm} = 760\text{mmHg} = 10,332\text{mmH}_2\text{O}\left(=\text{mmAq} = \frac{\text{kg}}{\text{m}^2}\right)$$
$$= 1.0332\frac{\text{kg}}{\text{cm}^2} = 14.7\text{psi}\left(=\frac{\text{lb}}{\text{inch}^2}\right) = 1,013.25\text{mbar}$$
$$= 101,325\text{Pa}$$

10 자동차 용기 충전시설에 "화기엄금"이라 표시한 게시판의 색상은?

① 황색바탕에 흑색문자
② 백색바탕에 적색문자
③ 흑색바탕에 황색문자
④ 적색바탕에 백색문자

해설
화기엄금 : 백색바탕에 적색문자

11 LPG 자동차에 고정된 용기충전시설에서 저장탱크 설치 시 물분무장치는 동시에 방사할 수 있는 최대수량을 몇 분 이상 연속하여 방사할 수 있는 수원에 접속되어 있어야 하는가?

① 30분 ② 45분
③ 60분 ④ 90분

해설
저장탱크의 물분무장치는 최대수량을 30분 이상 연속으로 방사할 수 있는 양 이상일 것

12 액주식 압력계가 아닌 것은?

① U자관식 ② 경사관식
③ 벨로스식 ④ 단관식

해설
- 액주식 압력계 : U자관식, 단관식, 경사관식
- 탄성식 압력계 : 부르동관, 벨로스식, 다이어프램, 멤브레인형

13 "성능계수(ε)가 무한정한 냉동기의 제작은 불가능하다."라고 표현되는 법칙은?

① 열역학 제0법칙
② 열역학 제1법칙
③ 열역학 제2법칙
④ 열역학 제3법칙

해설
③ 열역학 제2법칙 : "성능계수(ε)가 무한정한 냉동기의 제작은 불가능하다."라고 표현되는 법칙으로 일에너지는 열에너지로 쉽게 바뀔 수 있지만 열에너지를 일에너지로 바꾸려면 열기관을 통해야 하는데 열기관을 통해도 열의 전부가 일로 바뀌지 않고 일부가 손실된다. 이렇게 일은 쉽게 열로 바뀔 수 없는 것이다. 즉, 열은 고온에서 저온으로 이동한다는 에너지 변환의 방향성을 표시하는 법칙을 말한다. 가역인지 비가역인지 구분하는 법칙(엔트로피를 설명하는 법칙)이다.

14 탄소 12g을 완전 연소시킬 경우 발생되는 이산화탄소는 약 몇 L인가?(단, 표준상태일 때를 기준으로 한다)

① 11.2 ② 12
③ 22.4 ④ 32

해설
$C + O_2 \rightarrow CO_2$에서
$C(12g) : O_2(32g) : CO_2(44g) = 1 : 1 : 1$ (몰비)
0℃, 1기압에서 기체의 종류에 관계없이 기체 1몰의 부피 = 22.4L
CO_2 1몰의 부피 = 22.4L

15 저장능력이 300m³ 이상인 2개의 가스 홀더 A, B 간에 유지해야 할 거리는?(단, A와 B의 최대 지름은 각각 8m, 4m이다)

① 1m ② 2m
③ 3m ④ 4m

해설
저장능력이 300m³ 또는 3톤 이상인 가연성 가스 저장탱크인 경우, 가스 홀더 A, B 간에 유지해야 할 거리 = 최대 지름의 합 × $\frac{1}{4}$
= $(8+4) \times \frac{1}{4} = 3$

16 프로판 15vol%와 부탄 85vol%로 혼합된 가스의 공기 중 폭발한 값은 약 몇 %인가?(단, 프로판의 폭발한 값은 2.1%이고, 부탄은 1.8%이다.)

① 1.84
② 1.88
③ 1.94
④ 1.98

해설
르샤틀리에(Lechatelier)의 법칙(혼합 가스의 폭발 범위를 구하는 식)

$$\frac{100}{L} = \frac{V_1}{L_1} + \frac{V_2}{L_2} + \frac{V_3}{L_3} \cdots$$

여기서, L : 혼합 가스의 폭발 범위값
$L_1, L_2, L_3, \cdots$: 각 성분의 단독 폭발 범위값(체적(%))
$V_1, V_2, V_3, \cdots$: 각 성분의 체적(%)

$$\frac{100}{L} = \frac{15}{2.1} + \frac{85}{1.8}$$

$L = 1.84$

---

17 특정고압가스용 실린더캐비닛 제조설비가 아닌 것은?

① 가공설비
② 세척설비
③ 패널설비
④ 용접설비

해설
특정고압가스용 실린더캐비닛 제조설비 : 가공설비, 세척설비, 용접설비

---

18 사이안화수소 충전 시 한 용기에서 60일을 초과할 수 있는 경우는?

① 순도가 90% 이상으로서 착색이 된 경우
② 순도가 90% 이상으로서 착색되지 아니한 경우
③ 순도가 98% 이상으로서 착색이 된 경우
④ 순도가 98% 이상으로서 착색되지 아니한 경우

해설
사이안화수소는 순도가 98% 이상이고 착색되지 아니한 경우, 충전 시 한 용기에서 60일을 초과할 수 있다.

---

19 액화천연가스(LNG) 저장탱크 중 액화천연가스의 최고액면을 지표면과 동등 또는 그 이하가 되도록 설치하는 형태의 저장탱크는?

① 지상식 저장탱크(Aboveground Storage Tank)
② 지중식 저장탱크(Inground Storage Tank)
③ 지하식 저장탱크(Underground Storage Tank)
④ 단일방호식 저장탱크(Single Containment Tank)

해설
② 지중식 저장탱크(Inground Storage Tank) : 액화천연가스(LNG)저장탱크 중 액화천연가스의 최고 액면을 지표면과 동등 또는 그 이하가 되도록 설치하는 형태의 저장탱크

---

20 저장능력이 50톤인 액화산소 저장탱크 외면에서 사업소 경계선까지의 최단거리가 50m일 경우 이 저장탱크에 대한 내진설계 등급은?

① 내진 특등급
② 내진 1등급
③ 내진 2등급
④ 내진 3등급

해설
액화산소의 내진설계 2등급의 기준
• 저장능력 10톤 초과 100톤 이하
• 사업소경계선까지 최단거리 40m 초과 90m 이하

21 어떤 물질의 질량은 30g이고, 부피는 600cm³이다. 이것의 밀도(g/cm³)는 얼마인가?

① 0.01
② 0.05
③ 0.5
④ 1

해설

밀도(g/cm³) = $\frac{30g}{600cm^3}$ = 0.05g/cm³

22 천연가스 지하 매설 배관의 퍼지용으로 주로 사용되는 가스는?

① N_2
② Cl_2
③ H_2
④ O_2

해설

천연가스 지하 매설 배관의 퍼지용으로 주로 사용되는 가스 : 질소

23 지하에 설치하는 지역정압기에서 시설의 조작을 안전하고 확실하게 하기 위하여 필요한 조명도(lx)는 얼마를 확보하여야 하는가?

① 100룩스
② 150룩스
③ 200룩스
④ 250룩스

해설

지역정압기에서 시설의 조작을 안전하고 확실하게 하기 위하여 필요한 조명도 : 150룩스 이상

24 고압가스 안전관리법에서 정하고 있는 보호시설이 아닌 것은?

① 의 원
② 학 원
③ 가설건축물
④ 주 택

해설

가설건축물은 보호시설이 아니다.

25 아황산가스의 제독제로 갖추어야 할 것이 아닌 것은?

① 가성소다수용액
② 소석회
③ 탄산소다수용액
④ 물

해설

독성가스의 제독제

독성가스명	제독제
염 소	가성소다수용액, 탄산소다수용액, 소석회
포스겐	가성소다수용액, 소석회
황화수소	가성소다수용액, 탄산소다수용액
사이안화수소	가성소다수용액
아황산가스	가성소다수용액, 탄산소다수용액, 물
암모니아, 산화에틸렌, 염화메탄	물

정답 21 ② 22 ① 23 ② 24 ③ 25 ②

26 다음 ( ) 안에 들어갈 알맞은 용어는?

> 시·도지사는 도시가스를 사용하는 자에게 퓨즈 콕 등 가스안전 장치의 설치를 ( ) 할 수 있다.

① 권 고
② 강 제
③ 위 탁
④ 시 공

해설
시·도지사는 도시가스를 사용하는 자에게 퓨즈 콕 등 가스안전 장치의 설치를 권고할 수 있다.

27 원거리 지역에 대량의 가스를 공급하기 위하여 사용되는 가스 공급 방식은?

① 초저압 공급
② 저압 공급
③ 중압 공급
④ 고압 공급

해설
원거리 지역에 대량의 가스를 공급하기 위하여 사용되는 가스 공급 방식 : 고압 공급

28 가연성가스의 제조설비 내에 설치하는 전기기기에 대한 설명으로 옳은 것은?

① 제1종 장소에는 원칙적으로 전기설비를 설치해서는 안 된다.
② 안전증 방폭구조는 전기기기의 불꽃이나 아크가 발생하여 착화원이 될 염려가 있는 부분을 기름 속에 넣은 것이다.
③ 제2종 장소는 정상의 상태에서 폭발성 분위기가 연속하여 또는 장시간 생성되는 장소를 말한다.
④ 가연성가스가 존재할 수 있는 위험장소는 제1종 장소, 제2종 장소 및 제0종 장소로 분류하고 위험장소에서는 방폭형 전기기기를 설치하여야 한다.

해설
위험장소별 방폭구조 적용

장 소	본질안전 ia	본질안전 ib	내 압	압 력	안전증	유 입
제0종 장소	○	−	−	−	−	−
제1종 장소	○	○	○	○	△	○
제2종 장소	○	○	○	○	○	○
폭연성분진 위험장소	특수방진구조					
가연성분진 위험장소	특수방진구조, 보통방진구조					

29 가연성가스 배관의 출구 등에서 공기 중으로 유출하면서 연소하는 경우는 어느 연소 형태에 해당하는가?

① 확산연소
② 증발연소
③ 표면연소
④ 분해연소

해설
가연성가스의 연소형태 : 확산연소

26 ① 27 ④ 28 ④ 29 ①

30 착화원이 있을 때 가연성액체나 고체의 표면에 연소하한계 농도의 가연성 혼합기가 형성되는 최저 온도는?

① 인화온도
② 임계온도
③ 발화온도
④ 포화온도

해설
① 인화온도 : 가연물에 점화원을 접촉시켰을 때 불이 붙는 최저 온도

31 고압가스 배관에 대하여 수압에 의한 내압시험을 하려고 한다. 이때 압력은 얼마 이상으로 하는가?

① 사용압력×1.1배
② 사용압력×2배
③ 상용압력×1.5배
④ 상용압력×2배

해설
고압가스 배관에 대하여 수압에 의한 내압시험 : 상용압력×1.5배

32 고압가스 냉동제조의 시설 및 기술기준에 대한 설명으로 틀린 것은?

① 냉동제조시설 중 냉매설비에는 자동제어장치를 설치할 것
② 가연성가스 또는 독성가스를 냉매로 사용하는 냉매설비 중 수액기에 설치하는 액면계는 환형유리관액면계를 사용할 것
③ 냉매설비에는 압력계를 설치할 것
④ 압축기 최종단에 설치한 안전장치는 1년에 1회 이상 점검을 실시할 것

해설
가연성가스 또는 독성가스를 냉매로 사용하는 냉매설비 중 수액기에 설치하는 액면계는 환형유리관액면계를 사용하면 안 된다.

33 도시가스공급시설에 대하여 공사가 실시하는 정밀안전진단의 실시시기 및 기준에 의거 본관 및 공급관에 대하여 최초로 시공감리증명서를 받은 날부터 (   )년이 지난날이 속하는 해 및 그 이후 매 (   )년이 지난날이 속하는 해에 받아야 한다. (   ) 안에 각각 들어갈 숫자는?

① 10, 5
② 15, 5
③ 10, 10
④ 15, 10

해설
가스공급시설(건전성관리 수행계획서가 제출된 가스배관시설은 제외한다)에 대하여 공사가 실시하는 정밀안전진단의 실시시기 및 기준에 의거 본관 및 공급관에 대하여 최초로 시공감리증명서를 받은 날부터 15년이 지난날이 속하는 해 및 그 이후 매 5년이 지난날이 속하는 해에 받아야 한다.

정답 30 ① 31 ③ 32 ② 33 ②

34 재료에 하중을 작용하여 항복점 이상의 응력을 가하면, 하중을 제거하여도 본래의 형상으로 돌아가지 않도록 하는 성질은?

① 피 로
② 크리프
③ 소 성
④ 탄 성

해설
③ 소성 : 재료에 하중을 작용하여 항복점 이상의 응력을 가하면, 하중을 제거하여도 본래의 형상으로 돌아가지 않도록 하는 성질

35 왕복식 압축기에서 피스톤과 크랭크샤프트를 연결하여 왕복운동을 시키는 역할을 하는 것은?

① 크랭크
② 피스톤링
③ 커넥팅로드
④ 톱클리어런스

해설
커넥팅로드 : 왕복식 압축기에서 피스톤과 크랭크샤프트를 연결하여 왕복운동을 시키는 역할을 하는 것

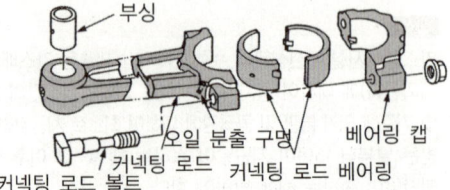

36 도시가스의 유해성분을 측정하기 위한 도시가스 품질검사의 성분분석은 주로 어떤 기기를 사용하는가?

① 기체크로마토그래피
② 분자흡수분광기
③ NMR
④ ICP

해설
① 기체크로마토그래피 : 도시가스의 유해성분을 측정하기 위한 기기

37 다음 중 표준상태에서 비점이 가장 높은 것은?

① 나프타
② 프로판
③ 에 탄
④ 부 탄

해설
표준상태에서 비점
• 나프타 : 30~200℃
• 프로판 : -42℃
• 에탄 : -162℃
• 부탄 : -0.5℃

38 액화석유가스 또는 도시가스용으로 사용되는 가스용 염화비닐호스는 그 호스의 안전성, 편리성 및 호환성을 확보하기 위하여 안지름 치수를 규정하고 있는데 그 치수에 해당하지 않는 것은?

① 4.8mm
② 6.3mm
③ 9.5mm
④ 12.7mm

해설
가스용 염화비닐호스의 규격 : 6.3mm, 9.5mm, 12.7mm

39 부탄가스용 연소기의 명판에 기재할 사항이 아닌 것은?

① 연소기명
② 제조자의 형식호칭
③ 연소기 재질
④ 제조(로트)번호

해설
부탄가스용 연소기의 명판에 기재할 사항
- 연소기명
- 제조자의 형식호칭
- 제조(로트)번호

40 주로 탄광 내에서 CH_4의 발생을 검출하는 데 사용되며 청염(푸른 불꽃)의 길이로 그 농도를 알 수 있는 가스검지기는?

① 안전등형   ② 간섭계형
③ 열선형   ④ 흡광광도형

해설
가연성가스 검출기의 종류
- 안전등형(메탄가스 검출)
- 간섭계형(가스의 굴절률의 차 이용 가스분석)
- 열선형(열전도식, 연소식)
- 반도체식

41 송수량 12,000L/min, 전양정 45m인 벌류트 펌프의 회전수를 1,000rpm에서 1,100rpm으로 변화시킨 경우 펌프의 축동력은 약 몇 PS인가?(단, 펌프의 효율은 80%이다)

① 165   ② 180
③ 200   ④ 250

해설

$$P(PS) = \frac{\gamma QH}{75\eta} \text{ PS (단, 물의 비중량은 1,000} \frac{\text{kg}}{\text{m}^3}\text{)}$$

$$= \frac{1,000\frac{\text{kg}}{\text{m}^3} \times 12,000\frac{\text{L}}{\text{min}} \times \frac{1\text{m}^3}{1,000\text{L}} \times \frac{1\text{min}}{60\text{sec}} \times 45\text{m}}{75 \times 0.8}$$

$$= 150\text{PS}$$

(단, $1\text{PS} = 75\frac{\text{kg} \cdot \text{m}}{\text{sec}}$)

42 어떤 도시가스의 발열량이 15,000kcal/Sm^3일 때 웨버지수는 얼마인가?(단, 가스의 비중은 0.5로 한다)

① 12,121   ② 20,000
③ 21,213   ④ 30,000

해설
웨버지수 계산공식

$$WI = \frac{H_g}{\sqrt{d}}$$

여기서, WI : 웨버지수
H_g : 도시가스의 총발열량 $\left(\frac{\text{kcal}}{\text{m}^3}\right)$
d : 도시가스의 비중

$$WI = \frac{H_g}{\sqrt{d}} = \frac{15,000}{\sqrt{0.5}} = 21,213$$

43 공기 100kg 중에는 산소가 약 몇 kg 포함되어 있는가?

① 12.3kg
② 23.2kg
③ 31.5kg
④ 43.7kg

해설
- 공기 중 산소의 부피(%) : 21%
- 공기 중 산소의 중량비(%) : 23.2%
그러므로 100kg × 0.232 = 23.2kg

44 도시가스 중 음식물쓰레기, 가축 분뇨, 하수슬러지 등 유기성폐기물로부터 생성된 기체를 정제한 가스로서 메탄이 주성분인 가스를 무엇이라 하는가?

① 천연가스
② 나프타부생가스
③ 석유가스
④ 바이오가스

해설
④ 바이오가스 : 도시가스 중 음식물쓰레기, 가축 분뇨, 하수슬러지 등 유기성폐기물로부터 생성된 기체를 정제한 가스로서 메탄이 주성분인 가스

45 원심식 압축기를 사용하는 냉동설비는 그 압축기의 원동기 정격출력 몇 kW를 1일의 냉동능력 1톤으로 산정하는가?

① 1.0
② 1.2
③ 1.5
④ 2.0

해설
원심식 압축기를 사용하는 냉동설비는 그 압축기의 원동기 정격출력 1.2kW를 1일의 냉동능력 1톤으로 산정한다.

46 다음 중 폭발성이 예민하므로 마찰 및 타격으로 격렬히 폭발하는 물질에 해당되지 않는 것은?

① 황화질소
② 메틸아민
③ 염화질소
④ 아세틸라이드

해설
마찰, 타격 등으로 격렬히 폭발하는 예민한 폭발물질 : 황화질소, 유화질소(N_4S_4), 금속 아세틸라이드(Cu_2C_2, Ag_2C_2), 염화질소(NCl_3), 질화은(AgN_2), 테트라센($C_2H_5ON_{10}$)

47 가스도매사업시설에서 배관 지하매설의 설치기준으로 옳은 것은?

① 산과 들 이외의 지역에서 배관의 매설 깊이는 1.5m 이상
② 산과 들에서의 배관의 매설깊이는 0.8m 이상
③ 배관은 그 외면으로부터 수평거리로 건축물까지 1.2m 이상 거리 유지
④ 배관은 그 외면으로부터 지하의 다른 시설물과 0.3m 이상 거리 유지

해설
배관 지하매설의 설치기준
- 산과 들 이외의 지역에서 배관의 매설 깊이는 1.2m 이상
- 산과 들에서의 배관의 매설깊이는 1m 이상
- 배관은 그 외면으로부터 수평거리로 건축물까지 1.5m 이상 거리 유지
- 배관은 그 외면으로부터 지하의 다른 시설물과 0.3m 이상 거리 유지

48 다음 고압가스 설비 중 축열식 반응기를 사용하여 제조하는 것은?

① 아크릴로라이드
② 염화비닐
③ 아세틸렌
④ 에틸벤젠

해설
아세틸렌은 분해 폭발의 위험성이 있어 축열식 반응기를 사용한다.

49 다음 중 부탄가스의 완전연소 반응식은?

① $C_3H_8 + 4O_2 \rightarrow 3CO_2 + 5H_2O$
② $C_3H_8 + 5O_2 \rightarrow 3CO_2 + 4H_2O$
③ $C_4H_{10} + 6O_2 \rightarrow 4CO_2 + 5H_2O$
④ $2C_4H_{10} + 13O_2 \rightarrow 8CO_2 + 10H_2O$

해설
부탄가스의 완전연소 반응식 : $2C_4H_{10} + 13O_2 \rightarrow 8CO_2 + 10H_2O$

50 가스배관 내 잔류물질을 제거할 때 사용하는 것이 아닌 것은?

① 피 그
② 거버너
③ 압력계
④ 컴프레서

해설
② 거버너 : 가스의 공급 압력을 일정압으로 제어·유지하는 감압밸브의 일종

정답 47 ④ 48 ③ 49 ④ 50 ②

51 가연성가스의 제조설비 또는 저장설비 중 전기설비 방폭 구조를 하지 않아도 되는 가스는?

① 암모니아, 사이안화수소
② 암모니아, 염화메탄
③ 브롬화메탄, 일산화탄소
④ 암모니아, 브롬화메탄

해설
전기설비 방폭 구조를 하지 않아도 되는 가스 : 암모니아, 브롬화메탄(이유는 폭발하한값이 높기 때문이다)

52 독성가스 허용농도의 종류가 아닌 것은?

① 시간가중 평균농도(TLV-TWA)
② 단시간 노출허용농도(TLV-STEL)
③ 최고허용농도(TLV-C)
④ 순간 사망허용농도(TLV-D)

해설
독성가스 허용농도의 종류
• 시간가중 평균농도(TLV-TWA)
• 단시간 노출허용농도(TLV-STEL)
• 최고허용농도(TLV-C)

53 오리피스미터로 유량을 측정할 때 갖추지 않아도 되는 조건은?

① 관로가 수평일 것
② 정상류 흐름일 것
③ 관 속에 유체가 충만되어 있을 것
④ 유체의 전도 및 압축의 영향이 클 것

해설
오리피스미터로 유량을 측정할 때 갖추어야 할 조건
• 관로가 수평일 것
• 정상류 흐름일 것
• 관 속에 유체가 충만되어 있을 것
• 유체의 전도 및 압축의 영향이 작을 것

54 나사압축기에서 숫로터의 직경 150mm, 로터 길이 100mm, 회전수가 350rpm이라고 할 때 이론적 토출량은 약 몇 m³/min인가?(단, 로터 형상에 의한 계수(C_v)는 0.476이다)

① 0.11
② 0.21
③ 0.37
④ 0.47

해설
나사압축기의 토출량 계산
$$Q(m^3/min) = C_v \times D^3 \times \frac{L}{D} \times R$$
(단, rpm의 단위는 분당 회전수)
$$= 0.476 \times (0.15m)^3 \times \frac{0.1m}{0.15m} \times 350/min$$
$$= 0.37 m^3/min$$

55 저온장치에 사용하는 금속재료로 적합하지 않은 것은?

① 탄소강
② 18-8 스테인리스강
③ 알루미늄
④ 크롬-망간강

해설
저온장치에 사용하는 금속재료
• 18-8 스테인리스강
• 알루미늄
• 크롬-망간강

51 ④ 52 ④ 53 ④ 54 ③ 55 ①

56 수분이 존재할 때 일반 강재를 부식시키는 가스는?

① 황화수소
② 수 소
③ 일산화탄소
④ 질 소

해설
습기를 함유한 공기 중에서 황화수소는 금, 백금 이외의 거의 모든 금속과 반응하여 황화물을 만들고 부식시킨다.

57 브로민화수소의 성질에 대한 설명으로 틀린 것은?

① 독성가스이다.
② 기체는 공기보다 가볍다.
③ 유기물 등과 격렬하게 반응한다.
④ 가열 시 폭발 위험성이 있다.

해설
브로민화수소(HBr) : 공기보다 무겁다.

58 제조설비에서 제조된 아세틸렌을 충전용기에 충전 시 위험한 경우는?

① 아세틸렌이 접촉되는 설비부분에 동 함량 72%의 동합금을 사용하였다.
② 충전 중의 압력을 2.5MPa 이하로 하였다.
③ 충전 후에 압력이 15℃에서 1.5MPa 이하로 될 때까지 정치하였다.
④ 충전용 지관은 탄소함유량 0.1% 이하의 강을 사용하였다.

해설
아세틸렌이 접촉되는 설비부분에 동함량 62% 이하의 동합금을 사용하여야 한다.

59 다음 가스 저장시설 중 환기구를 갖추는 등의 조치를 반드시 하여야 하는 곳은?

① 산소 저장소
② 질소 저장소
③ 헬륨 저장소
④ 부탄 저장소

해설
환기구를 갖추는 등의 조치를 반드시 하여야 하는 곳 : 가연성 가스일 경우

60 일반도시가스 배관의 설치기준 중 하천 등을 횡단하여 매설하는 경우로서 적합하지 않은 것은?

① 하천을 횡단하여 배관을 설치하는 경우에는 배관의 외면과 계획하상(河床, 하천의 바닥) 높이와의 거리는 원칙적으로 4.0m 이상으로 한다.
② 소하천, 수로를 횡단하여 배관을 매설하는 경우 배관의 외면과 계획하상(河床, 하천의 바닥) 높이와의 거리는 원칙적으로 2.5m 이상으로 한다.
③ 그 밖의 좁은 수로를 횡단하여 배관을 매설하는 경우 배관의 외면과 계획하상(河床, 하천의 바닥) 높이와의 거리는 원칙적으로 1.5m 이상으로 한다.
④ 하상변동, 패임, 닻내림 등의 영향을 받지 아니하는 깊이에 매설한다.

해설
그 밖의 좁은 수로를 횡단하여 배관을 매설하는 경우 배관의 외면과 계획하상(河床, 하천의 바닥) 높이와의 거리는 원칙적으로 1.2m 이상으로 한다.

정답 56 ① 57 ② 58 ① 59 ④ 60 ③

2017년 제2회 과년도 기출복원문제

01 저비점(低沸點) 액체용 펌프 사용상의 주의사항으로 틀린 것은?

① 밸브와 펌프 사이에 기화가스를 방출할 수 있는 안전밸브를 설치한다.
② 펌프의 흡입·토출관에는 신축 조인트를 장치한다.
③ 펌프는 가급적 저장용기로부터 멀리 설치한다.
④ 운전 개시 전에는 펌프를 청정하여 건조한 다음 펌프를 충분히 예랭한다.

해설
펌프는 가급적 저장용기로부터 가까이 설치한다.

02 다음 중 동일 차량에 적재하여 운반할 수 없는 경우는?

① 산소와 질소
② 질소와 탄산가스
③ 탄산가스와 아세틸렌
④ 염소와 아세틸렌

해설
운반차량의 가스 운반기준
- 염소와 아세틸렌, 암모니아 또는 수소는 동일 차량에 적재하여 운반하지 말 것
- 가연성가스와 산소를 동일차량에 적재하여 운반할 때에는 그 충전용기의 밸브가 서로 마주보지 않도록 적재할 것
- 충전용기와 위험물안전관리법에서 정하는 위험물과는 동일 차량에 적재하여 운반하지 말 것

03 공기 중으로 누출 시 냄새로 쉽게 알 수 있는 가스로만 나열된 것은?

① Cl_2, NH_3
② CO, Ar
③ C_2H_2, CO
④ O_2, Cl_2

해설
염소와 암모니아는 자극성 냄새가 나는 기체이다.

04 비중병의 무게가 비었을 때는 0.2kg, 액체로 충만되어 있을 때에는 0.8kg이었다. 액체의 체적이 0.4L라면 비중량(kg/m³)은 얼마인가?

① 120
② 150
③ 1,200
④ 1,500

해설
$$비중량 = \frac{0.8 - 0.2}{0.4L \times \frac{1m^3}{1,000L}} = 1,500$$

정답 1 ③ 2 ④ 3 ① 4 ④

05 의료용 가스용기의 도색 구분이 틀린 것은?

① 산소 – 백색
② 액화탄산가스 – 회색
③ 질소 – 흑색
④ 에틸렌 – 갈색

해설
용기의 도색

공업용	색 깔	의료용
액화암모니아	백 색	산 소
수 소	주황색	사이클로프로판
액화탄산가스	청 색	아산화질소
액화염소	갈 색	헬 륨
기 타	회 색	액화탄산가스
아세틸렌	황 색	–
–	흑 색	질 소
산 소	녹 색	–
–	자 색	에틸렌

06 다음 가스 중 위험도(H)가 가장 큰 것은?

① 프로판
② 일산화탄소
③ 아세틸렌
④ 암모니아

해설
③ 아세틸렌 : $H = \dfrac{U-L}{L} = \dfrac{81-2.5}{2.5} = 31.4$

① 프로판 : $H = \dfrac{U-L}{L} = \dfrac{9.5-2.1}{2.1} = 3.5$

② 일산화탄소 : $H = \dfrac{U-L}{L} = \dfrac{74-12.5}{12.5} = 4.92$

④ 암모니아 : $H = \dfrac{U-L}{L} = \dfrac{28-15}{15} = 0.867$

07 고압가스관련법에서 사용되는 용어의 정의에 대한 설명 중 틀린 것은?

① 가연성가스란 공기 중에서 연소하는 가스로서 폭발한계의 하한이 10% 이하인 것과 폭발한계의 상한과 하한의 차가 20% 이상인 것을 말한다.
② 독성가스란 인체에 유해한 독성을 가진 가스로서 허용농도가 100만분의 100 이하인 것을 말한다.
③ 액화가스란 가압·냉각 등의 방법에 의하여 액체 상태로 되어 있는 것으로서 대기압에서의 끓는점이 섭씨 40도 이하 또는 상용의 온도 이하인 것을 말한다.
④ 초저온저장탱크란 섭씨 영하 50도 이하의 액화가스를 충전하기 위한 용기로서, 단열재를 씌우거나 냉동설비로 냉각시키는 등의 방법으로 저장탱크 내의 가스온도가 상용온도를 초과하지 아니하도록 한 것을 말한다.

해설
독성가스라 함은 공기 중에 일정량이 존재하는 경우 인체에 유해한 독성을 가진 가스로서 허용농도가 100만분의 5,000 이하인 것을 말한다.

08 수소(H_2)에 대한 설명으로 옳은 것은?

① 3중 수소는 방사능을 갖는다.
② 밀도가 크다.
③ 금속재료를 취화시키지 않는다.
④ 열전달률이 아주 작다.

해설
수소(H_2)는 최소의 밀도를 갖고, 열전달률이 아주 크고, 금속재료를 취화시킨다.

09 염소(Cl_2)에 대한 설명으로 틀린 것은?

① 황록색의 기체로 조연성이 있다.
② 강한 자극성의 취기가 있는 독성기체이다.
③ 수소와 염소의 등량 혼합기체를 염소폭명기라 한다.
④ 건조 상태의 상온에서 강재에 대하여 부식성을 갖는다.

해설
수분이 존재할 때 강재에 대하여 부식성을 갖는다.

10 수은주 760mmHg 압력은 수주로 얼마가 되는가?

① 9.33mH_2O
② 10.33mH_2O
③ 11.33mH_2O
④ 12.33mH_2O

해설
$$1atm = 760mmHg = 10,332mmH_2O\left(=mmAq=\frac{kg}{m^2}\right)$$
$$= 1.0332\frac{kg}{cm^2} = 14.7psi\left(=\frac{lb}{inch^2}\right) = 1013.25mbar$$
$$= 101,325Pa$$

11 도시가스사용시설에 정압기를 2013년에 설치하였다. 다음 중 이 정압기의 분해점검 만료시기로 옳은 것은?

① 2015년 ② 2016년
③ 2017년 ④ 2018년

해설
이 문제에서는 가스사용시설을 적용한다.
• 가스사용시설의 정압기와 필터는 설치 후 3년까지는 분해점검 1회 이상, 그 이후에는 4년에 1회 이상 분해점검을 실시한다.
• 가스공급시설의 정압기는 설치 후 2년에 1회 이상 분해점검을 실시한다. 다만, 예비 용도로만 사용되는 정압기로서 월 1회 작동점검을 실시하는 정압기는 설치 후 3년에 1회 이상 실시한다.

12 재검사 용기 및 특정설비의 파기방법으로 틀린 것은?

① 잔가스를 전부 제거한 후 절단한다.
② 절단 등의 방법으로 파기하여 원형으로 가공할 수 없도록 한다.
③ 파기 시에는 검사장소에서 검사원 입회하에 사용자가 실시할 수 있다.
④ 파기 물품은 검사신청인이 인수시한 내에 인수하지 아니한 때도 검사인이 임의로 매각처분하면 안 된다.

해설
재검사 용기 및 특정설비 파기방법
• 절단 등의 방법으로 파기하여 원형으로 가공할 수 없도록 할 것
• 잔가스를 전부 제거한 후 절단할 것
• 검사신청인에게 파기의 사유·일시·장소 및 인수시한 등을 통지하고 파기할 것
• 파기하는 때에는 검사장소에서 검사원으로 하여금 직접 실시하게 하거나 검사원 입회하에 용기 및 특정설비의 사용자로 하여금 실시하게 할 것
• 파기한 물품은 검사신청인이 인수시한(통지한 날부터 1개월 이내) 내에 인수하지 아니하는 때에는 검사기관으로 하여금 임의로 매각 처분하게 할 것

정답 9 ④ 10 ② 11 ② 12 ④

13 다음 중 고압가스 관련설비가 아닌 것은?

① 일반압축가스배관용 밸브
② 자동차용 압축천연가스 완속충전설비
③ 액화석유가스용 용기잔류가스 회수장치
④ 안전밸브, 긴급차단장치, 역화방지장치

해설
고압가스 관련설비
• 안전밸브, 긴급차단장치, 역화방지장치
• 기화장치
• 압력용기
• 자동차용 가스자동주입기
• 독성가스 배관용 밸브
• 냉동설비
• 특정고압가스 실린더 캐비닛
• 자동차용 압축천연가스 완속충전설비
• 액화석유가스용 용기잔류가스 회수장치

14 다음 중 이중관으로 하여야 하는 고압가스가 아닌 것은?

① 수 소
② 아황산가스
③ 암모니아
④ 황화수소

해설
이중배관으로 해야 할 독성가스 : 포스겐, 황화수소, 사이안화수소, 염소, 산화에틸렌, 염화메탄, 암모니아, 이산화황(아황산가스)

15 0℃, 1atm인 표준상태에서 공기와 같은 부피에 대한 무게비를 무엇이라고 하는가?

① 비 중
② 비체적
③ 밀 도
④ 비 열

해설
① 비중 : 0℃, 1atm인 표준상태에서 공기와 같은 부피에 대한 무게비

16 압력에 대한 설명으로 틀린 것은?

① 수주 280cm는 0.28kg/cm²와 같다.
② 1kg/cm²은 수은주 760mm와 같다.
③ 160kg/mm²은 16,000kg/cm²에 해당한다.
④ 1atm이란 1cm²당 1.033kg의 무게와 같다.

해설
$$1\text{atm} = 760\text{mmHg} = 10,332\text{mmH}_2\text{O}\left(=\text{mmAq} = \frac{\text{kg}}{\text{m}^2}\right)$$
$$= 1.0332\frac{\text{kg}}{\text{cm}^2} = 14.7\text{psi}\left(=\frac{\text{lb}}{\text{inch}^2}\right) = 1013.25\text{mbar}$$
$$= 101,325\text{Pa}$$

17 어떤 도시가스의 웨버지수를 측정하였더니 36.52 MJ/m³이었다. 품질검사기준에 의한 합격 여부는?

① 웨버지수 허용기준보다 높으므로 합격이다.
② 웨버지수 허용기준보다 낮으므로 합격이다.
③ 웨버지수 허용기준보다 높으므로 불합격이다.
④ 웨버지수 허용기준보다 낮으므로 불합격이다.

해설
도시가스의 웨버지수 허용기준 : 12,300~13,500kcal/m³
측정한 웨버지수 : $36.52\frac{\text{MJ}}{\text{m}^3} \times \frac{1\text{kcal}}{4.2\text{kJ}} \times \frac{1,000\text{kJ}}{1\text{MJ}}$
$= 8,695\frac{\text{kcal}}{\text{m}^3}$

그러므로 웨버지수 허용기준보다 낮으므로 불합격이다.

18 다음 중 전기설비 방폭구조의 종류가 아닌 것은?

① 접지 방폭구조
② 유입 방폭구조
③ 압력 방폭구조
④ 안전증 방폭구조

> **해설**
> **방폭구조의 종류**

방폭구조	정 의
내압 방폭구조	용기 내 폭발 시 용기가 폭발압력을 견디며 접합면, 개구부를 통해 외부에 인화될 우려가 없는 구조
압력 방폭구조	용기 내에 보호가스를 압입시켜 폭발성 가스나 증기가 용기 내부에 유입되지 않도록 된 구조
안전증 방폭구조	정상운전 중에 점화원 발생 방지를 위해 기계적, 전기적 구조상 혹은 온도 상승에 대해 안전도를 증가한 구조
유입 방폭구조	전기불꽃, 아크, 고온 발생 부분을 기름으로 채워 폭발성 가스 또는 증기에 인화되지 않도록 한 구조
본질안전 방폭구조	정상 시 및 사고 시(단선, 단락, 지락)에 발생하는 폭발 점화원(전기불꽃, 아크, 고온)으로 인해 가연성 가스의 발생이 방지된 구조

19 다음 유량 측정방법 중 직접법은?

① 습식가스미터   ② 벤투리미터
③ 오리피스미터   ④ 피토튜브

> **해설**
> ① 습식가스미터 : 직접유량계

20 방류둑의 성토는 수평에 대하여 몇 도 이하의 기울기로 하여야 하는가?

① 30°   ② 45°
③ 60°   ④ 75°

> **해설**
> 방류둑 성토의 기울기 : 45° 이하

21 다음 중 같은 성질의 가스로만 나열된 것은?

① 에탄, 에틸렌
② 암모니아, 산소
③ 오존, 아황산가스
④ 헬륨, 염소

> **해설**
> ① 에탄, 에틸렌 : 가연성
> ② 암모니아, 산소 : 독성, 조연성
> ③ 오존, 아황산가스 : 조연성, 독성
> ④ 헬륨, 염소 : 불연성, 조연성

22 가스 중의 음속보다 화염전파속도가 더 빠른 경우로 파면선단에 충격파라고 하는 솟구치는 압력파로 인해서 격렬한 파괴작용을 일으키는 현상은?

① 폭 발   ② 폭 굉
③ 폭 파   ④ 폭 연

> **해설**
> **폭굉** : 가스 중의 음속보다 화염전파속도가 더 빠른 경우로 파면선단에 충격파라고 하는 솟구치는 압력파로 인해서 격렬한 파괴작용을 일으키는 현상

23 사용 압력이 2MPa, 관의 인장강도가 20kg/mm² 일 때의 스케줄 번호(Sch No.)는?(단, 안전율은 4로 한다)

① 10
② 20
③ 40
④ 80

해설

스케줄 번호
압력관의 두께를 표시하는 번호로서 10, 20, 30, 40, 50, 60, 70, 80, ……

- 스케줄 번호 구하는 공식 : Sch No. $= \dfrac{P}{S} \times 10$

여기서, P : 배관압력 $\left(\dfrac{\text{kg}}{\text{cm}^2}\right)$, S : 재료 허용응력 $\left(\dfrac{\text{kg}}{\text{mm}^2}\right)$

※ 재료의 허용응력 = 인장강도 $\times \dfrac{1}{\text{안전율}}$

그러므로, Sch No. $= \dfrac{20\text{kg/cm}^2}{20\text{kg/mm}^2 \times 1/4} \times 1,000$

$= \dfrac{20\dfrac{\text{kg}}{\text{cm}^2} \times \dfrac{\text{cm}^2}{100\text{mm}^2}}{5\dfrac{\text{kg}}{\text{mm}^2}} \times 1,000$

$= 40 \left(\text{다만, 2MPa} = 20\dfrac{\text{kg}}{\text{cm}^2}\right)$

24 가스크로마토그래피의 구성 요소가 아닌 것은?

① 광 원
② 칼 럼
③ 검출기
④ 기록계

해설
가스크로마토그래피의 구성 요소 : 칼럼, 검출기, 기록계

25 다음에서 설명하는 기체와 관련된 법칙은?

> 기체의 종류에 관계없이 모든 기체 1몰은 표준상태 (0℃, 1기압)에서 22.4L의 부피를 차지한다.

① 보일의 법칙
② 헨리의 법칙
③ 아보가드로의 법칙
④ 아르키메데스의 법칙

해설
③ 아보가드로의 법칙 : 기체의 종류에 관계없이 모든 기체 1몰은 표준상태(0℃, 1기압)에서 22.4L의 부피를 차지한다.

26 도시가스에 사용되는 부취제 중 DMS의 냄새는?

① 석탄가스 냄새
② 마늘 냄새
③ 양파 썩는 냄새
④ 암모니아 냄새

해설
부취제의 종류
- TBM(Tertiary Butyl Mercaptan) : 가스 종류에 흔히 쓰이며, 양파 썩는 냄새가 난다.
- THT(Tetra Hydro Thiophene) : 천연가스의 부취제로 사용되며, TBM(Tertiary Butyl Mercaptan)과 혼합하여 쓰이며, 석탄가스 냄새가 난다.
- DMS(Dimethyl Sulfide) : 마늘 냄새가 난다.

정답 23 ③ 24 ① 25 ③ 26 ②

27 액화석유가스 자동차에 고정된 용기충전시설에 "화기엄금"이라 표시한 게시판의 색상은?

① 황색바탕에 흑색글씨
② 흑색바탕에 황색글씨
③ 백색바탕에 적색글씨
④ 적색바탕에 백색글씨

해설
"화기엄금"이라 표시한 게시판의 색상 : 백색바탕에 적색글씨

28 산소압축기의 내부 윤활유제로 주로 사용되는 것은?

① 석 유
② 물
③ 유 지
④ 황 산

해설
중요가스 윤활유
- 공기 : 양질의 광유
- 아세틸렌 : 양질의 광유
- 수소 : 양질의 광유
- 산소 : 10% 이하의 묽은 글리세린수 또는 물
- 염소 : 진한 황산
- 아황산가스 : 화이트유(액상파라핀, 바셀린유)

29 고압가스 충전용기는 항상 몇 ℃ 이하의 온도를 유지하여야 하는가?

① 10℃
② 30℃
③ 40℃
④ 50℃

해설
고압가스 충전용기는 항상 40℃ 이하의 온도를 유지하여야 한다.

30 용기 신규검사에 합격된 용기 부속품기호 중 압축가스를 충전하는 용기 부속품의 기호는?

① AG
② PG
③ LG
④ LT

해설
용기 종류별 부속품의 기호

용기 종류	기 호
아세틸렌가스를 충전하는 용기의 부속품	AG
압축가스를 충전하는 용기의 부속품	PG
액화석유가스를 충전하는 용기의 부속품	LPG
액화석유가스 외의 액화가스를 충전하는 용기의 부속품	LG
초저온용기 및 저온용기의 부속품	LT

31 제0종 장소에는 원칙적으로 어떤 방폭구조의 것으로 하여야 하는가?

① 내압 방폭구조
② 본질안전 방폭구조
③ 특수 방폭구조
④ 안전증 방폭구조

해설
제0종 장소에는 원칙적으로 본질안전 방폭구조의 것으로 하여야 한다.
위험장소 방폭구조
- 제0종 장소 : 본질안전 방폭구조
  지속적인 위험분위기를 생성하거나 생성할 우려가 있는 장소
- 제1종 장소 : 내압 방폭구조, 유입 방폭구조
  통상의 상태에서 간헐적 위험분위기를 생성할 우려가 있는 장소
- 제2종 장소 : 안전증 방폭구조, 압력 방폭구조
  이상상태에서 위험분위기가 생성할 우려가 있는 장소

방폭구조의 종류	표시 기호	가능 장소
내압 방폭	d	1, 2종
압력 방폭	p	1, 2종
안전증 방폭	e	2종
본질안전 방폭	ia, ib	0*, 1, 2종
유입 방폭	o	1, 2종

- ia : 가능장소 0, 1, 2종
- ib : 가능장소 1, 2(0종 아님)

32 다음 중 불연성가스는?

① CO_2　　　② C_3H_6
③ C_2H_2　　　④ C_2H_4

해설
불연성가스 : 연소하지 않는 가스(이산화탄소, 질소, 헬륨, 네온, 아르곤)

33 다음 중 2중관으로 하여야 하는 가스가 아닌 것은?

① 플루오린　　　② 암모니아
③ 염화메탄　　　④ 염소

해설
이중배관(2중관)으로 해야 할 독성가스 : 포스겐, 황화수소, 사이안화수소, 염소, 산화에틸렌, 염화메탄, 암모니아, 이산화황

34 도시가스 사용시설 중 20A 가스관에 대한 고정장치의 간격으로 옳은 것은?

① 1m　　　② 2m
③ 3m　　　④ 4m

해설
배관의 고정장치
• 관지름이 13mm 미만 : 1m마다
• 관지름이 13mm 이상 33mm 미만 : 2m마다
• 관지름이 33mm 이상 : 3m마다

35 다음 중 고압가스를 차량으로 운반할 때 몇 km 이상의 거리를 운행하는 경우에 중간에 휴식을 취한 후 운행하도록 되어 있는가?

① 100km　　　② 200km
③ 300km　　　④ 400km

해설
운반 시 휴식을 취하여야 하는 거리 : 200km

36 질소를 취급하는 금속재료에서 내질화성을 증대시키는 원소는?

① Ni　　　② Al
③ Cr　　　④ Ti

해설
질소 친화력이 큰 Cr, Al, Mo, Ti 등과 반응하여 질화성이 커져 부식이 일어난다.

37 다음 중 주철관에 대한 접합법이 아닌 것은?

① 소켓접합
② 플레어접합
③ 플랜지접합
④ 타이톤접합

해설
플레어접합은 동관의 접합법이다.

38 도시가스 제조시설의 플레어스택 기준에 적합하지 않은 것은?

① 스택에서 방출된 가스가 지상에서 폭발한계에 도달하지 아니하도록 할 것
② 연소능력은 긴급이송설비로 이송되는 가스를 안전하게 연소시킬 수 있을 것
③ 스택에서 발생하는 최대열량에 장시간 견딜 수 있는 재료 및 구조로 되어 있을 것
④ 폭발을 방지하기 위한 조치가 되어 있을 것

해설
벤트스택은 방출된 가스가 지상에서 폭발한계에 도달하지 아니하도록 하고, 플레어스택은 해당 사항이 아니다.

39 액화산소 저장탱크 저장능력이 1,000m^3일 때 방류둑의 용량은 얼마 이상으로 설치하여야 하는가?

① 400m^3
② 500m^3
③ 600m^3
④ 1,000m^3

해설
액화산소 저장탱크 : 저장능력에 상당용적 60% 이상

40 아세틸렌 제조설비의 방호벽 설치기준으로 틀린 것은?

① 압축기와 충전용주관밸브 조작밸브 사이
② 압축기와 가스충전용기 보관장소 사이
③ 충전장소와 가스충전용기 보관장소 사이
④ 충전장소와 충전용주관밸브 조작밸브 사이

해설
방호벽 설치장소
• 압축기와 그 충전장소 사이
• 압축기와 그 가스충전용기 보관장소 사이
• 충전장소와 그 가스충전용기 보관장소 사이 및 충전장소와 그 충전용주관밸브, 조작밸브 사이

41 고압가스 특정제조시설에서 배관을 해저에 설치하는 경우의 기준으로 틀린 것은?

① 배관은 해저면 밑에 매설한다.
② 배관은 원칙적으로 다른 배관과 교차하지 아니하여야 한다.
③ 배관은 원칙적으로 다른 배관과 수평거리로 20m 이상을 유지하여야 한다.
④ 배관의 입상부에는 방호시설물을 설치한다.

해설
배관은 원칙적으로 다른 배관과 수평거리로 30m 이상을 유지하여야 한다.

42 LP 가스 사용 시 주의사항에 대한 설명으로 틀린 것은?

① 중간 밸브 개폐는 서서히 한다.
② 사용 시 조정기 압력은 적당히 조절한다.
③ 완전 연소되도록 공기 조절기를 조절한다.
④ 연소기는 급배기가 충분히 행해지는 장소에 설치하여 사용하도록 한다.

해설
용기밸브 및 조정기는 함부로 만지거나 분해하지 말아야 한다.

43 오리피스 유량계는 어떤 형식의 유량계인가?

① 차압식 ② 면적식
③ 용적식 ④ 터빈식

해설
차압식 유량계의 종류 : 벤투리, 오리피스, 플로노즐

44 독성가스 용기 운반기준에 대한 설명으로 틀린 것은?

① 차량의 최대 적재량을 초과하여 적재하지 아니한다.
② 충전용기는 자전거나 오토바이에 적재하여 운반하지 아니한다.
③ 독성가스 중 가연성가스와 조연성가스는 같은 차량의 적재함으로 운반하지 아니한다.
④ 충전용기를 차량에 적재하여 운반할 때에는 적재함에 넘어지지 않게 뉘어서 운반한다.

해설
충전용기를 차량에 적재하여 운반할 때에는 고압가스 운반차량에 세워서 운반한다.

45 고압가스 특정제조시설에서 안전구역 설정 시 사용하는 안전구역 안의 고압가스설비 연소열량수치(Q)의 값은 얼마 이하로 정해져 있는가?

① 6×10^8
② 6×10^9
③ 7×10^8
④ 7×10^9

해설
고압가스 특정제조시설에서 안전구역 설정 시 사용하는 안전구역 안의 고압가스설비 연소열량수치(Q)의 값 : 6×10^8

46 냉동기란 고압가스를 사용하여 냉동하기 위한 기기로서 냉동능력 산정기준에 따라 계산된 냉동능력이 몇 톤 이상인가?

① 1 ② 1.2
③ 2 ④ 3

해설
냉동기란 고압가스를 사용하여 냉동하기 위한 기기로서 냉동능력 산정 기준에 따라 계산된 냉동능력이 3톤 이상인 것을 말한다.

정답 42 ② 43 ① 44 ④ 45 ① 46 ④

47 다음 중 공동주택 등에 도시가스를 공급하기 위한 것으로서 압력조정기의 설치가 가능한 경우는?

① 가스압력이 중압으로서 전체 세대수가 100세대 인 경우
② 가스압력이 중압으로서 전체 세대수가 150세대 인 경우
③ 가스압력이 저압으로서 전체 세대수가 250세대 인 경우
④ 가스압력이 저압으로서 전체 세대수가 300세대 인 경우

해설
공동주택 등에 도시가스를 공급하기 위한 것으로서 압력조정기의 설치가 가능한 경우 : 가스압력이 중압으로서 전체 세대수가 150세대 미만인 경우

48 가연물의 종류에 따른 화재의 구분이 잘못된 것은?

① A급 : 일반화재
② B급 : 유류화재
③ C급 : 전기화재
④ D급 : 식용유 화재

해설
④ D급 : 금속분 화재

49 다량의 메탄을 액화시키려면 어떤 액화사이클을 사용해야 하는가?

① 캐스케이드 사이클
② 필립스 사이클
③ 캐피자 사이클
④ 클라우드 사이클

해설
캐스케이드 사이클
• 비점이 낮은 냉매를 사용하여 저비점의 기체를 액화시킴(초저온을 얻기 위해 2개의 냉동기를 운영)
• 메탄가스를 다량으로 액화시킬 때 사용

50 다음 펌프 중 시동하기 전에 프라이밍이 필요한 펌프는?

① 기어펌프   ② 원심펌프
③ 축류펌프   ④ 왕복펌프

해설
② 원심펌프 : 시동하기 전에 프라이밍이 필요하다.

51 표준상태에서 1몰의 아세틸렌이 완전연소될 때 필요한 산소의 몰 수는?

① 1몰   ② 1.5몰
③ 2몰   ④ 2.5몰

해설
아세틸렌의 완전연소 반응식 : $C_2H_2 + 2.5O_2 \rightarrow 2CO_2 + H_2O$

52 어떤 액의 비중을 측정하였더니 2.5이었다. 이 액의 액주 6m의 압력은 몇 kg/cm² 인가?

① 15kg/cm²
② 1.5kg/cm²
③ 0.15kg/cm²
④ 0.015kg/cm²

해설

$$P = 2.5 \frac{kg}{L} \times \frac{1,000L}{1m^3} \times 6m = 15,000 \frac{kg}{m^2} \times \frac{1m^2}{10^4 cm^2} = 1.5 \frac{kg}{cm^2}$$

53 다음 중 무색의 복숭아 냄새가 나는 독성가스는?

① Cl_2
② HCN
③ NH_3
④ PH_3

해설
HCN : 무색의 복숭아 냄새가 나는 독성가스

54 용기의 안전점검 기준에 대한 설명으로 틀린 것은?

① 용기의 도색 및 표시 여부 확인
② 용기의 내·외면 점검
③ 재검사 기간의 도래 여부 확인
④ 열 영향을 받은 용기는 재검사와 상관없이 새 용기로 교환

해설
열 영향을 받은 용기는 재검사 시 불합격 판정을 받으면 새 용기로 교환한다.

55 LPG 저장탱크 지하 설치 시 저장탱크실 상부 윗면으로부터 저장탱크 상부까지의 깊이는 얼마 이상으로 하여야 하는가?

① 0.6m
② 0.8m
③ 1m
④ 1.2m

해설
LPG 저장탱크 지하 설치 시 저장탱크실 상부 윗면으로부터 저장탱크 상부까지의 깊이 : 0.6m 이상

56 가연성 물질을 공기로 연소시키는 경우 공기 중의 산소 농도를 높게 하면 연소속도와 발화온도는 어떻게 변하는가?

① 연소속도는 빠르게 되고, 발화온도는 높아진다.
② 연소속도는 빠르게 되고, 발화온도는 낮아진다.
③ 연소속도는 느리게 되고, 발화온도는 높아진다.
④ 연소속도는 느리게 되고, 발화온도는 낮아진다.

해설
공기 중의 산소농도를 높게 하면 위험성이 증대된다. 즉, 위험성이 증대되는 조건은 연소속도가 빠르고 발화온도는 낮아질 때이다.

정답 52 ② 53 ② 54 ④ 55 ① 56 ②

57 저압가스 수송배관의 유량공식에 대한 설명으로 틀린 것은?

① 배관길이에 반비례한다.
② 가스비중에 비례한다.
③ 허용압력손실에 비례한다.
④ 관경에 의해 결정되는 계수에 비례한다.

> **해설**
> 저압배관의 유량 계산식
> $$Q = K\sqrt{\frac{D^5 H}{S L}}$$
> 여기서, Q : 가스의 유량 $\left(\dfrac{m^3}{h}\right)$
> K : 유량계수(0.707)
> S : 가스의 비중
> L : 배관의 길이(m)
> D : 배관의 직경(cm)
> H : 배관 입구와 말단배관의 압력차(mmH$_2$O)
> 그러므로 유량은 가스의 비중에 반비례한다.

58 연소기 연소상태 시험에 사용되는 도시가스 중 역화하기 쉬운 가스는?

① 13A-1
② 13A-2
③ 13A-3
④ 13A-R

> **해설**
> 역화하기 쉬운 도시가스 : 13A-2가스

59 순수한 물 1kg을 1℃ 높이는 데 필요한 열량을 무엇이라 하는가?

① 1kcal
② 1BTU
③ 1CHU
④ 1kJ

> **해설**
> 1kcal = 3.968BTU = 2.205CHU
> • 1kcal : 물 1kg을 1℃ 올리는 데 필요한 열량
> • 1BTU : 물 1lb을 1°F 올리는 데 필요한 열량
> • 1CHU : 물 1lb을 1℃ 올리는 데 필요한 열량

60 고압가스용 냉동기에 설치하는 안전장치의 구조에 대한 설명으로 틀린 것은?

① 고압차단장치는 그 설정압력을 눈으로 판별할 수 있는 것으로 한다.
② 고압차단장치는 원칙적으로 자동복귀방식으로 한다.
③ 안전밸브는 작동압력을 설정한 후 봉인될 수 있는 구조로 한다.
④ 안전밸브 각부의 가스통과 면적은 안전밸브의 구경면적 이상으로 한다.

> **해설**
> 고압차단장치는 원칙적으로 수동복귀방식으로 한다.

2018년 제1회 과년도 기출복원문제

01 아세틸렌의 주된 연소형식은?

① 확산연소 ② 증발연소
③ 표면연소 ④ 분해연소

해설
가연성가스의 연소형태 : 확산연소

02 독성가스 제조시설 식별표지의 글씨 색상은?(단, 가스의 명칭은 제외한다)

① 백색 ② 적색
③ 황색 ④ 흑색

해설
가스의 명칭은 적색으로 표시한다.

03 운전 중의 제조설비에 대한 일일점검 항목이 아닌 것은?

① 회전기계의 진동, 이상음, 이상온도 상승
② 인터로크의 작동
③ 가스설비로부터의 누출
④ 가스설비의 조업조건의 변동상황

해설
인터로크제어장치 : 고압가스 제조설비의 계장회로에는 제조하는 고압가스의 종류·온도 및 압력과 제조설비의 상황에 따라 안전확보를 위한 주요 부문에 설비가 잘못 조작되거나 정상적인 제조를 할 수 없는 경우에 자동으로 원재료의 공급을 차단시키는 등 제조설비 안의 제조를 제어할 수 있는 장치로 운전 중 점검항목이 아니다.

04 다음 중 상온에서 압축 시 액화되지 않는 가스는?

① 염소 ② 부탄
③ 메탄 ④ 프로판

해설
메탄의 임계온도 : -82.1℃

05 처리능력이라 함은 처리설비 또는 감압설비에 의하여 며칠에 처리할 수 있는 가스량인가?

① 1일 ② 3일
③ 5일 ④ 7일

해설
처리능력이란 처리설비 또는 감압설비에 의하여 1일에 처리할 수 있는 가스량을 말한다.

정답 1 ① 2 ④ 3 ② 4 ③ 5 ①

06 배관 내의 상용압력 4MPa인 도시가스 배관의 압력이 상승하여 경보장치의 경보가 울리기 시작하는 압력은?

① 4MPa 초과 시
② 4.2MPa 초과 시
③ 5MPa 초과 시
④ 5.2MPa 초과 시

해설
배관장치에 설치하는 경보장치가 울려야 하는 시기
- 배관 안의 압력이 상용압력의 1.05배를 초과한 때
- 배관 안의 압력이 정상운전일 때의 압력보다 15% 이상 강하한 경우 이를 검지한 때
- 긴급차단밸브의 조작회로가 고장 난 때 또는 긴급차단밸브가 폐쇄된 때
- 배관 내의 유량이 정상운전 시의 유량보다 7% 이상 변동한 경우

07 액화가스 충전시설의 정전기 제거조치의 기준으로 옳은 것은?

① 탑류, 저장탱크, 열교환기 등은 단독으로 되어 있도록 한다.
② 벤트스택은 본딩용 접속으로 접속하여 공동접지 한다.
③ 접지저항의 총합은 200Ω 이하로 한다.
④ 본딩용 접속선의 단면적은 3mm² 이상의 것을 사용한다.

해설
정전기의 발생 또는 대전 방지에 대한 설명
- 가연성가스 제조설비의 탑류, 벤트스택 등은 단독으로 접지한다.
- 제조장치 등에 본딩용 접속선은 단면적이 5.5mm² 이상의 단선을 사용한다.
- 대전 방지를 위하여 기계 및 장치에 본딩용 접속선을 사용한다.
- 접지저항치 총합이 100Ω 이하의 경우에는 정전기 제거조치를 하면 안 된다.

08 용기에 충전하는 사이안화수소의 순도는 몇 % 이상으로 규정되어 있는가?

① 90
② 95
③ 98
④ 99.5

해설
사이안화수소(HCN) 충전 : 충전 후 60일이 되기 전에 다른 용기에 옮겨 충전한다. 단, 순도가 98% 이상이고, 착색되지 않은 것은 다른 용기에 옮겨 충전하지 않아도 된다.

09 내용적이 300L인 용기에 액화암모니아를 저장하려고 한다. 이 저장설비의 저장능력은 얼마인가? (단, 액화암모니아의 충전정수는 1.86이다)

① 161kg
② 232kg
③ 279kg
④ 558kg

해설
액화가스용기 및 차량에 고정된 탱크인 경우 저장능력
$$W = \frac{V_2}{C} = \frac{300}{1.86} = 161\text{kg}$$

10 LPG 용기 충전시설에 설치되는 긴급차단장치에 대한 기준으로 틀린 것은?

① 저장탱크 외면에서 5m 이상 떨어진 위치에서 조작하는 장치를 설치한다.
② 기상 가스배관 중 송출배관에는 반드시 설치한다.
③ 액상의 가스를 이입하기 위한 배관에는 역류방지 밸브로 갈음할 수 있다.
④ 소형 저장탱크에는 의무적으로 설치할 필요가 없다.

해설
기상 가스배관 중 송출배관에는 반드시 설치하는 것은 아니다.

11 에어졸 제조시설에는 온수시험탱크를 갖추어야 한다. 에어졸 충전용기의 가스누출시험 온수온도의 범위는?

① 26℃ 이상, 30℃ 미만
② 36℃ 이상, 40℃ 미만
③ 46℃ 이상, 50℃ 미만
④ 56℃ 이상, 60℃ 미만

해설
에어졸 충전용기의 가스누출시험 온수온도의 범위는 46℃ 이상, 50℃ 미만이다.

12 다음 가스 중 위험도(H)가 가장 큰 것은?

① 프로판
② 일산화탄소
③ 아세틸렌
④ 암모니아

해설
- 프로판 $H = \dfrac{U-L}{L} = \dfrac{9.5-2.2}{2.2} = 3.3$
- 일산화탄소 $H = \dfrac{U-L}{L} = \dfrac{74-12.5}{12.5} = 4.92$
- 아세틸렌 $H = \dfrac{U-L}{L} = \dfrac{81-2.5}{2.5} = 31.4$
- 암모니아 $H = \dfrac{U-L}{L} = \dfrac{28-15}{15} = 0.867$

13 어떤 고압설비의 상용압력이 1.6MPa일 때, 이 설비의 내압시험압력은 몇 MPa 이상으로 실시하여야 하는가?

① 1.5   ② 2.0
③ 2.4   ④ 2.7

해설
용기 및 설비에 따른 압력

압력의 종류	용기		설비 (저장탱크, 용기집합장치, 배관 등)
	C_2H_2	C_2H_2 이외의 용기	
TP (내압시험압력)	FP×3배	FP×$\dfrac{5}{3}$	• 상용압력×1.5배(공기, 질소로 내압시험 시 상용압력×1.25배) • 냉동설비는 설계압력×1.5배 • 도시가스는 최고사용압력×1.5배
FP (최고충전압력)	15℃에서 1.55MPa	TP×$\dfrac{3}{5}$	—
AP (기밀시험압력)	FP×1.8배	FP(단, 저온, 초저온용기 =FP×1.1배)	• 상용압력 • 도시가스는 최고사용압력×1.1배
안전밸브 작동압력	TP×0.8배	TP×0.8배	TP×0.8배(단, 액화산소탱크 = 상용압력×1.5배)

14 다음 중 연소의 3요소에 해당되는 것은?

① 공기, 산소공급원, 열
② 가연물, 산소공급원, 공기
③ 가연물, 연료, 빛
④ 가연물, 공기, 점화원

해설
연소의 3요소 : 가연물, 산소공급원, 점화원

정답 11 ③ 12 ③ 13 ③ 14 ④

15 도시가스 배관의 굴착공사 작업에 대한 설명 중 틀린 것은?

① 가스배관과 수평 거리 1m 이내에서는 파일박기를 하지 아니한다.
② 항타기는 가스배관과 수평거리가 2m 이상되는 곳에 설치한다.
③ 가스배관의 주위를 굴착하고자 할 때에는 가스배관의 좌우 1m 이내의 부분은 인력으로 굴착한다.
④ 줄파기 1일 시공량 결정은 시공속도가 가장 느린 천공작업에 맞추어 결정한다.

해설
도시가스 매설배관의 주위에 파일박기 작업 시 손상 방지를 위하여 유지하여야 할 최소 거리 : 30cm

16 다음 독성가스 중 제독제로 물을 사용할 수 없는 것은?

① 암모니아
② 아황산가스
③ 염화메탄
④ 황화수소

해설
독성가스의 제독제

독성가스명	제독제
염 소	가성소다수용액, 탄산소다수용액, 소석회
포스겐	가성소다수용액, 소석회
황화수소	가성소다수용액, 탄산소다수용액
사이안화수소	가성소다수용액
아황산가스	가성소다수용액, 탄산소다수용액, 물
암모니아, 산화에틸렌, 염화메탄	물

17 인체용 에어졸 제품의 용기에 기재할 사항으로 틀린 것은?

① 특정 부위에 계속하여 장시간 사용하지 말 것
② 가능한 한 인체에서 10cm 이상 떨어져서 사용할 것
③ 온도가 40℃ 이상 되는 장소에서 보관하지 말 것
④ 불 속에 버리지 말 것

해설
인체용 에어졸 제품의 용기에 기재하여야 할 사항
• 특정 부위에 계속하여 장시간 사용하지 말 것
• 가능한 한 인체에서 20cm 이상 떨어져서 사용할 것
• 온도가 40℃ 이상 되는 장소에 보관하지 말 것
• 불 속에 버리지 말 것

18 차량이 통행하기 곤란한 지역의 경우 액화석유가스 충전용기를 오토바이에 적재하여 운반할 수 있다. 다음 중 오토바이에 적재하여 운반할 수 있는 충전용기 기준에 적합한 것은?

① 충전량이 10kg인 충전용기 - 적재 충전용기 2개
② 충전량이 13kg인 충전용기 - 적재 충전용기 3개
③ 충전량이 20kg인 충전용기 - 적재 충전용기 3개
④ 충전량이 20kg인 충전용기 - 적재 충전용기 4개

해설
오토바이에 적재하여 운반할 수 있는 충전용기 기준 : 충전량이 20kg 이하인 충전용기 - 적재 충전용기의 수 2개 이하

정답 15 ① 16 ④ 17 ② 18 ①

19 도시가스에 대한 설명 중 틀린 것은?

① 국내에서 공급하는 대부분의 도시가스는 메탄을 주성분으로 하는 천연가스이다.
② 도시가스는 주로 배관을 통하여 수용가에 공급된다.
③ 도시가스의 원료로 LPG를 사용할 수 있다.
④ 도시가스는 공기와 혼합만 되면 폭발한다.

해설
도시가스는 주원료의 폭발범위에 따라 다른데 공기와 혼합해 폭발범위 내에서만 폭발한다.

20 일반도시가스 공급시설의 시설기준으로 틀린 것은?

① 가스 공급시설을 설치한 곳에는 누출된 가스가 머물지 아니하도록 환기설비를 설치한다.
② 공동구 안에는 환기장치를 설치하며 전기설비가 있는 공동구에는 그 전기설비를 방폭구조로 한다.
③ 저장탱크의 안정장치인 안전밸브나 파열판에는 가스방출관을 설치한다.
④ 저장탱크의 안전밸브는 다이어프램식 안전밸브로 한다.

해설
저장탱크의 안전밸브는 스프링식 안전밸브로 한다.

21 다음 중 냄새로 누출 여부를 쉽게 알 수 있는 가스는?

① 질소, 이산화탄소
② 일산화탄소, 아르곤
③ 염소, 암모니아
④ 에탄, 부탄

해설
염소와 암모니아는 자극성 냄새가 난다.

22 LP 가스설비를 수리할 때 내부의 LP가스를 질소 또는 물로 치환하고, 치환에 사용된 가스나 액체를 공기로 재치환하여야 하는데, 이때 공기에 의한 재치환 결과가 산소농도측정기로 측정하여 산소농도가 얼마의 범위 내에 있을 때까지 공기로 재치환하여야 하는가?

① 4~6%   ② 7~11%
③ 12~16%   ④ 18~22%

해설
산소의 재치환농도 : 18~22%

23 도시가스의 배관에 표시하여야 할 사항이 아닌 것은?

① 사용가스명
② 최고 사용압력
③ 가스의 흐름 방향
④ 가스공급자명

해설
도시가스의 배관에 표시하여야 할 사항
• 사용가스명
• 최고 사용압력
• 가스의 흐름 방향

24 흡수식 냉동설비의 냉동능력 정의로 옳은 것은?

① 발생기를 가열하는 1시간의 입열량 3,320kcal를 1일의 냉동능력 1톤으로 본다.
② 발생기를 가열하는 1시간의 입열량 6,640kcal를 1일의 냉동능력 1톤으로 본다.
③ 발생기를 가열하는 24시간의 입열량 3,320kcal를 1일의 냉동능력 1톤으로 본다.
④ 발생기를 가열하는 24시간의 입열량 6,640kcal를 1일의 냉동능력 1톤으로 본다.

해설
흡수식 냉동설비의 냉동능력 정의 : 발생기를 가열하는 1시간의 입열량 6,640kcal를 1일의 냉동능력 1톤으로 본다.

25 고압가스 일반제조시설에서 아세틸렌가스를 용기에 충전하는 경우에 방호벽을 설치하지 않아도 되는 곳은?

① 압축기의 유분리기와 고압건조기 사이
② 압축기와 아세틸렌가스 충전장소 사이
③ 압축기와 아세틸렌가스 충전용기 보관장소 사이
④ 충전장소와 아세틸렌 충전용 주관밸브, 조작밸브 사이

해설
방호벽 설치장소
• 압축기와 그 충전장소 사이
• 압축기와 그 가스충전용기 보관장소 사이
• 충전장소와 그 가스충전용기 보관장소 사이 및 충전장소와 그 충전용 주관밸브, 조작밸브 사이

26 습식 아세틸렌발생기의 표면온도는 몇 ℃ 이하를 유지하여야 하는가?

① 70   ② 90
③ 100 ④ 110

해설
습식 아세틸렌발생기의 표면온도는 70℃ 이하를 유지하여야 한다.

27 운전 중인 액화석유가스 충전설비의 작동상황에 대하여 주기적으로 점검하여야 한다. 점검주기는?

① 1일 1회 이상
② 1주일에 1회 이상
③ 3월에 1회 이상
④ 6월에 1회 이상

해설
운전 중인 액화석유가스 충전설비의 작동상황에 대한 점검주기 : 1일에 1회 이상

28 독성가스의 제독작업에 필요한 보호구 장착훈련의 주기는?

① 1개월마다 1회 이상
② 2개월마다 1회 이상
③ 3개월마다 1회 이상
④ 6개월마다 1회 이상

해설
보호구의 장착훈련 : 3개월에 1회 이상

정답 24 ② 25 ① 26 ① 27 ① 28 ③

29 특정설비 재검사 면제대상이 아닌 것은?

① 차량에 고정된 탱크
② 초저온 압력용기
③ 역화방지장치
④ 독성가스배관용 밸브

해설
차량에 고정된 탱크는 특정설비 재검사 면제대상이 아니다.

30 내용적 1L 이하의 일회용 용기로서 라이터충전용, 연료가스용 등으로 사용하는 용기는?

① 용접용기
② 이음매 없는 용기
③ 접합 또는 납붙임용기
④ 융착용기

해설
접합 또는 납붙임용기는 용적 1L 이하의 일회용 용기로서 라이터충전용, 연료가스용 등으로 사용한다.

31 가연성가스의 제조설비 내에 설치하는 전기기기에 대한 설명으로 옳은 것은?

① 제1종 장소에는 원칙적으로 전기설비를 설치해서는 안 된다.
② 안전증 방폭구조는 전기기기의 불꽃이나 아크를 발생하여 착화원이 될 염려가 있는 부분을 기름 속에 넣는 것이다.
③ 제2종 장소는 정상의 상태에서 폭발성 분위기가 연속하여 또는 장시간 생성되는 장소를 말한다.
④ 가연성가스가 존재할 수 있는 위험장소는 제1종 장소, 제2종 장소 및 제0종 장소로 분류하고 위험장소에서는 방폭형 전기기기를 설치하여야 한다.

해설

장소	본질안전 ia	본질안전 ib	내압	압력	안전증	유입
제0종 장소	○	-	-	-	-	-
제1종 장소	○	○	○	○	△	○
제2종 장소	○	○	○	○	○	○
폭연성분진 위험장소	특수방진구조					
가연성분진 위험장소	특수방진구조, 보통방진구조					

32 발연황산시약을 사용한 오르자트법 또는 브롬시약을 사용한 뷰렛법에 의한 시험에서 순도가 98% 이상이고 질산은 시약을 사용한 성성시험에서 합격한 것을 품질검사기준으로 하는 가스는?

① 사이안화수소
② 산화에틸렌
③ 아세틸렌
④ 산소

해설
품질검사 대상가스

구 분	순 도	시 약
산 소	99.5% 이상	동암모니아 시약
수 소	98.5% 이상	파이로갈롤 또는 하이드로설파이드시약
아세틸렌	98% 이상	질산은시약, 발연황산, 브롬시약

정답 29 ① 30 ③ 31 ④ 32 ③

33 진탕형 오토클레이브의 특징이 아닌 것은?

① 가스 누출의 가능성이 없다.
② 고압력에 사용할 수 있고 반응물의 오손이 없다.
③ 뚜껑에 뚫어진 구멍에 촉매가 끼여 들어갈 염려가 있다.
④ 교반효과가 뛰어나며 교반형에 비하여 효과가 크다.

해설
교반형에 비하여 효과가 작다.

34 압축기에서 두압이란?

① 흡입압력이다.
② 증발기 내의 압력이다.
③ 크랭크 케이스 내의 압력이다.
④ 피스톤 상부의 압력이다.

해설
압축기에서 두압은 피스톤 상부의 압력이다.

35 저장탱크 및 가스홀더는 가스가 누출되지 않는 구조로 하고 얼마 이상의 가스를 저장하는 것에는 가스방출장치를 설치하는가?

① $1m^3$　　② $3m^3$
③ $5m^3$　　④ $10m^3$

해설
고압가스 저장탱크 및 가스홀더의 가스방출장치는 가스 저장량이 $5m^3$ 이상인 경우에 설치한다.

36 탱크로리 충전작업 중 작업을 중단해야 하는 경우가 아닌 것은?

① 탱크 상부로 충전 시
② 과충전 시
③ 가스 누출 시
④ 안전밸브 작동 시

해설
LPG를 탱크로리에서 저장탱크로 이송 시 작업을 중단해야 되는 경우
• 과충전된 경우
• 누출이 생길 경우
• 작업 중 주위에 화재 발생 시

37 다음 그림과 같은 공기액화장치는?

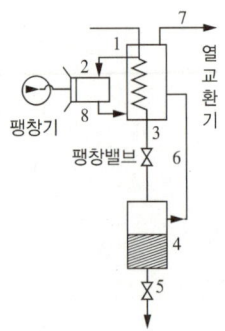

① 클라우드식 액화장치
② 린데식 액화장치
③ 캐피자식 액화장치
④ 필립스식 액화장치

해설
액화공정의 종류
• 린데식 액화장치(Linde Cycle) : 압축기에서 압축된 가스가 열교환기에 들어가 팽창밸브를 지나면서 단열팽창하며 액화된다. 주로 공기액화에 사용한다.
• 클라우드식 액화장치(Claude Cycle) : 압축기에서 압축된 가스가 열교환기에 들어가 팽창기에서 일을 하면서 단열팽창하여 가스를 액화시킨다. 린데식보다 효율적이다.
• 캐스케이드식(다원액화방식, Cascade Cycle) : 증기압축기 냉동 시 냉동 사이클에서 다원냉동 사이클과 같이 비등점이 낮은 냉매를 사용하여 낮은 비등점의 기체를 액화시키는 사이클을 말한다.

38 암모니아용 부르동관 압력계의 재질로서 가장 적당한 것은?

① 황 동
② Al강
③ 청 동
④ 연 강

[해설]
암모니아용 부르동관 압력계의 재질 : 연강

39 증기압축식 냉동기에서 냉매가 순환되는 경로로 옳은 것은?

① 압축기 → 증발기 → 응축기 → 팽창밸브
② 증발기 → 응축기 → 압축기 → 팽창밸브
③ 증발기 → 팽창밸브 → 응축기 → 압축기
④ 압축기 → 응축기 → 팽창밸브 → 증발기

[해설]
증기압축식 냉동기에서 냉매가 순환되는 경로 :
압축기 → 응축기 → 팽창밸브 → 증발기

40 도시가스배관의 접합방법 중 강관의 접합방법으로 사용하지 않는 것은?

① 나사접합
② 용접접합
③ 플랜지접합
④ 압축접합

[해설]
강관의 접합방법으로 압축접합은 사용하지 않는다.

41 터보식 펌프로서 비교적 저양정에 적합하며, 효율 변화가 비교적 급한 펌프는?

① 원심펌프
② 축류펌프
③ 왕복펌프
④ 베인펌프

[해설]
터보식 펌프 : 축류펌프, 사류펌프

42 연료의 배기가스를 화학적으로 액 속에 흡수시켜, 그 용량의 감소로 가스의 농도를 분석하며 3개의 피펫과 1개의 뷰렛, 2개의 수준병으로 구성된 가스 분석방법은?

① 헴펠(Hempel)법
② 오르자트(Orsat)법
③ 게겔(Gockel)법
④ 적지법(Iodimetry)

[해설]
오르자트(Orsat)법 : 연료의 배기가스를 화학적으로 액 속에 흡수시켜 그 용량의 감소로 가스의 농도를 분석하며 3개의 피펫과 1개의 뷰렛, 2개의 수준병으로 구성

정답 38 ④ 39 ④ 40 ④ 41 ② 42 ②

43 차압식 유량계의 계측원리는?

① 베르누이의 정리를 이용
② 피스톤의 회전을 적산
③ 전열선의 저항값을 이용
④ 전자유도법칙을 이용

해설
베르누이 정리 : 유체가 흐르는 속도와 압력, 높이의 관계를 수량적으로 나타낸 법칙으로, 유체의 위치에너지와 운동에너지의 합이 항상 일정하다는 성질을 이용한 것이다.

44 온도계의 선정방법에 대한 설명 중 틀린 것은?

① 지시 및 기록 등을 쉽게 행할 수 있을 것
② 견고하고 내구성이 있을 것
③ 취급하기가 쉽고 측정하기 간편할 것
④ 피측온체의 화학반응 등으로 온도계에 영향이 있을 것

해설
피측온체의 화학반응 등으로 온도계에 영향이 없어야 한다.

45 아세틸렌 용기에 충전하는 다공성 물질이 아닌 것은?

① 석 면
② 목 탄
③ 폴리에틸렌
④ 다공성 플라스틱

해설
다공성 물질 : 석면, 규조토, 목탄, 석회, 탄산마그네슘

46 다음 중 압력 환산값을 서로 옳게 나타낸 것은?

① $1lb/ft^2 ≒ 0.142kg/cm^2$
② $1kg/cm^2 ≒ 13.7lb/in^2$
③ $1atm ≒ 1,033g/cm^2$
④ $76cmHg ≒ 1,013dyne/cm^2$

해설
$$1atm = 760mmHg$$
$$= 10,332mmH_2O\left(mmAq = \frac{kg}{m^2}\right) = 1.0332\frac{kg}{cm^2}$$
$$= 14.7psi\left(=\frac{lb}{inch^2}\right)$$
$$= 1,013.25mbar = 101,325Pa\left(=\frac{N}{m^2}\right)$$

47 고압가스안전관리법령에 따라 "상용의 온도에서 압력이 1MPa 이상이 되는 압축가스로서 실제로 그 압력이 1MPa 이상이 되는 경우에는 고압가스에 해당한다."라고 할 때 이 압력은 어떠한 압력을 말하는가?

① 대기압   ② 게이지압력
③ 절대압력   ④ 진공압력

해설
고압가스안전관리법령에 따라 "상용의 온도에서 압력이 1MPa 이상이 되는 압축가스로서 실제로 그 압력이 1MPa 이상이 되는 경우에는 고압가스에 해당한다."라고 할 때 이 압력은 게이지압력을 의미한다.

48 다음 중 유해한 유황 화합물 제거방법에서 건식법에 속하지 않는 것은?

① 활성탄 흡착법
② 산화철 접촉법
③ 몰레큘러시브 흡착법
④ 시볼트법

해설
유해한 유황 화합물 제거방법에서 건식법
- 활성탄 흡착법
- 산화철 접촉법
- 몰레큘러시브 흡착법

49 표준 대기압에서 물의 동결(凍結)온도로서 값이 틀린 하나는?

① 0°F
② 0℃
③ 273K
④ 492°R

해설
표준 대기압에서 물의 동결(凍結)온도 : 0℃, 273K, 492°R

50 포스겐에 대한 설명으로 옳은 것은?

① 순수한 것은 무색, 무취의 기체이다.
② 수산화나트륨에 빨리 흡수된다.
③ 폭발성과 인화성이 크다.
④ 화학식은 COCl이다.

해설
포스겐의 화학식은 $COCl_2$이다. 무색이며 자극성 냄새가 있는 유독한 질식성 기체로, 염화카보닐이라고도 한다. 일산화탄소와 염소를, 활성탄을 촉매로 60~150℃에서 반응시켜 얻는다.

51 어떤 액체의 비중이 13.6이다. 액체 표면에서 수직으로 15m 깊이에서의 압력은?

① $2.04 kg/cm^2$
② $20.4 kg/cm^2$
③ $2.04 kg/m^2$
④ $20.4 kg/mm^2$

해설
$P = \gamma H$
$= 13.6 \times 15 \times \dfrac{1,000}{1} \times \dfrac{1}{10^4} = 20.4 \dfrac{kg}{cm^2}$

52 아세틸렌의 성질에 대한 설명으로 옳은 것은?

① 분해폭발성이 있는 가스이므로 단독으로 가압하여 충전할 수 없다.
② 염소와 반응하여 염화비닐을 만든다.
③ 염화수소와 반응하여 사염화에탄이 생성된다.
④ 융점은 약 82℃ 정도이다.

해설
아세틸렌은 공기보다 가볍고 상온에서 무색, 무취의 기체 상태로 존재하며 순수한 물질은 에테르와 비슷한 향기가 있으나, 보통 공존하는 불순물 때문에 특유의 냄새가 난다.

정답 48 ④ 49 ① 50 ② 51 ② 52 ①

53 다음 중 냉매로 사용되며 무독성인 기체는?

① CCl_2F_2 ② NH_3
③ CO ④ SO_2

해설
CCl_2F_2는 R-12에 해당되는 가스로 무독성이다.

54 에틸렌 제조의 원료로 사용되지 않는 것은?

① 나프타
② 에탄올
③ 프로판
④ 염화메탄

해설
에틸렌 제조의 원료
• 나프타
• 에탄올
• 프로판

55 공기 중 함유량이 큰 것부터 차례로 나열된 것은?

① 네온 > 아르곤 > 헬륨
② 네온 > 헬륨 > 아르곤
③ 아르곤 > 네온 > 헬륨
④ 아르곤 > 헬륨 > 네온

해설
아르곤(0.94%) > 네온(0.00182%) > 헬륨(0.000524%)

56 가열로에서 20℃ 물 1,000kg을 80℃ 온수로 만들려고 한다. 프로판가스는 약 몇 kg이 필요한가? (단, 가열로의 열효율은 90%이며, 프로판가스의 열량은 12,000kcal/kg이다)

① 4.6 ② 5.6
③ 6.6 ④ 7.6

해설
$$\eta = \frac{GC\Delta t}{G_f H_l}$$
$$0.9 = \frac{1,000 \times 1 \times 60}{x \times 12,000}$$
$$x = 5.6$$

57 "기체 혼합물의 전 부피는 동일 온도 및 압력하에서 각 성분 기체의 부분 부피의 합과 같다."는 혼합기체의 법칙은?

① Amagat의 법칙
② Boyle의 법칙
③ Charles의 법칙
④ Dalton의 법칙

해설
Amagat의 법칙 : 기체 혼합물의 전 부피는 동일 온도 및 압력하에서 각 성분 기체의 부분 부피의 합과 같다는 혼합기체의 법칙

59 천연가스의 주성분인 메탄(CH_4)은 kg당 0℃ 1기압에서 기체 상태로 1.4m³이며, 이것을 (가)℃, 1기압으로 액화하면 체적이 0.0024m³으로 되어 약 (나)로 줄어든다. (가), (나)에 각각 알맞은 것은?

① 가 : −42.1, 나 : 1/600
② 가 : −162, 나 : 1/250
③ 가 : −162, 나 : 1/600
④ 가 : −62, 나 : 1/250

해설
천연가스의 주성분인 메탄(CH_4)은 kg당 0℃ 1기압에서 기체 상태로 1.4m³이며, 이것을 (−162)℃, 1기압으로 액화하면 체적이 0.0024m³으로 되어 약 (1/600)로 줄어 든다.

58 수소와 산소의 비가 얼마일 때 폭명기라고 하는가?

① 2 : 1   ② 1 : 1
③ 1 : 2   ④ 3 : 2

해설
수소폭명기 : $2H_2 + O_2 \rightarrow 2H_2O$

60 고체연료인 석탄의 공업분석 항목으로 옳은 것은?

① 탄 소   ② 회 분
③ 수 소   ④ 질 소

해설
고체연료인 석탄의 주성분은 회분이다.

정답 57 ① 58 ① 59 ③ 60 ②

2018년 제2회 과년도 기출복원문제

01 액화석유가스 사용시설의 저장능력이 2톤인 경우 저장설비가 화기 취급장소와 유지하여야 하는 우회거리는 얼마 이상이어야 하는가?

① 2m ② 3m
③ 5m ④ 8m

해설
액화석유가스 사용시설의 저장능력이 2톤인 경우 저장설비가 화기 취급장소와 유지하여야 하는 우회거리는 5m이다.

02 고압가스 운반책임자를 꼭 동승하여야 하는 경우로서 틀린 것은?

① 압축가스인 수소 500m³를 적재하여 운반할 경우
② 압축가스인 산소 800m³를 적재하여 운반할 경우
③ 액화석유가스를 충전한 납붙임용기 1,000kg을 적재하여 운반할 경우
④ 액화석유가스를 충전한 탱크로리로서 3,000kg을 적재하여 운반할 경우

해설
운반책임자 동승기준

가스의 종류		기 준
압축가스	가연성가스	300m³ 이상
	독성가스	100m³ 이상
	조연성가스	600m³ 이상
액화가스	가연성가스	3,000kg 이상
	독성가스	1,000kg 이상
	조연성가스	6,000kg 이상

03 고압가스 충전용기의 운반기준으로 틀린 것은?

① 충전용기를 차량에 적재하여 운반할 때는 붉은 글씨로 "위험고압가스"라는 경계 표시를 할 것
② 운반 중의 충전용기는 항상 50℃ 이하로 유지할 것
③ 하역작업 시에는 완충판 위에서 취급하며 이를 항상 차량에 비치할 것
④ 충격을 방지하기 위하여 로프 등으로 결속할 것

해설
운반 중의 충전용기는 항상 40℃ 이하로 유지할 것

04 배관용 탄소강관에 아연(Zn)을 도금하는 주된 이유는?

① 미관을 아름답게 하기 위해
② 보온성을 증대하기 위해
③ 내식성을 증대하기 위해
④ 부식성을 증대하기 위해

해설
배관용 탄소강관에 아연(Zn)을 도금하는 주된 이유는 부식성을 방지하기 위함이다.

05 에어졸 제조설비 및 에어졸 충전용기 저장소는 화기 및 인화성 물질과 얼마 이상의 우회거리를 유지하여야 하는가?

① 5m ② 8m
③ 12m ④ 20m

해설
에어졸 제조설비 및 에어졸 충전용기 저장소는 화기 및 인화성 물질과 8m 이상의 우회거리를 유지하여야 한다.

정답 1③ 2③ 3② 4③ 5②

06 도시가스의 유해성분 측정대상이 아닌 것은?

① 황
② 황화수소
③ 이산화탄소
④ 암모니아

해설
도시가스의 유해성분 측정에 있어서 도시가스 $1m^3$당 황전량은 0.5g, 황화수소는 0.02g, 암모니아는 0.2g을 초과하지 못한다.

07 고압가스안전관리법의 적용을 받는 가스는?

① 철도차량의 에어컨디셔너 안의 고압가스
② 냉동능력 3톤 미만인 냉동설비 안의 고압가스
③ 용접용 아세틸렌가스
④ 액화브롬화메탄 제조설비 외에 있는 액화브롬화메탄

해설
용접용 아세틸렌가스는 고압가스안전관리법에 적용을 받는다.

08 다음 중 동일차량에 적재하여 운반할 수 없는 경우는?

① 산소와 질소
② 질소와 탄산가스
③ 탄산가스와 아세틸렌
④ 염소와 아세틸렌

해설
운반차량의 가스 운반기준
• 염소와 아세틸렌, 암모니아 또는 수소는 동일차량에 적재하여 운반하지 말 것
• 가연성가스와 산소를 동일차량에 적재하여 운반할 때에는 그 충전용기의 밸브가 서로 마주 보지 않도록 적재할 것
• 충전용기와 위험물안전법에서 정하는 위험물과는 동일차량에 적재 운반하지 말 것

09 가연성가스의 발화도 범위가 85℃ 초과 100℃ 이하는 다음 발화도 범위에 따른 방폭전기기기의 온도 등급 중 어디에 해당하는가?

① T3
② T4
③ T5
④ T6

해설
최고 표면온도와 온도 등급

최고 표면온도의 범위(℃)	온도 등급
450 초과	T1
300 초과 450 이하	T2
200 초과 300 이하	T3
135 초과 200 이하	T4
100 초과 135 이하	T5
85 초과 100 이하	T6

10 고압가스를 차량으로 운반할 때 몇 km 이상의 거리를 운행하는 경우, 중간에 휴식을 취한 후 운행하도록 되어 있는가?

① 100km
② 200km
③ 300km
④ 400km

해설
고압가스를 차량으로 운반할 때 200km 이상의 거리를 운행하는 경우, 중간에 휴식을 취한 후 운행하도록 되어 있다.

정답 6 ③ 7 ③ 8 ④ 9 ④ 10 ②

11 가연성가스라 함은 공기 중에서 연소하는 가스로서 폭발한계의 하한과 폭발한계의 상한을 규정하고 있다. 하한값으로 옳은 것은?

① 10% 이하 ② 20% 이하
③ 10% 이상 ④ 20% 이상

해설
가연성가스라 함은 공기 중에서 연소하는 가스로서 폭발한계(공기와 혼합된 경우 연소를 일으킬 수 있는 공기 중의 가스농도의 한계를 말한다)의 하한이 10% 이하인 것과 폭발한계의 상한과 하한의 차가 20% 이상인 것을 말한다.

12 고압가스 배관에서 상용압력이 0.2MPa 이상 1MPa 미만인 경우 공지의 폭은 얼마로 정해져 있는가? (단, 전용 공업지역 이외의 경우이다)

① 3m 이상 ② 5m 이상
③ 9m 이상 ④ 15m 이상

해설
공지의 폭

상용압력(MPa)	공지의 폭(m)
0.2 미만	5
0.2 이상 1 미만	9
1 이상	15

13 액화석유가스를 자동차에 충전하는 충전호스의 길이는 몇 m 이내이어야 하는가?(단, 자동차 제조공정 중에 설치된 것은 제외한다)

① 3m ② 5m
③ 8m ④ 10m

해설
액화석유가스를 자동차에 충전하는 충전호스의 길이는 5m 이내이어야 한다.

14 액화석유가스(LPG)의 기화장치의 액유출방지장치와 관련된 설명으로 틀린 것은?

① 액유출방지장치 작동 여부는 기화장치의 압력계로 확인이 가능하다.
② 액유출현상의 발생이 감지되면 신속히 기화장치의 입구밸브를 잠가 더 이상의 액상가스 유입을 막아야 한다.
③ 액유출현상이 발생되면 대부분 조정기 전단에서 결로현상이나 성에가 끼는 현상이 발생한다.
④ 액유출현상이 발생하면 액팽창에 의해 조정기 및 계량기가 파손될 수 있다.

해설
액유출현상이 발생되면 조정기 전단에서 결로현상이나 성에가 끼는 현상은 발생하지 않는다.

15 가스난방기구가 보급되면서 급배기 불량으로 인명사고가 많이 발생한다. 그 이유로 가장 옳은 것은?

① N_2 발생
② CO_2 발생
③ CO 발생
④ 연소되지 않은 생가스 발생

해설
불완전 연소 시 발생되는 가스는 일산화탄소이다.

정답 11 ① 12 ③ 13 ② 14 ③ 15 ③

16 부탄가스용 연소기의 명판에 기재할 사항이 아닌 것은?

① 연소기명
② 제조자의 형식 호칭
③ 연소기 재질명
④ 제조(로트)번호

해설
부탄가스용 연소기의 명판에 기재할 사항
• 연소기명
• 제조자의 형식 호칭
• 제조(로트)번호

17 가스를 사용하려 하는데 밸브에 얼음이 얼어붙었다. 이때 조치방법으로 가장 적절한 것은?

① 40℃ 이하의 더운물을 사용하여 녹인다.
② 80℃의 램프로 가열하여 녹인다.
③ 100℃의 뜨거운 물을 사용하여 녹인다.
④ 가스토치로 가열하여 녹인다.

해설
가스를 사용하려 하는데 밸브에 얼음이 얼어붙었을 때는 40℃ 이하의 더운물을 사용하여 녹인다.

18 아황산가스의 제독제로 갖추어야 할 것이 아닌 것은?

① 가성소다수용액 ② 소석회
③ 탄산소다수용액 ④ 물

해설
독성가스의 제독제

독성가스명	제독제
염소	가성소다수용액, 탄산소다수용액, 소석회
포스겐	가성소다수용액, 소석회
황화수소	가성소다수용액, 탄산소다수용액
사이안화수소	가성소다수용액
아황산가스	가성소다수용액, 탄산소다수용액, 물
암모니아, 산화에틸렌, 염화메탄	물

19 수소 취급 시 주의사항 중 옳지 않은 것은?

① 수소용기의 안전밸브는 가용전식과 파열판식을 병용한다.
② 용기밸브는 오른나사이다.
③ 수소 가스는 파이로갈롤 시약을 사용한 오르자트법에 의한 시험법에서 순도가 98.5% 이상이어야 한다.
④ 공업용 용기 도색은 주황색으로 하고, "연"자 표시는 백색으로 한다.

해설
암모니아와 브롬화메탄을 제외한 모든 가연성가스는 왼나사를 사용한다.

20 다음 중 같은 용기보관실에 저장이 가능한 가스는?

① 산소, 수소   ② 염소, 질소
③ 아세틸렌, 염소 ④ 암모니아, 산소

해설
질소는 불연성가스이다.

정답 16 ③ 17 ① 18 ② 19 ② 20 ②

21 원심식 압축기를 사용하는 냉동설비는 원동기 정격출력 몇 kW를 1일의 냉동능력 1톤으로 하는가?

① 1.2kW ② 2.4kW
③ 3.6kW ④ 4.8kW

해설
원심식 압축기를 사용하는 냉동설비는 그 압축기의 원동기 정격출력 1.2kW를 1일의 냉동능력 1톤으로 산정한다.

22 고압가스배관을 지하에 매설하는 경우의 설치기준으로 틀린 것은?

① 배관은 건축물과는 1.5m, 지하도로 및 터널과는 10m 이상의 거리를 유지한다.
② 독성가스의 배관은 그 가스가 혼입될 우려가 있는 수도시설과는 300m 이상의 거리를 유지한다.
③ 배관은 그 외면으로부터 지하의 다른 시설물과 0.3m 이상의 거리를 유지한다.
④ 지표면으로부터 배관의 외면까지 매설 깊이는 산이나 들에서는 1.2m 이상, 그 밖의 지역에서는 1.0m 이상으로 한다.

해설
배관을 산과 들에 매설할 때는 지표면으로부터 배관의 외면까지 매설 깊이를 1m 이상으로 하며, 그 밖의 지역은 1.2m 이상으로 한다.

23 고압가스에 대한 사고예방설비기준으로 옳지 않은 것은?

① 가연성가스의 가스설비 중 전기설비는 그 설치장소 및 그 가스의 종류에 따라 적절한 방폭성능을 가지는 것일 것
② 고압가스설비에는 그 설비 안의 압력이 내압압력을 초과하는 경우 즉시 그 압력을 내압압력 이하로 되돌릴 수 있는 안전장치를 설치하는 등 필요한 조치를 할 것
③ 폭발 등의 위해가 발생할 가능성이 큰 특수반응 설비에는 그 위해의 발생을 방지하기 위하여 내부반응 감시설비 및 위험사태 발생 방지설비의 설치 등 필요한 조치를 할 것
④ 저장탱크 및 배관에는 그 저장탱크 및 배관이 부식되는 것을 방지하기 위하여 필요한 조치를 할 것

해설
고압가스설비에는 그 설비 안의 압력이 상용압력을 초과하는 경우 즉시 그 압력을 설정압력 이하로 되돌릴 수 있는 안전장치를 설치하는 등 필요한 조치를 해야 한다.

24 도시가스사업소 내에서 긴급사태 발생 시 필요한 연락을 신속히 할 수 있도록 통신시설을 갖추어야 한다. 이때 인터폰을 설치하는 경우의 통신범위는 어느 것인가?

① 안전관리자가 상주하는 사업소와 현장사업소와의 사이
② 사업소 내 전체
③ 종업원 상호 간
④ 사업소 책임자와 종업원 상호 간

해설
도시가스사업소 내에는 긴급사태 발생 시 필요한 연락을 신속히 할 수 있도록 통신시설을 갖추어야 한다. 이때 인터폰을 설치하는 경우의 통신범위는 안전관리자가 상주하는 사업소와 현장사업소와의 사이이다.

25 고압가스용기의 안전점검기준에 해당되지 않는 것은?

① 용기의 부식, 도색 및 표시 확인
② 용기의 캡이 씌워져 있거나 프로텍터의 부착 여부 확인
③ 재검사기간의 도래 여부 확인
④ 용기의 누출을 성냥불로 확인

해설
용기의 누출을 성냥불로 확인하면 폭발을 일으키므로, 비눗물로 확인한다.

26 일반도시가스 사업자 정압기의 분해점검 실시주기는?

① 3개월에 1회 이상
② 6개월에 1회 이상
③ 1년에 1회 이상
④ 2년에 1회 이상

해설
정압기는 설치 후 2년에 1회 이상 분해점검을 실시한다. 다만, 예비 용도로만 사용되는 정압기로서 월 1회 작동점검을 실시하는 정압기는 설치 후 3년에 1회 이상 실시한다.

27 다음 중 폭발한계의 범위가 가장 좁은 것은?

① 프로판   ② 암모니아
③ 수 소   ④ 아세틸렌

해설
가연성가스의 폭발범위
- 프로판 : 2.2~9.5%
- 암모니아 : 15~28%
- 수소 : 4~75%
- 아세틸렌 : 2.5~81%

28 고압가스 특정제조시설의 배관시설에서 검지경보장치의 검출부를 설치하여야 하는 장소가 아닌 것은?

① 긴급차단장치의 부분
② 방호구조물 등에 의하여 개방되어 설치된 배관의 부분
③ 누출된 가스가 체류하기 쉬운 구조인 배관의 부분
④ 슬리브관, 이중관 등에 의하여 밀폐되어 설치된 배관의 부분

해설
고압가스 특정제조시설의 배관시설에서 검지경보장치의 검출부를 설치하여야 하는 장소
- 긴급차단장치의 부분
- 누출된 가스가 체류하기 쉬운 구조인 배관의 부분
- 슬리브관, 이중관 등에 의하여 밀폐되어 설치된 배관의 부분

29 고압장치 운전 중 점검사항으로 가장 거리가 먼 것은?

① 가스경보기의 상태
② 진동 및 소음 상태
③ 누출 상태
④ 벨트의 이완 상태

해설
고압장치 운전 중 점검사항
- 가스경보기의 상태
- 진동 및 소음 상태
- 누출 상태

정답 25 ④ 26 ④ 27 ① 28 ② 29 ④

30 0℃, 1atm에서 4L인 기체는 273℃, 1atm일 때 몇 L가 되는가?

① 2L ② 4L
③ 8L ④ 12L

해설
$$\frac{V}{T} = \frac{V'}{T'}$$
$$\frac{4}{273+0} = \frac{x}{273+273}$$
$$x = 8$$

31 수소취성을 방지하기 위해 강에 첨가하는 원소로서 옳은 것은?

① Cr ② Al
③ Mn ④ P

해설
내수소취성원소 : 텅스텐(W), 크롬(Cr), 타이타늄(Ti), 바나듐(V)

32 원심펌프를 직렬로 연결시켜 운전하면 무엇이 증가하는가?

① 양 정 ② 동 력
③ 유 량 ④ 효 율

해설
원심펌프를 직렬로 연결시켜 운전하면 양정이 2배가 되고, 원심펌프를 병렬로 연결시켜 운전하면 유량이 2배가 된다.

33 펌프가 운전 중에 한숨을 쉬는 것과 같은 상태가 되어 토출구 및 흡입구에서 압력계의 바늘이 흔들리며 동시에 유량이 변화하는 현상은?

① 캐비테이션(공동현상)
② 워터해머링(수격작용)
③ 바이브레이션(진동현상)
④ 서징(맥동현상)

해설
맥동현상(Surging)
펌프의 입구와 출구에 부착된 진공계와 압력계의 침이 흔들리고 동시에 토출 유량이 변화를 가져오는 현상

34 수은을 이용한 U자관 압력계에서 액주 높이(h) 600mm, 대기압(P_1)은 1kg/cm²일 때, P_2는 약 몇 kg/cm²인가?

① 0.22kg/cm²
② 0.92kg/cm²
③ 1.82kg/cm²
④ 9.16kg/cm²

해설
$$P_2 = 1\frac{\text{kg}}{\text{cm}^2} + \left(600\text{mmHg} \times \frac{1.0332\frac{\text{kg}}{\text{cm}^2}}{760\text{mmHg}}\right) = 1.82\frac{\text{kg}}{\text{cm}^2}$$

정답 30 ③ 31 ① 32 ① 33 ④ 34 ③

35 액면계로부터 가스가 방출되었을 때 인화 또는 중독의 우려가 없는 가스에만 사용할 수 있는 액면계가 아닌 것은?

① 고정 튜브식
② 회전 튜브식
③ 슬립 튜브식
④ 평형 튜브식

해설
액면계로부터 가스가 방출되었을 때 인화 또는 중독의 우려가 없는 가스에만 사용할 수 있는 액면계
- 고정 튜브식
- 회전 튜브식
- 슬립 튜브식

36 무급유압축기의 종류가 아닌 것은?

① 카본(Carbon)링식
② 테프론(Teflon)링식
③ 다이어프램(Diaphragm)식
④ 브론즈(Bronze)식

해설
브론즈(Bronze)식은 급유식 압축기이다.

37 계측과 제어의 목적이 아닌 것은?

① 조업조건의 안정화
② 고효율화
③ 작업 인원의 증가
④ 안전위생관리

해설
계측과 제어의 목적
- 조업조건의 안정화
- 고효율화
- 작업 인원의 감소
- 안전위생관리

38 공기액화분리장치의 이산화탄소 흡수탑에서 가성소다로 이산화탄소를 제거한다. 이 반응식으로 옳은 것은?

① $2NaOH + CO_2 \rightarrow Na_2CO_3 + H_2O$
② $2NaOH + 3CO_2 \rightarrow Na_2CO_3 + 2CO + H_2O$
③ $NaOH + CO_2 \rightarrow Na_2CO_3 + H_2O$
④ $NaOH + 2CO_2 \rightarrow NaCO_3 + CO + H_2O$

해설
가성소다와 이산화탄소의 반응식
$2NaOH + CO_2 \rightarrow Na_2CO_3 + H_2O$

39 다음 중 용기 파열사고의 원인으로 보기 어려운 것은?

① 용기의 내압력 부족
② 용기 내압의 상승
③ 안전밸브의 작동
④ 용기 내에서 폭발성 혼합가스에 의한 발화

해설
용기가 파열하기 전에 안전밸브가 작동하므로 용기의 파열을 방지할 수 있다.

40 고압가스 일반제조시설의 배관 중 압축가스 배관에서 설치하여야 하는 계측기기는?

① 온도계
② 압력계
③ 풍향계
④ 가스분석계

해설
고압가스 일반제조시설의 배관 중 압축가스 배관에서 설치하여야 하는 계측기기는 압력계이다.

41 가스액화분리장치 중 원료가스를 저온에서 분리하는 장치는?

① 한랭장치
② 정류장치
③ 열교환장치
④ 불순물 제거장치

해설
가스액화분리장치 중 원료가스를 저온에서 분리하는 장치는 정류장치이다.

42 고압가스 관련 설비에 해당되지 않는 시설은?

① 안전밸브
② 긴급차단장치
③ 특정고압가스용 실린더캐비닛
④ 압력조정기

해설
압력조정기는 고압가스 관련 설비에 해당되지 않는다.

43 원심압축기의 회전 속도를 1.2배로 증가시키면 약 몇 배의 동력이 필요한가?

① 1.2배
② 1.4배
③ 1.7배
④ 2.0배

해설
펌프의 상사법칙

- $\Delta Q_2 = \Delta Q_1 \times \left(\dfrac{N_2}{N_1}\right)^1 \times \left(\dfrac{D_2}{D_1}\right)^3$
- $\Delta P_2 = P_1 \times \left(\dfrac{N_2}{N_1}\right)^2 \times \left(\dfrac{D_2}{D_1}\right)^2$
- $\Delta Kw_2 = \Delta Kw_1 \times \left(\dfrac{N_2}{N_1}\right)^3 \times \left(\dfrac{D_2}{D_1}\right)^5$

여기서, 1 : 변화 전 2 : 변화 후
ΔQ : 유량 N : 회전수
D : 배관의 직경 ΔP : 양정
ΔKw : 동력

$\Delta Kw_2 = \Delta Kw_1 \times \left(\dfrac{N_2}{N_1}\right)^3 \times \left(\dfrac{D_2}{D_1}\right)^5$

$\dfrac{\Delta Kw_2}{\Delta Kw_1} = 1.2^3$

$\dfrac{\Delta Kw_2}{\Delta Kw_1} = 1.72$

44 저온 정밀증류법을 이용하여 주로 분석할 수 있는 가스는?

① 탄화수소의 혼합가스
② SO_2 가스
③ CO_2 가스
④ O_2 가스

해설
저온 정밀증류법을 이용하여 주로 분석할 수 있는 가스는 탄화수소의 혼합가스이다.

45 다음 배관재료 중 사용온도 350℃ 이하, 압력 1MPa에서 10MPa까지의 LPG 및 도시가스의 고압관에 사용되는 것은?

① SPP
② SPW
③ SPPW
④ SPPS

해설
강관의 종류
- 배관용 탄소강관 : SPP, 1MPa 이하의 증기, 물, 가스
- 압력 배관용 탄소강관 : SPPS, 350℃ 이하, 1~10MPa
- 고압 배관용 탄소강관 : SPPH, 350℃ 이하, 10MPa 이상
- 고온 배관용 탄소강관 : SPHT, 350~450℃
- 배관용 합금강관 : SPA
- 저온 배관용 탄소강관 : SPLT(냉매 배관용)
- 수도용 아연도금강관 : SPPW

46 표준 대기압에서 1BTU의 의미는?

① 순수한 물 1kg을 1℃ 변화시키는 데 필요한 열량
② 순수한 물 1lb을 1℃ 변화시키는 데 필요한 열량
③ 순수한 물 1kg을 1℉ 변화시키는 데 필요한 열량
④ 순수한 물 1lb을 1℉ 변화시키는 데 필요한 열량

해설
1BTU의 의미 : 순수한 물 1lb을 1℉ 변화시키는 데 필요한 열량

47 다음 중 가스와 그 용도가 옳게 짝지어진 것은?

① 수소 : 경화유 제조, 산소 : 용접, 절단용
② 수소 : 경화유 제조, 이산화탄소 : 포스겐 제조
③ 산소 : 용접, 절단용, 이산화탄소 : 포스겐 제조
④ 수소 : 경화유 제조, 염소 : 청량음료

해설
수소는 경화유 제조의 원료, 포스겐의 제조원료는 CO, 염소는 상수도 소독제로 사용한다.

48 다음 중 독성이며 가연성의 가스는?

① 수소
② 일산화탄소
③ 이산화탄소
④ 헬륨

해설
일산화탄소는 독성이며 가연성가스이다.

49 산소의 일반적인 특징에 대한 설명으로 틀린 것은?

① 수소와 반응하여 격렬하게 폭발한다.
② 유지류와 접촉 시 폭발의 위험이 있다.
③ 공기 중에서 무성 방전시키면 과산화수소(H_2O_2)가 발생된다.
④ 산소의 분압이 높아지면 폭굉범위가 넓어진다.

해설
공기 중에서 무성 방전시키면 오존(O_3)이 발생된다.

50 다음 화합물 중 탄소의 함유량이 가장 많은 것은?

① CO_2 ② CH_4
③ C_2H_4 ④ CO

해설

③ C_2H_4의 탄소 함유량 : $\frac{24}{28} \times 100 = 85.71\%$

① CO_2의 탄소 함유량 : $\frac{12}{44} \times 100 = 27.27\%$

② CH_4의 탄소 함유량 : $\frac{12}{16} \times 100 = 75\%$

④ CO의 탄소 함유량 : $\frac{12}{28} \times 100 = 42.86\%$

51 다음 중 저장소의 바닥 환기에 가장 중점을 두어야 하는 가스는?

① 메 탄 ② 에틸렌
③ 아세틸렌 ④ 부 탄

해설

공기보다 무거운 가스는 바닥 환기에 가장 중점을 두어야 한다.

52 염소의 특징에 대한 설명 중 틀린 것은?

① 염소 자체는 폭발성, 인화성은 없다.
② 상온에서 자극성의 냄새가 있는 맥동성 기체이다.
③ 염소와 산소의 1 : 1 혼합물을 염소폭명기라고 한다.
④ 수분이 있으면 염산이 생성되어 부식성이 강해진다.

해설

염소와 수소의 1 : 1 혼합물을 염소폭명기라고 한다.

53 8kg의 물을 18℃에서 98℃까지 상승시키는 데 표준 상태에서 0.034m³의 LP가스를 연소시켰다. 프로판의 발열량이 24,000kcal/m³이라면, 이때의 열효율은 약 몇 %인가?

① 48.6% ② 59.3%
③ 66.6% ④ 78.4%

해설

$$\eta = \frac{GC\Delta t}{G_f H_l}$$
$$= \frac{8 \times 1 \times 80}{0.034 \times 24,000} \times 100$$
$$= 78.4\%$$

54 천연가스의 주성분인 물질의 분자량은?

① 16 ② 32
③ 44 ④ 58

해설

• 천연가스의 주성분 : CH_4
• 메탄의 분자량 : 16

55 1kW의 열량을 환산한 것으로 옳은 것은?

① 536kcal/h
② 632kcal/h
③ 720kcal/h
④ 860kcal/h

해설
1kW = 860kcal/h

56 다음 중 1Nm³의 총발열량이 가장 큰 가스는?

① 프로판   ② 부 탄
③ 수 소   ④ 도시가스

해설
부탄의 발열량은 $15,000 \frac{kcal}{Nm^3}$ 로 가장 높다.

57 도시가스제조소의 패널에 의한 부취제의 농도측정방법이 아닌 것은?

① 냄새주머니법
② 오더미터법
③ 주사기법
④ 가스분석기법

해설
패널에 의한 부취제의 농도측정방법
• 냄새주머니법
• 오더미터법
• 주사기법

58 화씨온도 86°F는 몇 °C인가?

① 30   ② 35
③ 40   ④ 45

해설
$°F = \frac{9}{5} \times °C + 32$

$(86 - 32) = \frac{9}{5} \times x$

∴ $x = 30$

59 아연, 구리, 은, 코발트 등과 같은 금속과 반응하여 착이온을 만드는 가스는?

① 암모니아
② 염 소
③ 아세틸렌
④ 질 소

해설
착이온은 중심 금속 이온에 리간드가 결합하여 이루어진 이온을 말한다. 착이온에서 중심 금속 이온의 전하량은 착이온의 전하량에서 리간드의 총전하량을 뺀 값이다.

60 LPG의 증기압력과 온도와의 관계로서 옳은 것은?

① 온도가 올라감에 따라 압력도 증가한다.
② 온도와 압력과는 관련이 없다.
③ 온도가 올라감에 따라 압력은 떨어진다.
④ 온도가 내려감에 따라 압력은 증가한다.

해설
LPG의 증기압력과 온도와의 관계는 온도가 올라감에 따라 압력도 증가한다.

정답 55 ④ 56 ② 57 ④ 58 ① 59 ① 60 ①

2019년 제1회 과년도 기출복원문제

01 탱크를 지상에 설치하고자 할 때 방류둑을 설치하지 않아도 되는 저장탱크는?

① 저장능력 1,000톤 이상의 질소탱크
② 저장능력 1,000톤 이상의 부탄탱크
③ 저장능력 1,000톤 이상의 산소탱크
④ 저장능력 5톤 이상의 염소탱크

해설
질소가스는 불연성, 비독성 물질이므로 방류둑이 필요 없다.

02 고압가스(산소, 아세틸렌, 수소)의 품질검사 주기의 기준은?

① 1월 1회 이상
② 1주 1회 이상
③ 3일 1회 이상
④ 1일 1회 이상

해설
품질검사 대상가스

구 분	순 도	시 약
산 소	99.5% 이상	동암모니아 시약
수 소	98.5% 이상	파이로갈롤 또는 하이드로설파이드시약
아세틸렌	98% 이상	질산은시약, 발연황산, 브롬시약

03 고압가스 제조설비의 계장회로에는 제조하는 고압가스의 종류·온도 및 압력과 제조설비의 상황에 따라 안전 확보를 위한 주요 부문에 설비가 잘못 조작되거나 정상적인 제조를 할 수 없는 경우에 자동으로 원재료의 공급을 차단시키는 등 제조설비 안의 제조를 제어할 수 있는 장치를 설치하는데 이를 무엇이라 하는가?

① 인터로크제어장치
② 긴급차단장치
③ 긴급이송설비
④ 벤트스택

해설
인터로크제어장치 : 고압가스 제조설비의 계장회로에는 제조하는 고압가스의 종류·온도 및 압력과 제조설비의 상황에 따라 안전 확보를 위한 주요 부문에 설비가 잘못 조작되거나 정상적인 제조를 할 수 없는 경우에 자동으로 원재료의 공급을 차단시키는 등 제조설비 안의 제조를 제어할 수 있는 장치

04 땅속의 애노드에 강제 전압을 가하여 피방식 금속제를 캐소드로 하는 전기방식법은?

① 희생양극법
② 외부전원법
③ 선택배류법
④ 강제배류법

해설
외부전원법은 땅속의 애노드에 강제 전압을 가하여 피방식 금속제를 캐소드로 하는 전기방식법으로 배관 길이 500m 이내의 간격으로 설치한다.

05 60K를 랭킨온도로 환산하면 약 몇 °R인가?

① 109
② 117
③ 126
④ 135

해설

온 도
- $K = 273 + ℃$
- $°F = \dfrac{9}{5}℃ + 32$
- $°R = °F + 460 = \left[\dfrac{9}{5} \times (60 - 273) + 32\right] + 460 = 108.6$

06 가스배관의 주위를 굴착하고자 할 때에는 가스배관의 좌우 얼마 이내의 부분은 인력으로 굴착해야 하는가?

① 30cm 이내
② 50cm 이내
③ 1m 이내
④ 1.5m 이내

해설

가스배관의 주위를 굴착하고자 할 때에는 가스배관의 좌우 1m 이내의 부분은 인력으로 굴착해야 한다.

07 압력용기의 내압 부분에 대한 비파괴시험으로 실시되는 초음파탐상시험 대상은?

① 두께 35mm인 탄소강
② 두께 5mm인 9% 니켈강
③ 두께 15mm인 2.5% 니켈강
④ 두께 30mm인 저합금강

해설

초음파탐상시험 대상
- 탄소강 : 50mm 이상
- 니켈강 : 두께 13mm 이상인 2.5% 니켈강 및 3.5% 니켈강
- 저합금강 : 두께가 38mm 이상

08 특정고압가스용 실린더 캐비닛 제조설비가 아닌 것은?

① 가공설비
② 세척설비
③ 패널설비
④ 용접설비

해설

특정고압가스용 실린더 캐비닛 제조설비
가공설비, 세척설비, 용접설비

09 고압가스 배관재료로 사용되는 동관의 특징에 대한 설명으로 틀린 것은?

① 가공성이 좋다.
② 열전도율이 작다.
③ 시공이 용이하다.
④ 내식성이 크다.

해설

동관은 열전도율이 우수하다.

10 공기보다 비중이 가벼운 도시가스의 공급시설로서 공급시설이 지하에 설치된 경우의 통풍구조에 대한 설명으로 옳은 것은?

① 환기구를 2방향 이상 분산하여 설치한다.
② 배기구는 천장 면으로부터 50cm 이내에 설치한다.
③ 흡입구 및 배기구의 관경은 80mm 이상으로 한다.
④ 배기가스 방출구는 지면에서 5m 이상의 높이에 설치한다.

해설
자연환기설비 설치
- 환기구의 위치는 공기보다 무거운 가스인 경우는 바닥에서 30cm 이내, 공기보다 가벼운 가스인 경우는 천장에서 30cm 이내에 설치할 것
- 외기에 면하여 설치하는 환기구의 통풍가능 면적 합계는 바닥면적 $1m^2$마다 $300cm^2$의 비율로 계산한 면적 이상으로 할 것(다만, 환기구의 면적은 $2,400cm^2$ 이하로 할 것)
- 사방을 방호벽 등으로 설치된 경우에는 환기구를 2방향 이상으로 분산하여 설치할 것
- 흡입구 및 배기구의 관경은 100mm 이상으로 할 것
- 배기가스 방출구는 지면에서 3m 이상의 높이에 설치할 것

11 다음 중 메탄의 제조방법이 아닌 것은?

① 석유를 크래킹하여 제조한다.
② 천연가스를 냉각시켜 분별 증류한다.
③ 초산나트륨에 소다회를 가열하여 얻는다.
④ 니켈을 촉매로 하여 일산화탄소에 수소를 작용시킨다.

해설
석유를 크래킹하여 제조한 것은 LPG 제조방법이다.

12 안전관리자가 상주하는 사무소와 현장사무소와의 사이 또는 현장사무소 상호 간 신속히 통보할 수 있도록 통신시설을 갖추어야 하는데 이에 해당되지 않는 것은?

① 구내방송설비
② 메가폰
③ 인터폰
④ 페이징설비

해설
통신설비의 구비조건

통신설비	사업소 전체	사무소 상호 간	직원 상호 간
페이징설비	○	○	–
구내방송설비	○	○	–
구내전화	–	○	–
인터폰	–	○	–
휴대용 확성기	○	–	○
메가폰	○	–	○
사이렌	○	–	–
트랜시버	–	–	○

13 공기 중에서의 폭발하한값이 가장 낮은 가스는?

① 황화수소   ② 암모니아
③ 산화에틸렌   ④ 프로판

해설
④ 프로판 : 2.2~9.5%
① 황화수소 : 4.3~45%
② 암모니아 : 15~28%
③ 산화에틸렌 : 3~80%

14 다음 중 고압가스 관련 설비가 아닌 것은?

① 일반압축가스배관용 밸브
② 자동차용 압축천연가스 완속충전설비
③ 액화석유가스용 용기잔류가스회수장치
④ 안전밸브, 긴급차단장치, 역화방지장치

해설
고압가스 관련 설비
- 안전밸브, 긴급차단장치, 역화방지장치
- 기화장치
- 압력용기
- 자동차용 가스자동주입기
- 독성가스 배관용 밸브
- 냉동설비
- 특정고압가스 실린더 캐비닛
- 자동차용 압축천연가스 완속충전설비
- 액화석유가스용 용기잔류가스 회수장치
- 차량에 고정된 탱크

15 고압식 액화산소 분리장치에서 원료공기는 압축기에서 어느 정도 압축되는가?

① 40~60atm
② 70~100atm
③ 80~120atm
④ 150~200atm

해설
고압식 액화산소 분리장치에서 원료공기는 압축기에서 150~200 atm 정도로 압축시킨다.

16 주름관이 내압 변화에 따라서 신축되는 것을 이용한 것으로 주로 진공압 및 차압 측정에 사용되는 압력계는?

① 벨로스압력계
② 다이어프램압력계
③ 부르동관압력계
④ U자관식압력계

해설
벨로스압력계 : 주름관이 내압 변화에 따라서 신축되는 것을 이용한 것으로 진공압 및 차압 측정에 주로 사용되는 압력계

17 가연성 가스배관의 출구 등에서 공기 중으로 유출하면서 연소하는 경우는 어느 연소 형태에 해당하는가?

① 확산연소　　② 증발연소
③ 표면연소　　④ 분해연소

해설
가연성가스의 연소 형태 : 확산연소

18 도시가스사용시설에서 배관의 용접부 중 비파괴시험을 하여야 하는 것은?

① 가스용 폴리에틸렌관
② 호칭지름 65mm인 매몰된 저압배관
③ 호칭지름 150mm인 노출된 저압배관
④ 호칭지름 65mm인 노출된 중압배관

해설
비파괴시험을 하여야 하는 것
- 호칭지름 65mm인 노출된 중압배관
- 도시가스 중압의 용접부와 저압의 용접부(다만, 80mm 미만은 제외)

정답 14 ① 15 ④ 16 ① 17 ① 18 ④

19 도시가스사업법상 제1종 보호시설이 아닌 것은?

① 아동 50명이 다니는 유치원
② 수용인원이 350명인 예식장
③ 객실 20개를 보유한 여관
④ 250세대 규모의 개별난방 아파트

해설
제2종 보호시설
- 건축법 시행령 별표 1 제1호 및 제2호에 따른 단독주택 및 공동주택
- 사람을 수용하는 건축물(건축법 제2조제1항제2호에 따른 건축물을 말하며, 가설건축물과 건축법 시행령 별표 1 제18호 가목에 따른 창고는 제외한다)로서 사실상 독립된 부분의 연면적이 100m² 이상 1,000m² 미만인 것

20 도시가스사용시설에서 입상관과 화기 사이에 유지하여야 하는 거리는 우회거리 몇 m 이상인가?

① 1m   ② 2m
③ 3m   ④ 5m

해설
도시가스사용시설에서 입상관과 화기 사이에 유지하여야 하는 거리는 우회거리 : 2m 이상

21 관 도중에 조리개(교축기구)를 넣어 조리개 전후의 차압을 이용하여 유량을 측정하는 계측기기는?

① 오벌식 유량계   ② 오리피스 유량계
③ 막식 유량계   ④ 터빈 유량계

해설
오리피스 유량계 : 관 도중에 조리개(교축기구)를 넣어 조리개 전후의 차압을 이용하여 유량을 측정하는 계측기기

22 실린더의 단면적 50cm², 행정 10cm, 회전수 200 rpm, 체적 효율 80%인 왕복 압축기의 토출량은?

① 60L/min   ② 80L/min
③ 120L/min   ④ 140L/min

해설
왕복 압축기의 토출량(L/min)
$= \frac{1}{4} \times \pi \times D^2 \times L \times R \times \eta$
$= 50\text{cm}^2 \times 10\text{cm} \times 200/\text{min} \times 0.8$
$= 80,000\text{cm}^3/\text{min} \times 1\text{L}/1,000\text{cm}^3$
$= 80\text{L/min}$

23 다음 중 드라이아이스의 제조에 사용되는 가스는?

① 일산화탄소   ② 이산화탄소
③ 아황산가스   ④ 염화수소

해설
드라이아이스 : 주성분인 이산화탄소를 높은 압력, 낮은 온도의 조건을 맞춰 고체로 변환시킨 물질

24 도시가스사용시설에서 배관의 호칭지름이 25mm인 배관은 몇 m 간격으로 고정하여야 하는가?

① 1m마다 ② 2m마다
③ 3m마다 ④ 4m마다

해설
배관의 고정장치
- 관지름이 13mm 미만 : 1m마다
- 관지름이 13mm 이상 33mm 미만 : 2m마다
- 관지름이 33mm 이상 : 3m마다

25 다음 중 마찰, 타격 등으로 격렬히 폭발하는 예민한 폭발물질과 가장 거리가 먼 것은?

① AgN_2 ② H_2S
③ Ag_2C_2 ④ N_4S_4

해설
마찰, 타격 등으로 격렬히 폭발하는 예민한 폭발물질 : 유화질소(N_4S_4), 금속 아세틸라이드(Cu_2C_2, Ag_2C_2), 염화질소(NCl_3), 질화은(AgN_2), 테트라센($C_2H_5ON_{10}$)

26 다음 중 지연성가스에 해당되지 않는 것은?

① 염소
② 플루오린
③ 이산화질소
④ 이황화탄소

해설
지연성가스(조연성가스) : 염소, 플루오린, 이산화질소, 오존, 산소 등

27 주로 탄광 내에서 CH_4의 발생을 검출하는 데 사용되며 청염(푸른 불꽃)의 길이로 그 농도를 알 수 있는 가스 검지기는?

① 안전등형 ② 간섭계형
③ 열선형 ④ 흡광광도형

해설
가연성가스 검출기의 종류
- 안전등형(메탄가스 검출)
- 간섭계형(가스의 굴절률차 이용 가스분석)
- 열선형(열전도식, 연소식)
- 반도체식

28 저온장치의 분말진공단열법에서 충진용 분말로 사용되지 않는 것은?

① 펄라이트
② 알루미늄 분말
③ 글라스울
④ 규조토

해설
분말진공단열법에서 충진용 분말 : 펄라이트, 알루미늄 분말, 규조토

정답 24 ② 25 ② 26 ④ 27 ① 28 ③

29 LPG 충전시설의 충전소에 기재한 "화기엄금"이라고 표시한 게시판의 색깔로 옳은 것은?

① 황색 바탕에 흑색 글씨
② 황색 바탕에 적색 글씨
③ 흰색 바탕에 흑색 글씨
④ 흰색 바탕에 적색 글씨

30 고압가스 제조시설에 설치되는 피해저감설비로 방호벽을 설치해야 하는 경우가 아닌 것은?

① 압축기와 충전장소 사이
② 압축기와 가스충전용기 보관장소 사이
③ 충전장소와 충전용 주관밸브 조작밸브 사이
④ 압축기와 저장탱크 사이

해설
방호벽 설치장소
• 압축기와 그 충전장소 사이
• 압축기와 그 가스충전용기 보관장소 사이
• 충전장소와 그 가스충전용기 보관장소 사이 및 충전장소와 그 충전용 주관밸브, 조작밸브 사이

31 LPG를 수송할 때의 주의사항으로 틀린 것은?

① 운전 중이나 정차 중에도 허가된 장소를 제외하고는 담배를 피워서는 안 된다.
② 운전자는 운전기술 외에 LPG의 취급 및 소화기 사용 등에 관한 지식을 가져야 한다.
③ 주차할 때는 안전한 장소에 주차하며, 운반책임자와 운전자는 동시에 차량에서 이탈하지 않는다.
④ 누출됨을 알았을 때는 가까운 경찰서, 소방서까지 직접 운행하여 알린다.

해설
누출됨을 알았을 때는 운행을 즉시 중단하고 가까운 경찰서, 소방서에 알린다.

32 흡수식 냉동기에서 냉매로 물을 사용할 경우 흡수제로 사용하는 것은?

① 암모니아
② 사염화에탄
③ 리튬브로마이드
④ 파라핀유

해설
리튬브로마이드는 물을 잘 흡수하는 물질이다.

33 LPG(C_4H_{10}) 공급방식에서 공기를 3배 희석했다면 발열량은 약 몇 kcal/Sm^3이 되는가?(단, C_4H_{10}의 발열량은 30,000kcal/Sm^3으로 가정한다)

① 5,000
② 7,500
③ 10,000
④ 11,000

해설

$$희석발열량 = \frac{표준발열량}{1+희석배수}$$

$$x = \frac{30,000}{1+3} = 7,500 \frac{kcal}{Sm^3}$$

34 도시가스 제조공정 중 접촉분해공정에 해당하는 것은?

① 저온수증기 개질법
② 열분해 공정
③ 부분연소 공정
④ 수소화분해 공정

35 신규검사에 합격된 용기의 각인사항과 그 기호의 연결이 틀린 것은?

① 내용적 : V
② 최고충전압력 : FP
③ 내압시험압력 : TP
④ 용기의 질량 : M

해설
용기의 질량 : W

36 수소와 다음 중 어떤 가스를 동일 차량에 적재하여 운반하는 때에 그 충전용기와 밸브가 서로 마주 보지 않도록 적재하여야 하는가?

① 산 소
② 아세틸렌
③ 브롬화메탄
④ 염 소

해설
수소와 산소를 동일 차량에 적재하여 운반할 때에는 그 충전용기와 밸브가 서로 마주 보지 않도록 적재하여야 한다.

37 액화석유가스의 냄새측정 기준에서 사용하는 용어에 대한 설명으로 옳지 않은 것은?

① 시험가스란 냄새를 측정할 수 있도록 액화석유가스를 기화시킨 가스를 말한다.
② 시험자란 미리 선정한 정상적인 후각을 가진 사람으로서 냄새를 판정하는 자를 말한다.
③ 시료기체란 시험가스를 청정한 공기로 희석한 판정용 기체를 말한다.
④ 희석배수란 시료기체의 양을 시험가스의 양으로 나눈 값을 말한다.

해설
패널(Panel) : 미리 선정한 정상적인 후각을 가진 사람으로서 냄새를 판정하는 자를 말한다.

38 압력계의 측정방법에는 탄성을 이용하는 것과 전기적 변화를 이용하는 방법 등이 있다. 다음 중 전기적 변화를 이용하는 압력계는?

① 부르동관 압력계
② 벨로스 압력계
③ 스트레인게이지
④ 다이어프램 압력계

해설
스트레인게이지 : 전기적 변화를 이용하는 압력계

39 염화메탄을 사용하는 배관에 사용해서는 안 되는 금속은?

① 철 ② 강
③ 동합금 ④ 알루미늄

해설
염화메탄이 반응을 일으키는 금속 : 마그네슘, 알루미늄, 아연

40 가스를 그대로 대기 중에 분출시켜 연소에 필요한 공기를 전부 불꽃의 주변에서 취하는 연소방식은?

① 적화식 ② 분젠식
③ 세미분젠식 ④ 전1차 공기식

해설

구 분		예혼합연소			확산연소
		전1차 공기식	분젠식	세미 분젠식	적화식
필요 공기	1차 공기(%)	100%	40~70%	30~40%	0%
	2차 공기(%)	0%	60~30%	70~60%	100%
불꽃의 색		청록색	청록색	청 색	약간 적색
불꽃의 길이		짧다.	짧다.	약간 길다.	길다.
불꽃의 온도(℃)		950	1,300	1,000	900

41 가스가 누출되었을 때 조치로 가장 적당한 것은?

① 용기밸브가 열려서 누출 시 부근 화기를 멀리하고 즉시 밸브를 잠근다.
② 용기밸브 파손으로 누출 시 전부 대피한다.
③ 용기 안전밸브 누출 시 그 부위를 열습포로 감싸준다.
④ 가스 누출로 실내에 가스 체류 시 그냥 놔두고 밖으로 피신한다.

해설
가스가 누출되면 즉시 밸브를 잠근다.

42 도시가스 품질검사 시 허용기준 중 틀린 것은?

① 전유황 : 30mg/m^3 이하
② 암모니아 : 10mg/m^3 이하
③ 할로겐 총량 : 10mg/m^3 이하
④ 실록산 : 10mg/m^3 이하

해설
암모니아는 도시가스 1m^3당 0.2g(200mg) 초과하지 못하게 하여야 한다.

정답 38 ③ 39 ④ 40 ① 41 ① 42 ②

43 고압식 공기액화 분리장치의 복식정류탑 하부에서 분리되어 액체산소 저장탱크에 저장되는 액체 산소의 순도는 약 얼마인가?

① 99.6~99.8%
② 96~98%
③ 90~92%
④ 88~90%

해설
고압식 공기액화 분리장치의 복식정류탑 하부에서 분리되어 액체 산소 저장탱크에 저장되는 액체 산소의 순도 : 99.6~99.8%

44 다음 보기의 특징을 가지는 펌프는?

보기
- 고압, 소유량에 적당하다.
- 토출량이 일정하다.
- 송수량의 가감이 가능하다.
- 맥동이 일어나기 쉽다.

① 원심 펌프
② 왕복 펌프
③ 축류 펌프
④ 사류 펌프

해설
왕복 펌프 : 단속적이므로 맥동이 일어나기 쉽다.

45 수소와 산소 또는 공기와의 혼합기체에 점화하면 급격히 화합하여 폭발하므로 위험하다. 이 혼합기체를 무엇이라고 하는가?

① 염소폭명기
② 수소폭명기
③ 산소폭명기
④ 공기폭명기

해설
수 소
- 수소폭명기 : $2H_2 + O_2 \rightarrow 2H_2O$
- 염소폭명기 : $H_2 + Cl_2 \rightarrow 2HCl$

46 액화석유가스 사용시설에서 LPG 용기 집합설비의 저장능력이 얼마 이하일 때 용기, 용기밸브, 압력조정기가 직사광선, 눈 또는 빗물에 노출되지 않도록 해야 하는가?

① 50kg 이하
② 100kg 이하
③ 300kg 이하
④ 500kg 이하

해설
액화석유가스 사용시설에서 LPG 용기 집합설비의 저장능력이 100kg 이하일 때 용기, 용기밸브, 압력조정기가 직사광선, 눈 또는 빗물에 노출되지 않도록 해야 한다.

정답 43 ① 44 ② 45 ② 46 ②

47 에어졸 제조설비와 인화성 물질과의 최소 우회거리는?

① 3m 이상
② 5m 이상
③ 8m 이상
④ 10m 이상

해설
에어졸 제조설비와 인화성 물질과의 최소 우회거리 : 8m 이상

48 가스계량기와 전기개폐기와의 최소 안전거리는?

① 15cm   ② 30cm
③ 60cm   ④ 80cm

해설
가스계량기 설치기준
- 가스계량기는 화기와 2m 이상의 우회거리를 유지하는 곳에 설치할 것
- 가스계량기($30m^3$/hr 미만인 경우만을 말한다)의 설치 높이는 바닥으로부터 1.6m 이상 2m 이내에 수직·수평으로 설치하고 밴드·보호가대 등 고정장치로 고정시킬 것. 다만, 보호상자 내에 설치, 기계실에 설치, 보일러실(가정에 설치된 보일러실 제외)에 설치 또는 문이 달린 파이프 덕트에 설치하는 경우 바닥으로부터 2m 이내에 설치한다.
- 가스계량기와 전기계량기 및 전기개폐기의 거리는 60cm 이상
- 가스계량기와 굴뚝(단열조치하지 않은 경우), 전기점멸기 및 전기접속기와의 거리는 30cm 이상
- 가스계량기와 절연조치하지 않은 전선과의 거리는 15cm 이상

49 재료에 인장과 압축하중을 오랜 시간 반복적으로 작용시키면 그 응력이 인장강도보다 작은 경우에도 파괴되는 현상은?

① 인성파괴
② 피로파괴
③ 취성파괴
④ 크리프파괴

해설
피로파괴 : 재료에 인장과 압축하중을 오랜 시간 반복적으로 작용시키면 그 응력이 인장강도보다 작은 경우에도 파괴되는 현상

50 강관의 녹을 방지하기 위해 페인트를 칠하기 전에 먼저 사용되는 도료는?

① 알루미늄 도료
② 산화철 도료
③ 합성수지 도료
④ 광명단 도료

해설
광명단 도료 : 강관의 녹을 방지하기 위해 페인트를 칠하기 전에 먼저 사용되는 도료

51 다음 중 1atm에 해당하지 않는 것은?

① 760mmHg   ② 14.7psi
③ 29.92inHg   ④ 1,013kg/m^2

해설
$$1atm = 760mmHg = 10.332mmH_2O\left(mmAq = \frac{kg}{m^2}\right)$$
$$= 1.0332\frac{kg}{cm^2} = 14.7psi\left(=\frac{lb}{inch^2}\right) = 1,013.25mbar$$
$$= 101,325Pa\left(=\frac{N}{m^2}\right)$$

52 고압가스 특정제조시설에서 긴급이송설비에 의하여 이송되는 가스를 안전하게 연소시킬 수 있는 장치는?

① 플레어스택
② 벤트스택
③ 인터로크기구
④ 긴급차단장치

해설
플레어스택 : 연소 후 발생하는 폐가스를 완전연소시킨 후 대기 중으로 보내는 장치

53 300kg의 액화프레온12(R-12)가스를 내용적 50L 용기에 충전할 때 필요한 용기의 개수는?(단, 가스정수 C는 0.86이다)

① 5개 ② 6개
③ 7개 ④ 8개

해설
액화가스 용기 및 차량에 고정된 탱크인 경우
$$W = \frac{V_2}{C} = \frac{50}{0.86} = 58.14\text{kg}$$
즉, 1개 용기 속에 최대한 58.14kg을 담을 수 있다.
그러므로 $\frac{300}{58.14} = 5.16$ 즉, 용기의 개수는 6개이다.

54 도시가스로 천연가스를 사용하는 경우 가스누출경보기의 검지부 설치 위치로 가장 적합한 것은?

① 바닥에서 15cm 이내
② 바닥에서 30cm 이내
③ 천장에서 15cm 이내
④ 천장에서 30cm 이내

해설
가스누출경보기의 검지부 설치 위치
• 공기보다 무거운 가스 : 바닥에서 30cm 이내
• 공기보다 가벼운 가스 : 천장에서 30cm 이내

55 가스 액화 분리장치에서 냉동사이클과 액화사이클을 응용한 장치는?

① 한랭발생장치
② 정유분출장치
③ 정유흡수장치
④ 불순물제거장치

56 LP가스 공급 방식 중 강제기화방식의 특징에 대한 설명 중 틀린 것은?

① 기화량 가감이 용이하다.
② 공급가스의 조성이 일정하다.
③ 계량기를 설치하지 않아도 된다.
④ 한랭 시에도 충분히 기화시킬 수 있다.

해설
LP가스 공급 방식 중 강제기화방식의 특징
• 기화량 가감이 용이하다.
• 공급가스의 조성이 일정하다.
• 계량기를 설치하여야 한다.
• 한랭 시에도 충분히 기화시킬 수 있다.

57 다음 중 폭발범위가 가장 넓은 가스는?

① 암모니아
② 메 탄
③ 황화수소
④ 일산화탄소

해설
가연성가스의 폭발범위
- 암모니아 : 15~28%
- 메탄 : 5~15%
- 황화수소 : 4.3~45%
- 일산화탄소 : 12.5~74%

58 건축물 내 도시가스 매설배관으로 부적합한 것은?

① 동 관
② 강 관
③ 스테인리스강
④ 가스용 금속플렉시블호스

해설
가스용 탄소강관은 부식성이 높기 때문에 매설할 수 없다.

59 아세틸렌은 폭발 형태에 따라 크게 3가지로 분류된다. 이에 해당되지 않는 폭발은?

① 화합폭발
② 중합폭발
③ 산화폭발
④ 분해폭발

해설
아세틸렌은 폭발 형태
- 화합폭발 반응식 : $C_2H_2 + 2Cu \rightarrow Cu_2C_2 + H_2$
- 산화폭발 반응식 : $C_2H_2 + 2.5O_2 \rightarrow 2CO_2 + H_2O$
- 분해폭발 반응식 : $C_2H_2 \rightarrow 2C + H_2$

60 다음 중 왕복식 펌프에 해당하는 것은?

① 기어펌프
② 베인펌프
③ 터빈펌프
④ 플런저펌프

해설
펌프의 분류

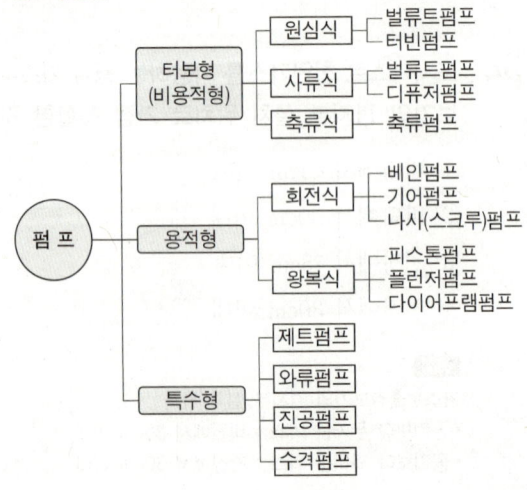

2019년 제2회 과년도 기출복원문제

01 펌프의 실제 송출유량을 Q, 펌프 내부에서의 누설유량을 $0.6Q$, 임펠러 속을 지나는 유량을 $1.6Q$라 할 때 펌프의 체적효율(η_v)은?

① 37.5% ② 40%
③ 60%   ④ 62.5%

[해설]
펌프의 체적효율 : $\left(1 - \dfrac{0.6Q}{1.6Q}\right) \times 100 = 62.5\%$

02 고압가스의 성질에 따른 분류가 아닌 것은?

① 가연성가스 ② 액화가스
③ 조연성가스 ④ 불연성가스

[해설]
- 고압가스의 성질에 따른 분류 : 가연성, 조연성, 불연성
- 고압가스의 상태에 따른 분류 : 압축가스, 액화가스, 용해가스

03 일반도시가스사업 정압기실에 설치되는 기계환기설비 중 배기구의 관경은 얼마 이상으로 하여야 하는가?

① 10cm ② 20cm
③ 30cm ④ 50cm

[해설]
정압기실에 설치되는 기계환기설비 중 배기구의 관경 : 100mm 이상

04 액화가스를 충전하는 탱크는 그 내부에 액면요동을 방지하기 위하여 무엇을 설치하여야 하는가?

① 방파판
② 안전밸브
③ 액면계
④ 긴급차단장치

05 차량에 고정된 탱크 중 독성가스는 내용적을 얼마 이하로 하여야 하는가?

① 12,000L
② 15,000L
③ 16,000L
④ 18,000L

[해설]
차량에 고정된 탱크의 내용적 제한
- 가연성가스 및 산소탱크의 내용적(다만, LPG는 제외) : 18,000L 이하
- 독성가스탱크의 내용적(다만, 액화암모니아는 제외) : 12,000L 이하

정답 1 ④ 2 ② 3 ① 4 ① 5 ①

06 배관 속을 흐르는 액체의 속도를 급격히 변화시키면 물이 관벽을 치는 현상이 일어나는데 이런 현상을 무엇이라 하는가?

① 캐비테이션 현상
② 워터해머링 현상
③ 서징현상
④ 맥동현상

> **해설**
> **수격작용(Water Hammering)** : 관 속의 유속이 급속히 변화하면 물에 의한 압력의 변화가 생기는 현상으로 배관이 진동하거나 소음을 일으키는 현상

07 구조가 간단하고 고압, 고온 밀폐탱크의 압력까지 측정이 가능하여 가장 널리 사용되는 액면계는?

① 클링커식 액면계
② 벨로스식 액면계
③ 차압식 액면계
④ 부자식 액면계

08 염소(Cl_2)에 대한 설명으로 틀린 것은?

① 황록색의 기체로 조연성이 있다.
② 강한 자극성의 취기가 있는 독성기체이다.
③ 수소와 염소의 등량 혼합기체를 염소폭명기라고 한다.
④ 건조 상태의 상온에서 강재에 대하여 부식성을 갖는다.

> **해설**
> 수분이 존재할 때 강재에 대하여 부식성을 갖는다.

09 도시가스의 매설 배관에 설치하는 보호판은 누출가스가 지면으로 확산되도록 구멍을 뚫는데 그 간격의 기준으로 옳은 것은?

① 1m 이하 간격
② 2m 이하 간격
③ 3m 이하 간격
④ 5m 이하 간격

> **해설**
> 보호판은 3m 간격으로 구멍을 뚫어 누출가스가 확산되도록 한다.

10 가스도매사업의 가스공급시설 중 배관을 지하에 매설할 때의 기준으로 틀린 것은?

① 배관은 그 외면으로부터 수평거리로 건축물까지 1.0m 이상을 유지한다.
② 배관은 그 외면으로부터 지하의 다른 시설물과 0.3m 이상의 거리를 유지한다.
③ 배관을 산과 들에 매설할 때는 지표면으로부터 배관의 외면까지의 매설깊이를 1m 이상으로 한다.
④ 배관은 지반 동결로 손상을 받지 아니하는 깊이로 매설한다.

> **해설**
> 배관은 산·들에는 1.0m 이상 그 밖의 그 외면으로부터 수평거리로 건축물까지 1.2m 이상을 유지한다.

11 고압가스 저장의 시설에서 가연성 가스시설에 설치하는 유동방지시설의 기준은?

① 높이 2m 이상의 내화성 벽으로 한다.
② 높이 1.5m 이상의 내화성 벽으로 한다.
③ 높이 2m 이상의 불연성 벽으로 한다.
④ 높이 1.5m 이상의 불연성 벽으로 한다.

해설
유동방지시설의 기준은 높이 2m 이상의 내화성 벽으로 한다.

12 측정압력은 0.01~10kg/cm² 정도, 오차는 ±1~2% 정도이며 유체 내의 먼지 등의 영향이 적으나 압력 변동에 적응하기 어렵고 주위 온도 오차에 의한 충분한 주의를 요하는 압력계는?

① 전기저항 압력계
② 벨로스(Bellows) 압력계
③ 부르동(Bourdon)관 압력계
④ 피스톤 압력계

해설
벨로스 압력계 : 주름관이 내압 변화에 따라서 신축되는 것을 이용한 것으로 진공압 및 차압 측정에 주로 사용되는 압력계로 측정압력이 0.01~10kg/cm² 정도이고, 오차가 ±1~2% 정도이며 유체 내의 먼지 등의 영향이 적으나, 압력 변동에 적응하기 어렵고 주위 온도 오차에 의한 충분한 주의를 필요로 한다.

13 다음 중 아세틸렌과 치환반응을 하지 않는 것은?

① Cu   ② Ag
③ Hg   ④ Ar

해설
아르곤(Ar)은 반응을 일으키지 않는 불활성원소이다.

14 SNG에 대한 설명으로 가장 적당한 것은?

① 액화석유가스   ② 액화천연가스
③ 정유가스   ④ 대체천연가스

해설
SNG(Substituted Natural Gas)의 S는 Synthetic(합성) 또는 Substitute(대체)의 뜻으로 대체천연가스 또는 합성천연가스라고 한다. LNG와 같이 공업용 및 도시가스용으로 사용되고 있다.

15 액화석유가스의 안전관리 및 사업법에서 정한 용어에 대한 설명으로 틀린 것은?

① 저장설비란 액화석유가스를 저장하기 위한 설비로서 각종 저장탱크 및 용기를 말한다.
② 저장탱크란 액화석유가스를 저장하기 위하여 지상 또는 지하에 고정 설치된 탱크로서 그 저장능력이 3톤 이상인 탱크를 말한다.
③ 용기집합설비란 2개 이상의 용기를 집합하여 액화석유가스를 저장하기 위한 설비를 말한다.
④ 충전용기란 액화석유가스 충전 질량의 90% 이상이 충전되어 있는 상태의 용기를 말한다.

해설
• "충전용기"란 고압가스의 충전질량 또는 충전압력의 2분의 1 이상이 충전되어 있는 상태의 용기
• "잔가스용기"란 고압가스의 충전질량 또는 충전압력의 2분의 1 미만이 충전되어 있는 상태의 용기

정답 11 ① 12 ② 13 ④ 14 ④ 15 ④

16 아세틸렌(C_2H_2)에 대한 설명으로 틀린 것은?

① 폭발범위는 수소보다 넓다.
② 공기보다 무겁고 황색의 가스이다.
③ 공기와 혼합되지 않아도 폭발할 수 있다.
④ 구리, 은, 수은 및 그 합금과 폭발성 화합물을 만든다.

해설
아세틸렌은 공기보다 가볍고 상온에서 무색, 무취의 기체상태로 존재하며 순수한 물질은 에테르와 비슷한 향기가 있으나 보통 공존하는 불순물 때문에 특유의 냄새가 난다.

17 가스용기의 취급 및 주의사항에 대한 설명으로 틀린 것은?

① 충전 시 용기는 용기 재검사 기간이 지나지 않았는지 확인한다.
② LPG 용기나 밸브를 가열할 때는 뜨거운 물(40℃ 이상)을 사용한다.
③ 충전한 후에는 용기밸브의 누출 여부를 확인한다.
④ 용기 내에 잔류물이 있을 때에는 잔류물을 제거하고 충전한다.

해설
LPG 용기나 밸브를 가열할 때는 열습포(40℃ 이하)를 사용한다.

18 부취제를 외기로 분출하거나 부취설비로부터 부취제가 흘러나오는 경우 냄새를 감소시키는 방법으로 가장 거리가 먼 것은?

① 연소법
② 수동조절
③ 화학적 산화처리
④ 활성탄에 의한 흡착

19 수소불꽃을 이용하여 탄화수소의 누출을 검지할 수 있는 가스누출검출기는?

① FID
② OMD
③ 접촉연소식
④ 반도체식

해설
FID : 수소이온화검출기

20 현열에 대한 가장 적절한 설명은?

① 물질이 상태 변화 없이 온도가 변할 때 필요한 열이다.
② 물질이 온도 변화 없이 상태가 변할 때 필요한 열이다.
③ 물질이 상태, 온도 모두 변할 때 필요한 열이다.
④ 물질이 온도 변화 없이 압력이 변할 때 필요한 열이다.

해설
현열(감열) : 상태 변화는 없고 온도 변화가 있을 때 출입하는 열량$\left(\dfrac{kcal}{kg\ ℃}\right)$, $Q = GC\Delta t$

정답 16 ② 17 ② 18 ② 19 ① 20 ①

21 압축 또는 액화 그 밖의 방법으로 처리할 수 있는 가스의 용적이 1일 100m³ 이상인 사업소는 압력계를 몇 개 이상 비치하도록 되어 있는가?

① 1　　　② 2
③ 3　　　④ 4

해설
가스의 용적이 1일 100m³ 이상인 사업소의 표준이 되는 압력계 : 2개 이상 비치

22 액화산소 저장탱크 저장능력이 1,000m³일 때 방류둑의 용량은 얼마 이상으로 설치하여야 하는가?

① 400m³　　　② 500m³
③ 600m³　　　④ 1,000m³

해설
액화산소 저장탱크 : 저장능력에 상당용적 60% 이상

23 용기 종류별 부속품의 기호 표시로서 틀린 것은?

① AG : 아세틸렌가스를 충전하는 용기의 부속품
② PG : 압축가스를 충전하는 용기의 부속품
③ LG : 액화석유가스를 충전하는 용기의 부속품
④ LT : 초저온 용기 및 저온 용기의 부속품

해설
용기 종류별 부속품의 기호

용기 종류	기 호
아세틸렌가스를 충전하는 용기의 부속품	AG
압축가스를 충전하는 용기의 부속품	PG
액화석유가스를 충전하는 용기의 부속품	LPG
액화석유가스 외의 액화가스를 충전하는 용기의 부속품	LG
초저온용기 및 저온용기의 부속품	LT

24 액화가스의 이송 펌프에서 발생하는 캐비테이션현상을 방지하기 위한 대책으로서 틀린 것은?

① 흡입 배관을 크게 한다.
② 펌프의 회전수를 크게 한다.
③ 펌프의 설치 위치를 낮게 한다.
④ 펌프의 흡입구 부근을 냉각한다.

해설
공동현상의 방지대책
- 펌프의 흡입 측 수두, 마찰손실을 작게 한다.
- 펌프 임펠러 속도를 낮게 한다.
- 펌프 흡입관경을 크게 한다.
- 펌프 설치 위치를 수원보다 낮게 하여야 한다.
- 펌프 흡입압력을 유체의 증기압보다 높게 한다.
- 양흡입 펌프를 사용하여야 한다.
- 양흡입 펌프로 부족 시 펌프를 2대로 나눈다.

25 가스홀더의 압력을 이용하여 가스를 공급하며 가스제조공장과 공급지역이 가깝거나 공급면적이 좁을 때 적당한 가스공급방법은?

① 저압공급방식
② 중앙공급방식
③ 고압공급방식
④ 초고압공급방식

해설
저압공급방식 : 가스홀더의 압력을 이용하여 가스를 공급방식

정답 21 ②　22 ③　23 ③　24 ②　25 ①

26 다음 중 아세틸렌의 발생방식이 아닌 것은?

① 주수식 : 카바이드에 물을 넣는 방법
② 투입식 : 물에 카바이드를 넣는 방법
③ 접촉식 : 물과 카바이드를 소량씩 접촉시키는 방법
④ 가열식 : 카바이드를 가열하는 방법

27 다음 중 사용신고를 하여야 하는 특정고압가스에 해당하지 않는 것은?

① 게르만
② 삼플루오린화질소
③ 사플루오린화규소
④ 오플루오린화붕소

해설
특정고압가스 : 수소, 산소, 액화암모니아, 아세틸렌, 액화염소, 천연가스, 압축모노실란, 압축다이보레인, 액화알진 그 밖의 대통령이 정하는 고압가스
※ 대통령령으로 정하는 특정고압가스 : 포스핀, 셀렌화수소, 게르만, 다이실란, 오플루오린화비소, 오플루오린화인, 삼플루오린화인, 삼플루오린화질소, 삼플루오린화붕소, 사플루오린화유황, 사플루오린화규소

28 도시가스 배관의 매설심도를 확보할 수 없거나 타 시설물과 이격거리를 유지하지 못하는 경우 등에는 보호판을 설치한다. 압력이 중압 배관일 경우 보호판의 두께 기준은?

① 3mm   ② 4mm
③ 5mm   ④ 6mm

해설
압력이 중압 배관일 경우 보호판의 두께 : 4mm 이상

29 일반도시가스의 배관을 철도부지 밑에 매설할 경우 배관의 외면과 지표면과의 거리는 몇 m 이상으로 하여야 하는가?

① 1.0m   ② 1.2m
③ 1.3m   ④ 1.5m

30 도시가스사용시설의 정압기실에 설치된 가스누출 경보기의 점검주기는?

① 1일 1회 이상
② 1주일 1회 이상
③ 2주일 1회 이상
④ 1개월 1회 이상

26 ④ 27 ④ 28 ② 29 ② 30 ②

31 저온장치에서 열의 침입 원인으로 가장 거리가 먼 것은?

① 내면으로부터의 열전도
② 연결 배관 등에 의한 열전도
③ 지지 요크 등에 의한 열전도
④ 단열재를 넣은 공간에 남은 가스의 분자 열전도

해설
저온 액체 저장설비에서 열의 침입요인
- 외면으로부터의 열복사
- 밸브 등에 의한 열전도
- 연결 파이프를 통한 열전도

32 다음 중 헨리의 법칙에 잘 적용되지 않는 가스는?

① 암모니아
② 수 소
③ 산 소
④ 이산화탄소

해설
헨리의 법칙에 잘 적용되지 않는 것은 물에 잘 녹는 가스이다.

33 도시가스배관에 설치하는 회생양극법에 의한 전위 측정용 터미널은 몇 m 이내의 간격으로 하여야 하는가?

① 200m
② 300m
③ 500m
④ 600m

해설
전기방식의 시공
- 희생양극법, 선택배류법, 강제배류법은 배관길이 300m 이내의 간격으로 설치한다.
- 외부전원법은 땅속의 애노드에 강제 전압을 가하여 피방식 금속제를 캐소드로 하는 전기방식법으로 배관길이 500m 이내의 간격으로 설치한다.

34 상용압력이 10MPa인 고압설비의 안전밸브 작동압력은 얼마인가?

① 10MPa
② 12MPa
③ 15MPa
④ 20MPa

해설
용기 및 설비에 따른 압력

압력의 종류	용 기		설비 (저장탱크, 용기집합장치, 배관 등)
	C_2H_2	C_2H_2 이외의 용기	
TP (내압시험압력)	FP×3배	FP×$\frac{5}{3}$	• 상용압력×1.5배(공기, 질소로 내압시험 시 상용압력×1.25배) • 냉동설비는 설계압력×1.5배 • 도시가스는 최고사용압력×1.5배
FP (최고충전압력)	15℃에서 1.55MPa	TP×$\frac{3}{5}$	—
AP (기밀시험압력)	FP×1.8배	FP(단, 저온, 초저온용기 =FP×1.1배)	• 상용압력 • 도시가스는 최고사용압력×1.1배
안전밸브 작동압력	TP×0.8배	TP×0.8배	TP×0.8배(단, 액화산소탱크=상용압력×1.5배)

결국, 고압설비의 안전밸브 작동압력 = $10 \times 1.5 \times \frac{8}{10} = 12\text{MPa}$

35 차량에 고정된 고압가스 탱크를 운행할 경우에 휴대하여야 할 서류가 아닌 것은?

① 차량등록증
② 탱크 테이블(용량 환산표)
③ 고압가스 이동계획서
④ 탱크 제조시방서

해설
차량에 고정된 고압가스 탱크를 운행할 경우에 휴대하여야 할 서류
- 차량등록증
- 탱크 테이블(용량 환산표)
- 고압가스 이동계획서

정답 31 ① 32 ① 33 ② 34 ② 35 ④

36 암모니아를 사용하는 고온, 고압가스 장치의 재료로 가장 적당한 것은?

① 동
② PVC 코팅강
③ 알루미늄 합금
④ 18-8 스테인리스강

해설
암모니아를 사용하는 고온, 고압가스 장치의 재료 : 18-8 스테인리스강

37 조정압력이 2.8kPa인 액화석유가스 압력조정기의 안전장치 작동표준압력은?

① 5.0kPa ② 6.0kPa
③ 7.0kPa ④ 8.0kPa

해설
안전장치 : 조정기 및 기구에 과도한 압력이 걸리는 것을 막기 위한 가스 방출장치 또는 가스 유출 저지장치, 기타 안전을 목적으로 해 놓은 장치를 말한다.
- 작동표준압력 : 7kPa
- 안전장치 작동 개시압력(안전밸브가 열리는 압력) : 5.6~8.4 kPa
- 안전장치 작동 정지압력(안전밸브가 열리면 가스가 배출되면서 압력이 낮아지므로 정지압력 범위에서 안전밸브가 닫히는 압력) : 5.04~8.4kPa

38 LNG의 특징에 대한 설명 중 틀린 것은?

① 냉열을 이용할 수 있다.
② 천연에서 산출한 천연가스를 약 -162℃까지 냉각하여 액화시킨 것이다.
③ LNG는 도시가스, 발전용 이외에 일반 공업용으로도 사용된다.
④ LNG로부터 기화한 가스는 부탄이 주성분이다.

해설
LNG로부터 기화한 가스는 메탄이 주성분이다.

39 다음 중 전기설비 방폭구조의 종류가 아닌 것은?

① 접지 방폭구조
② 유입 방폭구조
③ 압력 방폭구조
④ 안전증 방폭구조

해설
방폭구조의 종류

방폭구조	정의	기호
내압 방폭구조	용기 내 폭발 시 용기가 폭발압력을 견디며 접합면, 개구부를 통해 외부에 인화될 우려가 없는 구조	Ex d
압력 방폭구조	용기 내에 보호가스를 압입시켜 폭발성 가스나 증기가 용기 내부에 유입되지 않도록 된 구조	Ex p
안전증 방폭구조	정상운전 중에 점화원 발생 방지를 위해 기계적, 전기적 구조상 혹은 온도 상승에 대해 안전도를 증가한 구조	Ex e
유입 방폭구조	전기불꽃, 아크, 고온 발생 부분을 기름으로 채워 폭발성 가스 또는 증기에 인화되지 않도록 한 구조	Ex o
본질안전 방폭구조	정상 시 및 사고 시(단선, 단락, 지락)에 발생하는 폭발 점화원(전기불꽃, 아크, 고온)으로 인해 가연성 가스의 발생이 방지된 구조	Ex ia / Ex ib
비점화 방폭구조	정상동작 시 주변의 폭발성가스 또는 증기에 점화시키지 않고 점화 가능한 고장이 발생되지 않는 구조	Ex n
몰드 방폭구조	전기불꽃, 고온 발생 부분을 콤파운드로 밀폐한 구조	Ex m
충전 방폭구조	전기불꽃 등 발생 부분을 용기 내에 고정시키고 주위를 충전물질로 충전하여 가스의 유입, 인화를 방지한 구조	Ex q
특수 방폭구조	기타의 방법으로 폭발성 가스 또는 증기에 인화를 방지시킨 구조	Ex s
특수방진 방폭구조	틈새, 접합면 등으로 분진이 용기 내부에 침입하지 않도록 한 구조	Ex SDP
보통방진 방폭구조	틈새, 접합면 등으로 분진이 용기 내부에 침입하기 어렵게 한 구조	Ex DP
방진특수 방폭구조	기타의 방법으로 방진방폭성능이 확인된 구조	Ex XDP

정답 36 ④ 37 ③ 38 ④ 39 ①

40 다음 중 폭발한계의 범위가 가장 좁은 것은?

① 프로판 ② 암모니아
③ 수 소 ④ 아세틸렌

해설
가연성가스의 폭발범위
- 아세틸렌 : 2.5~81%
- 프로판 : 2.2~9.5%
- 수소 : 4~75%
- 암모니아 : 15~28%

41 도시가스 배관이 굴착으로 20m 이상이 노출되어 누출가스가 체류하기 쉬운 장소일 때 가스누출경보기는 몇 m마다 설치해야 하는가?

① 5 ② 10
③ 20 ④ 30

해설
도시가스 배관이 굴착으로 20m 이상이 노출되어 누출가스가 체류하기 쉬운 장소일 때 가스누출경보기는 20m마다 설치해야 한다.

42 비중이 0.5인 LPG를 제조하는 공장에서 1일 10만 L를 생산하여 24시간 정치 후 모두 산업현장으로 보낸다. 이 회사에서 생산하는 LPG를 저장하려면 저장용량이 5톤인 저장탱크 몇 개를 설치해야 하는가?

① 2 ② 5
③ 7 ④ 10

해설
1일 생산 가능한 LPG의 무게 = 비중 × 부피에서,
$0.5 \frac{kg}{L} \times 100,000L = 50,000kg$
저장탱크 1개의 저장용량은 5톤(5,000kg)이므로 저장탱크는 10개 필요하다.

43 LPG 기화장치의 작동원리에 따른 구분으로 저온의 액화가스를 조정기를 통하여 감압한 후 열교환기에 공급해 강제 기화시켜 공급하는 방식은?

① 해수가열 방식
② 가온감압 방식
③ 감압가열 방식
④ 중간 매체 방식

해설
감압가열 방식 : 저온의 액화가스를 조정기를 통하여 감압한 후 열교환기에 공급해 강제 기화시켜 공급하는 방식

44 다기능 가스안전계량기에 대한 설명으로 틀린 것은?

① 사용자가 쉽게 조작할 수 있는 테스트 차단 기능이 있는 것으로 한다.
② 통상의 사용 상태에서 빗물, 먼저 등이 침입할 수 없는 구조로 한다.
③ 차단밸브가 작동한 후에는 복원조작을 하지 않는 한 열리지 않는 구조로 한다.
④ 복원을 위한 버튼이나 레버 등은 조작을 쉽게 실시할 수 있는 위치에 있는 것으로 한다.

해설
사용자가 쉽게 조작할 수 없도록 한다.

45 프로판을 완전연소시켰을 때 주로 생성되는 물질은?

① CO_2, H_2
② CO_2, H_2O
③ C_2H_4, H_2O
④ C_4H_{10}, CO

해설
프로판 완전연소
$C_3H_8 + 5O_2 \rightarrow 3CO_2 + 4H_2O$

46 가스 공급시설의 임시사용 기준 항목이 아닌 것은?

① 공급의 이익 여부
② 도시가스의 공급이 가능한지의 여부
③ 가스 공급시설을 사용할 때 안전을 해칠 우려가 있는지 여부
④ 도시가스의 수급상태를 고려할 때 해당 지역에 도시가스의 공급이 필요한지의 여부

해설
공급의 이익 여부는 가스 공급시설의 임시사용 기준 항목이 아니다.

47 폭발범위에 대한 설명으로 옳은 것은?

① 공기 중의 폭발범위는 산소 중의 폭발범위보다 넓다.
② 공기 중 아세틸렌가스의 폭발범위는 약 4~71%이다.
③ 한계산소 농도치 이하에서는 폭발성 혼합가스가 생성된다.
④ 고온·고압일 때 폭발범위는 대부분 넓어진다.

해설
① 공기 중의 폭발범위는 산소 중의 폭발범위보다 좁다.
② 공기 중 아세틸렌가스의 폭발범위는 약 2.5~81%이다.
③ 한계산소 농도치 이하에서는 폭발성 혼합가스가 생성되지 않는다.

48 액화독성가스의 운반질량이 1,000kg 미만 이동 시 휴대해야 할 소석회는 몇 kg 이상이어야 하는가?

① 20kg   ② 30kg
③ 40kg   ④ 50kg

해설
약제

품 명	액화가스질량이 1,000kg 미만인 경우	액화가스질량이 1,000kg 이상인 경우
소석회	20kg 이상	40kg 이상

49 고압가스 배관재료로 사용되는 동관의 특징에 대한 설명으로 틀린 것은?

① 가공성이 좋다.
② 열전도율이 작다.
③ 시공이 용이하다.
④ 내식성이 크다.

해설
동관의 특징
• 가공성이 좋다.
• 열전도율이 크다.
• 시공이 용이하다.
• 내식성이 크다.

50 공기 중 함유량이 큰 것부터 차례로 나열된 것은?

① 네온 > 아르곤 > 헬륨
② 네온 > 헬륨 > 아르곤
③ 아르곤 > 네온 > 헬륨
④ 아르곤 > 헬륨 > 네온

해설
아르곤(0.94%) > 네온(0.00182%) > 헬륨(0.000524%)

51 나사압축기에서 숫로터의 직경 150mm, 로터 길이 100mm, 회전수가 350rpm이라고 할 때 이론적 토출량은 약 몇 m³/min인가?(단, 로터 형상에 의한 계수(C_v)는 0.476이다)

① 0.11
② 0.21
③ 0.37
④ 0.47

해설
나사압축기의 토출량 계산
$$Q = C_v \times D^3 \times \frac{L}{D} \times n \times 60 \left(\frac{m^3}{h}\right)$$
$$= 0.476 \times (0.15)^3 \times \frac{0.1}{0.15} \times 350 \times 60 \left(\frac{m^3}{h}\right) = 22.49 \frac{m^3}{h}$$

즉, $22.49 \frac{m^3}{h} \times \frac{1h}{60min} = 0.37 \frac{m^3}{min}$

52 나프타의 성상과 가스화에 미치는 영향 중 PONA 값의 각 의미에 대하여 잘못 나타낸 것은?

① P : 파라핀계 탄화수소
② O : 올레핀계 탄화수소
③ N : 나프텐계 탄화수소
④ A : 지방족 탄화수소

해설
A : 방향족 탄화수소

정답 49 ② 50 ③ 51 ③ 52 ④

53 도시가스시설의 설치공사 또는 변경공사를 하는 때에 이루어지는 주요공정 시공감리 대상은?

① 도시가스사업자 외의 가스공급시설 설치자의 배관 설치공사
② 가스도매사업자의 가스공급시설 설치공사
③ 일반도시가스사업자의 정압기 설치공사
④ 일반도시가스사업자의 제조소 설치공사

해설
도시가스시설 주요공정 시공감리 대상 : 도시가스사업자 외의 가스공급시설 설치자의 배관 설치공사

54 저비점(低沸點) 액체용 펌프 사용상의 주의사항으로 틀린 것은?

① 밸브와 펌프 사이에 기화가스를 방출할 수 있는 안전밸브를 설치한다.
② 펌프의 흡입·토출관에는 신축 조인트를 장치한다.
③ 펌프는 가급적 저장용기로부터 멀리 설치한다.
④ 운전 개시 전에는 펌프를 청정하여 건조한 다음 펌프를 충분히 예랭한다.

해설
펌프는 가급적 저장용기로부터 가까이 설치한다.

55 재검사 용기 및 특정설비의 파기방법으로 틀린 것은?

① 잔가스를 전부 제거한 후 절단한다.
② 절단 등의 방법으로 파기하여 원형으로 가공할 수 없도록 한다.
③ 파기 시에는 검사장소에서 검사원 입회하에 사용자가 실시할 수 있다.
④ 파기 물품은 검사 신청인이 인수시한 내에 인수하지 아니한 때도 검사인이 임의로 매각처분하면 안 된다.

해설
재검사의 용기 및 특정설비 파기방법
- 절단 등의 방법으로 파기하여 원형으로 가공할 수 없도록 할 것
- 잔가스를 전부 제거한 후 절단할 것
- 검사신청인에게 파기의 사유·일시·장소 및 인수시한 등을 통지하고 파기할 것
- 파기하는 때에는 검사장소에서 검사원으로 하여금 직접 실시하게 하거나 검사원 입회하에 용기 및 특정설비의 사용자로 하여금 실시하게 할 것
- 파기한 물품은 검사신청인이 인수시한(통지한 날부터 1개월 이내) 내에 인수하지 아니하는 때에는 검사기관으로 하여금 임의로 매각 처분하게 할 것

56 다음 중 같은 성질을 가스로만 나열된 것은?

① 에탄, 에틸렌
② 암모니아, 산소
③ 오존, 아황산가스
④ 헬륨, 염소

해설
① 에탄, 에틸렌 : 가연성가스
② 암모니아, 산소 : 독성, 조연성
③ 오존, 아황산가스 : 조연성, 독성
④ 헬륨, 염소 : 불연성, 조연성

정답 53 ① 54 ③ 55 ④ 56 ①

57 제0종 장소에는 원칙적으로 어떤 방폭구조의 것으로 하여야 하는가?

① 내압방폭구조
② 본질안전방폭구조
③ 특수방폭구조
④ 안전증방폭구조

59 2,000rpm으로 회전하는 펌프를 3,500rpm으로 변환하였을 경우 펌프의 유량과 양정은 각각 몇 배가 되는가?

① 유량 : 2.65, 양정 : 4.12
② 유량 : 3.06, 양정 : 1.75
③ 유량 : 3.06, 양정 : 5.36
④ 유량 : 1.75, 양정 : 3.06

해설
펌프의 상사법칙

- $\Delta Q_2 = \Delta Q_1 \times \left(\dfrac{N_2}{N_1}\right)^1 \times \left(\dfrac{D_2}{D_1}\right)^3$

- $\Delta P_2 = P_1 \times \left(\dfrac{N_2}{N_1}\right)^2 \times \left(\dfrac{D_2}{D_1}\right)^2$

- $\Delta Kw_2 = \Delta Kw_1 \times \left(\dfrac{N_2}{N_1}\right)^3 \times \left(\dfrac{D_2}{D_1}\right)^5$

여기서, 1 : 변화 전 2 : 변화 후
ΔQ : 유량 N : 회전수
D : 배관의 직경 ΔP : 양정
ΔKw : 동력

유량 : $\Delta Q_2 = \Delta Q_1 \times \left(\dfrac{N_2}{N_1}\right)^1$

$\Delta Q_2 = 1 \times \left(\dfrac{3,500}{2,000}\right)^1 = 1.75$

양정 : $\Delta P_2 = P_1 \times \left(\dfrac{N_2}{N_1}\right)^2$

$\Delta P_2 = 1 \times \left(\dfrac{3,500}{2,000}\right)^2 = 3.06$

58 고압가스 설비에 장치하는 압력계의 최고 눈금의 기준은?

① 내압시험 압력의 1배 이상 2배 이하
② 상용압력의 1.5배 이상 2배 이하
③ 상용압력의 2배 이상 3배 이하
④ 내압시험 압력의 1.5배 이상 2배 이하

해설
압력계의 최고 눈금범위 : 상용압력의 1.5~2배

60 부탄(C_4H_{10}) 용기에서 액체 580g이 대기 중에 방출되었다. 표준 상태에서 부피는 몇 L가 되는가?

① 150   ② 210
③ 224   ④ 230

해설
부탄의 분자량(58g) : 22.4L = 580g : x L
∴ $x = 224$ L

정답 57 ② 58 ② 59 ④ 60 ③

2020년 제1회 과년도 기출복원문제

01 폭굉유도거리(DID)에 대한 설명으로 옳은 것은?

① 관경이 클수록 짧다.
② 압력이 낮을수록 짧다.
③ 점화원의 에너지가 약할수록 짧다.
④ 정상 연소속도가 빠른 혼합가스일수록 짧다.

해설
폭굉유도거리(DID)가 짧아지는 조건
- 정상 연소속도가 큰 혼합가스일수록
- 관속에 방해물이 있거나 지름이 작을수록
- 고압일수록
- 점화원의 에너지가 강할수록

02 습식 가스미터 특징에 대한 설명으로 옳지 않은 것은?

① 계량이 정확하다.
② 설치 공간이 작다.
③ 사용 중에 기차의 변동이 거의 없다.
④ 사용 중에 수위 조정 등의 관리가 필요하다.

해설
습식 가스미터는 설치 공간이 크다.

03 아세틸렌을 용기에 충전할 때에는 미리 용기에 다공 물질을 고르게 채운 후 침윤 및 충전을 하여야 한다. 이때 다공도는 얼마로 해야 하는가?

① 75% 이상, 92% 미만
② 70% 이상, 95% 미만
③ 62% 이상, 75% 미만
④ 92% 이상

해설
충전용기
- 다공도 계산공식

$$다공도 = \frac{V(다공질물의\ 용적) - E(침윤\ 잔용적)}{V(다공질물의\ 용적)}$$

- 다공질물의 다공도 : 20℃에서 75% 이상 92% 미만
- 충전 시 온도에 관계없이 2.5MPa 이하로 하고, 충전은 2~3회에 걸쳐 최소 8시간 정도 소요되도록 한다. 충전 후 24시간 동안 정치하며, 정치압력은 15℃에서 1.5MPa 이하로 한다.
- 아세틸렌의 희석제 : 프로판, 메탄, 에틸렌, 질소, 수소, 일산화탄소, 이산화탄소

04 고압가스 운반 등의 기준으로 틀린 것은?

① 고압가스를 운반하는 때에는 재해 방지를 위하여 필요한 주의사항을 기재한 서면을 운전자에게 교부하고 운전 중 휴대하게 한다.
② 차량의 고장, 교통 사정 또는 운전자의 휴식 등 부득이한 경우를 제외하고는 장시간 정차하여서는 안 된다.
③ 고속도로 운행 중 점심식사를 하기 위해 운반책임자와 운전자가 동시에 차량을 이탈할 때에는 시건장치를 하여야 한다.
④ 지정한 도로, 시간, 속도에 따라 운반하여야 한다.

해설
고속도로 운행 중 점심식사를 하기 위해 운반책임자와 운전자가 동시에 차량을 이탈하여서는 안 된다.

정답 1 ④ 2 ② 3 ① 4 ③

05 다음 중 성질이 같은 가스로만 나열된 것은?

① 에탄, 에틸렌
② 암모니아, 산소
③ 오존, 아황산가스
④ 헬륨, 염소

해설
① 에탄, 에틸렌 : 가연성 가스
② 암모니아, 산소 : 독성, 조연성
③ 오존, 아황산가스 : 조연성, 독성
④ 헬륨, 염소 : 불연성, 조연성

06 사고를 일으키는 장치의 이상이나 운전자 실수의 조합을 연역적으로 분석하는 정량적 위험성 평가 기법은?

① 사건수 분석(ETA)기법
② 결함수 분석(FTA)기법
③ 위험과 운전 분석(HAZOP)기법
④ 이상위험도 분석(FMECA)기법

해설
① 사건수 분석(ETA)기법 : 초기 사건으로 알려진 특정한 장치의 이상이나 운전자의 실수로부터 발생되는 잠재적인 사고결과를 분석하는 기법
③ 위험과 운전 분석(HAZOP)기법 : 공정에 존재하는 위험요소들과 공정의 효율성을 떨어뜨릴 수 있는 운전상의 문제점을 찾아내어 그 원인을 제거하는 기법

07 고압가스 운반, 취급에 관한 안전사항 중 염소와 동일 차량에 적재하여 운반이 가능한 가스는?

① 아세틸렌 ② 암모니아
③ 질 소   ④ 수 소

해설
염소와 암모니아, 아세틸렌, 수소는 동일 차량에 운반할 수 없다.

08 고압가스 배관재료로 사용되는 동관의 특징으로 틀린 것은?

① 가공성이 좋다.
② 열전도율이 작다.
③ 시공이 용이하다.
④ 내식성이 크다.

해설
동관은 열전도율이 우수하다.

09 원통형의 관을 흐르는 물 중심부의 유속을 피토관으로 측정하였더니 수주의 높이가 10m이었다. 이 때 유속은 약 몇 m/s인가?

① 10   ② 14
③ 20   ④ 26

해설
유속(V) = $\sqrt{2gh}$ = $\sqrt{2 \times 9.8 \times 10}$ = 14

정답 5 ① 6 ② 7 ③ 8 ② 9 ②

10 LP가스를 이용한 도시가스 공급방식이 아닌 것은?

① 직접 혼입방식
② 공기 혼합방식
③ 변성 혼입방식
④ 생가스 혼합방식

해설
LP가스를 이용한 도시가스 공급방식
- 직접 혼입방식
- 공기 혼합방식
- 변성 혼입방식

11 도시가스의 주원료인 메탄(CH_4)의 비점은 약 얼마인가?

① -50℃
② -82℃
③ -120℃
④ -162℃

12 다음 중 온도의 단위가 아닌 것은?

① °F
② °C
③ °R
④ °T

해설
온도
- K = 273 + ℃
- °F = $\frac{9}{5}$ ℃ + 32
- °R = °F + 460

13 염소가스압축기에 주로 사용되는 윤활제는?

① 진한 황산
② 양질의 광유
③ 식물성유
④ 묽은 글리세린

해설
중요 가스 윤활유
- 공기 : 양질의 광유
- 아세틸렌 : 양질의 광유
- 수소 : 양질의 광류
- 산소 : 10% 이하의 묽은 글리세린수 또는 물
- 염소 : 진한 황산
- 아황산가스 : 화이트유(액상 파라핀, 바셀린유)

14 2,000rpm으로 회전하는 펌프를 3,500rpm으로 변환하였을 경우 펌프의 유량과 양정은 각각 몇 배가 되는가?

① 유량 : 2.65, 양정 : 4.12
② 유량 : 3.06, 양정 : 1.75
③ 유량 : 3.06, 양정 : 5.36
④ 유량 : 1.75, 양정 : 3.06

해설
펌프의 상사법칙

- $\Delta Q_2 = \Delta Q_1 \times \left(\frac{N_2}{N_1}\right)^1 \times \left(\frac{D_2}{D_1}\right)^3$

- $\Delta P_2 = P_1 \times \left(\frac{N_2}{N_1}\right)^2 \times \left(\frac{D_2}{D_1}\right)^2$

- $\Delta Kw_2 = \Delta Kw_1 \times \left(\frac{N_2}{N_1}\right)^3 \times \left(\frac{D_2}{D_1}\right)^5$

여기서, 1 : 변화 전 2 : 변화 후
ΔQ : 유량 N : 회전수
D : 배관의 직경 ΔP : 양정
ΔKw : 동력

- 유량

$\Delta Q_2 = \Delta Q_1 \times \left(\frac{N_2}{N_1}\right)^1 = 1 \times \left(\frac{3,500}{2,000}\right)^1 = 1.75$

- 양정

$\Delta P_2 = P_1 \times \left(\frac{N_2}{N_1}\right)^2 = 1 \times \left(\frac{3,500}{2,000}\right)^2 = 3.06$

15 액주식 압력계가 아닌 것은?

① U자관식   ② 경사관식
③ 벨로스식   ④ 단관식

해설
액주식 압력계 : U자관식, 단관식, 경사관식

16 수소취성을 방지하는 원소로 옳지 않은 것은?

① 텅스텐(W)   ② 바나듐(V)
③ 규소(Si)   ④ 크롬(Cr)

해설
내수소취성원소 : 텅스텐(W), 크롬(Cr), 타이타늄(Ti), 바나듐(V)

17 온도계의 선정방법에 대한 설명 중 틀린 것은?

① 지시 및 기록 등을 쉽게 행할 수 있을 것
② 견고하고 내구성이 있을 것
③ 취급하기 쉽고 측정하기 간편할 것
④ 피측온체의 화학반응 등으로 온도계에 영향이 있을 것

해설
온도계는 피측온체의 화학반응 등으로 온도계에 영향이 없어야 한다.

18 도시가스사업법상 제1종 보호시설이 아닌 것은?

① 아동 50명이 다니는 유치원
② 수용인원이 350명인 예식장
③ 객실 20개를 보유한 여관
④ 250세대 규모의 개별 난방 아파트

해설
제2종 보호시설
- 단독주택 및 공동주택
- 사람을 수용하는 건축물(가설건축물과 창고는 제외한다)로서 사실상 독립된 부분의 연면적이 100m^2 이상 1,000m^2 미만인 것

19 가스도매사업의 가스공급시설에서 배관을 지하에 매설할 경우의 기준으로 틀린 것은?

① 배관을 시가지 외의 도로 노면 밑에 매설할 경우 노면으로부터 배관 외면까지 1.2m 이상 이격할 것
② 배관의 깊이는 산과 들에서는 1m 이상으로 할 것
③ 배관을 시가지의 도로 노면 밑에 매설할 경우 노면으로부터 배관 외면까지 1.5m 이상 이격할 것
④ 배관을 철도 부지에 매설할 경우 배관 외면으로부터 궤도 중심까지 5m 이상 이격할 것

해설
배관을 철도 부지에 매설할 경우 배관 외면으로부터 궤도 중심까지 4m 이상 이격할 것

정답 15 ③ 16 ③ 17 ④ 18 ④ 19 ④

20 가스 비열비의 값은?

① 언제나 1보다 작다.
② 언제나 1보다 크다.
③ 1보다 크기도 하고 작기도 하다.
④ 0.5와 1 사이의 값이다.

21 염화수소(HCl)의 용도가 아닌 것은?

① 강판이나 강재의 녹 제거
② 필름 제조
③ 조미료 제조
④ 향료, 염료, 의약 등의 중간물 제조

[해설]
염화수소(HCl)는 필름 제조 원료로 사용하지 않는다.

22 액화석유가스 또는 도시가스용으로 사용되는 가스용 염화비닐 호스는 그 호스의 안전성, 편리성 및 호환성을 확보하기 위하여 안지름 치수를 규정하고 있는데 그 치수에 해당하지 않는 것은?

① 4.8mm
② 6.3mm
③ 9.5mm
④ 12.7mm

[해설]
가스용 염화비닐 호스의 규격 : 6.3mm, 9.5mm, 12.7mm

23 내용적이 300L인 용기에 액화암모니아를 저장하려고 한다. 이 저장설비의 저장능력은 얼마인가? (단, 액화암모니아의 충전정수는 1.86이다)

① 161kg
② 232kg
③ 279kg
④ 558kg

[해설]
액화가스 용기 및 차량에 고정된 탱크인 경우 저장능력

$$W = \frac{V_2}{C} = \frac{300}{1.86} = 161\text{kg}$$

24 어떤 도시가스의 발열량이 15,000kcal/Sm³일 때 웨버지수는 얼마인가?(단, 가스의 비중은 0.5로 한다)

① 12,121
② 20,000
③ 21,213
④ 30,000

[해설]
웨버지수 계산 공식

$$WI = \frac{H_g}{\sqrt{d}}$$

여기서, WI : 웨버지수
H_g : 도시가스의 총발열량 $\left(\frac{\text{kcal}}{\text{m}^3}\right)$
d : 도시가스의 비중

$$WI = \frac{H_g}{\sqrt{d}} = \frac{15,000}{\sqrt{0.5}} = 21,213$$

정답 20 ② 21 ② 22 ① 23 ① 24 ③

25 가스를 충전하는 경우에 밸브 및 배관이 얼었을 때 응급조치하는 방법으로 부적절한 것은?

① 열습포를 사용한다.
② 미지근한 물로 녹인다.
③ 석유 버너 불로 녹인다.
④ 40℃ 이하의 물로 녹인다.

> **해설**
> **밸브 및 배관이 얼었을 때 응급조치 방법**
> • 열습포를 사용한다.
> • 미지근한 물로 녹인다.
> • 40℃ 이하의 물로 녹인다.

26 다음 보기의 독성가스 중 독성(LC_{50})이 가장 강한 것과 가장 약한 것을 바르게 나열한 것은?

┌ 보기 ┐
  ㉠ 염화수소   ㉡ 암모니아
  ㉢ 황화수소   ㉣ 일산화탄소

① ㉠, ㉡　　② ㉠, ㉣
③ ㉢, ㉡　　④ ㉢, ㉣

> **해설**
> **독성가스 허용농도(LC_{50} 기준농도)**
>
> | 가스명 | 허용농도(ppm) | 가스명 | 허용농도(ppm) |
> |---|---|---|---|
> | 염소 | 293 | 게르만 | 622 |
> | 아황산가스 | 2,520 | 셀렌화수소 | 51 |
> | 암모니아 | 7,338 | 실란 | 19,000 |
> | 염화메탄 | 8,300 | 알진 | 20 |
> | 포스겐 | 5 | 포스핀 | 20 |
> | 산화에틸렌 | 2,920 | 사플루오린화규소 | 450 |
> | 플루오린 | 185 | 사플루오린화유황 | 40 |
> | 일산화탄소 | 3,760 | 삼플루오린화붕소 | 806 |
> | 사이안화수소 | 140 | 삼플루오린화질소 | 6,700 |
> | 염화수소 | 3,124 | 황화수소 | 444 |
> | 다이보레인 | 80 | | |

27 다음 가연성 가스 중 공기 중에서의 폭발범위가 가장 좁은 것은?

① 아세틸렌　　② 프로판
③ 수 소　　　④ 일산화탄소

> **해설**
> **가연성 가스의 폭발범위**
> • 아세틸렌 : 2.5~81%
> • 프로판 : 2.2~9.5%
> • 수소 : 4~75%
> • 일산화탄소 : 12.5~74%

28 다음 중 부탄가스의 완전연소 반응식은?

① $C_3H_8 + 4O_2 \rightarrow 3CO_2 + 5H_2O$
② $C_3H_8 + 5O_2 \rightarrow 3CO_2 + 4H_2O$
③ $C_4H_{10} + 6O_2 \rightarrow 4CO_2 + 5H_2O$
④ $2C_4H_{10} + 13O_2 \rightarrow 8CO_2 + 10H_2O$

29 용기에 의한 고압가스 판매시설 저장실 설치기준으로 틀린 것은?

① 고압가스의 용적이 $300m^3$을 넘는 저장설비는 보호시설과 안전거리를 유지하여야 한다.
② 용기 보관실 및 사무실은 한 부지 내에 구분하여 설치한다.
③ 사업소의 부지는 한 면이 폭 5m 이상의 도로에 접하여야 한다.
④ 가연성 가스 및 독성가스를 보관하는 용기 보관실의 면적은 각 고압가스별로 $10m^2$ 이상으로 한다.

> **해설**
> 사업소의 부지는 한 면이 폭 4m 이상의 도로에 접하여야 한다.

정답 25 ③　26 ③　27 ②　28 ④　29 ③

30 지름이 각각 8m인 LPG 저장탱크 사이에 물분무장치를 하지 않은 경우 탱크 사이에 유지해야 되는 간격은?

① 1m
② 2m
③ 4m
④ 8m

해설
두 저장탱크의 직경의 합 $\times \frac{1}{4} = \frac{8+8}{4} = 4m$

31 가스계량기와 전기계량기는 최소 몇 cm 이상의 거리를 유지하여야 하는가?

① 15cm
② 30cm
③ 60cm
④ 80cm

해설
가스계량기 설치기준
- 가스계량기는 화기와 2m 이상의 우회거리를 유지하는 곳에 설치할 것
- 가스계량기($30m^3$/hr 미만인 경우만을 말한다)의 설치 높이는 바닥으로부터 1.6m 이상 2m 이내에 수직·수평으로 설치하고 밴드·보호가대 등 고정장치로 고정시킬 것. 다만, 보호상자 내에 설치, 기계실에 설치, 보일러실(가정에 설치된 보일러실 제외)에 설치 또는 문이 달린 파이프 덕트에 설치하는 경우 바닥으로부터 2m 이내에 설치한다.
- 가스계량기와 전기계량기 및 전기개폐기의 거리는 60cm 이상
- 가스계량기와 굴뚝(단열조치하지 않은 경우), 전기점멸기 및 전기접속기와의 거리는 30cm 이상
- 가스계량기와 절연조치하지 않은 전선과의 거리는 15cm 이상

32 액화석유가스용 강제용기란 액화석유가스를 충전하기 위한 내용적이 얼마 미만인 용기인가?

① 30L
② 50L
③ 100L
④ 125L

해설
액화석유가스용 강제용기 : 내용적이 125L 미만인 용기

33 나사압축기에서 숫로터의 직경 150mm, 로터 길이 100mm 회전수가 350rpm이라고 할 때 이론적 토출량은 약 몇 m^3/min인가?(단, 로터 형상에 의한 계수[C_v]는 0.476이다)

① 0.11
② 0.21
③ 0.37
④ 0.47

해설
나사압축기의 토출량 계산
$$Q = C_v \times D^3 \times \frac{L}{D} \times n \times 60 \left(\frac{m^3}{h}\right)$$
$$= 0.476 \times (0.15)^3 \times \frac{0.1}{0.15} \times 350 \times 60 \left(\frac{m^3}{h}\right)$$
$$= 22.49 \frac{m^3}{h}$$

즉, $22.49 \frac{m^3}{h} \times \frac{1h}{60min} = 0.37 \frac{m^3}{min}$

34 다음 보기에서 설명하는 가스는?

> 보기
> - 독성이 강하다.
> - 연소시키면 잘 탄다.
> - 각종 금속에 작용한다.
> - 가압·냉각에 의해 액화되기 쉽다.

① HCl   ② NH_3
③ CO   ④ C_2H_2

35 질소의 용도가 아닌 것은?

① 비료에 이용한다.
② 질산제조에 이용한다.
③ 연료용에 이용한다.
④ 냉매로 이용한다.

해설
질소는 불연성 가스이므로 연료용으로 사용할 수 없다.

36 폭발 및 인화성 위험물 취급 시 주의하여야 할 사항으로 틀린 것은?

① 습기가 없고, 양지바른 곳에 둔다.
② 취급자 외에는 취급하지 않는다.
③ 부근에서 화기를 사용하지 않는다.
④ 용기는 난폭하게 취급하거나 충격을 주어서는 아니 된다.

해설
폭발 및 인화성 위험물은 습기가 없고, 직사일광이 쬐지 않는 곳에 보관한다.

37 다음 중 고압배관용 탄소강 강관의 KS규격 기호는?

① SPPS   ② SPPH
③ STS   ④ SPHT

해설
강관의 종류
- 배관용 탄소강관 : SPP, $10kg/cm^2$ 이하의 증기, 물, 가스
- 압력배관용 탄소강관 : SPPS, 350℃ 이하, 10~$100kg/cm^2$
- 고압배관용 탄소강관 : SPPH, 350℃ 이하, $100kg/cm^2$ 이상
- 고온배관용 탄소강관 : SPHT 350~450℃
- 배관용 합금강관 : SPA
- 저온배관용 탄소강관 : SPLT(냉매배관용)
- 수도용 아연도금 강관 : SPPW
- 배관용 아크용접탄소강 강관 : SPW
- 배관용 스테인레스강 강관 : STS X TP
- 보일러 열교환기용 탄소강 강관 : STH

38 저온장치용 재료 선정에 있어서 가장 중요하게 고려해야 하는 사항은?

① 고온취성에 의한 충격치의 증가
② 저온취성에 의한 충격치의 감소
③ 고온취성에 의한 충격치의 감소
④ 저온취성에 의한 충격치의 증가

정답 34 ② 35 ③ 36 ① 37 ② 38 ②

39 가스의 연소방식이 아닌 것은?

① 적화식 ② 세미분젠식
③ 분젠식 ④ 원지식

해설
연소방식
- 적화식 : 연소에 필요한 공기 전부를 불꽃 주변에서 취하는 방식
- 분젠식 : 혼합관 내에서 가스와 공기가 혼합되어 염공을 통하여 분출하면서 연소하는 방식(불꽃의 표준온도가 가장 높은 연소방식)
- 세미분젠식 : 적화식과 분젠식의 중간으로 1차 공기율이 낮은 방식
- 전1차 공기식 : 연소에 필요한 공기 전부를 1차 공기로 흡입하여 혼합관 내에서 연소시키는 방식

40 다음 중 터보(Turbo)형 펌프가 아닌 것은?

① 원심펌프 ② 사류펌프
③ 축류펌프 ④ 플런저펌프

해설
펌프의 분류

펌프	터보형 (비용적형)	원심식	벌류트펌프
			터빈펌프
		사류식	벌류트펌프
			디퓨저펌프
		축류식	축류펌프
	용적형	회전식	베인펌프
			기어펌프
			나사펌프(스크루펌프)
		왕복식	피스톤펌프
			플런저펌프
			다이어프램펌프
	특수형	제트펌프	-
		와류펌프	
		진공펌프	
		수격펌프	

41 펌프의 실제 송출유량을 Q, 펌프 내부에서의 누설유량을 $0.6Q$, 임펠러 속을 지나는 유량을 $1.6Q$라고 할 때 펌프의 체적효율(η_V)은?

① 3.75% ② 40%
③ 60% ④ 62.5%

해설
펌프의 체적효율
$$\left(1 - \frac{0.6Q}{1.6Q}\right) \times 100 = 62.5\%$$

42 도시가스의 측정사항에 있어서 반드시 측정하지 않아도 되는 것은?

① 농도 측정
② 연소성 측정
③ 압력 측정
④ 열량 측정

해설
농도 측정은 독성가스인 경우에 해당된다.

43 사용압력이 2MPa, 관의 인장강도가 20kg/mm²일 때의 스케줄 번호(Sch No.)는?(단, 안전율은 4로 한다)

① 10
② 20
③ 40
④ 80

해설
스케줄 번호
- 정의 : 압력관의 두께를 표시하는 번호로서 10, 20, 30, 40, 50, 60, 70, 80, …
- 스케줄 번호 구하는 공식

$$Sch\ No. = \frac{P}{S} \times 10$$

여기서, P : 배관압력$\left(\frac{kg}{cm^2}\right)$, S : 재료 허용응력$\left(\frac{kg}{mm^2}\right)$

- 재료의 허용응력 = 인장강도 × $\frac{1}{안전율}$

즉, $Sch\ No. = \dfrac{20\frac{kg}{cm^2}}{20\frac{kg}{mm^2} \times \frac{1}{4}} \times 10$

$= 40$ (단, $2MPa = 20\frac{kg}{cm^2}$)

44 액주식 압력계에 사용되는 액체의 구비조건으로 틀린 것은?

① 화학적으로 안정되어야 한다.
② 모세관 현상이 없어야 한다.
③ 점도와 팽창계수가 작아야 한다.
④ 온도 변화에 의한 밀도 변화가 커야 한다.

해설
액주식 압력계에 사용되는 액체는 온도 변화에 의한 밀도 변화가 작아야 한다.

45 고압가스용 이음매 없는 용기에서 내력비란?

① 내력과 압궤강도의 비를 말한다.
② 내력과 파열강도의 비를 말한다.
③ 내력과 압축강도의 비를 말한다.
④ 내력과 인장강도의 비를 말한다.

46 어떤 물질의 고유의 양으로 측정하는 장소에 따라 변함이 없는 물리량은?

① 질 량
② 중 량
③ 부 피
④ 밀 도

47 다음 화합물 중 탄소 함유율이 가장 많은 것은?

① CO_2
② CH_4
③ C_2H_4
④ CO

해설

탄소의 함유율 = $\dfrac{탄소의\ 분자량}{기체의\ 분자량} \times 100$

③ C_2H_4 중 탄소 함유율 = $\dfrac{24}{28} \times 100 = 85.71\%$

① CO_2 중 탄소의 함유율 = $\dfrac{12}{44} \times 100 = 27.27\%$

② CH_4 중 탄소 함유율 = $\dfrac{12}{16} \times 100 = 75\%$

④ CO 중 탄소 함유율 = $\dfrac{12}{28} \times 100 = 42.86\%$

정답 43 ③ 44 ④ 45 ④ 46 ① 47 ③

48 수소(H_2)에 대한 설명으로 옳은 것은?

① 3중 수소는 방사능을 갖는다.
② 밀도가 크다.
③ 금속재료를 취하시키지 않는다.
④ 열전달률이 아주 작다.

> **해설**
> 수소(H_2)는 최소의 밀도를 갖고, 열전달률이 아주 크고, 금속재료를 취화시킨다.

49 황화수소의 주된 용도는?

① 도 료
② 냉 매
③ 형광물질 원료
④ 합성고무

> **해설**
> **황화수소의 용도** : 형광물질 원료, 금속의 정련, 공업약품 및 의약품 제조

50 헴펠(Hempel)법에 의한 가스 분석 시 성분 분석의 순서는?

① $CO_2 \rightarrow C_m H_n \rightarrow O_2 \rightarrow CO$
② $CO \rightarrow C_m H_n \rightarrow O_2 \rightarrow CO_2$
③ $CO_2 \rightarrow O_2 \rightarrow C_m H_n \rightarrow CO$
④ $CO \rightarrow O_2 \rightarrow C_m H_n \rightarrow CO_2$

51 다음 중 아세틸렌의 발생방식이 아닌 것은?

① 주수식 : 카바이드에 물을 넣는 방법
② 투입식 : 물에 카바이드를 넣는 방법
③ 접촉식 : 물과 카바이드를 소량씩 접촉시키는 방법
④ 가열식 : 카바이드를 가열하는 방법

> **해설**
> **아세틸렌의 발생방식**
> • 주수식 : 카바이드에 물을 넣는 방법
> • 투입식 : 물에 카바이드를 넣는 방법
> • 접촉식 : 물과 카바이드를 소량씩 접촉시키는 방법

정답 48 ① 49 ③ 50 ① 51 ④

52 이상기체의 등온과정에서 압력이 증가하면 엔탈피(H)는?

① 증가한다.
② 감소한다.
③ 일정하다.
④ 증가하다가 감소한다.

> **해설**
> **냉동 사이클(역카르노 사이클)** : 카르노 사이클이 역으로 순환하는 사이클을 역카르노 사이클이라고 하며 이상적인 냉동 사이클로서 단열과정 2개와 등온과정 2개로 구성되어 있다. 냉동작용을 위해 냉매의 상태 변화를 유발하는 사이클이다. 예를 들면, 압축 변화된 냉매가 스로틀 작용의 영향으로 팽창하면 냉매의 압력이 강해져 증발하면서 주위에 있는 열을 흡수하게 된다. 이러한 냉동원리를 순환시키기 위하여 압축냉동기의 1회 사이클은 냉매가 압축기, 응축기, 팽창밸브, 증발기의 4가지 장치를 거치는 일련 과정으로 하여 형성되는 사이클이다.

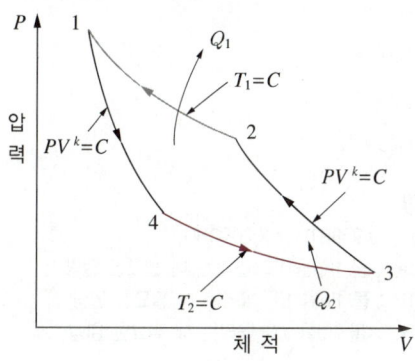

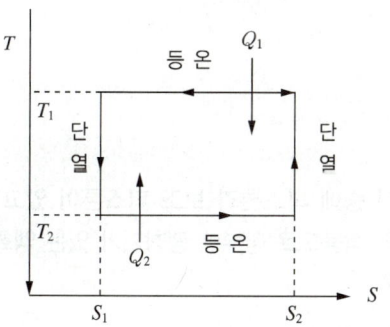

53 부양기구의 수소 대체용으로 사용되는 가스는?

① 아르곤　　② 헬륨
③ 질소　　　④ 공기

> **해설**
> 부양기구의 수소 대체용으로 헬륨이 사용되는 이유는 공기보다 매우 가볍고, 불연성인 물질이기 때문이다.

54 사이안화수소를 충전한 용기는 충전 후 얼마를 정치해야 하는가?

① 4시간　　② 8시간
③ 16시간　　④ 24시간

55 다음 중 엔트로피의 단위는?

① kcal/h
② kcal/kg
③ kcal/kg·m
④ kcal/kg·K

정답 52 ③　53 ②　54 ④　55 ④

56 다음 중 압축가스에 속하는 것은?

① 산 소
② 염 소
③ 탄산가스
④ 암모니아

해설
상태에 따른 분류
- 압축가스
  - 상온에서 압축하여도 용이하게 액화하지 않은 가스(수소, 네온, 공기, 일산화탄소, 질소 등)
  - 고압가스법에 따른 정의 : 상용온도 또는 35℃에서 1MPa 이상인 것
- 액화가스
  - 상온에서 비교적 낮은 압력(0.7~0.8MPa)으로 쉽게 액화할 수 있는 가스(암모니아, 이산화황, 염소, 플루오린, 포스겐, 프로판, 부탄)
  - 고압가스법에 따른 정의 : 상용온도 또는 35℃ 이하에서 0.2MPa 이상인 것
- 용해가스
  - 용제에 가스를 용해시켜 놓은 상태의 가스(아세틸렌)
  - 고압가스법에 따른 정의 : 15℃에서 0Pa 이상인 것

57 프레온(Freon)의 성질에 대한 설명으로 틀린 것은?

① 불연성이다.
② 무색무취이다.
③ 증발잠열이 작다.
④ 가압에 의해 액화되기 쉽다.

해설
프레온(Freon)의 성질
- 불연성이다.
- 무색무취이다.
- 증발잠열이 크다.
- 가압에 의해 액화되기 쉽다.

58 연소기 연소 상태 시험에 사용되는 도시가스 중 역화하기 쉬운 가스는?

① 13A-1
② 13A-2
③ 13A-3
④ 13A-R

해설
역화하기 쉬운 도시가스 : 13A-2가스

59 순수한 물 1kg을 1℃ 높이는 데 필요한 열량은?

① 1kcal
② 1BTU
③ 1CHU
④ 1KJ

해설
1kcal = 3.968BTU = 2.205CHU
- 1kcal : 물 1kg을 1℃ 올리는 데 필요한 열량
- 1BTU : 물 1lb을 1°F 올리는 데 필요한 열량
- 1CHU : 물 1lb을 1℃ 올리는 데 필요한 열량

60 실린더 중에 피스톤과 보조 피스톤이 있고 양 피스톤의 작용으로 상부에 팽창기가 있는 액화 사이클은?

① 캐피자 액화 사이클
② 클라우드 액화 사이클
③ 필립스 액화 사이클
④ 캐스케이드 액화 사이클

해설
필립스 액화 사이클 : 실린더 중에 피스톤과 보조 피스톤이 있고 양 피스톤의 작용으로 상부에 팽창기가 있는 액화 사이클

2020년 제2회 과년도 기출복원문제

01 완전연소의 구비조건으로 틀린 것은?

① 연소에 충분한 시간을 부여한다.
② 연료를 인화점 이하로 냉각하여 공급한다.
③ 적정량의 공기를 공급하여 연료와 잘 혼합한다.
④ 연소실 내의 온도를 연소 조건에 맞게 유지한다.

해설
완전연소시키려면 연료를 인화점 이상으로 높여서 공급한다.

02 공기 중에서 폭발하한치가 가장 낮은 것은?

① 사이안화수소
② 암모니아
③ 에틸렌
④ 부탄

해설
④ 부탄 : 1.8~8.4%
① 사이안화수소 : 6~41%
② 암모니아 : 15~28%
③ 에틸렌 : 2.7~36%

03 액화석유가스 사용시설을 변경하여 도시가스를 사용하기 위해서 실시하여야 하는 안전조치 중 잘못 설명한 것은?

① 일반도시가스사업자는 도시가스를 공급한 이후에 연소기 변경 사실을 확인하여야 한다.
② 액화석유가스의 배관 양단에 막음조치를 하고 호스는 철거하여 설치하려는 도시가스 배관과 구분되도록 한다.
③ 용기 및 부대설비가 액화석유가스 공급자의 소유인 경우에는 도시가스 공급 예정일까지 용기 등을 철거해 줄 것을 공급자에게 요청해야 한다.
④ 도시가스로 연료를 전환하기 전에 액화석유가스 안전공급계약을 해지하고 용기 등의 철거와 안전조치를 확인하여야 한다.

해설
일반도시가스사업자는 도시가스를 공급하기 전에 연소기 열량의 변경 사실을 확인하여야 한다.

04 펌프를 운전할 때 송출압력과 송출유량이 주기적으로 변동하여 펌프의 토출구 및 흡입구에서 압력계의 지침이 흔들리는 현상은?

① 맥동현상
② 진동현상
③ 공동현상
④ 수격현상

해설
③ 공동현상 : 펌프의 흡입측 배관 내에서 발생하는 것으로 배관 내의 수온 상승으로 물이 수증기로 변화하여 물이 펌프로 흡입되지 않는 현상
④ 수격현상 : 유체가 유동하고 있을 때 정전 또는 밸브를 차단할 경우 유체가 감속되어 운동에너지가 압력에너지로 변하여 유체 내의 고압이 발생하고 유속이 급변화하면서 압력 변화를 가져와 관로의 벽면을 타격하는 현상

정답 1 ② 2 ④ 3 ① 4 ①

05 가연물의 종류에 따른 화재의 구분이 잘못된 것은?

① A급 화재 : 일반 화재
② B급 화재 : 유류 화재
③ C급 화재 : 전기 화재
④ D급 화재 : 식용유 화재

해설
D급 화재는 금속분 화재이다.

06 다음 가스 중 위험도(H)가 가장 큰 것은?

① 프로판   ② 일산화탄소
③ 아세틸렌   ④ 암모니아

해설
③ 아세틸렌 : $H = \dfrac{U-L}{L} = \dfrac{81-2.5}{2.5} = 31.4$

① 프로판 : $H = \dfrac{U-L}{L} = \dfrac{9.5-2.1}{2.2} = 3.5$

② 일산화탄소 : $H = \dfrac{U-L}{L} = \dfrac{74-12.5}{12.5} = 4.92$

④ 암모니아 : $H = \dfrac{U-L}{L} = \dfrac{28-15}{15} = 0.867$

07 고압가스 관련법에서 사용되는 용어 정의에 대한 설명 중 틀린 것은?

① 가연성 가스라 함은 공기 중에서 연소하는 가스로서 폭발한계의 하한이 10% 이하인 것과 폭발한계의 상한과 하한의 차가 20% 이상인 것을 말한다.
② 독성가스라 함은 인체에 유해한 독성을 가진 가스로서 허용농도가 100만분의 100 이하인 것을 말한다.
③ 액화가스라 함은 가압·냉각 등의 방법에 의하여 액체 상태로 되어 있는 것으로서 대기압에서의 비점이 40℃ 이하 또는 상용의 온도 이하인 것을 말한다.
④ 초저온저장탱크라 함은 -50℃ 이하의 저장탱크로서 단열재로 피복하거나 냉동설비로 냉각하는 등의 방법으로 저장탱크 내의 가스온도가 상용의 온도를 초과하지 아니하도록 한 것을 말한다.

해설
독성가스란 인체에 유해한 독성을 가진 가스로서 허용농도가 100만분의 5,000 이하인 것을 말한다.

08 일반도시가스사업자의 가스공급시설 중 정압기의 분해 점검주기의 기준은?

① 1년에 1회 이상
② 2년에 1회 이상
③ 3년에 1회 이상
④ 5년에 1회 이상

09 수은주 760mmHg 압력은 수주로 얼마인가?

① $9.33mH_2O$
② $10.33mH_2O$
③ $11.33mH_2O$
④ $12.33mH_2O$

해설

$1atm = 760mmHg = 10,332mmH_2O \left(mmAq = \dfrac{kg}{m^2}\right)$

$= 1.0332 \dfrac{kg}{cm^2} = 14.7psi \left(= \dfrac{lb}{inch^2}\right)$

$= 1,013.25mbar = 101,325Pa \left(= \dfrac{N}{m^2}\right)$

10 자동차 용기 충전시설에 '화기엄금'이라 표시한 게시판의 색상은?

① 황색 바탕에 흑색 문자
② 백색 바탕에 적색 문자
③ 흑색 바탕에 황색 문자
④ 적색 바탕에 백색 문자

11 연소반응이 일어나기 위한 필요충분조건으로 볼 수 없는 것은?

① 점화원
② 시 간
③ 공 기
④ 가연물

해설

연소의 3요소 : 점화원, 공기(산소공급원), 가연물

12 고압가스 특정제조시설에서 플레어스택의 설치기준으로 틀린 것은?

① 파일럿버너를 항상 점화하여 두는 등 플레어스택에 관련된 폭발을 방지하기 위한 조치가 되어 있는 것으로 한다.
② 긴급이송설비로 이송되는 가스를 대기로 방출할 수 있는 것으로 한다.
③ 플레어스택에서 발생하는 복사열이 다른 제조시설에 나쁜 영향을 미치지 않도록 안전한 높이 및 위치에 설치한다.
④ 플레어스택에서 발생하는 최대 열량에 장시간 견딜 수 있는 재료 및 구조로 되어 있는 것으로 한다.

해설

플레어스택의 구조는 긴급이송설비에 의하여 이송되는 가스를 연소시켜 대기로 안전하게 방출시킬 수 있도록 다음의 조치를 하여야 한다.
• 파일럿버너 또는 항상 작동할 수 있는 자동점화장치를 설치하고 파일럿버너가 꺼지지 않도록 하거나 자동점화장치의 기능이 완전하게 유지되도록 하여야 한다.
• 역화 및 공기 등과의 혼합폭발을 방지하기 위하여 해당 제조시설의 가스의 종류 및 시설의 구조에 따라 다음 중에서 하나 또는 둘 이상을 갖추어야 한다.
  – Liquid Seal의 설치
  – Flame Arresstor의 설치
  – Vapor Seal의 설치
  – Purge Gas(N_2, Off Gas등)의 지속적인 주입 등
  – Molecular Seal의 설치

13 액화석유가스 판매시설에 설치되는 용기 보관실에 대한 설치기준으로 틀린 것은?

① 용기 보관실에는 가스가 누출될 경우 이를 신속히 검지하여 효과적으로 대응할 수 있도록 하기 위하여 반드시 일체형 가스누출경보기를 설치한다.
② 용기 보관실에는 설치되는 전기설비는 누출된 가스의 점화원이 되는 것을 방지하기 위하여 반드시 방폭구조로 한다.
③ 용기 보관실에는 누출된 가스가 머물지 않도록 하기 위하여 그 용기 보관실의 구조에 따라 환기구를 갖추고 환기가 잘되지 아니하는 곳에는 강제통풍시설을 설치한다.
④ 용기 보관실에는 용기가 넘어지는 것을 방지하기 위하여 적절한 조치를 마련한다.

해설
용기 보관실 설비기준
• 용기 보관실은 불연성 재료를 사용하고, 그 지붕은 불연성 재료를 사용한 가벼운 지붕을 설치할 것
• 판매업소의 용기 보관실 벽은 방호벽으로 할 것
• 용기 보관실은 누출된 가스가 사무실로 유입되지 않는 구조로 하고, 용기 보관실의 면적은 19m² 이상으로 할 것
• 용기 보관실과 사무실은 동일한 부지에 구분하여 설치할 것. 다만, 해상에서 가스판매업을 하려는 판매업소의 용기 보관실은 해상 구조물이나 선박에 설치할 수 있다.
• 용기 보관실 바닥은 확보한 운반 차량 중 적재함의 높이가 가장 낮은 운반 차량의 적재함 높이로 할 것. 다만, 용기의 안전을 저해하지 않는 적절한 방법으로 용기를 취급하는 경우에는 그렇지 않다.

14 20kg LPG 용기의 내용적은 몇 L인가?(단, 충전상수는 C는 2.35이다)

① 8.51　　② 20
③ 42.3　　④ 47

해설
액화가스 용기 및 차량에 고정된 탱크인 경우
$W = \dfrac{V_2}{C}$
$V_2 = W \times C$
　　$= 20kg \times 2.35$
　　$= 47L$

15 흡입압력이 대기압과 같으며 최종 압력이 15kg/cm²·g인 4단 공기압축기의 압축비는 약 얼마인가?(단, 대기압은 1kg/cm²로 한다)

① 2　　② 3
③ 4　　④ 5

해설
펌프의 압축비와 단수 계산식
압축비 : $r = \sqrt[\varepsilon]{\dfrac{p_2}{p_1}}$
여기서, ε : 단수, p_1 : 흡입측 절대압력, p_2 : 토출측 절대압력
즉, $r = \sqrt[\varepsilon]{\dfrac{p_2}{p_1}}$
　　$= \sqrt[4]{\dfrac{15+1.0332}{1}}$
　　$= 2$

16 순수한 것은 안정하나 소량의 수분이나 알칼리성 물질을 함유하면 중합이 촉진되고 독성이 매우 강한 가스는?

① 염소　　② 포스겐
③ 황화수소　　④ 사이안화수소

해설
사이안화수소는 중합반응을 한다.

17 다음 중 비점이 가장 높은 가스는?

① 수 소
② 산 소
③ 아세틸렌
④ 프로판

해설
④ 프로판 : -42℃
① 수소 : -252℃
② 산소 : -183℃
③ 아세틸렌 : -84℃

18 다음 중 엔트로피의 단위는?

① kcal/h
② kcal/kg
③ kcal/kg · m
④ kcal/kg · K

19 다음 중 압축가스에 속하는 것은?

① 산 소
② 염 소
③ 탄산가스
④ 암모니아

해설
상태에 따른 분류
• 압축가스
 - 상온에서 압축하여도 용이하게 액화하지 않은 가스(수소, 네온, 공기, 일산화탄소, 질소 등)
 - 고압가스법에 따른 정의 : 상용온도 또는 35℃에서 1MPa 이상인 것
• 액화가스
 - 상온에서 비교적 낮은 압력(0.7~0.8MPa)으로 쉽게 액화할 수 있는 가스(암모니아, 이산화황, 염소, 플루오린, 포스겐, 프로판, 부탄)
 - 고압가스법에 따른 정의 : 상용온도 또는 35℃ 이하에서 0.2MPa 이상인 것
• 용해가스
 - 용제에 가스를 용해시켜 놓은 상태의 가스(아세틸렌)
 - 고압가스법에 따른 정의 : 15℃에서 0Pa 이상인 것

20 불꽃이 적황색으로 연소하는 현상을 의미하는 것은?

① 리프트
② 옐로 팁
③ 캐비테이션
④ 워터해머

해설
옐로 팁 : 불꽃이 적황색으로 연소하는 현상

21 20℃의 물 50kg을 90℃로 올리기 위해 LPG를 사용하였다면, 이때 필요한 LPG의 양은 몇 kg인가? (단, LPG 발열량은 10,000kcal/kg이고, 열효율은 50%이다)

① 0.5
② 0.6
③ 0.7
④ 0.8

해설
$$\eta = \frac{GC\Delta t}{G_f \times H_l} \times 100$$

$$0.5 = \frac{50\text{kg} \times 1\frac{\text{kcal}}{\text{kg}\,℃} \times (90-20)℃}{G_f \times 10{,}000\frac{\text{kcal}}{\text{kg}}}$$

∴ $G_f = 0.7$ kg

22 도시가스사용시설의 정압기실에 설치된 가스누출경보기의 점검주기는?

① 1일 1회 이상
② 1주일 1회 이상
③ 2주일 1회 이상
④ 1개월 1회 이상

정답 17 ④ 18 ④ 19 ① 20 ② 21 ③ 22 ②

23 고압가스 제조설비에서 정전기의 발생 또는 대전 방지에 대한 설명으로 옳은 것은?

① 가연성 가스 제조설비의 탑류, 벤트스택 등은 단독으로 접지한다.
② 제조장치 등에 본딩용 접속선은 단면적이 5.5 mm² 미만의 단선을 사용한다.
③ 대전 방지를 위하여 기계 및 장치에 절연재료를 사용한다.
④ 접지저항치 총합이 100Ω 이하의 경우에는 정전기 제거조치가 필요하다.

해설
정전기의 발생 또는 대전 방지
• 가연성 가스 제조설비의 탑류, 벤트스택 등은 단독으로 접지한다.
• 제조장치 등에 본딩용 접속선은 단면적이 5.5mm² 이상의 단선을 사용한다.
• 대전 방지를 위하여 기계 및 장치에 본딩용 접속선을 사용한다.
• 접지저항치 총합이 100Ω 이하의 경우에는 정전기 제거조치를 하면 안 된다.

24 이동식 부탄연소기의 용기 연결방법에 따른 분류가 아닌 것은?

① 용기 이탈식 ② 분리식
③ 카세트식   ④ 직결식

해설
이동식 부탄연소기의 용기 연결방법
• 직결식
• 분리식
• 카세트식

25 액화산소, LNG 등에 일반적으로 사용될 수 있는 재질이 아닌 것은?

① Al 및 Al 합금
② Cu 및 Cu 합금
③ 고장력 주철강
④ 18-8 스테인리스강

해설
고장력 주철강은 저온에서 취화하는 성질이 있다.

26 LP가스 저압배관 공사를 완료하여 기밀시험을 하기 위해 공기압을 1,000mmH₂O로 하였다. 이때 관 지름 25mm, 길이 30m로 할 경우 배관의 전체 부피는 약 몇 L인가?

① 5.7L   ② 12.7L
③ 14.7L   ④ 23.7L

해설
배관 전체의 부피(V)
$\frac{1}{4}\pi D^2 \times L = \frac{1}{4} \times 3.14 \times (0.025\text{m})^2 \times 30\text{m} \times \frac{1,000\text{L}}{1\text{m}^3}$
$\fallingdotseq 14.7\text{L}$

27 이산화탄소로 가연물을 덮는 방법은 소화의 3대 효과 중 어느 것에 해당하는가?

① 제거효과   ② 질식효과
③ 냉각효과   ④ 촉매효과

해설
질식소화 : 산소 공급을 차단하여 소화하는 방법

28 금속재료 중 저온재료로 적당하지 않은 것은?

① 탄소강
② 황동
③ 9% 니켈강
④ 18-8 스테인리스강

해설
금속재료 중 저온재료
• 니켈강
• 스테인리스강
• 황동

29 다음 중 터보압축기에서 주로 발생할 수 있는 현상은?

① 수격작용(Water Hammer)
② 베이퍼 로크(Vapor Lock)
③ 서징(Surging)
④ 캐비테이션(Cavitation)

해설
• 수격작용 : 유체가 유동하고 있을 때 정전 또는 밸브를 차단할 경우 유체가 감속되어 운동에너지가 압력에너지로 변하여 유체 내의 고압이 발생하고 유속이 급변화하면서 압력 변화를 가져와 관로의 벽면을 타격하는 현상
• 캐비테이션(Cavitation, 공동현상) : 펌프의 흡입측 배관 내에서 발생하는 것으로 배관 내의 수온 상승으로 물이 수증기로 변화하여 물이 펌프로 흡입되지 않는 현상

30 파이프 커터로 강관을 절단하면 거스러미(Burr)가 생긴다. 이것을 제거하는 공구는?

① 파이프 벤더
② 파이프 렌치
③ 파이프 바이스
④ 파이프 리머

31 고속회전하는 임펠러의 원심력에 의해 속도에너지를 압력에너지로 바꾸어 압축하는 형식으로서, 유량이 크고 설치면적을 작게 차지하는 압축기는?

① 왕복식
② 터보식
③ 회전식
④ 흡수식

32 가스홀더의 압력을 이용하여 가스를 공급하며 가스제조 공장과 공급지역이 가깝거나 공급면적이 좁을 때 적당한 가스 공급방법은?

① 저압공급방식
② 중앙공급방식
③ 고압공급방식
④ 초고압공급방식

해설
저압공급방식 : 가스홀더의 압력을 이용하여 가스를 공급방식

33 저온, 고압의 액화석유가스 저장탱크가 있다. 이 탱크를 퍼지하여 수리·점검작업할 때에 대한 설명으로 옳지 않은 것은?

① 공기로 재치환하여 산소농도가 최소 18%인지 확인한다.
② 질소가스로 충분히 퍼지하여 가연성 가스의 농도가 폭발하한계의 1/4 이하가 될 때까지 치환을 계속한다.
③ 단시간에 고온으로 가열하면 탱크가 손상될 우려가 있으므로 국부가열이 되지 않게 한다.
④ 가스는 공기보다 가벼우므로 상부 맨홀을 열어 자연적으로 퍼지가 되도록 한다.

해설
액화석유가스는 공기보다 무겁다.

34 공기에 의한 전열은 어느 압력까지 내려가면 급히 압력에 비례하여 작아지는데 이 성질을 이용하는 저온장치에 사용되는 진공단열법은?

① 고진공단열법
② 분말진공단열법
③ 다층진공단열법
④ 자연진공단열법

해설
고진공단열법 : 어느 압력까지 내려가면 급히 압력에 비례하여 작아지는 전열의 성질을 이용하는 저온장치에 사용되는 진공단열법

35 1단 감압식 저압조정기의 성능에서 조정기 최대 폐쇄압력은?

① 2.5kPa 이하
② 3.5kPa 이하
③ 4.5kPa 이하
④ 5.5kPa 이하

해설
조정기 최대 폐쇄압력
• 1단 감압식 저압조정기, 2단 감압식 2차용 조정기, 자동절체식 일체형 조정기 : 3.5kPa 이하
• 2단 감압식 1차용 조정기, 자동절체식분리형 조정기 : 0.95 $\frac{kg}{cm^2}$ 이하
• 1단 감압식 준저압조정기 : 조정압력의 1.25배 이하

36 백금 – 백금로듐 열전대 온도계의 온도 측정범위로 옳은 것은?

① −180~350℃
② −20~800℃
③ 0~1,700℃
④ 300~2,000℃

해설
열기전력을 이용한 온도계(열전대 온도계)

백금-백금로듐 (P-R)	내열성이 좋고, 환원성에 약하며, 온도측정 범위는 0~1,800℃의 고온측정용으로 쓰임
크로멜-알루멜 (C-A)	공업용으로 많이 쓰이며 온도측정범위는 −270~1,400℃의 저온측정용으로 쓰임
철-콘스탄탄 (I-C)	기전력이 크고, 환원분위기에 강하며, 값이 싸므로 공장에서 널리 사용하며, 온도측정범위는 −200~750℃의 온도를 계측
동-콘스탄탄 (C-C)	온도측정범위는 −200~400℃의 온도를 계측

33 ④ 34 ① 35 ② 36 ③

37 비열에 대한 설명 중 틀린 것은?

① 단위는 kcal/kg·℃이다.
② 비열비는 항상 1보다 크다.
③ 정적비열은 정압비열보다 크다.
④ 물의 비열은 얼음의 비열보다 크다.

해설
비열비(k)
기체의 정압비열과 정적비열의 비, 즉 $\frac{C_p}{C_v}$ 이므로 비열비는 항상 1보다 크다. 즉, $C_p > C_v$ 이므로, 항상 $\frac{C_p}{C_v} > 1$ 이다.

38 암모니아 저장탱크에는 가스용량이 저장탱크 내용적의 몇 %를 초과하는 것을 방지하기 위하여 과충전 방지조치를 하여야 하는가?

① 85% ② 90%
③ 95% ④ 98%

39 질소를 취급하는 금속재료에서 내질화성을 증대시키는 원소는?

① Ni ② Al
③ Cr ④ Ti

해설
질소 친화력이 큰 Cr, Al, Mo, Ti 등과 반응하여 질화성이 커져 부식이 일어난다.

40 다음 각 가스에 의한 부식현상 중 틀린 것은?

① 암모니아에 의한 강의 질화
② 황화수소에 의한 철의 부식
③ 일산화탄소에 의한 금속의 카르보닐화
④ 수소원자에 의한 강의 탈수소화

해설
수소는 고온·고압하에서 강재 중의 탄소와 반응하여 메탄가스를 생성하며 탈탄작용(수소취성)을 일으킨다.
$Fe_3C + 2H_2 \rightarrow 3Fe + CH_4 \uparrow$

41 다음 중 아세틸렌과 치환반응을 하지 않는 것은?

① Cu ② Ag
③ Hg ④ Ar

해설
아르곤(Ar)은 반응을 일으키지 않는 불활성 원소이다.

42 비점이 점차 낮은 냉매를 사용하여 저비점의 기체를 액화하는 사이클은?

① 클라우드 액화 사이클
② 플립스 액화 사이클
③ 캐스케이드 액화 사이클
④ 캐피자 액화 사이클

> **해설**
> **캐스케이드 액화 사이클**
> • 비점이 낮은 냉매를 사용하여 저비점의 기체를 액화시킨다(초저온을 얻기 위해 2개의 냉동기를 운영).
> • 메탄가스를 다량으로 액화시킬 때 사용한다.

43 사용압력이 2MPa, 관의 인장강도가 20kg/mm²일 때의 스케줄 번호(Sch No.)는?(단, 안전율은 4로 한다)

① 10　　② 20
③ 40　　④ 80

> **해설**
> **스케줄 번호**
> • 정의 : 압력관의 두께를 표시하는 번호로서 10, 20, 30, 40, 50, 60, 70, 80, …
> • 스케줄 번호 구하는 공식
>
> $Sch\ No. = \dfrac{P}{S} \times 10$
>
> 여기서, P : 배관압력 $\left(\dfrac{kg}{cm^2}\right)$, S : 재료 허용응력 $\left(\dfrac{kg}{mm^2}\right)$
>
> • 재료의 허용응력 = 인장강도 × $\dfrac{1}{\text{안전율}}$
>
> 즉, $Sch\ No. = \dfrac{20\dfrac{kg}{cm^2}}{20\dfrac{kg}{mm^2} \times \dfrac{1}{4}} \times 10$
>
> $= 40 \left(\text{단, } 2MPa = 20\dfrac{kg}{cm^2}\right)$

44 액주식 압력계에 사용되는 액체의 구비조건으로 틀린 것은?

① 화학적으로 안정되어야 한다.
② 모세관 현상이 없어야 한다.
③ 점도와 팽창계수가 작아야 한다.
④ 온도 변화에 의한 밀도 변화가 커야 한다.

> **해설**
> 액주식 압력계에 사용하는 액체는 온도 변화에 의한 밀도 변화가 작아야 한다.

45 부취제 주입용기를 가스압으로 밸런스시켜 중력에 의해서 부취제를 가스 흐름 중에 주입하는 방식은?

① 적하 주입방식
② 펌프 주입방식
③ 위크증발식 주입방식
④ 미터연결 바이패스 주입방식

> **해설**
> **부취제 주입방법**
> • 액체 주입식 부취설비 : 펌프 주입방식, 적하(중력) 주입방식, 미터연결 바이패스방식
> • 증발식 부취설비 : 바이패스 증발식, 위크 증발식

46 고압가스의 성질에 따른 분류가 아닌 것은?

① 가연성 가스
② 액화가스
③ 조연성 가스
④ 불연성 가스

> **해설**
> • 고압가스의 성질에 따른 분류 : 가연성, 조연성, 불연성
> • 고압가스의 상태에 따른 분류 : 압축가스, 액화가스, 용해가스

47 다음 중 확산속도가 가장 빠른 것은?

① O_2
② N_2
③ CH_4
④ CO_2

해설
확산속도는 분자량이 작을수록 빠르다.

48 가스분석 시 이산화탄소의 흡수제로 사용되는 것은?

① KOH
② H_2SO_4
③ NH_4Cl
④ $CaCl_2$

해설
이산화탄소의 흡수제 : 33% KOH 용액

49 기체의 성질을 나타내는 보일의 법칙(Boyle's Law)에서 일정한 값으로 가정한 인자는?

① 압 력
② 온 도
③ 부 피
④ 비 중

해설
보일의 법칙(등온법칙 : $T = C$) : 기체의 온도가 일정할 때 기체의 체적은 압력에 반비례한다.
여기서, $P_1 V_1 = P_2 V_2$

50 산소(O_2)에 대한 설명 중 틀린 것은?

① 무색무취의 기체이며, 물에는 약간 녹는다.
② 가연성 가스이나 그 자신은 연소하지 않는다.
③ 용기의 도색은 일반 공업용이 녹색, 의료용이 백색이다.
④ 저장용기는 무계목 용기를 사용한다.

해설
산소(O_2)는 자신은 연소하지 않는 조연성 가스이다.

51 다음 중 액화석유가스의 일반적인 특성이 아닌 것은?

① 기화 및 액화가 용이하다.
② 공기보다 무겁다.
③ 액상의 액화석유가스는 물보다 무겁다.
④ 증발잠열이 크다.

해설
액화석유가스의 일반적인 특성
• 기화 및 액화가 용이하다.
• 공기보다 무겁다.
• 액상의 액화석유가스는 물보다 가볍다.
• 증발잠열이 크다.

정답 47 ③ 48 ① 49 ② 50 ② 51 ③

52 다음 가스 1mol을 완전연소시키고자 할 때 공기가 가장 적게 필요한 것은?

① 수 소
② 메 탄
③ 아세틸렌
④ 에 탄

해설
각 기체의 연소반응식
- 수소 : $H_2 + \frac{1}{2}O_2 \rightarrow H_2O$
- 메탄 : $CH_4 + 2O_2 \rightarrow CO_2 + 2H_2O$
- 아세틸렌 : $C_2H_2 + 2.5O_2 \rightarrow 2CO_2 + H_2O$
- 에탄 : $C_2H_6 + 3.5O_2 \rightarrow 2CO_2 + 3H_2O$

53 다음 중 열(熱)에 대한 설명이 틀린 것은?

① 비열이 큰 물질은 열용량이 크다.
② 1cal는 약 4.2J이다.
③ 열은 고온에서 저온으로 흐른다.
④ 비열은 물보다 공기가 크다.

해설
- 물의 비열 : $1\frac{kcal}{kg\cdot℃}$
- 공기의 비열 : $0.24\frac{kcal}{kg\cdot℃}$

54 다음 중 무색무취의 가스가 아닌 것은?

① O_2
② N_2
③ CO_2
④ O_3

해설
오존은 약간의 푸른색을 띠고, 특유의 냄새를 지닌 기체이다.

55 표준 상태에서 1mol의 아세틸렌이 완전연소될 때 필요한 산소의 몰수는?

① 1mol
② 1.5mol
③ 2mol
④ 2.5mol

해설
아세틸렌의 완전연소 반응식 : $C_2H_2 + 2.5O_2 \rightarrow 2CO_2 + H_2O$

56 다음 보기에서 설명하는 가스는?

보기
- 독성이 강하다.
- 연소시키면 잘 탄다.
- 각종 금속에 작용한다.
- 가압·냉각에 의해 액화가 쉽다.

① HCl
② NH_3
③ CO
④ C_2H_2

정답 52 ① 53 ④ 54 ④ 55 ④ 56 ②

57 수분이 존재할 때 일반 강재를 부식시키는 가스는?

① 황화수소
② 수 소
③ 일산화탄소
④ 질 소

해설
습기를 함유한 공기 중에서 황화수소는 금, 백금, 이외의 거의 모든 금속과 반응하여 황화물을 만들고 부식시킨다.

58 브로민화수소의 성질에 대한 설명으로 틀린 것은?

① 독성가스이다.
② 기체는 공기보다 가볍다.
③ 유기물 등과 격렬하게 반응한다.
④ 가열 시 폭발 위험성이 있다.

해설
브로민화수소(HBr)는 공기보다 무겁다.

59 산소가스의 품질검사에 사용되는 시약은?

① 동암모니아 시약
② 파이로갈롤 시약
③ 브롬시약
④ 하이드로설파이드 시약

해설
품질검사 대상가스

구 분	순 도	시 약
산 소	99.5% 이상	동암모니아 시약
수 소	98.5% 이상	파이로갈롤 또는 하이드로설파이드 시약
아세틸렌	98% 이상	질산은 시약, 발연황산, 브롬 시약

60 부유 피스톤형 압력계에서 실린더 지름 5cm, 추와 피스톤의 무게가 130kg일 때, 이 압력계에 접속된 부르동관의 압력계 눈금이 7kg/cm²를 나타내었다. 그 부르동관 압력계의 오차는 약 몇 %인가?

① 5.7   ② 6.6
③ 9.7   ④ 10.5

해설
부유 피스톤형 압력계에서 압력 $= \dfrac{130}{\frac{1}{4} \times 3.14 \times (5cm)^2}$

$= 6.62 \dfrac{kg}{cm^2}$

결과적으로 오차(%) $= \dfrac{표준압력 - 계기압력}{표준압력} \times 100$

$= \dfrac{7 - 6.62}{6.62} \times 100 ≒ 5.7\%$

정답 57 ① 58 ② 59 ① 60 ①

2021년 제1회 과년도 기출복원문제

01 가연성액체로부터 발생한 증기가 공기 중에서 연소범위 내에 있으면 그 표면에 불꽃을 접근시켰을 때 불이 붙는 필요 최저온도는?

① 인화점　　　② 발화점
③ 착화온도　　④ 비 점

02 메탄 60vol%, 에탄 20vol%, 프로판 15vol%, 부탄 5vol%인 혼합가스의 공기 중 폭발하한계(vol%)는 약 얼마인가?(단, 각 성분의 하한계는 메탄 5.0 vol%, 에탄 3.0vol%, 프로판 2.1vol%, 부탄 1.8 vol%로 한다)

① 2.5　　　② 3.0
③ 3.5　　　④ 4.0

해설
르샤틀리에의 법칙(혼합가스의 폭발범위를 구하는 식)
$$\frac{100}{L} = \frac{V_1}{L_1} + \frac{V_2}{L_2} + \frac{V_3}{L_3} \cdots$$
여기서, L : 혼합가스의 폭발범위값
　　　　$L_1, L_2, L_3 \cdots$: 각 성분의 단독 폭발범위값(체적(%))
　　　　$V_1, V_2, V_3 \cdots$: 각 성분의 체적(%)
$$\frac{100}{L} = \frac{60}{5} + \frac{20}{3} + \frac{15}{2.1} + \frac{5}{1.8}$$
∴ $L ≒ 3.5$

03 용기의 각인기호에 대해 잘못 나타낸 것은?

① V : 내용적
② W : 용기의 질량
③ TP : 기밀시험압력
④ FP : 최고충전압력

해설
TP : 내압시험압력

04 차량에 고정된 독성가스탱크의 내용적은 몇 L를 초과하지 않아야 하는가?

① 1,000　　　② 3,000
③ 12,000　　 ④ 18,000

05 액화석유가스 충전소에서 저장탱크를 지하에 설치하는 경우에는 철근 콘크리트로 저장탱크실을 만들고, 그 실내에 설치하여야 한다. 이때 저장탱크 주위의 빈 공간에는 무엇을 채워야 하는가?

① 물　　　　② 마른 모래
③ 자 갈　　 ④ 콜타르

해설
저장탱크 주위 빈 공간에는 마른 모래를 채워 탱크의 찌그러짐을 방지한다.

1 ① 2 ③ 3 ③ 4 ③ 5 ②　**정답**

06 독성가스 배관은 안전한 구조를 갖도록 하기 위해 2중관 구조로 하여야 한다. 다음 중 2중관으로 하지 않아도 되는 가스는?

① 암모니아　　② 염화메탄
③ 사이안화수소　④ 에틸렌

해설
2중 배관으로 해야 할 독성가스 : 포스겐, 황화수소, 사이안화수소, 염소, 산화에틸렌, 염화메탄, 암모니아, 이산화황

07 자연환기설비 설치 시 LP가스의 용기 보관실 바닥 면적이 $3m^2$이라면 통풍구의 크기는 몇 cm^2 이상으로 하도록 되어 있는가?(단, 철망 등이 부착되어 있지 않은 것으로 간주한다)

① 500　　② 700
③ 900　　④ 1,100

해설
자연환기설비 설치
- 환기구의 위치는 공기보다 무거운 가스인 경우 바닥에서 30cm 이내, 공기보다 가벼운 가스인 경우 천장에서 30cm 이내에 설치할 것
- 외기에 면하여 설치하는 환기구의 통풍 가능 면적 합계는 바닥면적 $1m^2$마다 $300cm^2$의 비율로 계산한 면적 이상으로 할 것(다만, 환기구의 면적은 $2,400cm^2$ 이하로 할 것)

08 액화석유가스의 특성에 대한 설명으로 옳지 않은 것은?

① 액체는 물보다 가볍고, 기체는 공기보다 무겁다.
② 액체의 온도에 의한 부피 변화가 작다.
③ 일반적으로 LNG보다 발열량이 크다.
④ 연소 시 다량의 공기가 필요하다.

해설
액화석유가스는 액체 온도에 의한 부피 변화가 크다.

09 성질이 같은 가스로만 나열된 것은?

① 에탄, 에틸렌
② 암모니아, 산소
③ 오존, 아황산가스
④ 헬륨, 염소

해설
① 에탄, 에틸렌 : 가연성 가스
② 암모니아, 산소 : 독성가스, 조연성 가스
③ 오존, 아황산가스 : 조연성 가스, 독성가스
④ 헬륨, 염소 : 불연성 가스, 조연성 가스

10 고압가스용기의 안전점검 기준에 해당되지 않는 것은?

① 용기의 부식, 도색 및 표시 확인
② 용기의 캡이 씌워져 있거나 프로텍터의 부착 여부 확인
③ 재검사기간의 도래 여부 확인
④ 성냥불로 용기의 누출 확인

해설
용기의 누출은 비눗물을 묻혀 확인한다.

정답　6 ④　7 ③　8 ②　9 ①　10 ④

11 가스용품제조허가를 받아야 하는 품목이 아닌 것은?

① PE배관　② 매몰형 정압기
③ 로딩암　④ 연료전지

> **해설**
> 가스용품제조허가를 받아야 하는 품목 : 매몰형 정압기, 로딩암, 연료전지, 압력조정기, 가스누출차단장치, 정압기용 필터, 호스, 배관용 밸브, 강제혼합식 가스버너, 연소기, 다기능가스 안전계량기 등

12 이동식 부탄연소기의 용기 연결방법에 따른 분류가 아닌 것은?

① 카세트식　② 직결식
③ 분리식　④ 일체식

> **해설**
> 이동식 부탄연소기의 용기 연결방법 : 카세트식, 직결식, 분리식

13 도시가스의 총발열량이 10,400kcal/m³, 공기에 대한 비중이 0.55일 때 웨버지수는 얼마인가?

① 11,023　② 12,023
③ 13,023　④ 14,023

> **해설**
> 웨버지수 계산 공식
> $$WI = \frac{H_g}{\sqrt{d}}$$
> 여기서, WI : 웨버지수
> H_g : 도시가스의 총발열량 $\left(\frac{kcal}{m^3}\right)$
> d : 도시가스의 비중
> $$WI = \frac{10,400}{\sqrt{0.55}} = 14,023$$

14 다음 중 압력이 가장 높은 것은?

① $10lb/in^2$
② $750mmHg$
③ $1atm$
④ $1kg/cm^2$

> **해설**
> 표준대기압
> $1atm = 760mmHg = 10,332mmH_2O \left(= mmAq = \frac{kg}{m^2}\right)$
> $= 1.0332 \frac{kg}{cm^2}$
> $= 14.7psi \left(= \frac{lb}{inch^2}\right) = 1,013.25mbar = 101,325Pa$

15 보기의 성질을 가지고 있는 가스는?

┤보기├
- 무색, 무취, 가연성 기체
- 폭발범위 : 공기 중 4~75vol%

① 메 탄
② 암모니아
③ 에틸렌
④ 수 소

16 고압가스 운반, 취급에 관한 안전사항 중 염소와 동일한 차량에 적재하여 운반이 가능한 가스는?

① 아세틸렌　② 암모니아
③ 질소　　　④ 수소

> **해설**
> 염소와 암모니아, 아세틸렌, 수소는 동일한 차량에 운반할 수 없다.

17 독성가스 용기 운반기준에 대한 설명으로 틀린 것은?

① 차량의 최대 적재량을 초과하여 적재하지 아니한다.
② 충전용기는 자전거나 오토바이에 적재하여 운반하지 아니한다.
③ 독성가스 중 가연성가스와 조연성가스는 같은 차량의 적재함으로 운반하지 아니한다.
④ 충전용기를 차량에 적재하여 운반할 때에는 적재함에 넘어지지 않게 뉘어서 운반한다.

> **해설**
> 충전용기를 차량에 적재하여 운반할 때에는 적재함에 넘어지지 않게 세워서 운반한다.

18 고압가스 배관재료로 사용되는 동관의 특징에 대한 설명으로 틀린 것은?

① 가공성이 좋다
② 열전도율이 작다.
③ 시공이 용이하다.
④ 내식성이 크다.

> **해설**
> 동관은 열전도율이 우수하다.

19 원통형의 관을 흐르는 물의 중심부의 유속을 피토관으로 측정하였더니 수주의 높이가 10m이었다. 이때 유속은 약 몇 m/s인가?

① 10　② 14
③ 20　④ 26

> **해설**
> 유속(V) = $\sqrt{2gh}$ = $\sqrt{2 \times 9.8 \times 10}$ = 14

20 조정기 감압방식 중 2단 감압방식의 장점이 아닌 것은?

① 공급압력이 안정하다.
② 장치와 조작이 간단하다.
③ 배관의 지름이 가늘어도 된다.
④ 각 연소기구에 알맞은 압력으로 공급이 가능하다.

> **해설**
> 단단 감압방식의 장점 : 장치와 조작이 간단하다.

정답 16 ③　17 ④　18 ②　19 ②　20 ②

21 용적형 압축기에 속하지 않는 것은?

① 왕복압축기
② 회전압축기
③ 나사압축기
④ 원심압축기

해설
원심압축기는 비용적형이다.

22 저장능력이 50ton인 액화산소 저장탱크 외면에서 사업소경계선까지의 최단 거리가 50m일 경우 이 저장탱크에 대한 내진설계 등급은?

① 내진 특등급
② 내진 1등급
③ 내진 2등급
④ 내진 3등급

해설
액화산소의 내진설계 2등급의 기준
- 저장능력 10ton 초과 100ton 이하
- 사업소경계선까지 최단 거리 40m 초과 90m 이하

23 공기보다 비중이 가벼운 도시가스의 공급시설로서 공급시설이 지하에 설치된 경우의 통풍구조에 대한 설명으로 옳은 것은?

① 환기구를 2방향 이상 분산하여 설치한다.
② 배기구는 천장 면으로부터 50cm 이내에 설치한다.
③ 흡입구 및 배기구의 관경은 80mm 이상으로 한다.
④ 배기가스 방출구는 지면에서 5m 이상의 높이에 설치한다.

해설
자연환기설비 설치
- 환기구의 위치는 공기보다 무거운 가스인 경우는 바닥에서 30cm 이내, 공기보다 가벼운 가스인 경우는 천장에서 30cm 이내에 설치 할 것
- 외기에 면하여 설치하는 환기구의 통풍 가능 면적 합계는 바닥면적 1m²마다 300cm²의 비율로 계산한 면적 이상으로 할 것(단, 환기구의 면적은 2,400cm² 이하로 할 것)
- 사방이 방호벽 등으로 설치된 경우에는 환기구를 2방향 이상으로 분산하여 설치할 것
- 흡입구 및 배기구의 관경은 100mm 이상으로 할 것
- 배기가스 방출구는 지면에서 3m 이상의 높이에 설치할 것

24 폭발성이 예민하여 마찰 타격으로 격렬히 폭발하는 물질에 해당하지 않는 것은?

① 메틸아민
② 유화질소
③ 아세틸라이드
④ 염화질소

해설
마찰, 타격 등으로 격렬히 폭발하는 예민한 폭발물질: 유화질소(N_4S_4), 금속 아세틸라이드(Cu_2C_2, Ag_2C_2), 염화질소(NCl_3), 질화은(AgN_3), 테트라센($C_2H_5ON_{10}$)

25 고압가스를 제조하는 경우 가스를 압축해서는 안 되는 경우에 해당하지 않는 것은?

① 가연성 가스(아세틸렌, 에틸렌 및 수소 제외) 중 산소량이 전체 용량의 4% 이상인 것
② 산소 중의 가연성 가스의 용량이 전체 용량의 4% 이상인 것
③ 아세틸렌, 에틸렌 또는 수소 중의 산소 용량이 전체 용량의 2% 이상인 것
④ 산소 중의 아세틸렌, 에틸렌 및 수소의 용량 합계가 전체 용량의 4% 이상인 것

해설
압축을 금지해야 할 경우
- 가연성 가스 중에서 산소가 차지하는 용량이 전 용량의 4% 이상인 경우(아세틸렌, 에틸렌, 수소 제외)
- 산소 중에서 가연성 가스가 차지하는 용량이 전 용량의 4% 이상인 경우(아세틸렌, 에틸렌, 수소 제외)
- C_2H_2, C_2H_4, H_2 중에서 산소가 차지하는 용량이 전 용량의 2% 이상인 경우
- 산소 중에서 C_2H_2, C_2H_4, H_2가 차지하는 용량이 전 용량의 2% 이상인 경우

26 가연성 가스 또는 독성가스의 제조시설에서 자동으로 원재료의 공급을 차단시키는 등 제조설비 안의 제조를 제어할 수 있는 장치는?

① 인터로크기구
② 벤트스택
③ 플레어스택
④ 가스누출검지경보장치

해설
인터로크 : 운전원의 오조작이나 장치의 오동작인 경우에도 안전해야 하기 때문에 장치 자체가 어떤 조건을 갖추지 않으면 작동하지 않도록 하여 오조작이 발생되지 않도록 한다.

27 지상에 설치하는 정압기실 방호벽의 높이와 두께 기준으로 옳은 것은?

① 높이 2m, 두께 7cm 이상의 철근 콘크리트 벽
② 높이 1.5m, 두께 12cm 이상의 철근 콘크리트 벽
③ 높이 2m, 두께 12cm 이상의 철근 콘크리트 벽
④ 높이 1.5m, 두께 15cm 이상의 철근 콘크리트 벽

해설
방호벽의 규격

방호벽의 종류	높 이	두 께
철근 콘크리트제	2m	12cm
콘크리트 블록	2m	15cm
박강판	2m	3.2mm
후강판	2m	6mm

28 고압가스저장탱크 및 가스홀더의 가스방출장치는 가스 저장량이 몇 m^3 이상인 경우 설치하여야 하는가?

① $1m^3$
② $3m^3$
③ $5m^3$
④ $10m^3$

해설
고압가스 저장탱크 및 가스홀더의 가스방출장치는 가스 저장량이 $5m^3$ 이상인 경우 설치한다.

정답 25 ④ 26 ① 27 ③ 28 ③

29 액화석유가스저장탱크에 가스를 충전하고자 한다. 내용적이 15m³인 탱크에 안전하게 충전할 수 있는 가스의 최대 용량은 몇 m³인가?

① 12.75
② 13.5
③ 14.25
④ 14.7

해설
충전할 수 있는 가스의 최대 용량 = 내용적 × 0.9 = 15 × 0.9
= 13.5m³

30 산소, 수소 및 아세틸렌의 품질검사에서 순도는 각각 얼마 이상이어야 하는가?

① 산소 : 99.5%, 수소 : 98.0%, 아세틸렌 : 98.5%
② 산소 : 99.5%, 수소 : 98.5%, 아세틸렌 : 98.0%
③ 산소 : 98.0%, 수소 : 99.5%, 아세틸렌 : 98.5%
④ 산소 : 98.5%, 수소 : 99.5%, 아세틸렌 : 98.0%

31 도시가스의 유해성분을 측정하기 위한 도시가스 품질검사의 성분분석은 주로 어떤 기기를 사용하는가?

① 기체크로마토그래피
② 분자흡수분광기
③ NMR
④ ICP

해설
기체크로마토그래피 : 도시가스의 유해성분을 측정하기 위한 기기

32 저온을 얻는 기본적인 원리는?

① 등압 팽창
② 단열 팽창
③ 등온 팽창
④ 등적 팽창

해설
저온을 얻는 기본적인 원리는 줄-톰슨효과로서 단열 팽창이다.

33 용적식 유량계에 해당하는 것은?

① 오리피스 유량계
② 플로노즐 유량계
③ 벤투리관 유량계
④ 오벌기어식 유량계

해설
유량계
- 차압식 유량계의 종류 : 벤투리, 오리피스, 플로노즐
  - 오리피스유량계 : 관 도중에 조리개(교축기구)를 넣어 조리개 전후의 차압을 이용하여 유량을 측정하는 계측기기
- 용적식 유량계의 종류 : 오벌 유량계, 가스미터, 로터리 팬, 루트 유량계, 로터리 피스톤
- 면적식 유량계의 종류 : 플로트, 피스톤형, 게이트형

34 전위측정기로 관대지전위(Pipe to Soil Potential) 측정 시 측정방법으로 적합하지 않은 것은?(단, 기준전극은 포화황산동전극이다)

① 측정선 말단의 부식 부분을 연마 후에 측정한다.
② 전위측정기의 (+)는 T/B(TEST Box), (-)는 기준전극에 연결한다.
③ 콘크리트 등으로 기준전극을 토양에 접지할 수 없을 경우에는 물에 적신 스펀지 등을 사용하여 측정한다.
④ 전위 측정은 가능한 한 배관에서 먼 위치에서 측정한다.

해설
전위측정기로 관대지전위(Pipe to Soil Potential) 측정 시 측정방법
• 측정선 말단의 부식 부분을 연마 후에 측정한다.
• 전위측정기의 (+)는 T/B(TEST Box), (-)는 기준전극에 연결한다.
• 콘크리트 등으로 기준전극을 토양에 접지할 수 없을 경우에는 물에 적신 스펀지 등을 사용하여 측정한다.
• 전위 측정은 가능한 한 배관에서 가까운 위치에서 측정한다.

35 사이안화수소를 용기에 충전하는 경우 품질검사 시 합격 최저 순도는?

① 98%   ② 98.5%
③ 99%   ④ 99.5%

해설
사이안화수소를 용기에 충전하는 경우 품질검사 시 합격 최저 순도는 98% 이상이어야 한다.

36 유체의 흐름 방향을 한 방향으로만 흐르게 하는 밸브는?

① 글로브밸브   ② 체크밸브
③ 앵글밸브   ④ 게이트밸브

해설
체크밸브 : 역류방지밸브

37 가스분석법 중 화학분석법에 속하지 않는 방법은?

① 가스크로마토그래피법
② 중량법
③ 분광광도법
④ 아이오딘적정법

해설
가스크로마토그래피법은 기기분석법이다.

38 고압장치의 금속재료 사용에 대한 설명으로 옳은 것은?

① LNG 저장탱크 - 고장력강
② 아세틸렌 압축기 실린더 - 주철
③ 암모니아 압력계 도관 - 동
④ 액화산소 저장탱크 - 탄소강

해설
아세틸렌 압축기 실린더는 주철을 사용하고, 동 및 동합금강에는 사용 불가하다.

정답 34 ④ 35 ① 36 ② 37 ① 38 ②

39 고압가스 설비의 안전장치에 관한 설명 중 옳지 않는 것은?

① 고압가스용기에 사용되는 가용전은 열을 받으면 가용합금이 용해되어 내부의 가스를 방출한다.
② 액화가스용 안전밸브의 토출량은 저장탱크 등의 내부의 액화가스가 가열될 때의 증발량 이상이 필요하다.
③ 급격한 압력 상승이 있는 경우, 파열판은 부적당하다.
④ 펌프 및 배관에는 압력 상승 방지를 위해 릴리프 밸브가 사용된다.

해설
급격한 압력 상승이 있는 경우에는 파열판을 사용한다.

40 압력계 사용 시 주의사항으로 틀린 것은?

① 정기적으로 점검한다.
② 압력계의 눈금판은 조작자가 보기 쉽도록 안면을 향하게 한다.
③ 가스의 종류에 적합한 압력계를 선정한다.
④ 압력의 도입이나 배출은 서서히 행한다.

해설
압력계 사용 시 주의사항
• 정기적으로 점검한다.
• 진동이 없고 보기 쉬운 곳에 설치한다.
• 가스의 종류에 적합한 압력계를 선정한다.
• 압력의 도입이나 배출은 서서히 행한다.

41 독성가스이면서 조연성 가스인 것은?

① 암모니아
② 사이안화수소
③ 황화수소
④ 염소

해설
염소는 독성가스이면서 조연성 가스이다.

42 엔트로피의 단위는?

① kcal/h
② kcal/kg
③ kcal/kg·m
④ kcal/kg·K

43 관 내를 흐르는 유체의 압력 강하에 대한 설명으로 틀린 것은?

① 가스 비중에 비례한다.
② 관 내경의 5승에 반비례한다.
③ 관 길이에 비례한다.
④ 압력에 비례한다.

해설
관 내를 흐르는 유체의 압력 강하는 압력과 관계없다.
$$Q = K \times \sqrt{\frac{D^5 h}{SL}}$$

44 액화천연가스(LNG) 저장탱크의 지붕 시공 시 지붕에 대한 좌굴강도(Buckling Strength)를 검토하는 경우 반드시 고려하여야 할 사항이 아닌 것은?

① 가스압력
② 탱크의 지붕판 및 지붕 뼈대의 중량
③ 지붕 부위 단열재의 중량
④ 내부탱크 재료 및 중량

> **해설**
> 좌굴강도를 검토하는 경우 고려해야 할 사항
> • 가스압력
> • 탱크의 지붕판 및 지붕 뼈대의 중량
> • 지붕 부위 단열재의 중량

45 연소기의 설치방법에 대한 설명으로 틀린 것은?

① 가스온수기나 가스보일러는 목욕탕에 설치할 수 있다.
② 배기통이 가연성 물질로 된 벽 또는 천장 등을 통과하는 때에는 금속 외의 불연성 재료로 단열 조치를 한다.
③ 배기팬이 있는 밀폐형 또는 반밀폐형의 연소기를 설치한 경우 그 배기팬의 배기가스와 접촉하는 부분은 불연성 재료로 한다.
④ 개방형 연소기를 설치한 실에는 환풍기 또는 환기구를 설치한다.

> **해설**
> 목욕탕에는 습기가 많기 때문에 가스온수기나 가스보일러를 설치할 수 없다.

46 다음 중 이음매 없는 용기의 특징이 아닌 것은?

① 독성가스를 충전하는 데 사용한다.
② 내압에 대한 응력 분포가 균일하다.
③ 고압에 견디기 어려운 구조이다.
④ 용접용기에 비해 값이 비싸다.

> **해설**
> 이음매 없는 용기의 특징
> • 독성가스를 충전하는 데 사용한다.
> • 내압에 대한 응력 분포가 균일하다.
> • 고압에 견디기 쉬운 구조이다.
> • 용접용기에 비해 값이 비싸다.

47 계량이 정확하고 사용 중 기차의 변동이 거의 없는 가스미터는?

① 벤투리미터
② 오리피스미터
③ 습식 가스미터
④ 로터리피스톤식 미터

> **해설**
> 기차(器差, Instrument Error) : 계측기가 가지고 있는 고유의 오차로서 제작 당시부터 어쩔 수 없이 가지고 있는 계통적인 오차

48 공기비가 클 경우 나타나는 현상이 아닌 것은?

① 통풍력이 강하여 배기가스에 의한 열손실 증대
② 불완전연소에 의한 매연 발생이 심함
③ 연소가스 중 SO_3의 양이 증대되어 저온 부식 촉진
④ 연소가스 중 NO_2의 발생이 심하여 대기오염 유발

> **해설**
> 공기비가 크면 공기가 충분하기 때문에 완전연소에 의한 매연 발생이 적다.

49 표준상태에서 1몰의 아세틸렌이 완전연소될 때 필요한 산소의 몰수는?

① 1몰 ② 1.5몰
③ 2몰 ④ 2.5몰

해설
아세틸렌의 완전연소 반응식 : $C_2H_2 + 2.5O_2 \rightarrow 2CO_2 + H_2O$

50 탄성식 압력계에 속하지 않는 것은?

① 다이어프램 압력계
② U자관형 압력계
③ 부르동관식 압력계
④ 벨로스식 압력계

해설
탄성식 압력계
- 부르동관압력계 : 탄성식 압력계는 수압부에 탄성체를 사용해서 측정하고자 하는 압력을 가했을 때 가해진 압력에 비례하는 단위 압력당의 변형량을 아는 상태에서 이에 대응된 변형량만을 측정함으로써 압력을 구하는 방법이다.
- 다이어프램압력계 : 다이어프램압력계는 고정시킨 환산형 주위 단과 동일 평면을 이루고 있는 얇은 막의 형태(평판형, 파형, 캡슐형)로서, 가해진 미소압력의 변화에도 대응된 수직 방향으로 팽창 수축하는 압력소자이다. 또한 고점도 액체나 부유 현탁액의 유체압력 측정에 가장 적당한 압력계이다.
- 벨로스압력계 : 주름관이 내압 변화에 따라서 신축되는 것을 이용한 것으로 주로 진공압 및 차압 측정에 사용되는 압력계이다. 측정압력이 $0.01 \sim 10 kg/cm^2$ 정도이고, 오차가 $\pm 1 \sim 2\%$ 정도이며 유체 내의 먼지 등의 영향이 작으나 압력 변동에 적응하기 어렵고 주위 온도 도차에 의한 충분한 주의를 필요로 한다.

51 불완전연소 현상의 원인으로 옳지 않은 것은?

① 가스압력에 비하여 공급 공기량이 부족할 때
② 환기가 불충문한 공간에 연소기가 설치되었을 때
③ 공기와의 접촉혼합이 불충분할 때
④ 불꽃의 온도가 증대되었을 때

해설
불꽃의 온도가 낮아졌을 때 불완전연소를 일으킨다.

52 무색의 복숭아 냄새가 나는 독성가스는?

① Cl_2 ② HCN
③ NH_3 ④ PH_3

해설
HCN(사이안화수소) : 무색의 복숭아 냄새가 나는 독성가스

53 다음 중 기체밀도가 가장 작은 가스는?

① 프로판 ② 메 탄
③ 부 탄 ④ 아세틸렌

해설
분자량이 작을수록 밀도는 작다.

54 암모니아 200kg을 내용적 50L 용기에 충전할 경우 필요한 용기의 개수는?(단, 충전 정수를 1.86으로 한다)

① 4개　　② 6개
③ 8개　　④ 12개

해설
액화가스 용기 및 차량에 고정된 탱크인 경우
$$W = \frac{V_2}{C} = \frac{50}{1.86} = 26.88 \text{kg}$$
1개 용기 속에 최대한 26.88kg을 담을 수 있다.
따라서 $\frac{200}{26.88} = 7.44$, 즉 용기의 개수는 8개이다.

55 가스도매사업자 가스공급시설의 시설기준 및 기술기준에 의한 배관의 해저 설치의 기준에 대한 설명으로 틀린 것은?

① 배관은 원칙적으로 다른 배관과 교차하지 아니한다.
② 2개 이상의 배관을 동시에 설치하는 경우에는 배관이 서로 접촉하지 아니하도록 필요한 조치를 한다.
③ 배관이 부양하거나 이동할 우려가 있는 경우에는 이를 방지하기 위한 조치를 한다.
④ 배관은 원칙적으로 다른 배관과 20m 이상의 수평거리를 유지한다.

해설
배관은 원칙적으로 다른 배관과 30m 이상의 수평거리를 유지한다.

56 도시가스제조시설의 플레어스택 기준에 적합하지 않은 것은?

① 스택에서 방출된 가스가 지상에서 폭발한계에 도달하지 아니하도록 할 것
② 연소능력은 긴급이송설비로 이송되는 가스를 안전하게 연소시킬 수 있을 것
③ 스택에서 발생하는 최대열량에 장시간 견딜 수 있는 재료 및 구조로 되어 있을 것
④ 폭발을 방지하기 위한 조치가 되어 있을 것

해설
벤트스택은 방출된 가스가 지상에서 폭발한계에 도달하지 아니하도록 하고, 플레어스택은 해당 사항이 아니다.

57 도시가스시설의 설치공사 또는 변경공사를 하는 때에 이루어지는 주요 공정 시공감리 대상은?

① 도시가스사업자 외의 가스공급시설설치자의 배관 설치공사
② 가스도매사업자의 가스공급시설 설치공사
③ 일반도시가스사업자의 정압기 설치공사
④ 일반도시가스사업자의 제조소 설치공사

해설
도시가스시설 주요 공정 시공감리 대상 : 도시가스사업자 외의 가스공급시설설치자의 배관 설치공사

58 고압가스 공급자의 안전점검 항목이 아닌 것은?

① 충전용기의 설치 위치
② 충전용기의 운반방법 및 상태
③ 충전용기와 화기의 거리
④ 독성가스의 경우 흡수장치, 제해장치 및 보호구 등에 대한 적합 여부

해설
공급자의 안전점검 항목
• 충전용기의 설치 위치
• 독성가스의 경우 흡수장치, 제해장치 및 보호구 등에 대한 적합 여부
• 충전용기와 화기의 거리

59 산소의 물리적인 성질에 대한 설명으로 틀린 것은?

① 산소는 약 −183℃에서 액화한다.
② 액체산소는 청색으로 비중이 약 1.13이다.
③ 무색, 무취의 기체이며 물에는 약간 녹는다.
④ 강력한 조연성 가스이므로 자신이 연소한다.

해설
산소는 강력한 조연성 가스로 자신은 연소하지 않는다.

60 도시가스의 주원료인 메탄(CH_4)의 비점은 약 얼마인가?

① −50℃
② −82℃
③ −120℃
④ −162℃

2021년 제2회 과년도 기출복원문제

01 프로판 가스의 분자량은 얼마인가?

① 17   ② 44
③ 58   ④ 64

해설
$C_3H_8 = (12 \times 3) + (1 \times 8) = 44$

02 도시가스사용시설의 배관은 움직이지 않도록 고정 부착하는 조치를 하도록 규정하고 있는데, 다음 중 배관의 호칭지름에 따른 고정 간격의 기준으로 옳은 것은?

① 배관의 호칭지름 20mm인 경우 2m마다 고정
② 배관의 호칭지름 32mm인 경우 3m마다 고정
③ 배관의 호칭지름 40mm인 경우 4m마다 고정
④ 배관의 호칭지름 65mm인 경우 5m마다 고정

해설
배관의 고정장치
- 관지름이 13mm 미만 : 1m마다
- 관지름이 13mm 이상 33mm 미만 : 2m마다
- 관지름이 33mm 이상 : 3m마다

03 일반도시가스사업의 가스공급시설에서 중압 이하의 배관과 고압 배관을 매설하는 경우 서로 몇 m 이상의 거리를 유지하여 설치하여야 하는가?

① 1   ② 2
③ 3   ④ 5

해설
일반도시가스사업의 가스공급시설에서 중압 이하의 배관과 고압 배관을 매설하는 경우 서로 2m 이상의 거리를 유지해야 한다.

04 저장 능력이 $300m^3$ 이상인 2개의 가스 홀더 A, B 간에 유지해야 할 거리는?(단, A와 B의 최대 지름은 각각 8m, 4m이다)

① 1m   ② 2m
③ 3m   ④ 4m

해설
가스 홀더 A, B 간에 유지해야 할 거리
최대 지름의 합 $\times \frac{1}{4} = (8+4) \times \frac{1}{4} = 3$

05 지하도시가스 매설배관에 Mg과 같은 금속을 배관과 전기적으로 연결하여 방식하는 방법은?

① 희생양극법   ② 외부전원법
③ 선택배류법   ④ 강제배류법

해설
희생양극법 : 피방식체의 강철 파이프(자연전위 : -500~-400 mV)와 양극금속의 Mg막대(자연전위 : -1,600~-1,500mV)를 땅속에 묻어 놓으면 양극금속인 Mg막대에서 먼저 전해질(땅속)로 Mg^{2+}이 먼저 녹아 들어간다. Mg막대에서 발생된 전자는 도선을 타고 흘러간다. 전류는 양극에서 피방식체로 흘러 등전위를 형성하게 되어 부식이 방지되는 것이다.

정답 1 ② 2 ① 3 ② 4 ③ 5 ①

06 천연가스 지하 매설배관의 퍼지용으로 주로 사용되는 가스는?
① N_2
② Cl_2
③ H_2
④ O_2

해설
천연가스 지하 매설배관의 퍼지용으로 주로 사용되는 가스 : 질소

07 독성가스 제조시설 식별 표지의 글씨 색상은?(단, 가스의 명칭은 제외한다)
① 백 색
② 적 색
③ 황 색
④ 흑 색

해설
가스의 명칭은 적색으로 표시한다.

08 지하에 설치하는 지역정압기에서 시설의 조작을 안전하고 확실하게 하기 위하여 필요한 조명도는 얼마를 확보하여야 하는가?
① 100룩스
② 150룩스
③ 200룩스
④ 250룩스

해설
지역정압기에서 시설의 조작을 안전하고 확실하게 하기 위하여 필요한 조명도 : 150룩스 이상

09 공기 중에서의 폭발하한값이 가장 낮은 가스는?
① 황화수소
② 암모니아
③ 산화에틸렌
④ 프로판

해설
④ 프로판 : 2.2~9.5%
① 황화수소 : 4.3~45%
② 암모니아 : 15~28%
③ 산화에틸렌 : 3~80%

10 원심펌프를 병렬로 연결하는 것은 무엇을 증가시키기 위한 것인가?
① 양 정
② 동 력
③ 유 량
④ 효 율

해설
• 병렬연결 : 유량이 2배
• 직렬연결 : 양정이 2배

11 도시가스사업법상 제1종 보호시설이 아닌 것은?

① 아동 50명이 다니는 유치원
② 수용 인원이 350명인 예식장
③ 객실 20개를 보유한 여관
④ 250세대 규모의 개별난방 아파트

해설
제2종 보호시설
- 건축법 시행령 별표 1 제1호 및 제2호에 따른 단독주택 및 공동주택
- 사람을 수용하는 건축물(건축법 제2조제1항제2호에 따른 건축물을 말하며, 가설건축물과 건축법 시행령 별표 1 제18호 가목에 따른 창고는 제외한다)로서 사실상 독립된 부분의 연면적이 100m² 이상 1,000m² 미만인 것

12 가스도매사업의 가스공급시설에서 배관을 지하에 매설할 경우의 기준으로 틀린 것은?

① 배관을 시가지 외의 도로 노면 밑에 매설할 경우 노면으로부터 배관 외면까지 1.2m 이상 이격할 것
② 배관의 깊이는 산과 들에서는 1m 이상으로 할 것
③ 배관을 시가지의 도로 노면 밑에 매설할 경우 노면으로부터 배관 외면까지 1.5m 이상 이격할 것
④ 배관을 철도부지에 매설할 경우 배관 외면으로부터 궤도 중심까지 5m 이상 이격할 것

해설
배관을 철도 부지에 매설할 경우 배관 외면으로부터 궤도 중심까지 4m 이상 이격할 것

13 가스 중 음속보다 화염 전파속도가 큰 경우 충격파가 발생하는데, 이때 가스의 연소속도는?

① 0.3~100m/s
② 100~300m/s
③ 700~800m/s
④ 1,000~3,500m/s

해설
폭굉이 전하는 전파속도 : 1,000~3,500m/s

14 고압가스용 용접용기 동판의 최대 두께와 최소 두께의 차이는?

① 평균 두께의 5% 이하
② 평균 두께의 10% 이하
③ 평균 두께의 20% 이하
④ 평균 두께의 25% 이하

해설
고압가스용 용접용기 동판의 최대 두께와 최소 두께의 차이 : 평균 두께의 10% 이하

15 저장탱크 설치방법에서 저장탱크를 지하에 묻는 경우 지면으로부터 저장탱크의 정상부까지의 깊이는 최소 얼마 이상으로 하여야 하는가?

① 20cm
② 40cm
③ 60cm
④ 1m

정답 11 ④ 12 ④ 13 ④ 14 ② 15 ③

16 액화석유가스의 시설기준 중 저장탱크의 설치방법으로 틀린 것은?

① 천장, 벽 및 바닥의 두께가 각각 30cm 이상의 방수조치를 한 철근 콘크리트 구조로 한다.
② 저장탱크실 상부 윗면으로부터 저장탱크 상부까지의 깊이는 60cm 이상으로 한다.
③ 저장탱크에 설치한 안전밸브에는 지면으로부터 5m 이상의 방출관을 설치한다.
④ 저장탱크 주위 빈 공간에는 세립분을 25% 이상 함유한 마른 모래를 채운다.

해설
저장탱크 주위 빈 공간에는 세립분이 없도록 마른 모래를 채운다.

17 고압가스의 성질에 따른 분류에 속하지 않는 것은?

① 가연성 가스
② 액화가스
③ 조연성 가스
④ 불연성 가스

해설
- 고압가스의 성질에 따른 분류 : 가연성, 조연성, 불연성
- 고압가스의 상태에 따른 분류 : 압축가스, 액화가스, 용해가스

18 화학적 폭발로 볼 수 없는 것은?

① 증기폭발
② 중합폭발
③ 분해폭발
④ 산화폭발

해설
증기폭발은 물리적 폭발이다.

19 재검사용기에 대한 파기방법의 기준으로 틀린 것은?

① 절단 등의 방법으로 파기하여 원형으로 가공할 수 없도록 할 것
② 허가 관청에 파기의 사유·일시·장소 및 인수시한 등에 대한 신고를 하고 파기할 것
③ 잔가스를 전부 제거한 후 절단할 것
④ 파기하는 때에는 검사원이 검사 장소에서 직접 실시할 것

해설
재검사용기 파기 시 허가 관청에 파기의 사유·일시·장소 및 인수시한 등에 대한 신고절차는 필요 없다.

20 시내버스의 연료로 사용되고 있는 CNG의 주요 성분은?

① 메탄(CH_4)
② 프로판(C_3H_8)
③ 부탄(C_4H_{10})
④ 수소(H_2)

해설
CNG의 주요 성분 : 메탄(CH_4)

21 산소와 함께 사용하는 액화석유가스 사용시설에서 압력조정기와 토치 사이에 설치하는 안전장치는?

① 역화방지기
② 안전밸브
③ 파열판
④ 조정기

해설
역화방지기 : 불꽃의 역류로 인한 폭발을 방지하는 장치

22 특정고압가스에 해당되지 않는 것은?

① 이산화탄소
② 수 소
③ 산 소
④ 천연가스

해설
특정고압가스 : 수소, 산소, 액화암모니아, 아세틸렌, 액화염소, 천연가스, 압축 모노실란, 압축 다이보레인, 액화알진 그 밖의 대통령이 정하는 고압가스

23 일반도시가스 배관의 설치기준 중 하천 등을 횡단하여 매설하는 경우로서 적합하지 않은 것은?

① 하천을 횡단하여 배관을 설치하는 경우에는 배관의 외면과 계획하상(河床, 하천의 바닥) 높이의 거리는 원칙적으로 4.0m 이상으로 한다.
② 소하천, 수로를 횡단하여 배관을 매설하는 경우 배관의 외면과 계획하상(河床, 하천의 바닥) 높이의 거리는 원칙적으로 2.5m 이상으로 한다.
③ 그 밖의 좁은 수로를 횡단하여 배관을 매설하는 경우 배관의 외면과 계획하상(河床, 하천의 바닥) 높이의 거리는 원칙적으로 1.5m 이상으로 한다.
④ 하상변동, 패임, 닻 내림 등의 영향을 받지 아니하는 깊이에 매설한다.

해설
그 밖의 좁은 수로를 횡단하여 배관을 매설하는 경우 배관의 외면과 계획하상(河床, 하천의 바닥) 높이의 거리는 원칙적으로 1.2m 이상으로 한다.

24 일반 공업지역의 암모니아를 사용하는 A공장에서 저장능력 25ton의 저장탱크를 지상에 설치하고자 한다. 저장설비 외면으로부터 사업소 외의 주택까지 몇 m 이상의 안전거리를 유지하여야 하는가?

① 12m
② 14m
③ 16m
④ 18m

해설
독성가스 2만 초과 3만 이하인 경우 제2종 보호시설은 16m 안전거리를 두어야 한다.

제1종 보호시설 및 제2종 보호시설과의 안전거리

구 분	저장능력	제1종 보호시설	제2종 보호시설
산소의 저장설비	1만 이하	12	8
	1만 초과 2만 이하	14	9
	2만 초과 3만 이하	16	11
	3만 초과 4만 이하	18	13
	4만 초과	20	14
독성가스 또는 가연성 가스 저장설비	1만 이하	17	12
	1만 초과 2만 이하	21	14
	2만 초과 3만 이하	24	16
	3만 초과 4만 이하	27	18
	4만 초과 5만 이하	30	20
그 밖의 가스의 저장설비	1만 이하	8	5
	1만 초과 2만 이하	9	7
	2만 초과 3만 이하	11	8
	3만 초과 4만 이하	13	9
	4만 초과	14	10

※ 위 표 중 각 저장능력 단위는 압축가스 m^3, 액화가스는 kg으로 한다.

25 아세틸렌가스를 2.5MPa의 압력으로 압축할 때 첨가하는 희석제가 아닌 것은?

① 질소
② 에틸렌
③ 메탄
④ 황화수소

해설
아세틸렌을 2.5MPa의 압력으로 압축할 때 첨가해야 되는 희석제 : 프로판, 메탄, 에틸렌, 질소, 수소, 일산화탄소, 이산화탄소

26 가스사용시설에서 원칙적으로 PE배관을 노출배관으로 사용할 수 있는 경우는?

① 지상배관과 연결하기 위하여 금속관을 사용하여 보호조치를 한 경우로서 지면에서 20cm 이하로 노출하여 시공하는 경우
② 지상배관과 연결하기 위하여 금속관을 사용하여 보호조치를 한 경우로서 지면에서 30cm 이하로 노출하여 시공하는 경우
③ 지상배관과 연결하기 위하여 금속관을 사용하여 보호조치를 한 경우로서 지면에서 50cm 이하로 노출하여 시공하는 경우
④ 지상배관과 연결하기 위하여 금속관을 사용하여 보호조치를 한 경우로서 지면에서 1m 이하로 노출하여 시공하는 경우

해설
PE배관을 노출배관으로 사용할 수 있는 경우 : 지상배관과 연결하기 위하여 금속관을 사용하여 보호조치를 한 경우로서 지면에서 30cm 이하로 노출하여 시공하는 경우

27 정전기에 대한 설명 중 틀린 것은?

① 습도가 낮을수록 정전기를 축적하기 쉽다.
② 화학섬유로 된 의류는 흡수성이 높으므로 정전기가 대전하기 쉽다.
③ 액상의 LP가스는 전기 절연성이 높으므로 유동 시에는 대전하기 쉽다.
④ 재료 선택 시 접촉 전위차를 작게 하여 정전기 발생을 줄인다.

해설
화학섬유로 된 의류는 흡수성이 낮아 정전기가 대전하기 쉽다.

정답: 24 ③ 25 ④ 26 ② 27 ②

28 비중이 공기보다 커서 바닥에 체류하는 가스로만 나열된 것은?

① 염소, 암모니아, 아세틸렌
② 프로판, 수소, 아세틸렌
③ 프로판, 염소, 포스겐
④ 염소, 포스겐, 암모니아

해설
- 공기의 분자량 : 29g
- 프로판의 분자량 : 44g
- 염소의 분자량 : 71g
- 포스겐의 분자량 : 99g

29 의료용 가스용기의 도색 구분이 틀린 것은?

① 산소 – 백색
② 액화탄산가스 – 회색
③ 질소 – 흑색
④ 에틸렌 – 갈색

해설
용기의 도색

공업용	색 깔	의료용
액화암모니아	백 색	산 소
수 소	주황색	사이클로프로판
액화탄산가스	청 색	아산화질소
액화염소	갈 색	헬 륨
기 타	회 색	액화탄산가스
아세틸렌	황 색	–
–	흑 색	질 소
산 소	녹 색	–
–	자 색	에틸렌

30 가스누출확인시험지와 검지가스가 옳게 연결된 것은?

① KI전분지 – CO
② 연당지 – 할로겐가스
③ 염화팔라듐지 – HCN
④ 하리슨시험지 – $COCl_2$

해설
시험지 및 변색 상태

가스명	시험지	변색 상태
암모니아(NH_3)	적색 리트머스시험지 (붉은 리트머스시험지)	청 색
일산화탄소(CO)	염화팔라듐지	흑 색
포스겐($COCl_2$)	하리슨시험지	심등색(귤색)
황화수소(H_2S)	연당지(초산납시험지)	흑 색
사이안화수소(HCN)	초산구리벤젠지 (질산구리벤젠지)	청 색
아세틸렌(C_2H_2)	염화제1동착염지	적 색
염소(Cl_2)	아이오딘화칼륨시험지 (KI전분지)	청 색

31 왕복식 펌프에 해당하는 것은?

① 기어펌프   ② 베인펌프
③ 터빈펌프   ④ 플런저펌프

해설
펌프의 분류

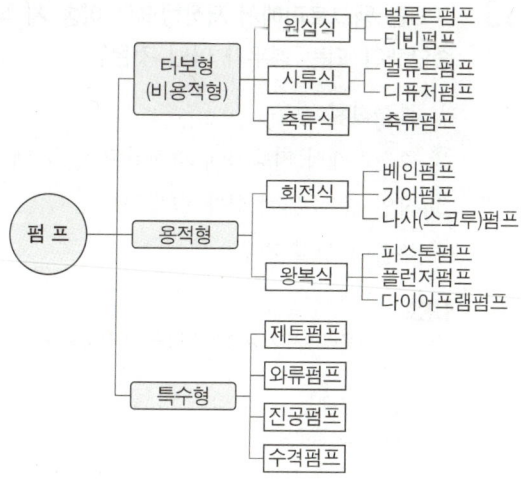

32 LP가스 공급방식 중 자연기화방식의 특징에 대한 설명으로 틀린 것은?

① 기화능력이 좋아 대량 소비 시에 적당하다.
② 가스 조성의 변화량이 크다.
③ 설비 장소가 크게 된다.
④ 발열량의 변화량이 크다.

해설
기화능력이 좋아 대량 소비 시에 적당한 것은 강제기화방식의 특징이다.

33 LPG를 탱크로리에서 저장탱크로 이송 시 작업을 중단해야 되는 경우가 아닌 것은?

① 과충전된 경우
② 충전기에서 자동차에 충전하고 있을 때
③ 작업 중 주위에 화재 발생 시
④ 누출이 생길 경우

해설
LPG를 탱크로리에서 저장탱크로 이송 시 작업을 중단해야 되는 경우
• 과충전된 경우
• 누출이 생길 경우
• 작업 중 주위에 화재 발생 시

34 도시가스의 품질검사 시 가장 많이 사용되는 검사방법은?

① 원자흡광광도법
② 가스크로마토그래피법
③ 자외선, 적외선 흡수분광법
④ ICP법

해설
가스크로마토그래피법 : 봄베에서 캐리어 가스(헬륨, 수소, 질소 등)를 일정한 유속으로 칼럼 및 그 전후의 열전도도 셀(전부 표준 쪽·후부 검출 쪽)로 흘러들게 하고 시료 주입구에서 소량의 가스 또는 액체 시료를 주사기 등으로 주입하면, 시료의 각 성분은 충전제와의 친화력(흡착제에 의한 흡착성 또는 고정상 액체에 의한 흡수성)의 차에 의해 칼럼 안의 이동속도에 차이가 생기고 친화력이 작은 성분에서부터 차례로 분리하여 열전도도 셀은 2개의 저항으로서 평형한 휘트스톤 다리의 일부를 구성하며, 이 분리 성분은 캐리어 가스와의 열전도율 차이에 의해 그 농도에 비례해서 브리지에 불평형 전위차가 생기고, 이것이 평형기록계로 그려진다. 이때 얻어지는 도형으로 가스를 분석하는 방법이다.

35 불연성 가스가 아닌 것은?

① 아르곤　　② 탄산가스
③ 질 소　　④ 일산화탄소

36 1,000L의 액산탱크에 액산을 넣어 방출밸브를 개방하여 12시간 방치하였더니 탱크 내의 액산이 4.8kg 방출되었다면, 1시간당 탱크에 침입하는 열량은 약 몇 kcal인가?(단, 액산의 증발잠열은 60 kcal/kg이다)

① 12　　② 24
③ 70　　④ 150

해설
액산의 총증발열 $= 60\dfrac{kcal}{kg} \times 4.8kg = 288kcal$

즉, 1시간당 탱크에 침입하는 열량 $= \dfrac{288kcal}{12h} = 24\dfrac{kcal}{h}$

37 도시가스용 압력조정기에 대한 설명으로 옳은 것은?

① 유량성능은 제조자가 제시한 설정압력의 ±10% 이내로 한다.
② 합격 표시는 바깥지름이 5mm의 'k'자 각인을 한다.
③ 입구 측 연결배관 관경은 50A 이상의 배관에 연결되어 사용되는 조정기이다.
④ 최대 표시 유량 $300Nm^3/h$ 이상인 사용처에 사용되는 조정기이다.

해설
도시가스용 압력조정기
- 최대 표시 유량 $300Nm^3/h$ 이하인 사용처에 사용되는 조정기이다.
- 합격 표시는 바깥지름이 5mm의 'k'자 각인을 한다.
- 입구 측 연결배관 관경은 50A 이하의 배관에 연결되어 사용되는 조정기이다.

38 오리피스 유량계는 어떤 형식의 유량계인가?

① 차압식   ② 면적식
③ 용적식   ④ 터빈식

해설
차압식 유량계의 종류 : 벤투리, 오리피스, 플로노즐

39 각 가스에 의한 부식현상 중 틀린 것은?

① 암모니아에 의한 강의 질화
② 황화수소에 의한 철의 부식
③ 일산화탄소에 의한 금속의 카르보닐화
④ 수소원자에 의한 강의 탈수소화

해설
수소는 고온·고압하에서 강재 중의 탄소와 반응하여 메탄가스를 생성하며 탈탄작용(수소취성)을 일으킨다.
$Fe_3C + 2H_2 \rightarrow 3Fe + CH_4 \uparrow$

40 가연성 물질을 공기로 연소시키는 경우 공기 중의 산소 농도를 높게 하면 어떻게 되는가?

① 연소속도는 빠르게 되고, 발화온도는 높게 된다.
② 연소속도는 빠르게 되고, 발화온도는 낮게 된다.
③ 연소속도는 느리게 되고, 발화온도는 높게 된다.
④ 연소속도는 느리게 되고, 발화온도는 낮게 된다.

41 수소불꽃을 이용하여 탄화수소의 누출을 검지할 수 있는 가스누출검출기는?

① FID
② OMD
③ 접촉연소식
④ 반도체식

해설
FID : 수소이온화검출기

정답 37 ② 38 ① 39 ④ 40 ② 41 ①

42 압축기에 사용하는 윤활유 선택 시 주의사항으로 틀린 것은?

① 인화점이 높을 것
② 잔류 탄소의 양이 적을 것
③ 점도가 적당하고 항유화성이 작을 것
④ 사용가스와 화학반응을 일으키지 않을 것

해설
압축기에 사용하는 윤활유는 점도가 적당하고 항유화성이 커야 한다.

43 공기에 의한 전열이 어느 압력까지 내려가면 급히 압력에 비례하여 적어지는 성질을 이용하는 저온장치에 사용되는 진공단열법은?

① 고진공단열법
② 분말진공단열법
③ 다층진공단열법
④ 자연진공단열법

해설
고진공단열법 : 공기에 의한 전열이 어느 압력까지 내려가면 급히 압력에 비례하여 적어지는 성질을 이용하는 저온장치에 사용되는 진공단열법

44 1단 감압식 저압조정기의 성능에서 조정기 최대 폐쇄압력은?

① 2.5kPa 이하
② 3.5kPa 이하
③ 4.5kPa 이하
④ 5.5kPa 이하

해설
조정기 최대 폐쇄압력
- 1단 감압식 저압조정기, 2단 감압식 2차용 조정기, 자동절체식 일체형 조정기 : 3.5kPa 이하
- 2단 감압식 1차용 조정기, 자동절체식 분리형 조정기 : 0.95 $\frac{kg}{cm^2}$ 이하
- 1단 감압식 준저압조정기 : 조정압력의 1.25배 이하

45 보기의 특징을 가진 오토클레이브는?

┤보기├
- 가스누설의 가능성이 작다.
- 고압력에서 사용할 수 있고, 반응물의 오손이 없다.
- 뚜껑 판에 뚫어진 구멍에 촉매가 끼여 들어갈 염려가 없다.

① 교반형
② 진탕형
③ 회전형
④ 가스교반형

46 표준상태에서 1,000L의 체적을 갖는 가스 상태의 부탄은 약 몇 kg인가?

① 2.6
② 3.1
③ 5.0
④ 6.1

해설
부탄의 분자식은 $C_4H_{10}(58g)$이다.
$58kg : 22.4m^3$
$x : 1m^3$
∴ $x ≒ 2.6kg$

47 일반 기체상수(R)의 단위는?

① kg·m/kmol·K
② kg·m/kcal·K
③ kg·m/m³·K
④ kcal/kg·℃

해설
일반 기체상수(R)의 단위 : kg·m/kmol·K

48 열역학 제1법칙에 대한 설명이 아닌 것은?

① 에너지 보존의 법칙이라고 한다.
② 열은 항상 고온에서 저온으로 흐른다.
③ 열과 일은 일정한 관계로 상호 교환된다.
④ 제1종 영구기관이 영구적으로 일하는 것은 불가능하다는 것을 알려준다.

해설
열역학 제1법칙 : 에너지 보존의 법칙을 적용, 열량은 일량으로, 일량은 열량으로 환산 가능함을 밝힌 법칙
즉, Q(kcal) $\Leftrightarrow$ W(kgm) : 가역법칙
→ 열과 일에 대해 설명하는 법칙
19C 후반 ─ 독일 ─ Mayer(메이어)
                    └ Helmholtz(헬름홀츠)
          └ 영국 ── Joule(Joule의 실험)

49 표준상태의 가스 1m³를 완전연소시키기 위하여 필요한 최소한의 공기를 이론공기량이라고 한다. 다음 중 이론공기량으로 적합한 것은?(단, 공기 중에 산소는 21% 존재한다)

① 메탄 : 9.5배
② 메탄 : 12.5배
③ 프로판 : 15배
④ 프로판 : 30배

해설
메탄의 완전연소 반응식
$CH_4 + 2O_2 \rightarrow CO_2 + 2H_2O$
A_o(이론공기량) $= \frac{2}{0.21} = 9.524$

프로판의 완전연소 반응식
$C_3H_8 + 5O_2 \rightarrow 3CO_2 + 4H_2O$
A_o(이론공기량) $= \frac{5}{0.21} = 23.8$

∴ 메탄은 9.5배, 프로판은 23.8배가 된다.

50 고압가스용기의 파열 사고 주원인은 용기의 내압력(耐壓力) 부족에 기인한다. 내압력 부족의 원인으로 볼 수 없는 것은?

① 용기 내벽의 부식
② 강재의 피로
③ 과잉 충전
④ 용접 불량

정답 46 ① 47 ① 48 ② 49 ① 50 ③

51 헨리의 법칙에 잘 적용되지 않는 가스는?

① 암모니아
② 수 소
③ 산 소
④ 이산화탄소

해설
헨리의 법칙에 잘 적용되지 않는 것은 물에 잘 녹는 가스이다.

52 착화원이 있을 때 가연성액체나 고체의 표면에 연소하한계 농도의 가연성 혼합기가 형성되는 최저 온도는?

① 인화온도
② 임계온도
③ 발화온도
④ 포화온도

해설
인화온도 : 가연성 물질에 점화원을 접촉시켰을 때 불이 붙는 최저 온도

53 부양기구의 수소 대체용으로 사용되는 가스는?

① 아르곤
② 헬 륨
③ 질 소
④ 공 기

해설
헬륨은 공기보다 매우 가볍고, 불연성인 물질이기 때문에 부양기구의 수소 대체용으로 사용된다.

54 사이안화수소를 충전한 용기는 충전 후 얼마를 정치해야 하는가?

① 4시간
② 8시간
③ 16시간
④ 24시간

해설
사이안화수소 충전 후 정치시간 : 24시간

55 금속의 내부응력을 제거하고 가공경화된 재료를 연화시켜 결정조직을 결정하고 상온가공을 용이하게 할 목적으로 하는 열처리는?

① 담금질
② 불 림
③ 풀 림
④ 뜨 임

56 부탄 1Nm³을 완전연소시키는 데 필요한 이론공기량은 약 몇 Nm³인가?(단, 공기 중의 산소농도는 21v%이다)

① 5
② 6.5
③ 23.8
④ 31

해설

$C_4H_{10} + 6.5O_2 \rightarrow 4CO_2 + 5H_2O$

1 : x

22.4 : 6.5 × 22.4

$x = 6.5 Nm^3$

∴ 이론공기량(A_o) = $\frac{6.5}{0.21}$ ≒ 31Nm³

57 온도 410°F을 절대온도로 나타내면?

① 273K
② 483K
③ 512K
④ 612K

해설

온 도

• K = 273 + ℃

• °F = $\frac{9}{5}$℃ + 32

• °R = °F + 460

410°F = $\frac{9}{5}$℃ + 32 → 210℃

∴ K = 273 + ℃ = 273 + 210 = 483

58 불꽃이 적황색으로 연소하는 현상은?

① 리프트
② 옐로 팁
③ 캐비테이션
④ 워터해머

해설

옐로 팁 : 불꽃이 적황색으로 연소하는 현상

59 20℃의 물 50kg을 90℃로 올리기 위해 LPG를 사용하였다면, 이때 필요한 LPG의 양은 몇 kg인가? (단, LPG발열량은 10,000kcal/kg이고, 열효율은 50%이다)

① 0.5
② 0.6
③ 0.7
④ 0.8

해설

$\eta = \frac{GC\Delta t}{G_f \times H_l} \times 100$

$0.5 = \dfrac{50\text{kg} \times 1\dfrac{\text{kcal}}{\text{kg}℃} \times (90-20)℃}{G_f \times 10,000\dfrac{\text{kcal}}{\text{kg}}}$

∴ $G_f = 0.7$kg

60 암모니아에 대한 설명 중 틀린 것은?

① 물에 잘 용해된다.
② 무색, 무취의 가스이다.
③ 비료의 제조에 이용된다.
④ 암모니아가 분해하면 질소와 수소가 된다.

해설

암모니아 기체는 무색, 자극성 기체이다.

정답 56 ④ 57 ② 58 ② 59 ③ 60 ②

2022년 제1회 과년도 기출복원문제

01 기체연료가 공기 중에서 정상연소할 때 정상연소 속도의 값으로 가장 옳은 것은?

① 0.1~10m/s
② 11~20m/s
③ 21~30m/s
④ 31~40m/s

해설
- 정상연소속도 : 0.1~10m/s
- 폭굉 시 연소속도 : 1,000~3,500m/s

02 액체연료의 연소형태 중 램프등과 같이 연료를 심지로 빨아올려 심지의 표면에서 연소시키는 것은?

① 액면연소
② 증발연소
③ 분무연소
④ 등심연소

해설
등심연소 : 심지연소라고도 하는데 연료를 심지로 빨아올려 대류나 복사열에 의하여 발생한 증기가 심지의 상부나 측면에서 연소한다.

03 가연물질이 연소하는 과정 중 가장 고온일 경우의 불꽃색은?

① 황적색
② 적 색
③ 암적색
④ 휘백색

해설

(단위 : ℃)

담암적색	암적색	적 색	휘적색	황적색	백적색	휘백색
522	700	850	950	1,100	1,300	1,500

04 가스미터의 구비조건으로 옳지 않은 것은?

① 감도가 예민할 것
② 기계오차 조정이 쉬울 것
③ 대형이며 계량용량이 클 것
④ 사용 가스량을 정확하게 지시할 수 있을 것

해설
가스미터는 소형이며, 계량용량이 커야 한다.

05 고압장치 배관에 발생된 열응력을 제거하기 위한 이음이 아닌 것은?

① 루프형
② 슬라이드형
③ 벨로스형
④ 플랜지형

해설
열응력을 제거하기 위한 이음 : 루프형, 슬라이드형(미끄럼형), 벨로스형, 스위블형, 상온스프링

정답 1 ① 2 ④ 3 ④ 4 ③ 5 ④

06 막식 가스미터에서 계량막의 파손, 밸브의 탈락, 밸브와 밸브시트 간격에서 누설이 발생하여 가스는 미터를 통과하지만 지침이 작동하지 않는 고장 형태는?

① 부 동
② 누 출
③ 불 통
④ 기차 불량

해설
부동 : 가스가 미터는 통과하지만 지침이 움직이지 않는 고장

07 일반 기체상수의 단위를 바르게 나타낸 것은?

① kg·m/kg·K
② kcal/kmol
③ kg·m/kmol·K
④ kcal/kg·℃

해설
일반 기체상수는 볼츠만상수로 나타낼 수 있지만, 이상기체법칙에서 쓰일 때 기체상수는 J/mole·K의 단위를 사용하는 것이 훨씬 편리하다.

08 공기액화장치에 들어가는 공기 중 아세틸렌가스가 혼입되면 안 되는 가장 큰 이유는?

① 산소의 순도가 저하된다.
② 액체 산소 속에서 폭발을 일으킨다.
③ 질소와 산소의 분리작용에 방해가 된다.
④ 파이프 내에서 동결되어 막히기 때문이다.

해설
공기액화장치에 들어가는 공기 중 아세틸렌가스가 혼입되면 액체 산소 속에서 폭발을 일으킨다.

09 고압가스저장시설에서 가스 누출 사고가 발생하여 공기와 혼합하여 가연성, 독성가스로 되었다면 누출된 가스는?

① 질 소
② 수 소
③ 암모니아
④ 아황산가스

해설
암모니아는 가연성, 독성가스이다.

10 액화석유가스의 안전관리 및 사업법에 의한 액화석유가스의 주성분에 해당되지 않는 것은?

① 액화된 프로판
② 액화된 부탄
③ 기화된 프로판
④ 기화된 메탄

해설
메탄가스는 LNG의 주성분가스이다.

정답 6 ① 7 ③ 8 ② 9 ③ 10 ④

11 도시가스로 사용하는 NG의 누출을 검지하기 위하여 검지기는 어느 위치에 설치해야 하는가?

① 검지기 하단은 천장면의 아래쪽 0.3m 이내
② 검지기 하단은 천장면의 아래쪽 3m 이내
③ 검지기 상단은 바닥면에서 위쪽으로 0.3m 이내
④ 검지기 상단은 바닥면에서 위쪽으로 3m 이내

해설
- 공기보다 가벼운 가스 : 검지기 하단은 천장면의 아래쪽 0.3m 이내에 설치해야 한다.
- 공기보다 무거운 가스 : 검지기 상단은 바닥면에서 위쪽으로 0.3m 이내에 설치해야 한다.

12 다음 중 기본단위가 아닌 것은?

① 킬로그램(kg)
② 센티미터(cm)
③ 켈빈(K)
④ 암페어(A)

해설
국제단위계(SI)는 길이의 미터(m), 질량의 킬로미터(kg), 시간의 초(S), 전류의 암페어(A), 열역학온도의 켈빈(K), 물질량의 몰(mol), 광도의 칸델라(cd) 등을 기본단위로 정하고 있다.

13 다음 중 터보압축기에서 주로 발생할 수 있는 현상은?

① 수격작용(Water Hammer)
② 베이퍼 로크(Vapor Lock)
③ 서징(Surging)
④ 캐비테이션(Cavitation)

해설
터보압축기에서 주로 발생할 수 있는 현상 : 서징(Surging)

14 비점이 점차 낮은 냉매를 사용하여 저비점의 기체를 액화하는 사이클은?

① 클라우드 액화사이클
② 플립스 액화사이클
③ 캐스케이드 액화사이클
④ 캐피자 액화사이클

해설
캐스케이드 액화사이클
- 비점이 낮은 냉매를 사용하여 저비점의 기체를 액화시킨다(초저온을 얻기 위해 2개의 냉동기를 운영한다).
- 메탄가스를 다량으로 액화시킬 때 사용한다.

15 다음 중 열(熱)에 대한 설명이 틀린 것은?

① 비열이 큰 물질은 열용량이 크다.
② 1cal는 약 4.2J이다.
③ 열은 고온에서 저온으로 흐른다.
④ 비열은 물보다 공기가 크다.

해설
- 물의 비열 : $1\dfrac{\text{kcal}}{\text{kg}\,\text{℃}}$
- 공기의 비열 : $0.24\dfrac{\text{kcal}}{\text{kg}\,\text{℃}}$

16 액화석유가스 또는 도시가스용으로 사용되는 가스용 염화비닐호스는 그 호스의 안전성, 편리성 및 호환성을 확보하기 위하여 안지름 치수를 규정하고 있는데 그 치수에 해당하지 않는 것은?

① 4.8mm ② 6.3mm
③ 9.5mm ④ 12.7mm

해설
가스용 염화비닐호스의 규격 : 6.3mm, 9.5mm, 12.7mm

17 내용적이 300L인 용기에 액화암모니아를 저장하려고 한다. 이 저장설비의 저장능력은 얼마인가? (단, 액화암모니아의 충전정수는 1.86이다)

① 161kg ② 232kg
③ 279kg ④ 558kg

해설
액화가스 용기 및 차량에 고정된 탱크의 저장능력
$$W = \frac{V_2}{C} = \frac{300}{1.86} = 161\text{kg}$$

18 다음 중 아세틸렌의 발생방식이 아닌 것은?

① 주수식 : 카바이드에 물을 넣는 방법
② 투입식 : 물에 카바이드를 넣는 방법
③ 접촉식 : 물과 카바이드를 소량씩 접촉시키는 방법
④ 가열식 : 카바이드를 가열하는 방법

해설
아세틸렌의 발생방식
• 주수식 : 카바이드에 물을 넣는 방법
• 투입식 : 물에 카바이드를 넣는 방법
• 접촉식 : 물과 카바이드를 소량씩 접촉시키는 방법

19 다음 중 사용신고를 해야 하는 특정고압가스에 해당하지 않는 것은?

① 게르만
② 삼플루오린화질소
③ 사플루오린화규소
④ 오플루오린화붕소

해설
특정고압가스 : 수소, 산소, 액화암모니아, 아세틸렌, 액화염소, 천연가스, 압축모노실란, 압축다이보레인, 액화알진 그 밖의 대통령이 정하는 고압가스
※ 대통령령으로 정하는 특정고압가스 : 포스핀, 셀렌화수소, 게르만, 다이실란, 오플루오린화비소, 오플루오린화인, 삼플루오린화인, 삼플루오린화질소, 삼플루오린화붕소, 사플루오린화유황, 사플루오린화규소

20 차량에 고정된 탱크 중 독성가스는 내용적을 얼마 이하로 하여야 하는가?

① 12,000L
② 15,000L
③ 16,000L
④ 18,000L

해설
차량에 고정된 탱크의 내용적 제한
• 가연성가스 및 산소탱크의 내용적(다만, LPG는 제외) : 18,000L 이하
• 독성가스 탱크의 내용적(다만, 액화암모니아는 제외) : 12,000L 이하

21 배관 속을 흐르는 액체의 속도를 급격히 변화시키면 물이 관의 벽을 치는 현상이 나타나는데 이런 현상을 무엇이라 하는가?

① 캐비테이션 현상
② 워터해머링 현상
③ 서징현상
④ 맥동현상

해설
수격작용(Water Hammering) : 관 속의 유속이 급속히 변화하면 물에 의한 압력의 변화가 생기는 현상으로, 배관이 진동하거나 소음을 일으키는 현상이다.

22 고압식 공기액화분리장치의 복식 정류탑 하부에서 분리되어 액체 산소 저장탱크에 저장되는 액체 산소의 순도는 약 얼마인가?

① 99.6~99.8%
② 96~98%
③ 90~92%
④ 88~90%

해설
고압식 공기액화분리장치의 복식 정류탑 하부에서 분리되어 액체 산소 저장탱크에 저장되는 액체 산소의 순도 : 99.6~99.8%

23 다음 보기의 특징을 가지는 펌프는?

┌보기────────────────┐
• 고압, 소유량에 적당하다.
• 토출량이 일정하다.
• 송수량의 가감이 가능하다.
• 맥동이 일어나기 쉽다.
└─────────────────┘

① 원심펌프
② 왕복펌프
③ 축류펌프
④ 사류펌프

해설
왕복펌프 : 단속적이므로 맥동이 쉽게 일어난다.

24 도시가스제조소의 패널에 의한 부취제의 농도 측정방법이 아닌 것은?

① 냄새주머니법
② 오더미터법
③ 주사기법
④ 가스분석기법

해설
패널에 의한 부취제의 농도 측정방법 : 냄새주머니법, 오더미터법, 주사기법

25 화씨온도 86°F는 몇 °C인가?

① 30
② 35
③ 40
④ 45

해설
$°F = \left(\dfrac{9}{5} \times °C\right) + 32$

$(86 - 32) = \dfrac{9}{5} \times x$

∴ $x = 30$

정답: 21 ② 22 ① 23 ② 24 ④ 25 ①

26 무급유압축기의 종류가 아닌 것은?

① 카본(Carbon)링식
② 테프론(Teflon)링식
③ 다이어프램(Diaphragm)식
④ 브론즈(Bronze)식

해설
브론즈(Bronze)식은 급유식 압축기이다.

27 계측과 제어의 목적이 아닌 것은?

① 조업조건의 안정화
② 고효율화
③ 작업 인원의 증가
④ 안전위생관리

해설
계측과 제어의 목적
• 조업조건의 안정화
• 고효율화
• 작업 인원의 감소
• 안전위생관리

28 에틸렌 제조의 원료로 사용되지 않는 것은?

① 나프타
② 에탄올
③ 프로판
④ 염화메탄

해설
에틸렌 제조의 원료 : 나프타, 에탄올, 프로판

29 공기 중 함유량이 큰 것부터 차례대로 나열된 것은?

① 네온 > 아르곤 > 헬륨
② 네온 > 헬륨 > 아르곤
③ 아르곤 > 네온 > 헬륨
④ 아르곤 > 헬륨 > 네온

해설
아르곤(0.94%) > 네온(0.00182%) > 헬륨(0.000524%)

30 고압가스를 차량으로 운반할 때 몇 km 이상의 거리를 운행하는 경우, 중간에 휴식을 취한 후 운행해야 하는가?

① 100
② 200
③ 300
④ 400

해설
고압가스를 차량으로 운반할 때 200km 이상의 거리를 운행하는 경우, 중간에 휴식을 취한 후 운행해야 한다.

정답 26 ④ 27 ③ 28 ④ 29 ③ 30 ②

31 가연성가스란 공기 중에서 연소하는 가스로서 폭발한계의 하한과 폭발한계의 상한을 규정하고 있다. 하한값으로 옳은 것은?

① 10% 이하
② 20% 이하
③ 10% 이상
④ 20% 이상

해설
가연성가스란 공기 중에서 연소하는 가스로서, 폭발한계(공기와 혼합된 경우 연소를 일으킬 수 있는 공기 중의 가스농도의 한계)의 하한이 10% 이하인 것과 폭발한계의 상한과 하한의 차가 20% 이상인 것을 의미한다.

32 처리능력이란 처리설비 또는 감압설비에 의하여 며칠에 처리할 수 있는 가스량인가?

① 1일
② 3일
③ 5일
④ 7일

해설
처리능력이란 처리설비 또는 감압설비에 의하여 1일에 처리할 수 있는 가스량이다.

33 배관 내의 상용압력 4MPa인 도시가스 배관의 압력이 상승하여 경보장치의 경보가 울리기 시작하는 압력은?

① 4MPa 초과 시
② 4.2MPa 초과 시
③ 5MPa 초과 시
④ 5.2MPa 초과 시

해설
배관장치에 설치하는 경보장치가 울려야 하는 시기
• 배관 안의 압력이 상용압력의 1.05배를 초과한 경우
• 배관 안의 압력이 정상운전 때의 압력보다 15% 이상 강하한 경우 이를 검지한 때
• 긴급차단밸브의 조작회로가 고장 난 경우 또는 긴급차단밸브가 폐쇄된 경우
• 배관 내의 유량이 정상운전 시의 유량보다 7% 이상 변동한 경우

34 다음 중 단별 최대압축비를 가질 수 있는 압축기는?

① 원심식
② 왕복식
③ 축류식
④ 회전식

35 C_3H_8 비중이 1.5라고 할 때 20m 높이 옥상까지의 압력손실은 약 몇 mmH_2O인가?

① 12.9
② 16.9
③ 19.4
④ 21.4

해설
$\Delta P = 1.293(S-1)h = 1.293 \times (1.5-1) \times 20 = 12.9 mmH_2O$

36 고압가스를 취급하는 자가 용기 안전점검 시 하지 않아도 되는 점검사항은?

① 도색 표시 확인
② 재검사 기간 확인
③ 프로텍터의 변형 여부 확인
④ 밸브의 개폐 조작이 쉬운 핸들 부착 여부 확인

해설
고압가스를 취급하는 자가 용기 안전점검 시 점검해야 하는 사항
• 도색 표시 확인
• 재검사 기간 확인
• 밸브의 개폐 조작이 쉬운 핸들 부착 여부 확인

37 도시가스 도매사업의 가스공급시설 기준에 대한 설명으로 옳은 것은?

① 고압의 가스공급시설은 안전구획 안에 설치하고 그 안전구역의 면적은 10,000m² 미만으로 한다.
② 안전구역 안의 고압인 가스공급시설은 그 외면으로부터 다른 안전구역 안에 있는 고압인 가스공급시설의 외면까지 20m 이상의 거리를 유지한다.
③ 액화천연가스의 저장탱크는 그 외면으로부터 처리능력이 200,000m³ 이상인 압축기까지 30m 이상의 거리를 유지한다.
④ 두 개 이상의 제조소가 인접하여 있는 경우의 가스공급시설은 그 외면으로부터 그 제조소와 다른 제조소의 경계까지 10m 이상의 거리를 유지한다.

해설

도시가스 도매사업의 가스공급시설 기준
- 액화천연가스의 저장설비와 처리설비는 그 외면으로부터 사업소 경계까지 다음 계산식에 따라 얻은 거리 이상을 유지할 것
  $L = C \times \sqrt[3]{143{,}000W}$
  여기서, L : 유지하여야 하는 거리(m)
  C : 저압지하식 저장탱크는 0.24, 그 밖의 가스저장설비와 처리설비는 0.576
  W : 저장능력(ton)
- 고압의 가스공급시설은 안전구획 안에 설치하고 그 안전구역의 면적은 2만m² 미만일 것. 다만, 공정상 밀접한 관련을 가지는 가스공급시설로서 두 개 이상의 안전구역을 구분함에 따라 그 가스공급시설의 운영에 지장을 줄 우려가 있는 경우에는 그러하지 아니하다.
- 안전구역 안의 고압인 가스공급시설(배관은 제외하나 고압인 가스공급시설과 같은 제조설비에 속하는 가스설비는 포함한다)은 그 외면으로부터 다른 안전구역 안에 있는 고압인 가스공급시설의 외면까지 30m 이상의 거리를 유지할 것
- 두 개 이상의 제조소가 인접하여 있는 경우의 가스공급시설은 그 외면으로부터 다른 제조소의 경계까지 20m 이상의 거리를 유지할 것
- 액화천연가스의 저장탱크는 그 외면으로부터 처리능력이 20만m³ 이상인 압축기까지 30m 이상의 거리를 유지할 것
- 제조소 및 공급소에는 안전조업에 필요한 공지를 확보하여야 하며, 가스공급시설은 안전조업에 지장이 없도록 배치할 것

38 압축기에서 두압이란?

① 흡입압력이다.
② 증발기 내의 압력이다.
③ 피스톤 상부의 압력이다.
④ 크랭크 케이스 내의 압력이다.

해설

압축기에서 두압 : 피스톤 상부의 압력

39 반밀폐식 보일러의 급배기설비에 대한 설명으로 틀린 것은?

① 배기통의 끝은 옥외로 뽑아낸다.
② 배기통의 굴곡수는 5개 이하로 한다.
③ 배기통의 가로 길이는 5m 이하로서 될 수 있는 한 짧게 한다.
④ 배기통의 입상높이는 원칙적으로 10m 이하로 한다.

해설

반밀폐식 보일러 급배기설비 배기통의 굴곡수는 4개 이하로 한다.

40 다음 (   ) 안에 들어갈 수 있는 용어로 옳지 않은 것은?

> 액화천연가스의 저장설비와 처리설비는 그 외면으로부터 사업소 경계까지 일정 규모 이상의 안전거리를 유지하여야 한다. 이때 사업소 경계가 (   )의 경우에는 이들의 반대편 끝을 경계로 보고 있다.

① 산   ② 호 수
③ 하 천   ④ 바 다

해설

액화천연가스의 저장설비와 처리설비는 그 외면으로부터 사업소 경계까지 일정 규모 이상의 안전거리를 유지하여야 한다. 이때 사업소 경계가 바다, 호수, 하천의 경우에는 이들의 반대편 끝을 경계로 보고 있다.

41 비중이 0.5인 LPG를 제조하는 공장에서 1일 10만 L를 생산하여 24시간 정치 후 모두 산업현장으로 보낸다. 이 회사에서 생산하는 LPG를 저장하려면 저장용량이 5ton인 저장탱크 몇 개를 설치해야 하는가?

① 2　　　② 5
③ 7　　　④ 10

해설
1일 생산 가능한 LPG의 무게 = 비중 × 부피에서
$0.5 \frac{kg}{L} \times 100,000L = 50,000kg$
저장탱크 1개의 저장용량은 5ton(5,000kg)이므로 저장탱크는 10개 필요하다.

42 고압용기나 탱크 및 라인(Line) 등의 퍼지(Perge)용으로 주로 쓰이는 기체는?

① 산소　　② 수소
③ 산화질소　④ 질소

43 일반도시가스 배관 중 중압 이하의 배관과 고압배관을 매설하는 경우 서로 간의 거리는 몇 m 이상을 유지하여야 하는가?

① 1　　　② 2
③ 3　　　④ 5

해설
일반도시가스 배관 중 중압 이하의 배관과 고압배관을 매설하는 경우 서로 간의 거리 : 2m 이상

44 초저온용기의 단열성능시험용 저온액화가스가 아닌 것은?

① 액화아르곤
② 액화산소
③ 액화공기
④ 액화질소

해설
단열성능시험
- 단열성능시험용 가스 : 액화질소, 액화산소, 액화아르곤
- 침입열량 계산공식 : $Q = \dfrac{W \times q}{H \times \Delta T \times V}$

여기서, Q : 침입열량$\left(\dfrac{kcal}{h \cdot ℃ \cdot L}\right)$
H : 측정시간(hr)
ΔT : 온도차(℃)
V : 내용적(L)
W : 기화된 가스량(kg)
q : 시험용 가스의 기화잠열$\left(\dfrac{kcal}{kg}\right)$

45 로터미터는 어떤 형식의 유량계인가?

① 차압식
② 터빈식
③ 회전식
④ 면적식

해설
면적식 유량계의 종류 : 플로트형, 피스톤형, 게이트형, 로터미터

정답　41 ④　42 ④　43 ②　44 ③　45 ④

46 가스 유량 2.03kg/h, 관의 내경 1.61cm, 길이 20m의 직관에서의 압력손실은 약 몇 mm 수주인가? (단, 온도 15℃에서 비중 1.58, 밀도 2.04kg/m³, 유량계수 0.436이다)

① 11.4　　② 14.0
③ 15.2　　④ 17.5

해설

저압배관의 유량 계산식

$$Q = K\sqrt{\dfrac{D^5 H}{S L}}$$

여기서, Q : 가스의 유량 $\left(\dfrac{m^3}{h}\right)$
　　　　K : 유량계수(0.436)
　　　　S : 가스의 비중
　　　　L : 배관의 길이(m)
　　　　D : 배관의 직경(cm)
　　　　H : 배관 입구와 말단 배관의 압력차(mmH₂O)

즉, $Q = K\sqrt{\dfrac{D^5 H}{S L}}$

$2.03 \times \dfrac{1}{2.04} = 0.436 \times \sqrt{\dfrac{1.61^5 \times x}{1.58 \times 20}}$

∴ $x = 15.2 \, mmH_2O$

47 LP가스의 자동 교체식 조정기 설치 시의 장점에 대한 설명으로 틀린 것은?

① 도관의 압력손실을 작게 해야 한다.
② 용기 숫자가 수동식보다 작아도 된다.
③ 용기 교환주기의 폭을 넓힐 수 있다.
④ 잔액이 거의 없어질 때까지 소비가 가능하다.

해설

자동 교체식 조정기 설치 시의 장점
• 잔액이 거의 없어질 때까지 소비가 가능하다.
• 용기 숫자가 수동식보다 작아도 된다.
• 용기 교환주기의 폭을 넓힐 수 있다.

48 3단 토출압력이 2MPa·g이고, 압축비가 2인 4단 공기압축기에서 1단 흡입압력은 약 몇 MPa·g인가?

① 0.16MPa·g
② 0.26MPa·g
③ 0.36MPa·g
④ 0.46MPa·g

해설

압축인 경우 압축비$(r) = \dfrac{\text{토출측 절대압력}}{\text{흡입측 절대압력}}$

• 3단 흡입인 경우 : 압축비$(r) = \dfrac{\text{토출측 절대압력}}{\text{흡입측 절대압력}}$

　$2 = \dfrac{\text{대기압} + \text{토출측 게이지압}}{x}$

　$2 = \dfrac{0.1 + 2}{x}$

　$x = 1.05$(3단 흡입측 절대압력 = 2단 토출측 절대압력)

• 2단 흡입인 경우 : 압축비$(r) = \dfrac{\text{토출측 절대압력}}{\text{흡입측 절대압력}}$

　$2 = \dfrac{\text{대기압} + \text{토출측 게이지압}}{x}$

　$2 = \dfrac{1.05}{x}$

　$x = 0.525$(2단 흡입측 절대압력 = 1단 토출측 절대압력)

• 1단 흡입인 경우 : 압축비$(r) = \dfrac{\text{토출측 절대압력}}{\text{흡입측 절대압력}}$

　$2 = \dfrac{\text{대기압} + \text{토출측 게이지압}}{x}$

　$2 = \dfrac{0.525}{x}$

　$x = 0.2625$(1단 흡입측 절대압력 = 1단 토출측 절대압력)

∴ $0.2625 - 0.1 = 0.1625 \, MPa \cdot g$

정답 46 ③　47 ①　48 ①

49 다음 보기에서 설명하는 정압기의 종류는?

> [보기]
> - Unloading형이다.
> - 본체는 복좌밸브로 되어 있어 상부에 다이어프램을 가진다.
> - 정특성은 아주 좋으나, 안정성은 떨어진다.
> - 다른 형식에 비하여 크기가 크다.

① 레이놀드 정압기
② 엠코 정압기
③ 피셔식 정압기
④ 엑셀 플로식 정압기

[해설]
레이놀드식(KRF식)
- Unloading형이다.
- 본체는 복좌밸브로 되어 있어 상부에 다이어프램을 가진다.
- 정특성은 아주 좋으나, 안정성은 떨어진다.
- 다른 형식에 비하여 크기가 크다.
- 구조기능이 가장 우수하며 많이 사용하고, 항상 자동으로 작동한다.

50 도시가스 배관의 지하 매설 시 사용하는 침상재료(Bedding)는 배관 하단에서 배관 상단 몇 cm까지 포설하는가?

① 10 ② 20
③ 30 ④ 40

[해설]

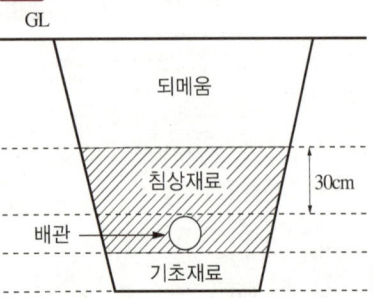

51 LPG 충전기의 충전호스의 길이는 몇 m 이내로 하여야 하는가?

① 2m ② 3m
③ 5m ④ 8m

[해설]
LPG 충전기의 충전호스의 길이 : 5m 이내

52 도시가스 사용시설에서 입상관은 환기가 양호한 장소에 설치하며, 입상관의 밸브는 바닥으로부터 몇 m 이내에 설치해야 하는가?

① 1m 이상 1.3m 이내
② 1.3m 이상 1.5m 이내
③ 1.5m 이상 1.8m 이내
④ 1.6m 이상 2m 이내

[해설]
입상관 밸브의 설치 높이 : 1.6m 이상 2m 이내

53 고압가스용 이음매 없는 용기에서 내용적 50L인 용기에 내압시험압력 4.0MPa의 수압을 걸었더니 내용적이 50.8L로 증가하였고 압력을 제거하여 대기압으로 하였더니 용적이 50.02L가 되었다면 이 용기의 영구 증가율은 몇 %이며, 이 용기는 사용이 가능한지를 판단하면?

① 1.6%, 가능 ② 1.6%, 불능
③ 2.5%, 가능 ④ 2.5%, 불능

[해설]
용기의 내압시험
- 영구 증가율(항구 증가율) = $\dfrac{\text{항구 증가량}}{\text{전증가량}} \times 100$
- 판정 : 영구 증가율이 10% 이하인 용기는 합격
- ∴ 영구 증가율(항구 증가율) = $\dfrac{50.02-50}{50.8-50} \times 100 = 2.5\%$, 가능

54 저장탱크 설치방법에서 저장탱크를 지하에 묻는 경우 지면으로부터 저장탱크의 정상부까지의 깊이는 최소 얼마 이상으로 하여야 하는가?

① 20cm ② 40cm
③ 60cm ④ 1m

55 고압가스 제조 시 압축하면 안 되는 경우는?

① 가연성가스(아세틸렌, 에틸렌 및 수소를 제외) 중 산소용량이 전 용량의 2%일 때
② 산소 중 가연성가스(아세틸렌, 에틸렌 및 수소를 제외)의 용량이 전 용량의 2%일 때
③ 아세틸렌, 에틸렌 또는 수소 중의 산소용량이 전 용량의 3%일 때
④ 산소 중 아세틸렌, 에틸렌 및 수소의 용량 합계가 전 용량의 1%일 때

[해설]
압축을 금지해야 할 경우
- 가연성가스 중에서 산소가 차지하는 용량이 전 용량의 4% 이상인 경우(아세틸렌, 에틸렌, 수소 제외)
- 산소 중에서 가연성가스가 차지하는 용량이 전 용량의 4% 이상인 경우(아세틸렌, 에틸렌, 수소 제외)
- 아세틸렌(C_2H_2), 에틸렌(C_2H_4), 수소(H_2) 중에서 산소가 차지하는 용량이 전 용량의 2% 이상인 경우
- 산소 중에서 아세틸렌, 에틸렌, 수소가 차지하는 용량이 전 용량의 2% 이상인 경우

56 차량에 고정된 탱크 운행 시 반드시 휴대하지 않아도 되는 서류는?

① 고압가스 이동계획서
② 탱크 내압시험 성적서
③ 차량등록증
④ 탱크용량 환산표

[해설]
차량에 고정된 탱크 운행 시 반드시 휴대해야 하는 서류
- 고압가스 이동계획서
- 차량등록증
- 탱크용량 환산표

57 다음은 액화석유가스사용시설의 시설기준에 대한 안전사항이다. ( ) 안에 들어갈 수치가 모두 바르게 나열된 것은?

- 가스계량기와 전기계량기의 거리는 (㉠) 이상, 전기 점멸기와의 거리는 (㉡) 이상, 절연조치하지 아니한 전선과의 거리는 (㉢) 이상의 거리를 유지할 것
- 주택에 설치된 저장설비는 그 설비 안의 것을 제외한 화기 취급 장소와 (㉣) 이상의 거리를 유지하거나 누출된 가스가 유동되는 것을 방지하기 위한 시설을 설치할 것

① ㉠ 60cm, ㉡ 30cm, ㉢ 15cm, ㉣ 8m
② ㉠ 30cm, ㉡ 20cm, ㉢ 15cm, ㉣ 8m
③ ㉠ 60cm, ㉡ 30cm, ㉢ 15cm, ㉣ 2m
④ ㉠ 30cm, ㉡ 20cm, ㉢ 15cm, ㉣ 2m

[해설]
가스계량기 설치기준
- 가스계량기는 화기와 2m 이상의 우회거리를 유지하는 곳에 설치할 것
- 가스계량기는 바닥으로부터 1.6m 이상 2m 이하의 높이에 설치할 것(다만, 격납상자 안에 설치된 경우는 높이 제한을 받지 않는다)
- 가스계량기와 전기계량기 및 전기개폐기와의 거리는 60cm 이상 유지할 것
- 가스계량기와 굴뚝(단열조치하지 않은 경우), 전기점멸기 및 전기접속기와의 거리는 30cm 이상 유지할 것
- 가스계량기와 절연조치하지 않은 전선과의 거리는 15cm 이상 유지할 것

58 동일한 차량에 적재 운반이 가능한 것은?

① 염소와 수소
② 염소와 아세틸렌
③ 염소와 암모니아
④ 암모니아와 LPG

해설
운반 차량의 가스 운반기준
- 염소와 아세틸렌, 암모니아 또는 수소는 동일한 차량에 적재하여 운반하지 말 것
- 가연성가스와 산소를 동일한 차량에 적재하여 운반할 때에는 그 충전용기의 밸브가 서로 마주 보지 않도록 적재할 것
- 충전용기와 위험물안전관리법에서 정하는 위험물과는 동일한 차량에 적재하여 운반하지 말 것

59 액화석유가스의 특성에 대한 설명으로 옳지 않은 것은?

① 액체는 물보다 가볍고, 기체는 공기보다 무겁다.
② 액체의 온도에 의한 부피 변화가 작다.
③ 일반적으로 LNG보다 발열량이 크다.
④ 연소 시 다량의 공기가 필요하다.

해설
액화석유가스는 액체 온도에 의한 부피 변화가 크다.

60 자기압력기록계로 최고사용압력이 중압인 도시가스 배관에 기밀시험을 하고자 한다. 배관의 용적이 15m³일 때 기밀 유지시간은 몇 분 이상이어야 하는가?

① 24분
② 36분
③ 240분
④ 360분

해설

최고상용압력	용적(m³)	기밀 유지시간
저압, 중압	1~10 미만	240분
	10~300 미만	24×V(1,440분을 초과하는 경우 1,440분으로 한다)

2022년 제2회 과년도 기출복원문제

01 착화온도가 낮아지는 조건이 아닌 것은?

① 발열량이 높을수록
② 압력이 작을수록
③ 반응활성도가 클수록
④ 분자구조가 복잡할수록

해설
착화온도가 낮아질수록 위험성이 높아진다. 즉, 위험성 여부를 보고 판단한다.

02 이상기체에 대한 설명으로 틀린 것은?

① 이상기체는 분자 상호 간의 인력을 무시한다.
② 이상기체에 가까운 실체기체로는 H_2, He 등이 있다.
③ 이상기체는 분자 자신이 차지하는 부피를 무시한다.
④ 저온, 고압일수록 이상기체에 가까워진다.

해설
이상기체는 분자 간의 인력을 무시한 가상의 기체로 온도가 높고, 압력이 작을 때 이상기체에 가까워진다.

03 가스의 성질에 대한 설명으로 옳은 것은?

① 산소는 가연성가스이다.
② 일산화탄소는 불연성가스이다.
③ 수소는 불연성가스이다.
④ 산화에틸렌은 가연성가스이다.

해설
④ 산화에틸렌은 가연성가스, 독성가스이다.
① 산소는 조연성가스이다.
② 일산화탄소는 가연성가스, 독성가스이다.
③ 수소는 가연성가스이다.

04 임계상태를 가장 옳게 설명한 것은?

① 고체, 액체, 기체가 평형으로 존재하는 상태
② 순수한 물질이 평형에서 기체-액체로 존재할 수 있는 최고 온도 및 압력 상태
③ 액체상과 기체상이 공존할 수 있는 최소한의 한계 상태
④ 기체를 일정한 온도에서 압축하면 밀도가 아주 작아져 액화되기 시작하는 상태

해설
임계상태는 액체, 기체 상태를 구별할 수 없는 상태이다.

05 탄소강에 대한 설명으로 틀린 것은?

① 용도가 다양하다.
② 가공 변형이 쉽다.
③ 기계적 성질이 우수하다.
④ C의 양이 적은 것은 스프링, 공구강 등의 재료로 사용된다.

해설
탄소강(炭素鋼, Carbon Steel)은 철과 탄소의 합금으로, 탄소 함량이 0.02~2.11%이다. 소량의 규소, 망간, 인, 유황 등을 포함하고 있으며, 강의 성질은 주로 탄소 함유량에 따라서 결정된다. 탄소의 양이 많으면 스프링, 공구강 등의 재료로 사용된다.

정답 1 ② 2 ④ 3 ④ 4 ② 5 ④

06 LPG 저장탱크에 가스를 충전하려면 가스의 용량이 상용온도에서 저장탱크 내용적의 얼마를 초과하지 아니하여야 하는가?

① 95%
② 90%
③ 85%
④ 80%

해설
LPG 저장탱크의 안전 공간은 일반적으로 10% 여유를 둔다.

07 일반도시가스사업자의 가스공급시설 중 정압기 분해 점검주기의 기준은?

① 1년에 1회 이상
② 2년에 1회 이상
③ 3년에 1회 이상
④ 5년에 1회 이상

해설
가스공급시설 중 정압기의 분해 점검주기 : 2년에 1회 이상

08 부유 피스톤형 압력계에서 실린더 지름 5cm, 추와 피스톤의 무게가 130kg일 때, 이 압력계에 접속된 부르동관의 압력계 눈금이 7kg/cm²를 나타내었다. 그 부르동관 압력계의 오차는 약 몇 %인가?

① 5.7
② 6.6
③ 9.7
④ 10.5

해설
부유 피스톤형 압력계에서 압력 $= \dfrac{130}{\dfrac{1}{4} \times 3.14 \times 5^2} = 6.62 \dfrac{\text{kg}}{\text{cm}^2}$

결과적으로 오차(%) $= \dfrac{\text{표준압력} - \text{계기압력}}{\text{표준압력}} \times 100$

$= \dfrac{7 - 6.62}{6.62} \times 100 = 5.7\%$

09 20℃의 물 50kg을 90℃로 올리기 위해 LPG를 사용하였다면, 이때 필요한 LPG의 양은 몇 kg인가? (단, LPG 발열량은 10,000kcal/kg이고, 열효율은 50%이다)

① 0.5
② 0.6
③ 0.7
④ 0.8

해설
$\eta = \dfrac{GC\Delta t}{G_f \times H_l} \times 100$

$0.5 = \dfrac{50\text{kg} \times 1\dfrac{\text{kcal}}{\text{kg}\,℃} \times (90-20)℃}{G_f \times 10,000 \dfrac{\text{kcal}}{\text{kg}}}$

$\therefore G_f = 0.7\text{kg}$

10 고압가스 특정제조시설에서 플레어스택의 설치기준으로 틀린 것은?

① 파일럿버너를 항상 점화하여 두는 등 플레어스택에 관련된 폭발을 방지하기 위한 조치가 되어 있는 것으로 한다.
② 긴급이송설비로 이송되는 가스를 대기로 방출할 수 있는 것으로 한다.
③ 플레어스택에서 발생하는 복사열이 다른 제조시설에 나쁜 영향을 미치지 아니하도록 안전한 높이 및 위치에 설치한다.
④ 플레어스택에서 발생하는 최대열량에 장시간 견딜 수 있는 재료 및 구조로 되어 있는 것으로 한다.

해설
플레어스택의 구조는 긴급이송설비에 의하여 이송되는 가스를 연소시켜 대기로 안전하게 방출시킬 수 있도록 다음의 조치를 하여야 한다.
- 파일럿버너 또는 항상 작동할 수 있는 자동점화장치를 설치하고 파일럿버너가 꺼지지 않도록 하거나 자동점화장치의 기능이 완전하게 유지되도록 하여야 한다.
- 역화 및 공기 등과의 혼합폭발을 방지하기 위하여 해당 제조시설의 가스의 종류 및 시설의 구조에 따라 다음 중에서 하나 또는 둘 이상을 갖추어야 한다.
  - Liquid Seal의 설치
  - Flame Arresstor의 설치
  - Vapor Seal의 설치
  - Purge Gas(N_2, Off Gas 등)의 지속적인 주입 등
  - Molecular Seal의 설치

11 액주식 압력계에 사용되는 액체의 구비조건으로 틀린 것은?

① 화학적으로 안정되어야 한다.
② 모세관 현상이 없어야 한다.
③ 점도와 팽창계수가 작아야 한다.
④ 온도 변화에 의한 밀도 변화가 커야 한다.

해설
액주식 압력계에 사용되는 액체는 온도 변화에 의한 밀도 변화가 작아야 한다.

12 프레온(Freon)의 성질에 대한 설명으로 틀린 것은?

① 불연성이다.
② 무색, 무취이다.
③ 증발잠열이 작다.
④ 가압에 의해 액화되기 쉽다.

해설
프레온(Freon)의 성질
- 불연성이다.
- 무색, 무취이다.
- 증발잠열이 크다.
- 가압에 의해 액화되기 쉽다.

13 액화석유가스용 강제용기란 액화석유가스를 충전하기 위한 내용적이 얼마 미만인 용기인가?

① 30 L
② 50 L
③ 100 L
④ 125 L

해설
액화석유가스용 강제용기 : 내용적이 125L 미만인 용기

정답 10 ② 11 ④ 12 ③ 13 ④

14 나사압축기에서 숫로터의 직경 150mm, 로터의 길이 100mm, 회전수가 350rpm이라고 할 때 이론적 토출량은 약 몇 m³/min인가?(단, 로터 형상에 의한 계수 C_v는 0.476이다)

① 0.11
② 0.21
③ 0.37
④ 0.47

해설
나사압축기의 토출량 계산

$$Q = C_v \times D^3 \times \frac{L}{D} \times n \times 60 \left(\frac{\text{m}^3}{\text{h}}\right)$$

$$= 0.476 \times (0.15)^3 \times \frac{0.1}{0.15} \times 350 \times 60 \left(\frac{\text{m}^3}{\text{h}}\right) = 22.49 \frac{\text{m}^3}{\text{h}}$$

즉, $22.49 \frac{\text{m}^3}{\text{h}} \times \frac{1\text{h}}{60\text{min}} = 0.37 \frac{\text{m}^3}{\text{min}}$

15 가스액화분리장치에서 냉동사이클과 액화사이클을 응용한 장치는?

① 한랭발생장치
② 정유분출장치
③ 정유흡수장치
④ 불순물제거장치

16 LP가스 공급방식 중 강제기화방식의 특징에 대한 설명으로 틀린 것은?

① 기화량 가감이 용이하다.
② 공급가스의 조성이 일정하다.
③ 계량기를 설치하지 않아도 된다.
④ 한랭 시에도 충분히 기화시킬 수 있다.

해설
LP가스 공급방식 중 강제기화방식의 특징
• 기화량 가감이 용이하다.
• 공급가스의 조성이 일정하다.
• 계량기를 설치해야 한다.
• 한랭 시에도 충분히 기화시킬 수 있다.

17 산소의 일반적인 특징에 대한 설명으로 틀린 것은?

① 수소와 반응하여 격렬하게 폭발한다.
② 유지류와 접촉 시 폭발의 위험이 있다.
③ 공기 중에서 무성 방전시키면 과산화수소(H_2O_2)가 발생된다.
④ 산소의 분압이 높아지면 폭굉범위가 넓어진다.

해설
산소를 공기 중에서 무성 방전시키면 오존(O_3)이 발생된다.

18 암모니아용 부르동관 압력계의 재질로 가장 적당한 것은?

① 황 동
② Al강
③ 청 동
④ 연 강

해설
암모니아용 부르동관 압력계의 재질 : 연강

정답 14 ③ 15 ① 16 ③ 17 ③ 18 ④

19 증기압축식 냉동기에서 냉매가 순환되는 경로로 옳은 것은?

① 압축기 → 증발기 → 응축기 → 팽창밸브
② 증발기 → 응축기 → 압축기 → 팽창밸브
③ 증발기 → 팽창밸브 → 응축기 → 압축기
④ 압축기 → 응축기 → 팽창밸브 → 증발기

해설
증기압축식 냉동기에서 냉매가 순환되는 경로
압축기 → 응축기 → 팽창밸브 → 증발기

20 고압가스 제조설비의 계장회로에는 제조하는 고압가스의 종류, 온도 및 압력과 제조설비의 상황에 따라 안전 확보를 위한 주요 부문에 설비가 잘못 조작되거나 정상적인 제조를 할 수 없는 경우에 자동으로 원재료의 공급을 차단시키는 등 제조설비 안의 제조를 제어할 수 있는 장치를 설치하는데 이를 무엇이라 하는가?

① 인터로크제어장치
② 긴급차단장치
③ 긴급이송설비
④ 벤트스택

해설
인터로크제어장치 : 고압가스 제조설비의 계장회로에는 제조하는 고압가스의 종류, 온도 및 압력과 제조설비의 상황에 따라 안전 확보를 위한 주요 부문에 설비가 잘못 조작되거나 정상적인 제조를 할 수 없는 경우에 자동으로 원재료의 공급을 차단시키는 등 제조설비 안의 제조를 제어할 수 있는 장치인 인터로크제어장치를 설치한다.

21 땅속의 애노드에 강제 전압을 가하여 피방식 금속제를 캐소드로 하는 전기방식법은?

① 희생양극법
② 외부전원법
③ 선택배류법
④ 강제배류법

해설
외부전원법은 땅속의 애노드에 강제 전압을 가하여 피방식 금속제를 캐소드로 하는 전기방식법으로, 배관 길이 500m 이내의 간격으로 설치한다.

22 고압가스 일반제조시설에서 아세틸렌가스를 용기에 충전하는 경우에 방호벽을 설치하지 않아도 되는 곳은?

① 압축기의 유분리기와 고압건조기 사이
② 압축기와 아세틸렌가스 충전 장소 사이
③ 압축기와 아세틸렌가스 충전용기 보관 장소 사이
④ 충전 장소와 아세틸렌 충전용 주관밸브, 조작밸브 사이

해설
방호벽 설치 장소
• 압축기와 그 충전 장소 사이
• 압축기와 그 가스 충전용기 보관 장소 사이
• 충전장소와 그 가스 충전용기 보관 장소 사이 및 충전장소와 그 충전용 주관밸브, 조작밸브 사이

정답 19 ④ 20 ① 21 ② 22 ①

23 습식 아세틸렌발생기의 표면온도는 몇 ℃ 이하를 유지하여야 하는가?

① 70
② 90
③ 100
④ 110

해설
습식 아세틸렌 발생기의 표면온도는 70℃ 이하를 유지하여야 한다.

24 나프타의 성상과 가스화에 미치는 영향 중 PONA 값의 각 의미에 대하여 잘못 나타낸 것은?

① P : 파라핀계 탄화수소
② O : 올레핀계 탄화수소
③ N : 나프텐계 탄화수소
④ A : 지방족 탄화수소

해설
A : 방향족 탄화수소

25 25℃의 물 10kg을 대기압하에서 비등시켜 모두 기화시키는데 약 몇 kcal의 열이 필요한가?(단, 물의 증발잠열은 540kcal/kg이다)

① 750
② 5,400
③ 6,150
④ 7,100

해설
$Q = GC\Delta t + G\gamma$
   $= (10 \times 1 \times 75) + (10 \times 540) = 6,150 \text{kcal}$

26 수소를 취급하는 고온, 고압장치용 재료로 사용할 수 있는 것은?

① 탄소강, 니켈강
② 탄소강, 망간강
③ 탄소강, 18-8 스테인리스강
④ 18-8 스테인리스강, 크롬-바나듐강

해설
수소를 취급하는 고온, 고압 장치용 재료 : 18-8 스테인리스강, 크롬-바나듐강

27 원심식 압축기 중 터보형의 날개 출구 각도는?

① 90°보다 작다.
② 90°이다.
③ 90°보다 크다.
④ 평행이다.

해설
원심식 압축기 중 터보형의 날개 출구 각도는 90°보다 작다.

정답 23 ① 24 ④ 25 ③ 26 ④ 27 ①

28 흡수식 냉동설비의 냉동능력 정의로 옳은 것은?

① 발생기를 가열하는 1시간의 입열량 3,320kcal를 1일의 냉동능력 1톤으로 본다.
② 발생기를 가열하는 1시간의 입열량 6,640kcal를 1일의 냉동능력 1톤으로 본다.
③ 발생기를 가열하는 24시간의 입열량 3,320kcal를 1일의 냉동능력 1톤으로 본다.
④ 발생기를 가열하는 24시간의 입열량 6,640kcal를 1일의 냉동능력 1톤으로 본다.

해설
흡수식 냉동설비의 냉동능력 : 발생기를 가열하는 1시간의 입열량 6,640kcal를 1일의 냉동능력 1톤으로 본다.

29 폭발범위에 대한 설명으로 옳은 것은?

① 공기 중의 폭발범위는 산소 중의 폭발범위보다 넓다.
② 공기 중 아세틸렌가스의 폭발범위는 약 4~71%이다.
③ 한계산소농도치 이하에서는 폭발성 혼합가스가 생성된다.
④ 고온·고압일 때 폭발범위는 대부분 넓어진다.

해설
① 공기 중의 폭발범위는 산소 중의 폭발범위보다 좁다.
② 공기 중 아세틸렌가스의 폭발범위는 약 2.5~81%이다.
③ 한계산소농도치 이하에서는 폭발성 혼합가스가 생성되지 않는다.

30 도시가스에 사용되는 부취제 중 DMS의 냄새는?

① 석탄가스 냄새
② 마늘 냄새
③ 양파 썩는 냄새
④ 암모니아 냄새

해설
부취제의 종류
- TBM(Tertiary Butyl Mercaptan) : 가스 종류에 흔히 쓰이며, 양파 썩는 냄새가 난다.
- THT(Tetra Hydro Thiophene) : 천연가스의 부취제로 사용되며, TBM과 혼합하여 쓰이며, 석탄가스 냄새가 난다.
- DMS(Dimethyl Sulfide) : 마늘 냄새가 난다.

31 다음 보기에서 설명하는 기체와 관련된 법칙은?

┌보기┐
기체의 종류에 관계없이 모든 기체 1mol은 표준상태(0℃, 1기압)에서 22.4L의 부피를 차지한다.

① 보일의 법칙
② 헨리의 법칙
③ 아보가드로의 법칙
④ 아르키메데스의 법칙

해설
아보가드로의 법칙 : 기체의 종류에 관계없이 모든 기체 1mol은 표준 상태(0℃, 1기압)에서 22.4L의 부피를 차지한다.

정답 28 ② 29 ④ 30 ② 31 ③

32 내용적 47L인 용기에 C₃H₈ 15kg이 충전되어 있을 때 용기 내 안전 공간은 약 몇 % 인가?(단, C₃H₈의 액 밀도는 0.5kg/L이다)

① 20　　　② 25.2
③ 36.1　　④ 40.1

해설
C₃H₈ 15kg을 부피로 나타내면

$$부피 = \frac{질량}{밀도}에서 \frac{15kg}{0.5kg/L} = 30L$$

즉, 안전 공간(%) $= \frac{47-30}{47} \times 100 = 36.1\%$

33 고압가스 특정제조시설에서 선임하여야 하는 안전관리원의 선임인원 기준은?

① 1명 이상　　② 2명 이상
③ 3명 이상　　④ 5명 이상

해설
고압가스 특정제조시설에서 선임하여야 하는 안전관리원의 선임인원 : 2명 이상

34 LPG 충전자가 실시하는 용기의 안전점검기준에서 내용적 얼마 이하의 용기에 대하여 '실내 보관 금지' 표시 여부를 확인하여야 하는가?

① 15L　　② 20L
③ 30L　　④ 50L

해설
내용적 15L 이하의 용기에 대하여 '실내 보관 금지' 표시 여부를 확인하여야 한다.

35 LPG 충전시설의 충전소에 '화기엄금'이라고 표시한 게시판의 색깔로 옳은 것은?

① 황색 바탕에 흑색 글씨
② 황색 바탕에 적색 글씨
③ 흰색 바탕에 흑색 글씨
④ 흰색 바탕에 적색 글씨

해설
LPG 충전시설의 충전소에 '화기엄금'이라고 표시한 게시판의 색깔 : 흰색 바탕에 적색 글씨

36 다음 중 헨리의 법칙에 잘 적용되지 않는 가스는?

① 암모니아
② 수 소
③ 산 소
④ 이산화탄소

해설
헨리의 법칙에 잘 적용되지 않는 가스는 물에 잘 녹는 가스이다.

37 착화원이 있을 때 가연성 액체나 고체의 표면에 연소하한계 농도의 가연성 혼합기가 형성되는 최저온도는?

① 인화온도
② 임계온도
③ 발화온도
④ 포화온도

해설
인화온도 : 가연성 물질에 점화원을 접촉시켰을 때 불이 붙는 최저 온도

38 가스 종류에 따른 용기의 재질로서 부적합한 것은?

① LPG : 탄소강
② 암모니아 : 동
③ 수소 : 크롬강
④ 염소 : 탄소강

해설
암모니아는 동을 부식시킨다.

39 오르자트법으로 시료가스를 분석할 때의 성분 분석 순서로서 옳은 것은?

① $CO_2 \to O_2 \to CO$
② $CO \to CO_2 \to O_2$
③ $O_2 \to CO \to CO_2$
④ $O_2 \to CO_2 \to CO$

해설
오르자트법
• 흡수시약
 – CO_2 흡수시약 : 수산화칼륨(KOH) 30% 수용액
 – O_2 흡수시약 : 알칼리성 파이로갈롤용액
 – CO 흡수시약 : 암모니아성 염화제1용액
• 흡수 순서 : $CO_2 \to O_2 \to CO \to$ 나머지

40 수소염이온화식(FID) 가스검출기에 대한 설명으로 틀린 것은?

① 감도가 우수하다.
② CO_2와 NO_2는 검출할 수 없다.
③ 연소하는 동안 시료가 파괴된다.
④ 무기화합물의 가스검지에 적합하다.

해설
수소염이온화식(FID) 가스검출기
• 감도가 우수하다.
• CO_2와 NO_2는 검출할 수 없다.
• 연소하는 동안 시료가 파괴된다.
• 유기화합물의 가스검지에 적합하다.

41 다음 중 가장 무거운 가스는?

① 메 탄
② 프로판
③ 암모니아
④ 헬 륨

해설
② 프로판 : 44g
① 메탄 : 16g
③ 암모니아 : 17g
④ 헬륨 : 4g

정답 37 ① 38 ② 39 ① 40 ④ 41 ②

42 대기압하에서 0℃ 기체의 부피가 500mL이었다. 이 기체의 부피가 2배로 될 때의 온도는 몇 ℃인가?(단, 압력은 일정하다)

① -100　　② 32
③ 273　　　④ 500

해설
샤를의 법칙(정압법칙 : $P=C$) : 기체의 압력이 일정할 때 기체의 체적은 절대온도에 비례한다.

여기서, $\dfrac{V_1}{T_1} = \dfrac{V_2}{T_2}$

즉, $\dfrac{V_1}{T_1} = \dfrac{V_2}{T_2} \to \dfrac{500}{273+0} = \dfrac{2 \times 500}{273+x}$

∴ $x = 273℃$

43 하버-보시법으로 암모니아 44g을 제조하려면 표준상태에서 수소는 약 몇 L가 필요한가?

① 22　　　② 44
③ 87　　　④ 100

해설
$N_2 \quad + \quad 3H_2 \quad \to \quad 2NH_3$
$x \qquad\qquad\quad : \quad 44g$
$3 \times 22.4L : 2 \times 17g$
∴ $x = 87$

44 기체연료의 연소 특성으로 틀린 것은?

① 소형의 버너도 매연이 적고, 완전연소가 가능하다.
② 하나의 연료 공급원으로부터 다수의 연소로와 버너에 쉽게 공급된다.
③ 미세한 연소 조정이 어렵다.
④ 연소율의 가변범위가 넓다.

해설
기체연료의 연소 특성
• 소형 버너도 매연이 적고, 완전연소가 가능하다.
• 하나의 연료 공급원으로부터 다수의 연소로와 버너에 쉽게 공급된다.
• 미세한 연소 조정이 쉽다.
• 연소율의 가변범위가 넓다.

45 비중이 13.6인 수은은 76cm의 높이를 갖는다. 비중이 0.5인 알코올로 환산하면 그 수주는 몇 m인가?

① 20.67　　② 15.2
③ 13.6　　　④ 5

해설
$P = \gamma H$
$13.6 \times 0.76 = 0.5 \times x$
∴ $x = 20.67$

46 고압가스안전관리법령에 따라 고압가스 판매시설에서 갖추어야 할 계측설비가 바르게 짝지어진 것은?

① 압력계, 계량기
② 온도계, 계량기
③ 압력계, 온도계
④ 온도계, 가스분석계

해설
고압가스 판매시설에서 갖추어야 할 계측설비 : 가스압력계, 가스계량기(가스미터기)

47 연소기의 설치방법으로 틀린 것은?

① 환기가 잘되지 않은 곳에는 가스온수기를 설치하지 않는다.
② 밀폐형 연소기는 급기구 및 배기통을 설치하여야 한다.
③ 배기통의 재료는 불연성 재료로 한다.
④ 개방형 연소기가 설치된 실내에는 환풍기를 설치한다.

해설
밀폐형 연소기는 급기구 및 배기통을 설치하지 않아도 된다.

48 고압가스 종류별 발생현상 또는 작용으로 틀린 것은?

① 수소 – 탈탄작용
② 아세틸렌 – 아세틸라이드 생성
③ 염소 – 부식
④ 암모니아 – 카르보닐 생성

해설
일산화탄소 – 카르보닐 생성
• 니켈 카보닐화 : $Ni + 4CO \rightarrow Ni(CO)_4$
• 철 카보닐화 : $Fe + 5CO \rightarrow Fe(CO)_5$

49 액화석유가스 사용시설을 변경하여 도시가스를 사용하기 위해서 실시하여야 하는 안전조치 중 잘못 설명한 것은?

① 일반도시가스사업자는 도시가스를 공급한 이후에 연소기 변경 사실을 확인하여야 한다.
② 액화석유가스의 배관 양단에 막음조치를 하고 호스는 철거하여 설치하려는 도시가스 배관과 구분되도록 한다.
③ 용기 및 부대설비가 액화석유가스 공급자의 소유인 경우에는 도시가스 공급 예정일까지 용기 등을 철거해 줄 것을 공급자에게 요청해야 한다.
④ 도시가스로 연료를 전환하기 전에 액화석유가스 안전공급계약을 해지하고 용기 등의 철거와 안전조치를 확인하여야 한다.

해설
일반도시가스사업자는 도시가스를 공급하기 전에 연소기 변경 사실을 확인하여야 한다.

50 다음 중 탄소의 함유량이 가장 많은 화합물은?

① CO_2
② CH_4
③ C_2H_4
④ CO

해설
③ C_2H_4의 탄소 함유량 : $\frac{24}{28} \times 100 = 85.71\%$
① CO_2의 탄소 함유량 : $\frac{12}{44} \times 100 = 27.27\%$
② CH_4의 탄소 함유량 : $\frac{12}{16} \times 100 = 75\%$
④ CO의 탄소 함유량 : $\frac{12}{28} \times 100 = 42.86\%$

51 독성가스 용기 운반 등의 기준으로 옳은 것은?

① 밸브가 돌출된 운반용기는 이동식 프로텍터 또는 보호구를 설치한다.
② 충전용기를 차에 실을 때에는 넘어짐 등으로 인한 충격을 고려할 필요가 없다.
③ 기준 이상의 고압가스를 차량에 적재하여 운반할 경우 운반책임자가 동승하여야 한다.
④ 시·도지사가 지정한 장소에서 이륜차에 적재할 수 있는 충전용기는 충전량이 50kg 이하이고, 적재수는 2개 이하이다.

해설
독성가스 용기 운반 등의 기준
- 밸브가 돌출된 운반용기는 고정식 프로텍터 또는 보호구를 설치한다.
- 충전용기를 차에 실을 때에는 넘어짐 등으로 인한 충격을 고려해야 한다.
- 기준 이상의 고압가스를 차량에 적재하여 운반할 경우 운반책임자가 동승해야 한다.
- 시·도지사가 지정한 장소에서 이륜차에 적재할 수 있는 충전용기는 충전량이 20kg 이하이고, 적재수는 2개 이하이다.

52 독성가스이면서 조연성가스인 것은?

① 암모니아
② 사이안화수소
③ 황화수소
④ 염소

해설
염소는 독성가스이면서 조연성가스이다.

53 다음 각 용기의 기밀시험압력으로 옳은 것은?

① 초저온가스용 용기는 최고충전압력의 1.1배의 압력
② 초저온가스용 용기는 최고충전압력의 1.5배의 압력
③ 아세틸렌용 용접용기는 최고충전압력의 1.1배의 압력
④ 아세틸렌용 용접용기는 최고충전압력의 1.6배의 압력

해설
용기 및 설비에 따른 압력

압력의 종류	용기		설비 (저장탱크, 용기집합장치, 배관 등)
	C_2H_2	C_2H_2 이외의 용기	
TP (내압시험압력)	FP×3배	FP×$\frac{5}{3}$	• 상용압력×1.5배(공기, 질소로 내압시험 시 상용압력×1.25배) • 냉동설비는 설계압력×1.5배 • 도시가스는 최고사용압력×1.5배
FP (최고충전압력)	15℃에서 1.55MPa	TP×$\frac{3}{5}$	—
AP (기밀시험압력)	FP×1.8배	FP(단, 저온, 초저온용기 = FP×1.1배)	• 상용압력 • 도시가스는 최고사용압력×1.1배
안전밸브 작동압력	TP×0.8배	TP×0.8배	TP×0.8배(단, 액화산소 탱크 = 상용압력×1.5배)

54 LPG용 가스레인지를 사용하는 도중 불꽃이 치솟는 사고가 발생하였을 때 가장 직접적인 사고원인은?

① 압력조정기 불량
② T관으로 가스 누출
③ 연소기의 연소 불량
④ 가스누출자동차단기 미작동

해설
LPG용 가스레인지를 사용하는 도중 불꽃이 치솟는 사고가 발생했다면 그 원인은 압력조정기 불량이다.

55 산소와 함께 사용하는 액화석유가스 사용시설에서 압력조정기와 토치 사이에 설치하는 안전장치는?

① 역화방지기 ② 안전밸브
③ 파열판 ④ 조정기

해설
역화방지기 : 불꽃의 역류로 인한 폭발을 방지하는 장치

56 아세틸렌가스를 2.5MPa의 압력으로 압축할 때 첨가하는 희석제가 아닌 것은?

① 질소 ② 에틸렌
③ 메탄 ④ 황화수소

해설
아세틸렌을 2.5MPa의 압력으로 압축할 때 첨가해야 하는 희석제 : 프로판, 메탄, 에틸렌, 질소, 수소, 일산화탄소, 이산화탄소

57 염소 누출에 대비하여 보유해야 하는 제독제가 아닌 것은?

① 가성소다 수용액 ② 탄산소다 수용액
③ 암모니아수 ④ 소석회

해설
독성가스의 제독제

독성가스명	제독제
염소	가성소다수용액, 탄산소다수용액, 소석회
포스겐	가성소다수용액, 소석회
황화수소	가성소다수용액, 탄산소다수용액
사이안화수소	가성소다수용액
아황산가스	가성소다수용액, 탄산소다수용액, 물
암모니아, 산화에틸렌, 염화메탄	물

58 다음 중 독성(TLV-TWA)이 가장 강한 가스는?

① 암모니아 ② 황화수소
③ 일산화탄소 ④ 아황산가스

해설
④ 아황산가스 : 5ppm
① 암모니아 : 25ppm
② 황화수소 : 10ppm
③ 일산화탄소 : 50ppm

59 도시가스사업법에서 정한 가스 사용시설에 해당되지 않는 것은?

① 내관
② 본관
③ 연소기
④ 공동주택 외벽에 설치된 가스계량기

해설
가스사용시설이란 가스공급시설 외의 가스사용자의 시설로서 산업통상자원부령으로 정하는 것이다(내관, 연소기, 정압기, 가스계량기, 자동차용 압축천연가스 완속충전설비 등).

60 공기 중 폭발범위에 따른 위험도가 가장 큰 가스는?

① 암모니아 ② 황화수소
③ 석탄가스 ④ 이황화탄소

해설
④ 이황화탄소 : $H = \dfrac{U-L}{L} = \dfrac{44-1.25}{1.25} = 34.2$

① 암모니아 : $H = \dfrac{U-L}{L} = \dfrac{28-15}{15} = 0.87$

② 황화수소 : $H = \dfrac{U-L}{L} = \dfrac{45-4.3}{4.3} = 9.46$

③ 석탄가스 : $H = \dfrac{U-L}{L} = \dfrac{74-12.5}{12.5} = 4.92$

정답 55 ① 56 ④ 57 ③ 58 ④ 59 ② 60 ④

2023년 제1회 과년도 기출복원문제

01 LPG 사용시설의 배관 중 호스 길이는 연소기까지 몇 m 이내로 해야 하는가?

① 3m ② 5m
③ 8m ④ 10m

해설
LPG 사용시설의 호스 길이는 연소기까지 3m 이내로 하고, 호스는 T형으로 연결하지 않는다.

02 가스배관의 주위를 굴착하고자 할 때 가스배관의 좌우 얼마 이내의 부분은 인력으로 굴착해야 하는가?

① 30cm 이내
② 50cm 이내
③ 1m 이내
④ 1.5m 이내

03 가스누출자동차단장치 및 가스누출자동차단기의 설치기준에 대한 설명으로 옳지 않은 것은?

① 가스 공급이 불시에 자동 차단됨으로써 재해 및 손실이 클 우려가 있는 시설에는 가스누출경보차단장치를 설치하지 않을 수 있다.
② 가스누출자동차단기를 설치하여도 설치목적을 달성할 수 없는 시설에는 가스누출자동차단기를 설치하지 않을 수 있다.
③ 월사용예정량이 1,000m^3 미만으로서 연소기에 소화안전장치가 부착되어 있는 경우에는 가스누출경보차단장치를 설치하지 않을 수 있다.
④ 지하에 있는 가정용 가스사용시설은 가스누출경보차단장치의 설치 대상에서 제외된다.

해설
특성가스사용시설에서 월사용예정량 2,000m^3 미만으로서 연소기가 연결된 가스배관에 퓨즈콕, 상자콕 등 각 연소기에 소화안전장치가 부착되어 있는 경우에는 가스누출경보차단장치를 설치하지 않을 수 있다.

04 다음 중 도시가스 지하매설배관으로 사용되는 배관은?

① 폴리에틸렌 피복강관
② 압력배관용 탄소강관
③ 연료가스배관용 탄소강관
④ 배관용 아크용접 탄소강관

해설
탄소강 강관은 부식의 염려가 있으므로 지하매설배관으로는 적당하지 않다.
지하에 매몰할 수 있는 도시가스배관
• 압축식 폴리에틸렌 피복강관(KS D 3589)
• 분말용착식 폴리에틸렌 피복강관(KS D 3607)
• 가스용 폴리에틸렌관(KS M 3514)

정답 1 ① 2 ③ 3 ③ 4 ①

05 온도계의 선정방법에 대한 설명 중 틀린 것은?

① 지시 및 기록 등을 쉽게 행할 수 있을 것
② 견고하고, 내구성이 있을 것
③ 취급하기가 쉽고 측정하기 간편할 것
④ 피측온체의 화학반응 등으로 온도계에 영향이 있을 것

해설
온도계는 피측온체의 화학반응 등으로 인한 영향이 없어야 한다.

06 펌프의 캐비테이션에 대한 설명으로 옳은 것은?

① 캐비테이션은 펌프 임펠러의 출구 부근에 더 일어나기 쉽다.
② 유체 중에 그 액온의 증기압보다 압력이 낮은 부분이 생기면 캐비테이션이 발생한다.
③ 캐비테이션은 유체의 온도가 낮을수록 생기기 쉽다.
④ 이용 NPSH > 필요 NPSH일 때 캐비테이션을 발생한다.

해설
유체 중에 그 액온의 증기압보다 압력이 낮은 부분이 생기면 기포가 발생되면서 캐비테이션이 발생한다.

07 다음 중 허용농도에 대한 설명으로 맞는 것은?

① 건강한 사람이 그 분위기 속에서 호흡하면 단시간 이내에 사망하는 한계농도
② 해당 가스를 성숙한 흰쥐 집단에게 대기 중에서 1시간 동안 계속 노출시킨 경우 14일 이내에 그 흰쥐의 50% 이상이 죽게 되는 가스의 농도
③ 동물실험에 의해 급성장해를 일으켜 위험한 농도
④ 사람이 그 분위기 속에서 호흡할 때 50%가 장해를 받는 농도

해설
허용농도란 해당 가스를 성숙한 흰쥐 집단에게 대기 중에서 1시간 동안 계속 노출시킨 경우 14일 이내에 그 흰쥐의 50% 이상이 죽는 가스의 농도이다. LC_{50}(치사농도(致死濃度) 50 : Lethal Concentration 50)으로 표시한다.

08 CO_2, O_2, C_mH_n, CO의 가스로 구성된 혼합가스를 헴펠법으로 흡수분석할 때의 순서로 옳은 것은?

① $CO \to O_2 \to C_mH_n \to CO_2$
② $CO_2 \to C_mH_n \to O_2 \to CO$
③ $C_mH_n \to O_2 \to CO_2 \to CO$
④ $CO_2 \to O_2 \to CO \to C_mH_n$

해설
헴펠법 분석 순서 및 흡수제
① CO_2 : KOH 30% 수용액
② C_mH_n : 발연황산
③ O_2 : 알카리성 파이로갈롤 용액
④ CO : 암모니아성 염화제1구리용액

09 액화가스가 통하는 가스설비 중 단독으로 정전기 방지조치를 하여야 하는 설비가 아닌 것은?

① 플레어 스택
② 벤트스택
③ 저장탱크
④ 열교환기

해설
정전기 제거조치 기준
- 탑류, 저장탱크, 열교환기, 회전기계, 벤트스택 등은 단독으로 접지한다. 다만, 기계가 복잡하게 연결되어 있는 경우 및 배관 등으로 연속되어 있는 경우에는 본딩용 접속선으로 접속하여 접지할 수 있다.
- 본딩용 접속선 및 접지접속선은 단면적 5.5mm² 이상의 것(단선은 제외)을 사용하고 경납붙임, 용접, 접속금구 등을 사용하여 확실히 접속한다.
- 접지저항치는 총합 100Ω(피뢰설비를 설치한 것은 총합 10Ω) 이하로 하여야 한다.

10 도시가스사업법상 제1종 보호시설이 아닌 것은?

① 아동 50명이 다니는 유치원
② 수용 인원이 350명인 예식장
③ 객실 20개를 보유한 여관
④ 250세대 규모의 개별난방 아파트

해설
제2종 보호시설
- 건축법 시행령 별표 1 제1호 및 제2호에 따른 단독주택 및 공동주택
- 사람을 수용하는 건축물(건축법 제2조제1항제2호에 따른 건축물을 말하며, 가설 건축물과 건축법 시행령 별표 1 제18호 가목에 따른 창고는 제외한다)로서 사실상 독립된 부분의 연면적이 100m² 이상 1,000m² 미만인 것

11 가스도매사업의 가스공급시설에서 배관을 지하에 매설할 경우의 기준으로 옳지 않은 것은?

① 배관을 시가지 외의 도로 노면 밑에 매설할 경우 노면으로부터 배관 외면까지 1.2m 이상 이격할 것
② 배관의 깊이는 산이나 들에서는 1m 이상으로 할 것
③ 배관을 시가지의 도로 노면 밑에 매설할 경우 노면으로부터 배관 외면까지 1.5m 이상 이격할 것
④ 배관을 철도부지에 매설할 경우 배관 외면으로부터 궤도 중심까지 5m 이상 이격할 것

해설
배관을 철도부지에 매설할 경우 배관 외면으로부터 궤도 중심까지 4m 이상 이격할 것

12 에틸렌, 프로필렌, 부틸렌과 같은 탄화수소의 분류로 올바른 것은?

① 파라핀계
② 올레핀계
③ 나프텐계
④ 방향족계

해설
탄화수소의 분류
- 파라핀계(포화) 탄화수소 : C_nH_{2n+2}
- 올레핀계(불포화) 탄화수소 : C_nH_{2n}
- 아세틸렌계(불포화) 탄화수소 : C_nH_{2n-2}
- 나프텐계 탄화수소 : 고리를 형성하고 있는 탄화수소로서 사이클로 헥산(C_6H_{12}) 등이 있다.
- 방향족 탄화수소 : 벤젠(C_6H_6)

정답 9 ① 10 ④ 11 ④ 12 ②

13 흡수식 냉동기에서 톨루엔을 냉매로 사용하는 경우 흡수제는?

① 사염화에탄
② 물
③ 취화 리튬
④ 파라핀유

해설
흡수식 냉동기의 냉매 및 흡수제

냉 매	흡수제
암모니아(NH_3)	물(H_2O)
물(H_2O)	리튬브로마이드(LiBr)
염화메틸(CH_3Cl)	사염화에탄
톨루엔	파라핀유

※ 리튬브로마이드(LiBr)를 취화리듐이라 한다.

14 용기의 내용적 40L에 내압시험압력의 수압을 걸었더니 내용적이 40.24L로 증가하였고, 압력을 제거하여 대기압으로 하였더니 용적이 40.02L가 되었다. 이 용기의 항구증가량과 이 용기의 내압시험에 대한 합격 여부는?

① 1.6%, 합격
② 1.6%, 불합격
③ 8.3%, 합격
④ 8.3%, 불합격

해설
용기의 내압시험

• 영구증가율(항구증가율) = $\dfrac{항구증가량}{전증가량} \times 100$

• 판정 : 영구증가율이 10% 이하인 용기는 합격

∴ 영구증가율(항구증가율) = $\dfrac{40.02 - 40}{40.24 - 40} \times 100 = 8.3\%$

15 가연성 고압가스제조소에서 착화원인이 될 수 없는 것은?

① 정전기
② 베릴륨 합금제 공구에 의한 타격
③ 사용 촉매의 접촉
④ 밸브의 급격한 조작

해설
베릴륨 합금제 공구에 의한 타격을 가하더라도 불꽃을 일으키지 않는다.

16 부탄가스용 연소기의 명판에 기재할 사항이 아닌 것은?

① 연소기명
② 제조자의 형식 호칭
③ 연소기 재질
④ 제조(로트)번호

해설
부탄가스용 연소기의 명판에 기재할 사항
• 연소기명
• 제조자의 형식 호칭
• 제조(로트)번호

17 용접 시 가접을 하는 이유로 가장 적당한 것은?

① 응력집중을 크게 하기 위하여
② 용접부의 강도를 크게 하기 위하여
③ 용접 자세를 일정하게 하기 위하여
④ 용접 중의 변형을 방지하기 위하여

18 LPG 저장탱크에 부착된 배관에 설치하는 긴급차단장치는 탱크 외면에서 얼마나 떨어져야 하는가?

① 2m 이상
② 3m 이상
③ 4m 이상
④ 5m 이상

해설
LPG 저장탱크에 부착된 배관에 설치된 긴급차단장치의 차단조작기구는 해당 저장탱크 외면으로부터 5m 이상 떨어진 곳에 설치한다.

19 액화석유가스의 안전관리 및 사업법에서 정의한 액화석유가스 충전사업에 대하여 옳게 설명한 것은?

① 액화석유가스를 일반의 수요에 따라 배관을 통하여 연료로 공급하는 사업을 말한다.
② 용기에 충전된 액화석유가스를 판매하거나 자동차에 고정된 탱크에 충전된 액화석유가스를 산업통상자원부령으로 정하는 규모 이하의 저장설비에 공급하는 사업을 말한다.
③ 저장시설에 저장된 액화석유가스를 용기에 충전하거나 자동차에 고정된 탱크에 충전하여 공급하는 사업을 말한다.
④ 액화석유가스 또는 연료용 가스를 사용하기 위한 기기를 제조하는 사업을 말한다.

해설
① 액화석유가스 집단공급사업
② 액화석유가스 판매사업
④ 가스용품 제조사업

20 산소가스설비의 수리 및 청소를 위한 저장탱크 내의 산소를 치환할 때 산소측정기 등으로 치환결과를 측정하여 산소의 농도가 최대 몇 % 이하가 될 때까지 계속하여 치환작업을 하여야 하는가?

① 18%
② 20%
③ 22%
④ 24%

21 원심식 압축기를 사용하는 냉동설비는 그 압축기의 원동기 정격출력 몇 kW를 1일의 냉동능력 1톤으로 산정하는가?

① 1.0kW
② 1.2kW
③ 1.5kW
④ 2.0kW

22 다음 중 고압가스의 용량을 차량에 적재하여 운반할 때 운반책임자를 동승시키지 않아도 되는 것은?

① 아세틸렌 : 400m³
② 일산화탄소 : 700m³
③ 액화염소 : 6,500kg
④ 액화석유가스 : 2,000kg

해설
운반책임자 동승기준

가스의 종류		기 준
압축가스	가연성가스	300m³ 이상
	독성가스	100m³ 이상
	조연성가스	600m³ 이상
액화가스	가연성가스	3,000kg 이상
	독성가스	1,000kg 이상
	조연성가스	6,000kg 이상

23 고압가스특정제조시설의 내부반응감시장치에 해당하지 않는 것은?

① 온도감시장치
② 압력감시장치
③ 유량감시장치
④ 농도감시장치

해설
내부반응감시장치의 종류 : 온도감시장치, 압력감시장치, 유량감시장치 그 밖의 내부반응감시장치

24 저온취성(메짐)을 일으키는 원소는?

① Cr   ② Si
③ S   ④ P

해설
④ 인(P) : 상온에서 저온취성(메짐)의 원인이 된다.
① 크롬(Cr) : 내식성, 내열성을 증가시킨다.
② 규소(Si) : 내산화성을 증가시킨다.
③ 황(S) : 고온에서 적열취성(메짐)의 원인이 된다.

25 액화석유가스의 안전관리 및 사업법에서 규정하는 안전관리자의 직무범위가 아닌 것은?

① 수요자의 의무 이행 조사 및 감독
② 가스용품의 제조공정관리
③ 사업소의 종업원에 대한 안전관리를 위하여 필요한 사항의 지휘·감독
④ 정기검사 및 수시검사 결과 부적합 판정을 받은 시설의 개선

해설
액화석유가스의 안전관리 및 사업법에서 규정하는 안전관리자의 직무범위
- 액화석유가스사업자 등의 액화석유가스시설 또는 액화석유가스 특정사용자의 액화석유가스사용시설의 안전 유지 및 검사기록의 작성·보존
- 가스용품의 제조공정관리
- 가스 공급자의 의무이행 확인
- 안전관리규정 실시 기록의 작성·보존
- 정기검사 및 수시검사 결과 부적합 판정을 받은 시설의 개선
- 사고의 통보
- 사업소 또는 액화석유가스 특정사용시설의 종업원에 대한 안전관리를 위하여 필요한 사항의 지휘·감독
- 사업소 또는 액화석유가스 특정사용시설을 개수(改修) 또는 보수하는 사람에 대한 안전관리를 위하여 필요한 사항의 지휘·감독
- 정압기·액화석유가스배관 및 그 부속설비의 순회점검, 구조물의 관리, 원격감시시스템을 통한 공급시설에 대한 감시, 검사업무 및 안전에 대한 비상계획의 수립·관리
- 본관·공급관의 누출검사 및 전기방식시설의 관리
- 사용자 공급관의 관리
- 공급시설 및 사용시설의 굴착공사의 관리
- 배관의 구멍 뚫기 작업
- 그 밖의 위해 방지 조치

26 LPG(C_4H_{10}) 공급방식에서 공기를 3배 희석했다면 발열량은 약 몇 kcal/Sm³이 되는가?(단, C_4H_{10}의 발열량은 30,000kcal/Sm³으로 가정한다)

① 5,000
② 7,500
③ 10,000
④ 11,000

해설

희석발열량 = 표준발열량 / (1 + 희석 배수)

$x = \dfrac{30,000}{1+3} = 7,500 \dfrac{kcal}{Sm^3}$

27 의료용 가스의 종류에 따른 도색의 구분으로 옳은 것은?

① 탄산가스 – 회색
② 질소 – 회색
③ 산소 – 청색
④ 에틸렌 – 회색

해설

용기 도색 및 문자 색상

가스 종류	용기 도색		문자 색상	
	공업용	의료용	공업용	의료용
액화암모니아	백색	–	흑색	–
수소	주황색	–	백색	–
액화탄산가스	청색	회색	백색	백색
액화염소	갈색	–	백색	–
산소	녹색	백색	백색	녹색
에틸렌	회색	자색	백색	백색
LPG	밝은 회색	–	적색	–
아세틸렌	황색	–	흑색	–
질소	회색	흑색	백색	백색
아산화질소	회색	청색	백색	백색
헬륨	회색	갈색	백색	백색
사이클로프로판	회색	주황색	백색	백색
기타	회색	회색	백색	–

28 가스사용시설의 연소기 각각에 대하여 퓨즈콕을 설치해야 하지만, 연소기 용량이 몇 kcal/h를 초과할 때 배관용 밸브로 대용할 수 있는가?

① 12,500
② 15,500
③ 19,400
④ 25,500

29 C_2H_2 제조설비에서 제조된 C_2H_2를 충전용기에 충전 시 위험한 경우는?

① 아세틸렌이 접촉되는 설비 부분에 구리 함량 72%의 구리 합금을 사용하였다.
② 충전 중의 압력을 2.5MPa 이하로 하였다.
③ 충전 후에 압력이 15℃에서 1.5MPa 이하로 될 때까지 정치하였다.
④ 충전용 지관은 탄소 함유량 0.1% 이하의 강을 사용하였다.

해설

아세틸렌이 접촉되는 설비 부분에 구리 함량 62% 이하의 구리 합금을 사용하여야 한다.

30 LP 가스 저장탱크를 수리할 때 작업원이 저장탱크 속으로 들어가면 안 되는 탱크 내의 산소농도는?

① 16%
② 19%
③ 20%
④ 21%

해설
탱크 내의 산소농도가 16% 이하이면 질식할 수 있다.

31 다음 중 가연성이면서 독성가스인 것은?

① 산화에틸렌
② 아세틸렌
③ 부타디엔
④ 프로판

해설
① 산화에틸렌 : 가연성, 독성
② 아세틸렌 : 가연성
③ 부타디엔 : 가연성
④ 프로판 : 가연성

32 다음과 같은 반응에서 A와 B의 농도를 모두 2배로 해 주면 반응속도는 이론적으로 몇 배가 되는가?

$$A + 3B \rightarrow 3C + 5D$$

① 4
② 8
③ 16
④ 32

해설
반응속도는 반응물질의 몰농도 곱에 비례한다.
$V = K[A] \times [B] = [2] \times [2]^3 = 16$배

33 액화산소저장탱크 방류둑의 용량은 저장능력 상당 용적의 얼마 이상으로 하여야 하는가?

① 30%
② 40%
③ 50%
④ 60%

해설
방류둑 용량
- 액화가스 : 저장탱크의 저장능력에 상당하는 용적 이상
- 액화산소저장탱크 : 저장능력 상당 용적의 60% 이상
- 2기 이상 설치 : 최대 저장탱크 저장능력 + 잔여 저장탱크 총능력의 10% 이상
- 냉동설비 수액기 : 수액기 내용적의 90% 이상

34 다음 중 압력 단위가 아닌 것은?

① Pa
② atm
③ bar
④ N

해설
N : 힘의 단위

정답 30 ① 31 ① 32 ③ 33 ④ 34 ④

35 열역학 제2법칙에 대한 설명으로 옳은 것은?

① 일을 소비하지 않고 열을 저온체에서 고온체로 이동시키는 것은 불가능하다.
② 열이 높은 쪽에서 낮은 쪽으로 이동하여 마침내 온도의 차가 없는 열평형을 이룬다.
③ 온도가 일정한 조건에서 기체의 체적은 압력에 반비례한다.
④ 절대온도 0도에서는 엔트로피도 0이다.

해설
열역학 제2법칙 : '일을 소비하지 않고 열을 저온체에서 고온체로 이동시키는 것은 불가능하다.'라는 법칙으로, 열적으로 고립된 계에서 매시각마다 계의 거시상태의 엔트로피를 고려하였을 때, 엔트로피가 더 작은 거시상태로는 진행하지 않는다는 법칙이다.

36 액화석유가스사용시설에서 LPG 용기 집합설비의 저장능력이 얼마 이하일 때 용기, 용기밸브, 압력조정기가 직사광선, 눈 또는 빗물에 노출되지 않도록 해야 하는가?

① 50kg 이하
② 100kg 이하
③ 300kg 이하
④ 500kg 이하

37 아세틸렌용기를 제조하고자 하는 자가 갖추어야 하는 설비가 아닌 것은?

① 원료혼합기
② 건조로
③ 원료충전기
④ 소결로

해설
소결로 : 분광 혹은 그 종류에 속하는 것을 구워서 단단하게 덩어리 모양으로 만드는 노이다. 근래에 각종 광석이 그 광석을 가려서 분류하는 과정에서 분쇄되는 일이 많아졌기 때문에 용광로와 같은 체련로에 넣기 전의 처리로서 널리 사용된다.

38 가스의 연소한계에 대한 설명으로 가장 옳은 것은?

① 착화온도의 상한과 하한
② 물질이 탈 수 있는 최저온도
③ 완전연소가 될 때의 산소 공급 한계
④ 연소가 가능한 가스의 공기와의 혼합비율의 상한과 하한

해설
연소한계는 연소가 가능한 가스의 공기와의 혼합비율의 상한과 하한, 즉 폭발범위, 폭발한계, 연소범위, 가연한계, 가연범위라고도 한다.

39 도시가스 부취제에 대한 설명으로 옳은 것은?

① TBM(Tertiary Butyl Mercaptan)은 보통 석탄가스 냄새가 난다.
② DMS(DiMethyl Sulfide)는 공기 중에서 일부 산화되며, 내산화성이 약한 단점이 있다.
③ THT(TetraHydro Thiophen)는 화학적으로 안정한 물질이므로 산화, 중합 등이 일어나지 않는다.
④ DMS(DiMethyl Sulfide)는 토양투과성이 낮아 흡착되기가 쉽다.

해설
- TBM(Tertiary Butyl Mercaptan) : 양파 썩는 냄새가 난다. 내산화성과 토양투과성이 우수하며, 토양에 흡착되기 어렵다.
- THT(TetraHydro Thiophen) : 석탄가스 냄새가 나며 산화, 중합이 일어나지 않는 안정된 화합물이다. 토양의 투과성은 보통이며, 토양에 흡착되기 쉽다.
- DMS(DiMethyl Sulfide) : 마늘 냄새가 나며 안정된 화합물이다. 내산화성이 우수하고, 토양의 투과성이 아주 우수하며 토양에 흡착되기 어렵다.

40 독성가스의 배관 중 2중관의 외층관 내경은 내층관 외경의 몇 배로 하는 것이 표준으로 적당한가?

① 1.2배 이상
② 1.5배 이상
③ 2.0배 이상
④ 2.5배 이상

41 LP 가스의 일반적인 연소 특성이 아닌 것은?

① 발열량이 크다.
② 연소속도가 느리다.
③ 착화온도가 낮다.
④ 폭발범위가 좁다.

해설
LP 가스의 일반적인 연소 특성
- 발화온도(착화온도)가 높다.
- 연소 시 공기량이 많이 필요하다.
- 연소속도가 느리다.
- 타 연료와 비교하여 발열량이 크다.
- 폭발범위(연소범위)가 좁다.

42 표준상태에서 1,000L의 체적을 갖는 가스상태의 부탄은 약 몇 kg인가?

① 2.6
② 3.1
③ 5.0
④ 6.1

해설
$58kg : 22.4m^3 = x : 1m^3$
$x ≒ 2.6kg$

정답 39 ③ 40 ① 41 ③ 42 ①

43 도시가스사용시설의 지상 배관의 표면을 도색하는 색상은?

① 황색
② 적색
③ 회색
④ 백색

44 LPG 저장탱크 지하 설치 시 저장탱크실 상부 윗면으로부터 저장탱크 상부까지의 깊이는 얼마 이상으로 하여야 하는가?

① 0.6m
② 0.8m
③ 1m
④ 1.2m

45 고압가스용 이음매 없는 용기의 재검사 시 내압시험 합격 판정의 기준이 되는 영구증가율은?

① 0.1% 이하
② 3% 이하
③ 5% 이하
④ 10% 이하

> **해설**
> 용기의 내압시험
> • 영구증가율(항구증가율) = $\dfrac{\text{항구증가량}}{\text{전증가량}} \times 100$
> • 판정 : 영구증가율이 10% 이하인 용기는 합격

46 프로판 1kg을 완전연소시키면 약 몇 kg의 CO_2가 생성되는가?

① 2
② 3
③ 4
④ 5

> **해설**
> 프로판의 완전연소 반응식
> $C_3H_8 + 5O_2 \rightarrow 3CO_2 + 4H_2O$
> 44kg : 3×44kg = 1kg : $x$kg
> $x = \dfrac{3 \times 44 \times 1}{44} = 3\text{kg}$

47 최고사용압력이 고압이고, 내용적이 5m³인 도시가스배관을 자기압력기록계를 이용하여 기밀시험을 할 때 기밀유지시간은?

① 24분 이상
② 240분 이상
③ 300분 이상
④ 480분 이상

> **해설**
> 압력계 및 자기압력기록계 기밀유지시간
>
> | 구분 | 내용적 | 기밀유지시간 |
> |---|---|---|
> | 저압, 중압 | 1m³ 미만 | 24분 |
> | | 1m³ 이상 10m³ 미만 | 240분 |
> | | 10m³ 이상 300m³ 미만 | 24×V(분) (단, 1,440분을 초과한 경우는 1,440분으로 할 수 있다) |
> | 고압 | 1m³ 미만 | 48분 |
> | | 1m³ 이상 10m³ 미만 | 480분 |
> | | 10m³ 이상 300m³ 미만 | 48×V(분) (단, 2,880분을 초과한 경우는 2,880분으로 할 수 있다) |
>
> ※ V는 피시험 부분의 내용적[m³]

48 고압가스제조설비에 설치하는 가스누출경보 및 자동차단장치에 대한 설명으로 틀린 것은?

① 계기실 내부에도 1개 이상 설치한다.
② 잡가스에는 경보하지 아니하는 것으로 한다.
③ 누출을 검지하여 그 농도를 지시함과 동시에 경보를 울리는 방식으로 한다.
④ 가연성 가스의 제조설비에 격막 갈바니 전지방식의 것을 설치한다.

해설
격막 갈바니 전지방식은 가스누출검지경보장치이다.

49 안전설비 중 설비가 잘못 조작되거나 정상적인 제조를 할 수 없는 경우 자동으로 원재료의 공급을 차단시키는 등 고압가스 제조설비 안의 제조를 제어하는 기능을 하는 것은?

① 긴급이송설비
② 인터로크기구
③ 안전밸브
④ 벤트스택

50 일반도시가스사업자의 가스공급시설 중 정압기의 분해 점검 주기의 기준은?

① 1년에 1회 이상
② 2년에 1회 이상
③ 3년에 1회 이상
④ 5년에 1회 이상

51 폭발등급은 안전간격에 따라 구분하는데, 폭발 1등급이 아닌 것은?

① 일산화탄소
② 메 탄
③ 암모니아
④ 수 소

해설
• 폭발 2등급 : 에틸렌, 석탄가스
• 폭발 3등급 : 수소, 아세틸렌, 수성가스, 이황화탄소

52 아세틸렌은 폭발 형태에 따라 크게 3가지로 분류된다. 이에 해당되지 않는 폭발은?

① 화합폭발
② 중합폭발
③ 산화폭발
④ 분해폭발

해설
아세틸렌 폭발 형태
• 화합폭발반응식 : $C_2H_2 + 2Cu \rightarrow Cu_2C_2 + H_2$
• 산화폭발반응식 : $C_2H_2 + 2.5O_2 \rightarrow 2CO_2 + H_2O$
• 분해폭발반응식 : $C_2H_2 \rightarrow 2C + H_2$

정답 48 ④ 49 ② 50 ② 51 ④ 52 ②

53 고압가스안전관리법의 적용을 받는 가스는?

① 철도 차량의 에어콘디셔너 안의 고압가스
② 냉동능력 3톤 미만인 냉동설비 안의 고압가스
③ 용접용 아세틸렌가스
④ 액화브롬화메탄 제조설비 외에 있는 액화브롬화메탄

해설
고압가스의 종류 및 범위(고압가스안전관리법 시행령 제2조)
고압가스안전관리법(이하 '법'이라 한다) 제2조에 따라 법의 적용을 받는 고압가스의 종류 및 범위는 다음과 같다. 다만, 고압가스안전관리법 시행령 별표 1에 정하는 고압가스는 제외한다.
- 상용의 온도에서 압력(게이지압력을 말한다. 이하 같다)이 1MPa 이상이 되는 압축가스로서 실제로 그 압력이 1MPa 이상이 되는 것 또는 35℃의 온도에서 압력이 1MPa 이상이 되는 압축가스(아세틸렌가스는 제외한다)
- 15℃의 온도에서 압력이 0Pa을 초과하는 아세틸렌가스
- 상용의 온도에서 압력이 0.2MPa 이상이 되는 액화가스로서 실제로 그 압력이 0.2MPa 이상이 되는 것 또는 압력이 0.2MPa이 되는 경우의 온도가 35℃ 이하인 액화가스
- 35℃의 온도에서 압력이 0Pa을 초과하는 액화가스 중 액화사이안화수소, 액화브롬화메탄 및 액화산화에틸렌가스

54 차량에 고정된 산소용기 운반 차량에 일반인이 쉽게 식별할 수 있도록 표시해야 하는 것은?

① 위험고압가스, 회사명
② 위험고압가스, 전화번호
③ 화기엄금, 회사명
④ 화기엄금, 전화번호

해설
차량에 고정된 산소용기 운반 차량에 표시해야 하는 것 : 위험고압가스, 전화번호

55 고압가스 품질검사에 대한 설명으로 틀린 것은?

① 품질검사 대상 가스는 산소, 아세틸렌, 수소이다.
② 품질검사는 안전관리책임자가 실시한다.
③ 산소는 동암모니아 시약을 사용한 오르자트법에 의한 시험결과 순도가 99.5% 이상이어야 한다.
④ 수소는 하이드로설파이드 시약을 사용한 오르자트법에 의한 시험결과 순도가 99.0% 이상이어야 한다.

해설
품질검사 대상가스

구 분	순 도	시 약
산 소	99.5% 이상	동암모니아 시약
수 소	98.5% 이상	파이로갈롤 또는 하이드로설파이드 시약
아세틸렌	98% 이상	질산은 시약, 발연황산, 브롬 시약

56 압력조정기 출구에서 연소기 입구까지의 호스는 얼마 이상의 압력으로 기밀시험을 실시하는가?

① 2.3kPa
② 3.3kPa
③ 5.63kPa
④ 8.4kPa

57 가스 운반 시 차량 비치항목이 아닌 것은?

① 가스 표시 색상
② 가스 특성(온도와 압력과의 관계, 비중, 색깔 냄새)
③ 인체에 대한 독성 유무
④ 화재, 폭발의 위험성 유무

해설
가스 표시 색상은 이미 용기에 표시되어 있다.

58 고압가스판매자가 실시하는 용기의 안전점검 및 유지관리의 기준으로 틀린 것은?

① 용기 아랫부분의 부식 상태를 확인할 것
② 완성검사 도래 여부를 확인할 것
③ 밸브의 그랜드너트가 고정핀으로 이탈 방지를 위한 조치가 되어 있는지의 여부를 확인할 것
④ 용기 캡이 씌워져 있거나 프로텍터가 부착되어 있는지의 여부를 확인할 것

해설
완성검사 도래 여부는 고압가스제조자가 확인해야 할 사항이다. 고압가스판매자는 충전 기한 도래 여부를 확인해야 한다.

59 독성가스인 암모니아의 저장탱크에는 그 가스의 용량이 그 저장탱크 내용적의 몇 %를 초과하지 않아야 하는가?

① 80%
② 85%
③ 90%
④ 95%

해설
저장탱크 내용적 : 안전 공간 10%를 뺀 용적

60 일반도시가스 배관을 지하에 매설하는 경우에는 표지판을 몇 m 간격으로 1개 이상을 설치해야 하는가?

① 100m
② 200m
③ 500m
④ 1,000m

해설
배관을 지하에 매설하는 경우에 표지판의 거리 : 200m

정답 57 ① 58 ② 59 ③ 60 ②

2023년 제2회 과년도 기출복원문제

01 NH₃ 냉매번호는 R-717이다. 백 단위의 7은 무기물질을 뜻하는데 그 뒤 17이 뜻하는 것은?

① 분자량
② 증발잠열
③ 냉동계수
④ 폭발성

해설
• 무기물질 냉매의 표시방법 : 700에 분자량을 붙여서 사용한다.
• 종류
 – 암모니아(NH₃) : R-717
 – 물(H₂O) : R-718
 – 아황산가스(SO₂) : R-764
 – 이산화탄소(CO₂) : R-744

02 사고를 일으키는 장치의 이상이나 운전자 실수의 조합을 연역적으로 분석하는 정량적 위험성평가 기법은?

① 사건수분석(ETA)기법
② 결함수분석(FTA)기법
③ 위험과 운전분석(HAZOP)기법
④ 이상위험도분석(FMECA)기법

해설
결함수분석(FTA)기법 : 화학 플랜트, 핵 발전소, 대기 우주산업 및 전자공업에서 화재·폭발·누출 등 어떤 특정한 예상사고에 대하여 그 사고의 원인이 되는 장치·기기의 결함이나 설계자, 조업자의 오류를 연역적·순차적·도식적·확률적으로 검토·분석하여 이의 정성적·정량적 안전성을 평가 진단하는 방법이다.

03 고압가스 운반·취급에 관한 안전사항 중 염소와 동일한 차량에 적재하여 운반이 가능한 가스는?

① 아세틸렌
② 암모니아
③ 질 소
④ 수 소

해설
염소와 암모니아, 아세틸렌, 수소는 동일한 차량에 운반할 수 없다.

04 LPG 공급방식 중 공기 혼합가스 공급방식의 목적에 해당되지 않는 것은?

① 발열량 조절
② 누설 시의 손실 감소
③ 연소효율의 증대
④ 재기화현상 방지

해설
공기 혼합가스 공급방식의 목적
• 발열량 조절
• 누설 시 손실 감소
• 연소효율 증대
• 재액화 방지

정답 1 ① 2 ② 3 ③ 4 ④

05 LP 가스를 자동차용 연료로 사용할 때의 특징에 대한 설명으로 옳지 않은 것은?

① 완전연소가 쉽다.
② 배기가스에 독성이 적다.
③ 기관의 부식 및 마모가 작다.
④ 시동이나 급가속이 용이하다.

해설
LP 가스 자동차의 단점
- 소요공기가 많이 필요하므로 급속한 가속은 곤란하다.
- 용기 부착으로 중량이 많아진다.
- 누설가스에 의해 폭발할 위험성이 있다.

06 원거리 지역에 대량의 가스를 공급하기 위하여 사용되는 가스 공급방식은?

① 초저압 공급   ② 저압 공급
③ 중압 공급   ④ 고압 공급

해설
고압 공급 : 공장에서 고압으로 보내서 고압 및 중압의 공급관과 저압의 공급용 지관을 조합하여 공급하는 방식이다. 공장에서의 수송능력이 커서 먼 곳에 많은 양의 가스를 공급할 때 사용하는 공급방식이다.

07 아세틸렌 제조공정에 반드시 필요한 장치가 아닌 것은?

① 건조기   ② 압축기
③ 가스청정기   ④ 정류기

해설
아세틸렌 제조공정도 : 가스발생기 → 쿨러 → 가스청정기 → 저압건조기 → 가스압축기 → 유분리기 → 고압건조기 → 가스충전용기
※ 정류기(Rectifier)는 교류를 직류로 바꾸기 위한 전기적 장치이다.

08 다음 중 진공단열법에 해당되지 않는 것은?

① 다층 진공단열법
② 상압단열법
③ 고진공단열법
④ 분말 진공단열법

해설
- 진공단열법의 종류 : 고진공단열법, 분말 진공단열법, 다층 진공단열법
- 상압단열법 : 상압하에서 단열을 하는 공간에 분말, 섬유 등의 단열재를 충전하는 방법으로 일반적으로 사용되는 단열법이다.

09 고압가스의 충전용기를 차량에 적재하여 운반하는 때의 기준에 대한 설명으로 옳은 것은?

① 염소와 아세틸렌 충전용기는 동일한 차량에 적재하여 운반이 가능하다.
② 염소와 수소 충전용기는 동일한 차량에 적재하여 운반이 가능하다.
③ 독성가스가 아닌 $300m^3$의 압축 가연성가스를 차량에 적재하여 운반하는 때에는 운반책임자를 동승시켜야 한다.
④ 독성가스가 아닌 2,000kg의 액화 조연성가스를 차량에 적재하여 운반하는 때에는 운반책임자를 동승시켜야 한다.

해설
운반책임자의 동승기준

가스의 종류		기 준
압축가스	가연성가스	$300m^3$ 이상
	독성가스	$100m^3$ 이상
	조연성가스	$600m^3$ 이상
액화가스	가연성가스	3,000kg 이상
	독성가스	1,000kg 이상
	조연성가스	6,000kg 이상

정답 5 ④ 6 ④ 7 ④ 8 ② 9 ③

10 고압가스특정제조시설에서 배관을 해저에 설치하는 경우의 기준으로 틀린 것은?

① 배관은 해저면 밑에 매설한다.
② 배관은 원칙적으로 다른 배관과 교차하지 아니하여야 한다.
③ 배관은 원칙적으로 다른 배관과 수평거리로 20m 이상을 유지하여야 한다.
④ 배관의 입상부에는 방호시설물을 설치한다.

해설
배관은 원칙적으로 다른 배관과 수평거리로 30m 이상을 유지하여야 한다.

11 압축·액화 그 밖의 방법으로 처리할 수 있는 가스의 용적이 1일 100m³ 이상인 사업소에는 제품인증을 받은 압력계를 몇 개 이상 비치해야 하는가?

① 1개　　② 2개
③ 3개　　④ 4개

해설
압력계 설치 : 고압가스설비에 설치하는 압력계는 상용압력의 1.5배 이상 2배 이하의 최고 눈금이 있는 것으로 하고, 압축·액화 그 밖의 방법으로 처리할 수 있는 가스의 용적이 1일 100m³ 이상인 사업소에는 국가표준기본법에 의한 제품인증을 받은 압력계를 2개 이상 비치한다.

12 퍼지(Purging)방법 중 용기의 한 개구부로부터 퍼지가스를 가하고 다른 개구부로부터 대기(또는 스크레버)로 혼합가스를 용기에서 축출시키는 공정은?

① 진공퍼지(Vacuum Purging)
② 압력퍼지(Pressure Purging)
③ 스위프 퍼지(Sweep-through Purging)
④ 사이펀 퍼지(Siphon Purging)

해설
퍼지의 종류
- 진공퍼지 : 용기를 진공시킨 후 불활성가스를 주입시켜 원하는 최소산소농도(MOC)에 이를 때까지 실시하는 방법이다.
- 압력퍼지 : 불활성가스로 용기를 가압한 후 대기 중으로 방출하는 작업을 반복하여 원하는 최소산소농도(MOC)에 이를 때까지 실시하는 방법이다.
- 사이펀 퍼지 : 용기에 물을 충만시킨 후 용기로부터 물을 배출시킴과 동시에 불활성가스를 주입하여 원하는 최소산소농도(MOC)를 만드는 방법이다.
- 스위프 퍼지 : 한쪽으로는 불활성가스를 주입하고, 반대쪽에서는 가스를 방출하는 작업을 반복하는 방법으로, 저장탱크 등에 사용한다.

13 다음 중 LNG의 주성분은?

① CH_4
② CO
③ C_2H_4
④ C_2H_2

14 방폭전기기기의 구조별 표시방법으로 틀린 것은?

① 내압방폭구조 : s
② 유입방폭구조 : o
③ 압력방폭구조 : p
④ 본질안전방폭구조 : ia

해설
방폭구조의 종류

방폭구조	정의	기호
내압 방폭구조	용기 내 폭발 시 용기가 폭발압력을 견디며 접합면, 개구부 통해 외부에 인화될 우려 없는 구조	Ex d
압력 방폭구조	용기 내에 보호가스를 압입시켜 폭발성 가스나 증기가 용기 내부에 유입되지 않도록 된 구조	Ex p
안전증 방폭구조	정상운전 중 점화원 발생 방지를 위해 기계적·전기적 구조상 혹은 온도 상승에 대해 안전도를 증가한 구조	Ex e
유입 방폭구조	전기불꽃, 아크, 고온 발생 부분을 기름으로 채워 폭발성 가스 또는 증기에 인화되지 않도록 한 구조	Ex o
본질안전 방폭구조	정상 시 및 사고 시(단선, 단락, 지락)에 폭발 점화원(전기불꽃, 아크, 고온)의 발생이 방지된 구조	Ex ia Ex ib
몰드 방폭구조	전기불꽃, 고온 발생 부분을 콤파운드로 밀폐한 구조	Ex m
특수 방폭구조	기타의 방법으로 폭발성 가스 또는 증기에 인화를 방지시킨 구조	Ex s

15 1kW의 열당량은?

① 376kcal/h
② 427kcal/h
③ 632kcal/h
④ 860kcal/h

해설
동력
1kW = 102kgf·m/s = 860kcal/h

16 LPG용 압력조정기 중 1단 감압식 저압조정기의 조정압력의 범위는?

① 2.3~3.3kPa
② 2.55~3.3kPa
③ 57~83kPa
④ 5.0~30kPa 이내에서 제조사가 설정한 기준압력의 ±20%

17 공기 중에서 폭발범위가 가장 넓은 가스는?

① 메탄   ② 프로판
③ 에탄   ④ 일산화탄소

해설
공기 중에서 폭발범위
• 메탄 : 5~15%
• 프로판 : 2.2~9.5%
• 에탄 : 3~12.5%
• 일산화탄소 : 12.5~74%

18 다음 중 유리병에 보관하면 안 되는 가스는?

① O_2 ② Cl_2
③ HF   ④ Xe

해설
HF(플루오린화수소)는 반응성이 강하고, 플라스틱이나 유리를 녹이는 성질이 있다. 플루오린화수소의 끓는점은 19.5°C이기 때문에 상온(25°C)에서는 기체 상태로 존재한다.

정답 14 ① 15 ④ 16 ① 17 ④ 18 ③

19 같은 조건에서 수소의 확산속도는 산소의 확산속도보다 몇 배 빠른가?

① 2
② 4
③ 8
④ 16

해설

$\dfrac{U_{H_2}}{U_{O_2}} = \sqrt{\dfrac{M_{O_2}}{M_{H_2}}}$ 에서

$\therefore U_{H_2} = \sqrt{\dfrac{M_{O_2}}{M_{H_2}}} \times U_{O_2}$

$= \sqrt{\dfrac{32}{2}} \times U_{O_2}$

$= 4 U_{O_2}$

수소(H_2)의 확산속도는 산소(O_2) 확산속도보다 4배 빠르다.

20 도시가스 저압배관의 설계 시 반드시 고려하지 않아도 되는 사항은?

① 허용압력손실
② 가스소비량
③ 연소기의 종류
④ 관의 길이

해설

저압배관 유량 계산식(Pole식)

$Q = K\sqrt{\dfrac{D^5 \cdot H}{S \cdot L}}$ 에서 적용되는 항목을 고려한다.

여기서, Q : 가스의 유량(m^3/h)
D : 관 안지름(cm)
H : 압력손실(mmH2O)
S : 가스의 비중
L : 관의 길이(m)
K : 유량계수

21 고압가스제조시설에 설치되는 피해저감설비로 방호벽을 설치해야 하는 경우가 아닌 것은?

① 압축기와 충전 장소 사이
② 압축기와 가스충전용기 보관 장소 사이
③ 충전 장소와 충전용 주관밸브 조작밸브 사이
④ 압축기와 저장탱크 사이

해설

방호벽 설치 장소
- 압축기와 그 충전 장소 사이의 공간
- 압축기와 그 가스충전용기 보관 장소 사이의 공간
- 충전 장소와 그 가스충전용기 보관 장소 사이의 공간
- 충전 장소와 그 충전용 주관밸브 조작밸브 사이의 공간
- 저장설비와 사업소 안의 보호시설 사이의 공간

22 고압가스의 제조시설에서 실시하는 가스설비의 점검 중 사용 개시 전에 점검할 사항이 아닌 것은?

① 기초의 경사 및 침하
② 인터로크, 자동제어장치의 기능
③ 가스설비의 전반적인 누출 유무
④ 배관 계통의 밸브 개폐 상황

해설

기초의 경사 및 침하는 사용 종료 시 점검사항이다.

23 액화가스를 운반하는 탱크로리(차량에 고정된 탱크)의 내부에 설치하는 것으로서 탱크 내 액화가스 액면 요동을 방지하기 위해 설치하는 것은?

① 폭발방지장치
② 방파판
③ 압력방출장치
④ 다공성 충진제

24 수소는 고온·고압하에서 강재 중의 탄소와 반응하여 수소취화를 일으키는데 이것을 방지하기 위하여 첨가시키는 금속원소로 적당하지 않은 것은?

① 몰리브덴　　② 구 리
③ 텅스텐　　　④ 바나듐

> **해설**
> 내수소성 원소 : 텅스텐(W), 크롬(Cr), 타이타늄(Ti), 몰리브덴(Mo), 바나듐(V)

25 부유 피스톤형 압력계에서 실린더 지름 5cm, 추와 피스톤의 무게가 130kg일 때, 이 압력계에 접속된 부르동관의 압력계 눈금이 7kg/cm²를 나타내었다. 그 부르동관 압력계의 오차는 약 몇 %인가?

① 5.7%　　② 6.6%
③ 9.7%　　④ 10.5%

> **해설**
> 부유 피스톤형 압력계에서 압력 $= \dfrac{130\text{kg}}{1/4 \times 3.14 \times (5\text{cm})^2}$
> $= 6.62 \dfrac{\text{kg}}{\text{cm}^2}$
> 결과적으로 오차(%) $= \dfrac{\text{표준압력} - \text{계기압력}}{\text{표준압력}} \times 100$
> $= \dfrac{7 - 6.62}{6.62} \times 100 = 5.7\%$

26 산소, 아세틸렌 및 수소를 제조하는 자가 실시하여야 하는 품질검사 주기기준으로 옳은 것은?

① 1일 1회 이상　　② 1주일 1회 이상
③ 3개월 1회 이상　④ 6개월 1회 이상

> **해설**
> • 품질검사주기 1일 1회 이상 가스제조장에서 실시한다.
> • 품질검사방법은 안전관리책임자가 실시하고, 검사결과를 안전관리 부총괄자와 안전관리책임자가 함께 확인한다.

27 연소속도에 영향을 주는 인자로서 가장 거리가 먼 것은?

① 활성화 에너지　　② 온 도
③ 가스의 조성　　　④ 발열량

> **해설**
> **연소속도에 영향을 주는 인자**
> • 온 도
> • 연소용 공기 중 산소의 농도
> • 연소 반응물질 주위의 압력
> • 기체의 확산 및 산소와의 혼합
> • 촉 매

28 코크스와 수증기를 원료로 하여 얻을 수 있는 가스는?

① $CO_2 + H_2$　　② $CH_4 + O_2$
③ $H_2 + CO$　　④ $CH_4 + CO$

> **해설**
> • 수성가스법 : 적열된 코크스(C)에 수증기(H_2O)를 작용시켜 수소(H_2) 및 일산화탄소(CO)를 제조하는 방법이다.
> • 반응식 : $C + H_2O \rightarrow H_2 + CO$

정답 24 ②　25 ①　26 ①　27 ④　28 ③

29 고압가스용기 등에서 실시하는 재검사 대상이 아닌 것은?

① 충전할 고압가스 종류가 변경된 경우
② 합격 표시가 훼손된 경우
③ 용기밸브를 교체한 경우
④ 손상이 발생된 경우

해설
용기밸브를 교체한 경우는 일반적인 수리범위에 해당된다.

30 다음 중 제독제로서 다량의 물을 사용하는 가스는?

① 일산화탄소 ② 이황화탄소
③ 황화수소   ④ 암모니아

해설
독성가스의 제독제

독성가스명	제독제
염소	가성소다수용액, 탄산소다수용액, 소석회
포스겐	가성소다수용액, 소석회
황화수소	가성소다수용액, 탄산소다수용액
사이안화수소	가성소다수용액
아황산가스	가성소다수용액, 탄산소다수용액, 물
암모니아, 산화에틸렌, 염화메탄	물

31 고압가스 냉매설비의 기밀시험 시 압축공기를 공급할 때 공기의 온도는 몇 ℃ 이하로 할 수 있는가?

① 40℃ 이하   ② 70℃ 이하
③ 100℃ 이하 ④ 140℃ 이하

32 자동차에 고정된 탱크로부터 저장탱크에 액화석유가스를 이입 받을 때 연속으로 접속할 수 있는 시간은?

① 3시간
② 5시간
③ 10시간
④ 제한 없다.

해설
자동차에 고정된 탱크로부터 저장탱크에 액화석유가스를 이입 받을 때는 5시간 이상 연속하여 자동차에 고정된 탱크를 저장탱크에 접속하지 않는다.

33 산소압축기에 대한 설명으로 옳지 않은 것은?

① 제조된 산소를 용기에 충전하는 목적에 쓰인다.
② 압축기와 충전용기 주관에는 수분리기(Drain Separator)를 설치한다.
③ 윤활제로는 기름 또는 10% 이하의 묽은 글리세린수를 사용한다.
④ 최근에는 산소압축기에 래버린스 피스톤을 사용하는 무급유를 작동한다.

해설
산소압축기 내부 윤활제는 금유라고 표기된 산소 전용을 사용해야 한다.

34 이상기체의 상태변화에서 등온변화에 대한 설명 중 틀린 것은?

① 내부에너지의 변화량은 없다.
② 압력은 체적에 반비례한다.
③ 엔탈피는 온도만의 함수이므로 일정하다.
④ 등온변화에서 가해진 열량은 모두 일로 변환하지 않는다.

해설
등온과정의 상태량은 등온변화에서 내부에너지의 변화가 없으므로 가해진 열량은 모두 일로 변환된다.

35 절대온도 0K는 섭씨온도 약 몇 ℃인가?

① −273
② 0
③ 32
④ 273

해설
$k = 273 + ℃$
$0 = 273 + ℃$
$℃ = -273$

36 이상기체에 대한 설명으로 옳은 것은?

① 이상기체의 내부에너지는 온도만의 함수이다.
② 이상기체의 내부에너지는 압력만의 함수이다.
③ 이상기체의 내부에너지는 부피만의 함수이다.
④ 상태방정식을 $PV = ZnRT$로 표시할 때 $Z > 1$이어야 한다.

해설
이상기체의 내부에너지는 온도만의 함수($U = f(T)$ only)이다. 실제기체의 내부에너지는 온도와 압력의 함수인데, 이러한 압력 의존성은 분자 간의 인력이 없다면($P \to 0$) 분자 간의 평균거리를 변화시키는 데 어떤 에너지도 필요 없다.

37 도로굴착공사에 의한 도시가스배관 손상 방지기준으로 틀린 것은?

① 착공 전 도면에 표시된 가스배관과 기타 지장물 매설 유무를 조사하여야 한다.
② 도로굴착자의 굴착공사로 인하여 노출된 배관 길이가 10m 이상인 경우에는 점검 통로 및 조명 시설을 하여야 한다.
③ 가스배관이 있을 것으로 예상되는 지점으로부터 2m 이내에서 줄파기를 할 때는 안전관리전담자의 입회하에 시행하여야 한다.
④ 가스배관의 주위를 굴착하고자 할 때에는 가스배관의 좌우 1m 이내의 부분은 인력으로 굴착한다.

해설
도로굴착자의 굴착공사로 인하여 노출된 배관 길이가 15m 이상인 경우에는 점검 통로 및 조명시설을 하여야 한다.
※ 지장물 : 공공사업 용지 내의 토지에 정착한 건축물, 공작물, 시설, 입죽목, 농작물 기타 물건

38 도시가스배관이 하천을 횡단하는 배관 주위의 흙이 사질토의 경우 방호구조물의 비중은?

① 배관 내 유체 비중 이상의 값
② 물의 비중 이상의 값
③ 토양의 비중 이상의 값
④ 공기의 비중 이상의 값

39 도시가스사업자는 가스공급시설을 효율적으로 관리하기 위하여 배관·정압기에 대하여 도시가스 배관망을 전산화하여야 한다. 이때 전산관리 대상이 아닌 것은?

① 설치도면
② 시방서
③ 시공자
④ 배관제조자

해설
배관·정압기에 대하여 도시가스배관망을 전산화할 때 전산관리 대상
- 설치도면
- 시방서
- 시공자

40 질소의 용도로서 가장 거리가 먼 것은?

① 개미산 제조
② 치환용 가스
③ 암모니아 합성원료
④ 냉매

해설
개미산은 HCOOH(폼산)이므로 질소를 사용하지 않는다.

41 가스설비의 설치가 완료된 후에 실시하는 내압시험을 공기를 사용하는 경우 우선 상용압력의 몇 %까지 승압하는가?

① 30%
② 40%
③ 50%
④ 60%

해설
내압시험을 공기 등의 기체로 하는 경우에는 먼저 상용압력의 50%까지 승압한 후 상용압력의 10%씩 단계적으로 승압하여 내압시험압력에 달하였을 때 누출 등의 이상이 없고, 그 후 압력을 내려 상용압력으로 하였을 때 팽창·누출 등의 이상이 없으면 합격으로 한다.

42 염소가스 1,250kg을 용량이 25L인 용기에 충전하려면 몇 개의 용기가 필요한가?(단, 가스정수는 0.8이다)

① 20개
② 40개
③ 60개
④ 80개

해설
- 용기 1개당 충전량(kg) 계산

$$W = \frac{V}{C} = \frac{25}{0.8} = 31.25\text{kg}$$

- 용기수 계산

$$용기수 = \frac{전체\ 가스량(kg)}{용기\ 1개당\ 충전량(kg)} = \frac{1,250}{31.25} = 40개$$

43 어떤 도시가스의 웨버지수를 측정하였더니 36.52 MJ/m³이었다. 품질검사기준에 의한 합격 여부는?

① 웨버지수 허용기준보다 높으므로 합격이다.
② 웨버지수 허용기준보다 낮으므로 합격이다.
③ 웨버지수 허용기준보다 높으므로 불합격이다.
④ 웨버지수 허용기준보다 낮으므로 불합격이다.

해설
- 도시가스의 웨버지수 허용기준 : 12,300~13,500kcal/Nm³
- 측정한 웨버지수 : $36.52 \dfrac{\text{MJ}}{\text{m}^3} \times \dfrac{1\text{kcal}}{4.2\text{kJ}} \times \dfrac{1,000\text{kJ}}{1\text{MJ}}$

$= 8,695 \dfrac{\text{kcal}}{\text{m}^3}$

∴ 웨버지수 허용기준보다 낮으므로 불합격이다.

정답 39 ④ 40 ① 41 ③ 42 ② 43 ④

44 아세틸렌의 성질에 대한 설명으로 옳지 않은 것은?

① 색이 없고 불순물이 있을 경우 악취가 난다.
② 융점과 비점이 비슷하여 고체 아세틸렌은 융해하지 않고 승화한다.
③ 발열화합물이므로 대기에 개방하면 분해폭발할 우려가 있다.
④ 액체 아세틸렌보다 고체 아세틸렌이 안정하다.

해설
아세틸렌은 흡열화합물이므로 대기에 개방하면 분해폭발 우려가 있다.

45 교량에 도시가스배관을 설치하는 경우 보호조치 등 설계·시공에 대한 설명으로 옳은 것은?

① 교량첨가배관은 강관을 사용하며, 기계적 접합을 원칙으로 한다.
② 제3자의 출입이 용이한 교량설치배관의 경우 보행방지철조망 또는 방호철조망을 설치한다.
③ 지진 발생 시 등 비상시 긴급차단을 목적으로 첨가배관의 길이가 200m 이상인 경우 교량 양단의 가까운 곳에 밸브를 설치하도록 한다.
④ 교량첨가배관에 가해지는 여러 하중에 대한 합성응력이 배관의 허용응력을 초과하도록 설계한다.

해설
교량 등에 설치하는 배관의 설치·고정 및 지지방법
• 배관은 온도 변화에 의한 열응력과 수직 및 수평 하중을 동시에 고려하여 설계·설치한다.
• 배관의 재료는 강재를 사용하고, 접합은 용접으로 한다.
• 배관 지지대는 배관 하중 및 축 방향의 하중에 충분히 견디는 강도를 갖는 구조로 설치하고, 지지대의 부식 등을 감안하여 가능한 한 여유 있게 설치한다.
• 지지대, U볼트 등의 고정장치와 배관 사이에는 고무판, 플라스틱 등 절연물질을 삽입한다.
• 교량첨가배관에 가해지는 여러 하중에 대한 합성응력이 배관의 허용응력을 초과하지 않도록 설계한다.

46 고압가스제조자는 지하배관의 설치공사나 변경공사를 완공한 후 시공 기록을 작성하여 얼마간 보존해야 하는가?

① 1년 ② 3년
③ 5년 ④ 10년

해설
• 시공 기록 : 5년간 보존
• 완공 도면 : 영구히 보존

47 가스용 나프타(Naphtha)의 구비조건으로 옳지 않은 것은?

① 파라핀계 탄화수소의 함량이 높은 것이 좋다.
② 비점 200℃ 이하의 유분이다.
③ 도시가스 증열용으로 이용된다.
④ 헤비 나프타의 옥탄가가 높다.

해설
헤비 나프타는 중질분의 함유량이 증가하기 때문에 옥탄가가 낮아 연료로 부적당하다.

48 도시가스 공급시설을 제어하기 위한 기기를 설치한 계기실의 구조에 대한 설명으로 틀린 것은?

① 계기실의 구조는 내화구조로 한다.
② 내장재는 불연성 재료로 한다.
③ 창문은 망입(網入)유리 및 안전유리 등으로 한다.
④ 출입구는 한 곳 이상에 설치하고 출입문은 방폭문으로 한다.

해설
출입구는 두 곳 이상에 설치하고 출입문은 방폭문으로 한다.

49 LPG 저장탱크에 설치하는 압력계는 상용압력 몇 배 범위의 최고 눈금이 있는 것을 사용하여야 하는가?

① 1~1.5배 ② 1.5~2배
③ 2~2.5배 ④ 2.5~3배

해설
압력계의 최고 눈금범위 : 상용압력의 1.5~2배

50 고압가스 저장능력 산정기준에서 액화가스의 저장탱크 저장능력을 구하는 식은?(단, Q, W는 저장능력, P는 최고충전압력, V는 내용적, C는 가스 종류에 따른 정수, d는 가스의 비중이다)

① $W = 0.9dV$
② $Q = 10PV$
③ $W = V/C$
④ $Q = (10P+1)V$

해설
저장능력 산정기준
- 압축가스 저장탱크 및 용기인 경우
  $Q = (10P+1)V_1$
- 액화가스 저장탱크인 경우
  $W = 0.9dV_2$
- 액화가스 용기 및 차량에 고정된 탱크인 경우
  $W = \dfrac{V_2}{C}$

여기서, Q : 저장능력(m³)
P : 35℃에서 최고충전압력(MPa, 아세틸렌의 경우 15℃)
V_1 : 내용적(m³)
V_2 : 내용적(L)
d : 액화가스의 비중 $\left(\dfrac{kg}{L}\right)$
C : 가스 정수

51 가연성가스와 동일한 차량에 적재하여 운반할 경우 충전용기의 밸브가 서로 마주 보지 않도록 적재해야 할 가스는?

① 수 소 ② 산 소
③ 질 소 ④ 아르곤

해설
운반 차량의 가스 운반기준
- 염소와 아세틸렌, 암모니아 또는 수소는 동일한 차량에 적재하여 운반하지 말 것
- 가연성가스와 산소를 동일한 차량에 적재하여 운반할 때에는 그 충전용기의 밸브가 서로 마주 보지 않도록 적재할 것
- 충전용기와 소방기본법에서 정하는 위험물과는 동일한 차량에 적재 운반하지 말 것

52 천연가스의 발열량이 10,400kcal/Sm³이다. SI 단위인 MJ/Sm³으로 나타내면?

① 2.47
② 43.68
③ 2,476
④ 43,680

해설
$10,400 \dfrac{kcal}{Sm^3} \times \dfrac{4.2kJ}{1kcal} \times \dfrac{1MJ}{1,000kJ} = 43.68 MJ/Sm^3$

53 다음 중 연소의 3요소가 아닌 것은?

① 가연물
② 산소 공급원
③ 점화원
④ 인화점

해설
연소의 3요소
- 가연물
- 산소 공급원
- 점화원

54 고압가스 저장시설에서 가연성가스시설에 설치하는 유동방지시설의 기준은?

① 높이 2m 이상의 내화성 벽으로 한다.
② 높이 1.5m 이상의 내화성 벽으로 한다.
③ 높이 2m 이상의 불연성 벽으로 한다.
④ 높이 1.5m 이상의 불연성 벽으로 한다.

55 고압가스용기 재료의 구비조건이 아닌 것은?

① 내식성, 내마모성을 가질 것
② 무겁고, 충분한 강도를 가질 것
③ 용접성이 좋고 가공 중 결함이 생기지 않을 것
④ 저온 및 사용온도에 견디는 연성과 점성강도를 가질 것

해설
고압가스용기는 가볍고, 충분한 강도를 가져야 한다.

56 LPG 충전소에는 시설의 안전 확보상 '충전 중 엔진정지'를 주위의 보기 쉬운 곳에 설치해야 한다. 이 표지판의 바탕색과 문자색은?

① 흑색 바탕에 백색 글씨
② 흑색 바탕에 황색 글씨
③ 백색 바탕에 흑색 글씨
④ 황색 바탕에 흑색 글씨

57 고압가스용기제조의 시설기준에 대한 설명으로 옳은 것은?

① 용접용기 동판의 최대 두께와 최소 두께의 차이는 평균 두께의 5% 이하로 한다.
② 초저온용기는 고압배관용 탄소강관으로 제조한다.
③ 아세틸렌용기에 충전하는 다공질물은 다공도가 72% 이상 95% 미만으로 한다.
④ 용접용기에는 그 용기의 부속품을 보호하기 위하여 프로텍터 또는 캡을 고정식 또는 체인식으로 부착한다.

해설
① 용접용기 동판의 최대 두께와 최소 두께와의 차이는 평균 두께의 10% 이하로 한다.
② 초저온용기는 9% 니켈강 등으로 제조한다.
③ 아세틸렌용기에 충전하는 다공질물은 다공도가 75% 이상 92% 미만으로 한다.

정답 53 ④ 54 ① 55 ② 56 ④ 57 ④

58 도시가스배관 이음부와 전기점멸기, 전기접속기와는 몇 cm 이상의 거리를 유지해야 하는가?

① 10cm
② 15cm
③ 30cm
④ 40cm

해설
도시가스배관의 이음부(용접이음 제외)의 이격거리
- 전기개폐기 전기계량기 : 60cm 이상
- 단열되지 않은 굴뚝, 절연되지 않은 전선, 전기접속기, 전기점멸기 : 15cm 이상
- 절연된 전선 : 10cm 이상

59 용기 종류별 부속품의 기호 표시로서 옳지 않은 것은?

① AG : 아세틸렌가스를 충전하는 용기의 부속품
② PG : 압축가스를 충전하는 용기의 부속품
③ LG : 액화석유가스를 충전하는 용기의 부속품
④ LT : 초저온용기 및 저온용기의 부속품

해설
용기 종류별 부속품의 기호

용기 종류	기호
아세틸렌가스를 충전하는 용기의 부속품	AG
압축가스를 충전하는 용기의 부속품	PG
액화석유가스를 충전하는 용기의 부속품	LPG
액화석유가스 외의 액화가스를 충전하는 용기의 부속품	LG
초저온용기 및 저온용기의 부속품	LT

60 이상기체의 등온과정에서 압력이 증가하면 엔탈피(H)는?

① 증가한다.
② 감소한다.
③ 일정하다.
④ 증가하다가 감소한다.

해설
냉동사이클(역카르노사이클) : 카르노사이클이 역으로 순환하는 사이클을 역카르노사이클이라 하며, 이상적인 냉동사이클로서 단열과정 2개와 등온과정 2개로 구성되어 있다. 냉동작용을 위해 냉매의 상태변화를 유발하는 사이클이다. 예를 들면, 압축변화된 냉매가 스로틀 작용의 영향으로 팽창하면 냉매의 압력이 강해져 증발하면서 주위에 있는 열을 흡수하게 된다. 이러한 냉동원리를 순환시키기 위하여 압축 냉동기의 1회 사이클은 냉매가 압축기, 응축기, 팽창밸브, 증발기의 4가지 장치를 거치는 일련 과정으로 하여 형성되는 사이클이다.

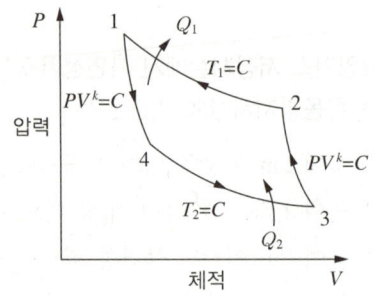

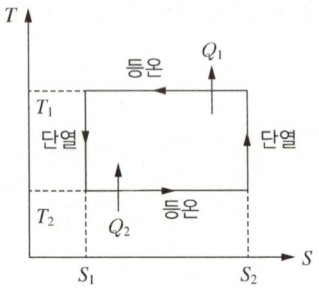

정답 58 ② 59 ③ 60 ③

2024년 제1회 최근 기출복원문제

01 액화석유가스 충전소에서 저장탱크를 지하에 설치하는 경우에는 철근 콘크리트로 저장탱크실을 만들고, 그 실내에 설치하여야 한다. 이때 저장탱크 주위의 빈 공간에는 무엇을 채워야 하는가?

① 물
② 마른 모래
③ 자 갈
④ 콜타르

해설
저장탱크 주위 공간에는 마른 모래를 채워 탱크의 찌그러짐을 방지한다.

02 자연환기설비 설치 시 LP가스의 용기 보관실 바닥면적이 3m²이라면 통풍구의 크기는 몇 cm² 이상으로 하도록 되어 있는가?(단, 철망 등이 부착되어 있지 않은 것으로 간주한다)

① 500
② 700
③ 900
④ 1,100

해설
자연환기설비설치
- 환기구의 위치는 공기보다 무거운 가스인 경우는 바닥에서 30cm 이내, 공기보다 가벼운 가스인 경우는 천장에서 30cm 이내에 설치할 것
- 외기에 면하여 설치하는 환기구의 통풍가능 면적 합계는 바닥면적 1m²마다 300cm²의 비율로 계산한 면적 이상으로 할 것(다만, 환기구의 면적은 2,400cm² 이하로 할 것)

03 제조소의 긴급용 벤트스택 방출구의 위치는 작업원이 항시 통행하는 장소로부터 얼마나 이격되어야 하는가?

① 5m 이상
② 10m 이상
③ 15m 이상
④ 30m 이상

해설
제조소의 긴급용 벤트스택 방출구의 위치 : 작업원이 항시 통행하는 장소로부터 10m 이상 이격시켜야 한다.

04 고압가스 용접용기 제조 시 용기 동판의 최대 두께와 최소 두께의 차이는 평균 두께의 몇 % 이하로 하여야 하는가?

① 10%
② 20%
③ 30%
④ 40%

해설
고압가스 용접용기 제조 시 용기 동판의 최대 두께와 최소 두께의 차이는 평균 두께의 10% 이하로 하여야 한다.

05 가연성 가스로 인한 화재의 종류는?

① A급 화재
② B급 화재
③ C급 화재
④ D급 화재

해설
② B급 화재 : 유류 및 가스화재
① A급 화재 : 일반화재
③ C급 화재 : 전기화재
④ D급 화재 : 금속분화재

정답 1 ② 2 ③ 3 ② 4 ① 5 ②

06 도시가스 사용시설의 배관은 움직이지 아니하도록 고정 부착하는 조치를 하도록 규정하고 있는데, 다음 중 배관의 호칭지름에 따른 고정 간격의 기준으로 옳은 것은?

① 배관의 호칭지름 20mm인 경우 2m마다 고정
② 배관의 호칭지름 32mm인 경우 3m마다 고정
③ 배관의 호칭지름 40mm인 경우 4m마다 고정
④ 배관의 호칭지름 65mm인 경우 5m마다 고정

해설
배관의 고정장치
- 관지름이 13mm 미만 : 1m마다
- 관지름이 13mm 이상 33mm 미만 : 2m마다
- 관지름이 33mm 이상 : 3m마다

07 고압가스 일반제조소에서 저장탱크 설치 시 물분무장치는 동시에 방사할 수 있는 최대 수량을 몇 분 이상 연속하여 방사할 수 있는 수원에 접속되어 있어야 하는가?

① 30분　　② 45분
③ 60분　　④ 90분

해설
물분무장치의 수원량은 30분 이상 연속으로 방사할 수 있는 양 이상이어야 한다.

08 저장능력이 1ton인 액화염소 용기의 내용적(L)은?(단, 액화염소 정수(C)는 0.80이다)

① 400　　② 600
③ 800　　④ 1,000

해설
액화가스 용기 및 차량에 고정된 탱크인 경우
$$W = \frac{V_2}{C}$$
$$1,000\text{kg} = \frac{x}{0.8}$$
$$\therefore x = 800$$

09 정압기지의 방호벽을 철근콘크리트 구조로 설치할 경우 방호벽 기초의 기준에 대한 설명으로 옳지 않은 것은?

① 일체로 된 철근콘크리트 기초로 한다.
② 높이 350mm 이상, 되메우기 깊이는 300mm 이상으로 한다.
③ 두께 200mm 이상, 간격 3,200mm 이하의 보조벽을 본체와 직각으로 설치한다.
④ 기초의 두께는 방호벽 최하부 두께의 120% 이상으로 한다.

해설
철근콘크리트 방호벽 설치기준
- 기초의 높이 : 350mm 이상
- 되메우기 깊이 : 300mm 이상
- 기초의 두께 : 방호벽 최하부 두께의 120% 이상
- 보조벽을 본체와 수평으로 설치한다.

10 다음 중 같은 성질을 가진 가스로만 나열된 것은?

① 에탄, 에틸렌
② 암모니아, 산소
③ 오존, 아황산가스
④ 헬륨, 염소

해설
① 에탄, 에틸렌 : 가연성 가스
② 암모니아, 산소 : 독성가스, 조연성 가스
③ 오존, 아황산가스 : 조연성 가스, 독성가스
④ 헬륨, 염소 : 불연성 가스, 조연성 가스

11 정압기 선정 시 유의사항으로 가장 거리가 먼 것은?

① 정압기의 내압성능 및 사용 최대차압
② 정압기의 용량
③ 정압기의 크기
④ 1차 압력과 2차 압력범위

해설
정압기 선정 시 유의사항
- 정압기의 내압성능 및 사용 최대차압
- 정압기의 용량
- 작동최소차압
- 1차 압력과 2차 압력범위

12 2,000rpm으로 회전하는 펌프를 3,500rpm으로 변환하였을 경우 펌프의 유량과 양정은 각각 몇 배가 되는가?

① 유량 : 2.65, 양정 : 4.12
② 유량 : 3.06, 양정 : 1.75
③ 유량 : 3.06, 양정 : 5.36
④ 유량 : 1.75, 양정 : 3.06

해설
펌프의 상사법칙

- $\Delta Q_2 = \Delta Q_1 \times \left(\dfrac{N_2}{N_1}\right)^1 \times \left(\dfrac{D_2}{D_1}\right)^3$

- $\Delta P_2 = P_1 \times \left(\dfrac{N_2}{N_1}\right)^2 \times \left(\dfrac{D_2}{D_1}\right)^2$

- $\Delta Kw_2 = \Delta Kw_1 \times \left(\dfrac{N_2}{N_1}\right)^3 \times \left(\dfrac{D_2}{D_1}\right)^5$

여기서, 1 : 변화 전, 2 : 변화 후, ΔQ : 유량, N : 회전수, D : 배관의 직경, ΔP : 양정, ΔKw : 동력

유량 : $\Delta Q_2 = \Delta Q_1 \times \left(\dfrac{N_2}{N_1}\right)^1$

$\Delta Q_2 = 1 \times \left(\dfrac{3,500}{2,000}\right)^1 = 1.75$

양정 : $\Delta P_2 = P_1 \times \left(\dfrac{N_2}{N_1}\right)^2$

$\Delta P_2 = 1 \times \left(\dfrac{3,500}{2,000}\right)^2 = 3.06$

13 다음 가스분석법 중 흡수분석법에 해당하지 않는 것은?

① 헴펠법
② 구데법
③ 오르자트법
④ 게겔법

해설
흡수분석법 : 헴펠법, 오르자트법, 게겔법

14 가연성 가스 검출기 중 탄광에서 발생하는 CH₄의 농도를 측정하는 데 주로 사용되는 것은?

① 간섭계형　② 안전등형
③ 열선형　④ 반도체형

[해설]
가연성 가스 검출기의 종류
- 안전등형(메탄가스 검출)
- 간섭계형(가스의 굴절률차 이용 가스 분석)
- 열선형(열전도식, 연소식)
- 반도체식

15 '성능계수(ε)가 무한정한 냉동기의 제작은 불가능하다.'라고 표현되는 법칙은?

① 열역학 제0법칙
② 열역학 제1법칙
③ 열역학 제2법칙
④ 열역학 제3법칙

[해설]
열역학 제2법칙 : '성능계수(ε)가 무한정한 냉동기의 제작은 불가능하다.'라고 표현되는 법칙이다. 일에너지는 열에너지로 쉽게 바뀔 수 있지만 열에너지를 일에너지로 바꾸려면 열기관을 통해야 하는데 열기관을 통해도 열의 전부가 일로 바뀌지 않고 일부가 손실된다. 이렇게 일은 쉽게 열로 바뀔 수 없다. 즉, 열은 고온에서 저온으로 이동한다는 에너지 변환의 방향성을 표시하는 법칙이다. 가역인지 비가역인지 구분하는 법칙이다(엔트로피를 설명하는 법칙).

16 다음 중 비중이 가장 작은 가스는?

① 수소　② 질소
③ 부탄　④ 프로판

[해설]
분자량이 작을수록 비중이 작다.

가스의 비중 = $\dfrac{성분기체의 분자량}{29}$

17 질소에 대한 설명으로 틀린 것은?

① 질소는 다른 원소와 반응하지 않아 기기의 기밀시험용 가스로 사용된다.
② 촉매 등을 사용하여 상온(35℃)에서 수소와 반응시키면 암모니아를 생성한다.
③ 주로 액체 공기를 비점 차이로 분류하여 산소와 같이 얻는다.
④ 비점이 매우 낮아 극저온의 냉매로 이용된다.

[해설]
질소는 고온·고압하에서 수소와 반응하여 암모니아를 생성한다.

18 가연성 가스의 가스설비 중 전기설비는 그 설치 장소 및 그 가스의 종류에 따라 방폭성능을 가져야 한다. 다음 중 그 기준에 제외되는 가스는?

① 수소　② 아세틸렌
③ 프로판　④ 액화암모니아

[해설]
액화암모니아와 브롬화메탄은 폭발하한값이 높고 폭발범위가 좁기 때문에 전기설비의 설치 장소에는 방폭성능을 갖지 않아도 된다.

19 압축기의 최종단에 설치한 안전장치의 점검주기는?

① 월 1회 이상
② 1년에 1회 이상
③ 2년에 1회 이상
④ 3년에 1회 이상

해설
안전장치 중 압축기의 최종단에 설치한 안전장치는 1년에 1회 이상, 그 밖의 안전밸브는 2년에 1회 이상 조정을 하여 고압가스설비가 파손되지 않도록 적절한 압력 이하에서 작동되도록 한다.

20 -50℃ 이하의 액화가스를 충전하기 위한 용기로서, 단열재를 씌우거나 냉동설비로 냉각시키는 등의 방법으로 용기 내의 가스온도가 상용온도를 초과하지 아니하도록 한 용기는?

① 저온용기
② 초저온용기
③ 압력용기
④ 잔가스용기

해설
① 저온용기 : 액화가스를 충전하기 위한 용기로서, 단열재를 씌우거나 냉동설비로 냉각시키는 등의 방법으로 용기 내의 가스온도가 상용의 온도를 초과하지 아니하도록 한 것 중 초저온용기 외의 것을 말한다.
④ 잔가스용기 : 고압가스의 충전질량 또는 충전압력의 2분의 1 미만이 충전되어 있는 상태의 용기를 말한다.

21 고압가스 안전관리법의 용어의 정의에서 방호벽의 두께 기준으로 옳은 것은?

① 10cm
② 12cm
③ 16cm
④ 20cm

해설
방호벽(防護壁) : 높이 2m 이상, 두께 12cm 이상의 철근콘크리트 또는 이와 같은 수준 이상의 강도를 가지는 구조의 벽

22 다음 중 액화석유가스의 충전사업자에 대한 설명으로 옳은 것은?

① 액화석유가스 수출입업의 등록에 따라 등록을 하고 액화석유가스 수출입업을 하는 자
② 액화석유가스 집단공급사업의 허가를 받은 자
③ 액화석유가스 충전사업의 허가를 받은 자
④ 액화석유가스 판매사업의 허가를 받은 자

해설
① 액화석유가스 수출입업자
② 액화석유가스 집단공급사업자
④ 액화석유가스 판매사업자

23 다음 중 도시가스의 원료로서 적당하지 않은 것은?

① LPG
② Naphtha
③ Natural Gas
④ Acetylene

해설
도시가스 : 천연가스(액화한 것을 포함), 배관(配管)을 통하여 공급되는 석유가스, 나프타 부생(副生)가스, 바이오가스 또는 합성천연가스로서 대통령령으로 정하는 것을 말한다.

24 청정수소의 종류 중 수소의 생산·수입 등의 과정에서 온실가스를 대통령령으로 정하는 기준 이하로 배출하는 수소는?

① 무탄소수소
② 저탄소수소
③ 저탄소수소화합물
④ 탄화수소화합물

해설
① 무탄소수소 : 수소의 생산·수입 등의 과정에서 기후위기 대응을 위한 탄소중립·녹색성장기본법에 따른 온실가스를 배출하지 아니하는 수소
③ 저탄소수소화합물 : 수소의 운송 등을 위하여 생산된 수소화합물로서 생산·수입 등의 과정에서 온실가스를 대통령령으로 정하는 기준 이하로 배출하는 수소화합물

25 다음 중 가스사고 조사보고서에 기록해야 할 사항이 아닌 것은?

① 보고자
② 사고 일시 및 장소
③ 사고내용
④ 사고원인

해설
가스사고 조사보고서에는 보고자, 사고 일시 및 장소, 사고내용, 시설 현황, 피해 현황 등이 기록되어 있어야 한다.

26 사람이 사망하거나 부상, 중독가스 사고가 발생하였을 때 사고의 통보내용에 포함되는 사항이 아닌 것은?

① 통보자의 인적사항
② 사고 발생 일시 및 장소
③ 피해자 보상 방안
④ 사고내용 및 피해 현황

해설
보상 방안, 보상 금액은 사람이 사망하거나 부상, 중독가스 사고가 발생하였을 때 사고의 통보내용에 포함되는 사항이 아니다.

27 사이안화수소를 용기에 충전하는 경우 품질검사 시 합격 최저 순도는?

① 98% ② 98.5%
③ 99% ④ 99.5%

해설
사이안화수소를 용기에 충전하는 경우 품질검사 시 합격 최저 순도는 98% 이상이어야 한다.

28 다음 중 유체의 흐름 방향을 한 방향으로만 흐르게 하는 밸브는?

① 글로브밸브 ② 체크밸브
③ 앵글밸브   ④ 게이트밸브

해설
체크밸브 : 배관에 설치되어 유체가 오직 한쪽 방향으로만 흐르도록 하는데 사용되는 밸브이다. 펌프, 컨트롤밸브 등이 정지되는 상황이 발생했을 때 유체의 역류를 막아 펌프, 컨트롤밸브, 유량계 등의 장치를 보호하는 역할을 한다.

정답 24 ② 25 ④ 26 ③ 27 ① 28 ②

29 다음 중 엔트로피의 단위는?

① kcal/h
② kcal/kg
③ kcal/kg · m
④ kcal/kg · K

30 관 내를 흐르는 유체의 압력 강하에 대한 설명으로 틀린 것은?

① 가스 비중에 비례한다.
② 관 내경의 5승에 반비례한다.
③ 관 길이에 비례한다.
④ 압력에 비례한다.

해설
관 내를 흐르는 유체의 압력 강하는 압력과 관계없다.
$$Q = K \times \sqrt{\frac{D^5 h}{SL}}$$

31 다음 이산화탄소 소화약제의 성상 중 틀린 것은?

① 증기비중 : 1.52
② 기체의 밀도(0℃, 1atm) : 1.96g/L
③ 임계온도 : 31℃
④ 임계압력 : 167.8atm

해설
임계압력 : 73atm

32 탄성식 압력계에 속하지 않는 것은?

① 다이어프램 압력계
② U자관형 압력계
③ 부르동관식 압력계
④ 벨로스식 압력계

해설
탄성식 압력계
- 부르동관압력계 : 탄성식 압력계는 수압부에 탄성체를 사용해서 측정하고자 하는 압력을 가했을 때 가해진 압력에 비례하는 단위 압력당의 변형량을 아는 상태에서 이에 대응된 변형량만을 측정함으로써 압력을 구하는 방법이다.
- 다이어프램압력계 : 다이어프램압력계는 고정시킨 환산형 주위 단과 동일 평면을 이루고 있는 얇은 막의 형태(평판형, 파형, 캡슐형)로서, 가해진 미소압력의 변화에도 대응된 수직 방향으로 팽창·수축하는 압력소자이다. 또한, 고점도 액체나 부유 현탁액의 유체압력 측정에 가장 적당한 압력계이다.
- 벨로스압력계 : 주름관이 내압 변화에 따라서 신축되는 것을 이용한 것으로 주로 진공압 및 차압 측정에 사용되는 압력계이다. 측정압력이 0.01~10kg/cm² 정도이고, 오차가 ±1~2% 정도이며 유체 내의 먼지 등의 영향이 작으나 압력 변동에 적응하기 어렵고 주위 온도차에 의한 충분한 주의를 필요로 한다.

정답 29 ④ 30 ④ 31 ④ 32 ②

33 천연가스 지하 매설배관의 퍼지용으로 주로 사용되는 가스는?

① N_2 ② Cl_2
③ H_2 ④ O_2

해설
천연가스 지하 매설배관의 퍼지용으로 주로 사용되는 가스 : 질소

34 독성가스 제조시설 식별 표지의 글씨 색상은?(단, 가스의 명칭은 제외한다)

① 백 색 ② 적 색
③ 황 색 ④ 흑 색

해설
가스의 명칭은 적색으로 표시한다.

35 다음 중 특정고압가스에 해당되지 않는 것은?

① 이산화탄소 ② 수 소
③ 산 소 ④ 천연가스

해설
특정고압가스 : 수소, 산소, 액화암모니아, 아세틸렌, 액화염소, 천연가스, 압축 모노실란, 압축 다이보레인, 액화알진 그 밖의 대통령이 정하는 고압가스

36 일반도시가스 배관의 설치기준 중 하천 등을 횡단하여 매설하는 경우로서 적합하지 않은 것은?

① 하천을 횡단하여 배관을 설치하는 경우에는 배관의 외면과 계획하상(河床, 하천의 바닥) 높이의 거리는 원칙적으로 4.0m 이상으로 한다.
② 소하천, 수로를 횡단하여 배관을 매설하는 경우 배관의 외면과 계획하상(河床, 하천의 바닥) 높이의 거리는 원칙적으로 2.5m 이상으로 한다.
③ 그 밖의 좁은 수로를 횡단하여 배관을 매설하는 경우 배관의 외면과 계획하상(河床, 하천의 바닥) 높이의 거리는 원칙적으로 1.5m 이상으로 한다.
④ 하상변동, 패임, 닻 내림 등의 영향을 받지 아니하는 깊이에 매설한다.

해설
그 밖의 좁은 수로를 횡단하여 배관을 매설하는 경우 배관의 외면과 계획하상(河床, 하천의 바닥) 높이의 거리는 원칙적으로 1.2m 이상으로 한다.

37 고압장치 배관에 발생된 열응력을 제거하기 위한 이음이 아닌 것은?

① 루프형 ② 슬라이드형
③ 벨로스형 ④ 플랜지형

해설
열응력을 제거하기 위한 이음 : 루프형, 슬라이드형(미끄럼형), 벨로스형, 스위블형, 상온스프링

정답 33 ① 34 ④ 35 ① 36 ③ 37 ④

38 막식 가스미터에서 계량막의 파손, 밸브의 탈락, 밸브와 밸브시트 간격에서 누설이 발생하여 가스는 미터를 통과하지만 지침이 작동하지 않는 고장 형태는?

① 부 동
② 누 출
③ 불 통
④ 기차 불량

해설
부동 : 가스가 미터를 통과하지만 지침이 움직이지 않는 고장

39 다음 중 사용신고를 하여야 하는 특정고압가스에 해당하지 않는 것은?

① 게르만
② 삼플루오린화질소
③ 사플루오린화규소
④ 오플루오린화붕소

해설
특정고압가스 : 수소, 산소, 액화암모니아, 아세틸렌, 액화염소, 천연가스, 압축모노실란, 압축디이보레인, 액화알진 그 밖의 대통령이 정하는 고압가스
※ 대통령령으로 정하는 특정고압가스 : 포스핀, 셀렌화수소, 게르만, 다이실란, 오플루오린화비소, 오플루오린화인, 삼플루오린화인, 삼플루오린화질소, 삼플루오린화붕소, 사플루오린화유황, 사플루오린화규소

40 LP가스 저장탱크 지하에 설치하는 기준에 대한 설명으로 틀린 것은?

① 저장탱크실 상부 윗면으로부터 저장탱크 상부까지의 깊이는 1m 이상으로 한다.
② 저장탱크 주위 빈 공간에는 세립분을 함유하지 않은 것으로서 손으로 만졌을 때 물이 손에서 흘러내리지 않는 상태의 모래를 채운다.
③ 저장탱크를 2개 이상 인접하여 설치하는 경우에는 상호 간에 1m 이상의 거리를 유지한다.
④ 저장탱크실은 천장, 벽 및 바닥의 두께가 각각 30cm 이상의 방수조치를 한 철근 콘크리트구조로 한다.

해설
저장탱크실 상부 윗면으로부터 저장탱크 상부까지의 깊이는 0.6m 이상으로 한다.

41 다음 중 보일러 중독사고의 주원인이 되는 가스는?

① 이산화탄소
② 일산화탄소
③ 질 소
④ 염 소

42 산화에틸렌 충전용기에는 질소 또는 탄산가스를 충전하는데 그 내부가스 압력의 기준으로 옳은 것은?

① 상온에서 0.2MPa 이상
② 35℃에서 0.2MPa 이상
③ 40℃에서 0.4MPa 이상
④ 45℃에서 0.4MPa 이상

해설
산화에틸렌 충전용기의 내부가스 압력 : 45℃에서 0.4MPa 이상

43 고압가스 제조설비에서 정전기의 발생 또는 대전 방지에 대한 설명으로 옳은 것은?

① 가연성 가스 제조설비의 탑류, 벤트스택 등은 단독으로 접지한다.
② 제조장치 등에 본딩용 접속선은 단면적이 5.5 mm^2 미만의 단선을 사용한다.
③ 대전 방지를 위하여 기계 및 장치에 절연재료를 사용한다.
④ 접지저항치 총합이 100Ω 이하의 경우에는 정전기 제거조치가 필요하다.

해설
정전기의 발생 또는 대전 방지에 대한 설명
• 가연성 가스 제조설비의 탑류, 벤트스택 등은 단독으로 접지한다.
• 제조장치 등에 본딩용 접속선은 단면적이 5.5mm^2 이상의 단선을 사용한다.
• 대전 방지를 위하여 기계 및 장치에 본딩용 접속선을 사용한다.
• 접지저항치 총합이 100Ω 이하의 경우에는 정전기 제거 조치를 하면 안 된다.

44 이동식 부탄연소기의 용기 연결방법에 따른 분류가 아닌 것은?

① 용기 이탈식   ② 분리식
③ 카세트식   ④ 직결식

해설
이동식 부탄연소기의 용기 연결방법
• 직결식
• 분리식
• 카세트식

45 부양기구의 수소 대체용으로 사용되는 가스는?

① 아르곤   ② 헬 륨
③ 질 소   ④ 공 기

해설
부양기구의 수소 대체용으로 사용되는 가스 : 헬륨(공기보다 매우 가볍고, 불연성인 물질이기 때문에)

46 사이안화수소를 충전한 용기는 충전 후 얼마를 정치해야 하는가?

① 4시간   ② 8시간
③ 16시간   ④ 24시간

해설
사이안화수소 충전 후 정치시간 : 24시간

정답 42 ④ 43 ① 44 ① 45 ② 46 ④

47 액화석유가스 집단공급시설에서 가스설비의 상용압력이 1MPa일 때 이 설비의 내압시험 압력은 몇 MPa으로 하는가?

① 1
② 1.25
③ 1.5
④ 2.0

해설
용기 및 설비에 따른 압력

압력의 종류	용기		설비 (저장탱크, 용기집합장치, 배관 등)
	C_2H_2	C_2H_2 이외의 용기	
TP (내압시험압력)	FP×3배	FP×$\frac{5}{3}$	• 상용압력×1.5배(공기, 질소로 내압시험 시 상용압력×1.25배) • 냉동설비는 설계압력×1.5배 • 도시가스는 최고사용압력×1.5배
FP (최고충전압력)	15℃에서 1.55MPa	TP×$\frac{3}{5}$	–
AP (기밀시험압력)	FP×1.8배	FP(단, 저온, 초저온용기 =FP×1.1배)	• 상용압력 • 도시가스는 최고사용압력×1.1배
안전밸브 작동압력	TP×0.8배	TP×0.8배	TP×0.8배(단, 액화산소탱크=상용압력×1.5배)

∴ TP = 상용압력×1.5 = 1×1.5 = 1.5MPa

48 수은을 이용한 U자관 압력계에서 액주 높이(h)는 600mm, 대기압(P_1)은 1kg/cm²일 때 P_2는 약 몇 kg/cm²인가?

① 0.22
② 0.92
③ 1.82
④ 9.16

해설
$$P_2 = 1\text{kg/cm}^2 + \left(600\text{mmHg} \times \frac{1.0332\text{kg/cm}^2}{760\text{mmHg}}\right)$$
$$= 1.82\text{kg/cm}^2$$

49 도시가스의 제조공정이 아닌 것은?

① 열분해 공정
② 접촉분해 공정
③ 수소화분해 공정
④ 상압증류 공정

해설
도시가스의 제조공정
• 열분해 프로세스
• 접촉첨가분해 프로세스
• 수증기개질 프로세스
• 부분연소 프로세스
• 수소화분해 프로세스

50 20℃의 물 50kg을 90℃로 올리기 위해 LPG를 사용하였다면, 이때 필요한 LPG의 양은 몇 kg인가? (단, LPG발열량은 10,000kcal/kg이고, 열효율은 50%이다)

① 0.5
② 0.6
③ 0.7
④ 0.8

해설
$$\eta = \frac{GC\Delta t}{G_f \times H_l} \times 100$$
$$0.5 = \frac{50\text{kg} \times 1\text{kcal/kg℃} \times (90-20)℃}{G_f \times 10,000\text{kcal/kg}}$$

∴ $G_f = 0.7$kg

정답 47 ③ 48 ③ 49 ④ 50 ③

51 고압가스 용기의 파열사고 주원인은 용기의 내압력(耐壓力) 부족에 기인한다. 내압력 부족의 원인이 아닌 것은?

① 용기 내벽의 부식
② 강재의 피로
③ 적정 충전
④ 용접 불량

해설
적정 충전
• 내압력 부족과 직접적인 관련이 없다.
• 다른 요인에 의해 내압력 부족 발생 시 영향 증가 가능성이 있다.

52 고압가스 특정설비 제조자의 수리범위에 해당되지 않는 것은?

① 단열재 교체
② 특정설비의 부품 교체
③ 특정설비의 부속품 교체 및 가공
④ 아세틸렌 용기 내의 다공질물 교체

해설
고압가스 특정설비 제조자의 수리범위 : 단열재 교체, 특정설비의 부품 교체, 특정설비의 부속품 교체 및 가공(용기밸브의 부품 교체, 냉동기의 부품 교체 등 포함), 용접가공 등

53 고압가스 저장시설에서 가스 누출사고가 발생하여 공기와 혼합하여 가연성 가스, 독성가스로 되었다면 누출된 가스는?

① 질소
② 수소
③ 암모니아
④ 아황산가스

해설
암모니아
• 가연성 가스, 독성가스이다.
• 공기와 혼합하여 폭발성 혼합물 생성이 가능하다.
• 누출 시 심각한 사고 위험이 있다.

54 화학공장에서 누출된 유독가스를 신속하게 현장에서 검지 정량하는 방법은?

① 전위적정법
② 흡광광도법
③ 검지관법
④ 적정법

해설
검지관법
• 신속성 : 검지관은 유독가스와 반응하여 색 변화를 나타내므로, 짧은 시간 안에 누출 여부를 확인할 수 있다.
• 간편성 : 검지관 사용법이 간단하여 누구나 쉽게 사용할 수 있다.
• 휴대성 : 검지관은 크기가 작고 휴대가 용이하여 현장에서 사용하기 적합하다.
• 정량성 : 검지관은 색 변화의 정도를 통해 유독가스의 농도를 정량적으로 측정할 수 있다.

55 액위(Level) 측정 계측기기의 종류 중 액체용 탱크에 사용되는 사이트 글라스(Sight Glass)의 단점이 아닌 것은?

① 측정범위가 넓은 곳에서는 사용하기 곤란하다.
② 동결 방지를 위한 보호가 필요하다.
③ 파손되기 쉬우므로 보호대책이 필요하다.
④ 내부 설치 시 요동(Turbulence) 방지를 위해 Stilling Chamber 설치가 필요하다.

해설
사이트 글라스
- 액체 흐름 안정화 기능이 내장되어 있다.
- 요동 방지 효과가 있어 Stilling Chamber는 설치하지 않아도 된다.

56 다음 중 정도가 가장 높은 가스미터는?

① 습식 가스미터
② 벤투리 미터
③ 오리피스 미터
④ 루트미터

해설
습식 가스미터
- 가장 정밀한 가스미터이다.
- 부피식 측정 방식이다.
- 정도가 높고, 측정범위가 넓다(장점).
- 제작비용이 높고, 유지관리가 어렵다(단점).

57 폭굉을 일으킬 수 있는 기체가 파이프 내에 있을 때 폭굉 방지 및 방호에 대한 설명으로 옳지 않은 것은?

① 파이프 라인에 오리피스와 같은 장애물이 없도록 한다.
② 공정 라인에서 가능하면 가급적 완만한 회전을 이루도록 한다.
③ 파이프의 지름대 길이의 비는 가급적 작게 한다.
④ 파이프 라인에 장애물이 있는 곳은 관경을 축소한다.

해설
폭굉 방지 및 방호를 위한 옳은 방법
- 파이프 라인에 오리피스와 같은 장애물을 설치하지 않는다.
- 공정 라인에 회전이 필요하면 완만한 회전을 이루도록 설계한다.
- 파이프의 지름대 길이의 비는 가능한 한 작게 한다.
- 파이프 라인에 장애물이 있는 곳은 관경을 확대하거나 장애물을 제거한다.
- 폭굉 방지 장치를 설치한다.
- 작업자에게 폭굉에 대한 교육을 실시한다.

58 폭발에 관련된 가스의 성질에 대한 설명으로 옳지 않은 것은?

① 폭발범위가 넓은 것은 위험하다.
② 압력이 높으면 일반적으로 폭발범위가 좁아진다.
③ 가스의 비중이 큰 것은 낮은 곳에 체류할 염려가 있다.
④ 연소속도가 빠를수록 위험하다.

해설
압력이 높으면 일반적으로 폭발범위가 넓어진다.

정답 55 ④ 56 ① 57 ③ 58 ②

59 전기방식을 실시하고 있는 도시가스 매몰 배관에 대하여 전위 측정을 위한 기준전극으로 사용되고 있으며, 방식전위 기준으로 상한값 −0.85V 이하를 사용하는 것은?

① 수소 기준전극
② 포화 황산동 기준전극
③ 염화은 기준전극
④ 칼로멜 기준전극

해설
도시가스 매몰 배관
• 부식을 방지한다.
• 전기방식이다.
• 포화 황산동 기준전극 사용을 사용한다(기준 전위 : −0.85V 이하).

60 용기 내압시험 시 뷰렛의 용적은 300mL, 전증가량은 200mL, 항구증가량은 15mL일 때 이 용기의 항구증가율은?

① 5%
② 6%
③ 7.5%
④ 8.5%

해설
항구증가율
항구증가율 = (항구증가량/전증가량) × 100%
= (15/200) × 100% = 7.5%

2024년 제2회 최근 기출복원문제

01 가스누출자동차단장치 및 가스누출자동차단기의 설치 기준에 대한 설명으로 틀린 것은?

① 가스 공급이 불시에 자동 차단됨으로써 재해 및 손실이 클 우려가 있는 시설에는 가스누출경보차단장치를 설치하지 않을 수 있다.
② 가스누출자동차단기를 설치하여도 설치목적을 달성할 수 없는 시설에는 가스누출자동차단기를 설치하지 않을 수 있다.
③ 월 사용예정량이 $1,000m^3$ 미만으로서 연소기에 소화안전장치가 부착되어 있는 경우에는 가스누출경보차단장치를 설치하지 않을 수 있다.
④ 지하에 있는 가정용 가스사용시설은 가스누출경보차단장치의 설치 대상에서 제외된다.

해설
특정가스사용시설에서 월 사용예정량 $2,000m^3$ 미만으로서 연소기가 연결된 가스 배관에 퓨즈콕, 상자콕 등 각 연소기에 소화안전장치가 부착되어 있는 경우에는 가스누출경보차단장치를 설치하지 않을 수 있다.

02 고압가스의 운반, 취급에 관한 안전사항 중 염소와 동일한 차량에 적재하여 운반이 가능한 가스는?

① 아세틸렌   ② 암모니아
③ 질 소   ④ 수 소

해설
염소와 암모니아, 아세틸렌, 수소는 동일한 차량에 운반할 수 없다.

03 다음 중 독성이 가장 강한 가스는?

① 염 소   ② 플루오린
③ 사이안화수소 ④ 암모니아

해설
TLV-TWA의 허용농도 기준은 다음과 같다. TLV-TWA의 수치가 작을수록 독성이 강하다.
② 플루오린 : 0.1ppm
① 염소 : 1ppm
③ 사이안화수소 : 10ppm
④ 암모니아 : 25ppm

04 도시가스의 유해성분 측정에 있어 암모니아는 도시가스 $1m^3$당 몇 g을 초과해서는 안 되는가?

① 0.02   ② 0.2
③ 0.5   ④ 1.0

해설
도시가스의 유해성분 측정에 있어서 도시가스 $1m^3$당 황전량은 0.5g, 황화수소는 0.02g, 암모니아는 0.2g을 초과하지 못한다.

정답 1 ③ 2 ③ 3 ② 4 ②

05 인체용 에어졸 제품의 용기에 기재하여야 할 사항으로 틀린 것은?

① 특정 부위에 계속하여 장시간 사용하지 말 것
② 가능한 한 인체에서 10cm 이상 떨어져서 사용할 것
③ 온도가 40℃ 이상 되는 장소에 보관하지 말 것
④ 불 속에 버리지 말 것

해설
인체용 에어졸 제품의 용기에 기재하여야 할 사항
- 특정 부위에 계속하여 장시간 사용하지 말 것
- 가능한 한 인체에서 20cm 이상 떨어져서 사용할 것
- 온도가 40℃ 이상 되는 장소에 보관하지 말 것
- 불 속에 버리지 말 것

06 프로판 15vol%와 부탄 85vol%로 혼합된 가스의 공기 중 폭발하한값은 약 몇 %인가?(단, 프로판의 폭발하한값은 2.1%이고, 부탄은 1.8%이다)

① 1.84   ② 1.88
③ 1.94   ④ 1.98

해설
르샤틀리에의 법칙(혼합가스의 폭발 범위를 구하는 식)

$$\frac{100}{L} = \frac{V_1}{L_1} + \frac{V_2}{L_2} + \frac{V_3}{L_3} \cdots\cdots$$

여기서, L : 혼합가스의 폭발범위값
$L_1, L_2, L_3 \cdots$: 각 성분의 단독 폭발범위값(체적(%))
$V_1, V_2, V_3 \cdots$: 각 성분의 체적(%)

$$\frac{100}{L} = \frac{V_1}{L_1} + \frac{V_2}{L_2} + \frac{V_3}{L_3} \cdots\cdots$$

$$\frac{100}{L} = \frac{15}{2.1} + \frac{85}{1.8}$$

$L = 1.84$

07 가스보일러의 설치 기준 중 자연배기식 보일러의 배기통 설치방법으로 옳지 않은 것은?

① 배기통의 굴곡수는 6개 이하로 한다.
② 배기통의 끝은 옥외로 뽑아낸다.
③ 배기통의 입상높이는 원칙적으로 10m 이하로 한다.
④ 배기통의 가로 길이는 5m 이하로 한다.

해설
배기통의 굴곡수는 4개 이하로 한다.

08 가스용 폴리에틸렌관의 굴곡허용반경은 외경의 몇 배 이상으로 하여야 하는가?

① 10   ② 20
③ 30   ④ 50

해설
가스용 폴리에틸렌관의 굴곡허용반경은 외경의 20배 이상으로 하여야 한다.

09 가스설비를 수리할 때 산소의 농도가 약 몇 % 이하가 되면 산소결핍현상을 초래하는가?

① 8%   ② 12%
③ 16%   ④ 20%

해설
산소의 농도가 16% 이하가 되면 산소결핍현상을 초래한다.

10 아세틸렌가스 압축 시 희석제로서 적당하지 않은 것은?

① 질 소 ② 메 탄
③ 일산화탄소 ④ 산 소

> **해설**
> 아세틸렌의 희석제 : 프로판, 메탄, 에틸렌, 질소, 수소, 일산화탄소, 이산화탄소

11 방류둑에는 계단, 사다리 또는 토사를 높이 쌓아올림 등에 의한 출입구를 둘레 몇 m마다 1개 이상을 두어야 하는가?

① 30 ② 50
③ 75 ④ 100

> **해설**
> 방류둑에는 계단, 사다리 또는 토사를 높이 쌓아올림 등에 의한 출입구를 둘레 50m마다 1개 이상을 두어야 한다.

12 다음 중 가연성이면서 유독한 가스는?

① NH_3 ② H_2
③ CH_4 ④ N_2

> **해설**
> • H_2, CH_4 : 가연성, 비독성
> • N_2 : 불연성

13 사이안화수소 충전 시 한 용기에서 60일을 초과할 수 있는 경우는?

① 순도가 90% 이상으로서 착색이 된 경우
② 순도가 90% 이상으로서 착색되지 아니한 경우
③ 순도가 98% 이상으로서 착색이 된 경우
④ 순도가 98% 이상으로서 착색되지 아니한 경우

> **해설**
> 사이안화수소는 순도가 98% 이상이고 착색되지 아니한 경우, 충전 시 한 용기에서 60일을 초과할 수 있다.

14 LPG 기화장치의 작동원리에 따른 구분으로 저온의 액화가스를 조정기를 통하여 감압한 후 열교환기에 공급해 강제 기화시켜 공급하는 방식은?

① 해수가열 방식
② 가온감압 방식
③ 감압가열 방식
④ 중간매체 방식

> **해설**
> **감압가열 방식** : LPG 기화장치의 작동원리에 따른 구분으로 저온의 액화가스를 조정기를 통하여 감압한 후 열교환기에 공급해 강제 기화시켜 공급하는 방식

정답 10 ④ 11 ② 12 ① 13 ④ 14 ③

15 액화천연가스(LNG) 저장탱크 중 액화천연가스의 최고 액면을 지표면과 동등 또는 그 이하가 되도록 설치하는 형태의 저장탱크는?

① 지상식 저장탱크(Aboveground Storage Tank)
② 지중식 저장탱크(Inground Storage Tank)
③ 지하식 저장탱크(Underground Storage Tank)
④ 단일방호식 저장탱크(Single Containment Tank)

> **해설**
> 지중식 저장탱크(Inground Storage Tank) : 액화천연가스(LNG) 저장탱크 중 액화천연가스의 최고 액면을 지표면과 동등 또는 그 이하가 되도록 설치하는 형태의 저장탱크

16 저장능력이 50ton인 액화산소 저장탱크 외면에서 사업소 경계선까지의 최단거리가 50m일 경우, 이 저장탱크에 대한 내진설계 등급은?

① 내진 특등급
② 내진 1등급
③ 내진 2등급
④ 내진 3등급

> **해설**
> 액화산소의 내진설계 2등급의 기준
> • 저장능력 10ton 초과 100ton 이하
> • 사업소 경계선까지 최단거리 40m 초과 90m 이하

17 자동교체식 조정기 사용 시 장점으로 틀린 것은?

① 전체 용기 수량이 수동식보다 적어도 된다.
② 배관의 압력손실을 크게 해도 된다.
③ 잔액이 거의 없어질 때까지 소비된다.
④ 용기 교환주기의 폭을 좁힐 수 있다.

> **해설**
> 자동교체식 조정기 사용 시 장점
> • 전체 용기 수량이 수동식보다 적어도 된다.
> • 배관의 압력손실을 크게 해도 된다.
> • 잔액이 거의 없어질 때까지 소비된다.
> • 용기 교환주기의 폭을 넓힐 수 있다.

18 열전대 온도계는 열전쌍회로에서 두 접점에서 발생되는 어떤 현상의 원리를 이용한 것인가?

① 열기전력
② 열팽창계수
③ 체적변화
④ 탄성계수

> **해설**
> 열기전력을 이용한 온도계(열전대 온도계)
>
> | | |
> |---|---|
> | 백금-백금로듐 (P-R) | 내열성이 좋고, 환원성에 약하며, 온도측정범위는 0~1,800℃의 고온측정용으로 쓰임 |
> | 크로멜-알루멜 (C-A) | 공업용으로 많이 쓰이며 온도측정범위는 -270~1,400℃의 저온측정용으로 쓰임 |
> | 철-콘스탄탄 (I-C) | 기전력이 크고, 환원분위기에 강하며, 값이 저렴해서 공장에서 널리 사용하며, 온도측정범위는 -200~750℃의 온도를 계측함 |
> | 동-콘스탄탄 (C-C) | 온도측정범위는 -200~400℃의 온도를 계측함 |

19 다음 중 메탄의 제조방법이 아닌 것은?

① 석유를 크래킹하여 제조한다.
② 천연가스를 냉각시켜 분별 증류한다.
③ 초산나트륨에 소다회를 가열하여 얻는다.
④ 니켈을 촉매로 하여 일산화탄소에 수소를 작용시킨다.

해설
석유를 크래킹하여 제조한 것은 LPG 제조방법이다.

20 대기압이 1.0332kgf/cm²이고, 계기압력이 10kgf/cm²일 때 절대압력은 약 몇 kgf/cm²인가?

① 8.9668
② 10.332
③ 11.0332
④ 103.32

해설
절대압력 = 대기압 + 게이지압
= 1.0332 + 10
= 11.0332kgf/cm²

21 설비나 장치 및 용기 등에서 취급 또는 운용되는 통상의 온도는?

① 상용온도
② 표준온도
③ 화씨온도
④ 켈빈온도

22 독성가스 사고 예방 및 대비 단계가 아닌 것은?

① 독성가스 용기는 옥외 저장소 또는 실린더 캐비닛 내에 설치한다.
② 독성가스 특성을 고려한 호흡용 보호구 비치 및 사용 관리한다.
③ 상시 가스누출검사를 실시한다.
④ 가스 누출 사실 전파 및 건물 내에 체류 중인 사람이 대피할 수 있도록 알린다.

해설
④는 독성가스 사고 대응단계 내용이다.
독성가스 사고 대응단계
① 가스 누출 사실 전파 및 건물 내에 체류 중인 사람이 대피할 수 있도록 알린다.
② 사고 적응성 개인보호구(방독면 등)를 신속하게 착용한다.
③ 안전이 확보되는 범위 내에서 사고 확대 방지를 위하여 밸브를 차단한다.
④ 유독 기체 흡입 부상자의 경우 통풍이 잘되는 곳으로 옮기고, 안정을 취하게 한다.
⑤ 누출 규모가 커서 대응이 불가능할 경우 즉시 대피한다.
⑥ 대피 시에는 출입문 및 방화문을 닫아 피해 확산을 방지한다.

23 펄스반사법과 공진법 등으로 재료 내부의 결함을 비파괴검사하는 방법은?

① 방사선투과검사
② 침투탐상검사
③ 자기탐상검사
④ 초음파탐상검사

해설
초음파탐상검사는 재료의 표면이나 내부에 존재하는 결함을 초음파를 이용하여 검출하는 비파괴검사방법이다. 공진법, 투과법, 펄스반사법 등 세 가지 주요 방식으로 구분되며, 그중 펄스반사법이 가장 널리 사용된다.

24 와전류탐상시험의 특징에 대한 설명으로 옳은 것은?

① 주로 표면 및 표면직하의 결함을 검출하는 시험법이다.
② 가는 선, 고온에서의 시험 등에는 부적합하다.
③ 접촉법을 이용하므로 고속 자동화된 검사가 어렵다.
④ 주로 수 Hz에서 수백 Hz의 교류를 이용하므로 잡음인자의 영향이 작다.

해설
와전류탐상시험은 전도성 시험체에 고주파 교류코일에 의한 유도 와전류 현상을 이용하여 임피던스의 변화로부터 표면 및 표면하 결함, 관통 결함 및 두께 감육 등의 변화량을 정량적인 값으로 검출하는 기법이다.

25 다음 중 시험체나 주변의 온도가 낮을 때 탐상시간에 가장 영향을 많이 받는 비파괴검사는?

① 방사선투과시험
② 와전류탐상시험
③ 자분탐상시험
④ 침투탐상시험

해설
침투탐상검사란 시험편 표면에 침투액을 적용시켜 균열 등의 불연속부에 침투액을 침투시킨 후 표면에 있는 과잉의 침투제를 제거하고, 현상제를 도포시켜 침투된 침투액을 추출시켜 불연속부의 위치, 크기 및 지시 모양을 검사하는 방법이다.

26 저장탱크에 부착된 배관에 유체가 흐르고 있을 때 유체의 온도 또는 주위의 온도가 비정상적으로 높아진 경우 또는 호스 커플링 등의 접속이 빠져 유체가 누출될 때 신속하게 작동하는 밸브는?

① 온도조절밸브
② 긴급차단밸브
③ 감압밸브
④ 전자밸브

해설
저장용기에서 수소를 연속적으로 반응공정으로 공급하는 경우에는 반응공정의 이상 시 수소를 긴급 차단할 수 있도록 긴급차단밸브를 설치하고, 원격작동스위치는 저장용기 외면으로부터 10m 이상 떨어진 위치에 설치한다.

27 독성가스 배관은 안전한 구조를 갖도록 하기 위해 이중관 구조로 하여야 한다. 다음 가스 중 이중관으로 하지 않아도 되는 가스는?

① 암모니아
② 염화메탄
③ 사이안화수소
④ 에틸렌

해설
이중 배관으로 해야 할 독성가스 : 포스겐, 황화수소, 사이안화수소, 염소, 산화에틸렌, 염화메탄, 암모니아, 이산화황

28 가스용품 제조허가를 받아야 하는 품목이 아닌 것은?

① PE 배관
② 매몰형 정압기
③ 로딩암
④ 연료전지

해설
가스용품 제조허가를 받아야 하는 품목 : 매몰형 정압기, 로딩암, 연료전지, 압력조정기, 가스누출차단장치, 정압기용 필터, 호스, 배관용 밸브, 강제혼합식 가스버너, 연소기, 다기능가스 안전계량기 등

정답 24 ① 25 ④ 26 ② 27 ④ 28 ①

29 다음 중 압력이 가장 높은 것은?

① 10lb/in² ② 750mmHg
③ 1atm   ④ 1kg/cm²

해설
표준대기압
1atm = 760mmHg = 10,332mmH₂O(= mmAq = kg/m²)
     = 1.0332kg/cm²
     = 14.7psi(= lb/inch²) = 1,013.25mbar = 101,325Pa

30 원통형의 관을 흐르는 물의 중심부의 유속을 피토관으로 측정하였더니 수주의 높이가 10m이었다. 이때 유속은 약 몇 m/s인가?

① 10   ② 14
③ 20   ④ 26

해설
유속(V) = $\sqrt{2gh}$ = $\sqrt{2 \times 9.8 \times 10}$ = 14

31 가연성 가스 또는 독성가스의 제조시설에서 자동으로 원재료의 공급을 차단시키는 등 제조설비 안의 제조를 제어할 수 있는 장치는?

① 인터로크 기구
② 벤트스택
③ 플레어 스택
④ 가스누출검지경보장치

해설
인터로크 : 운전원의 오조작이나 장치의 오동작인 경우에도 안전해야 하기 때문에 장치 자체가 어떤 조건을 갖추지 않으면 작동하지 않도록 하여 오조작이 발생되지 않도록 하는 장치

32 다음 중 저온을 얻는 기본적인 원리는?

① 등압 팽창
② 단열 팽창
③ 등온 팽창
④ 등적 팽창

해설
저온을 얻는 기본적인 원리는 줄-톰슨효과로서 단열 팽창이다.

33 다음 중 용적식 유량계에 해당하는 것은?

① 오리피스 유량계
② 플로노즐 유량계
③ 벤투리관 유량계
④ 오벌 기어식 유량계

해설
유량계
- 차압식 유량계의 종류 : 벤투리, 오리피스, 플로노즐
  - 오리피스 유량계 : 관 도중에 조리개(교축기구)를 넣어 조리개 전후의 차압을 이용하여 유량을 측정하는 계측기기
- 용적식 유량계의 종류 : 오벌 유량계, 가스미터, 로터리 팬, 루트 유량계, 로터리 피스톤
- 면적식 유량계의 종류 : 플로트, 피스톤형, 게이트형

정답 29 ③ 30 ② 31 ① 32 ② 33 ④

34 가스 중 음속보다 화염 전파속도가 큰 경우 충격파가 발생하는데, 이때 가스의 연소속도는?

① 0.3~100m/s
② 100~300m/s
③ 700~800m/s
④ 1,000~3,500m/s

> **해설**
> 폭굉이 전하는 전파속도 : 1,000~3,500m/s

36 다음 중 왕복식 펌프에 해당하는 것은?

① 기어펌프 ② 베인펌프
③ 터빈펌프 ④ 플런저펌프

> **해설**
> 펌프의 분류

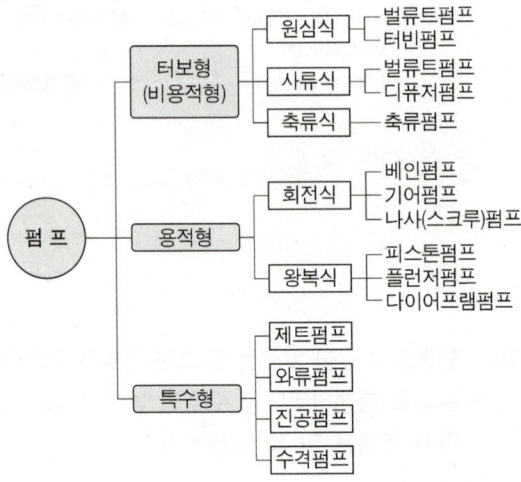

35 고압가스용 용접용기 동판의 최대 두께와 최소 두께의 차이는?

① 평균 두께의 5% 이하
② 평균 두께의 10% 이하
③ 평균 두께의 20% 이하
④ 평균 두께의 25% 이하

> **해설**
> 고압가스용 용접용기 동판의 최대 두께와 최소 두께의 차이 : 평균 두께의 10% 이하

37 가연물질이 연소하는 과정 중 가장 고온일 경우의 불꽃색은?

① 황적색 ② 적 색
③ 암적색 ④ 휘백색

> **해설**
> (단위 : ℃)
>
> | 담암적색 | 암적색 | 적 색 | 휘적색 | 황적색 | 백적색 | 휘백색 |
> |---|---|---|---|---|---|---|
> | 522 | 700 | 850 | 950 | 1,100 | 1,300 | 1,500 |

38 가스미터의 구비조건으로 옳지 않은 것은?

① 감도가 예민할 것
② 기계오차 조정이 쉬울 것
③ 대형이며 계량용량이 클 것
④ 사용 가스량을 정확하게 지시할 수 있을 것

해설
가스미터는 소형이며, 계량용량이 커야 한다.

39 초저온 용기의 단열성능시험에 있어 침입열량 산식은 다음과 같이 구한다. 여기서 'q'가 의미하는 것은?

$$Q = \frac{W \cdot q}{H \cdot \Delta t \cdot V}$$

① 침입열량
② 측정시간
③ 기화된 가스량
④ 시험용 가스의 기화잠열

해설
단열성능시험
- 단열성능시험용 가스 : 액화질소, 액화산소, 액화아르곤
- 침입열량 계산 공식 : $Q = \frac{W \times q}{H \times \Delta T \times V}$

  여기서, Q : 침입열량(kcal/h℃L)
  H : 측정시간(h)
  ΔT : 온도차(℃)
  V : 내용적(L)
  W : 기화된 가스량(kg)
  q : 시험용 가스의 기화잠열(kcal/kg)

40 아르곤(Ar) 가스 충전용기의 도색 색상은?

① 백 색   ② 녹 색
③ 갈 색   ④ 회 색

해설
용기의 도색

공업용	색 깔	의료용
액화암모니아	백 색	산 소
수 소	주황색	사이클로프로판
액화탄산가스	청 색	아산화질소
액화염소	갈 색	헬 륨
기 타	회 색	액화탄산가스
아세틸렌	황 색	
	흑 색	질 소
산 소	녹 색	
	자 색	에틸렌

41 지하에 매몰하는 도시가스 배관의 재료로 사용할 수 없는 것은?

① 가스용 폴리에틸렌관
② 압력 배관용 탄소강관
③ 압출식 폴리에틸렌 피복강관
④ 분말용착식 폴리에틸렌 피복강관

해설
압력 배관용 탄소강관은 매몰할 경우 부식되기 때문에 사용하지 않는다.

42 암모니아 용기의 재료로 주로 사용되는 것은?

① 동
② 알루미늄합금
③ 동합금
④ 탄소강

해설
암모니아 용기의 재료 : 탄소강

43 표준상태에서 부탄가스의 비중은 약 얼마인가? (단, 부탄의 분자량은 58이다)

① 1.6
② 1.8
③ 2.0
④ 2.2

해설
부탄(C_4H_{10})가스의 비중 = $\dfrac{\text{부탄의 분자량}}{\text{공기의 분자량}}$ = $\dfrac{58g}{29g}$ = 2

44 메탄(CH_4)의 공기 중 폭발범위값에 가장 가까운 것은?

① 5~15.4%
② 3.2~12.5%
③ 2.4~9.5%
④ 1.9~8.4%

해설
메탄(CH_4)의 공기 중 폭발범위 : 5~15.4%

45 이상기체의 정압비열(C_p)과 정적비열(C_v)에 대한 설명 중 틀린 것은?(단, k는 비열비이고, R은 이상기체 상수이다)

① 정적비열과 R의 합은 정압비열이다.
② 비열비(k)는 $\dfrac{C_p}{C_v}$로 표현된다.
③ 정적비열은 $\dfrac{R}{k-1}$로 표현된다.
④ 정압비열은 $\dfrac{k-1}{k}$로 표현된다.

해설
① $k = \dfrac{C_p}{C_v} \rightarrow C_p = kC_v$, $C_v = \dfrac{C_p}{k}$
② $C_p - C_v = R$
③ ②식에 C_p 대신 kC_v를 대입하면
$kC_v - C_v = R \rightarrow C_v(k-1) = R$
$C_v = \dfrac{R}{k-1}$
④ ②식에 C_v 대신 $\dfrac{C_p}{k}$를 대입하면
$C_p - \dfrac{C_p}{k} = R \rightarrow C_p\left(1 - \dfrac{1}{k}\right) = R$
$C_p\left(\dfrac{k-1}{k}\right) = R \rightarrow C_p = \dfrac{kR}{k-1}$

그러므로, 정압비열은 $C_p = \dfrac{kR}{k-1}$로 나타낼 수 있다.

46 LNG의 주성분은?

① 메 탄
② 에 탄
③ 프로판
④ 부 탄

47 조정기를 사용하여 공급가스를 감압하는 2단 감압 방법의 장점이 아닌 것은?

① 공급압력이 안정하다.
② 중간 배관이 가늘어도 된다.
③ 각 연소기구에 알맞은 압력으로 공급이 가능하다.
④ 장치가 간단하다.

해설
장치가 간단한 것은 1단 감압방법의 장점이다.

48 랭킨온도가 420°R일 경우 섭씨온도로 환산한 값으로 옳은 것은?

① -30℃ ② -40℃
③ -50℃ ④ -60℃

해설
온 도
- $K = 273 + ℃$
- $°F = \dfrac{9}{5}℃ + 32$
- $°R = °F + 460$

$420 = \left[\left(\dfrac{9}{5} \times x\right) + 32\right] + 460$

$\therefore x = -40$

49 공정에 존재하는 위험요소와 비록 위험하지는 않더라도 공정의 효율을 떨어뜨릴 수 있는 운전상의 문제를 파악하기 위한 안전성 평가기법은?

① 안전성 검토(Safety Review)기법
② 예비위험성 평가(Preliminary Hazard Analysis)기법
③ 사고예상 질문(What-If Analysis)기법
④ 위험과 운전분석(HAZOP)기법

해설
위험과 운전분석(HAZOP ; Hazard & Operability studies) : 공정에 존재하는 위험요소들과 공정의 효율성을 떨어뜨릴 수 있는 운전상의 문제점을 찾아내어 그 원인을 제거하는 기법

50 도시가스 사용시설에서 정한 액화가스란 상용의 온도 또는 35℃의 온도에서 압력이 얼마 이상이 되는 것인가?

① 0.1MPa ② 0.2MPa
③ 0.5MPa ④ 1MPa

해설
액화가스
- 상온에서 비교적 낮은 압력(0.7~0.8MPa)으로 쉽게 액화할 수 있는 가스(암모니아, 이산화황, 염소, 플루오린화, 포스겐, 프로판, 부탄)
- ※ 고압가스안전관리법에 따른 정의 : 상용온도 또는 35℃에서 0.2MPa 이상인 것

51 층류 연소속도에 대한 설명으로 옳은 것은?

① 미연소 혼합기의 비열이 클수록 층류 연소속도는 크게 된다.
② 미연소 혼합기의 비중이 클수록 층류 연소속도는 크게 된다.
③ 미연소 혼합기의 분자량이 클수록 층류 연소속도는 크게 된다.
④ 미연소 혼합기의 열전도율이 클수록 층류 연소속도는 크게 된다.

해설
층류 연소는 연료와 산화제가 서로 섞이지 않고 층을 이루며 연소하는 방식이다.
- 열전도율이 높을수록 열이 빠르게 전달되어 연소속도가 빨라진다.
- 비열이 낮을수록 온도 상승에 필요한 에너지가 적어 연소속도가 빨라진다.
- 비중이 낮을수록 부력이 커져 연소속도가 느려진다.
- 분자량이 낮을수록 확산속도가 빨라져 연소속도가 빨라진다.

52 다음 탄화수소 연료 중 착화온도가 가장 높은 것은?

① 메 탄　② 가솔린
③ 프로판　④ 석 탄

해설
각 연료의 착화온도
- 메탄 : 580℃
- 가솔린 : 280℃
- 프로판 : 490℃
- 석탄 : 360℃

53 다음 중 임계상태를 가장 옳게 설명한 것은?

① 고체, 액체, 기체가 평형으로 존재하는 상태
② 순수한 물질이 평형에서 기체-액체로 존재할 수 있는 최고 온도 및 압력 상태
③ 액체상과 기체상이 공존할 수 있는 최소한의 한계상태
④ 기체를 일정한 온도에서 압축하면 밀도가 아주 작아져 액화가 되기 시작하는 상태

해설
임계상태
- 임계상태는 순수한 물질이 액체와 기체상이 평형을 이루는 최고 온도와 압력을 의미한다.
- 임계상태에서는 액체와 기체의 밀도가 같아져서 구분하기 어렵다.
- 임계온도 이상에서는 아무리 압력을 높여도 액화되지 않고, 임계압력 이하에서는 아무리 온도를 높여도 기체화되지 않는다.

54 기체 연료 중 수소가 산소와 화합하여 물이 생성되는 경우 $H_2 : O_2 : H_2O$의 비례관계는?

① 2 : 1 : 2　② 1 : 1 : 2
③ 1 : 2 : 1　④ 2 : 2 : 3

해설
$2H_2 + O_2 \rightarrow 2H_2O$

55 알루미늄(Al)의 방식법이 아닌 것은?

① 수산법　② 황산법
③ 크롬산법　④ 메타인산법

해설
메타인산법
- 알루미늄 방식법에 사용되지 않는다.
- 철강 표면 처리에 사용한다.

56 고압가스 일반제조시설에서 고압가스설비의 내압시험압력은 상용압력의 몇 배 이상으로 하는가?

① 1
② 1.1
③ 1.5
④ 1.8

해설
고압가스 일반제조시설 내 고압가스설비 내압시험압력 : 상용압력의 1.5배 이상

57 내진설계 시 지반의 분류는 몇 종류인가?

① 6
② 5
③ 4
④ 3

해설
지반 종류의 특징
- S1 : 암반 지반
- S2 : 얕고 단단한 지반
- S3 : 얕고 연약한 지반
- S4 : 깊고 단단한 지반
- S5 : 깊고 연약한 지반
- S6 : 매우 연약한 지반

58 냉간가공과 열간가공을 구분하는 기준이 되는 온도는?

① 끓는 온도
② 상용온도
③ 재결정온도
④ 섭씨 0도

해설
재결정온도 : 재결정온도는 금속의 결정구조가 변하는 온도로, 냉간가공과 열간가공을 구분하는 기준으로 사용된다. 냉간가공은 재결정온도 아래에서, 열간가공은 재결정온도 이상에서 이루어진다.

59 산소 또는 불활성 가스 초저온 저장탱크의 경우에 한정하여 사용이 가능한 액면계는?

① 평형 반사식 액면계
② 슬립튜브식 액면계
③ 환형 유리제 액면계
④ 플로트식 액면계

해설
환형 유리제 액면계
- 초저온 환경에서 사용 가능하다.
- 액면 직접 관찰 방식이다.
- 안전성이 높다.
- 취급 시 주의가 필요하다.

60 고압가스 특정제조시설에서 고압가스 설비의 수리 등을 할 때의 가스치환에 대한 설명으로 옳은 것은?

① 가연성 가스의 경우 가스농도가 폭발하한계의 1/2에 도달할 때까지 치환한다.
② 가스치환 시 농도 확인은 관능법에 따른다.
③ 불활성 가스의 경우 산소농도가 16% 이하에 도달할 때까지 공기로 치환한다.
④ 독성가스의 경우 독성가스의 농도가 TLV-TWA 기준농도 이하로 될 때까지 치환을 계속한다.

해설
독성가스 치환기준 : TLV-TWA 기준농도 이하

2025년　　　최근 기출복원문제

PART 03

최근 기출복원문제

#기출유형 확인　　#상세한 해설　　#최종점검 테스트

2025년 제1회 최근 기출복원문제

01 다음 중 증기운 폭발에 영향을 주는 인자가 아닌 것은?

① 혼합비
② 점화원의 위치
③ 방출된 물질의 양
④ 증발된 물질의 분율

해설
증기운 폭발에 영향을 주는 변수
• 방출된 물질의 양
• 증기운이 점화되기까지의 시간 지연
• 증발된 물질의 분율
• 폭발효율
• 증기운의 점화 확률
• 방출에 관련된 점화원의 위치
• 점화되기 전 증기운이 움직인 거리

02 탱크를 지상에 설치하고자 할 때 방류둑을 설치하지 않아도 되는 저장탱크는?

① 저장능력 1,000톤 이상의 질소탱크
② 저장능력 1,000톤 이상의 부탄탱크
③ 저장능력 1,000톤 이상의 산소탱크
④ 저장능력 5톤 이상의 염소탱크

해설
질소가스는 불연성, 비독성물질이므로 방류둑이 필요 없다.

03 액화석유가스 충전소에서 저장탱크를 지하에 설치하는 경우에는 철근 콘크리트로 저장탱크실을 만들고, 그 실내에 설치하여야 한다. 이때 저장탱크 주위의 빈 공간에 채우는 것은?

① 물
② 마른 모래
③ 자 갈
④ 콜타르

해설
저장탱크 주위 빈 공간에는 마른 모래를 채워 탱크의 찌그러짐을 방지한다.

04 독성가스 배관은 안전한 구조를 갖도록 하기 위해 2중관 구조로 하여야 한다. 다음 중 2중관으로 하지 않아도 되는 가스는?

① 암모니아
② 염화메탄
③ 사이안화수소
④ 에틸렌

해설
2중 배관으로 해야 할 독성가스 : 포스겐, 황화수소, 사이안화수소, 염소, 산화에틸렌, 염화메탄, 암모니아, 이산화황

05 다음 중 일반적인 연소에 대한 설명으로 옳은 것은?

① 온도 상승에 따라 폭발범위는 넓어진다.
② 압력 상승에 따라 폭발범위는 좁아진다.
③ 가연성 가스에서 공기 또는 산소의 농도 증가에 따라 폭발범위는 좁아진다.
④ 공기 중보다 산소 중에서 폭발범위는 좁아진다.

> **해설**
> 폭발범위는 주변의 온도, 압력, 산소의 농도가 높을수록 증가한다.

06 최소점화에너지(MIE)에 대한 설명으로 옳지 않은 것은?

① MIE는 압력의 증가에 따라 감소한다.
② MIE는 온도의 증가에 따라 증가한다.
③ 질소 농도의 증가는 MIE를 증가시킨다.
④ 일반적으로 분진의 MIE는 가연성 가스보다 큰 에너지 준위를 가진다.

> **해설**
> 최소점화에너지가 낮아지는 조건
> • 연소속도가 클수록
> • 열전도율이 작을수록
> • 산소 농도가 높을수록
> • 압력이 높을수록
> • 온도가 높을수록

07 다음 중 표면연소에 대한 설명으로 옳은 것은?

① 오일 표면에서 연소하는 상태
② 고체연료가 화염을 길게 내면서 연소하는 상태
③ 화염의 외부 표면에 산소가 접촉하여 연소하는 현상
④ 적열된 코크스 또는 숯의 표면 또는 내부에 산소가 접촉하여 연소하는 상태

> **해설**
> 표면연소는 가연성 물질의 표면에서 일어나는 연소현상으로, 불꽃 없이 빛과 열을 발생시키며 연소하는 형태이다. 주로 숯(목탄), 코크스 등이 다공성 고체 가연물이다.

08 소화의 3대 효과 중 이산화탄소로 가연물을 덮는 방법은?

① 제거효과   ② 질식효과
③ 냉각효과   ④ 촉매효과

> **해설**
> 이산화탄소로 가연물을 덮는 방법은 소화의 3대 효과 중 질식소화에 해당한다. 질식소화는 연소에 필요한 산소 공급을 차단하여 소화하는 방법이다. 이산화탄소는 산소보다 무거워 가연물 위에 덮여 산소 공급을 차단하는 역할을 한다.

09 화재와 폭발을 구별하기 위한 주된 차이는?

① 에너지 방출속도   ② 점화원
③ 인화점   ④ 연소한계

> **해설**
> 화재와 폭발을 구별하는 주요 차이점은 에너지 방출속도와 압력 변화이다. 화재는 가연물이 산소와 반응하여 열과 빛을 내는 연소 과정으로, 상대적으로 느린 에너지 방출속도를 갖는다. 반면, 폭발은 급격한 압력 증가와 함께 에너지가 순간적으로 방출되는 현상으로, 매우 빠른 속도로 에너지가 방출된다.

정답 5 ① 6 ② 7 ④ 8 ② 9 ①

10 완전연소의 구비조건으로 옳지 않은 것은?

① 연소에 충분한 시간을 부여한다.
② 연료를 인화점 이하로 냉각하여 공급한다.
③ 적정량의 공기를 공급하여 연료와 잘 혼합한다.
④ 연소실 내의 온도를 연소조건에 맞게 유지한다.

해설
완전연소란 연소과정에서 연료가 산소와 충분히 반응하여 이산화탄소, 물과 같은 완전연소 생성물만 남기는 현상이다. 즉, 연료가 완전히 소모되어 더 이상 타지 않는 상태를 의미한다.

11 폭굉유도거리(DID)에 대한 설명으로 옳은 것은?

① 관경이 클수록 짧다.
② 압력이 낮을수록 짧다.
③ 점화원의 에너지가 약할수록 짧다.
④ 정상 연소속도가 빠른 혼합가스일수록 짧다.

해설
폭굉유도거리(DID)가 짧아지는 요인(짧을수록 위험하다)
• 압력이 높을수록 짧아진다.
• 점화원의 에너지가 강할수록 짧아진다.
• 연소속도가 큰 혼합가스일수록 짧아진다.
• 관 속에 방해물이 있으면 짧아진다.
• 관 내경(지름)이 작을수록 짧아진다.

12 이상기체에 대한 설명으로 옳지 않은 것은?

① 이상기체 상태방정식을 따르는 기체이다.
② 보일-샤를의 법칙을 따르는 기체이다.
③ 아보가드로의 법칙을 따르는 기체이다.
④ 반데르발스의 법칙을 따르는 기체이다.

해설
반데르발스의 법칙은 실제기체를 나타내는 방정식이다.

13 LPG를 연료로 사용할 때의 장점으로 옳지 않은 것은?

① 발열량이 크다.
② 조성이 일정하다.
③ 특별한 가압장치가 필요하다.
④ 용기, 조정기와 같은 공급설비가 필요하다.

해설
LPG는 자체 압력을 이용하므로 특별한 가압장치가 필요 없다.

14 조정압력이 3.3kPa 이하인 액화석유가스 조정기 안정장치의 작동정지압력은 얼마인가?

① 7kPa
② 5.04~8.4kPa
③ 5.6~8.4kPa
④ 8.4~10kPa

해설
조정압력이 3.3kpa 이하인 조정기 안전장치의 작동압력
• 작동표준압력 : 7kPa
• 작동개시압력 : 5.6~8.4kPa
• 작동정지압력 : 5.04~8.4kPa

15 다음 중 가스용 폴리에틸렌 관의 장점이 아닌 것은?

① 부식에 강하다.
② 일광과 열에 강하다.
③ 내한성이 우수하다.
④ 균일한 단위 제품을 얻기 쉽다.

해설
가스용 폴리에틸렌 관
• 가볍고, 유연하여 시공이 용이하다.
• 부식이나 누수에 강하고, 수명이 길어 경제적이다.
• 전식에도 강하고, 지진이나 지반 침하에도 안전하다.
• 화기에 매우 약하고, 직사광선에 장시간 노출 시 노화된다.

16 정압기(Governor)의 기본 구성 중 2차 압력을 감지하고 변동사항을 알려 주는 역할을 하는 것은?

① 스프링　　　② 메인밸브
③ 다이어프램　④ 웨이트

해설
정압기의 역할
• 스프링 : 2차 압력을 설정한다.
• 메인밸브(조정밸브) : 가스의 유량을 메인밸브 개도에 따라 조정한다.
• 다이어프램 : 2차 압력을 감지 후 2차 압력의 변동사항을 메인밸브에 전달한다.

17 도시가스 저압배관의 설계 시 반드시 고려하지 않아도 되는 사항은?

① 허용압력손실　② 가스소비량
③ 연소기의 종류　④ 관의 길이

해설
저압배관 유량 계산식(Pole식)

$$Q = K\sqrt{\dfrac{D^5 \cdot H}{S \cdot L}}$$

여기서, Q : 가스의 유량(m^3/h)
　　　　D : 관 안지름(cm)
　　　　H : 압력손실(mmH_2O)
　　　　S : 가스의 비중
　　　　L : 관의 길이(m)
　　　　K : 유량계수

18 전기방식에 대한 설명으로 옳지 않은 것은?

① 전해질 중 물, 토양, 콘크리트 등에 노출된 금속에 대하여 전류를 이용하여 부식을 제어하는 방식이다.
② 전기방식은 부식 자체를 제거할 수 있는 것이 아니라 음극에서 일어나는 부식을 양극에서 일어나도록 하는 것이다.
③ 방전류는 양극에서 양극반응에 의하여 전해질로 이온이 누출되어 금속 표면으로 이동하게 되고, 음극 표면에서는 음극반응에 의하여 전류가 유입되게 된다.
④ 금속에서 부식을 방지하기 위해서는 방식전류가 부식전류 이하가 되어야 한다.

해설
전기방식 : 지중 및 수중에 설치하는 강재 배관 및 저장탱크 외면에 전류를 유입시켜 양극반응을 저지함으로써 배관의 전기적 부식을 방지하는 것으로, 방식전류가 부식전류 이상이 되어야 한다.

정답 15 ② 16 ③ 17 ③ 18 ④

19 LPG를 탱크로리에서 저장탱크로 이송 시 작업을 중단해야 하는 경우가 아닌 것은?

① 누출이 생긴 경우
② 과충전된 경우
③ 작업 중 주위에 화재 발생 시
④ 압축기 이용 시 베이퍼로크 발생 시

해설
펌프에서 발생하는 베이퍼로크 현상은 저비점 액체가 가열되어 기체 방울(기포)이 생기면서 액체의 흐름이나 압력 전달을 방해하는 현상이다. 압축기에서는 베이퍼로크 현상이 일어나지 않는다.

20 로딩(Loading)형으로 정특성, 동특성이 양호하며 비교적 콤팩트한 형식의 정압기는?

① 레이놀즈(KRF)식 정압기
② 피셔(Fisher)식 정압기
③ 직동식 정압기
④ 액시얼 플로(Axial-flow)식 정압기

해설
① 레이놀즈(KRF)식 정압기 : 언로딩형으로 정특성은 양호하나 안정성은 떨어진다. 대형 정압기에 사용한다.
③ 직동식 정압기 : 구조가 간단하고, 경제적이며 유지관리가 용이하여 널리 쓰인다. 주로 소용량 단독 정압기에 사용된다.
④ 액시얼 플로(Axial-flow)식 정압기 : 변칙적 언로딩형으로, 고차압일수록 안정적이다. 소형이며, 경량인 정압기이다.

21 2개의 단열과정과 2개의 등압과정으로 이루어진 가스터빈의 이상사이클은?

① 에릭슨 사이클   ② 브레이턴 사이클
③ 스털링 사이클   ④ 앳킨슨 사이클

해설
브레이턴 사이클

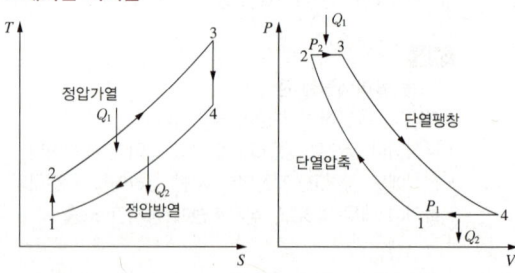

• 1~2 과정 : 대기압 P_1을 압축기에서 P_2로 단열압축하는 과정(단열압축)
• 2~3 과정 : 연료를 연소기에 공급하여(Q_1) 일정압력으로 연소하는 과정(정압가열)
• 3~4 과정 : 터빈에서 단열팽창하는 과정(단열팽창)
• 4~1 과정 : 압력 P_1으로 터빈을 나온 배기가스를(Q_2) 대기로 방출하는 과정(정압방열)

22 캐비테이션 현상의 발생 방지책에 대한 설명으로 옳지 않은 것은?

① 펌프의 회전수를 높인다.
② 흡입 관경을 크게 한다.
③ 펌프의 위치를 낮춘다.
④ 양흡입펌프를 사용한다.

해설
캐비테이션(공동현상)은 유체 내에서 압력이 급격히 낮아져 액체가 기화하면서 기포가 발생하는 현상이다.
캐비테이션 방지법
• 펌프의 흡입 측 수두, 마찰손실을 작게 한다.
• 펌프의 임펠러 속도를 낮춘다.
• 펌프의 흡입 관경을 크게 한다.
• 펌프의 설치 위치를 수원보다 낮게 한다.
• 펌프의 흡입압력을 유체의 증기압보다 높게 한다.
• 양흡입펌프를 사용한다.
• 양흡입펌프로 부족 시 펌프를 2대로 나눈다.

23 LP가스를 이용한 도시가스 공급방식이 아닌 것은?

① 직접혼입방식
② 공기혼입방식
③ 변성혼입방식
④ 생가스 혼입방식

해설
생가스 혼입방식은 LPG 강제기화 공급방식이다.
LPG 강제기화 공급방식
• 생가스 공급방식
• 변성가스 공급방식
• 공기혼합가스 공급방식

24 아세틸렌을 용기에 충전할 때 용기에 미리 다공질 물질을 고르게 채운 후 침윤 및 충전을 하여야 한다. 이때 다공도는 얼마로 해야 하는가?

① 75% 이상, 92% 미만
② 70% 이상, 95% 미만
③ 62% 이상, 75% 미만
④ 92% 이상

해설
충전용기
• 다공도 계산 공식

$$다공도 = \frac{V(다공질물의\ 용적) - E(침윤\ 잔용적)}{V(다공질물의\ 용적)}$$

• 다공질물의 다공도 : 20℃에서 75% 이상 92% 미만
• 충전 시 온도에 관계없이 2.5MPa 이하로 하고, 충전은 2~3회에 걸쳐 최소 8시간 정도 소요되도록 한다. 충전 후 24시간 동안 정치하며, 정치압력은 15℃에서 1.5MPa 이하로 한다.
• 아세틸렌의 희석제 : 프로판, 메탄, 에틸렌, 질소, 수소, 일산화탄소, 이산화탄소

25 다음 중 냄새로 누출 여부를 쉽게 알 수 있는 가스는?

① 질소, 이산화탄소
② 일산화탄소, 아르곤
③ 염소, 암모니아
④ 에탄, 부탄

해설
염소와 암모니아는 자극성 냄새가 난다.

26 금속재료에 대한 풀림의 목적으로 옳지 않은 것은?

① 인성을 향상시킨다.
② 내부응력을 제거한다.
③ 조직을 조대화하여 높은 경도를 얻는다.
④ 일반적으로 강의 경도가 낮아져 연화된다.

해설
• 풀림(Annealing) : 금속이나 유리의 열처리 조작방법 중 하나로, 금속이나 유리를 어떤 온도로 가열한 후 천천히 냉각시킨다. 내부 조직을 균질화시키고, 내부 변형력(응력)을 제거하기 위해 열처리한다.
• 조대화 : 금속재료는 작은 결정들이 모여서 이루어져 있는데, 이러한 개별적인 결정인 결정립이 성장하여 크기가 커지는 현상이다. 조직을 조대화하여 연화시키면 경도는 낮아진다.

27 유수식 가스홀더의 특징에 대한 설명으로 옳지 않은 것은?

① 제조설비가 저압인 경우에 사용한다.
② 구형 홀더에 비해 유효 가동량이 많다.
③ 가스가 건조하면 물탱크의 수분을 흡수한다.
④ 부지 면적과 기초 공사비가 적게 소요된다.

해설
유수식 가스홀더는 대량의 물이 필요하기 때문에 초기 설치비가 많이 든다.

28 아세틸렌가스를 2.5MPa의 압력으로 압축할 때 주로 사용되는 희석제는?

① 질소　　　　② 산소
③ 이산화탄소　　④ 암모니아

해설
아세틸렌의 희석제
• 안전관리규정에서 정한 것 : 질소, 메탄, 일산화탄소, 에틸렌
• 희석제로 가능한 것 : 수소, 프로판, 이산화탄소
※ 안전관리규정에서 정한 것을 우선으로 선정한다.

29 액화프로판 400kg을 내용적 50L의 용기에 충전 시 필요한 용기의 개수는?(단, 프로판의 충전정수는 2.35이다)

① 13개　　　　② 15개
③ 17개　　　　④ 19개

해설
• 용기 1개당 충전량
$$W = \frac{V}{C} = \frac{50}{2.35} = 21.28 \text{kg}$$
• 용기의 수 계산
$$\text{용기의 수} = \frac{\text{전체 가스량(kg)}}{\text{용기 1개당 충전량(kg)}} = \frac{400\text{kg}}{21.28\text{kg}} = 18.80$$
∴ 용기의 수는 19개이다.

30 암모니아 저장탱크에는 가스용량이 저장탱크 내용적의 몇 %를 초과하는 것을 방지하기 위하여 과충전 방지조치를 하여야 하는가?

① 85%　　　　② 90%
③ 95%　　　　④ 98%

31 가스를 충전하는 경우에 밸브 및 배관이 얼었을 때 응급조치방법으로 적절하지 않은 것은?

① 열습포를 사용한다.
② 미지근한 물로 녹인다.
③ 석유 버너 불로 녹인다.
④ 40℃ 이하의 물로 녹인다.

해설
가스를 충전하는 중 밸브나 배관이 얼었을 때는 우선 가스 공급을 차단하고, 얼음 부분을 40℃ 이하의 따뜻한 물이나 열습포로 녹여야 한다. 석유 버너와 같이 직접적인 화염을 이용하는 것은 위험하므로 절대 사용해서는 안 된다.

32 폭발 및 인화성 위험물 취급 시 주의하여야 할 사항으로 틀린 것은?

① 습기가 없고, 양지바른 곳에 둔다.
② 취급자 외에는 취급하지 않는다.
③ 부근에서 화기를 사용하지 않는다.
④ 용기는 난폭하게 취급하거나 충격을 주어서는 아니 된다.

해설
폭발 및 인화성 위험물을 양지바른 곳에 두면 직사광선으로 인해 온도가 상승하면서 압력도 상승하여 누설, 파열될 수 있으므로 직사광선이 쬐지 않는 곳에 보관해야 한다.

33 고압가스 안전성 평가기준에서 정한 위험성 평가기법 중 정성적 평기기법에 해당되는 것은?

① 체크리스트(Check List) 기법
② 작업자 실수 분석(HEA)기법
③ 결함수 분석(FTA)기법
④ 원인-결과 분석(CCA)기법

해설
- 정성적 평가기법 : 체크리스트 기법, 사고예상질문 분석(what -if), 위험과 운전 분석 (HAZOP)
- 정량적 평가비법 : 작업자 실수 분석(HEA)기법, 결함수 분석(FTA)기법, 사건수 분석(ETA)기법, 원인-결과 분석(CCA)기법

34 아세틸렌용 용접용기 제조 시 내압시험압력이란 최고충전압력 수치의 몇 배의 압력인가?

① 1.2　　② 1.8
③ 2　　　④ 3

해설
용기 및 설비에 따른 압력

압력의 종류	용기 C_2H_2	용기 C_2H_2 이외의 용기	설비 (저장탱크, 용기집합장치, 배관 등)
TP (내압시험압력)	FP×3배	FP×$\frac{5}{3}$	• 상용압력×1.5배(공기, 질소로 내압시험 시 상용압력×1.25배) • 냉동설비는 설계압력×1.5배 • 도시가스는 최고사용압력×1.5배
FP (최고충전압력)	15℃에서 1.55MPa	TP×$\frac{3}{5}$	-
AP (기밀시험압력)	FP×1.8배	FP(단, 저온, 초저온용기 =FP×1.1배)	• 상용압력 • 도시가스는 최고사용압력×1.1배
안전밸브 작동압력	TP×0.8배	TP×0.8배	TP×0.8배(단, 액화산소탱크 = 상용압력×1.5배)

35 지름이 각각 8m인 LPG 저장탱크 사이에 물분무장치를 하지 않은 경우 탱크 사이에 유지해야 되는 간격은?

① 1m　　② 2m
③ 4m　　④ 8m

해설
LPG 저장탱크 간의 유지거리 : 두 저장탱크의 최대 지름을 합산한 길이의 1/4 이상에 해당하는 거리를 유지한다. 두 저장탱크의 최대 지름을 합산한 길이의 1/4의 길이가 1m 미만인 경우에는 1m 이상의 거리를 유지한다. 다만, LPG 저장탱크에 물분무장치가 설치되었을 경우에는 저장탱크 간의 이격거리를 유지하지 않아도 된다.

두 저장탱크의 직경의 합 × $\frac{1}{4}$ = $\frac{8+8}{4}$ = 4m

36 고압가스 운반 차량의 운행 중 조치사항으로 옳지 않은 것은?

① 400km 이상 거리를 운행할 경우 중간에 휴식을 취한다.
② 독성가스를 운반 중 도난당하거나 분실한 때에는 즉시 그 내용을 경찰서에 신고한다.
③ 독성가스를 운반하는 때는 그 고압가스의 명칭, 성질 및 이동 중의 재해 방지를 위하여 필요한 주의사항을 기재한 서류를 운전자 또는 운반 책임자에게 교부한다.
④ 고압가스를 적재하여 운반하는 차량은 차량의 고장, 교통 사정, 운전자 또는 운반 책임자가 휴식할 경우 운반 책임자와 운전자가 동시에 이탈하지 아니 한다.

해설
고압가스 운반 차량 운행 시 장거리(200km) 운전하는 경우에는 중간에 20분 이상 휴식을 취한다.

정답 33 ① 34 ④ 35 ③ 36 ①

37 액화가스 저장탱크의 저장능력을 산출하는 식은? (단, Q : 저장능력(m^3), W : 저장능력(kg), V : 내용적(L), P : 35℃에서 최고충전압력(MPa), d : 사용온도 내에서 액화가스 비중(kg/L), C : 가스의 종류에 따른 정수이다)

① $W = V/C$
② $W = 0.9dV$
③ $Q = (10P+1)V$
④ $Q = (P+2)V$

해설
- 액화가스 저장탱크
  $W = 0.9dV$
  여기서, W : 저장능력(kg)
  d : 액화가스의 밀도(kg/m^3)
  V : 탱크의 용적(m^3)
- 압축가스 저장탱크 및 용기
  $Q = (10P+1)V$
  여기서, Q : 저장능력(m^3)
  P : 압력(MPa)
  V : 용기 또는 탱크의 용적(m^3)
- 액화가스 용기 및 차량 탑재 탱크
  $W = V/C$
  여기서, W : 저장능력(kg)
  V : 용기 또는 탱크의 용적(L)
  C : 상수(가스 종류에 따라 다름)

38 다음 중 초저온용기의 재료로 적합한 것은?

① 오스테나이트계 스테인리스 강 또는 알루미늄 합금
② 고탄소강 또는 Cr강
③ 마텐자이트계 스테인리스강 또는 고탄소강
④ 알루미늄 합금 또는 Ni-Cr강

해설
초저온 용기의 재료 : 오스테나이트계 스테인리스강(18-8 스테인리스강), 알루미늄 합금

39 질소 충전용기에서 질소가스의 누출 여부를 확인하는 가장 쉽고 안전한 방법은?

① 기름을 사용한다.
② 소리를 감지한다.
③ 비눗물을 사용한다.
④ 전기스파크를 이용한다.

해설
질소 충전 시 가스 누출 여부를 확인하는 가장 안전하고 간편한 방법은 비눗물을 사용하는 것이다. 비눗물을 용기 연결 부위나 의심되는 부위에 바르면, 누출이 있는 경우 비눗방울이 생겨 쉽게 확인할 수 있다. 또한, 가스누출감지기를 설치하여 주기적으로 점검하는 것도 효과적인 방법이다.

40 고압가스용 이음매 없는 용기 제조 시 탄소 함유량은 몇 % 이하를 사용하여야 하는가?

① 0.04
② 0.05
③ 0.33
④ 0.55

해설
용기 제조방법에 따른 C, P, S 함유량

구 분	탄소(C)	인(P)	황(S)
용접용기	0.33% 이하	0.04% 이하	0.05% 이하
이음매 없는 용기	0.55% 이하	0.04% 이하	0.05% 이하

41 포스겐가스($COCl_2$) 취급 시 주의사항으로 옳지 않은 것은?

① 취급 시 방독마스크를 착용한다.
② 공기보다 가벼우므로 환기시설은 보관 장소의 위쪽에 설치한다.
③ 사용 후 폐가스를 방출할 때에는 중화시킨 후 옥외로 방출시킨다.
④ 취급 장소는 환기가 잘되는 곳이어야 한다.

> **해설**
> 공기의 평균 분자량은 29g, 포스겐의 평균 분자량은 99g으로, 포스겐이 공기보다 무거우므로 환기시설은 보관 장소의 아래쪽에 설치하여야 한다.

42 폭발 예방대책을 수립하기 위하여 우선적으로 검토하여야 할 사항이 아닌 것은?

① 요인 분석
② 위험성 평가
③ 피해 예측
④ 피해 보상

> **해설**
> **폭발 예방대책 수립을 위한 우선 검토사항**
> • 폭발 위험요인을 분석한다.
> • 위험성 평가 및 예방조치를 한다.
> • 안전교육을 실시한다.
> • 비상 대응계획을 수립한다.
> • 정기적인 점검 및 유지보수를 한다.
> ※ 피해 보상은 차선적 대책이다.

43 초음파 유량계에 대한 설명으로 옳지 않은 것은?

① 압력손실이 거의 없다.
② 압력은 유량에 비례한다.
③ 대구경 관로의 측정이 가능하다.
④ 액체 중 고형물이나 기포가 많이 포함되어 있어도 정도가 좋다.

> **해설**
> 액체에 고형물이나 기포가 많이 포함되어 있으면 정도가 나빠진다.

44 접촉식 온도계의 종류와 특징에 대한 설명이 옳지 않은 것은?

① 유리 온도계 : 액체의 온도에 따른 팽창을 이용한 온도계
② 바이메탈 온도계 : 바이메탈이 온도에 따라 굽히는 정도가 다른 점을 이용한 온도계
③ 열전대 온도계 : 온도 차이에 의한 금속의 열 상승 속도의 차이를 이용한 온도계
④ 저항 온도계 : 온도 변화에 따른 금속의 전기저항 변화를 이용한 온도계

> **해설**
> **열전대 온도계** : 두 종류의 금속선을 접속하여 하나의 회로를 만들어 두 개의 접점에 온도차를 부여하면 회로에는 접점의 온도에 거의 비례한 전류(열기전력)가 흐르는 현상인 제베크 효과를 이용한 접촉식 온도계이다.

45 습식 가스미터 특징에 대한 설명으로 옳지 않은 것은?

① 계량이 정확하다.
② 설치 공간이 작다.
③ 사용 중에 기차의 변동이 거의 없다.
④ 사용 중에 수위 조정 등의 관리가 필요하다.

해설
습식 가스미터는 계량이 정확해서 연구실, 실험실과 같은 환경에서 사용하지만, 설치 공간이 크다.

46 가스분석법 중 흡수분석법에 해당하지 않는 것은?

① 햄펠법　　② 게겔법
③ 오르자트법　　④ 우인클러법

해설
우인클러법은 해수 중 용존산소(DO)를 측정하는 방법 중 하나이다.

47 다음 중 아르키메데스의 원리를 이용하는 압력계는?

① 부르동관 압력계
② 링밸런스식 압력계
③ 침종식 압력계
④ 벨로스식 압력계

해설
침종식 압력계는 액체 속에 물체를 넣었을 때 물체가 받는 부력, 즉 물체가 밀어낸 액체의 무게가 압력과 관련이 있다는 아르키메데스의 원리를 이용한 것이다.

48 전기저항식 습도계의 특징에 대한 설명으로 옳지 않은 것은?

① 저온도의 측정이 가능하고, 응답이 빠르다.
② 고습도에 장기간 방치하면 감습막이 유동한다.
③ 주로 연속 기록, 원격 측정, 자동제어에 이용한다.
④ 비교적 온도계수가 작다.

해설
전기저항식 습도계
• 장점
　- 연속 기록 및 제어가 가능하다.
　- 상대습도를 즉시 알 수 있다.
　- 구조적으로 단순하며, 정밀 측정이 가능하다.
• 단점
　- 용량식에 비해 온도 특성이 커서 온도 보정이 필요하다.
　- 저습한 환경에서는 저항이 높아져 검출이 곤란하다.
　- 측정기체가 소자를 오염시키는 데에는 사용할 수 없다.
　- 다소의 경년변화가 있어 비교적 온도계수가 크다.
※ 감습막(감습성 막, Moisture-sensitive Film)은 주위의 상대습도 변화에 따라 전기저항이나 용량 등 물리적 성질이 변하는 막이다.

49 여과기(Strainer)의 설치가 필요한 가스미터는?

① 터빈 가스미터
② 루트 가스미터
③ 막식 가스미터
④ 습식 가스미터

해설
루트식 가스미터 : 두 개의 회전자와 케이싱으로 구성되어 고속으로 회전하는 회전자에 의하여 체적 단위로 환산하여 적산하는 것으로, 여과기의 설치 및 설치 후의 관리가 필요하다.

50 다음 중 가스공급시설의 임시 사용 기준 항목이 아닌 것은?

① 도시가스 공급이 가능한지의 여부
② 도시가스의 수급 상태를 고려할 때 해당 지역에 도시가스의 공급이 필요한지의 여부
③ 공급의 이익 여부
④ 가스공급시설을 사용할 때 안전을 해칠 우려가 있는지의 여부

51 다음 중 용기 파열사고의 원인이 아닌 것은?

① 용기의 내압력이 부족한 경우
② 용기의 내압이 상승한 경우
③ 용기 내에서 폭발성 혼합가스에 의한 발화가 발생한 경우
④ 안전밸브가 작동한 경우

해설
안전밸브는 용기가 파열하기 전에 작동하여 용기를 보호하는 역할을 한다.

52 가스보일러에서 가스를 연소시킬 때 불완전연소로 발생하는 가스에 중독될 경우 생명을 잃을 수도 있다. 이때 이 가스를 검지하기 위하여 사용하는 시험지는?

① 연당지
② 염화팔라듐지
③ 해리슨시험지
④ 질산구리벤젠지

해설
가스를 검지하기 위하여 사용하는 시험지
- 염화팔라듐지 : CO(일산화탄소)
- 연당지 : H_2S(황화수소)
- 해리슨시험지 : $COCl_2$(포스겐)
- 질산구리벤젠지 : HCN(사이안화수소)

53 가스센서에 이용되는 물리적 현상으로 가장 옳은 것은?

① 압전효과
② 조지프슨 효과
③ 흡착효과
④ 광전효과

해설
흡착효과
- 흡착 및 탈리현상으로 전기전도성이 변하는 성질을 이용한다.
- 가스의 흡착에 기초한 센서는 물리적 현상이다.
- 흡착효과는 높은 전력 소비량뿐만 아니라 낮은 선택성의 문제점을 가진다.

정답 50 ③ 51 ④ 52 ② 53 ③

54 다음 중 실측식 가스미터가 아닌 것은?

① 터빈식　　② 건 식
③ 습 식　　　④ 막 식

해설
가스미터의 종류
- 실측식
  - 건식 : 막식(다이어프램식/가정용), 회전자식(루트식, 로터리식, 오발식/산업용)
  - 습식 : 드럼형(기준기 검사용)
- 간접식 : 델타식, 터빈식, 벤투리식, 오리피스식, 와류식

55 헴펠(Hempel)법에 의한 분석 순서로 옳은 것은?

① $CO_2 \to C_mH_n \to O_2 \to CO$
② $CO \to C_mH_n \to O_2 \to CO_2$
③ $CO_2 \to O_2 \to C_mH_n \to CO$
④ $CO \to O_2 \to C_mH_n \to CO_2$

56 도시가스의 총발열량이 10,400kcal/m³, 공기에 대한 비중이 0.55일 때 웨버지수는 얼마인가?

① 11,023　　② 12,023
③ 13,023　　④ 14,023

해설
웨버지수 계산 공식

$$WI = \frac{H_g}{\sqrt{d}}$$

$$= \frac{10,400}{\sqrt{0.55}} = 14,023$$

여기서, WI : 웨버지수
　　　　H_g : 도시가스의 총발열량 $\left(\frac{kcal}{m^3}\right)$
　　　　d : 도시가스의 비중

57 다음 중 압력이 가장 높은 것은?

① $10 lb/in^2$
② $750 mmHg$
③ $1 atm$
④ $1 kg/cm^2$

해설
표준대기압
$1atm = 760mmHg = 10,332mmH_2O \left(= mmAq = \frac{kg}{m^2}\right)$

$= 1.0332 \frac{kg}{cm^2}$

$= 14.7 psi \left(= \frac{lb}{inch^2}\right) = 1,013.25 mbar = 101,325 Pa$

58 고압가스 용접용기 제조 시 용기 동판의 최대 두께와 최소 두께의 차이는 평균 두께의 몇 % 이하로 하여야 하는가?

① 10%　　② 20%
③ 30%　　④ 40%

해설
고압가스 용접용기 제조 시 용기 동판의 최대 두께와 최소 두께의 차이는 평균 두께의 10% 이하로 하여야 한다.

59 인체용 에어졸 제품의 용기에 기재할 사항으로 틀린 것은?

① 특정 부위에 계속하여 장시간 사용하지 말 것
② 가능한 한 인체에서 10cm 이상 떨어져서 사용할 것
③ 온도가 40℃ 이상 되는 장소에서 보관하지 말 것
④ 불 속에 버리지 말 것

해설
인체용 에어졸 제품의 용기에 기재하여야 할 사항
- 특정 부위에 계속하여 장시간 사용하지 말 것
- 가능한 한 인체에서 20cm 이상 떨어져서 사용할 것
- 온도가 40℃ 이상 되는 장소에 보관하지 말 것
- 불 속에 버리지 말 것

60 프로판 15vol%와 부탄 85vol%로 혼합된 가스의 공기 중 폭발하한값은 약 몇 %인가?(단, 프로판의 폭발하한값은 2.1%이고, 부탄은 1.8%이다)

① 1.84   ② 1.88
③ 1.94   ④ 1.98

해설
르샤틀리에의 법칙(혼합가스의 폭발범위를 구하는 식)

$$\frac{100}{L} = \frac{V_1}{L_1} + \frac{V_2}{L_2} + \frac{V_3}{L_3} \cdots\cdots$$

$$= \frac{15}{2.1} + \frac{85}{1.8}$$

$\therefore L = 1.84$

여기서, L : 혼합 가스의 폭발범위값
$L_1, L_2, L_3, \cdots$: 각 성분의 단독 폭발범위값(체적(%))
$V_1, V_2, V_3, \cdots$: 각 성분의 체적(%)

2025년 제2회 최근 기출복원문제

01 연소열에 대한 설명으로 옳지 않은 것은?

① 어떤 물질이 완전연소할 때 발생하는 열량이다.
② 연료의 화학적 성분은 연소열에 영향을 미친다.
③ 이 값이 클수록 연료로서 효과적이다.
④ 발열반응과 함께 흡열반응도 포함한다.

해설
연소열이란 가연성 물질이 공기 중의 산소와 반응(화학반응)하여 완전연소할 때 발생하는 열량(발열반응)으로, 흡열반응은 포함하지 않는다.

02 황(S) 1kg이 이산화황(SO_2)으로 완전연소할 경우 이론산소량(kg/kg)과 이론공기량(kg/kg)은 각각 얼마인가?

① 1, 4.31　② 1, 8.62
③ 2, 4.31　④ 2, 8.62

해설
• 이론산소량
　$S + O_2 \rightarrow SO_2$
　32kg : 32kg = 1kg : x
　$x = 1$
• 황의 완전연소 반응식
　$S + O_2 \rightarrow SO_2$
　A_0(이론공기량) $= \dfrac{1}{0.232} = 4.31$

03 메탄 60vol%, 에탄 20vol%, 프로판 15vol%, 부탄 5vol%인 혼합가스의 공기 중 폭발하한계(vol%)는 약 얼마인가?(단, 각 성분의 하한계는 메탄 5.0 vol%, 에탄 3.0vol%, 프로판 2.1vol%, 부탄 1.8 vol%로 한다)

① 2.5　② 3.0
③ 3.5　④ 4.0

해설
르샤틀리에의 법칙(혼합가스의 폭발범위를 구하는 식)

$$\dfrac{100}{L} = \dfrac{V_1}{L_1} + \dfrac{V_2}{L_2} + \dfrac{V_3}{L_3} \cdots$$

$$= \dfrac{60}{5} + \dfrac{20}{3} + \dfrac{15}{2.1} + \dfrac{5}{1.8}$$

∴ $L \fallingdotseq 3.5$

여기서, L : 혼합가스의 폭발범위값
　　　　$L_1, L_2, L_3 \cdots$: 각 성분의 단독 폭발범위값(체적(%))
　　　　$V_1, V_2, V_3 \cdots$: 각 성분의 체적(%)

04 계측기의 원리에 대한 설명으로 옳지 않은 것은?

① 기전력의 차이로 온도를 측정한다.
② 액주 높이로부터 압력을 측정한다.
③ 초음파속도의 변화로 유량을 측정한다.
④ 정전용량을 이용하여 유속을 측정한다.

해설
계측기는 정전용량을 이용하여 액면, 압력 등을 측정한다(정전용량형 액면계).

정답　1 ④　2 ①　3 ③　4 ④

05 기체연료의 확산연소에 대한 설명으로 옳지 않은 것은?

① 확산연소는 폭발의 경우에 주로 발생하는 형태이며, 예혼합연소에 비해 반응대가 좁다.
② 연료가스와 공기를 별개로 공급하여 연소하는 방법이다.
③ 연소 형태는 연소기기의 위치에 따라 달라지는 비균일연소이다.
④ 일반적으로 확산과정은 화학반응이나 화염의 전파과정보다 늦기 때문에 확산에 의한 혼합속도가 연소속도를 지배한다.

해설
확산연소는 주로 폭발의 경우에 발생하는 형태로, 예혼합연소에 비해 반응대가 넓다.

06 프로판 가스의 분자량은 얼마인가?

① 17 ② 44
③ 58 ④ 64

해설
$C_3H_8 = (12 \times 3) + (1 \times 8) = 44$

07 0℃, 1기압에서 C_3H_8 5kg의 체적은 약 몇 m³인가?(단, 이상기체로 가정하고, C의 원자량은 12, H의 원자량은 1이다)

① 0.6 ② 1.5
③ 2.5 ④ 3.6

해설
이상기체 상태방정식

$PV = \dfrac{W}{M}RT$

$V = \dfrac{WRT}{PM} = \dfrac{5 \times 0.082 \times (273+0)}{1 \times 44} = 2.54$

08 다음 중 분진폭발과 가장 관련된 물질은?

① 소맥분 ② 에테르
③ 탄산가스 ④ 암모니아

해설
폭발의 유형
• 소맥분 : 분진폭발
• 에테르, 암모니아 : 가스폭발
• 탄산가스 : 압력폭발

09 조정기 감압방식 중 2단 감압방식의 장점이 아닌 것은?

① 공급압력이 안정하다.
② 장치와 조작이 간단하다.
③ 배관의 지름이 가늘어도 된다.
④ 각 연소기구에 알맞은 압력으로 공급이 가능하다.

해설
조정기 감압방식 중 2단 감압방식은 장치와 조작이 복잡하다. 장치와 조작이 간단한 것은 단단 감압방식이다.

10 지하 도시가스 매설배관에 Mg과 같은 금속을 배관과 전기적으로 연결하여 방식하는 방법은?

① 희생양극법
② 외부전원법
③ 선택배류법
④ 강제배류법

해설
전기방식법
- 희생양극법 : 양극금속과 매설배관 등을 전선으로 연결하여 양극 금속과 매설배관 사이의 전지작용에 의하여 전기적 부식을 방지하는 방법
- 외부전원법 : 양극은 매설배관 등이 설치되어 있는 토양이나 수중에 설치한 외부 전원용 전극에 접속하고, 음극은 매설배관 등에 접속시켜 전기적 부식을 방지하는 방법
- 배류법 : 매설배관 등의 전위가 주위의 타 금속 구조물의 전위보다 높은 장소에서 매설배관 등과 주위의 타 금속 구조물을 전기적으로 접속시켜 매설배관 등에 누출 전류를 복귀시킴으로써 전기적 부식을 방지하는 방법

11 원심펌프를 병렬로 연결하는 것은 무엇을 증가시키기 위한 것인가?

① 양 정
② 동 력
③ 유 량
④ 효 율

해설
원심펌프 운전의 특성
- 병렬 운전 : 양정이 일정하고, 유량이 증가한다.
- 직렬 운전 : 양정이 증가하고, 유량이 일정하다.

12 다음 중 용적형 압축기에 해당하지 않는 것은?

① 왕복압축기
② 회전압축기
③ 나사압축기
④ 원심압축기

해설
원심압축기는 비용적식 압축기이다.

13 액화석유가스를 소규모 소비하는 시설에서 용기수량을 결정하는 조건이 아닌 것은?

① 용기의 가스 발생능력
② 조정기의 용량
③ 용기의 종류
④ 최대 가스 소비량

해설
소규모 소비시설의 용기 수량을 결정하는 조건
- 용기의 가스 발생능력(용기로부터의 가스 증발량)
- 용기의 종류(크기)
- 최대 가스 소비량(최대 소비 수량)

14 LPG 용기 충전설비의 저장설비실에 설치하는 자연환기설비에서 외기에 면하여 설치된 환기구의 통풍 가능 면적의 합계는 어떻게 하여야 하는가?

① 바닥 면적 1m²마다 100cm²의 비율로 계산한 면적 이상
② 바닥 면적 1m²마다 300cm²의 비율로 계산한 면적 이상
③ 바닥 면적 1m²마다 500cm²의 비율로 계산한 면적 이상
④ 바닥 면적 1m²마다 600cm²의 비율로 계산한 면적 이상

해설
환기구의 통풍 가능 면적 합계는 바닥 면적 1m²마다 300cm²의 비율로 계산한 면적 이상으로 한다. 다만, 철망 등을 부착할 때는 철망이 차지하는 면적을 뺀 면적으로 한다.

15 저장탱크 설치방법에서 저장탱크를 지하에 묻는 경우 지면으로부터 저장탱크의 정상부까지의 깊이는 최소 얼마 이상으로 하여야 하는가?

① 20cm   ② 40cm
③ 60cm   ④ 1m

16 동일한 차량에 적재 운반이 가능한 것은?

① 염소와 수소
② 염소와 아세틸렌
③ 염소와 암모니아
④ 암모니아와 LPG

해설
운반 차량의 가스 운반기준
- 염소와 아세틸렌, 암모니아 또는 수소는 동일한 차량에 적재하여 운반하지 말 것
- 가연성 가스와 산소를 동일한 차량에 적재하여 운반할 때에는 그 충전용기의 밸브가 서로 마주 보지 않도록 적재할 것
- 충전용기와 위험물안전관리법에서 정하는 위험물과는 동일한 차량에 적재하여 운반하지 말 것

17 고압가스 제조 시 압축하면 안 되는 경우는?

① 가연성 가스(아세틸렌, 에틸렌 및 수소를 제외) 중 산소 용량이 전 용량의 2%일 때
② 산소 중 가연성 가스(아세틸렌, 에틸렌 및 수소를 제외)의 용량이 전 용량의 2%일 때
③ 아세틸렌, 에틸렌 또는 수소 중의 산소 용량이 전 용량의 3%일 때
④ 산소 중 아세틸렌, 에틸렌 및 수소의 용량 합계가 전 용량의 1%일 때

해설
압축을 금지해야 할 경우
- 가연성 가스 중에서 산소가 차지하는 용량이 전 용량의 4% 이상인 경우(아세틸렌, 에틸렌, 수소 제외)
- 산소 중에서 가연성 가스가 차지하는 용량이 전 용량의 4% 이상인 경우(아세틸렌, 에틸렌, 수소 제외)
- 아세틸렌(C_2H_2), 에틸렌(C_2H_4), 수소(H_2) 중에서 산소가 차지하는 용량이 전 용량의 2% 이상인 경우
- 산소 중에서 아세틸렌, 에틸렌, 수소가 차지하는 용량이 전 용량의 2% 이상인 경우

정답 14 ② 15 ③ 16 ④ 17 ③

18 액화석유가스의 특성에 대한 설명으로 옳지 않은 것은?

① 액체는 물보다 가볍고, 기체는 공기보다 무겁다.
② 액체의 온도에 의한 부피 변화가 작다.
③ 일반적으로 LNG보다 발열량이 크다.
④ 연소 시 다량의 공기가 필요하다.

해설
액화석유가스는 1L 기화 시 250L의 기체가 되므로, 부피 변화가 크다.

19 독성가스 용기 운반 등의 기준으로 옳은 것은?

① 밸브가 돌출된 운반용기는 이동식 프로텍터 또는 보호구를 설치한다.
② 충전용기를 차에 실을 때에는 넘어짐 등으로 인한 충격을 고려할 필요가 없다.
③ 기준 이상의 고압가스를 차량에 적재하여 운반할 경우 운반 책임자가 동승하여야 한다.
④ 시·도지사가 지정한 장소에서 이륜차에 적재할 수 있는 충전용기는 충전량이 50kg 이하이고, 적재수는 2개 이하이다.

해설
독성가스 용기 운반 등의 기준
- 밸브가 돌출된 운반용기는 고정식 프로텍터 또는 보호구를 설치한다.
- 충전용기를 차에 실을 때에는 넘어짐 등으로 인한 충격을 고려해야 한다.
- 기준 이상의 고압가스를 차량에 적재하여 운반할 경우 운반 책임자가 동승해야 한다.
- 시·도지사가 지정한 장소에서 이륜차에 적재할 수 있는 충전용기는 충전량이 20kg 이하이고, 적재수는 2개 이하이다.

20 다음 중 독성가스이면서 조연성 가스인 것은?

① 암모니아   ② 사이안화수소
③ 황화수소   ④ 염 소

해설
독성이면서 조연성 가스 : 염소, 불소, 오존, 산화질소, 이산화질소

21 다음 각 용기의 기밀시험압력으로 옳은 것은?

① 초저온가스용 용기는 최고충전압력의 1.1배의 압력
② 초저온가스용 용기는 최고충전압력의 1.5배의 압력
③ 아세틸렌용 용접용기는 최고충전압력의 1.1배의 압력
④ 아세틸렌용 용접용기는 최고충전압력의 1.6배의 압력

해설
용기 및 설비에 따른 압력

압력의 종류	용기		설비 (저장탱크, 용기집합장치, 배관 등)
	C_2H_2	C_2H_2 이외의 용기	
TP (내압 시험압력)	FP×3배	FP×$\frac{5}{3}$	• 상용압력×1.5배(공기, 질소로 내압시험 시 상용압력×1.25배) • 냉동설비는 설계압력×1.5배 • 도시가스는 최고사용압력×1.5배
FP (최고 충전압력)	15℃에서 1.55MPa	TP×$\frac{3}{5}$	—
AP (기밀 시험압력)	FP×1.8배	FP(단, 저온, 초저온용기 =FP×1.1배)	• 상용압력 • 도시가스는 최고사용압력×1.1배
안전밸브 작동압력	TP×0.8배	TP×0.8배	TP×0.8배(단, 액화산소 탱크=상용압력×1.5배)

18 ② 19 ③ 20 ④ 21 ①

22 산소와 함께 사용하는 액화석유가스 사용시설에서 압력조정기와 토치 사이에 설치하는 안전장치는?

① 역화방지기　② 안전밸브
③ 파열판　　　④ 조정기

해설
역화방지기는 산소와 함께 사용하는 액화석유가스(LPG) 사용시설에서 압력조정기와 토치 사이에 설치하는 안전장치로, 가스가 역류하여 발생하는 역화를 방지하고 안전을 확보하기 위한 필수적인 장치이다.

23 아세틸렌가스를 2.5MPa의 압력으로 압축할 때 첨가하는 희석제가 아닌 것은?

① 질소　　② 에틸렌
③ 메탄　　④ 황화수소

해설
아세틸렌을 2.5MPa의 압력으로 압축할 때 첨가해야 하는 희석제 : 프로판, 메탄, 에틸렌, 질소, 수소, 일산화탄소, 이산화탄소

24 LPG 충전기의 충전호스의 길이는 몇 m 이내로 하여야 하는가?

① 2m　　② 3m
③ 5m　　④ 8m

해설
LPG 충전기의 충전호스 길이는 5m 이내로 제한된다. 단, 자동차 제조공정 중에 설치된 충전호스는 예외이다. 충전호스 끝에는 정전기 제거장치를 설치해야 하며, 과도한 인장력이 가해질 경우 분리될 수 있는 안전장치가 필요하다.

25 염소 누출에 대비하여 보유해야 하는 제독제가 아닌 것은?

① 가성소다수용액
② 탄산소다수용액
③ 암모니아수
④ 소석회

해설
독성가스의 제독제

독성가스명	제독제
염소	가성소다수용액, 탄산소다수용액, 소석회
포스겐	가성소다수용액, 소석회
황화수소	가성소다수용액, 탄산소다수용액
사이안화수소	가성소다수용액
아황산가스	가성소다수용액, 탄산소다수용액, 물
암모니아, 산화에틸렌, 염화메탄	물

26 다음 중 가스설비가 오조작되거나 정상적인 제조를 할 수 없는 경우 자동적으로 원재료를 차단하는 장치는?

① 인터로크기구
② 원료제어밸브
③ 가스누출기구
④ 내부반응 감시기구

해설
인터로크기구 : 안전설비 중 설비가 잘못 조작되거나 정상적인 제조를 할 수 없는 경우 자동으로 원재료의 공급을 차단시키는 등 고압가스 제조설비 안의 제조를 제어하는 기능을 한다.

27 도시가스사업법에서 정한 가스사용시설에 해당되지 않는 것은?

① 내 관
② 본 관
③ 연소기
④ 공동주택 외벽에 설치된 가스계량기

해설
도시가스사업법에서 정한 가스사용시설
• 내관·연소기 및 그 부속설비. 다만, 선박(선박안전법에 따른 선박)에 설치된 것은 제외한다.
• 공동주택 등의 외벽에 설치된 가스계량기
• 도시가스를 연료로 사용하는 자동차
• 자동차용 압축천연가스 완속충전설비
※ 본관은 공급을 하는 공급시설이다.

28 도시가스 사용시설에서 입상관은 환기가 양호한 장소에 설치하며, 입상관의 밸브는 바닥으로부터 몇 m 이내에 설치해야 하는가?

① 1m 이상 1.3m 이내
② 1.3m 이상 1.5m 이내
③ 1.5m 이상 1.8m 이내
④ 1.6m 이상 2m 이내

해설
도시가스 사용시설에서 입상관 밸브는 바닥으로부터 1.6m 이상 2m 이내에 설치해야 한다. 또한, 입상관은 환기가 양호한 장소에 설치해야 한다.

29 다음 중 기본단위가 아닌 것은?

① 길 이   ② 광 도
③ 물질량   ④ 압 력

해설
SI(국제단위계) 기본단위는 미터(m), 킬로그램(kg), 초(s), 암페어(A), 켈빈(K), 몰(mol), 칸델라(cd) 등이다. 이들은 독립적인 차원을 가지는 것으로 간주되며, 국제적으로 통용되는 단위 체계를 구성하고 있다.

30 가스 누출 확인 시험지와 검지가스가 옳게 연결된 것은?

① KI전분지 - CO
② 연당지 - 할로겐가스
③ 염화팔라듐지 - HCN
④ 리트머스시험지 - 알칼리성 가스

해설
시험지 및 변색 상태

가스명	시험지	변색 상태
암모니아(NH₃)	적색 리트머스시험지 (붉은 리트머스시험지)	청 색
일산화탄소(CO)	염화팔라듐지	흑 색
포스겐(COCl₂)	해리슨시험지	심등색(귤색)
황화수소(H₂S)	연당지(초산납시험지)	흑 색
사이안화수소(HCN)	초산구리벤젠지 (질산구리벤젠지)	청 색
아세틸렌(C₂H₂)	염화제1동착염지	적 색
염소(Cl₂)	아이오딘화칼륨시험지 (KI전분지)	청 색

31 접촉식 온도계 중 알코올 온도계의 특징에 대한 설명으로 옳은 것은?

① 열전도율이 좋다.
② 열팽창계수가 작다.
③ 저온 측정에 적합하다.
④ 액주의 복원시간이 짧다.

해설
알코올 온도계는 접촉식 온도계로, 액체 온도계의 일종이다. 알코올의 열팽창을 이용하여 온도를 측정하며, 주로 저온 측정에 사용된다.
• 장점 : 다른 액체 온도계에 비해 비교적 저렴하고 안전하며, 눈금을 읽기 편리하다.
• 단점 : 알코올의 끓는점이 낮아 고온 측정에는 부적합하며, 정확도가 떨어질 수 있다.

32 다음 중 탄성식 압력계에 해당하지 않는 것은?

① 박막식 압력계
② U자관형 압력계
③ 부르동관식 압력계
④ 벨로스식 압력계

해설
U자관형 압력계는 액주식 압력계(Manometer)에 해당한다.

33 어떤 도시가스의 발열량이 15,000kcal/Sm³일 때 웨버지수는 얼마인가?(단, 가스의 비중은 0.5로 한다)

① 12,121   ② 20,000
③ 21,213   ④ 30,000

해설
웨버지수 계산 공식
$$WI = \frac{H_g}{\sqrt{d}}$$
$$= \frac{15,000}{\sqrt{0.5}} = 21,213$$
여기서, WI : 웨버지수
H_g : 도시가스의 총발열량 $\left(\frac{\text{kcal}}{\text{m}^3}\right)$
d : 도시가스의 비중

34 완전연소 시 공기량이 가장 많이 필요한 가스는?

① 아세틸렌   ② 메 탄
③ 프로판   ④ 부 탄

해설
탄소수가 많을수록 공기량이 많이 필요하다.

35 100°F를 섭씨온도로 환산하면 약 몇 ℃인가?

① 20.8　② 27.8
③ 37.8　④ 50.8

해설

$°F = \frac{9}{5}℃ + 32$

$100 = \frac{9}{5} \times x℃ + 32$

$\therefore x℃ = 37.8$

36 0℃, 2기압하에서 1L의 산소와 0℃, 3기압 2L의 질소를 혼합하여 2L로 하면 압력은 몇 기압이 되는가?

① 2기압　② 4기압
③ 6기압　④ 8기압

해설

$P_1 V_1 = P_2 V_2$

$(2 \times 1) + (3 \times 2) = x \times 2$

$\therefore x = 4$

37 도시가스 중 음식물쓰레기, 가축 분뇨, 하수슬러지 등 유기성 폐기물로부터 생성된 기체를 정제한 가스로서 메탄이 주성분인 가스는?

① 천연가스
② 나프타부생가스
③ 석유가스
④ 바이오가스

38 원심식 압축기를 사용하는 냉동설비는 그 압축기의 원동기 정격출력 몇 kW를 1일의 냉동능력 1톤으로 산정하는가?

① 1.0kW　② 1.2kW
③ 1.5kW　④ 2.0kW

39 고압가스제조시설에 설치되는 피해저감설비로 방호벽을 설치해야 하는 경우가 아닌 것은?

① 압축기와 충전 장소 사이
② 압축기와 가스충전용기 보관 장소 사이
③ 충전 장소와 충전용 주관밸브 조작밸브 사이
④ 압축기와 저장탱크 사이

해설

방호벽 설치 장소
- 압축기와 그 충전 장소 사이의 공간
- 압축기와 그 가스충전용기 보관 장소 사이의 공간
- 충전 장소와 그 가스충전용기 보관 장소 사이의 공간
- 충전 장소와 그 충전용 주관밸브 조작밸브 사이의 공간
- 저장설비와 사업소 안의 보호시설 사이의 공간

35 ③　36 ②　37 ④　38 ②　39 ④

40 다음 중 화학적 폭발이 아닌 것은?

① 증기폭발
② 중합폭발
③ 분해폭발
④ 산화폭발

해설
증기폭발은 물리적 폭발이다.

41 수소에 대한 설명 중 틀린 것은?

① 수소용기의 안전밸브는 가용전식과 파열판식을 병용한다.
② 용기밸브는 오른나사이다.
③ 수소 가스는 파이로갈롤 시약을 사용한 오르자트 법에 의한 시험법에서 순도가 98.5% 이상이어야 한다.
④ 공업용 용기의 도색을 주황색으로 하고, 문자의 표시는 백색으로 한다.

해설
가연성 가스의 용기밸브는 왼나사를 사용한다.

42 부유 피스톤형 압력계에서 실린더 지름 5cm, 추와 피스톤의 무게가 130kg일 때, 이 압력계에 접속된 부르동관의 압력계 눈금이 7kg/cm²를 나타내었다. 그 부르동관 압력계의 오차는 약 몇 %인가?

① 5.7
② 6.6
③ 9.7
④ 10.5

해설

$$오차율(\%) = \frac{오차}{참값} \times 100 = \frac{측정값 - 참값}{참값} \times 100$$

• 참값 $= \dfrac{130}{\dfrac{\pi \times 5^2}{4}} ≒ 6.62 \, kg/cm^2$

• 오차율 $= \dfrac{7 - 6.62}{6.62} \times 100 ≒ 5.7\%$

43 다음 중 압력계 사용 시 주의사항으로 틀린 것은?

① 정기적으로 점검한다.
② 압력계의 눈금판은 조작자가 보기 쉽도록 안면을 향하게 한다.
③ 가스의 종류에 적합한 압력계를 선정한다.
④ 압력의 도입이나 배출은 서서히 행한다.

해설
압력계 사용 시 주의사항
• 정기적으로 점검한다.
• 진동이 없고, 보기 쉬운 곳에 설치한다.
• 가스의 종류에 적합한 압력계를 선정한다.
• 압력의 도입이나 배출은 서서히 행한다.

정답 40 ① 41 ② 42 ① 43 ②

44 도시가스 제조공정 중 접촉분해공정에 해당하는 것은?

① 저온수증기 개질법
② 열분해 공정
③ 부분연소 공정
④ 수소화분해 공정

45 산소가스의 품질검사에 사용되는 시약은?

① 동암모니아 시약
② 파이로갈롤 시약
③ 브롬시약
④ 하이드로설파이드 시약

> **해설**
> 품질검사 대상가스
>
> | 구 분 | 순 도 | 시 약 |
> | --- | --- | --- |
> | 산 소 | 99.5% 이상 | 동암모니아 시약 |
> | 수 소 | 98.5% 이상 | 파이로갈롤 또는 하이드로설파이드 시약 |
> | 아세틸렌 | 98% 이상 | 질산은 시약, 발연황산, 브롬 시약 |

46 가연성 가스의 제조설비 또는 저장설비 중 전기설비 방폭 구조를 하지 않아도 되는 가스는?

① 암모니아, 사이안화수소
② 암모니아, 염화메탄
③ 브롬화메탄, 일산화탄소
④ 암모니아, 브롬화메탄

> **해설**
> 전기설비 방폭 구조를 하지 않아도 되는 가스 : 암모니아, 브롬화메탄(이유는 폭발하한값이 높기 때문이다)

47 LP가스가 누출될 때 감지할 수 있도록 첨가하는 냄새가 나는 물질의 측정방법이 아닌 것은?

① 유취실법
② 주사기법
③ 냄새주머니법
④ 오더(odor)미터법

> **해설**
> 유취실법(漏臭室法) : 특정 공간(유취실)에 LP가스를 누출시켜 냄새를 감지하는 방법

48 고압가스 공급자 안전점검 시 가스누출검지기를 갖추어야 하는 것은?

① 산 소
② 가연성 가스
③ 불연성 가스
④ 독성가스

> **해설**
> 폭발 위험이 있는 가연성 가스는 누출 시 화재나 폭발로 이어질 수 있으므로, 반드시 가스누출검지기를 갖추어야 한다.

49 금속재료에서 고온일 때 가스에 의한 부식으로 틀린 것은?

① 산소 및 탄산가스에 의한 산화
② 암모니아에 의한 강의 질화
③ 수소가스에 의한 탈탄작용
④ 아세틸렌에 의한 황화

> **해설**
> Cu, Ag, Hg과 화합하여 폭발성의 금속아세틸라이드를 생성한다.
> $C_2H_2 + 2Cu \rightarrow Cu_2C_2 + H_2$(화합폭발)

50 나사압축기에서 숫로터의 직경 150mm, 로터 길이 100mm, 회전수가 350rpm이라고 할 때 이론적 토출량은 약 몇 m³/min인가?(단, 로터 형상에 의한 계수(C_v)는 0.476이다)

① 0.11
② 0.21
③ 0.37
④ 0.47

해설
나사압축기의 토출량 계산
$$Q\left(\frac{m^3}{min}\right) = C_V \times D^3 \times \frac{L}{D} \times R \text{(단, } R \text{은 RPM : 분당 회전수)}$$
$$= 0.476 \times (0.15m)^3 \times \frac{0.1m}{0.15m} \times \frac{350}{min}$$
$$= 0.37485 \frac{m^3}{min}$$
$$\fallingdotseq 0.37 \frac{m^3}{min}$$

51 액화천연가스(LNG) 저장탱크의 지붕 시공 시 지붕에 대한 좌굴강도(Buckling Strength)를 검토하는 경우 반드시 고려하여야 할 사항이 아닌 것은?

① 가스압력
② 탱크의 지붕판 및 지붕 뼈대의 중량
③ 지붕 부위 단열재의 중량
④ 내부탱크 재료 및 중량

해설
좌굴강도(Buckling Strength)
• 압축력을 받는 부재가 횡 방향으로 변형하여 파괴되는 현상인 좌굴에 저항하는 능력이다. 즉, 부재가 견딜 수 있는 최대 압축하중을 나타내는 값으로 재료의 강성, 형상, 지지조건 등에 따라 달라진다.
• 좌굴강도를 검토하는 경우 고려해야 할 사항
  – 가스압력
  – 탱크의 지붕판 및 지붕 뼈대의 중량
  – 지붕 부위 단열재의 중량

52 비중병의 무게가 비었을 때는 0.2kg, 액체로 충만되어 있을 때에는 0.8kg이었다. 액체의 체적이 0.4L라면 비중량(kg/m³)은 얼마인가?

① 120
② 150
③ 1,200
④ 1,500

해설
비중량은 단위 체적마다 차지하고 있는 무게이다.
$$\text{비중량} = \frac{0.8kg - 0.2kg}{0.4L \times 1m^3/1,000L} = 1,500 kg/m^3$$

53 고압가스용기 등에서 실시하는 재검사 대상이 아닌 것은?

① 충전할 고압가스의 종류가 변경된 경우
② 합격 표시가 훼손된 경우
③ 용기밸브를 교체한 경우
④ 손상이 발생된 경우

해설
용기밸브를 교체한 경우는 일반적인 수리범위에 해당된다.

54 LP가스 저온 저장탱크에 반드시 설치하지 않아도 되는 장치는?

① 압력계
② 진공안전밸브
③ 감압밸브
④ 압력경보설비

해설
LP가스 저온 저장탱크에 반드시 설치하여야 되는 장치
• 압력계
• 진공안전밸브
• 압력경보설비

정답 50 ③ 51 ④ 52 ④ 53 ③ 54 ③

55 가스 저장시설 중 환기구를 갖추는 등의 조치를 반드시 하여야 하는 곳은?

① 산소 저장소
② 질소 저장소
③ 헬륨 저장소
④ 부탄 저장소

해설
환기구를 갖추는 등의 조치를 반드시 하여야 하는 곳 : 가연성 가스일 경우

56 다음 중 연소기구에서 발생할 수 있는 역화(Backfire)의 원인이 아닌 것은?

① 염공이 적게 되었을 때
② 가스의 압력이 너무 낮을 때
③ 콕이 충분히 열리지 않았을 때
④ 버너 위에 큰 용기를 올려서 장시간 사용할 경우

해설
염공이 적게 되었을 때는 선화가 일어난다.

57 차량에 고정된 탱크로서 고압가스를 운반할 때 그 내용적의 기준으로 틀린 것은?

① 수소 : 18,000L
② 액화암모니아 : 12,000L
③ 산소 : 18,000L
④ 액화염소 : 12,000L

해설
차량에 고정된 탱크의 내용적 제한
• 가연성 가스 및 산소탱크의 내용적(다만, LPG는 제외) : 18,000L 이하
• 독성가스탱크의 내용적(단, 액화암모니아는 제외) : 12,000L 이하

58 초저온용기의 단열성능검사 시 측정하는 침입열량의 단위는?

① kcal/h·L·℃
② kcal/m²·h·℃
③ kcal/m·h·℃
④ kcal/m·h·bar

해설
단열성능시험
• 단열성능시험용 가스 : 액화질소, 액화산소, 액화아르곤
• 침입열량 계산공식 : $Q = \dfrac{W \times q}{H \times \Delta T \times V}$

여기서, Q : 침입열량$\left(\dfrac{kcal}{h \cdot ℃ \cdot L}\right)$

H : 측정시간(h)
ΔT : 온도차(℃)
V : 내용적(L)
W : 기화된 가스량(kg)
q : 시험용 가스의 기화잠열$\left(\dfrac{kcal}{kg}\right)$

59 압축기의 윤활에 대한 설명으로 옳은 것은?

① 산소압축기의 윤활유로는 물을 사용한다.
② 염소압축기의 윤활유로는 양질의 광유가 사용된다.
③ 수소압축기의 윤활유로는 식물성유가 사용된다.
④ 공기압축기의 윤활유로는 식물성유가 사용된다.

해설
중요 가스의 윤활유
- 공기 : 양질의 광유
- 아세틸렌 : 양질의 광유
- 수소 : 양질의 광유
- 산소 : 10% 이하의 묽은 글리세린수 또는 물
- 염소 : 진한 황산
- 아황산가스 : 화이트유(액상파라핀, 바셀린유)

60 다음 보기의 특징을 가지는 펌프는?

- 고압, 소유량에 적당하다.
- 토출량이 일정하다.
- 송수량의 가감이 가능하다.
- 맥동이 일어나기 쉽다.

① 원심펌프
② 왕복펌프
③ 축류펌프
④ 사류펌프

해설
왕복펌프는 단속적이므로 맥동이 일어나기 쉽다.

정답 59 ① 60 ②

참 / 고 / 문 / 헌

- 구민사, 가스기사 필기, 주종률 저, 2016

- 동일출판사, 가스기능장 실기, 서상희 저, 2016

- 국가법령정보센터
    - 고압가스 안전관리법
    - 액화석유가스 안전관리 및 사업법
    - 도시가스사업법

- 한국가스신문

Win-Q 가스기능사 필기

개정9판1쇄 발행	2026년 01월 05일 (인쇄 2025년 08월 18일)
초 판 발 행	2017년 03월 10일 (인쇄 2017년 01월 12일)
발 행 인	박영일
책 임 편 집	이해욱
편 저	허판효
편 집 진 행	윤진영, 최 영
표지디자인	권은경, 길전홍선
편집디자인	정경일, 조준영
발 행 처	(주)시대고시기획
출 판 등 록	제10-1521호
주 소	서울시 마포구 큰우물로 75 [도화동 538 성지 B/D] 9F
전 화	1600-3600
팩 스	02-701-8823
홈 페 이 지	www.sdedu.co.kr
I S B N	979-11-383-9843-5(13570)
정 가	24,000원

※ 이 책은 저작권법의 보호를 받는 저작물이므로 동영상 제작 및 무단전재와 배포를 금합니다.
※ 잘못된 책은 구입하신 서점에서 바꾸어 드립니다.

기능사 / 기사·산업기사 / 기능장 / 기술사

단기합격을 위한 완전 학습서

Win-Q 윙크시리즈
WIN QUALIFICATION

Win-Q
승강기기능사
필기+실기

Win-Q
전기기능사
필기

Win-Q
피복아크용접기능사
필기

Win-Q
컴퓨터응용선반·밀링기능사
필기

Win-Q
설비보전기능사
필기+실기

Win-Q
자동화설비기능사
필기

Win-Q
전산응용기계제도기능사
필기

Win-Q
화학분석기능사
필기+실기

자격증 취득에 승리할 수 있도록 Win-Q시리즈가 완벽하게 준비하였습니다.

Win-Q
위험물기능사
필기

Win-Q
환경기능사
필기+실기

Win-Q
화훼장식기능사
필기

Win-Q
원예기능사
필기+실기

Win-Q
공조냉동기계산업기사
필기

Win-Q
화학분석기사
필기

Win-Q
위험물산업기사
필기

Win-Q
소방설비기사[전기편]
필기

Win-Q
설비보전산업기사
필기+실기

Win-Q
가스산업기사
필기

Win-Q
에너지관리기사
필기

Win-Q
실내건축산업기사
필기

※ 도서의 이미지 및 구성은 변경될 수 있습니다.